现代数学基础丛书·典藏版　17

线性偏微分算子引论

上　册

齐民友　编著

科学出版社

北　京

内 容 简 介

本书介绍线性偏微分算子的现代理论，主要论述拟微分算子和 Fourier 积分算子理论，同时也系统地讲述了其必备的基础——广义函数理论和 Sobolev 空间理论。本书分上、下两侧。上册着重讨论拟微分算子及其在偏微分方程经典问题(Cauchy 问题和 Dirichiet 问题)上的应用。下册将主要介绍 Fourier 积分算子理论和佐藤的超函数理论。

本书可供有关专业的大学生、研究生、教师和研究工作者参考。

图书在版编目(CIP)数据

线性偏微分算子引论. 上册/齐民友编著. —北京：科学出版社，2015. 11
(现代数学基础丛书·典藏版；17)
ISBN 978-7-03-046418-7

I. ①线…　II. ①齐…　III. ①线性方程－偏微分方程－微分算子－研究
IV. ①O175

中国版本图书馆 CIP 数据核字(2015) 第 277037 号

责任编辑：张　扬／责任校对：林青梅
责任印制：徐晓晨／封面设计：王　浩

科学出版社 出版
北京东黄城根北街 16 号
邮政编码：100717
http://www.sciencep.com
北京厚诚则铭印刷科技有限公司印刷
科学出版社发行　各地新华书店经销
*
2015 年 11 月第　一　版　开本：B5(720×1000)
2016 年 6 月 印　　刷　印张：36
字数：472 000

定价：248.00 元

(如有印装质量问题，我社负责调换)

序　言

五十年代以来，线性偏微分算子理论有了很大的发展.这当然是由于四十年代末出现的广义函数论为线性偏微分算子理论提供了一个极好的框架.可以说，它总结了以前的重大成果又为以后的发展提供了强有力的工具. 因此，无怪乎在六十年代以后，在这个领域中连续不断地出现了许多重大的成果，如拟微分算子理论、Fourier 积分算子理论、微局部分析、超函数理论等等. 大概没有什么人会怀疑，这些成果都获得了“生存权”，成为数学宝库的一个很有价值的部分了. 事实证明，它们的价值不仅在于它们将这个领域的研究大大地深化了，而且还在于它们在其它领域（微分几何、理论物理）中发挥着越来越大的作用. 但是这种情况也说明，要想跟上这个领域的发展也是一件相当困难的事. 要想在这个领域中工作，不得不有相当深厚的功力，不得不懂得越来越多的其它数学分支. 还应该指出，这个领域还在迅速发展，看不出有停下来或者是放慢步伐的迹象.例如，正当我们用了很大的力量来掌握微局部分析时，它却已被人称为“七十年代算法”(见 Fefferman [2])，而到了八十年代中期的现在，它又发展到新的水平了.这种情况对于我们曾在十多年中脱离了数学发展主流的人，是幸乎？不幸乎？

因此，想要写出一本书帮助我国读者能“跟上形势”，是作者力所不及的事. 幸好，我们有了 Hörmander 的新著 “The analysis of linear partial differential operators, I—IV”，它当然会是一部影响深远的巨著，特别是按许多同志的看法，它的第一卷是关心现代分析的读者所必备的知识. 因此，我们只能提出一个低得多的目标：对于这个领域中已经成熟的若干主要部分作一个入门的介绍. 这里说若干，是因为对许多当前十分活跃的问题就几乎没有提到.按时间说，最多也只到七十年代初期. 这本书的中心内容是拟微分算子和 Fourier 积分算子理论. 即使如此，这还是一个超出作者能力的尝试. 如果它能引起读者对偏微分算子理论的兴趣，并且去攻读例如 Hörmander 的新著和最新的文献，那就使作者十分满意了.

这本书不少部分是研究生教材，写的时候，假定读者具有经典的偏微分方程理论、泛函分析和函数论(实的和复的)的基本知识. 书中有个别地方用到一些不太常见的结果时，只能提出出处，或者假定读者自己会去补足. 这本书分上、下册，下册的内容按作者现在的设想将是辛几何、Fourier 积分算子理论、主型算子以及如果有可能的话还有佐藤的超函数理论.

对这本书中必然存在的缺点和错误，衷心欢迎读者批评指正.

作者

1984 年 3 月 11 日

目　　录

第一章 广义函数论

现代的微分算子理论是离不开广义函数论的．在介绍它的历史起源之前，我们先规定一些常用的记号．

令 $\mathbf{R}^n$ 为 n 维 Euclid 空间，其中的点 $x=(x_1, \cdots, x_n)$．我们记

$$|x|=\sqrt{\sum_{i=1}^{n} x_i^2}, \qquad \langle x\rangle=\sqrt{1+|x|^2}.$$

又设 $\alpha_1, \cdots, \alpha_n \in Z_+$（即非负整数集），称数组 $(\alpha_1, \cdots, \alpha_n)$ 为重指标，用 α 来记它：$\alpha=(\alpha_1, \cdots, \alpha_n)$，并记

$$|\alpha|=\alpha_1+\cdots+\alpha_n,$$

$$\alpha!=\alpha_1!\cdots\alpha_n!,$$

$$x^\alpha=x_1^{\alpha_1}\cdots x_n^{\alpha_n}.$$

我们又规定记 $\partial_x=(\partial_{x_1}, \cdots, \partial_{x_n})=\left(\dfrac{\partial}{\partial x_1}, \cdots, \dfrac{\partial}{\partial x_n}\right)$．但由于 Fourier 变换的需要，我们更多地要用到 $\dfrac{1}{i}\dfrac{\partial}{\partial x}$．因此我们定义 $D_x=(D_{x_1}, \cdots, D_{x_n})=(D_1, \cdots, D_n)=\left(\dfrac{1}{i}\partial_{x_1}, \cdots, \dfrac{1}{i}\partial_{x_n}\right)$，$D_x^\alpha=D_1^{\alpha_1}\cdots D_n^{\alpha_n}$，这样，一个 m 阶线性微分算子将是

$$P(x, D_x)=\sum_{|\alpha|\leqslant m} a_\alpha(x) D_x^\alpha.$$

例如，几个古典的数学物理算子成为：

$$\Delta=\sum_{j=1}^{n} \partial_{x_j}^2=-\sum_{j=1}^{n} D_{x_j}^2,$$

$$\partial_t^2-\sum_{j=1}^{n}\partial_{x_j}^2=-D_t^2+\sum_{j=1}^{n}D_{x_j}^2,$$

$$\partial_t-\sum_{j=1}^{n}\partial_{x_j}^2=iD_t+\sum_{j=1}^{n}D_{x_j}^2.$$

设 α，β 是两个重指标，我们还规定

$$\alpha\geqslant\beta\Longleftrightarrow\alpha_j\geqslant\beta_j,\ j=1,\cdots,n,$$

$$\binom{\alpha}{\beta}=\frac{\alpha!}{\beta!(\alpha-\beta)!}=\binom{\alpha_1}{\beta_1}\cdots\binom{\alpha_n}{\beta_n},$$

$$\alpha-\beta=(\alpha_1-\beta_1,\ \cdots,\ \alpha_n-\beta_n).$$

数学分析的建立，使人们可以用数学工具来描述许多新的自然现象，因而取得了前所未有的成功：用函数来描述一个自然过程，对它进行微分积分运算，然后得出种种结论，这可以说是基本的方法．当时，人们都认为，描述自然现象的函数总是很规则的，用我们现在的语言来说，就是充分光滑的．函数的光滑性似乎是大自然和谐的反映．

但是数学的进一步发展表明，还存在许许多多不规则的函数．例如 Weierstrass 作出了处处连续但处处不可微的函数的例子．Fourier 级数的研究使人们不得不扩大必须研究的函数的范围．到十九世纪中叶，进入了对数学分析基础的批判和重新建立的时期．人们懂得了并不是任何函数都可以微分或积分的，许多运算只在一定的条件下才能进行．数学分析得到了长足的进步，然而不能不承认，直观性减少了，作为描述自然现象的工具的灵活性也减少了．有办法恢复这种直观性和灵活性吗？

挑战和启示首先来自物理学．十九世纪末英国工程师 Heaviside 首先引入以他命名的函数

$$Y(x)=\begin{cases}1,&x>0,\\0,&x<0.\end{cases}\tag{1}$$

本世纪初，另一个英国物理学家 Dirac 为了使量子力学中一般的

固有函数正规化，又引入了著名的"δ 函数"，其定义是

$$\delta(x)=\begin{cases}0, & x\neq 0,\\ \infty, & x=0,\end{cases} \tag{2}$$

且

$$\int_{-\infty}^{+\infty}\delta(x)dx=1.$$

这个函数有一个重要的特性，即对任一连续函数 $f(x)$ 有

$$\int_{-\infty}^{+\infty}f(x)\delta(x)dx=f(0). \tag{3}$$

事实上

$$\int_{-\infty}^{+\infty}f(x)\delta(x)dx=\int_{-\infty}^{+\infty}f(0)\delta(x)dx+\int_{-\infty}^{+\infty}[f(x)-f(0)]\delta(x)dx$$

$$=f(0)+\int_{-\varepsilon}^{+\varepsilon}[f(x)-f(0)]\delta(x)dx$$

($\varepsilon>0$ 是任意的).

后一积分等于 0，因为当 ε 充分小时

$$\left|\int_{-\varepsilon}^{+\varepsilon}[f(x)-f(0)]\delta(x)dx\right|\leqslant\max_{|x|\leqslant\varepsilon}|f(x)-f(0)|\int_{-\varepsilon}^{+\varepsilon}\delta(x)dx$$

$$=\max_{|x|\leqslant\varepsilon}|f(x)-f(0)|\int_{-\infty}^{+\infty}\delta(x)dx$$

$$=\max_{|x|\leqslant\varepsilon}|f(x)-f(0)|\to 0.$$

从而式 (3) 得"证".

从古典分析的观点看来，这个结果是站不住脚的. 首先 $\delta(0)=\infty$就是无意义的，而且既然 $\delta(x)$ 几乎处处为 0，则应有 $\int_{-\infty}^{+\infty}\delta(x)dx=0$ 而不是 1. 可是它在物理上如此直观而且有用，除此之外，人们还发现它正是 Heaviside 函数的微商，因为

$$\int_{-\infty}^{x}\delta(x)dx=\left\{\begin{array}{l}0,\ x<0,\\ \int_{-\infty}^{+\infty}\delta(x)dx=1,\ x>0\end{array}\right\}=Y(x). \tag{4}$$

因此不能不设法去解释它，以便有把握地应用它.

除了物理学以外，数学的发展，尤其是偏微分方程的发展，也

需要对某些"不合法"的运算提供新的说明. 由于研究波动方程的基本解，J. Hadamard 在本世纪二十年代提出了发散积分的有限部分的概念；其后，M. Riesz 也提出了一种给发散积分赋以意义的方法. 因为两个方法是很接近的，我们只介绍后者. 考虑积分

$$I(\lambda)=\int_0^x f(t)t^{-\lambda}dt,\ \lambda \text{ 是复数}, f(t) \text{ 充分光滑}. \tag{5}$$

这个积分当 $\mathrm{Re}\lambda<1$ 时收敛，而且是 λ 的解析函数. 但当 $k\leqslant \mathrm{Re}\lambda<k+1$ 时又当如何？仍然看 $\mathrm{Re}\lambda<1$ 的情况，将 $f(t)$ 用Taylor 公式展开：

$$f(t)=\sum_{n=0}^{k-1}\frac{f^{(n)}(0)}{n!}t^n+R_k(t)t^k,$$

代入式 (5) 有

$$\begin{aligned}I(\lambda)&=\sum_{n=0}^{k-1}\frac{f^{(n)}(0)}{n!}\int_0^x t^{n-\lambda}dt+\int_0^x R_k(t)t^{k-\lambda}dt\\&=\sum_{n=0}^{k-1}\frac{f^{(n)}(0)}{n!}\frac{x^{n-\lambda+1}}{(n-\lambda+1)}+\int_0^x R_k(t)t^{k-\lambda}dt.\end{aligned} \tag{6}$$

这个结果虽是在 $\mathrm{Re}\lambda<1$ 时得出的，其右方却在 $\mathrm{Re}\lambda<k+1$ 时有意义且为 λ 的解析函数（但有单极点 $\lambda=1\cdots,k$），所以它是 $I(\lambda)$ 在半平面 $\mathrm{Re}\lambda<k+1$ 中的解析拓展. 现在以 (6) 作为 $I(\lambda)$ 在 $\mathrm{Re}\lambda<k+1$ 时的定义，则发散积分有了意义.

1936 年 Sobolev (С. Л. Соболев) 在研究双曲型方程的 Cauchy 问题解的唯一性时提出了广义微商的概念. 古典的 C^1 函数的微商有如下性质：若 $f(x)\in C^1(a,b)$，则记 $f'(x)=g(x)$，对任一光滑函数 $\varphi(x)$ 且在 a，b 附近 $\varphi(x)\equiv 0$ 者，有

$$\int_a^b f(x)\varphi'(x)dx=-\int_a^b g(x)\varphi(x)dx. \tag{7}$$

反之，若 $f(x)\in C^1(a,b)$，$g(x)\in C^0(a,b)$ 且对任意上述的 $\varphi(x)$ 式(7) 恒成立，则必有 $f'(x)=g(x)$. 但式 (7) 对于局部可积（即在 (a,b) 之任一紧子集上可积）的 $f(x)$，$g(x)$ 即已有意义，如果

能对任意上述的 $\varphi(x)$，式 (7) 均成立，则不妨定义 $g(x)$ 即 $f(x)$ 的广义微商. Sobolev 的广义微商概念有一个本质上新的想法：过去人们只认为函数是变量之间的一种对应关系，Sobolev 则因为函数可以生成一个泛函就把函数看成一个泛函. 就上例而言，令 $\Phi=\{\varphi(x): \varphi(x)$ 充分光滑且在 a, b 附近 $\varphi(x)\equiv 0\}$（Φ 称为"基本空间"），则局部可积函数 $f(x)$ 生成 Φ 上的线性泛函

$$\langle f, \varphi\rangle=\int_a^b f(x)\varphi(x)dx. \tag{8}$$

因此，我们就把 $f(x)$ 等同于 Φ 上的这个泛函. 但是 Φ 上的线性泛函很多，而不一定都由局部可积函数生成，例如可以定义泛函 δ 如下：

$$\langle\delta, \varphi\rangle=\varphi(0). \tag{9}$$

可以证明，δ 不可能由局部可积函数生成. 但是不妨认为式 (9) 也是一个广义的"函数"记作 $\delta(x)$，而且模仿式 (8)，也不妨将式 (9) 写作

$$\langle\delta, \varphi\rangle=\int_{-\infty}^{\infty}\delta(x)\varphi(x)dx=\varphi(0). \tag{10}$$

这样就对式 (3) 作出了新的说明. 这里的思想又进了一步；式(7) 虽然推广了微商概念，但 $f(x)$ 的广义微商 $g(x)$ 仍旧是局部可积函数，这里则提出泛函是函数概念的推广，则广义函数可以是极为广泛的对象. 这就是法国数学家 L. Schwartz 建立广义函数论（他称为分布论）的基本思想.

广义函数论的另一个来源是 Fourier 变换的推广. 对于 $f(x)\in L^1(-\infty, +\infty)$，其 Fourier 变换定义为

$$\hat{f}(\xi)=\int_{-\infty}^{+\infty}e^{-ix\xi}f(x)dx. \tag{11}$$

但若 $f(x)\notin L^1(-\infty, +\infty)$，又当如何定义其 Fourier 变换? 暂时仍设 $f(x)\in L^1(-\infty, +\infty)$，则对任一 $\varphi(\xi)\in C^\infty(-\infty, +\infty)$ 且当 $|\xi|\geqslant M$（M 由 φ 决定）时 $\varphi(\xi)\equiv 0$，有

$$\hat{\varphi}(x)=\int_{-\infty}^{+\infty}e^{-ix\xi}\varphi(\xi)d\xi$$

存在. 再认为 f 与 $\hat{f}$ 都生成泛函(都是泛函), 则

$$\langle \hat{f}(\xi), \varphi(\xi)\rangle = \int_{-\infty}^{+\infty}\varphi(\xi)d\xi\int_{-\infty}^{+\infty}e^{-ix\xi}f(x)dx$$
$$= \int_{-\infty}^{+\infty}f(x)dx\int_{-\infty}^{+\infty}e^{-ix\xi}\varphi(\xi)d\xi = \langle f(x), \hat{\varphi}(x)\rangle. \tag{12}$$

但是, 即令 $f(x) \notin L^1(-\infty, +\infty)$, $\langle f, \hat{\varphi}\rangle$ 仍可能有意义而且可能找到另一个泛函 $\hat{f}$ 适合式 (12). 这时我们自然有理由认为 $\hat{f}$ 即 f 的 Fourier 变换. 一般地, 若有泛函 f 与 $\hat{f}$ 适合式 (12), 就说 $\hat{f}$ 是 f 的 Fourier 变换. 因此, 利用基本空间上的泛函这个思想也可以推广 Fourier 变换.

大量材料的积累使 L. Schwartz 有可能在本世纪四十年代末提出广义函数论(他的分布论一书[1]出版于 1948 年): 广义函数就是某个基本空间上的连续线性泛函. 几十年来广义函数论在数学的各个分支(特别是偏微分方程理论)和理论物理中得到越来越广泛的应用, 是现代数学中的一个重要的分支.

§1. 基 本 空 间

1. 拓扑线性空间和 Fréchet 空间. 前面已经指出, 广义函数就是某基本空间上的连续线性泛函. 这些"基本空间"都是拓扑线性空间. 在介绍这个概念之前我们先列举一些以下常用的基本空间, 由于暂时还没有讨论其拓扑结构, 所以现在我们只说它们是一些函数族. 以下, Ω 恒表示 $\mathbf{R}^n$ 的开子集.

$C^m(\Omega)$ 和 $C^\infty(\Omega)$. $C^m(\Omega)$ (m 为非负整数)表示在 Ω 上具有直到 m 阶在内的连续微商的函数族. $C^\infty(\Omega) = \bigcap\limits_{m=0} C^m(\Omega)$ 表示在 Ω 上具有任意阶连续微商的函数族, $C^0(\Omega)$ 时常被写作 $C(\Omega)$.

$B^m(\Omega)$ 和 $B^\infty(\Omega)$分别是 $C^m(\Omega)$和 $C^\infty(\Omega)$之子集, 但其中函

数的直到相应阶的微商均在Ω上有界.所以,$f\in B^m(\Omega)(B^\infty(\Omega))$,则 $\|f\|_\alpha=\sup\limits_{\Omega}|D^\alpha f|<+\infty$,$|\alpha|\leqslant m$ $(\forall\alpha)$,$\|\cdot\|_\alpha$ 之值与α有关.

设$f(x)$在Ω上连续,我们定义其支集为 $\mathrm{supp} f=\{x,\ x\in\Omega,\ f(x)\neq 0\}^c$,即使 $f(x)$ 在其外为0的**最小闭集**.

$C^m(K)$ 和 $C^\infty(K)$. K表示Ω的一个紧子集:
$C^m(K)=\{f:\ f\in C^m(\Omega),\ \mathrm{supp} f\subset K\}$; $C^\infty(K)=\{f:\ f\in C^\infty(\Omega),\ \mathrm{supp} f\subset K\}=\bigcap\limits_{m=0}^{\infty} C^m(K)$.

$C_0^m(\Omega)$ 和 $C_0^\infty(\Omega)$. $C_0^m(\Omega)=\bigcup\limits_K C^m(K)$, $C_0^\infty(\Omega)=\bigcup\limits_K C^\infty(K)$,"$\bigcup\limits_K$"表示对含于$\Omega$内的一切紧子集取交. 所以 $C_0^m(\Omega)$ $(C_0^\infty(\Omega))$ 即具有紧支集的 $C^m(\Omega)$ $(C^\infty(\Omega))$ 函数之集.

以后,当 $\Omega=\mathbf{R}^n$ 时,我们时常略去Ω而写作 C^m, C_0^∞ 等等. 又,若无特殊声明,光滑函数恒指具有任意阶连续微商的函数.

对于这些函数族,我们需要赋以某种拓扑结构,使之成为拓扑线性空间.

定义 1.1.1 设V既是拓扑空间,又是$\mathbf{R}$上(或$\mathbf{C}$上)的线性空间,而且其线性运算在此拓扑结构下是连续的,则V称为实(或复)拓扑线性空间.

拓扑空间的拓扑结构既可用开集来规定,也可用其它方法来规定. 以下我们常用邻域来规定,这样最方便. 又由于基本空间都有线性结构,所以只要规定原点的邻域的基本系即可. 为了定义邻域,例如在 Banach 空间中可以应用范数;但我们常用的基本空间时常不是 Banach 空间,因而没有范数. 这样我们需要一个更广的概念.

定义 1.1.2 若对线性空间V中每一点x均可指定一个非负实数$p(x)$,满足

i) $p(\alpha x)=|\alpha|p(x)$,　　$\alpha\in\mathbf{R}$ 或 $\mathbf{C}$ 即 V 之标量域;

ii) $p(x+y)\leqslant p(x)+p(y)$,

则 $p(x)$ 称为 x 之半范.

由 i) 令 $\alpha=0$ 自然有 $p(0)=0$, 若其逆成立, 即 $p(x)=0\Longleftrightarrow x=0$, 则半范成为范数.

定义 1.1.3 R 上(或 C 上)的 Fréchet 空间 V 是赋最多可数个半范 $p_1,\cdots,p_m,\cdots$ 的 R (或 C) 线性空间, 而且

i) $\forall m,\ p_m(x)=0\Longrightarrow x=0$,

ii) 完备性: 设 $\{x_k\}$ 是 V 中的 Cauchy 序列(即若对任一 $\varepsilon>0$, 对于 p_m 必有 $K_m(\varepsilon)$, 使当 $k,l\geqslant K_m(\varepsilon)$ 时 $p_m(x_k-x_l)<\varepsilon$), 则必有 $x\in V$. 使对一切 p_m, $\lim\limits_{k\to\infty}p_m(x_k-x)=0$.

若一 Fréchet 空间只有一个半范, 它当然就是一个 Banach 空间. Fréchet 空间和 Banach 空间一样都是距离空间. 对 Fréchet 空间 V 中任意两点 x 和 y, 读者可以自己证明

$$\rho(x,y)=\sum_{m=1}^{\infty}\frac{1}{2^m}\frac{p_m(x-y)}{1+p_m(x-y)}$$

确实是一个距离.

在一个 Fréchet 空间中我们可定义原点的邻域的基本系为 $V_{m,n}=\{x:\ x\in V,\ p_m(x)<\varepsilon_n\}(\varepsilon_n\to 0)$. 所以 Fréchet 空间是一种拓扑线性空间. 下面是几个例子.

例 1. $C^m(\Omega)$　在 Ω 中取一串上升而穷竭的紧集序列 $K_1,\cdots,K_j,\cdots$ 即适合 $K_1\Subset K_2\Subset\cdots$ 而且 $\bigcup\limits_j K_j=\Omega$ 的紧集序列. "$A\Subset B$" 即指 $\bar{A}\subset\mathring{B}$ 且为其紧子集. 于是可以定义可数多个半范

$$p_j(f)=\sup_{K_j}\sum_{|\alpha|\leqslant m}|D^\alpha f|,\ j=1,2,\cdots$$

而使 $C^m(\Omega)$ 成为 Fréchet 空间.

例 2. $C^\infty(K)$　也是 Fréchet 空间, 因为它有半范

$$p_m(f)=\sup_K \sum_{|\alpha|\leq m}|D^\alpha f|,\ m=0,1,\cdots$$

例 3. $C^\infty(\Omega)$ 作例 1 那样的紧集序列 K_j，并定义其中的可数多个半范为

$$p_{m,j}(f)=\sup_{K_j}\sum_{|\alpha|\leq m}|D^\alpha f|,\ j=1,2,\cdots;m=0,1,\cdots$$

例 4. 设 $D\subset\mathbf{C}$ 为复平面 $\mathbf{C}$ 的一个区域，记 D 上的解析函数族为 $H(D)$. 如例 1 那样作紧集序列 $D_1,\cdots,D_n,\cdots$，并定义一族半范

$$p_m(f)=\sup_{D_m}|f(z)|,\ m=1,2,\cdots,f(z)\in H(D),$$

则 $H(D)$ 也是 Fréchet 空间.

例 5. 以后应用最广的基本空间是 $C_0^\infty(\Omega)$. 虽然 $C_0^\infty(\Omega)\subset C^\infty(\Omega)$，$C^\infty(\Omega)$的半范却不能使它成为 Fréchet 空间，因为不能保证完备性：按例 3 的半范的 Cauchy 序列极限一般在 $C^\infty(\Omega)$ 中而不一定在 $C_0^\infty(\Omega)$ 中，即不一定有紧支集.

Fréchet 空间和 Banach 空间本质上是不同的. 例如例 3，例 4 的空间不可能赋范——而不只是说前文所定义的 p_j 等等不是范数而只是半范. 同样，例 5 的 $C_0^\infty(\Omega)$ 不可能赋以半范使之成为 Fréchet 空间. 关于拓扑线性空间的进一步的知识和以上的问题，例如可以参看 J. Barros-Neto[1]和 W. Rudin[1].

2. 空间 $\mathscr{D}(\Omega)$. $C_0^\infty(\Omega)$不是一个 Fréchet 空间而是一串 Fréchet 空间$C^\infty(K_j)$的“归纳极限”，这里$K_1\Subset K_2\Subset\cdots$且 $\bigcup\limits_j K_j=\Omega$. 这就是说，若记 $C^\infty(K_j)=E_j$，则 $E_j\subset E_{j+1}$，而且嵌入映射 $\iota:E_j\to E_{j+1}$，是连续的(这一点时常简记作$E_j\hookrightarrow E_{j+1}$)，同时 $C_0^\infty(\Omega)=\bigcup\limits_j E_j$. 在 $C_0^\infty(\Omega)$ 上可以赋一种“归纳极限拓扑”. 由于这种拓扑中原点邻域的基本系构造较复杂，我们只举出其中一个序列趋于 0 的定义，这已可满足下面的需要，至于一般的讨论可参看上述的 Barros-Neto

和 Rudin 的书. $\{\varphi_k\}\subset C_0^\infty(\Omega)$ 在上述极限下趋于 0 是指存在一固定紧集 $K\subset\Omega$ 使 $\operatorname{supp}\varphi_k\subset K\ (k=1,2,\cdots)$，而且在 K 上对任一固定重指标 α，$\{D^\alpha\varphi_k\}$ 一致（对 x 一致而不必对 α 一致）收敛于 0 .

定义 1.1.4 $C_0^\infty(\Omega)$ 赋上述拓扑后称为 $C^\infty(K_j)$ 的归纳极限，记作 $\mathscr{D}(\Omega)$.

可以证明这定义与紧集列 $\{K_j\}$ 的取法无关.

现在要问：$\mathscr{D}(\Omega)$ 中是否有足够多的元素？如果没有，$\mathscr{D}(\Omega)$ 是没有什么用处的.为此我们从可以说是最重要的 $C_0^\infty(\mathbf{R}^n)$ 函数开始，这就是

$$j_a(x)=\begin{cases}\exp\{a^2/(|x|^2-a^2)\}, & |x|<a,\\ 0, & |x|\geqslant a.\end{cases}\tag{1.1.1}$$

它的重要性首先在于由它可以作出许多 $C_0^\infty(\Omega)$ 函数. 事实上，若 $f(x)$ 在 $\mathbf{R}^n$ 上连续且有紧支集 K，定义

$$f_\varepsilon(x)=\int_{\mathbf{R}_n}f(y)J_\varepsilon(x-y)dy=\frac{1}{C_\varepsilon}\int_{\mathbf{R}_n}f(y)j_\varepsilon(x-y)dy,\tag{1.1.2}$$

$$C_\varepsilon=\int_{\mathbf{R}_n}j_\varepsilon(x)dx=\int_{\mathbf{R}_n}j_\varepsilon(x-y)dy.\tag{1.1.3}$$

积分 (1.1.2) 是有意义的，因为积分域实际上含于 K 内，它含于以 x 为心，ε 为半径的球内. 由 j_ε 的光滑性，通过积分号下求微商可知 $f_\varepsilon(x)$ 光滑，而且

$$\operatorname{supp}f_\varepsilon\subset K_\varepsilon=\{x:\ \operatorname{dist}(x,K)\leqslant\varepsilon\}.\tag{1.1.4}$$

因为若 $x\notin K_\varepsilon$，则 (1.1.2) 之积分写作 $\dfrac{1}{C_\varepsilon}\displaystyle\int_K f(y)j_\varepsilon(x-y)\,dy$ 后，$|x-y|>\varepsilon$，从而 $j_\varepsilon(x-y)=0$ 而 $f_\varepsilon(x)=0$.

这个例子的重要性不仅在于它指出 $C_0^\infty(\Omega)$ 函数是很多的，而且可以从任一紧支集的连续函数用核 j_ε“磨光”而得. 事实上我们有

定理 1.1.5 设 $f(x)$ 在 Ω 上连续，则对 Ω 之任意紧子集 K，必可找到一串 $C_0^\infty(\Omega)$ 函数在 K 上一致收敛于 $f(x)$.

证. 取Ω的紧子集K，使 $K_{2\varepsilon_0}\Subset\Omega$. 然后令

$$\tilde{f}(x)=\begin{cases}f(x), & x\in K_{\varepsilon_0},\\ 0, & x\notin K_{\varepsilon_0}.\end{cases}\tag{1.1.5}$$

这个函数虽不连续，但容易看到下面的推理都成立. 现在对 $\varepsilon<\varepsilon_0$ 作 $\tilde{f}_\varepsilon(x)$，由上可知，$\operatorname{supp}\tilde{f}_\varepsilon\subset K_{\varepsilon_0+\varepsilon}\subset K_{2\varepsilon_0}\Subset\Omega$，从而 $\tilde{f}_\varepsilon\in C_0^\infty(\Omega)$. 又因

$$\int\limits_{|x-y|\leqslant\varepsilon}J_\varepsilon(x-y)dy=1,$$

所以当 $x\in K\subset K_{\varepsilon_0}$ 时

$$f(x)=\int\limits_{|x-y|\leqslant\varepsilon}f(x)J_\varepsilon(x-y)dy.$$

从而对 $x\in K$ 有

$$|\tilde{f}_\varepsilon(x)-f(x)|=\left|\int\limits_{|x-y|\leqslant\varepsilon}[f(y)-f(x)]J_\varepsilon(x-y)dy\right|$$

$$\leqslant\max_{|x-y|\leqslant\varepsilon}|f(y)-f(x)|\int\limits_{|x-y|\leqslant\varepsilon}J_\varepsilon(x-y)dy.$$

最后一个积分等于1. 由 $f(x)$ 之连续性以及由此而得的 $f(x)$ 在 K_{ε_0} 上的一致连续性知，$\lim\limits_{\varepsilon\to 0}\tilde{f}_\varepsilon(x)=f(x)$ 对 $x\in K$ 一致成立. 证毕.

系 1.1.6 若 $f(x)\in C^m(\Omega)$，则对Ω之任一紧子集K，必可找到一串 $C_0^\infty(\Omega)$ 函数，使在K上连同其直至m阶在内的微商对x一致收敛于 $f(x)$ 及其相应微商.

证. 同上作 $\tilde{f}_\varepsilon(x)$. 用分部积分法知道当 $\varepsilon<\varepsilon_0$ 时，只要 $|\alpha|\leqslant m$，则对 $x\in K$ 有

$$D_x^\alpha\tilde{f}_\varepsilon(x)=\int\limits_{|x-y|\leqslant\varepsilon}\tilde{f}(y)D_x^\alpha J_\varepsilon(x-y)dy=\int\limits_{|x-y|\leqslant\varepsilon}\tilde{f}(y)(-D_y)^\alpha$$

$$\times J_\varepsilon(x-y)dy=\int\limits_{|x-y|\leqslant\varepsilon}D_y^\alpha\tilde{f}(y)J_\varepsilon(x-y)dy$$

$$= \int_{|x-y|\leqslant\varepsilon} D_y^\alpha f(y) J_\varepsilon(x-y)dy.$$

其余仿定理 1.1.5 之证即得.

这两个结果说明 $C_0^\infty(\Omega)$ 在 $C^m(\Omega)$（包括 $m=0$）中是稠密的. 用类似证法还可证明 $C_0^\infty(\Omega)$ 在 $L_{loc}^p(\Omega)$，$p\geqslant 1$（即在 Ω 之任一紧子集上 p 幂可积函数之空间）中也稠密. 我们所用的技巧是偏微分算子理论中极有用的"磨光"技巧,或称规则化技巧.$f_\varepsilon(x)$ 称为 $f(x)$ 的规则化函数；算子 $f\longmapsto f_\varepsilon$ 称为磨光算子（mollifier），J_ε 则称为磨光核或规则化核,有时也就用 J_ε 记磨光算子. 由于这个问题的重要性,我们还将在 §4 中讨论它.

$\mathscr{D}(\Omega)$ 的函数在分析数学（特别是偏微分算子理论）中有两个常见的用处：其一是构造"截断函数"（cutoff function）. 仍设 K 是 Ω 的紧子集,且 $K_{2\varepsilon_0}\Subset\Omega$. 我们想要作一个函数 $f(x)$，使 $f(x)\in\mathscr{D}(\Omega)$ 且

$$f(x)=\begin{cases}1, & x\in K,\\ 0, & x\notin\Omega.\end{cases} \tag{1.1.6}$$

为此，先作 K_{ε_0} 的特征函数

$$\chi(x)=\begin{cases}1, & x\in K_{\varepsilon_0},\\ 0, & x\notin K_{\varepsilon_0}.\end{cases}$$

再对 $\varepsilon<\varepsilon_0$ 用 J_ε 磨光 $\chi(x)$，令

$$f(x)=(J_\varepsilon\chi)(x)=\int\chi(y)J_\varepsilon(x-y)dy. \tag{1.1.7}$$

很容易看到 $f(x)\in C_0^\infty(\Omega)$，而且 $\operatorname{supp} f\subset K_{\varepsilon_0+\varepsilon}\subset K_{2\varepsilon_0}$. 当 $x\in K$ 时,因为积分域实际上是 $|x-y|\leqslant\varepsilon$，故 $y\in K_\varepsilon\subset K_{\varepsilon_0}$ 而在其中 $\chi(y)=1$，从而

$$f(x)=\int_{|x-y|\leqslant\varepsilon} J_\varepsilon(x-y)dy=1.$$

因此 $f(x)$ 即合于所求,称为截断函数.

截断函数的作用如下： 若 $\varphi(x)\in C^\infty(\Omega)$，则 $f(x)\varphi(x)\in C_0^\infty(\Omega)$,且在 K 中与 $\varphi(x)$ 相同,在 $K_{2\varepsilon_0}$ 之外恒为 0 ,所以我们可以

说 $f(x)$ 将 $\varphi(x)$ 在 K 中的一片截断. 在偏微分方程中我们时常还需要对截断函数之微商作估计. 这时注意到

$$j_\varepsilon(x-y)=j_1\left(\frac{x-y}{\varepsilon}\right),$$

$$C_\varepsilon=\varepsilon^n C_1.$$

由 (1.1.7) 有

$$D^\alpha f(x)=\varepsilon^{-|\alpha|}\frac{1}{\varepsilon^n C_1}\int \chi(y) j_1^{(\alpha)}\left(\frac{x-y}{\varepsilon}\right)dy,$$

$$|D^\alpha f(x)|\leqslant \varepsilon^{-|\alpha|}\frac{1}{\varepsilon^n C_1}\int\left|j_1^{(\alpha)}\left(\frac{x-y}{\varepsilon}\right)\right|dy\,(x-y=\varepsilon\tau)$$

$$=\varepsilon^{-|\alpha|}\frac{1}{C_1}\int|j_1^{(\alpha)}(\tau)|d\tau=M_\alpha\varepsilon^{-|\alpha|}. \tag{1.1.8}$$

这是一个很有用的估计式.

第二个应用是作出所谓一的分割 (partition of unity). 这里我们需要以下的概念和结果:

定义 1.1.7 拓扑空间 X 的子集族 $\{U_i\}_{i\in I}$ 称为局部有限的, 如果每一点 $x\in X$, 均有一邻域 U 与至多有限多个 U_i 相交; 子集族 $\{V_j\}_{j\in J}$ 称为 $\{U_i\}_{i\in I}$ 的加细,若每个 V_j 均含于某个 $U_{i(j)}$ 之内.

定义 1.1.8 设 $\Omega\subset\mathbf{R}^n$ 为一开集, $\{U_i\}_{i\in I}$ 是其开覆盖,一族 C^∞ 函数 $\{\varphi_i\}_{i\in I}$ 称为从属于 $\{U_i\}_{i\in I}$ 的一的分割. 若

i) $0\leqslant\varphi_i\leqslant 1$ 且 $\operatorname{supp}\varphi_i$ 含于某个 U_i 内;

ii) $\{\operatorname{supp}\varphi_i\}$ 是局部有限的;

iii) $\sum\limits_{i\in I}\varphi_i=1$ (在 Ω 上).

iii) 是有意义的,因为每一点 $x\in\Omega$ 至多含于有限多个 $\operatorname{supp}\varphi_i$ 内, 所以 $\sum\limits_{i\in I}\varphi_i$ 在每一点都只是有限和.

为了证明一的分割 (更准确地说是一的 C^∞ 分割) 存在. 我们需要以下的

引理 1.1.9 若 $\Omega\subset\mathbf{R}^n$ 为开集, $K\Subset\Omega$ 为紧集, 则必存在一个 C^∞ 函数 $\varphi(x)$ 使 $0\leqslant\varphi(x)\leqslant 1$,而且在 K 上 $\varphi(x)=1$ 在 Ω 外

$\varphi(x) = 0$

证. 前面对 K_{ε_0} 的特征函数, 所作的规则化函数 $\varphi(x) = (J_\varepsilon x)(x)$ $(\varepsilon < \varepsilon_0)$ 即适合所求.

定理 1.1.10 设 $\{U_i\}_{i\in I}$ 是 $A\subset \mathbf{R}^n$ 的任意开覆盖,则必有从属于 $\{U_i\}_{i\in I}$ 的一的 C^∞ 分割存在.

证. i) 先设 A 为紧集, 则有有限多个 $U_1, \cdots, U_i$ 覆盖 A. 今证必可找到开集 $W_i\subset U_i$ 使 $\overline{W}_i$ 为紧而 $W_1, \cdots, W_n$ 仍覆盖 A. 为此递推地作 W_i. 令 $C_1 = A-(U_2\cup\cdots\cup U_n)$, 则 $C_1\subset U_1$ 而且为紧. 于是容易作开集 W_1, 使 $\overline{W}_1$ 为紧而且 $C_1\subset W_1\Subset U_1$. 于是$A\subset W_1\cup(\bigcup\limits_{j=2}^{n} U_j)$. 设 $W_1,\cdots,W_k$ 均已作出,令$C_{k+1} = A-(W_1\cup\cdots\cup W_k\cup U_{k+2}\cup\cdots\cup U_n)$, 则 $C_{k+1}\subset U_{k+1}$ 而且为紧. 和上面一样可以作出 W_{k+1} 使 $\overline{W}_{k+1}$ 为紧,而且 $C_{k+1}\subset W_{k+1}\Subset U_{k+1}$.

在作出 $W_1, \cdots, W_n$ 后用引理 1.1.9 对每个 U_i 作 $\psi_i(x)\in C^\infty$, 而且在 W_i 上 $\psi_i(x) = 1$, 在 U_i 外 $\psi_i(x) = 0$. 在 A 上有

$$\psi_1(x) + \cdots + \psi_n(x) \geqslant 1.$$

令 $\varphi_i(x) = \psi_i(x)\Big/\sum\limits_{j=1}^{n}\psi_j(x)$ 即得所求的一的分割.

ii) 设 $A = \bigcup\limits_{k\geqslant 1} A_k$, A_k 为紧且 $A_k\Subset A_{k+1}$. 对每个 j 令$\mathscr{O}_j = \{U_i\cap(\mathring{A}_{j+1}-A_{j-2})\}_{i\in I}$, 则 $\mathscr{O}_j$ 是紧集 $A_j-\mathring{A}_{j-1}$ 的开覆盖,而由 i)可以作出从属于 $\mathscr{O}_j$ 的一的分割 $\Phi_j = \{\psi_\rho(x)\}_{\rho\in I_j}$. 令

$$\sigma(x) = \sum_j\sum_{\rho\in I_j}\psi_\rho(x),$$

则 $\{\mathrm{supp}\,\psi_\rho\}$ 是局部有限的, 因为任一点 $x\in A$ 必含于某个 A_{j_0} 中, 从而对适合 $j\geqslant j_0+2$ 的 $\Phi_j = \{\psi_\rho\}_{\rho\in I_j}$ 中之一切 ψ_ρ 有 $\psi_\rho(x) = 0$. 但由 i) 中的作法, 每个 Φ_j 都是有限集. 故 x 只能位于 $\Phi_1\cup\cdots\cup\Phi_{j_0+1}$ 中有限多个函数的支集中. 又因每点 $x\in A$ 均含于某个 $\mathring{A}_{j+1}-A_{j-2}$ 中(设 A_{-2}, A_{-1}, A_0 为 ϕ), 故至少有一个 $\psi_\rho(x)\in\Phi_j$ 在此点为正,从而 $\sigma(x)>0$. 令 $\varphi_\rho(x)=\psi_\rho(x)/\sigma(x)$,

则 $\{\varphi_\rho(x)\}$ 适合所求.

iii) 设 A 为开集. 令 $A_j=\{x: x\in A, |x|\leqslant j, \mathrm{dist}(x, \partial A)\geqslant 1/j\}$，则 A_j 为紧集，而且化为 ii) 的情况.

iv) 设 A 为任意集. 令 $B=\bigcup_{i\in I} U_i$，则 B 为开集而 $\{U_i\}_{i\in I}$ 是 B 的开覆盖，从而由 iii) 有相应于 B 的从属于 $\{U_i\}_{i\in I}$ 的一的分割，它当然也是相应于 A 的一的分割. 证毕.

3. 空间 $\mathscr{E}(\Omega)$. 除 $\mathscr{D}(\Omega)$ 外应用最广的基本空间是 $\mathscr{S}$. 由于我们将在下一章中专门讨论它，这里再介绍另一个基本空间.

定义 1.1.11 $C^\infty(\Omega)$ 赋以例 3 中的拓扑后称为 $\mathscr{E}(\Omega)$.

$\mathscr{E}(\Omega)$ 中 $\varphi_j(x)\to 0$，即对任一紧集 $K\Subset\Omega$，以及任一 $\varepsilon>0$、任一重指标 α 均可找到整数 $N=N(K, \varepsilon, \alpha)>0$，使当 $j\geqslant N$ 时 $\sup\limits_K |D^\alpha\varphi_j(x)|<\varepsilon$.

粗略地说：$\{\varphi_j(x)\}$ 在 $\mathscr{E}(\Omega)$ 中趋于 0，即在 Ω 之任意紧子集 K 上 $\{D^\alpha\varphi_j(x)\}$ (α 任意) 对 x 一致趋于 0.

§2. $\mathscr{D}'(\Omega)$ 广义函数

1. 定义和例.

定义 1.2.1 $\mathscr{D}(\Omega)$ 上的连续线性泛函称为 $\mathscr{D}'(\Omega)$ 广义函数（或分布），其集 $\mathscr{D}'(\Omega)$ 即 $\mathscr{D}(\Omega)$ 之对偶空间. 连续性指，若 $f\in\mathscr{D}'(\Omega)$，则对 Ω 之任一紧子集 K 均存在常数 $C>0$ 及整数 $k\geqslant 0$，使对一切 $\varphi\in C^\infty(K)$ 有

$$|\langle f, \varphi\rangle|\leqslant C\sum_{|\alpha|\leqslant k}\sup_K |D^\alpha\varphi|. \tag{1.2.1}$$

若对 Ω 之一切紧子集 K，可选取相同的 k，则 f 称为阶 $\leqslant k$ 的 $\mathscr{D}'(\Omega)$ 广义函数，其集记为 $\mathscr{D}'_k(\Omega)$. $\mathscr{D}'_F(\Omega)=\bigcup\limits_k \mathscr{D}'_k(\Omega)$ 是有限阶 $\mathscr{D}'(\Omega)$ 广义函数之集.

注 1. 定义中的线性是指对任意常数 α_1, α_2 有

$$\langle f, \alpha_1\varphi_1 + \alpha_2\varphi_2\rangle = \alpha_1\langle f, \varphi_1\rangle + \alpha_2\langle f, \varphi_2\rangle, \varphi_1, \varphi_2 \in \mathscr{D}(\Omega),$$

$\langle f, \varphi\rangle$ 表示 $\mathscr{D}'(\Omega)$ 中一个元与 $\mathscr{D}(\Omega)$ 中一个元的**配对** (pairing)，它对 φ 是线性的. 以后还要考虑另一种配对，我们规定用 (f, φ) 表示，它对 φ 是共轭线性，但对 f 却是线性的，即是说对复数 c 有

$$(cf, \varphi) = c(f, \varphi), \quad (f, c\varphi) = \bar{c}(f, \varphi).$$

$\langle , \rangle$ 称为 **Euclid 配对**，$(,)$ 称为 **Hermite 配对**.

注 2. 连续性应该指当 $\varphi_j \to 0$ (在 $\mathscr{D}(\Omega)$ 中)时，$\langle f, \varphi_j\rangle \to 0$. (1.2.1) 是与它等价的. 事实上有

引理 1.2.2 配对 $\langle f, \varphi_j\rangle \to 0$ 于 $\varphi_j \to 0$ (在 $\mathscr{D}(\Omega)$ 中) 时之充分必要条件是 (1.2.1) 成立.

证. 充分性. 设 $\varphi_j \to 0$ (在 $\mathscr{D}(\Omega)$ 中)，必有紧集 K，使在其中 $\forall\alpha$, $D^\alpha\varphi_j \to 0$ (对 x 一致). 对这个 K 应用 (1.2.1) 即知

$$\varphi_j \to 0 \text{ (在 } \mathscr{D}(\Omega) \text{ 中)} \Longrightarrow \langle f, \varphi_j\rangle \to 0.$$

必要性用反证法证明. 设有其紧集 K 使 (1.2.1) 对任意 C 与 k 均不成立. 于是对 $k = C = j$ 必有某个 $\varphi_j \in C^\infty(K)$ 使

$$|\langle f, \varphi_j\rangle| \geqslant j \sum_{|\alpha| \leqslant k} \sup_K |D^\alpha\varphi_j|.$$

必要时以适当常数乘 φ_j，可设 $|\langle f, \varphi_j\rangle| = 1$，于是

$$\sup_K |D^\alpha\varphi_j| \leqslant \frac{1}{j}, \ |\alpha| \leqslant j.$$

而由 $\operatorname{supp}\varphi_j \subset K$ 知上式意味着 $\varphi_j \to 0$ (在 $\mathscr{D}(\Omega)$ 中)，但 $|\langle f, \varphi_j\rangle| = 1$ 而与 $\langle f, \varphi_j\rangle \to 0$ 矛盾.

广义函数 f 有时也写作 $f(x)$，这当然是广义函数作为古典函数概念的推广在记号上的痕迹. 但这并不意味广义函数 f 在 x 点有值. 现在 x 只是表示 Ω 中之点与 φ 之变元. 如果还有其它变元如 $y, t, \cdots$ 出现，则应看作是参变量.

下面举一些 $\mathscr{D}'(\Omega)$ 广义函数之例.

例 1. $f(x) \in L^1_{\text{loc}}(\Omega)$ (即 Ω 上之局部可积函数) 都按下式定义 $\mathscr{D}'(\Omega)$ 广义函数

$$\langle f, \varphi\rangle = \int f(x)\varphi(x)dx, \quad \varphi \in \mathscr{D}(\Omega). \tag{1.2.2}$$

很明显这是 0 阶广义函数。

这个例子说明，可以把 $L^1_{loc}(\Omega)$ 映入 $\mathscr{D}'(\Omega)$；而且，"不同的" $L^1_{loc}(\Omega)$ 函数映为 $\mathscr{D}'(\Omega)$ 的不同元，即这个映射是单射，这一点可以证明如下：若 $f, g \in L^1_{loc}(\Omega)$ 映为相同的 $\mathscr{D}'(\Omega)$ 广义函数，应证 $f - g = 0$(p. p.)。记 $h(x) = f(x) - g(x)$，我们要证明

引理 1.2.3 $\int h(x)\varphi(x)dx = 0, \forall \varphi \in \mathscr{D}'(\Omega) \Longrightarrow h(x) = 0$ (p. p.)。

证. 令 $\varphi(y) = \varepsilon^{-n}J_1\left(\frac{x-y}{\varepsilon}\right)$(见式(1.1.1))，则对几乎一切$x$，当 $h(x)$ 有意义时有

$$\begin{aligned} h(x) &= \int h(x)J_1\left(\frac{x-y}{\varepsilon}\right)\varepsilon^{-n}dy \\ &= \int_{|x-y|<\varepsilon} [h(x) - h(y)]J_1\left(\frac{x-y}{\varepsilon}\right)\varepsilon^{-n}dy \\ &\quad + \int h(y)J_1\left(\frac{x-y}{\varepsilon}\right)\varepsilon^{-n}dy. \end{aligned}$$

由假设后一个积分为 0，而对前一积分有

$$\left|\int_{|x-y|<\varepsilon} [h(x) - h(y)]J_1\left(\frac{x-y}{\varepsilon}\right)\varepsilon^{-n}dy\right| \leqslant C\varepsilon^{-n} \times \int_{|x-y|<\varepsilon} |h(x) - h(y)|dy.$$

由可积函数的整体连续性(见 Sobolev [1])，知对几乎所有 x，后一积分可以随 $\varepsilon \to 0$ 而任意小，从而

$$h(x) = 0 \quad \text{(p. p.)}.$$

在这个例子中我们得到一个单射 $\iota: L^1_{loc}(\Omega) \to \mathscr{D}'(\Omega)$. 我们说一个局部可积函数是一个广义函数，这种广义函数称为**正规的**，其余的广义函数相应地称为**奇异的**. 奇异的广义函数最著称

的例子大概就是

例 2. δ 函数，其定义是

$$\langle \delta, \varphi \rangle = \varphi(0), \quad \varphi \in \mathscr{D}(\Omega). \tag{1.2.3}$$

很明显，它也是一个 0 阶 $\mathscr{D}'(\Omega)$ 广义函数，但它不是正规的. 因为若设 $\delta(x)$ 由 $f(x) \in L^1_{loc}(\Omega)$ 生成，取 $\varphi(x)$ 为上节中的 $j_\varepsilon(x)$（见式 (1.1.1)），则一方面由定义 (1.2.3)

$$\langle \delta, j_\varepsilon \rangle = j_\varepsilon(0) = e^{-1}.$$

另一方面，由于已设$\langle \delta, j_\varepsilon \rangle = \int f(x) j_\varepsilon(x) dx$，用 Lebesgue 控制收敛定理在积分号下取极限又有

$$\langle \delta, j_\varepsilon \rangle \to 0 \quad (\varepsilon \to 0).$$

$\delta(x)$ 虽不是正规的，却是一个 Radon 测度（即 $C_0(\Omega)$ 上的连续线性泛函，关于 Radon 测度详细的讨论可以参看 F. Treves [1]）. 例如当 $\Omega \subset \mathbf{R}^1$ 时取局部可积函数 $Y(x)$（Heaviside 函数），有

$$\langle \delta, \varphi \rangle = \int \varphi(x) dY(x).$$

而且一般的 Radon 测度 μ 也按下式

$$\mu(\varphi) = \int \varphi(x) d\mu \tag{1.2.4}$$

生成 0 阶 $\mathscr{D}'(\Omega)$ 广义函数. 所以我们又发现，Radon 测度空间也嵌入在 $\mathscr{D}'(\Omega)$ 中. δ 函数也时常称为 Dirac 测度.

由于历史的原因，(1.2.3) 时常写成积分之形：

$$\langle \delta, \varphi \rangle = \int \delta(x) \varphi(x) dx,$$

又对一般的 $\mathscr{D}'(\Omega)$ 广义函数 f，配对 $\langle f, \varphi \rangle$ 也常形式地写作

$$\int f(x) \varphi(x) dx.$$

例 3. 还有不是测度的 $\mathscr{D}'(\Omega)$ 广义函数. 例如看 $\Omega = \mathbf{R}^1$ 时的 $\delta'(x)$，其定义是

$$\langle \delta', \varphi \rangle = -\varphi'(0), \quad \varphi \in \mathscr{D}(\mathbf{R}^1). \tag{1.2.5}$$

它当然不会由某个 Radon 测度按 (1.2.4) 生成，因为 (1.2.4) 生成

0阶 $\mathscr{D}'(\Omega)$ 广义函数，而由 (1.2.5) 定义的 $\delta'(x)$ 是1阶 $\mathscr{D}'(\Omega)$ 广义函数.

以上我们看到广义函数可以认为是由经典的函数逐步推广、扩大而来，例如可以从连续函数（它们当然都是局部可积的）开始逐步扩大其范围而包括种种有奇异性的对象. 不妨说，奇异性的问题在广义函数理论中是一个核心的问题. 那么，这样的推广和扩大可以走到什么地步？而最终又与连续函数还有什么联系？这些问题将在以下各节中讨论. 现在我们再围绕一个重要问题——具有代数奇异性的函数的正则化——介绍一些在应用上很重要的广义函数.

例 4. 暂时设 $\Omega=\mathbf{R}^1$ 而 $f(x)$ 在有限多个点（例如一个点 $x=0$）上具有不可积的奇异性. 所谓 $f(x)$ 的正则化就是一个 $\mathscr{D}'(\mathbf{R}^1)$ 广义函数（仍记为 f），而对 $\varphi\in\mathscr{D}(\mathbf{R}^1)$，只要 $0\notin\operatorname{supp}\varphi$ 就有

$$\langle f,\varphi\rangle=\int_{\mathbf{R}^1}f(x)\varphi(x)dx. \tag{1.2.6}$$

先看 $f(x)=\dfrac{1}{x}$，它是不可积的. 当 $\varphi(0)=0$，例如 $0\notin\operatorname{supp}\varphi$ 时，(1.2.6) 有意义，但若 $\varphi(0)\neq0$，则 (1.2.6) 是一个发散积分. 但这时我们定义

$$\langle f,\varphi\rangle=\lim_{\varepsilon\to0}\left[\int_{-\infty}^{-\varepsilon}+\int_{\varepsilon}^{+\infty}\right]\frac{\varphi(x)}{x}dx,\ \varphi\in\mathscr{D}(\mathbf{R}^1). \tag{1.2.7}$$

这个积分确实是存在的，因为用分部积分法有

$$\text{式右}=\varphi(-\varepsilon)\lg\varepsilon-\varphi(\varepsilon)\lg\varepsilon-\left[\int_{-\infty}^{-\varepsilon}+\int_{\varepsilon}^{+\infty}\right]\varphi'(x)\lg|x|dx.$$

因为 $\varphi\in\mathscr{D}(\mathbf{R}^1)$，故 $\varphi(-\varepsilon)-\varphi(\varepsilon)=O(1)\varepsilon$，从而

$$\langle f,\varphi\rangle=-\int_{-\infty}^{\infty}\varphi'(x)\lg|x|dx.$$

这个积分即发散积分 $\int_{\mathbf{R}^1}\frac{\varphi(x)}{x}dx$ 的 Cauchy 主值:

$$\langle f, \varphi\rangle = \text{p.v.}\int_{\mathbf{R}^1}\frac{\varphi(x)}{x}dx. \tag{1.2.8}$$

而当 $\varphi(0)=0$ 时 p.v. $\int_{\mathbf{R}^1}\frac{\varphi(x)}{x}dx = \int_{\mathbf{R}^1}\frac{\varphi(x)}{x}dx$，而右方的积分是收敛的. 因此由 (1.2.8) 所定义的 $\mathscr{D}'(\Omega)$ 广义函数（它是 1 阶的）是 $\frac{1}{x}$ 的正则化，记作 p. v. $\frac{1}{x}$.

例 5. 仍设 $\Omega=\mathbf{R}^1$，考虑函数

$$x_+^\lambda = \begin{cases} x^\lambda, & x>0, \\ 0, & x<0, \end{cases} \quad \lambda\in \mathbf{C},\ \lambda\neq -1, -2, \cdots \tag{1.2.9}$$

这里的多值函数 x^λ 规定当 x 为正实数时取正实数值. 当 $\text{Re}\lambda>-1$ 时，x_+^λ 定义一个正规的 $\mathscr{D}'(\mathbf{R}^1)$ 广义函数

$$\langle x_+^\lambda, \varphi\rangle = \int_0^{+\infty} x^\lambda\varphi(x)dx,\ \varphi(x)\in\mathscr{D}(\mathbf{R}^1).$$

这个积分是 λ 的解析函数. 实际上，经过计算易见当 $\text{Re}\lambda>-1$ 时，

$$\int_0^{+\infty} x^\lambda\varphi(x)dx = \int_1^{+\infty} x^\lambda\varphi(x)dx + \int_0^1 x^\lambda\left[\varphi(x) - \sum_{j=0}^{k-1}\frac{\varphi^{(j)}(0)}{j!}x^j\right]dx + \sum_{j=0}^{k-1}\frac{\varphi^{(j)}(0)}{(\lambda+j+1)j!}. \tag{1.2.10}$$

但因由 Taylor 公式 $\varphi(x)-\sum_{j=0}^{k-1}\frac{\varphi^{(j)}(0)}{j!}x^j = O(1)x^k$. 所以 (1.2.10) 右方的积分当 $\text{Re}\lambda>-k-1$ 时仍收敛，而且整个右方在 $\text{Re}\lambda>-k-1$ 中定义了 λ 的解析函数，但在 $\lambda=-1, -2, \cdots, -k$ 处有单极点. 因此 (1.2.10) 的右方给出了其左方在 $\text{Re}\lambda>-k-1$ 中的解析拓展. 由 k 的任意性可知这样可将其左

方拓展到整个 λ 复平面上去，而有单极点 $\lambda=-1,-2,\cdots$. 这样我们又定义了一个 $\mathscr{D}'(\Omega)$ 广义函数，它仍是有限阶的，阶数是 $[-\mathrm{Re}\lambda-1]$ $(\mathrm{Re}\lambda\leqslant-1)$ 或 0 $(\mathrm{Re}\lambda>-1)$. 若 $0\notin\operatorname{supp}\varphi$，则 (1.2.10) 的右方即成收敛积分 $\int_0^{+\infty}x^\lambda\varphi(x)dx$. 所以这样得到的 $\mathscr{D}'(\Omega)$ 广义函数是 x_+^λ 的正则化.

以上我们给出了一个赋发散积分 $\int_0^{+\infty}x^\lambda\varphi(x)dx$ 以意义的方法. 这种方法首先见于 J. Hadamand [1]，其后在 M. Riesz [1] 中又系统地予以发展，并称为 Riemann-Liouville 积分.

与此相似，我们可定义 $\mathscr{D}'(\Omega)$ 广义函数 x_-^λ 即

$$x_-^\lambda=\begin{cases}0, & x>0,\\(-x)^\lambda, & x<0\end{cases}\qquad \lambda\in\mathbf{C}$$

的正则化. 由 x_+^λ, x_-^λ 出发还可定义许多重要的广义函数如

$$|x|^\lambda=x_+^\lambda+x_-^\lambda,$$

$$|x|^\lambda\operatorname{sgn}x=x_+^\lambda-x_-^\lambda.$$

这一类问题是十分重要的. 读者可参看 Гельфанд 和 Шилов [1]. 关于它们在近年来的重要进展可以参看 Бернштейн [1] 和 Бернштейн 和 Гельфанд [1].

2. $\mathscr{D}'(\Omega)$ 广义函数的运算.

1° 广义函数的相等和等于 0. 设 $f\in\mathscr{D}'(\Omega)$ 且 $\forall\varphi\in\mathscr{D}(\Omega)$ $\langle f,\varphi\rangle=0$，就说 $f=0$；若 $f,g\in\mathscr{D}'(\Omega)$ 且 $f-g=0$，就说 $f=g$. 注意在上一段例 1 中我们即已指出两个正规的广义函数（即局部可积函数）在广义函数意义下的相等，即在古典意义下的几乎处处相等. 一般地因为谈不上 $f(x)\in\mathscr{D}'(\Omega)$ 在"x 点之值"，其相等的定义是作为泛函的相等. 这是一个"整体定义". 下一节中还要给一个局部定义.

2° 广义函数的线性运算. 对常数 c_1, c_2 和 $f_1,f_2\in\mathscr{D}'(\Omega)$，我们定义 $c_1f_1+c_2f_2\in\mathscr{D}'(\Omega)$ 如下:

$$\langle c_1f_1+c_2f_2,\varphi\rangle=c_1\langle f_1,\varphi\rangle+c_2\langle f_2,\varphi\rangle,\ \forall\varphi\in\mathscr{D}(\Omega).\tag{1.2.11}$$

综合 1°, 2° 可知 $\mathscr{D}'(\Omega)$ 是一个线性空间. 下面我们还要赋 $\mathscr{D}'(\Omega)$ 以拓扑结构,使它成为拓扑线性空间. 这样 $\mathscr{D}'(\Omega)$ 将是 $\mathscr{D}(\Omega)$ 的拓扑对偶空间.

3° $\mathbf{R}^n$ 中的仿射变换. 设 $\Omega=\mathbf{R}^n$. 先讨论平移: 对通常的函数 $f(x)$, 若 $a\in\mathbf{R}^n$, 我们定义 $f(x)$ 沿 a 的平移为 $f(x-a)$. 对于 $f(x)\in\mathscr{D}'(\mathbf{R}^n)$, 我们则定义 $f(x-a)\in\mathscr{D}'(\mathbf{R}^n)$ 为

$$\langle f(x-a),\varphi(x)\rangle=\langle f(x),\varphi(x+a)\rangle,\forall\varphi\in\mathscr{D}(\mathbf{R}^n). \tag{1.2.12}$$

这样定义的 $f(x-a)$ 属于 $\mathscr{D}'(\mathbf{R}^n)$, 是应该证明的, 但因证明很容易,留给读者.

相似变换 $x\longmapsto cx$, $c\neq0$. 对 $f(x)\in\mathscr{D}'(\mathbf{R}^n)$ 我们定义

$$\langle f(cx),\varphi(x)\rangle=\frac{1}{|c|^n}\left\langle f(x),\varphi\left(\frac{x}{c}\right)\right\rangle,\ \forall\varphi\in\mathscr{D}(\mathbf{R}^n). \tag{1.2.13}$$

很容易证明 $f(cx)\in\mathscr{D}'(\mathbf{R}^n)$. 应该注意上式右方为什么会出现因子 $\frac{1}{|c|^n}$. 其实对于正则的广义函数,用 (1.2.2) 定义 $\langle f,\varphi\rangle$, 就知道必须有这个因子才能与经典的情况符合.

若对一切 $c>0$ 有 $f(cx)=c^\lambda f(x)$, 则称 f 为 λ 阶(正)齐性广义函数,我们将在下面讨论它.

对于 $c=-1$, 我们记 $f(-x)=\check{f}(x)$ 称为 f 的反射,故

$$\langle\check{f},\varphi\rangle=\langle f(-x),\varphi(x)\rangle=\langle f(x),\varphi(-x)\rangle=\langle f,\check{\varphi}\rangle.$$

若 $\check{f}=f$, 称 f 为偶广义函数, $\check{f}=-f$ 则为奇广义函数. 例如对 $x_\pm^\lambda$ 有 $\check{x}_\pm^\lambda=x_\mp^\lambda$, $|\check{x}|^\lambda=|x|^\lambda$, $(|x|^\lambda\mathrm{sgn}x)\check{}=-|x|^\lambda\mathrm{sgn}x$.

对一般的非异线性变换 A: $\mathbf{R}^n\to\mathbf{R}^n$, 我们定义

$$\langle f(Ax),\varphi(x)\rangle=|\det A|^{-1}\langle f(x),\varphi(A^{-1}x)\rangle, \tag{1.2.14}$$

$$f(x)\in\mathscr{D}'(\mathbf{R}^n),\varphi(x)\in\mathscr{D}(\mathbf{R}^n).$$

这里我们看到广义函数与通常的函数有重要的区别, 而在变量的

变换下表现出来．这一点将在 §6 中再讨论．

以下讨论一些重要的分析运算．

4° 乘子运算．设 $a(x)\in C^\infty(\Omega)$，$f(x)\in \mathscr{D}'(\Omega)$，定义二者的乘子积 $af\in \mathscr{D}'(\Omega)$（应该证明它确为 $\mathscr{D}'(\Omega)$ 之元）为

$$\langle af, \varphi\rangle=\langle f, a\varphi\rangle,\ \forall\varphi\in\mathscr{D}(\Omega), \tag{1.2.15}$$

$a(x)$ 称为 $\mathscr{D}'(\Omega)$ 乘子．

例 1． $x\delta(x)=0$，因为

$$\langle x\delta, \varphi\rangle=\langle\delta, x\varphi\rangle=x\varphi(x)|_{x=0}=0.$$

反之若 $f\in\mathscr{D}'(\Omega)$，而且 $xf=0$，必有 $f=c\delta$（c 是常数），证明见后．从这个例子看到乘子积里有"零因子"出现．

例 2． $x\cdot\dfrac{1}{x}=1$．这里 $\dfrac{1}{x}$ 表示 p.v. $\dfrac{1}{x}$．事实上

$$\begin{aligned}\left\langle x\cdot\frac{1}{x}, \varphi(x)\right\rangle&=\left\langle \text{p. v.}\frac{1}{x}, x\varphi(x)\right\rangle\\&=\text{p. v.}\int_{\mathbf{R}^1}\frac{x\varphi(x)}{x}dx\\&=\int_{\mathbf{R}^1}\varphi(x)dx=\langle 1, \varphi\rangle.\end{aligned}$$

例3． $x\cdot x_+^\lambda=x_+^{\lambda+1}(\lambda\neq-1,-2,\cdots)$．先看 $\mathrm{Re}\,\lambda>-1$ 的情况．这时对一切 $\varphi\in\mathscr{D}(\mathbf{R}^1)$ 有

$$\begin{aligned}\langle x\cdot x_+^\lambda, \varphi\rangle&=\langle x_+^\lambda, x\varphi(x)\rangle\\&=\int_0^{+\infty}x^{\lambda+1}\varphi(x)dx=\langle x_+^{\lambda+1}, \varphi\rangle.\end{aligned}$$

但因双方都是 λ 的解析函数，所以在其解析域中二者都相等．

目前我们还不能定义两个广义函数的乘积而且使它成为"通常乘积"的自然的推广．如果形式地加以规定，就可能违反通常乘积的某些基本规律如结合律．例如

$$\left(\frac{1}{x}\cdot x\right)\cdot\delta(x)=1\cdot\delta(x)=\delta(x),\ \frac{1}{x}\text{ 指 p. v.}\frac{1}{x},$$

$$\frac{1}{x}\cdot(x\cdot\delta(x))=\frac{1}{x}\cdot 0=0\neq\left(\frac{1}{x}\cdot x\right)\cdot\delta(x).$$

广义函数的乘法问题将在第四章中讨论.

5° 微分运算. 先看一个例子: 设 $f(x)\in C^1(\mathbf{R}^1)$, 它当然是 $\mathscr{D}'$ 广义函数,且对 $\varphi\in\mathscr{D}(\mathbf{R}^1)$ 有

$$\begin{aligned}\langle f', \varphi\rangle &= \int_{\mathbf{R}^1} f'(x)\varphi(x)dx\\ &= -\int_{\mathbf{R}^1} f(x)\varphi'(x)dx = -\langle f, \varphi'\rangle.\end{aligned}$$

模仿这个关系,我们给出

定义 1.2.4 设 $f\in\mathscr{D}'(\Omega)$, 我们定义 $\frac{\partial}{\partial x_j}f$ 为 $\mathscr{D}'(\Omega)$ 广义函数如下: 对一切 $\varphi\in\mathscr{D}(\Omega)$, 定义

$$\left\langle\frac{\partial}{\partial x_j}f, \varphi\right\rangle = -\left\langle f, \frac{\partial\varphi}{\partial x_j}\right\rangle; \tag{1.2.16}$$

对任一重指标 α, 我们类似地定义

$$\left\langle\left(\frac{\partial}{\partial x}\right)^\alpha f, \varphi\right\rangle = (-1)^{|\alpha|}\left\langle f, \left(\frac{\partial}{\partial x}\right)^\alpha \varphi\right\rangle. \tag{1.2.17}$$

这里当然应该证明这样定义的 $\left(\frac{\partial}{\partial x}\right)^\alpha f$ 确是 $\mathscr{D}'(\Omega)$ 广义函数. 要点在于证明当 $\varphi_j\to 0$ (在 $\mathscr{D}(\Omega)$ 中)时 $\left\langle\left(\frac{\partial}{\partial x}\right)^\alpha f, \varphi_j\right\rangle\to 0$. 而这要求证明 $\left(\frac{\partial}{\partial x}\right)^\alpha \varphi_j\to 0$ (在 $\mathscr{D}(\Omega)$ 中). $\mathscr{D}(\Omega)$ 的拓扑结构恰好保证了这一点,而这正是定义 $\mathscr{D}(\Omega)$ 的根据.

下面不加证明地给出一些显见的结果:

定理 1.2.5 $\mathscr{D}'(\Omega)$ 广义函数均无穷可微,而且结果与求微商的次序无关,因此例如有

$$\frac{\partial^2}{\partial x_j\partial x_k}f = \frac{\partial^2}{\partial x_k\partial x_j}f, \quad f\in\mathscr{D}'(\Omega).$$

定理 1.2.6 具 C^∞ 系数的线性偏微分算子 (PDO)

$$P \equiv P(x, \partial_x) \equiv \sum_{|\alpha|\leqslant m} a_\alpha(x)\partial_x^\alpha$$

映 $\mathscr{D}'(\Omega)$ 到 $\mathscr{D}'(\Omega)$ 内，而且对 $f\in\mathscr{D}'(\Omega)$，$\varphi\in\mathscr{D}(\Omega)$ 有

$$\begin{aligned}\langle Pf,\varphi\rangle&=\langle f,{}^tP\varphi\rangle\\&=\langle f,\sum_{|\alpha|\le m}(-1)^{|\alpha|}\partial_x^\alpha[a_\alpha(x)\varphi]\rangle,\end{aligned}\tag{1.2.18}$$

${}^tP\equiv\sum_{|\alpha|\le m}(-1)^{|\alpha|}\partial_x^\alpha[a_\alpha(x)\cdot\,]$ 称为 P 之转置算子.

定理 1.2.7 （广义 Leibnitz 公式） 设 $a(x)\in C^\infty$，则对 $f\in\mathscr{D}'(\Omega)$，

$$P(af)=\sum_{|\beta|\le m}\frac{1}{\beta!}\partial_x^\beta a\cdot P^{(\beta)}(x,\partial_x)f,\tag{1.2.19}$$

这里 $P^{(\beta)}(\xi)=\partial_\xi^\beta P(\xi)$.

证. 由 Leibnitz 公式(请自己证明) $\partial_x(af)=\partial_x a\cdot f+a\partial_x f$，因此将 $P(af)$ 之各项展开再整理，应有

$$P(af)=\sum_{|\beta|\le m}\partial_x^\beta aR_\beta(x,\partial_x)f.\tag{1.2.20}$$

为了求 R_β 的表达式，取 $\xi,\eta\in\mathbf{R}^n$，并令 $a=\exp\langle\xi,x\rangle$，$f=\exp\langle\eta,x\rangle$，代入 (1.2.20). 左方为 $P(x,\xi+\eta)\exp\langle\xi+\eta,x\rangle$，右方为 $\left[\sum_{|\beta|\le m}\xi^\beta R_\beta(x,\eta)\right]\exp\langle\xi+\eta,x\rangle$. 将 $P(x,\xi+\eta)$ 展开有

$$P(x,\xi+\eta)=\sum_{|\beta|\le m}\frac{1}{\beta!}\xi^\beta P^{(\beta)}(x,\eta).$$

再代入 (1.2.20)，比较双方，则由 ξ 之任意性有

$$R_\beta(x,\eta)=\frac{1}{\beta!}P^{(\beta)}(x,\eta).$$

因为这是 η 的多项式，故 $R_\beta(x,\partial_x)=\frac{1}{\beta!}P^{(\beta)}(x,\partial_x)$. 证毕.

例 1. Heaviside 函数 $Y(x)=x_+^0$ (见 (1) 和 (1.2.9))有

$$\begin{aligned}\langle Y',\varphi\rangle&=-\langle Y,\varphi'\rangle\\&=-\int_0^{+\infty}\varphi'(x)dx=\varphi(0).\end{aligned}$$

所以 $Y'(x)=\delta(x)$. 这个事实曾由 Dirac 从物理学角度发现，现

在我们又从数学上论证了它。

例 2. $\frac{d}{dx}\lg|x| = \text{p. v.}\frac{1}{x}$. 事实上由分部积分即得

$$\left\langle \frac{d}{dx}\lg|x|, \varphi \right\rangle = -\int_{\mathbf{R}^1} \lg|x|\varphi'(x)dx$$

$$= -\lim_{\varepsilon\to 0+}\int_{|x|\geq\varepsilon} \lg|x|\varphi'(x)dx$$

$$= \text{p. v.}\int_{\mathbf{R}^1}\frac{\varphi(x)}{x}dx$$

$$= \left\langle \text{p. v.}\frac{1}{x}, \varphi \right\rangle.$$

例 3. $\frac{d}{dx}x_+^\lambda = \lambda x_+^{\lambda-1}\ (\lambda \neq 0, -1, -2, \cdots)$. 先令 $\text{Re}\lambda>0$, 则

$$\left\langle \frac{d}{dx}x_+^\lambda, \varphi \right\rangle = -\int_0^{+\infty} x^\lambda\varphi'(x)dx$$

$$= \lambda\int_0^{+\infty} x^{\lambda-1}\varphi(x)dx$$

$$= \langle \lambda x_+^{\lambda-1}, \varphi \rangle. \tag{1.2.21}$$

因此上式在 $\text{Re}\lambda>0$ 中成立. 但 $-\langle x_+^\lambda, \varphi' \rangle$ 和 $\langle \lambda x_+^{\lambda-1}, \varphi \rangle$ 都是 λ 的解析函数(不过双方均有单极点于 $\lambda=0, -1, -2, \cdots$ 处),所以,当 $\lambda\neq 0, -1, -2, \cdots$ 时上式成立.

当 $\lambda=0$ 时,由 (1.2.9) 已知 $x_+^0=Y(x)$, 故由上例 $\frac{d}{dx}x_+^0=\delta(x)\neq 0x_+^{0-1}$. 现在要进一步讨论 $\lambda=-k$ (k 为正整数)时应如何定义 x_+^{-k} 并给出微商公式.

记 $I_\lambda(\varphi)=\int_0^{+\infty}x^\lambda\rho(x)dx=\langle x_+^\lambda, \varphi\rangle$,当 $\lambda\neq -1, -2, \cdots$ 时双方都是 λ 的解析函数,而 (1.2.21) 给出

$$\begin{aligned} I_\lambda(\varphi) &= -I_{\lambda+1}(\varphi')/(\lambda+1) = \cdots \\ &= (-1)^k I_{\lambda+k}(\varphi^{(k)})/(\lambda+1)\cdots(\lambda+k). \end{aligned} \tag{1.2.22}$$

因此 $I_\lambda(\varphi)$ 在单极点 $-k$ 处的留数是 $(-1)^k I_0(\varphi^{(k)})/(1-k)\cdots(-1) = -I_0(\varphi^{(k)})/(k-1)!$. 现在设 λ 离 $-k$ 很近 $(\lambda+k=\varepsilon)$,并在 $I_\lambda(\varphi)$ 中减去其奇异部分,则当 $\lambda+k=\varepsilon\to 0$ 时

$$
\begin{aligned}
&I_\lambda(\varphi)+I_0(\varphi^{(k)})/(k-1)!\varepsilon \\
&\quad=I_\lambda(\varphi)-\varphi^{(k-1)}(0)/(k-1)!\varepsilon \\
&\quad=(-1)^k I_\varepsilon(\varphi^{(k)})/(\varepsilon+1-k)\cdots\varepsilon \\
&\qquad-\varphi^{(k-1)}(0)/(k-1)!\varepsilon \\
&\quad=(-1)^k\int_0^{+\infty}(x^\varepsilon-1)\varphi^{(k)}(x)dx/(\varepsilon+1 \\
&\qquad-k)\cdots\varepsilon+\varphi^{(k-1)}(0)[1/(k-1 \\
&\qquad-\varepsilon)\cdots(1-\varepsilon)-1/(k-1)!]\frac{1}{\varepsilon} \\
&\quad\to-\int_0^{+\infty}(\lg x)\varphi^{(k)}(x)dx/(k-1)! \\
&\qquad+\varphi^{(k-1)}(0)\left(\sum_1^{k-1}\frac{1}{j}\right)\Big/(k-1)!.
\end{aligned}
$$

因此,我们定义 x_+^{-k} 为以下的 k 阶 $\mathscr{D}'(\Omega)$ 广义函数

$$
\begin{aligned}
\langle x_+^{-k},\varphi\rangle=&-\int_0^{+\infty}(\lg x)\varphi^{(k)}(x)dx/(k-1)! \\
&+\varphi^{(k-1)}(0)\left(\sum_1^{k-1}\frac{1}{j}\right)\Big/(k-1)!. \qquad (1.2.23)
\end{aligned}
$$

对于这样定义的 x_+^{-k},经过计算自然有

$$\langle x_+^{-k},x\varphi\rangle=\langle x_+^{-(k-1)},\varphi\rangle,\text{ 即 } x\cdot x_+^{-k}=x_+^{-(k+1)}. \qquad (1.2.24)$$

同时经计算有

$$
\begin{aligned}
-\langle x_+^{-k},\varphi'\rangle=&\int_0^{+\infty}(\lg x)\varphi^{(k+1)}(x)dx/(k-1)! \\
&-\varphi^{(k)}(0)\left(\sum_1^{k-1}\frac{1}{j}\right)\Big/(k-1)! \\
=&(-k)\Big[-\int_0^{+\infty}(\lg x)\varphi^{(k+1)}(x)dx/k!
\end{aligned}
$$

$$+\varphi^{(k)}(0)\left(\sum_{1}^{k-1}\frac{1}{j}\right)\Big/k!\Big]$$

$$=-k\langle x_+^{-k-1},\varphi\rangle+\varphi^{(k)}(0)/k!.$$

因此，代替 $\lambda\neq 0,-1,-2,\cdots$时的 $\frac{d}{dx}x_+^{\lambda}=\lambda x_+^{\lambda-1}$，现在有

$$\frac{d}{dx}x_+^{-k}=-kx_+^{-k-1}+(-1)^k\delta^{(k)}(x)/k!. \qquad (1.2.25)$$

现在讨论广义函数意义下的微商与古典意义的微商之间的关系. 如果 $f\in C^1(\Omega)$, 则 f 和 $\partial_x f$ 都是局部可积函数因而都定义 $\mathscr{D}'(\Omega)$ 广义函数；而且由分部积分法可知 $\partial_x f$ 也就是 f 的广义函数微商. 但若例如 $f(x)$ 只是 $x\in \mathbf{R}^1$ 的分段光滑函数（确切些说，设 $f(x)$ 和 $f'(x)$ 在 $\mathbf{R}^1$ 上只有有限多个第一类间断点），则 f 的广义函数微商 f' 与古典意义下的微商（它也是局部可积的）所定义的广义函数（记作 $[f']$）二者并不相等. 事实上，令 $f(x)$ 之间断点是 $a_1,\cdots,a_k$, 相应的跃度是 $h_1,\cdots,h_k$, 则

$$\begin{aligned}\langle f',\varphi\rangle&=-\langle f,\varphi'\rangle\\&=-\left[\int_{-\infty}^{a_1}+\int_{a_1}^{a_2}+\cdots+\int_{a_k}^{+\infty}\right]f(x)\varphi'(x)dx\\&=-f(x)\varphi(x)\Big|_{-\infty}^{a_1}-\cdots-f(x)\varphi(x)\Big|_{a_k}^{+\infty}\\&\quad+\int_{-\infty}^{+\infty}[f'(x)]\varphi(x)dx\\&=\varphi(a_1)[f(a_1+0)-f(a_1-0)]+\cdots\\&\quad+\varphi(a_k)[f(a_k+0)-f(a_k-0)]\\&\quad+\int_{-\infty}^{+\infty}[f'(x)]\varphi(x)dx\\&=\sum_{j=1}^{k}h_j\langle\delta(x-a_j),\varphi\rangle+\langle[f'],\varphi\rangle.\end{aligned}$$

因此

$$f'=\sum_{j=1}^{k}h_j\delta(x-a_j)+[f']. \qquad (1.2.26)$$

这是一个重要的关系式，而且数学分析中的几个大定理（总称 Stokes 定理）都可以解释为它的高维类比（见 § 5，§ 6）。目前我们只是提醒一点：从（1.2.26）看，古典的求微商的结果会漏掉一些 δ 函数，因此一些重要定理如 $[f'] = 0 \Rightarrow f(x) = \text{const}$ 在古典的数学分析中是要加上很强的条件才能成立的（例如在初等微积分中是要求 $f(x)$ 处处可微），例如 Heaviside 函数的古典意义微商几乎处处（$x \neq 0$ 处）为 0——对于局部可积函数而言，p. p. 为 0 的函数，即 0 函数——但 $Y(x) \not\equiv \text{const}$。但对于广义函数意义下的微商则没有这个问题。

定理 1.2.8 设 $f \in \mathscr{D}'(\mathbf{R}^1)$，而且 $f' \in \mathscr{D}'(\mathbf{R}^1)$ 为 0，则 $f = \text{const}$。

证. 由假设 $\langle f, \varphi' \rangle = 0$，记 $\varphi' = \phi$，则 f 在 $\mathscr{D}(\mathbf{R}^1)$ 中之作为另一个 $\mathscr{D}(\mathbf{R}^1)$ 函数的微商的元 ϕ 上为 0，亦即 f 对有一个原函数 $\int_{-\infty}^{x} \phi(t)dt$ 仍在 $\mathscr{D}(\mathbf{R}^1)$ 中的这种 ϕ 上为 0。但 $\int_{-\infty}^{x} \phi(t)dt \cdot \in \mathscr{D}(R^1)(\phi \in \mathscr{D}(\mathbf{R}^1))$ 之充分必要条件是 $\int_{-\infty}^{+\infty} \phi(t)dt = I(\phi) = 0$。因此 $I(\phi) = 0 \Rightarrow \langle f, \phi \rangle = 0$。现在取任一 $\varphi \in \mathscr{D}(\mathbf{R}^1)$。作一函数 $\varphi_0 \in \mathscr{D}(\mathbf{R}^1)$ 使 $I(\varphi_0) = 1$，则令 $\phi = \varphi - I(\varphi)\varphi_0$，当有 $I(\phi) = 0$，从而

$$
\begin{aligned}
0 = \langle f, \phi \rangle &= \langle f, \varphi \rangle - I(\varphi)\langle f, \varphi_0 \rangle \\
&= \langle f, \varphi \rangle - \langle c, \varphi \rangle,
\end{aligned}
$$

$c = \langle f, \varphi_0 \rangle$。因此 $f = c$。证毕。

3. 齐性广义函数. 前面我们已提到什么是（正）齐性广义函数。现在要给出确切的定义。

先看一个古典的函数 $f(x)$ $x \in \mathbf{R}^n$ 为 k 阶（正）齐性函数的定义

$$f(tx) = t^k f(x), \quad t > 0.$$

如果它能生成 $\mathscr{D}'(\Omega)$ 广义函数（这是不一定的），则

$$\left\langle f(x), \varphi\left(\frac{x}{t}\right) \right\rangle = \int f(x) \varphi\left(\frac{x}{t}\right) dx$$

$$= \int f(ty)\varphi(y)t^n dy$$
$$= t^{k+n}\langle f, \varphi\rangle \quad (x = ty).$$

仿照这个关系，我们给出

定义 1.2.9 设 $f \in \mathscr{D}'(\Omega)$ 适合以下关系式

$$\left\langle f(x), \varphi\left(\frac{x}{t}\right)\right\rangle = t^{k+n}\langle f, \varphi\rangle, \ \forall t > 0, \ \varphi \in \mathscr{D}(\Omega), \tag{1.2.27}$$

则称 f 为 k 阶(正)齐性广义函数.

以上我们所讨论的 x_+^λ $(\lambda \neq -1, -2, \cdots)$ 是齐性函数的例子. 因为设 $\mathrm{Re}\lambda > -1$, 则

$$\langle x_+^\lambda, \varphi\rangle = \int_0^{+\infty} x^\lambda \varphi(x) dx$$
$$= t^{-n-\lambda}\int_0^{+\infty} y^\lambda \varphi\left(\frac{y}{t}\right) dy$$
$$= t^{-n-\lambda}\left\langle x_+^\lambda, \varphi\left(\frac{x}{t}\right)\right\rangle \quad \left(x = \frac{y}{t}\right).$$

又因双方都是 λ 之解析函数，解析拓展后即知上式对 $\lambda \in \mathbf{C}$ $(\lambda \neq -1, -2, \cdots)$ 均成立. 所以对这样的 λ, x_+^λ 是 λ 阶正齐性广义函数. 但是当 $\lambda = -k$ (k 为正整数)时，x_+^{-k} 却不是$-k$阶正齐性函数，这由 (1.2.23) 经过计算即可知道.

齐性广义函数和古典的齐性函数有许多共同性质. 例如一个 k 阶(正)齐性广义函数与一个 l 阶(正)齐性乘子的乘子积是一个 $k+l$ 阶(正)齐性广义函数; k 阶(正)齐性广义函数的一阶微商是 $k-1$ 阶(正)齐性广义函数等等. 现在我们证明

定理 1.2.10 (Euler恒等式) f 是 k 阶(正)齐性广义函数的充分必要条件是

$$\sum_{j=1}^{n} x_j \frac{\partial f}{\partial x_j} = kf. \tag{1.2.28}$$

证. 我们要证的即 f 之齐性等价于

$$k\langle f,\varphi\rangle=\left\langle\sum_{j=1}^{n}x_j\frac{\partial f}{\partial x_j},\varphi\right\rangle$$

$$=-\left\langle f,\sum_{j=1}^{n}\frac{\partial}{\partial x_j}(x_j\varphi)\right\rangle$$

$$=-n\langle f,\varphi\rangle-\left\langle f,\sum_{j=1}^{n}x_j\frac{\partial\varphi}{\partial x_j}\right\rangle,$$

亦即 (1.2.27) 等价于

$$\left\langle f,\sum_{j=1}^{n}x_j\frac{\partial\varphi}{\partial x_j}\right\rangle=-(k+n)\langle f,\varphi\rangle. \tag{1.2.29}$$

现将 (1.2.27) 双方对 t 求导,再令 $t=1$ 即得 (1.2.29)(证明过程中我们用到了 $\frac{\partial}{\partial t}\langle f,\varphi(x,t)\rangle=\left\langle f,\frac{\partial\varphi}{\partial t}\right\rangle$ 这一事实,它可以由式右作为差商的极限以及 $\frac{\Delta\varphi(x,t)}{\Delta t}\to\frac{\partial\varphi}{\partial t}$ (在 $\mathscr{D}(\Omega)$ 中)得到).

反之,设广义函数 f 适合 (1.2.29). 将 $t^{-k-n}\left\langle f,\varphi\left(\frac{x}{t}\right)\right\rangle$ 对 t 求导,由 (1.2.29) 可知其微商为 0,因此它的值与 t 无关. 令 $t=1$ 即得式 (1.2.27):

$$t^{-k-n}\left\langle f,\varphi\left(\frac{x}{t}\right)\right\rangle=\langle f,\varphi\rangle.$$

一个 k 阶(正)齐性函数当 $k\leqslant-n$ 时在原点总有不可积的奇异性,用它来生成广义函数就需要正则化. 因此,讨论齐性广义函数时,时常与正则化问题相联结. 读者可以在Гельфанд 和 Шилов[1] 中第四章找到详尽的讨论,它在偏微分方程理论中是很重要的.

4. $\mathscr{D}'(\Omega)$ 的拓扑结构. 人们过去曾试图以多种方法将$\delta(x)$定义为光滑函数序列的极限. 例如

$$\lim_{n\to\infty}\frac{n}{\sqrt{\pi}}\exp(-n^2x^2)=\delta(x),$$

其意义实际上是说,对一切 $\varphi\in\mathscr{D}(\mathbf{R}^1)$ 有

$$\lim_{n\to\infty}\int_{\mathbf{R}^1}\frac{n}{\sqrt{\pi}}\exp(-n^2x^2)\varphi(x)dx=\varphi(0).$$

这就告诉我们应在 $\mathscr{D}'(\Omega)$ 中引入某种拓扑结构. $\mathscr{D}'(\Omega)$ 中有多种拓扑,如强拓扑、弱*拓扑(可以证明对序列的收敛而言二者是一致的),我们这里则直接给出

定义 1.2.11 设 $f_j, f\in\mathscr{D}'(\Omega)$, 而且

$$\lim_{j\to\infty}\langle f_j,\varphi\rangle=\langle f,\varphi\rangle,\ \forall\varphi\in\mathscr{D}(\Omega), \tag{1.2.30}$$

则 f_j 在 $\mathscr{D}'(\Omega)$ 中(弱*)收敛于 f.

定理 1.2.12 若 $f_j\to f$ (在 $\mathscr{D}'(\Omega)$ 中), 则对任意重指标 α, $\partial^\alpha f_j\to\partial^\alpha f$.

证. 任取 $\varphi\in\mathscr{D}(\Omega)$, 则 $(-1)^{|\alpha|}\partial^\alpha\varphi\in\mathscr{D}(\Omega)$, 从而

$$\begin{aligned}\langle\partial^\alpha f_j,\varphi\rangle&=\langle f_j,(-1)^{|\alpha|}\partial^\alpha\varphi\rangle\to\langle f,(-1)^{|\alpha|}\partial^\alpha\varphi\rangle\\&=\langle\partial^\alpha f,\varphi\rangle.\end{aligned}$$

同法可证若 $a(x)$ 为一个乘子, 则 $af_j\to af$ (在 $\mathscr{D}'(\Omega)$ 中), 若 $P(x,D_x)$ 是具有 C^∞ 系数的线性 PDO, 则 $P(x,D_x)f_j\to P(x,D_x)f$ (在 $\mathscr{D}'(\Omega)$ 中). 我们也可以说: 乘子运算和微分运算: $\mathscr{D}'(\Omega)\to\mathscr{D}'(\Omega)$ 都是连续的.

根据这个定义,可说 $\frac{n}{\sqrt{\pi}}\exp(-n^2x^2)\to\delta(x)$ (在 $\mathscr{D}'(\mathbf{R}^1)$ 中). 这个作法可以推广: 若有 $\mathbf{R}^1$ 上的连续函数序列 $f_j(x)$ (它们当然都是 $\mathscr{D}'(\mathbf{R}^1)$ 广义函数),适合:

i) $\forall M>0,\ |a|,|b|<M\Rightarrow\left|\int_a^b f_j(x)dx\right|\leqslant C(M)$;

ii) $\lim\limits_{j\to\infty}\int_a^b f_j(x)dx=\begin{cases}0, & a, b\text{ 同号},\\1, & a<0<b,\end{cases}$

则必有 $f_j\to\delta$ (在 $\mathscr{D}'(\mathbf{R}^1)$ 中).

事实上,若记 $F_j(x)=\int_{-1}^x f_j(t)dt$, 由 ii) 知 $F_j(x)\to Y(x)$ (p. p.), 而由 i) 可知, 对 $\varphi\in\mathscr{D}(\mathbf{R}^1)$ 可以应用 Lebesgue 控制收敛定理而得

$$\langle F_j, \varphi\rangle = \int_{\mathbf{R}^1} F_j(x)\varphi(x)dx \to \int_{\mathbf{R}^1} Y(x)\varphi(x)dx$$
$$= \langle Y, \varphi\rangle.$$

因此 $F_j \to Y$（在 $\mathscr{D}'(\mathrm{R}^1)$ 中），从而 $f_j = \frac{d}{dx}F_j \to \frac{d}{dx}Y(x) = \delta(x)$（在 $\mathscr{D}'(\mathrm{R}^1)$ 中）。

物理学家常用这种方法定义 $\delta(x)$，例如

$$\frac{1}{\pi}\frac{\varepsilon}{x^2+\varepsilon^2} \to \delta(x) \quad \left(\varepsilon \to 0,\ j = \frac{1}{\varepsilon}\right),$$

$$\frac{1}{\pi}\frac{\sin \nu x}{x} \to \delta(x) \quad (\nu \to \infty,\ j = \nu).$$

物理学家处理这类问题的方法可见 Соколов 和 Иваненко [1].

以上我们看到，可以用一串连续函数在 $\mathscr{D}'(\Omega)$ 的弱拓扑中去逼近 $\delta(x)$；一般说来甚至可以用 C^∞ 函数在 $\mathscr{D}'(\Omega)$ 中去逼近一切 $\mathscr{D}'(\Omega)$ 广义函数. 这一点将在 §4 中讨论.

在结束本节时，我们再证明广义函数的微商也可以定义为其差商在 $\mathscr{D}'(\Omega)$ 中的极限. 设 $f(x) \in \mathscr{D}'(\Omega)$，$h$ 是向量 $(0, \cdots, h_i, \cdots, 0)$（第 i 个分量是 h_i，其余是 0），则 $[f(x+h)-f(x)]/h_i \in \mathscr{D}'(\Omega)$. 任取 $\varphi \in \mathscr{D}(\Omega)$，则当 $|h_i|$ 充分小时，$\mathrm{supp}\,\varphi(x-h) \subset K_\varepsilon$，$K = \mathrm{supp}\,\varphi$，而且当 $h_i \to 0$ 时，$\mathrm{supp}[\varphi(x-h)-\varphi(x)] \subset K_\varepsilon$. 由广义函数平移的定义 (1.2.12)，我们有

$$\lim_{h_i \to 0}\left\langle \frac{f(x+h)-f(x)}{h_i}, \varphi(x)\right\rangle$$
$$= \lim_{h_i \to 0}\left\langle f(x), \frac{\varphi(x-h)-\varphi(x)}{h_i}\right\rangle$$
$$= -\left\langle f(x), \frac{\partial \varphi(x)}{\partial x_i}\right\rangle$$
$$= \left\langle \frac{\partial f}{\partial x_i}, \varphi\right\rangle.$$

因此，作为 $\mathscr{D}'(\Omega)$ 中的极限，我们有

$$\lim_{h_i \to 0}\frac{f(x+h)-f(x)}{h_i} = \frac{\partial f}{\partial x_i}.$$

以上我们用到了 $\lim\limits_{h_i\to 0}\dfrac{\varphi(x-h)-\varphi(x)}{h_i}=-\dfrac{\partial\varphi}{\partial x_i}$（在 $\mathscr{D}(\Omega)$ 中）这个明显的事实.

关于 $\mathscr{D}'(\Omega)$ 的拓扑结构的详细讨论可以参看 F. Treves[1].

§3. 广义函数的局部性质. $\mathscr{E}'$ 广义函数

1. 广义函数的支集与奇支集. 广义函数作为古典函数概念的推广，是基本空间上的连续线性泛函，因此谈不上它在某一点 x_0 之值. 但是说 $f(x)\in\mathscr{D}'(\Omega)$ 在 $x_0\in\Omega$ 附近为 0 却有明确的意义.

定义 1.3.1 上述 $f(x)$ 称为在 x_0 的某一邻域 $V\subset\Omega$ 中为 0，是指对一切 $\varphi\in\mathscr{D}(\Omega)$ 而且 $\operatorname{supp}\varphi\Subset V$ 者，有

$$\langle f,\varphi\rangle=0.$$

§ 1.2.1° 中对 $f=0$ 的定义是 f 为 $\mathscr{D}(\Omega)$ 上的零泛函，故若 $\operatorname{supp}\varphi\Subset V$，如上自然也有 $\langle f,\varphi\rangle=0$，即 f 在 Ω 之每点附近为 0. 反之，若 f 按定义1.3.1在 Ω 之每点附近为0，f 是否 $\mathscr{D}(\Omega)$ 上的零泛函？这是肯定的. 证明如下：

设 f 在 x 之邻域 V_x 上为 0，$\{V_x\}$ 构成 Ω 的开覆盖. 若 $\varphi\in\mathscr{D}(\Omega)$，可以从 $\{V_x\}$ 中选出有限多个 $\{V_i\}_{i=1,\cdots,k}$ 覆盖 $K=\operatorname{supp}\varphi$. 作从属于 $\{V_i\}_{1<i<k}$ 的一的分割 $\{\psi_i\}$ 并记 $\varphi_i=\psi_i\varphi$，则 $\varphi=\sum\limits_{i=1}^{k}\varphi_i$，而

$$\langle f,\varphi\rangle=\sum_{i=1}^{k}\langle f,\varphi_i\rangle,$$

但因 f 在 V_i 上为 0 而 $\operatorname{supp}\varphi_i\Subset V_i$，故 $\langle f,\varphi_i\rangle=0(i=1,\cdots,r)$，从而 $\langle f,\varphi\rangle=0$ 即 $f=0$（按 § 1.2.1° 的意义）.

当然也可以得出两个 $\mathscr{D}'(\Omega)$ 广义函数 f, g 相等的两个定义，即 § 1.2.1° 中的“整体”定义和下面的局部定义（它和前一个定义是等价的）：

定义 1.3.2 若Ω之任一点x均有一个邻域V_x，使$f-g$在其上为0，则称f与g在Ω上相等.

由此可见，若f在开集U_1，U_2上均为0，则在$U_1\cup U_2$上$f=0$. 因此将f在其上为0的一切开集取并$\bigcup\limits_{\lambda} U_\lambda$，将得到$f$在其上为0的最大开集.

定义 1.3.3 上述最大开集$\bigcup\limits_{\lambda} U_\lambda$在$\Omega$中的余集$\Omega\setminus\bigcup\limits_{\lambda} U_\lambda$称为$f$之支集，记作$\operatorname{supp} f$. 它是$\Omega$的相对闭子集.

读者自己容易证明

i) 若$f\in\mathscr{D}'(\Omega)$，$\varphi\in\mathscr{D}(\Omega)$，而且$\operatorname{supp} f\cap\operatorname{supp}\varphi=\varnothing$，则$\langle f,\varphi\rangle=0$.

ii) 设Ω之相对闭子集F具有以下性质：当$\varphi\in\mathscr{D}(\Omega)$在$F$的一个邻域上为0，则有$\langle f,\varphi\rangle=0$. 可以证明$\operatorname{supp} f=\cap F$，因此可说$\operatorname{supp} f$是具有该性质的最小相对闭集.

例 1. 令$\Omega=\mathbf{R}^1$. Heaviside 函数的支集是

$$\operatorname{supp} Y(x)=\{x:\ x\geqslant 0\},$$

x_+^{λ}的支集也是它.

例 2. 令$\Omega=\mathbf{R}^n$，$\operatorname{supp}\delta=\{0\}$.

上面说过，讨论广义函数时奇异性问题是一个核心问题. 我们关于广义函数的理论是基于C^∞函数的，因此我们认为C^∞函数是"规则"的、"正规"的等等，而非C^∞的则认为是奇异的. 利用$f\in\mathscr{D}'(\Omega)$的局部性质可以仿照支集的定义来给出一个重要的概念：奇支集. C^∞函数因为是局部可积的，自然是$\mathscr{D}'(\Omega)$广义函数. 因而可以谈到$f\in\mathscr{D}'(\Omega)$在某一开集上等于一个C^∞函数. 若$f\in\mathscr{D}'(\Omega)$在开集U_i上等于C^∞函数$f_i(x)$ $(i=1,2)$，$U_1\cap U_2\neq\varnothing$，则在$U_1\cap U_2$上自然有$f_1(x)=f_2(x)$，所以$f(x)$在$U_1\cup U_2$上等于一个$C^\infty$函数. 这样就可以作出使$f(x)$在其上等于一个$C^\infty$函数的最大开子集；于是我们有

定义 1.3.4 $f\in\mathscr{D}'(\Omega)$在其上等于一个C^∞函数的最大的开

子集对于Ω的余集称为f之奇支集，记作 singsupp f，它是Ω的相对闭子集.

例如 singsupp $Y=\{0\}$，singsupp $\delta=\{0\}$.

当然，singsupp $f\subset$ supp f.

上面处理这两个概念的方法都有两个侧面：一方面由f之整体性质当f限制在某个开子集 $U\subset\Omega$ 时（这个限制记作 $f|U\in\mathscr{D}'(U)$，即指f只作用在 $\mathscr{D}(U)$ 上得到的一个 $\mathscr{D}'(U)$ 广义函数）得到f在U上的局部性质. 例如上面已证明的 $f=0\in\mathscr{D}'(\Omega)$ 在Ω之每个开子集U上均为 0. 第二个方面反映在以下定理中.

定理 1.3.5 若Ω为开集U_α之并：$\Omega=\bigcup\limits_\alpha U_\alpha$，在$U_\alpha$上存在$f_\alpha\in\mathscr{D}'(U_\alpha)$使得当 $U_\alpha\cap U_\beta\neq\varnothing$ 时 $f_\alpha|U_\alpha\cap U_\beta=f_\beta|U_\alpha\cap U_\beta$. 这时必存在唯一的 $f\in\mathscr{D}'(\Omega)$ 使 $f|U_\alpha=f_\alpha$.

证. 唯一性是明显的，因为定义 1.3.1 后已证明，若 $f_\alpha=0$ 则 $f=0$. 为证明存在性，任取一个 $\varphi\in\mathscr{D}(\Omega)$，因为 supp $\varphi=K\Subset\Omega$ 是紧的，所以只需选有很多个U_α例如 $U_1,\cdots,U_k$ 即有 $K\subset\bigcup\limits_{j=1}^k U_j$. 作从属于 $\{U_j\}$ 的一的 C^∞ 分割 $\{\psi_j\}$，并令 $\varphi_j=\psi_j\varphi$，则 $\sum\varphi_j=\varphi$ 而且 supp $\varphi_j\subset U_j$，从而 $\langle f_j,\varphi_j\rangle$ 有意义. 我们定义

$$\langle f,\varphi\rangle=\sum_j\langle f_j,p_j\rangle. \tag{1.3.1}$$

这时需证这个定义是合理的 (well-defined)，即f与一的分割的作法无关. 因为设有另一个一的分割 $\{\chi_l\}$，而 $\sum\chi_l=1$. 则 $\chi_l\varphi_j\in\mathscr{D}(U_l\cap U_j)$，而由假设，$f_j|U_l\cap U_j=f_l|U_l\cap U_j$，所以

$$\begin{aligned}\langle f,\varphi\rangle&=\sum_{j,l}\langle f_j,\chi_l\varphi_j\rangle\\&=\sum_l\sum_j\langle f_l,\chi_l\varphi_j\rangle\end{aligned}$$

$$= \sum_l \left\langle f_l, \sum_j \chi_l p_j \right\rangle$$

$$= \sum_l \langle f_l, \chi_l \rangle.$$

定义的合理性得证.

将这两个方面综合起来，我们说 $\mathscr{D}'(\Omega)$ 广义函数具有"层"(sheaf) 的性质. 直观地说，所谓层的概念有两个方面，一是一个具有某性质的对象在任一开子集上的限制仍具有这个性质；二是若在每一个开子集上各有一个具有某性质的对象，而且在两个开子集的(非空)交上这两个对象相等，则可以将它们"粘"起来成为一个整体的对象. 层的概念是现代数学中的基本概念之一，读者可以参阅有关的著作.

$\mathscr{D}'(\Omega)$ 广义函数不仅可定义在 $\mathscr{D}(\Omega)$ 上，而且有

定理 1.3.6 若 $f \in \mathscr{D}'(\Omega)$ 具有支集 K，则 f 必可以唯一方式拓展为 $\tilde{f}$ 作用于 $E = \{\varphi \in C^\infty(\Omega), \operatorname{supp}\varphi \cap K$ 为紧$\}$上，使当 $\operatorname{supp}\varphi \cap K = \varnothing$ 时，$\langle \tilde{f}, \varphi \rangle = 0$.

证. 作 $\operatorname{supp}\varphi \cap K$ 在 Ω 中的两个开邻域 $U \Subset U_1$，则 $\bar{U}^c$ 和 U_1 构成 Ω 的开覆盖：$\{V_1, V_2\}$ $V_1 = U_1$, $V_2 = \bar{U}^c$. 作从属于它的一的分割 $\{\psi_1, \psi_2\}$ 当有 $\varphi = \psi_1\varphi + \psi_2\varphi = \varphi_1 + \varphi_2$，且 $\varphi_1 \in \mathscr{D}(\Omega)$，$\operatorname{supp}\varphi_1 \subset U_1$，$\operatorname{supp}\varphi_2 \subset V_2$，而且易见 $\operatorname{supp}\varphi_2 \cap K = \varnothing$，因此若 f 可拓展为 $\tilde{f}$，则应有 $\langle \tilde{f}, \varphi \rangle = \langle f, \varphi_1 \rangle$ 从而这个拓展是唯一的.

存在性. 对 $\varphi \in E$ 我们已作出了分解式 $\varphi = \varphi_1 + \varphi_2$，并且看到应该令 $\langle \tilde{f}, \varphi \rangle = \langle f, \varphi_1 \rangle$. 问题在于这样的 $\tilde{f}$ 是否合理定义，即对另一种分解法 $\varphi = \varphi_1' + \varphi_2'$，是否有 $\langle \tilde{f}, \varphi \rangle = \langle f, \varphi_1' \rangle$? 记 $\psi = \varphi_1 - \varphi_1'$，则 $\psi \in \mathscr{D}(\Omega)$ 而且 $K \cap \operatorname{supp}\psi = K \cap \operatorname{supp}(\varphi_1 - \varphi_1') = \varnothing$，因此 $\langle f, \psi \rangle = 0$ 而 $\langle f, \varphi_1 \rangle = \langle f, \varphi_1' \rangle$. 这样定义出来的 $\tilde{f}$，具有定理中所说的性质是明显的.

2. 具有紧支集的广义函数. 若 $f \in \mathscr{D}'(\Omega)$ 具有紧支集 $K \Subset \Omega$，则任一 $\varphi \in C^\infty(\Omega) = \mathscr{E}(\Omega)$ (不一定有紧支集) 都在定理

1.3.6 的 E 中，从而 f 可以拓展为 $\mathscr{E}(\Omega)$ 上的 $\tilde{f}$，而且

$$\langle \tilde{f}, \varphi\rangle = \langle f, \varphi_1\rangle = \langle f, \psi_1\varphi\rangle, \tag{1.3.2}$$

并且其值与 ψ 的取法无关. 不但如此，令 $K_1 \supseteq K$，一定可作截断函数 ψ_1 使 $\operatorname{supp}\psi_1 \subset K_1$，从而由 (1.3.2) 有

$$\begin{aligned}|\langle \tilde{f}, \varphi\rangle| &= |\langle f, \psi_1\varphi\rangle| \\ &\leqslant C \sum_{|\alpha|\leqslant k_1} \sup_{K_1} |D^\alpha(\psi_1\varphi)| \\ &\leqslant C_1 \sum_{|\alpha|\leqslant k_1} \sup_{K_1} |D^\alpha\varphi|,\end{aligned} \tag{1.3.3}$$

这里 C_1 和 k 由 K_1 决定. 但 $\sup\limits_{|\alpha|\leqslant k_1} |D^\alpha\varphi|$ 均为 $\mathscr{E}(\Omega)$ 之半范，故由 (1.3.3) 知，拓展而得的 $\tilde{f}$ 是 $\mathscr{E}(\Omega)$ 上的连续线性泛函，即 $\mathscr{E}'(\Omega)$ 之元.

反之，设 $\tilde{f}$ 为 $\mathscr{E}(\Omega)$ 的线性泛函，而且对某一紧集 K_1 可找到 $C_1 > 0$ 和非负整数 k 使 (1.3.3) 成立. 将 $\tilde{f}$ 限制在 $\mathscr{D}(\Omega)$ 上将得到一个 $\mathscr{D}'(\Omega)$ 广义函数：因为若 $\varphi \in \mathscr{D}(\Omega)$，记 $K \supset \operatorname{supp}\varphi$，将有

$$\sup_{K_1}|D^\alpha\varphi| = \sup_{K\cap K_1} |D^\alpha\varphi| \leqslant \sup_{K}|D^\alpha\varphi|,$$

从而 (1.3.3) 成为

$$|\langle \tilde{f},\varphi\rangle| \leqslant C_1 \sum_{|\alpha|\leqslant k_1} \sup_{K} |D^\alpha\varphi|, \quad \varphi \in \mathscr{D}_K(\Omega).$$

这一个 $\mathscr{D}'(\Omega)$ 广义函数具有紧支集于 K_1 之中. 因为若 $\operatorname{supp}\varphi \cap K_1 = \varnothing$，则 $\sup\limits_{K_1} |D^\alpha\varphi| = 0$ 而 $\langle \tilde{f}, \varphi\rangle = 0$. 总结以上即得

定理 1.3.7 $\mathscr{E}'(\Omega) = \{f;\ f \in \mathscr{D}'(\Omega),\ \operatorname{supp} f\ 为紧\}$.

可以证明 $\mathscr{D}(\Omega) \hookrightarrow \mathscr{E}(\Omega)$. 因为作为集合，$\mathscr{D}(\Omega) \subset \mathscr{E}(\Omega)$ 是明显的，而且当 $\varphi_j \to 0$ (在 $\mathscr{D}(\Omega)$ 中)时，因为 $\operatorname{supp}\varphi_j$ 均含于某一共同紧集中，而且在其上对任一 α，对 x 一致地有 $D^\alpha\varphi_j(x) \to 0$. 因此易证在 Ω 之一切紧集 K 上，对任一 α，$D^\alpha\varphi_j$ 在 K 上一致趋于 0，即 $\varphi_j \to 0$ (于 $\mathscr{E}(\Omega)$) 中. 因此 $\mathscr{D}(\Omega) \hookrightarrow \mathscr{E}(\Omega)$. 即由这一点看，$\mathscr{E}'(\Omega) \subset \mathscr{D}'(\Omega)$ 也是自然的，定理 1.3.7 则进一步对 $\mathscr{E}'$ 作了刻划. $\mathscr{E}'(\Omega)$ 中的元称为 $\mathscr{E}(\Omega)$ 广义函数，而且前

面讲的关于 $\mathscr{D}'(\Omega)$ 的性质与运算，对 $\mathscr{E}'(\Omega)$ 都成立．唯一需要修改的是

定义 1.3.8 若 $f_i\in\mathscr{E}'(\Omega)$，$f\in\mathscr{E}'(\Omega)$ 而且对一切 $\varphi\in\mathscr{E}(\Omega)$ $\langle f_i,\varphi\rangle\to\langle f,\varphi\rangle$，就说 $f_i\to f$（在 $\mathscr{E}'(\Omega)$ 中）．

显然"$f_i\to f$（在 $\mathscr{E}'(\Omega)$ 中）"$\Rightarrow$"$f_i\to f$（在 $\mathscr{D}'(\Omega)$ 中）"．因此，不但有 $\mathscr{E}'(\Omega)\subset\mathscr{D}'(\Omega)$，而且有 $\mathscr{E}'(\Omega)\hookrightarrow\mathscr{D}'(\Omega)$．

3. 广义函数的局部构造． 前面我们看到，Ω 上的连续函数因为是局部可积函数，从而是广义函数．因此，连续函数在广义函数的意义下具有各阶微商．现在我们要证明，每一个 $\mathscr{D}'(\Omega)$ 广义函数局部地一定是某连续函数的有限阶微商．准确地说，我们有

定理 1.3.9 若 $f\in\mathscr{D}'(\Omega)$，$K\Subset\Omega$，则必有函数 $F\in L^\infty(K)$ 以及整数 $m\geqslant 0$ 存在，使在 K 上有

$$f=\left(\frac{\partial}{\partial x_1}\right)^m\left(\frac{\partial}{\partial x_2}\right)^m\cdots\left(\frac{\partial}{\partial x_n}\right)^m F.$$

证．由定义 1.2.1，必存在常数 C 和整数 $k\geqslant 0$ 使对 $\varphi\in C^\infty(K)$ 有

$$|\langle f,\varphi\rangle|\leqslant C\sum_{|\alpha|\leqslant k}\sup_K|D^\alpha\varphi|.$$

为了下面讨论方便，我们引用一个记号 $(D)^k$ 表示 $(\partial_{x_1}\cdots\partial_{x_n})^k$，而且引入一个集合

$$E=\{\psi;\ \psi=(D)^{k+1}\varphi,\ \varphi\in C^\infty(K)\}.$$

因为我们规定了 φ 有紧支集，所以给定 E 中一个 ψ 必有唯一的 φ 与之对应．显然 $E\subset L^1(K)$．现在在 E 上赋以 $L^1(K)$ 范数，我们要证明，若 $\{\psi_j\}\subset E$ 且 $\|\psi_j\|_{L^1(K)}\to 0$，则对相应的 $\{\varphi_j\}$，有 $\langle f,\varphi_j\rangle\to 0$．这是因为，$K$ 可以含于一个边长为 l 的立方体内，对任一 $\varepsilon>0$ 取 j_0 使当 $j\geqslant j_0$ 时

$$\int_K|\psi_j|dx=\int_K|(D)^{k+1}\varphi_j|dx\leqslant\varepsilon/l^{(k+1)n}.\tag{1.3.4}$$

因此

$$(D)^k\varphi_j=\int_{-\infty}^{x_1}\cdots\int_{-\infty}^{x_n}(D)^{k+1}\varphi_j dx_1\cdots dx_n,$$

应该适合

$$|(D)^k\varphi_j| \leqslant \varepsilon/l^{(k+1)n}.$$

利用这个式子，对 $(D)^k\varphi_j$ 作适当次数的不定积分，并设 $l \geqslant 1$，即有

$$|D^\alpha\varphi_j| \leqslant \varepsilon.$$

所以 $\langle f, \varphi_j\rangle \to 0$.

$\langle f, \varphi\rangle$ 本来是 φ 的线性泛函，由于 φ 与 ψ 之间有一一对应，所以也是 $\psi \in E$ 的线性泛函，而且对 E 上的 $L^1(K)$ 拓扑是连续的. 因此，由 Hahn-Banach 定理，$\langle f, \varphi\rangle$ 可以拓展为 $L^1(K)$ 上的连续线性泛函. 因此，一定存在 $g \in L^\infty(K)$ 使

$$\langle f, \varphi\rangle = \int_K g\,\psi dx = \int_K g(D)^{k+1}\varphi dx. \qquad (1.3.5)$$

令 $m = k+1$，$(-1)^{(k+1)n}g = F$，即有

$$\langle f, \varphi\rangle = \langle (D)^{k+1}F, \varphi\rangle,\ \varphi \in C^\infty(K).$$

这就是说，在 K 上有 $f = (D)^{k+1}F$. 定理证毕.

注 1. 若令

$$G(x) = \int_{-\infty}^{x_1}\cdots\int_{-\infty}^{x_n} F dx_1\cdots dx_n,$$

则 $G(x)$ 是连续函数，而且 $(D)G = F$，从而 $f = (D)^{m+1}G = (D)^{k+2}F$ 在 K 上成立. 所以 $f \in \mathscr{D}'(\Omega)$ 局部地可以表示为 $\mathbf{R}^n$ 上的连续函数的有限阶微商.

注 2. 若取 $\chi(x) \in C_0^\infty(\Omega)$ 而且在 K 附近 $\chi(x) \equiv 1$，则在 K 上 $\chi(x) \equiv 1$，从而由推广的 Leibnitz 公式 (1.2.19) 知 $(D)^{m+1}G = (D)^{m+1}(\chi G)$ (在 K 上)，因此 $f \in \mathscr{D}'(\Omega)$ 又可以局部地表示为具有紧支集连续函数的有限阶微商.

现在来看 $f \in \mathscr{E}'(\Omega)$ 的情况. 注意到 $\mathscr{E}'(\Omega) \subset \mathscr{D}'(\Omega)$，若取定理 1.3.9 中的 K 适合 $\operatorname{supp} f \subset K \Subset \Omega$，即有

定理 1.3.10 $f \in \mathscr{E}'(\Omega)$ 可以表示为一个具有紧支集 K 的连续函数的有限阶微商. 这里 K 可以包含在 $\operatorname{supp} f$ 的任一个邻域之中.

下面要讨论一个重要的特例，即 $\operatorname{supp} f$ 为一点(不妨设 $\operatorname{supp} f=\{0\}$)的情况. 这时我们需要以下的定理:

定理 1.3.11 若 $f\in\mathscr{E}'(\Omega)$ 具有有限阶 $\leqslant k$，而 $\varphi\in\mathscr{E}(\Omega)$ 连同其直到 k 阶在内的微商均在 $\operatorname{supp} f=K$ 上为 0，则

$$\langle f,\varphi\rangle=0.$$

证. 令 ε 充分小，对 $K=\operatorname{supp} f$ 作其 ε 邻域紧集 K_ε. 于是对任意小 η 均可使在 K_ε 上 $|\partial^\alpha\varphi|<\eta$ ($|\alpha|=k$). 利用积分关系式

$$\partial^\alpha\varphi(x)=\int_0^1\frac{d}{dt}\partial^\alpha\varphi(x_0+t(x-x_0))dt,\ x_0\in K,$$

可以证明在 K_ε 上当 $|\alpha|=k-1$ 时 $|\partial^\alpha\varphi|<(\varepsilon\sqrt{n})\eta$. 仿此即有

$$|\partial^\alpha\varphi|\leqslant(\sqrt{\varepsilon}\,n)^{k-|\alpha|}\eta,\ |\alpha|\leqslant k. \tag{1.3.6}$$

现在令 $K_{\varepsilon/2}$ 的特征函数为 $\chi(x)$，如(1.1.7)那样作截断函数 $\alpha_\varepsilon(x)$ 使 $\operatorname{supp}\alpha_\varepsilon\subset K_{3\varepsilon/4}$，而且在 $K_{\varepsilon/4}$ 上 $\alpha_\varepsilon(x)=1$. 由(1.1.8)又有 $|\partial^p\alpha_\varepsilon(x)|\leqslant M_p\varepsilon^{-|p|}$.

令 $\psi_\varepsilon(x)=\alpha_\varepsilon(x)\varphi(x)$，应用 Leibnitz 公式和上式有

$$\begin{aligned}|\partial^p\psi_\varepsilon(x)|&\leqslant C|\varepsilon|^{-|p_1|}(\sqrt{\varepsilon}\,n)^{k-|p_2|}\eta\ (p=p_1+p_2)\\&=C_1|\varepsilon|^{k-|p|}\eta,\end{aligned}$$

以上 $|p|\leqslant k$. 但在 $K_{\varepsilon/4}$ 上 $\psi_\varepsilon=\varphi$，故有

$$\langle f,\varphi\rangle=\langle f,\psi_\varepsilon\rangle.$$

但由于 f 的阶数 $\leqslant k$，故

$$\begin{aligned}|\langle f,\varphi\rangle|&=|\langle f,\psi_\varepsilon\rangle|\\&\leqslant C\sum_{|\alpha|\leqslant k}\sup_K|D^\alpha\psi_\varepsilon|<C\eta.\end{aligned}$$

由 η 之任意性即知 $\langle f,\varphi\rangle=0$. 证毕.

以前，我们只证明了 φ 在 $K=\operatorname{supp} f$ 之某个邻域上为 0，即可保证 $\langle f,\varphi\rangle=0$，这个定理是它的重要改进. 又要注意，定理中 φ 之直到 k 阶在内的微商均在 K 上为 0 的条件不能写成 φ 在 K

上为0；因为K不是开集，而可能例如只是一点．因此，由 $\varphi|_K\equiv 0$ 得不出 $\partial^\alpha\varphi|_K\equiv 0$.

定理 1.3.12 若 $\operatorname{supp} f=\{0\}$，则 f 必可表为 $\delta(x)$ 及其微商的有限线性组合．

证．这里的 $f\in\mathscr{E}'(\Omega)$，故必有有限阶 k．对任一 $\varphi(x)\in\mathscr{E}(\Omega)$，将它在 $x=0$ 处按 Taylor 公式展开：

$$\varphi(x)=\sum_{|\alpha|\leqslant k}\frac{\varphi^{(\alpha)}(0)}{\alpha!}x^\alpha+\psi(x),$$

则因为余项 $\psi(x)=O(|x|^{k+1})$，所以 $\partial^\alpha\psi(0)=0$，$|\alpha|\leqslant k$．从而由上述定理，$\langle f,\psi\rangle=0$，而

$$\langle f,\varphi\rangle=\sum_{|\alpha|\leqslant k}\frac{1}{\alpha!}\langle f,x^\alpha\rangle\varphi^{(\alpha)}(0).$$

记 $(-1)^{|\alpha|}\dfrac{1}{\alpha!}\langle f,x^\alpha\rangle=c_\alpha$，则上式成为

$$\begin{aligned}\langle f,\varphi\rangle&=\sum_{|\alpha|\leqslant k}(-1)^{|\alpha|}c_\alpha\varphi^{(\alpha)}(0)\\&=\sum_{|\alpha|\leqslant k}c_\alpha\langle\delta^{(\alpha)},\varphi\rangle,\end{aligned}$$

所以 $f=\sum\limits_{|\alpha|\leqslant k}c_\alpha\delta^{(\alpha)}$．证毕．

§4. 卷　　积

1. 函数的卷积． 设 f 和 g 是 $\mathbf{R}^n$ 上的连续函数，其卷积即是积分

$$(f*g)(x)=\int_{\mathbf{R}^n}f(y)g(x-y)dy. \tag{1.4.1}$$

但这个积分不一定存在，为了使它有意义，例如可以设 f 或 g 有紧支集，因为这时实际上是在一个紧集上积分．也可以设 f，g 的支集在 $x\geqslant 0$ 处，因为这时上述积分的积分区域对任一固定的 x 实际上是紧集 $0\leqslant y\leqslant x$．

当 (1.4.1) 有意义时，作变换 $x-y=y_1$ 有

$$(f*g)(x)=\int_{\mathbf{R}^n} f(x-y_1)g(y_1)dy_1$$
$$=(g*f)(x). \tag{1.4.2}$$

因此卷积运算 $*$ 是可交换的. 同样也容易证明它是结合的:

$$(f*g)*h=f*(g*h), \tag{1.4.3}$$

这里应该设例如 f, g, h 中有两个有紧支集.

(1.4.1) 可以看成是 $g(x)$ 的平移 $g(x-y)$ 按其平移之大小加权 $f(y)dy$ 求和，因而在 $f*g$ 中保存了 g 的性质. 例如 g 的微分性质. 因为设 $g\in C^k$ 而 f 为连续且有紧支集(g 有紧支集也一样)，利用积分号下求微商的公式可知 $f*g\in C^k$，而且

$$\partial^\alpha(f*g)=f*\partial^\alpha g(=\partial^\alpha f*g,\ 如果\ f\ 可微),\ |\alpha|\leqslant k. \tag{1.4.4}$$

因为当 $y\in K=\operatorname{supp}f$ 而 x 固定时

$$[g(x+h-y)-g(x-y)]/h\to\partial_x g(x-y),$$

由 Lebesgue 控制收敛定理即得

$$\lim_{h>0}[(f*g)(x+h)-(f*g)(x)]/h$$
$$=\int f(y)\partial_x g(x-y)dy.$$

以上我们是对连续的 f 与 g 求其卷积，但在应用上时常要对例如 $f, g\in L^1(\mathbf{R}^n)$ 求其卷积 (1.4.1). 这里，我们要用 Fubini 定理. 因为

$$\int dy\int|f(y)g(x-y)|dx=\int|f(y)|dy\cdot\int|g(x)|dx$$

有意义，故另一个逐次积分 $\int dx\int|f(y)g(x-y)|dy$ 也有意义，这就是说

$$h(x)=\int f(y)g(x-y)dy$$

对几乎所有的 x 有意义，而且 $h(x)\in L^1(\mathbf{R}^n)$，并且

$$\|h\|_{L^1} \leqslant \int dx \int |f(y)||g(x-y)|dy$$
$$= \|f\|_{L^1} \cdot \|g\|_{L^1}. \tag{1.4.5}$$

这些结果有重要的推广：

定理 1.4.1 若 $f \in L^1$，$g \in L^p (p \geqslant 1)$，则 $h = f * g \in L^p$ 而且有

$$\|h\|_{L^p} \leqslant \|f\|_{L^1} \cdot \|g\|_{L^p}. \tag{1.4.6}$$

证. $p=1$ 的情况前面已作了证明. 对 $p>1$，用 Hölder 不等式和 Fubini 定理有(记 $|f| = |f|^{1/p}|f|^{1/q}$)

$$|h(x)|^p \leqslant \left(\int |f(y)|dy\right)^{p/q} \cdot \int |g(x-y)|^p |f(y)|dy.$$

由前所述 $\int |g(x-y)|^p |f(y)|dy \in L^1$，因此 $|h(x)|^p \in L^1$. 求积分有

$$\begin{aligned}\|h\|_{L^p} &= \left(\int |h(x)|^p dx\right)^{1/p} \\ &\leqslant \left(\int |f(y)|dy\right)^{1/q} \left(\int dx \int |g(x-y)|^p |f(y)|dy\right)^{1/p} \\ &= \left(\int |f(y)|dy\right)^{1/q} \left(\int |f(y)|dy\right)^{1/p} \left(\int |g(x)|^p dx\right)^{1/p} \\ &= \|f\|_{L^1}\|g\|_{L^p}.\end{aligned}$$

以上 $\dfrac{1}{p} + \dfrac{1}{q} = 1$.

不等式 (1.4.6) 称为 Hausdorff-Young 不等式.

关于卷积的支集，由定义式 (1.4.1) 立即有

$$\begin{aligned}\operatorname{supp}(f * g) &\subset \operatorname{supp} f + \operatorname{supp} g \\ &= \{x + y;\ x \in \operatorname{supp} f,\ y \in \operatorname{supp} g\}.\end{aligned} \tag{1.4.7}$$

其实卷积对我们不是陌生的东西. §1 中的磨光算子即是用磨光核 J_ε 与 f 作卷积：

$$f_\varepsilon = J_\varepsilon * f. \tag{1.4.8}$$

这样即得到 f 的一个正则化序列. 但是这个方法可以大大推广：正则化核不一定要采用 (1.1.1) 中的 j_ε 来作，而可以采用任一个

$\Phi \in C_0^\infty(\mathbf{R}^n)$，只要它适合 $0 \leqslant \Phi \leqslant 1$ 以及 $\int \Phi dx = 1$； f 也不一定要是连续函数．总之我们有，令 $\Phi_\varepsilon = \varepsilon^{-n}\Phi\left(\frac{x}{\varepsilon}\right)$．

定理 1.4.2 若 $f \in L^p(\mathbf{R}^n)$，则 $f_\varepsilon = \Phi_\varepsilon * f \in C^\infty(\mathbf{R}^n)$，而且当 $p < \infty$ 时 $\|f_\varepsilon - f\|_{L^p} \to 0$ $(\varepsilon \to 0)$．若 $f \in C_0^k(\mathbf{R}^n)$，则 $f_\varepsilon \in C_0^\infty(\mathbf{R}^n)$，而且

$$\sup|\partial^\alpha f_\varepsilon - \partial^\alpha f| \to 0(\varepsilon \to 0), \ |\alpha| \leqslant k. \tag{1.4.9}$$

证．当 $f \in L^p$ 时，由定理 1.4.1，$f_\varepsilon \in L^p$，而且因

$$\begin{aligned} f_\varepsilon(x) &= \int \Phi_\varepsilon(x-y)f(y)dy \\ &= \int \Phi(t)f(x-\varepsilon t)dt, \end{aligned}$$

故由 Hölder 不等式，及 $|\Phi(t)| = \Phi(t) = [\Phi(t)]^{1/p}[\Phi(t)]^{1/q}$，有

$$\begin{aligned} |f_\varepsilon(x) - f(x)| &\leqslant \int \Phi(t)|[f(x-\varepsilon t) - f(x)]|dt \\ &\leqslant \left(\int |f(x-\varepsilon t) - f(x)|^p \Phi(t)dt\right)^{1/p}, \end{aligned}$$

从而

$$\begin{aligned} \|f_\varepsilon - f\|_{L^p} &\leqslant \int \Phi(t)dt \left(\int |f(x-\varepsilon t) - f(x)|^p dx\right)^{1/p} \\ &\leqslant \sup_t \left(\int |f(x-\varepsilon t) - f(x)|^p dx\right)^{1/p}. \end{aligned}$$

但由 L^p 函数的整体连续性［见 Соболев［1］）即知，$\|f_\varepsilon - f\|_{L^p} \to 0$．其余部分的证明自明．

最后，我们再提出 Hausdorff-Young 不等式的一个推广：若 p, q, r 是实数：$1 \leqslant p, q, r \leqslant +\infty$ 而且 $\frac{1}{r} = \frac{1}{p} + \frac{1}{q} - 1$，则当 $f \in L^p$，$g \in L^q$ 时，$f * g \in L^r$ 而且

$$\|f * g\|_{L^r} \leqslant \|f\|_{L^p}\|g\|_{L^q}. \tag{1.4.10}$$

证明在此略去，读者可以参看 Treves［1］．

2. 广义函数和函数的卷积. 现在我们要把卷积的概念推广到广义函数上，为此先考虑一个广义函数 f 和一个 C^∞ 函数 φ 之间的卷积. 这里我们设 f 或 φ 具有紧支集. 我们不妨再看一下 f 也是函数的情况. 这时由 (1.4.1),

$$\begin{aligned}(f*\varphi)(x) &= \int f(y)\varphi(x-y)dy \\ &= \langle f(y),\ \varphi(x-y)\rangle\end{aligned}$$

可以看作是 f 作为一个广义函数作用在 $\varphi(x-y)$ 上的值，x 则看作参数. 因此我们先考虑一般的含参变量的情况. 这里我们有下面的

定理 1.4.3 设 $\varphi(x, y)\in\mathscr{D}(\Omega_y)$，$x$ 为实或复参数，而且 $\operatorname*{supp}_y \varphi(x, y)\subset K\Subset\Omega_y$，$K$ 当 x 在某开集 U 中变动时与 x 无关，又设对任意重指标 $\alpha,\beta,\partial_x^\beta\partial_y^\alpha\varphi(x, y)$ 对 x，y 均连续，则对任意的 $f(y)\in\mathscr{D}'(\Omega_y)$.

$$F(x)=\langle f(y),\varphi(x, y)\rangle$$

对 x 在 U 中有连续微商：$\partial_x^\beta F(x)=\langle f(y),\ \partial_x^\beta\varphi(x, y)\rangle$ (这里包括 $\beta=0$ 的情况).

证. 为方便计不妨设 $x\in U\subset\mathbf{R}^1$，则对充分小的 h，$x+h\in U$，而 $\operatorname*{supp}_y \frac{1}{h}[\varphi(x+h, y)-\varphi(x, y)]\subset K$. 而且易证 $\frac{1}{h}[\varphi(x+h, y)-\varphi(x, y)]=\partial_x\varphi(x+th, y)(0<t<1)$，当 $h\to 0$ 时在 $\mathscr{D}(\Omega_y)$ 中趋于 $\partial_x\varphi(x, y)$. 因此

$$\begin{aligned}\frac{d}{dx}F(x) &= \lim_{h\to 0}\frac{1}{h}[F(x+h)-F(x)] \\ &= \lim_{h\to 0}\left\langle f(y),\ \frac{1}{h}[\varphi(x+h, y)-\varphi(x, y)]\right\rangle \\ &= \langle f(y),\ \partial_x\varphi(x, y)\rangle.\end{aligned}$$

其它情况证明类似.

现在设 $f\in\mathscr{D}'(\mathbf{R}^n)$. $\varphi\in\mathscr{D}(\Omega)$，我们给出以下的

定义 1.4.4 $(f*\varphi)(x)=\langle f(y),\varphi(x-y)\rangle$. (1.4.11)

于是由定理 1.4.3，$(f*\varphi)(x)\in C^{\infty}(\Omega)$. 我们还可以计算其支集而知 (1.4.7) 这时仍成立：

$$\operatorname{supp}(f*\varphi)\subset\operatorname{supp}f+\operatorname{supp}\varphi.$$

事实上，若 $x\notin\operatorname{supp}f+\operatorname{supp}\varphi$，则当 $y\in\operatorname{supp}f$ 时 $x-y\notin\operatorname{supp}\varphi$，因为否则 $x\in\{y\}+\operatorname{supp}\varphi\subset\operatorname{supp}f+\operatorname{supp}\varphi$. 即是说 $x\notin\operatorname{supp}f+\operatorname{supp}\varphi$ 意味着 $\operatorname{supp}f\cap\operatorname{supp}\varphi(x-\cdot)=\varnothing$，从而由 (1.4.11) 决定的 $f*\varphi$ 在 x 附近为 0.

一般说来 $(f*\varphi)(x)$ 不具有紧支集，但当 f 和 φ 均有紧支集时，$(f*\varphi)(x)\in C_0^{\infty}(\mathbf{R}^n)$ 而且其支集如 (1.4.7) 所示.

这样定义的卷积自然谈不上交换性，而要到下面定义了两个广义函数的卷积以后，才知道 $f*\varphi=\varphi*f$. 但是结合性是明显的. 即有

定理 1.4.5 若 $f\in\mathscr{D}'(\Omega)$，φ，$\psi\in\mathscr{D}(\Omega)$，则

$$(f*\varphi)*\psi=f*(\varphi*\psi). \tag{1.4.12}$$

为了证明它，我们先需要一个引理.

引理 1.4.6 若 $\varphi\in C_0^k(\mathbf{R}^n)$，$\psi\in C_0^0(\mathbf{R}^n)$，则 Riemann 和

$$\sum_m\varphi(x-mh)\psi(mh)h^n \tag{1.4.13}$$

在 $C_0^k(\mathbf{R}^n)$ 中收敛于 $(\varphi*\psi)(x)$.

证. (1.4.13) 对固定的 x 收敛于 $(\varphi*\psi)(x)$ 是自明的，现在要求的是在 $C_0^k(\mathbf{R}^n)$ 中的收敛性，即 (1.4.13) 对充分小的 h 支集全在一个固定紧集中而且其对 x 的微商，当阶数 $\leqslant k$ 时应在此紧集中一致收敛于 $(\partial^\alpha\varphi*\psi)(x)$ $(|\alpha|\leqslant k)$. 前一点是明显的，因为和 (1.4.13) 之支集恒含于 $\operatorname{supp}\varphi+\operatorname{supp}\psi$ 中；而且其微商一致收敛于 $\int\partial_x^\alpha\varphi(x-y)\psi(y)dy=(\partial^\alpha\varphi*\psi)(x)$.

定理 1.4.5 之证. 由定义 1.4.4 与上述引理

$$\begin{aligned}f*(\varphi*\psi)(x)&=\langle f(y),(\varphi*\psi)(x-y)\rangle\\&=\lim_{h\to0}\left\langle f(y),\sum_m\varphi(x-y-mh)\psi(mh)h^n\right\rangle\end{aligned}$$

$$= \lim_{h\to 0} \sum_m \langle f(y), \varphi(x-y-mh)\rangle \psi(mh)h^n$$

$$= \lim_{h\to 0} \sum_m (f*\varphi)(x-mh)\psi(mh)h^n$$

$$= (f*\varphi)*\psi.$$

在 §1 中我们用磨光核作卷积以得出函数的规则化序列. 类似的作法对广义函数也是适用的. 下面我们采用定理 1.4.2 的记号而有

定理 1.4.7 设 $f\in \mathscr{D}'(\mathbf{R}^n)$, 则 $f*\Phi_\varepsilon = f_\varepsilon \in C^\infty(\mathbf{R}^n)$, 而且当 $\varepsilon\to 0$ 时 $f_\varepsilon \to f$ (在 $\mathscr{D}'(\mathbf{R}^n)$ 中).

证. 记 $\varphi(x)$ 的反射为 $\check{\varphi}(x)=\varphi(-x)$, 容易看到 $\langle f_\varepsilon, \varphi\rangle = (f_\varepsilon*\check{\varphi})(0) = (f*\Phi_\varepsilon*\check{\varphi})(0) = \langle f, (\Phi_\varepsilon*\check{\varphi})^\vee\rangle$, 这里的 $\varphi\in\mathscr{D}(\mathbf{R}^n)$. $f_\varepsilon\in C^\infty(\mathbf{R}^n)$ 已在定理 1.4.3 中证明, 而且由定理 1.4.2, $\Phi_\varepsilon*\check{\varphi}$ 之各阶微商均一致收敛于 $\check{\varphi}$ 的相应微商; 又 $\operatorname{supp}\Phi_\varepsilon*\check{\varphi}\subset\operatorname{supp}\Phi_\varepsilon+\operatorname{supp}\check{\varphi}$ 当 ε 充分小时含于 $\operatorname{supp}\check{\varphi}$ 的一个固定邻域内; 即 $\Phi_\varepsilon*\check{\varphi}(x)\to\check{\varphi}(x)$ (在 $\mathscr{D}(\mathbf{R}^n)$ 中). 因此

$$\lim_{\varepsilon\to 0}\langle f_\varepsilon,\varphi\rangle = \lim_{\varepsilon\to 0}\langle f, (\Phi_\varepsilon*\check{\varphi})^\vee(x)\rangle$$
$$=\langle f,\varphi\rangle$$

而定理得证.

类似的结果对 $f\in\mathscr{D}'(\Omega)$ 也成立. 这时有

定理 1.4.8 若 $f\in\mathscr{D}'(\Omega)$, 则必可找到一个序列 $f_j\in\mathscr{D}(\Omega)$, 使 $f_j\to f$ (在 $\mathscr{D}'(\Omega)$ 中) $(j\to+\infty)$.

证. 作 Ω 的一串上升穷竭子集序列 $\{K_j\}$ 并作其截断函数 χ_j 使 $\operatorname{supp}\chi_j\subset\Omega$. 再取一串 $\varepsilon_j\to 0$ 并如定理 1.4.2 那样作 $\Phi_j=\Phi_{\varepsilon_j}$, 因为它的支集当 $\varepsilon_j\to 0$ 时趋于一点 $\{0\}$, 故当 j 充分大时有

$$\operatorname{supp}\Phi_j + \operatorname{supp}\chi_j\subset\Omega. \tag{1.4.14}$$

于是 $\chi_j f\in\mathscr{E}'(\Omega)$, 而可以用 Φ_j 对它加以磨光得

$$f_j = (\chi_j f)*\Phi_j.$$

由定理 1.4.3 $f_j\in C^\infty(\mathbf{R}^n)$, 而由 (1.4.14)

$$\operatorname{supp} f_j\subset\operatorname{supp}(\chi_j f)+\operatorname{supp}\Phi_j\subset\operatorname{supp}\chi_j+\operatorname{supp}\Phi_j\subset\Omega,$$

因此 $f_j\in\mathscr{D}(\Omega)$. 现在任取 $\varphi\in\mathscr{D}(\Omega)$, 我们有

$$\begin{aligned}\langle f_j,\varphi\rangle &= (\chi_j f*\Phi_j*\check{\varphi})(0)\\ &= [\chi_j f*(\Phi_j*\check{\varphi})](0)\\ &= \langle\chi_j f,(\Phi_j*\check{\varphi})^{\vee}\rangle\\ &= \langle\chi_j f,(\check{\Phi}_j*\varphi)\rangle\\ &= \langle f,\chi_j(\check{\Phi}_j*\varphi)\rangle.\end{aligned}$$

但是 $\check{\Phi}_j$ 与 Φ_j 一样是一个磨光核, 因此我们可以和定理 1.4.7 一样地证明当 $j\to+\infty$ 时, $\chi_j(\check{\Phi}_j*\varphi)\to\varphi$ (在 $\mathscr{D}(\Omega)$ 中), 故

$$\begin{aligned}\lim_{j\to+\infty}\langle f_j,\varphi\rangle &= \lim_{j\to+\infty}\langle f,\chi_j(\check{\Phi}_j*\varphi)\rangle\\ &= \langle f,\varphi\rangle.\end{aligned}$$

从而当 $j\to+\infty$ 时, $f_j\to f$ (在 $\mathscr{D}'(\Omega)$ 中).

前面我们曾提出了一个问题: 广义函数作为古典的函数的推广, 走了多么远? 现在我们看到, 一方面任一个 $f\in\mathscr{D}'(\Omega)$ (或 $\mathscr{E}'(\Omega)$) 都局部地 (或整体地) 是某个连续函数有限多次的微商: 另一方面, 又总可用连续函数(甚至是 $C_0^\infty(\Omega)$ 函数)在某种拓扑下去逼近. 因此, 这种推广是很实实在在的, 而不是漫无边际的玄谈.

3. 广义函数的卷积. 最后我们来考虑 $f,g\in\mathscr{D}'(\Omega)$ 时应如何定义 $f*g$. 为此我们还是先看两个连续函数 f 和 g (并设其中之一, 例如 g 有紧支集)的卷积的一个性质:

$$\begin{aligned}\langle(f*g)(x),\varphi(x)\rangle &= \int\varphi(x)dx\int f(y)g(x-y)dy\\ &= \int f(y)dy\int\varphi(y+y_1)\\ &\qquad\cdot g(y_1)dy_1\quad(x-y=y_1)\\ &= \langle f(x),\langle g(y),\varphi(x+y)\rangle\rangle.\qquad(1.4.15)\end{aligned}$$

现在设 $f,g\in\mathscr{D}'(\Omega)$, 而且至少有一个(例如 g)具有紧支集, 则我们给出

定义 1.4.9 我们定义 $f*g$ 为 $\mathscr{D}'(\mathbf{R}^n)$ 广义函数

$$\langle f*g,\varphi\rangle=\langle f(x),\langle g(y),\varphi(x+y)\rangle\rangle.\qquad(1.4.16)$$

但是要使这个定义成立，就要知道它确实定义了一个$\mathscr{D}'(\mathbf{R}^n)$广义函数．为此，首先应该证明$\langle g(y),\ \varphi(x+y)\rangle\in\mathscr{D}(\mathbf{R}^n)$．作为$x$的函数$\phi(x)=\langle g(y),\ \varphi(x+y)\rangle\in C^\infty(\mathbf{R}^n)$是清楚的，其次$\phi(x)=\langle \check{g}(y),\ \varphi(x-y)\rangle=\check{g}*\varphi$，从而$\operatorname{supp}\phi\subset\operatorname{supp}\check{g}+\operatorname{supp}\varphi$是一个紧集，因此$\phi(x)\in\mathscr{D}(\mathbf{R}^n)$．其次应证（1.4.16）是$\varphi\in\mathscr{D}(\mathbf{R}^n)$的连续线性泛函．它是线性泛函是清楚的．而当$\varphi_j\to 0$（在$\mathscr{D}(\mathbf{R}^n)$中）时，由定理 1.4.3 知$\phi_j(x)=\langle g(y),\ \varphi_j(x+y)\rangle\to 0$（在$\mathscr{D}(\mathbf{R}^n)$中），从而$\langle f*g,\ \varphi_j\rangle\to 0$．因此这个定义是有意义的．

不但如此，还可以知道

$$\langle g(y),\langle f(x),\ \varphi(x+y)\rangle\rangle$$

也是有意义的，因为这时可以证明$\langle f(x),\ \varphi(x+y)\rangle=\phi(y)\in C^\infty(\mathbf{R}^n)$，而且当$\varphi_j\to 0$（在$\mathscr{D}(\mathbf{R}^n)$中）时$\phi_j(y)=\langle f(x),\ \varphi_j(x+y)\rangle\to 0$（在$C^\infty(\mathbf{R}^n)$中），从而上式也定义一个$\mathscr{D}'(\mathbf{R}^n)$广义函数．至于它是否与（1.4.16）相等，我们将立即来讨论（见下文的交换性一点）．

卷积是一种与乘积很相似的运算．所以下面我们首先来看它的代数性质．但是我们也看到，并非任意两个广义函数都可以求卷积的，而需要假设例如除一个而外都有紧支集．下面我们不再一一列出这些假设，而是设以下所涉及的运算都可以进行．

i）结合性：$f*(g*h)=(f*g)*h$．

证．任取$\varphi\in\mathscr{D}(\mathbf{R}^n)$，我们有

$$\begin{aligned}\langle f*(g*h),\ \varphi\rangle&=\langle f(x),\langle g(y),\langle h(z),\ \varphi(x+y+z)\rangle\rangle\rangle\\&=\langle (f*g)*h,\ \varphi\rangle.\end{aligned}$$

ii）交换性：$f*g=g*f$．

证．任取$\varphi,\phi\in\mathscr{D}(\mathbf{R}^n)$，则$\varphi*\phi\in\mathscr{D}(\mathbf{R}^n)$，而有

$$\begin{aligned}(f*g)*(\varphi*\phi)&=(f*g)*(\phi*\varphi)\\&=f*(g*\phi)*\varphi\\&=(f*\varphi)*(g*\phi)\\&=(g*\phi)*(f*\varphi)\end{aligned}$$

$$= (g * f) * (\psi * \varphi)$$
$$= (g * f) * (\varphi * \psi).$$

这里我们利用了结合性，以及函数的卷积的交换性——注意 $f * \varphi$，$g * \psi$ 都是 C^∞ 函数. 但若有两个广义函数 f_1，f_2 以至对任意 $\varphi \in \mathscr{D}(\Omega)$，$f_1 * \varphi = f_2 * \varphi$，则

$$\langle f_1, \varphi\rangle = (f_1 * \check{\varphi})(0) = (f_2 * \check{\varphi})(0) = \langle f_2, \varphi\rangle$$

即 $f_1 = f_2$；应用到上式即得 $(f * g) * \varphi = (g * f) * \varphi$ 以及 $f * g = g * f$.

iii) 分配性. 即 $f * g$ 对每个因子是线性的，这是自明的.

由以上几点即知至少一切具有紧支集的广义函数对加法和卷积成为一个交换环（其实是交换代数）. 这个环是有单位元的，因为我们有

iv) δ 是具有紧支集的广义函数之环（对卷积而言）的单位元，即

$$f * \delta = \delta * f = f. \tag{1.4.17}$$

因为 δ 是具有紧支集的，所以上式对一切 $f \in \mathscr{D}'(\mathbf{R}^n)$ 都成立. 证明是很容易的，对任意 $\varphi \in \mathscr{D}(\mathbf{R}^n)$，因为 $\delta * \varphi = \langle \delta(y), \varphi(x-y)\rangle = \varphi(x)$，故

$$(f * \delta) * \varphi = f * (\delta * \varphi) = f * \varphi,$$

仿照 (ii) 即知 $f * \delta = f$. 由交换性又有 $\delta * f = f * \delta = f$.

v) 卷积与平移. 我们用 τ_h 来记平移算子：对 $\mathbf{R}^n$ 上的函数 $f(x)$，$(\tau_h f)(x) = f(x - h)$，而对广义函数 $f \in \mathscr{D}'(\mathbf{R}^n)$，如§2中所定义的 (1.2.12)

$$\langle \tau_h f, \varphi\rangle = \langle f, \tau_{-h}\varphi\rangle, \quad \varphi \in \mathscr{D}(\mathbf{R}^n). \tag{1.4.18}$$

用 δ_h 表示 $\delta(x - h)$，现在证明

$$\tau_h f = \delta_h * f, \quad f \in \mathscr{D}'(\mathbf{R}^n). \tag{1.4.19}$$

事实上，对任意 $\varphi \in \mathscr{D}(\mathbf{R}^n)$，由 (1.4.15)，

$$\begin{aligned}\langle \delta_h * f, \varphi\rangle &= \langle f(x), \langle \delta_h(y), \varphi(x + y)\rangle\rangle \\ &= \langle f(x), \varphi(x + h)\rangle \\ &= \langle f, \tau_{-h}\varphi\rangle\end{aligned}$$

$$= \langle \tau_h f, \varphi \rangle,$$

故得(1.4.19). 由它得到卷积的一个重要性质即卷积对于平移的不变性：对任意的 $f, g \in \mathscr{D}'(\mathbf{R}^n)$.

$$f * \tau_h g = \tau_h (f * g) = \tau_h f * g.$$

证明是容易的：对任意 $\varphi \in \mathscr{D}(\mathbf{R}^n)$,

$$\begin{aligned}\langle \tau_h (f * g), \varphi \rangle &= \langle (f * g)(x), \varphi(x + h) \rangle \\ &= \langle f(x), \langle g(y), \varphi(x + y + h) \rangle \rangle \\ &= \langle f(x), \langle g(y), \tau_{-h} \varphi(x + y) \rangle \rangle \\ &= \langle f(x), \langle \tau_h g(y), \varphi(x + y) \rangle \rangle \\ &= \langle f * \tau_h g, \varphi \rangle.\end{aligned}$$

重要的是这个性质的逆.

定理 1.4.10 设 $T: \mathscr{D}(\mathbf{R}^n) \to \mathscr{E}(\mathbf{R}^n)$ 是连续线性的，若 T 与一切平移均可换，则必存在唯一的 $f \in \mathscr{D}'(\mathbf{R}^n)$ 使

$$T\varphi = f * \varphi, \quad \varphi \in \mathscr{D}(\mathbf{R}^n). \tag{1.4.20}$$

证. 先证唯一性. 若这样的 f 存在，必有

$$\langle f, \check{\varphi} \rangle = (f * \varphi)(0) = (T\varphi)(0),$$

因此 f 是唯一的. 又，用上式定义的 f:

$$\mathscr{D}(\mathbf{R}^n) \ni \varphi \xrightarrow{f} (T\varphi)(0),$$

由 T 的连续性确实是一个 $\mathscr{D}'(\mathbf{R}^n)$ 广义函数. 用 $\tau_{-h}\varphi$ 代入上式，再用 T 与 τ_{-h} 的可交换性有

$$\begin{aligned}(T\varphi)(h) &= \tau_{-h}(T\varphi(0)) = (T\tau_{-h}\varphi)(0) \\ &= f * (\tau_{-h}\varphi)(0) = (f * \varphi)(h).\end{aligned}$$

由 h 之任意性即得定理之证.

关于与平移可换的算子的进一步的讨论可见 L. Hörmander [3].

vi) 卷积与微商. 现在证明对于 $f, g \in \mathscr{D}'(\mathbf{R}^n)$

$$\partial^\alpha (f * g) = \partial^\alpha f * g = f * \partial^\alpha g. \tag{1.4.21}$$

证. 任取 $\varphi \in \mathscr{D}(\mathbf{R}^n)$, 则

$$\begin{aligned}\langle \partial^\alpha (f * g), \varphi \rangle &= (-1)^{|\alpha|} \langle f * g, \partial^\alpha \varphi \rangle \\ &= \langle f(x), (-1)^{|\alpha|} \langle g(y), \partial_y^\alpha \varphi(x + y) \rangle \rangle\end{aligned}$$

$$= \langle f(x), \langle \partial^\alpha g(y), \varphi(x+y)\rangle\rangle$$
$$= \langle f * \partial^\alpha g, \varphi\rangle.$$

利用 $\delta(x)$ 是 $\mathscr{D}'(\mathbf{R}^n)$ 关于卷积的单位元即可将广义函数的微商换成卷积．事实上我们有

$$\partial^\alpha f = \partial^\alpha(\delta * f) = \delta^{(\alpha)} * f. \tag{1.4.22}$$

一般地，对于常系数 PDO $P(\partial)$ 我们有

$$P(\partial)f = P(\partial)(\delta * f) = P(\partial)\delta * f. \tag{1.4.23}$$

vii）卷积与支集和奇支集．对于函数的卷积以及函数与广义函数的卷积，有关于其支集的性质：$\operatorname{supp} f * g \subset \operatorname{supp} f + \operatorname{supp} g$，现在要证明它对广义函数也成立． 这里和前面一样，设 $f, g \in \mathscr{D}'(\mathbf{R}^n)$ 中至多有一个没有紧支集．再取磨光核 J_ε（见（1.1.2））由定理 1.4.7，当 $\varepsilon \to 0$ 时 $f * g * J_\varepsilon \to f * g$（在 $\mathscr{D}'(\mathbf{R}^n)$ 中），于是因为

$$\begin{aligned}\operatorname{supp} f * g * J_\varepsilon &= \operatorname{supp} f * (g * J_\varepsilon)\\ &\subset \operatorname{supp} f + \operatorname{supp} g + \operatorname{supp} J_\varepsilon,\end{aligned}$$

而 $\operatorname{supp} J_\varepsilon \to \{0\}$，所以

$$\operatorname{supp}(f * g) \subset \operatorname{supp} f + \operatorname{supp} g. \tag{1.4.24}$$

关于奇支集也有类似结果

$$\operatorname{sing\,supp}(f * g) \subset \operatorname{sing\,supp} f + \operatorname{sing\,supp} g. \tag{1.4.25}$$

事实上，不妨设 g 有紧支集． 于是作截断函数 ψ 使在 $\operatorname{sing\,supp} g$ 附近恒为 1． 令 $g = \psi g + (1-\psi)g$，则 $(1-\psi)g \in C_0^\infty(\mathbf{R}^n)$，而 $f * (1-\psi)g \in C^\infty(R^n)$，故在讨论奇支集时可以把它略去，而有

$$\operatorname{sing\,supp}(f * g) = \operatorname{sing\,supp}(f * \psi g).$$

但在 $\{x; \{x\} - \operatorname{supp} \psi g \subset (\operatorname{sing\,supp} f)^c\}$ 中它显然是 x 的 C^∞ 函数。因此

$$\operatorname{sing\,supp}(f * g) \subset \operatorname{sing\,supp} f + \operatorname{supp} \psi g$$

但由 ψ 的作法可以使 $\operatorname{supp}\psi g$ 任意接近于 $\operatorname{sing\,supp} g$，故（1.4.25）成立．

以上的讨论中我们总是规定在所有涉及的广义函数中最多除

一个以外都有紧支集．但这是不必要的．例如只要以下的映射

$$\operatorname{supp} f * \operatorname{supp} g \to \mathbf{R}^n,$$

$$(x, y) \longmapsto x + y$$

是适当（proper）的(即使紧集的原象仍为紧集)即可．事实上,对 $\varphi \in \mathscr{D}(\mathbf{R}^n)$．若 $x + y \in \operatorname{supp} \varphi$，则 $(x, y) \in \operatorname{supp} f * \operatorname{supp} g$ 必在紧集中，从而 (x, y) 在投影映射下的象 $(x, y) \longmapsto x$ 与 $(x, y) \longmapsto y$ 也在紧集中变动,因此 $\langle g(y), \varphi(x + y)\rangle$ 有意义,而且当 x 超出某一紧集时其值为 0，即 $\langle g(y), \varphi(x + y)\rangle \in \mathscr{D}(\mathbf{R}^n)$,从而 $\langle f(x), \langle g(y), \varphi(x + y)\rangle\rangle$ 有意义,即 $f * g$ 有定义．

一个重要的情况是考虑 $\mathbf{R}^1$ 上支集在 $\mathbf{R}^1_+ = \{x;\ x \geqslant 0\}$ 中的连续函数集 $C_0(\mathbf{R}^1_+)$．这时

$$R^1_+ \times \mathbf{R}^1_+ \to \mathbf{R}^1,\ (x, y) \longmapsto x + y$$

自然是适当的．因此 $C_0(\mathbf{R}^1_+)$ 中任意两个元的卷积有定义，实际上它可用紧集 $[0, x]$ 上的积分

$$(f * g)(x) = \int_{\mathbf{R}^1} f(y) g(x - y) dy$$

$$= \int_0^x f(y) g(x - y) dy,\ x \geqslant 0$$

来表示．于是 $C_0(\mathbf{R}^1_+)$ 对卷积成环．可以证明，这个环是没有零因子的（Titchmarsh 定理）[1]，因此 $C_0(\mathbf{R}^1_+)$ 对于"＊"可以扩充为一个域．J. Mikusinski 在这个基础上建立了一种"算子演算"理论,它与广义函数论相当接近,读者欲知其详可以参看J. Mikusinski [1]．

§5. 张量积与核定理

1. 张量积的定义与基本性质． 设 $\Omega_1 \subset \mathbf{R}^{m_1}$，$\Omega_2 \subset \mathbf{R}^{m_2}$ 是两个开集．若 $\varphi_j(x) \in \mathscr{D}(\Omega_j)(j = 1, 2)$，我们定义其张量积 $(\varphi_1 \otimes \varphi_2)(x, y) = \varphi_1(x) \cdot \varphi_2(y)$；而空间 $\mathscr{D}(\Omega_1)$ 与 $\mathscr{D}(\Omega_2)$ 的代数

1) 但在广义函数的卷积中，却是有零因子的，例如 $1 * \delta' = 0$．

张量积为以下形式的有限和之集合：

$$\mathscr{D}(\Omega_1)\otimes\mathscr{D}(\Omega_2)=\Big\{\sum_j \varphi_j^{(1)}(x)\varphi_j^{(2)}(y),$$

$$\varphi_j^{(1)}\in\mathscr{D}(\Omega_1),\ \varphi_j^{(2)}\in\mathscr{D}(\Omega_2)\Big\}. \tag{1.5.1}$$

现在证明它在 $\mathscr{D}(\Omega_1\times\Omega_2)$ 中稠（按序列的意义）．事实上，设 $\varphi(x,y)\in\mathscr{D}(\Omega_1\times\Omega_2)$，不妨设$K$是边长为$T$的立方体（以$(0,0)$为中心）而 $\operatorname{supp}\varphi\subset K$，于是将 $\varphi|_K$ 按周期拓展到K外，得到一个 $\mathscr{D}(\mathbf{R}^{m_1+m_2})$ 中的以T为周期的周期函数 $\tilde{\varphi}(x,y)$．又若作截断函数 $\theta_j\in\mathscr{D}(\mathbf{R}^{m_j})$ $(j=1,2)$，而使 $\operatorname{supp}(\theta_1\otimes\theta_2)\subset K$，且在 $\operatorname{supp}\varphi$ 上 $\theta_1\otimes\theta_2=1$，则 $\varphi=(\theta_1\otimes\theta_2)\tilde{\varphi}$．将 $\tilde{\varphi}(x,y)$ 用 Fourier 级数展开：

$$\tilde{\varphi}(x,y)=\sum c_{\alpha_1\alpha_2}e^{i\langle\alpha_1,x\rangle 2\pi/T}e^{i\langle\alpha_2,y\rangle 2\pi/T}, \tag{1.5.2}$$

$$c_{\alpha_1\alpha_2}=T^{-m_1-m_2}\int_{\mathbf{R}^{m_1+m_2}}e^{-i\langle\alpha_1,x\rangle 2\pi/T}e^{-i\langle\alpha_2,y\rangle 2\pi/T}\tilde{\varphi}\,dxdy, \tag{1.5.3}$$

反复利用分部积分法即可证明，对任意非负整数N，必存在正常数$C_N>0$ 使

$$|c_{\alpha_1\alpha_2}|\leqslant C_N(1+|\alpha_1|+|\alpha_2|)^{-N}.$$

因此级数

$$\begin{aligned}\varphi(x,y)&=(\theta_1\otimes\theta_2)\tilde{\varphi}(x,y)\\&=\sum c_{\alpha_1\alpha_2}\varphi_{\alpha_1}(x)\varphi_{\alpha_2}(y),\end{aligned} \tag{1.5.4}$$

$$\varphi_{\alpha_1}(x)=\theta_1(x)e^{i\langle\alpha_1,x\rangle 2\pi/T},$$

$$\varphi_{\alpha_2}(y)=\theta_2(y)e^{i\langle\alpha_2,y\rangle 2\pi/T}$$

连同其各阶微商均在K上一致收敛于 $\varphi(x,y)$ 及其相应微商．又因(1.5.4)之任意部分和之支集均含于K内，故(1.5.4)式之部分和序列——每一个部分和都是代数张量积 $\mathscr{D}(\Omega_1)\otimes\mathscr{D}(\Omega_2)$ 之元——在 $\mathscr{D}(\Omega_1\times\Omega_2)$ 中趋于 $\varphi(x,y)$．

以上我们得出了一个双线性映射

$$\mathscr{D}(\Omega_1)\times\mathscr{D}(\Omega_2)\to\mathscr{D}(\Omega_1\times\Omega_2),$$

$$(\varphi_1,\varphi_2)\longmapsto(\varphi_1\otimes\varphi_2)(x,y).$$

我们想要证明这个映射可以拓展为 $\mathscr{D}'(\Omega_1)\times\mathscr{D}'(\Omega_2)$ 到 $\mathscr{D}'(\Omega_1\times\Omega_2)$ 的映射.

定理 1.5.1 若 $f_j\in\mathscr{D}'(\Omega_j)$ $(j=1,2)$，则必存在唯一的 $f\in\mathscr{D}'(\Omega_1\times\Omega_2)$，使在 $\mathscr{D}(\Omega_1)\otimes\mathscr{D}(\Omega_2)$ 上

$$\langle f,\varphi_1\otimes\varphi_2\rangle=\langle f_1,\varphi_1\rangle\langle f_2,\varphi_2\rangle,\tag{1.5.5}$$

这个 f 称为 f_1，f_2 的张量积,记作 $f_1\otimes f_2$.

证. 唯一性是明显的，因为 $\mathscr{D}(\Omega_1)\otimes\mathscr{D}(\Omega_2)$ 在 $\mathscr{D}(\Omega_1\times\Omega_2)$ 中稠,而 f 在 $\mathscr{D}(\Omega_1)\otimes\mathscr{D}(\Omega_2)$ 上之值已由式 (1.5.5) 完全决定了.

关于存在性则要用到定理 1.4.3. 对任一 $\varphi(x,y)\in\mathscr{D}(\Omega_1\times\Omega_2)$，$\phi(x)=\langle f_2(y),\varphi(x,y)\rangle\in C_0^\infty(\Omega_1)$且支集在 Ω_1 内. $\partial_x^\alpha\phi(x)=\langle f_2(y),\ \partial_x^\alpha\varphi(x,y)\rangle$. 因此由 $f_2\in\mathscr{D}'(\Omega_2)$ 知对任意紧集 $K_j\Subset\Omega_j$ $(j=1,2)$，必有 $C_2>0$ 及非负整数 k_2 使当 $\operatorname{supp}\varphi\subset K_1\times K_2$ 时

$$|\partial_x^\alpha\phi(x)|\leqslant C_2\sum_{|\beta|\leqslant k_2}\sup_{K_2}|\partial_x^\alpha\partial_y^\beta\varphi|.\tag{1.5.6}$$

又因 $\phi(x)\in\mathscr{D}(\Omega_1)$ 且 $\operatorname{supp}\phi\subset K_1\Subset\Omega_1$，故 $\langle f_1,\phi\rangle$ 有意义而

$$|\langle f_1,\phi\rangle|\leqslant C_1\sum_{|\alpha|\leqslant k_1}\sup_{K_1}|\partial_x^\alpha\phi(x)|,\tag{1.5.7}$$

这里 $C_1>0$ 和非负整数 k_1 由 K_1 决定. 现在定义一个线性泛函

$$\langle f,\varphi\rangle=\langle f_1,\phi\rangle=\langle f_1(x),\langle f_2(y),\varphi(x,y)\rangle\rangle,\tag{1.5.8}$$

则综合 (1.5.6) 和 (1.5.7) 有,当 $\varphi\in\mathscr{D}_{K_1\times K_2}(\Omega_1\times\Omega_2)$ 时

$$|\langle f,\varphi\rangle|\leqslant C_1C_2\sum_{|\alpha|\leqslant k_1,|\beta|\leqslant k_2}\sup_{K_1\times K_2}|\partial_x^\alpha\partial_y^\beta\varphi|.$$

因此 $f\in\mathscr{D}'(\Omega_1\times\Omega_2)$. 这样作出的 f 显然适合 (1.5.5).

很容易看到

$$\operatorname{supp}f_1\otimes f_2=\operatorname{supp}f_1\times\operatorname{supp}f_2,\tag{1.5.9}$$

$$\partial_x^\alpha\partial_y^\beta(f_1\otimes f_2)=\partial_x^\alpha f_1\otimes\partial_y^\beta f_2.\tag{1.5.10}$$

还可以证明

定理 1.5.2 双线性映射

$$\mathscr{D}'(\Omega_1)\times\mathscr{D}'(\Omega_2)\to\mathscr{D}'(\Omega_1\times\Omega_2),$$
$$(f_1, f_2)\longmapsto f_1\otimes f_2,$$
对每个“因子” f_i 分别是连续的.

证. 我们来看例如 $f_1\otimes f_2$ 对 f_1 的连续性. 于是固定 f_2, 而由 (1.5.8) 有

$$\langle f_1\otimes f_2, \varphi(x, y)\rangle = \langle f_1(x), \phi(x)\rangle,$$

因此有对 f_1 的连续性. 为证对 f_2 的连续性,可将 (1.5.8) 改写为

$$\langle f_1\otimes f_2, \varphi(x, y)\rangle = \langle f_2(y), \langle f_1(x), \varphi(x, y)\rangle\rangle. \qquad (1.5.11)$$

这是因为对 $\varphi(x, y)\in\mathscr{D}(\Omega_1)\otimes\mathscr{D}(\Omega_2)$, (1.5.8), (1.5.11) 右方的值相等,而 $\mathscr{D}(\Omega_1)\otimes\mathscr{D}(\Omega_2)$ 又在 $\mathscr{D}(\Omega_1\times\Omega_2)$ 中稠密,所以 (1.5.11) 也成立.

有了张量积的定义以后,回顾式 (1.4.16) 即知

$$\langle f*g, \varphi\rangle = \langle f(x)\otimes g(y), \varphi(x+y)\rangle. \qquad (1.5.12)$$

但这时 $\varphi(x+y)$ 并没有紧支集, 因此才出现了上一节关于卷积的因子的支集的许多讨论.

以上我们没有一般地讨论张量积的连续性. 因为这是一个比较复杂的问题. 读者可以参看 W. Rudin [1](定理 2.17),更一般的讨论可见 F. Treves [1].

2. 跳跃公式. 在 § 2 中我们讨论了可微函数古典意义下的微商所生成的广义函数 $[f']$ 与它作为广义函数的微商 f' 之间的关系,即式 (1.2.26), 并指出它在高维情况下的类比即著名的 Stokes 公式. 现在在一个比较简单的情况下来讨论它, 一般的讨论留待下一节.

考虑函数 $f\in C^\infty(\mathbf{R}^n)$, 现在用 $x_n>0$ 的特征函数 $\chi(x_n)$ 去乘它,得到 $f_0=\chi f$. 于是 f_0 在 $x_n=0$ 处之各阶微商均有了间断,而从 $x_n>0$ 处取 $x_n\to 0$ 的极限为 $D^\alpha f(x', 0)$(这里和以下都记 $x=(x', x_n)=(x_1, \cdots, x_{n-1}, x_n)$) 从 $x_n<0$ 处取的极限则为 0. 因此有跳跃 $D^\alpha_f(x', 0)$. 现在要研究 f_0 作为广义函数的微商与 f 之微商的关系. 首先

$$\partial_n f_0 = (\partial_n f)_0 + \gamma_0 f\otimes\delta(x_n),$$

这里 $\gamma_0 f = f(x', 0)$ 即 f 在 $x_n = 0$ 处的跳跃。这就是式(1.2.26)，一般地则有

$$\partial_n^k f_0 = (\partial_n^k f)_0 + \sum_{j=0}^{k-1} (\gamma_{k-j-1} f) \otimes \partial_n^j \delta(x_n). \quad (1.5.13)$$

从上式反复对 x_n 求微商即可得此式，其中 $\gamma_{k-j-1} f = \partial_n^{k-j-1} f(x', 0)$。将它作用到 $\varphi(x) \in \mathscr{D}(\mathbf{R}^n)$ 上即得

$$\begin{aligned}\int_{x_n>0} \partial_n^k f(x)\varphi(x)dx &= (-1)^k \int_{x_n>0} f(x)\partial_n^k \varphi(x)dx \\ &\quad - \sum_{j=0}^{k-1} \langle \gamma_{k-j-1} f(x', 0), \langle \partial_n^j \delta(x_n), \varphi(x', x_n)\rangle\rangle \\ &= (-1)^k \int_{x_n>0} f(x)\partial_n^k \varphi(x)dx \\ &\quad + \sum_{j=0}^{k-1} (-1)^{j-1} \int_{x_n=0} \partial_n^{k-j-1} f(x', 0)\partial_n^j \varphi(x', 0)dx'.\end{aligned}$$

如果更一般地令

$$P(x, \partial) = \sum_{j=0}^{m} P_j(x, \partial')\partial_n^j,$$

$P_j(x, \partial')$ 是 $\partial' = (\partial_1, \cdots, \partial_{n-1})$ 的 $m-j$ 次多项式，由于(1.5.13)有

$$\begin{aligned}P_j(x, \partial')\partial_n^j f_0 = P_j(x, \partial')(\partial_n^j f)_0 \\ + \sum_{l=0}^{j-1} P_j(x, \partial')\gamma_{j-l-1} f \otimes \partial_n^l \delta(x_n),\end{aligned}$$

因此得以下的**跳跃公式**

$$\begin{aligned}P(x, \partial)f_0 = [P(x, \partial)f]_0 \\ + \sum_{l+k+1 \le m} P_{l+k+1}(x, \partial')\gamma_l f \otimes \partial_n^k \delta(x_n),\end{aligned} \quad (1.5.14)$$

这里 $\gamma_l f = \partial_n^l f(x', 0)$，即 $\partial_n^l f(x)$ 在 $x_n = 0$ 处的跳跃或跃度。将它作用到 $\varphi(x) \in \mathscr{D}(\mathbf{R}^n)$ 上即得一个积分公式

$$\int_{x_n>0} P(x, \partial)f(x)\varphi(x)dx = \int_{x_n>0} f(x)\,{}^t P(x, \partial)\varphi(x)dx$$

$$+\sum_{l+k+1\leqslant m}(-1)^{k-1}\int_{x_n=0}P_{l+k+1}(x,\partial')\partial_n^l f(x',0)$$
$$\cdot\,\partial_n^k\varphi(x',0)dx'. \tag{1.5.15}$$

3. 核定理. 定义一个算子的方法时常是通过"核". 例如一个以连续函数 $K(x,y)\in C(\Omega\times\Omega)$ 为核的积分算子就是

$$(Ku)(x)=\int K(x,y)u(y)dy. \tag{1.5.16}$$

这里应设 u 以 Ω 内的某一紧集为支集. 为了使这里的积分有意义自然应该对 $K(x,y)$ 的光滑性有一定要求. 但是在以下我们时常只要求 Ku 是一个 $\mathscr{D}'(\Omega_1)$ 广义函数, 这时对 $u\in\mathscr{D}(\Omega_2)$ 只需令 $K(x,y)\in\mathscr{D}'(\Omega_1\times\Omega_2)$ 即可. 事实上, 当 $K(x,y)$ 是连续函数时, (1.5.16) 决定的 Ku 也是在 Ω_1 中连续的, 从而是一个 $\mathscr{D}'(\Omega_1)$ 广义函数,因此对 $v\in\mathscr{D}(\Omega_1)$ 有

$$\langle Ku(x),v(x)\rangle=\iint K(xy)u(y)v(x)dxdy$$
$$=\langle K(x,y),v(x)\otimes u(y)\rangle. \tag{1.5.17}$$

当 $K(x,y)\in\mathscr{D}'(\Omega_1\times\Omega_2)$ 时, 上式右方对 $u\in\mathscr{D}(\Omega_2)$, $v\in\mathscr{D}(\Omega_1)$ 仍有意义,而且容易看到它是 $v\in\mathscr{D}(\Omega_1)$ 的连续线性泛函,因此它定义了 $Ku\in\mathscr{D}'(\Omega_1)$. 这样我们看到:

任一广义函数 $K(x,y)\in\mathscr{D}'(\Omega_1\times\Omega_2)$ 通过式 (1.5.15) 定义一个 $\mathscr{D}'(\Omega_1)$ 广义函数, 因此 $K(x,y)$ 定义了一个线性连续算子

$$K:\ \mathscr{D}(\Omega_2)\to\mathscr{D}'(\Omega_1).$$

(这里和以下我们都用同一个字母记此广义函数与它所定义的算子)、广义函数 $K(x,y)$ 称为K的核.

以上说明了 $K(x,y)\in\mathscr{D}'(\Omega_1\times\Omega_2)$ 怎样定义一个线性连续算子 K: $\mathscr{D}(\Omega_2)\to\mathscr{D}'(\Omega_1)$. 重要的是其逆定理也成立. 这就是著名的 Schwartz 核定理:

定理 1.5.3 任意连续线性算子 K: $\mathscr{D}(\Omega_2)\to\mathscr{D}'(\Omega_1)$ 都可以用唯一方式通过一个广义函数 $K(x,y)\in\mathscr{D}'(\Omega_1\times\Omega_2)$ 用

$$\langle K(x, y), v(x) \otimes u(y) \rangle = \langle Ku, v \rangle$$

来表示.

证. 唯一性可以由 $\mathscr{D}(\varOmega_1) \otimes \mathscr{D}(\varOmega_2)$ 在 $\mathscr{D}(\varOmega_1 \times \varOmega_2)$ 中的稠密性来证明. 为证明 $K(x, y)$ 的存在性, 注意到双线性形式 $\langle Ku, v \rangle$ 对 u, v 分别都是连续的, 取紧集 $K_i \Subset \varOmega_i$, 并令 u, v 分别在 Fréchet 空间 $\mathscr{D}_{K_2}(\varOmega_2)$ 和 $\mathscr{D}_{K_1}(\varOmega_1)$ 中, 由泛函分析的一个定理 (见 W. Rudin [1] 定理 2.17) 知这个双线性形式对 u, v 全体连续. 故可找到常数 $C > 0$ 和非负整数 N_1, N_2 使

$$|\langle Ku, v \rangle| \leqslant C \sum_{|\alpha| \leqslant N_1} \sup_{K_1} |D^\alpha v| \cdot \sum_{|\beta| \leqslant N_2} \sup_{K_2} |D^\beta u|.$$

$$(1.5.18)$$

现在令 $\omega_i \Subset \varOmega_i$ 而且 $\omega_i \Subset K_i$ $(i = 1, 2)$, 利用 (1.1.1) 作出的磨光核 J^1, J^2, 而对充分小的 $\varepsilon > 0$ 定义

$$K_\varepsilon(x, y) = \varepsilon^{-n_1 - n_2} \langle K J^2[(y - \cdot)/\varepsilon], J^1[(x - \cdot)/\varepsilon] \rangle,$$

$$(1.5.19)$$

这里 n_1 和 n_2 各为 $\varOmega_1$ 和 $\varOmega_2$ 的维数, 而 $x \in \omega_1$, $y \in \omega_2$. 如果确有广义函数 $K(x, y)$ 存在, 则有

$$K_\varepsilon(x, y) = (K * \varPsi_\varepsilon)(x, y), \quad \varPsi_\varepsilon = J_\varepsilon^1 \otimes J_\varepsilon^2,$$

而且当 $\varepsilon \to 0$ 时 $K_\varepsilon(x, y)$ 在 $\mathscr{D}'(\varOmega_1 \times \varOmega_2)$ 中趋于 $K(x, y)$. 现在我们要证明 $K_\varepsilon(x, y)$ 在 $\mathscr{D}'(\varOmega_1 \times \varOmega_2)$ 中当 $\varepsilon \to 0$ 时有一个极限 $K(x, y)$ 即适合定义所求. 这里我们要注意只要 ε 小于 x 到 CK_2 与 y 到 CK_1 的距离, $J^2\left(\dfrac{y - \cdot}{\varepsilon}\right)$, $J^1\left(\dfrac{x - \cdot}{\varepsilon}\right)$ 均在 $\mathscr{D}_{K_2}(\varOmega_2)$, $\mathscr{D}_{K_1}(\varOmega_1)$ 中而 (1.5.19) 有意义且可适用式 (1.5.18), 从而当 $x \in \omega_1$, $y \in \omega_2$ 时

$$|K_\varepsilon(x, y)| \leqslant C\varepsilon^{-\mu}, \quad \mu = N_1 + N_2 + n_1 + n_2. \quad (1.5.20)$$

为了求 K_ε 的极限, 我们需要将 K_ε 按 ε 在某个值 δ 处用 Taylor 公式展开. 这里需要一个公式, 即对任意 $\psi(x) \in C^\infty(\mathbf{R}^n)$ 有

$$\frac{\partial}{\partial \varepsilon}\left(\varepsilon^{-n} \psi\left(\frac{x}{\varepsilon}\right)\right) = \sum_{j=1}^n \frac{\partial}{\partial x_j}\left(\varepsilon^{-n-1} \psi_j\left(\frac{x}{\varepsilon}\right)\right),$$

$$\psi_j(x) = -x_j\psi(x).$$

事实上，$\varepsilon^{-n}\psi\left(\frac{x}{\varepsilon}\right)$是 (x, ε) 的 $-n$ 阶齐性函数，故由 Euler 恒等式有

$$\varepsilon\frac{\partial}{\partial\varepsilon}\left(\varepsilon^{-n}\psi\left(\frac{x}{\varepsilon}\right)\right) + \sum_{j=1}^{n} x_j\frac{\partial}{\partial x_j}\left(\varepsilon^{-n}\psi\left(\frac{x}{\varepsilon}\right)\right)$$
$$= -n\varepsilon^{-n}\psi\left(\frac{x}{\varepsilon}\right).$$

由 $x_j\frac{\partial}{\partial x_j}\left(\varepsilon^{-n}\psi\left(\frac{x}{\varepsilon}\right)\right) = \frac{\partial}{\partial x_j}\left(\varepsilon^{-n}x_j\psi\left(\frac{x}{\varepsilon}\right)\right) - \varepsilon^{-n}\psi\left(\frac{x}{\varepsilon}\right)$，即得上式.

由 $\langle Ku, v\rangle$ 的连续性式(1.5.18)易见可以在(1.5.19)的括号内对 ε 求微商，因此

$$\partial K_\varepsilon/\partial\varepsilon = \sum_j \frac{\partial}{\partial x_j} L_j(\varepsilon, x, y).$$

这里

$$L_j(\varepsilon, x, y) = \varepsilon^{-n_1-n_2}\left\langle K\left(-x_jJ^2\left(\frac{y-\cdot}{\varepsilon}\right), J^1\left(\frac{x-\cdot}{\varepsilon}\right)\right)\right\rangle$$

或

$$= \varepsilon^{-n_1-n_2}\left\langle KJ^2\left(\frac{y-\cdot}{\varepsilon}\right), -x_jJ^1\left(\frac{x-\cdot}{\varepsilon}\right)\right\rangle,$$

视 x_j 是 y 或 x 的分量而定. 由上式知(1.5.20)对 L_j 也成立. 反复应用这个方法即得

$$K_\varepsilon^m = \left(\frac{\partial}{\partial\varepsilon}\right)^m K_\varepsilon$$
$$= \sum_{m_1+m_2=m}\left(\frac{\partial}{\partial x}\right)^{m_1}\left(\frac{\partial}{\partial y}\right)^{m_2} L_{m_1,m_2}(\varepsilon, x, y)$$

而(1.5.20)对 $L_{m_1,m_2}(\varepsilon, x, y)$ 也成立. 现在将 K_ε 在 $\varepsilon=\delta$ 处展开有

$$K_\varepsilon = \sum_{m=0}^{\mu}(\varepsilon-\delta)^m K_\delta^m/m!$$

$$+\frac{(\varepsilon-\delta)^{\mu+1}}{\mu!}\int_0^1 K^{\mu+1}_{\delta+t(\varepsilon-\delta)}(1-t)^{\mu}dt.$$

将它作用在 $\Phi(x,y)\in C_0^{\mu+1}(\omega_1\times\omega_2)$ 上并令 $\varepsilon\to 0$ 有

$$\langle K_\varepsilon,\Phi\rangle\to\sum_{m=0}^{\mu}\frac{(-\delta)^m}{m!}\langle K_\delta^m,\Phi\rangle$$
$$+\frac{(-\delta)^{\mu+1}}{\mu!}\int_0^1\langle K^{\mu+1}_{\delta(1-t)},\Phi\rangle(1-t)^{\mu}dt$$
$$=\langle K_0,\Phi\rangle,$$

这里 $K_0\in\mathscr{D}'_{\mu+1}(\omega_1\times\omega_2)$. 因为式右只涉及 Φ 的直到 $\mu+1$ 阶在内的微商，而由式(1.5.20)容易证明

$$|\langle K_0,\Phi\rangle|\leqslant C\sum_{|\alpha|\leqslant\mu+1}\sup|\partial^\alpha\Phi|.$$

最后我们再在 $\mathscr{D}(\omega_1)\otimes\mathscr{D}(\omega_2)$ 上考虑 $\langle K_\varepsilon,\Phi\rangle$. 这时对 $v\in\mathscr{D}(\omega_1)$, $u\in\mathscr{D}(\omega_2)$ 有

$$\langle K_\varepsilon(x,y),v(x)\otimes u(y)\rangle=\iint\varepsilon^{-n_1-n_2}$$
$$\cdot\left\langle KJ^2\left(\frac{\cdot-y}{\varepsilon}\right)u(y),\ J^1\left(\frac{\cdot-x}{\varepsilon}\right)v(x)\right\rangle dxdy.$$

由 K 的连续性，上式右方可以化为

$$\langle K(J^2_\varepsilon * u),(J^1_\varepsilon * v)\rangle,$$

其极限是 $\langle Ku,v\rangle$. 因此对 $u\in\mathscr{D}(\omega_2)$, $v\in\mathscr{D}(\omega_1)$ 有

$$\langle K_0 v(x)\otimes u(y)\rangle=\langle Ku,v\rangle.$$

最后，由于 ω_1, ω_2 分别是 Ω_1, Ω_2 的任意相对紧子集，即知上式对 $u\in\mathscr{D}(\Omega_2)$, $v\in\mathscr{D}(\Omega_1)$ 成立，定理证毕.

用核来表示一个算子时会出现一个新的情况，即"很好"的算子的核可以有很高的奇异性. 例如恒等算子 id: $\mathscr{D}(\Omega)\to\mathscr{D}(\Omega)\subset\mathscr{D}'(\Omega)$ 的核是 $\mathscr{D}'(\Omega\times\Omega)$ 广义函数 $K(x,y)$: $\varphi(x,y)\to\int\varphi(x,x)dx=\int\langle\delta(\cdot-x),\varphi(x,\cdot)\rangle dx$, 因为

$$\langle K(x,y),v(x)\otimes u(y)\rangle=\int u(x)v(x)dx$$
$$=\langle \mathrm{id}u,v\rangle.$$

一个微分算子 $P=\sum a_\alpha(x)\partial_x^\alpha$: $\mathscr{D}(\Omega)\to\mathscr{D}(\Omega)$ 的核则是 $\mathscr{D}'$・$(\Omega\times\Omega)$广义函数 $K(x, y):\varphi(x, y)\to\int\sum a_\alpha(y)\partial_y^\alpha\varphi(x, y)|_{y=x}dx=\int\langle\sum(-1)^{|\alpha|}a_\alpha(x)\delta^{(\alpha)}(\cdot-x), \varphi(x, \cdot)\rangle dx$. 这时

$$\begin{aligned}\langle K(x, y)v(x)\otimes u(y)\rangle&=\int\langle\sum(-1)^{|\alpha|}a_\alpha(x)\\&\quad\cdot\delta^{(\alpha)}(y-x), u(y)\rangle v(x)dx\\&=\int[\sum a_\alpha(x)\partial_x^\alpha u(x)]\cdot v(x)dx\\&=\langle Pu, v\rangle.\end{aligned}$$

这两个核的支集都在对角集 $\{(x, y), y=x\}$ 中. 这里重要的是其逆:

定理 1.5.4 算子 K: $\mathscr{D}(\Omega)\to\mathscr{D}'(\Omega)$ 之核的支集在对角线集中的充分必要条件是它可写成

$$Ku=\sum_\alpha a_\alpha(x)\partial_x^\alpha u(x),$$

而且这里的和 $\sum_\alpha$ 是局部有限的.

这个定理的证明略去，而我们进一步提出一个问题：什么样的算子之核具有很高的光滑性？这里我们引进一个概念.

定义 1.5.5 连续线性算子 K: $\mathscr{D}(\Omega_2)\to\mathscr{D}'(\Omega_1)$ 若可拓展为 $\mathscr{E}'(\Omega_2)\to\mathscr{E}(\Omega_1)$ 的连续线性算子,则称为正则化算子.

定理 1.5.6 K为正则化算子的必要充分条件是其核 $K(x, y)\in C^\infty(\Omega_1\times\Omega_2)$.

证. 充分性. 若 $Ku(x)=\int K(x, y)u(y)dy$, $u\in\mathscr{D}(\Omega_2)$, 则很清楚它可以拓展为算子(仍记为 K): $\mathscr{E}'(\Omega_2)\to\mathscr{E}(\Omega_1)$

$$Ku(x)=\langle u(\cdot), K(x, \cdot)\rangle.$$

它很显然是一个连续线性算子.

必要性. 将K拓展后作用到 $\delta(\cdot-y)\in\mathscr{E}'(\Omega_2)$ 上, $y\in\Omega_2$, 应该得到一个函数 $a(x, y)$. 由假设 $a(x, y)$ 对 x 属于 C^∞, 而

由于 K 是连续线性算子，知 $\partial_y^\alpha K\delta(\cdot - y) = K\partial_y^\alpha\delta(\cdot - y)$，它对 y 当然也是光滑的．现在要证 $a(x, y)$ 对 x，y 全体光滑而且 $K(x, y) = a(x, y)$．先证 $a(x, y)$ 的连续性．取 $(x_0, y_0) \in \Omega_1 \times \Omega_2$，则

$$\begin{aligned}|a(x, y) - a(x_0, y_0)| &\leqslant |K\delta(\cdot - y)(x) - K\delta(\cdot - y_0)(x_0)| \\ &\leqslant |K\delta(\cdot - y)(x) - K\delta(\cdot - y_0)(x)| \\ &\quad + |K\delta(\cdot - y_0)(x) - K\delta(\cdot - y_0)(x_0)|.\end{aligned}$$

因为前已证明 $K\delta(\cdot - y_0)(x) = a(x, y_0)$ 对 x 连续，故对任一 $\varepsilon > 0$ 必有 $\eta = \eta(\varepsilon)$，当 $|x - x_0| \leqslant \eta_1$ 时

$$|K\delta(\cdot - y_0)(x) - K\delta(\cdot - y_0)(x_0)| < \frac{\varepsilon}{2}.$$

又因 K: $\mathscr{E}'(\Omega_2) \to \mathscr{E}(\Omega_1)$ 是连续的，在 Ω_1 中取紧集 $|x - x_0| \leqslant \eta_1$ 以及一个半范 $\sup\limits_{|x-x_0|\leqslant\eta_1} |K\delta(\cdot - y_0)(x)|$，知必有 $\eta_2 = \eta_2(\varepsilon)$，当 $|y - y_0| \leqslant \eta_2$ 时 $\delta(\cdot - y)$ 在 $\delta(\cdot - y_0)$ 的某个邻域中，而使 $|K\delta(\cdot - y_0)(x) - K\delta(\cdot - y)(x)| < \frac{\varepsilon}{2}$．由此即知 $a(x, y)$ 对 x, y 连续．应用同法于 $\partial_x^\alpha\partial_y^\beta a(x, y) = \partial_x^\alpha K\partial_y^\beta\delta(\cdot - y)$ 可以证明 $a(x, y) \in C^\infty(\Omega_1 \times \Omega_2)$．

最后证明 $a(x, y) = K(x, y)$．以 $a(x, y)$ 为核作一个算子 A，则 A 是正则化的(由充分性)．而且

$$A(\partial_y^\beta\delta(\cdot - y)) = K(\partial_y^\beta\delta(\cdot - y)).$$

但是形如 $\partial_y^\beta\delta(\cdot - y)$ 的 $\mathscr{E}'(\Omega_2)$ 广义函数，当 y 和 β 变化时，其有限线性组合在 $\mathscr{E}'(\Omega_2)$ 中是稠密的(请读者自行证明)，因此 $A = K$．证毕．

§6. 微分流形上的广义函数

1. 广义函数的变量变换． 设 $\Omega_1, \Omega_2 \subset \mathbf{R}^n$ 而 χ: $\Omega_1 \to \Omega_2$ 是一个微分同胚．x 与 y 分别为 Ω_1, Ω_2 中的变量．若 $f \in C(\Omega_2)$，

则它在 χ 下的"拉回"（pull-back） $\chi^*f = f\circ\chi$ 是 Ω_1 上的连续函数：$(\chi^*f)(x) = f[\chi(x)] = f(y)$，$x\in\Omega_1$，$y\in\Omega_2$. 现在把 f 和 χ^*f 分别看成 Ω_2 和 Ω_1 上的广义函数，取 $\varphi\in\mathscr{D}(\Omega_1)$，则 $(\chi^{-1})^*\varphi=\varphi\circ\chi^{-1}\in\mathscr{D}(\Omega_2)$. 但是使我们奇怪的是

$$\langle\chi^*f,\ \varphi\rangle\neq\langle f,\ (\chi^{-1})^*\varphi\rangle, \tag{1.6.1}$$

而按照对偶关系，应该有

$$\langle\chi^*f,\ \varphi\rangle=\langle f,\ \chi_*\varphi\rangle,$$

$\chi_*\varphi$ 是由 χ 所产生的"推前"（push forward）. 由于 χ 现在是微分同胚，故 $\chi_*\varphi=(\chi^{-1})^*\varphi$，而 (1.6.1) 中应该有"$=$"成立. 但实际上

$$\begin{aligned}\langle\chi^*f,\ \varphi\rangle&=\int\chi^*f(x)\varphi(x)dx\\&=\int(f\circ\chi)(x)\varphi(x)dx\\&=\int f(y)\varphi\circ\chi^{-1}(y)Jdy,\quad J=\left|\frac{dx}{dy}\right|,\end{aligned}$$

即有

$$\langle\chi^*f,\ \varphi\rangle=\langle f,\ J\cdot(\chi^{-1})^*\varphi\rangle. \tag{1.6.2}$$

与 (1.6.1) 相比，这里出现了因子 J. 其实在 (1.2.14) 中我们已经在一种特殊的情况：线性变换 A：$\mathbf{R}^n\to\mathbf{R}^n$，$x\longmapsto y=Ax$ 的情况下见到了式 (1.6.2)，即式 (1.2.14).

现在考虑一般的 $\mathscr{D}'(\Omega_2)$ 广义函数 f，则对任一 $\varphi\in\mathscr{D}(\Omega_1)$，我们定义一个 $\mathscr{D}'(\Omega_1)$ 广义函数 χ^*f 如下：

$$\langle\chi^*f,\ \varphi\rangle=\langle f,\ J\cdot(\chi^{-1})^*\varphi\rangle,\quad J=\frac{dx}{dy}. \tag{1.6.3}$$

这里当然应该证明 χ^*f 确是一个 $\mathscr{D}'(\Omega)$ 广义函数. 它是线性泛函是明显的，而且若记 Ω_1，Ω_2 中的变量分别为 x，y，则 Ω_1 之紧子集 K_1 在 χ 之下变为 Ω_2 的紧子集 K_2，而且因为 χ 是微分同胚，

$$\begin{aligned}\sum_{|\alpha|\leqslant k}\sup_{K_2}|\partial_y^\alpha J\cdot(\chi^{-1})^*\varphi|&=\sum_{|\alpha|\leqslant k}\sup_{K_2}\\&\cdot|\partial_y^\alpha J\cdot(\varphi\circ\chi^{-1})(y)|\end{aligned}$$

$$\leqslant C_1 \sum_{|\alpha|\leqslant k} \sup_{K_1} |\partial_x^\alpha \varphi(x)|,$$

当 $\varphi \in \mathscr{D}_{K_1}(\Omega_1)$ 时自然有 $(\chi^{-1})^*\varphi = \varphi\circ\chi^{-1} \in \mathscr{D}_{K_2}(\Omega_2)$. 因此

$$\begin{aligned}|\langle \chi^* f, \varphi\rangle| &= |\langle f, J\cdot(\chi^{-1})^*\varphi\rangle| \\ &\leqslant C \sum_{|\alpha|\leqslant k} \sup_{K_2} |\partial_y^\alpha J\cdot(\chi^{-1})^*\varphi| \\ &\leqslant CC_1 \sum_{|\alpha|\leqslant k} \sup_{K_1} |\partial_x^\alpha \varphi(x)|,\end{aligned}$$

故知 $\chi^* f \in \mathscr{D}'(\Omega_1)$.

定义 1.6.1 (1.6.3) 所定义的 $\chi^* f$ 称为 f 在微分同胚 χ: $\Omega_1 \to \Omega_2$ 下的拉回或原像.

现在我们有了一个映射

$$\chi^*: \mathscr{D}'(\Omega_2) \to \mathscr{D}'(\Omega_1), \qquad (1.6.4)$$
$$f \longmapsto \chi^* f.$$

它是一个连续映射. 因为若有 $f_i \to f$ (在 $\mathscr{D}'(\Omega_2)$ 中)则 $\chi^* f_i \to \chi^* f$ (在 $\mathscr{D}'(\Omega_1)$ 中). 现在取 f 的一个规则化序列 $\{f_i\}$,则每个 f_i 都是 C^∞ 函数,从而 $\chi^* f_i(x) = f_i[\chi(x)]$, 应用链法则有

$$\begin{aligned}\partial_x(\chi^* f_i)(x) &= \partial_x f_i[\chi(x)] \\ &= \sum_k \frac{\partial y_k}{\partial x}\left(\frac{\partial f_i}{\partial y_k}\circ\chi\right)(x) \\ &= \sum_k \frac{\partial y_k}{\partial x}\chi^*\left(\frac{\partial}{\partial y_k} f_i\right).\end{aligned}$$

令 $j \to \infty$ 即有

$$\partial_x(\chi^* f) = \sum \frac{\partial y_k}{\partial x}\chi^*(\partial_{y_k} f). \qquad (1.6.5)$$

同理,对乘子 $a \in \mathscr{D}(\Omega_2)$, $(\chi^* a) \in \mathscr{D}(\Omega_1)$ 也是乘子,且

$$\chi^*(af) = \chi^*(a)\chi^*(f). \qquad (1.6.6)$$

若再有第二个微分同胚 χ_1: $\Omega_2 \to \Omega_3$, 又可证

$$(\chi_1\chi)^* f = \chi^*\chi_1^* f, \quad f \in \mathscr{D}'(\Omega_3). \qquad (1.6.7)$$

注意,这里交换了 χ 和 χ_1 的次序. 这一事实如果用函子的语言来表述,就说 χ^* 是逆变的.

一般地可以研究在可微映射(不一定是微分同胚)下广义函数的变换规则. 这方面有许多深入的工作，例如可见 V. Guillemin and S. Sternberg [1]，而在 Гельфанд и Щилоь [1] 中有大量的例子.

式 (1.6.3) 是在微分流形上定义广义函数的基础. 但在讨论它以前,我们先讨论一个在应用上很重要的问题.

2. 超曲面上的 Dirac 分布. 设 S 是 $\mathbf{R}^n$ 的一个超曲面而可以用 $P(x)=0$ 来表示. 在 $\mathbf{R}^n$ 中有体积元素 $\omega_n = dx_1\wedge\cdots\wedge dx_n$，现在我们要找一个 $n-1$ 次微分形式 ω_{n-1}(称为 Leray 形式)使

$$\omega_n = dP\wedge\omega_{n-1}. \tag{1.6.8}$$

这里和以下都设在 S 上 $dP\neq 0$，或用坐标来表示即

$$\operatorname{grad} P\neq 0\ (\text{在 } S \text{ 上}). \tag{1.6.9}$$

ω_{n-1} 的存在是明显的. 因为由 (1.6.9),我们恒可作一个坐标变换 $y=y(x)$，而使例如 $y_1=P(x)$. 于是

$$\omega_n = Jdy_1\wedge\cdots\wedge dy_n, \tag{1.6.10}$$

$J=\det\left(\dfrac{\partial x}{\partial y}\right)$ 即 $x=x(y)$ 的 Jasobi 行列式. 令

$$\omega_{n-1} = Jdy_2\wedge\cdots\wedge dy_n$$

式(1.6.8) 自然适合. 特别是,如果 $\partial_{x_1}P\neq 0$ 我们就作变换 $y_1=P(x)$，$y_j=x_j(j>1)$，则 $J=1/\det\left(\dfrac{\partial y}{\partial x}\right)=1/\partial_{x_1}P$.

$\mathbf{R}^n$ 是可定向的,如果 S 也是可定向超曲面，我们可以在 S 上给出一个诱导定向,而使 (1.6.10) 中的 $J>0$.

现在解释一下 ω_{n-1} 的几何意义. 作两个超曲面 $P=0$ 和 $P=h$ $(h\ll 1)$. 在 S 上取小面积单元 $d\sigma$ 并沿 $d\sigma$ 的边作曲线 $y_j=\text{const}\,(j>1)$ 与 S_h: $P=h$ 相交. 这样得到一个平行体，其体积即 ω.

$$\omega = dP\wedge\omega_{n-1},$$

但 $dP=h$，所以 ω_{n-1} 表示体积单元 ω 当 P 变动时对 dP 的比值,亦即体积随 P 变化的速率.

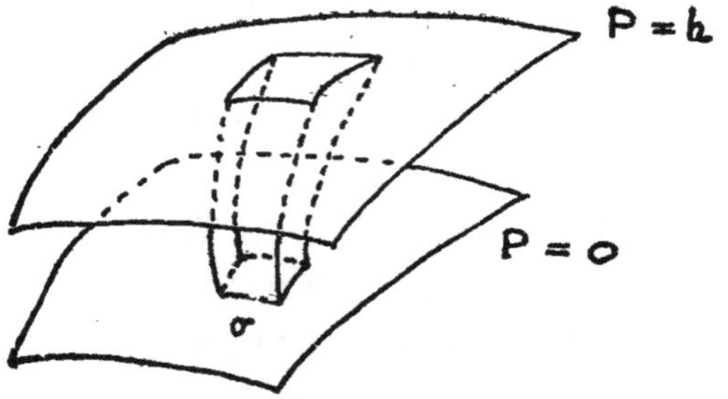

图 1

ω不依赖于坐标在 $P=0$ 上的变化．因为若 y_j 变为 y_j' ($j>1$)，则图 1 中的平行体底面积与高均不变，而只是其棱变得倾斜．因此，ω 与 dP 均不变，ω_{n-1} $\left(\text{记作}\ \dfrac{\omega}{dP}\right)$ 也不变．但若 S 的方程变为 $P_1=0$，P_1 仍为光滑函数，且仍有 $\operatorname{grad} P_1\neq 0$，$\omega_{n-1}$ 将改变成 ω_{n-1}'．事实上，如果以 P 作为第一个坐标函数 y_1，则 $P_1=P_1(y_1, y_2, \cdots, y_n)$ 适合 $P_1(0, y_2, \cdots, y_n)=0$，从而 $P_1=\alpha P$．在 S 上 $\alpha\neq 0$，否则会有 $\operatorname{grad} P_1=0$，因为在 S 上 $P=0$．所以在 S 上

$$\omega = dP\wedge\omega_{n-1}=\frac{1}{\alpha}dP_1\wedge\omega_{n-1}=dP_1\wedge\omega_{n-1}'.$$

而 $\omega_{n-1}'=\dfrac{1}{\alpha}\omega_{n-1}$．现在令 $P_1=\dfrac{1}{|\operatorname{grad}P|}P$，则 dP_1 表示曲面 $P_1=0$ 与 $P_1=h$ 之间的 Euclid 距离，从而 $|\operatorname{grad}P|\omega_{n-1}$ 即由 $\mathbf{R}^n$ 中的 Euclid 体积在 S 上诱导的面积单元，即该超曲面上的 Euclid 测度．

现在定义一个广义函数．设 ω_S 为 $\mathbf{R}^n$ 中的 Euclid 体积在超曲面 S 上诱导的面积单元，令

$$\begin{aligned}\langle\delta(P), \varphi\rangle &= \int_S \varphi(x)\omega_{n-1}\\ &=\int_S\frac{\varphi(x)}{|\operatorname{grad}P|}\omega_S,\end{aligned}\tag{1.6.11}$$

$\varphi\in\mathscr{D}(\Omega)$，$\Omega$是 S 上某点在 $\mathbf{R}^n$ 中的开邻域，在其中 $\operatorname{grad} P\neq 0$. 我们给出

定义 1.6.2 (1.6.11) 给出一个 $\mathscr{D}'(\Omega)$ 广义函数. 称为超曲面 S 上的 Dirac 分布.

下面举一些例子.

例 1. 若 P: $x_1=0$, 则 $\omega_{n-1}=dx_2\wedge\cdots\wedge dx_n$, 而 (1.6.11) 即

$$\int_{x_1=0}\varphi(0,x_2,\cdots,x_n)dx_2\wedge\cdots\wedge dx_n.$$

它就是 $\delta(x_1)\otimes 1$ (1视为 $(x_2,\cdots,x_n)$ 空间中的广义函数). 由此可见超曲面上的 Dirac 分布与一点的 Dirac 分布 $\delta(x)$ 的关系.

对任意曲面 S: $P(x)=0$. 恒可作一个变量变换也就是微分同胚 χ: $y\longmapsto x$ 使 $P(x)=0$ 变为 $y_1=0$. 很容易看到, $\chi^*(\delta(P))=\delta(y_1)$.

例 2. 考虑二维空间中的曲面（曲线）$xy-c=0$ $(c\neq 0)$. 这时 $P=xy-c$, $dP=xdy+ydx$ 而

$$\omega=dx\wedge dy=-\frac{1}{x}dP\wedge dx=\frac{1}{y}dP\wedge dy,$$

因此，双曲线 $xy-c=0$ 上的 Dirac 分布是

$$\langle\delta(xy-c),\varphi(x,y)\rangle=-\int\varphi\left(x,\frac{c}{x}\right)\frac{dx}{x}$$

$$=\int\varphi\left(\frac{c}{y},y\right)\frac{dy}{y}.$$

例 3. 令 $r^2=\sum_{j=1}^{n}x_j^2$, 考虑 $\mathbf{R}^n$ 中的球面 S_c^{n-1}: $r-c=0$ 上的 Dirac 分布. 这时 $dP=dr$ 即 Euclid 距离，所以 ω_{n-1} 即单位球面 S^{n-1} 上的面积单元. 若引用极坐标 (r,θ) 使 $\varphi(x)=\varphi(r,\theta)$, 则

$$\langle\delta(r-c),\varphi\rangle=\int\varphi(c,\theta)\omega_{n-1}.$$

正如 $\delta(x)$ 是 Heaviside 函数的微商，$\delta(P)$ 也与区域 $P\geqslant 0$ 的特征函数 $\theta(P)$ 有密切关系．今证

$$\frac{\partial\theta(P)}{\partial x_j}=\frac{\partial P}{\partial x_j}\delta(P). \tag{1.6.12}$$

事实上，在 $P=0$ 以外各点附近，双方均为 0，而若在 $P=0$ 上一点 x_0 处 $\frac{\partial P}{\partial x_j}\neq 0$，取 $\varphi\in\mathscr{D}(\mathbf{R}^n)$ 且 $\operatorname{supp}\varphi$ 在 x_0 的某个邻域中，使在其中 $\frac{\partial P}{\partial x_j}\neq 0$．于是

$$\begin{aligned}\left\langle\frac{\partial P}{\partial x_j}\delta(P),\varphi\right\rangle&=\int_{P=0}\varphi\frac{\partial P}{\partial x_j}\omega_{n-1}\\&=-\int_{P>0}d\left(\varphi\frac{\partial P}{\partial x_j}\omega_{n-1}\right).\end{aligned} \tag{1.6.13}$$

这里我们应用了 Gauss 定理，出现负号的原因是因为 P 增加的方向是内法线方向．但是我们可以引入一个新坐标系 $y_i=x_i\ (i\neq j)$，$y_j=P(x)$．这时

$$\omega_{n-1}=(-1)^{j-1}dy_1\wedge\cdots\wedge\widehat{dy_j}\wedge\cdots\wedge dy_n/\frac{\partial P}{\partial x_j},$$

$\widehat{dy_j}$ 表示在外积中没有 dy_j 这个因子．于是

$$-d\left(\varphi\frac{\partial P}{\partial x_j}\omega_{n-1}\right)=-\frac{\partial\varphi}{\partial x_j}dx_1\wedge\cdots\wedge dx_n,$$

代入 (1.6.13) 有

$$\begin{aligned}\left\langle\frac{\partial P}{\partial x_j}\delta(P),\varphi\right\rangle&=-\int_{P>0}\frac{\partial\varphi}{\partial x_j}dx_1\wedge\cdots\wedge dx_n\\&=\left\langle\frac{\partial\theta(P)}{\partial x_j},\varphi\right\rangle.\end{aligned}$$

从而 (1.6.12) 成立．若在 x_0 处 $\frac{\partial P}{\partial x_j}=0$，则可作一个线性变换

$$\xi_i=\sum\alpha_{ij}x_j,$$

使在 x_0 处 $\frac{\partial P}{\partial\xi_j}\neq 0\ (j=1,\cdots,n)$．因此由上面的证明有

$$\frac{\partial\theta(P)}{\partial\xi_i}=\frac{\partial P}{\partial\xi_i}\delta(P).$$

但 $\frac{\partial}{\partial x_j}=\sum_i \alpha_{ij}\frac{\partial}{\partial\xi_i}$，因此

$$\begin{aligned}\frac{\partial\theta(P)}{\partial x_j}&=\sum_i \alpha_{ij}\frac{\partial\theta(P)}{\partial\xi_i}\\&=\left(\sum_i \alpha_{ij}\frac{\partial}{\partial\xi_i}\right)P\delta(P)\\&=\frac{\partial P}{\partial x_j}\delta(P).\end{aligned}$$

如果任取 $f\in C^\infty$，而考虑 $\theta(P)f$，则

$$\frac{\partial}{\partial x_j}[\theta(P)f]=\frac{\partial P}{\partial x_j}f\delta(P)+\theta(P)\frac{\partial f}{\partial x_j}. \qquad (1.6.14)$$

这就是跳跃公式 (1.5.11) ($n=1$ 的情况) 的推广.

3. 微分流形上的密度. 在本书中若无特殊声明，流形 M 恒指一个 C^∞ 流形，而且在无穷远处可数. 对这种微分流形，一定有一的 C^∞ 分割存在. 对微分流形不甚熟悉的读者可以先看本书的附录.

现在来看一个广义函数和一个古典意义下的函数的区别，它表现在 (1.6.2) 中因子 J 的出现. 但是，如果在积分

$$\int f(x)\varphi(x)dx=\langle f,\varphi\rangle$$

中，视 $\varphi(x)dx$ 为一个 n 次微分形式 ω，而视广义函数 f 为 ω 上的泛函，则不会发生这个问题. 因为这时

$$\begin{aligned}\chi_*\omega&=(\chi^{-1})^*\omega\\&=(\varphi\circ\chi^{-1})\frac{dx}{dy}dy_1\wedge\cdots\wedge dy_n\\&=(\varphi\circ x^{-1})(y)Jdy,\end{aligned}$$

于是 (1.6.2) 现在成为

$$\begin{aligned}\langle\chi^*f,\omega\rangle&=\int f(y)\varphi\circ\chi^{-1}(y)Jdy\\&=\langle f,\chi_*\omega\rangle.\end{aligned}$$

这个关系当我们考虑 $\Omega\subset\mathbf{R}^n$ 上的函数与广义函数时没有显现出来，这是因为在 $\mathbf{R}^n$ 上有一个特定的坐标系(Euclid 坐标系)，以及相应的特定的测度（Lebesgue 测度——它至少有一个特殊的性质即对平移的不变性）dx. 现在，当我们转到微分流形M上时，因为它有许多局部坐标系，而其中没有任何一个具有什么特别的性质，而甚至一般地没有一个整体的坐标系，于是就有必要考虑坐标之间的变换. 这样就有必要引入一个新的概念：微分流形上的密度. 以下我们的讨论都在一个微分流形M上进行，并设 $\dim M=n$.

由我们对M所作的假设——C^∞而且在无穷远处可数——知道有一的 C^∞ 分割存在. 因此设有一的分割 $\sum\phi_i=1$，使每个 ϕ_i 的支集都在一个开坐标邻域 (U_i,χ_i) (χ_i: $U_i\to\mathbf{R}^n$ 是一个同胚)内，则对任一个函数 $\varphi\in C^\infty(M)$，$\phi_i\varphi$ 可以用 χ_i^{-1} 变为 $\mathbf{R}^n$ 的某个开集 V_i 上的 C^∞ 函数：$(\chi_i^{-1})^*\phi_i\varphi$（为简单起见就记为 φ_i）. 对于它，我们可以规定半范如 § 1 所作. 因为M的任一个紧集K可用有限多个开坐标邻域覆盖，设为 $U_1,\cdots,U_k$，则对 $\varphi=\sum\limits_{i=1}^k\varphi_i$ 也可以规定其一个半范 $\|\varphi\|_{K,m}=\sum\limits_{i=1}^k\|\varphi_i\|_{K,m}=\sum\limits_{i=1}^k\sum\limits_{|\alpha|\leq m}\sup\limits_K|\partial^\alpha\varphi_i|$. 这样 $C^\infty(M)$ 成了一个 Fréchet 空间，记为 $\mathscr{E}(M)$. 同样也可以定义M上的支集在K中的 C^∞ 函数之集合 $\mathscr{D}_K(M)$，并且赋以 Fréchet 空间的拓扑；还可以对 $C_0^\infty(M)=\bigcup\limits_K\mathscr{D}_K(M)$ 赋以归纳极限拓扑使之成为 $\mathscr{D}(M)$.($\varphi_l\to0$(在 $\mathscr{D}(M)$中)，即指所有 φ_l 之支集均在M之同一紧集K内，而且如上定义的 $\|\varphi\|_{K,m}\to0$ 对一切非负整数m成立).

若$\mathscr{F}$是M上的一个矢量丛，其秩为N(即其纤维型是N维实或复线性空间). 作M的坐标邻域 U_i 使 $\mathscr{F}$ 在其上可以局部平凡化，则 $\mathscr{F}|_{U_i}\cong U_i\times\mathbf{R}^N$(或 $U_i\times\mathbf{C}^N$ 如果我们考虑复矢量丛的话). $C^\infty(M,\mathscr{F})$ 表示 $\mathscr{F}$ 的 C^∞ 切口的空间. 在 U_i 上它就是 $C^\infty(U_i,\mathbf{R}^N)$ 的 C^∞ 切口——亦即N维的 C^∞ 矢量——空间. 所以也可以赋以拓扑，即对其每个分量赋以拓扑，这样得到 $\mathscr{E}(M,$

$\mathscr{F}$), $\mathscr{D}_K(M, \mathscr{F})$ 与 $\mathscr{D}(M, \mathscr{F})$.

先讨论一般线性空间 E 上密度的概念. 令 $\dim E = n$, 则可作 E 的 n 次外幂 $\wedge^n E$. 如有一个映射(不一定是线性的)

$$\rho: \wedge^n E \to \mathbf{R}\ (\text{或}\ \mathbf{C}), \tag{1.6.15}$$

而且适合

$$\rho(\lambda w) = |\lambda|^\alpha \rho(w),\ \alpha \in \mathbf{R},\ \lambda \in \mathbf{R}\ (\text{或}\ \mathbf{C}), \tag{1.6.16}$$

则称 ρ 为 α 阶**密度**. 一切 α 阶密度之集成为一个线性空间, 而且因为 $\wedge^n E$ 是一维的, 所以只要有一个 α 阶密度 ρ_0 (在 $\wedge^n E$ 的某个基底 w_0 上不为 0, 例如设 $\rho_0(w_0) = 1$), 则 ρ_0 是 α 阶密度空间的基底. 因为若有 α 阶密度 ρ 使 $\rho(w_0) = \lambda$, 则易见 $\rho = \lambda \cdot \rho_0$, 因为 $\rho(w) = \rho(kw_0) = |k|\rho(w_0) = \lambda|k| = \lambda|k|\rho_0(w_0) = \lambda\rho_0(w)$. 可见 E 上的 α 阶密度构成一个一维线性空间. 我们记此空间为 $|E|_\alpha$. 由 (1.6.16) 知若 ρ 对某个 w 取实值或正值, 则 ρ 对一切 $\lambda w \in \wedge^n E$ 也取实值或正值, 因此可以谈得上实 α 阶密度或正 α 阶密度.

对密度可以作乘法运算: 设 ρ_1, ρ_2 分别是 α 阶与 β 阶密度, 我们定义其张量积为 $(\rho_1 \otimes \rho_2)(w) = \rho_1(w) \cdot \rho_2(w)$. 它是 $\alpha + \beta$ 阶密度. 又因 $|E|_\alpha$, $|E|_\beta$, $|E|_{\alpha+\beta}$ 均为一维线性空间, 所以 $|E|_\alpha \otimes |E|_\beta \cong |E|_{\alpha+\beta}$. 又因为由定义 $|E|_0 \cong \mathbf{C}$ (或 $\mathbf{R}$ 或 $\mathbf{R}_+$), 所以由上式可以认为 $|E|_{-\alpha}$ 即 $|E|_\alpha$ 的对偶: $|E|_{-\alpha} \cong |E|_\alpha^*$.

现在回到流形上密度的问题. 取 $E = T_x M$, 则在每一点 $x \in M$ 可以定义切空间的 α 阶密度, 而有 $|T_x M|_\alpha$. 这里值得注意的是 1 阶密度. 因为 $dx_1 \wedge \cdots \wedge dx_n \in \wedge^n T_x^* M$, 从而 $|dx_1 \wedge \cdots \wedge dx_n|$ 是 $|T_x M|_1$ 的基底. $|dx_1 \wedge \cdots \wedge dx_n|$ 我们记为 $dx_1 \cdots dx_n$, 于是

$$|T_x M|_1 = \{a dx_1 \cdots dx_n;\ a \in \mathbf{C}\}.$$

若在 M 上 x 附近作坐标变换, $x \longmapsto y$ 很明显, $\wedge^n(T_x M) \ni w_x \to w_y \in \wedge^n(T_y M)$, 而且 $w_y = J w_x$ $J = \det\left(\dfrac{\partial y}{\partial x}\right)$, 因此 α 阶密度 ρ 将变为 $\rho(w_y) = |J|^\alpha \rho(w_x)$. 在 M 之各点 x 均作 $|T_x M|_\alpha$,

我们将得到一个矢量丛，记作 Ω_α. Ω_α 的一个 C^∞ 切口 $\rho(x)$ 就称为M上的一个α阶密度. 一切 α 阶密度之集合构成一个线性空间,记作 $C^\infty(M, \Omega_\alpha)$. 我们现在来讨论它的坐标表示. 若有$M$上的一个局部坐标$(U_i, \chi_i)$: χ_i: $U_i \to V_i \subset \mathbf{R}^n$ (或 $\mathbf{C}^n$) 且它在 Ω_α上也诱导出一个使 Ω_α 局部平凡化的局部坐标 χ_i: $\Omega_\alpha|_{U_i} \to V_i \times \mathbf{R}$ (或 $V_i \times \mathbf{C}$), 若有另一个局部坐标 (U_j, χ_j) 而且 $U_i \cap U_j \neq \varnothing$, 则在 $\wedge^n T_x M$ 上将诱导出 $w \longmapsto Jw$, $J = \det(\chi_j \circ \chi_i^{-1})$ 从而在 Ω_α 的纤维 $|T_x M|_\alpha$ 上诱导出

$$\begin{aligned} &\rho \longmapsto |J|^\alpha \rho, \quad \rho \in \Omega_\alpha|_x, \\ &x \in U_i \cap U_j. \end{aligned} \tag{1.6.17}$$

仿照 $|T_x M|_1$ 的基底记号 $dx_1 \cdots dx_n$, 我们记 $|T_x M|_\alpha$ 的基底为 $|dx_1 \cdots dx_n|^\alpha$, 从而在 U_i 和 U_j 中, $\rho(x) \in \Omega_\alpha(x)$ 分别可以写为

$$\rho(x) = a(x)|dx_1 \cdots dx_n|^\alpha, \quad a(x) \in C^\infty(U_i),$$
$$\rho(\tilde{x}) = \tilde{a}(\tilde{x})|d\tilde{x}_1 \cdots d\tilde{x}_n|^\alpha, \quad \tilde{a}(\tilde{x}) \in C^\infty(U_j),$$

而且

$$\begin{aligned} &a(x) = \tilde{a}(\tilde{x})|\det(\chi_2 \circ \chi_1^{-1})(x)|^\alpha, \\ &\tilde{x} = (\chi_2 \circ \chi_1^{-1})(x). \end{aligned} \tag{1.6.18}$$

$\rho(x) \in C^\infty(M, \Omega_1)$ 既是M上的测度 $a(x)dx_1 \cdots dx_n$, 我们就可以对它进行积分: $\int \rho(x)$. 而若 ρ_1, ρ_2 分别为α阶与 $1-\alpha$ 阶密度,则可以定义 $\int (\rho_1 \otimes \rho_2)(x)$. 这样我们就解决了$M$上没有一个特定坐标系与一个特定测度的困难. 特别是若上式中的$a(x) \in L^p$, $p \geqslant 1$, 而且 $\alpha = 1/p$, 即若 $\rho(x)$ 是 $\Omega^{1/p}$ 的 L^p 切口, 则 $|\rho(x)|^p$ 是 Ω_1 的 L^1 切口. 这时 $\int |\rho(x)|^p$ 有意义, 而成为一个 Banach 空间. 特别是若 $\rho(x)$ 是 $a(x) \in L^2$ 的 1/2 阶密度,若引进 Hermite 配对 $(\rho_1, \rho_2) = a_1 \bar{a}_2 dx$ 则得到一个M上的测度,于是可以定义

$$\int (\rho_1, \rho_2),$$

使这些 1/2 阶密度成为一个 Hilbert 空间.

现在我们可以给出流形上广义函数的定义了:

定义 1.6.3 流形M上的 $\mathscr{D}'(M)$ 广义函数即 $\mathscr{D}(M, \Omega_1)$ 上的连续线性泛函. 它们的集合是 $\mathscr{D}(M, \Omega_1)$ 的对偶空间, 仍记作 $\mathscr{D}'(M)$. 更为一般地, 若 $\mathscr{F}$ 是M上的矢量丛, $\mathscr{F}^*$ 为其对偶丛, 我们定义 $\mathscr{D}(M, \Omega_1 \otimes \mathscr{F}^*)$ 上的连续线性泛函为M上的 $\mathscr{F}$ 广义函数其集记作 $\mathscr{D}'(M, \mathscr{F})$. 特别是若 $\mathscr{F}$ 是 $\Omega_{\frac{1}{2}}$, $\mathscr{F}^* = \Omega_{-\frac{1}{2}}$, 即得$M$上的 $\frac{1}{2}$ 密度广义函数为 $\mathscr{D}(M, \Omega^{\frac{1}{2}}) = \mathscr{D}(M, \Omega_1 \otimes \Omega_{-\frac{1}{2}})$ 上的线性连续泛函.

$C^\infty(M, \mathscr{F})$ 可以嵌入在 $\mathscr{D}'(M, \mathscr{F})$ 中如下. 任取 $\varphi \in \mathscr{D}(M, \Omega_1 \otimes \mathscr{F}^*)$, 并记它在 x 之值为 $\varphi(x) \in \Omega_1 \times \mathscr{F}^*(x)$, $f \in C^\infty(M, \mathscr{F})$ 在 x 之值为 $f(x) \in \mathscr{F}(x)$, 于是有配对

$\langle f(x), \varphi(x) \rangle$(或 $(f(x), \overline{\varphi(x)})$, 若 $\mathscr{F}$ 是复矢量丛)

于是 $f(x)$ 可以按下式定义一个 $\mathscr{D}'(M, \mathscr{F})$ 广义函数:

$$\langle f, \varphi \rangle = \int_M \langle f(x), \varphi(x) \rangle$$

$$(\text{或}\ (f, \varphi) = \int_M (f(x), \varphi(x))).$$

$\mathscr{D}'(\Omega)$ 广义函数的性质有许多都可以移到 $\mathscr{D}'(M, \mathscr{F})$ 广义函数来,这里不再一一列举.

第二章 Fourier 分析

§1. $\mathscr{S}$ 空间、$\mathscr{S}'$ 广义函数及其 Fourier 变换

1. $\mathscr{S}$ 空间的定义及其 Fourier 变换.

定义 2.1.1 $\mathscr{S}$ 空间即由满足条件

$$\sup_{\mathbf{R}^n}|x^\alpha D^\beta \varphi(x)| < \infty, \quad \forall \alpha, \beta \in \mathbf{N}^n \tag{2.1.1}$$

的 $C^\infty(\mathbf{R}^n)$ 函数所构成的空间.

$\mathscr{S}$ 空间的函数是在 $|x| \to +\infty$ 时,以比 $|x|$ 的任意次幂更快的速度趋于 0 的 C^∞ 函数,因此 $\mathscr{S}$ 亦称为急减函数空间. 它是一个 Fréchet 空间. 因为由定义它的不等式(2.1.1)可以引入可数多个半范:

$$p_{\alpha,\beta}(\varphi) = \sup_{\mathbf{R}^n}|x^\alpha D^\beta \varphi|. \tag{2.1.2}$$

这样 $\mathscr{S}$ 空间成了一个拓扑线性空间, $\varphi_j \to 0$ (在 $\mathscr{S}$ 中)即指,对任意选定的重指标 α 和 β 有: $x^\alpha D^\beta \varphi_j(x)$ 对 $x \in \mathbf{R}^n$ (但不是对 α 和 β)一致地趋于 0.

由 $\mathscr{S}$ 空间的定义很容易看到 $\varphi \in \mathscr{S} \Longleftrightarrow$ 对一切多项式 $P(D)$ 与 $Q(x)$, $Q(x)P(D)\varphi$ 及 $P(D)[Q(x)\varphi] \in \mathscr{S}$.

我们有以下的明显结果.

$$\mathscr{D}(\mathbf{R}^n) \hookrightarrow \mathscr{S}(\mathbf{R}^n) \hookrightarrow \mathscr{E}(\mathbf{R}^n). \tag{2.1.3}$$

其证明略去. 由此还因为 $\mathscr{D}(\mathbf{R}^n)$ 在 $\mathscr{E}(\mathbf{R}^n)$ 中稠,所以 $\mathscr{D}$ 在 $\mathscr{S}$ 中以及 $\mathscr{S}$ 在 $\mathscr{E}$ 中均为稠密的.

$\mathscr{S}$ 空间元素 $\varphi(x)$ 的 Fourier 变换即

$$F: \varphi(x) \longmapsto \hat{\varphi}(\xi) = \int_{\mathbf{R}^n} e^{-i\langle \xi, x\rangle}\varphi(x)dx, \tag{2.1.4}$$

$\langle \xi, x\rangle = \sum_{i=1}^n \xi_i x_i$. 由式(2.1.1)知这里的积分总是存在的. 但

是为了使这个积分存在，并不需要 $\varphi(x)\in\mathscr{S}$，而例如只要 $\varphi\cdot(x)\in L^1(\mathbb{R}^n)$ 即可. 传统的 Fourier 变换的讲法也正是先讲 L^1 函数的 Fourier 变换. 现在采用的讲法,其最大的优点在于,能证明它是 $\mathscr{S}$ 到 $\mathscr{S}$ 的拓扑同构.

定理 2.1.2 若 $\varphi(x)\in\mathscr{S}$，则 $\hat{\varphi}(\xi)\in\mathscr{S}$，而且

$$(D^\alpha\varphi)^\wedge(\xi)=\xi^\alpha\hat{\varphi}(\xi),\ (x^\alpha\varphi)^\wedge(\xi)=(-D_\xi)^\alpha\hat{\varphi}(\xi).$$

证. 由于式 (2.1.1)，可以在积分号下求微商:

$$D_\xi^\alpha\hat{\varphi}(\xi)=\int e^{-i\langle x,\xi\rangle}(-x)^\alpha\varphi(x)dx,$$

$$\xi^\alpha\hat{\varphi}(\xi)=\int(-D_x)^\alpha e^{-i\langle x,\xi\rangle}\varphi(x)dx$$

$$\leqslant\int e^{-i\langle x,\xi\rangle}D_x^\alpha\varphi(x)dx\quad(\text{分部积分法}).$$

因此有 $(D^\alpha\varphi)^\wedge(\xi)=\xi^\alpha\hat{\varphi}(\xi)$，$(x^\alpha\varphi)^\wedge(\xi)=(-D_\xi)^\alpha\hat{\varphi}(\xi)$,而且

$$\begin{aligned}|\xi^\alpha D_\xi^\beta\hat{\varphi}(\xi)|&=\left|\int e^{-i\langle x,\xi\rangle}D_x^\alpha[(-x)^\beta\varphi(x)]dx\right|\\&=\int\Big|(1+|x|^2)^{-(n+1)/2}(1+|x|^2)^{(n+1)/2}\\&\qquad\cdot D_x^\alpha[(-x)^\beta\varphi(x)]\Big|dx\\&\leqslant C\sup_{\mathbb{R}^n}|(1+|x|^2)^{(n+1)/2}D_x^\alpha[(-x)^\beta\varphi(x)]|\\&<\infty.\end{aligned}$$

因此 $\hat{\varphi}(\xi)\in\mathscr{S}$.

系. $D_\xi^\alpha\hat{\varphi}(\xi)=[(-x)^\alpha\varphi]^\wedge(\xi)$，$\xi^\alpha\hat{\varphi}(\xi)=(D^\alpha\varphi)^\wedge(\xi)$,而且若 $\varphi_j(x)\to0$ (在 $\mathscr{S}$ 中),必有 $\hat{\varphi}_j(\xi)\to0$ (在 $\mathscr{S}$ 中).

因此 Fourier 变换 F: $\mathscr{S}\to\mathscr{S}$ 是连续线性映射.

为了证明 F 是拓扑同构,只需证明 F^{-1}: $\mathscr{S}\to\mathscr{S}$ 也是连续线性映射即可. 这就要证反演公式:

定理 2.1.3 Fourier 变换的反演公式是

$$F^{-1}:\ \hat{\varphi}(\xi)\longmapsto\varphi(x)=(2\pi)^{-n}\int e^{i\langle x,\xi\rangle}\hat{\varphi}(\xi)d\xi.\quad(2.1.5)$$

为了证明它，我们先需要一个特殊函数 $g(x)=e^{-|x|^2/2}$ ($|x|^2=x_1^2+\cdots+x_n^2$) 即 Gauss 函数的 Fourier 变换

$$\int e^{-i\langle x,\xi\rangle}e^{-|x|^2/2}dx=(2\pi)^{n/2}e^{-|\xi|^2/2}. \tag{2.1.6}$$

实际上 $\int e^{-i\langle x,\xi\rangle}e^{-|x|^2/2}dx=\prod_{j=1}^{n}\int e^{-ix_j\xi_j}e^{-x_j^2/2}dx_j$，所以我们只需对 $n=1$ 证明上式即可．但

$$\int e^{-ix\xi}e^{-x^2/2}dx=e^{-\xi^2/2}\int e^{-\frac{1}{2}(x+i\xi)^2}dx$$

但由 Cauchy 定理(图 2)

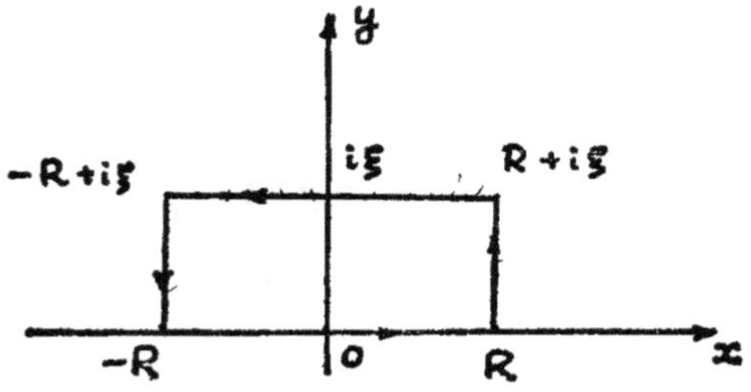

图　2

$$\int e^{-\frac{1}{2}(x+i\xi)^2}dx=\int_{-\infty}^{\infty}e^{-t^2/2}dt=\sqrt{2\pi},$$

因此 (2.1.6) 得证．

定理 2.1.3 的证明．取上述 Gauss 函数 $g(\xi)$ 有

$$\begin{aligned}\int\hat{\varphi}(\xi)g(\xi)e^{i\langle x,\xi\rangle}d\xi&=\int g(\xi)e^{i\langle x,\xi\rangle}d\xi\int e^{-i\langle y,\xi\rangle}\varphi(y)dy\\&=\iint e^{i\langle x-y,\xi\rangle}g(\xi)\varphi(y)d\xi dy\\&=\int\hat{g}(y-x)\varphi(y)dy\\&=\int\hat{g}(y)\varphi(x+y)dy.\end{aligned}$$

若用 $g(\varepsilon\xi)$ $(\varepsilon>0)$ 代替 $g(\xi)$，上式中的 $\hat{g}(\xi)$ 应改为 $\varepsilon^{-n}\cdot\hat{g}(y/\varepsilon)$．令 $y/\varepsilon=y_1$，代入上式即有

$$\int \hat{\varphi}(\xi)g(\varepsilon\xi)e^{i\langle x,\xi\rangle}d\xi = \int \hat{g}(y_1)\varphi(x+\varepsilon y_1)dy_1.$$

令 $\varepsilon \to 0$，即得

$$g(0)\int \hat{\varphi}(\xi)e^{i\langle x,\xi\rangle}d\xi = \varphi(x)\int \hat{g}(y_1)dy_1.$$

但 $g(0)=1$，$\hat{g}(y_1)=(2\pi)^{n/2}\int e^{-|y_1|^2/2}dy_1=(2\pi)^n$，即得(2.1.5)式.

以上我们用了 Fubini 定理以及在积分号下取极限. 由于 φ，$\hat{\varphi}$，g，$\hat{g}$ 都具有足够好的光滑性以及在∞处的衰减性质，这些运算都是合法的.

由式(2.1.5)可见$F^{-1}\hat{\varphi}=(2\pi)^{-n}F\check{\hat{\varphi}}$. 因为反射运算$\vee$：$\varphi(x)\longmapsto\check{\varphi}(x)=\varphi(-x)$ 是 $\mathscr{S}$ 到 $\mathscr{S}$ 的拓扑同构，所以总结定理 2.1.2、其系以及定理 2.1.3 可以得到

定理 2.1.4 F：$\mathscr{S}\to\mathscr{S}$ 是一个拓扑同构.

下面讨论 Fourier 变换的性质. 首先，定理 2.1.2 说明F与F^{-1}均将 $x\cdot$(或 $\xi\cdot$)与 D_ξ(或 D_x)互换(有时应乘以(-1)的相应幂). 在讨论几个重要性质之前，我们先略述一下几个自明的性质：

1° Fourier 变换与反射：

$$F:\ \check{\varphi}\longmapsto F(\check{\varphi})(\xi)=\int e^{-i\langle x,\xi\rangle}\varphi(-x)dx$$
$$=(2\pi)^n F^{-1}(\varphi), \tag{2.1.7}$$

$$\check{\hat{\varphi}}(\xi)=\hat{\varphi}(-\xi)=\int e^{i\langle x,\xi\rangle}\varphi(x)dx$$
$$=\hat{\check{\varphi}}(\xi)=(2\pi)^n F^{-1}(\varphi). \tag{2.1.8}$$

2° Fourier 变换与平移：

$$(\widehat{\tau_h\varphi})(\xi)=\int e^{-i\langle x,\xi\rangle}\varphi(x-h)dx$$
$$=e^{-i\langle h,\xi\rangle}(\hat{\varphi})(\xi). \tag{2.1.9}$$

$$\tau_h\hat{\varphi}(\xi)=\hat{\varphi}(\xi-h)$$

$$= \int e^{-i\langle x, \xi - h\rangle} \varphi(x) dx$$

$$= \int e^{-i\langle x, \xi\rangle} [e^{i\langle x, h\rangle} \varphi(x)] dx$$

$$= [e^{i\langle \cdot, h\rangle} \varphi]^\wedge(\xi). \tag{2.1.10}$$

3° Fourier 变换与相似变换:

$$\varphi(c\cdot)^\wedge(\xi) = \int e^{-i\langle x, \xi\rangle} \varphi(cx) dx$$

$$= |c|^{-n} \int e^{-i\left\langle x, \frac{\xi}{c}\right\rangle} \varphi(x) dx$$

$$= |c|^{-n} \hat{\varphi}\left(\frac{\xi}{c}\right), \tag{2.1.11}$$

$$\hat{\varphi}(c\xi) = (2\pi)^{-n} \int e^{i\langle x, c\xi\rangle} \varphi(x) dx$$

$$= |c|^{-n} (2\pi)^{-n} \int e^{i\langle x, \xi\rangle} \varphi\left(\frac{x}{c}\right) dx$$

$$= |c|^{-n} \varphi\left(\frac{\cdot}{c}\right)^\wedge(\xi). \tag{2.1.12}$$

特别是,若 $\varphi(x)$ 是 k 阶(正)齐性函数,则有

$$\varphi(cx) = c^k \varphi(x), \quad c > 0,$$

此式再与 (2.1.11) 结合,将有

$$c^k \hat{\varphi}(\xi) = c^{-n} \hat{\varphi}\left(\frac{\xi}{c}\right).$$

因此 $\hat{\varphi}$ 是 $-n-k$ 阶(正)齐性函数. 同样,若 $\hat{\varphi}(\xi)$ 是 k 阶正齐性函数,则 $\varphi(x)$ 是 c^{-n-k} 阶(正)齐性函数.

4° Fourier 变换与非异线性变换: 设 $A: \mathbf{R}^n \to \mathbf{R}^n$ 是非异线性变换,则

$$\varphi(A\cdot)^\wedge(\xi) = \int e^{i\langle x, \xi\rangle} \varphi(Ax) dx$$

$$= \int e^{i\langle A^{-1}y, \xi\rangle} \varphi(y) |\det A|^{-1} dy$$

$$= |\det A|^{-1} \hat{\varphi}({}^t A^{-1} \xi), \tag{2.1.13}$$

$$\begin{aligned}\hat{\varphi}(A\xi) &= \int e^{-i\langle x, A\xi\rangle}\varphi(x)dx \\ &= \int e^{-i\langle {}^tAx, \xi\rangle}\varphi(x)dx \\ &= \int e^{-i\langle y, \xi\rangle}\varphi({}^tA^{-1}y)|\det {}^tA^{-1}|dy \\ &= |\det A|^{-1}\varphi({}^tA^{-1}\cdot)^\wedge(\xi). \end{aligned} \tag{2.1.14}$$

2. $\mathscr{S}$ 函数的卷积. Parseval 等式. $\mathscr{S}$ 函数的 Fourier 变换的最重要的性质是关于卷积与 Parseval 等式的两组性质. 我们先介绍 $\mathscr{S}$ 函数的卷积.

设 $f, g \in \mathscr{S}$, 我们定义其卷积为积分

$$\begin{aligned}(f*g)(x) &= \int f(x-y)g(y)dy \\ &= \int f(y)g(x-y)dy. \end{aligned} \tag{2.1.15}$$

这里的积分由于 $\mathscr{S}$ 函数的衰减性显然是存在的,实际上,由第一章的 Hausdorff-Young 不等式(1.4.6)知$(f*g)(x) \in L^1(\mathbf{R}^n)$. 由于可以在积分号下对 x 作任意多次微商,所以 $(f*g)(x) \in C^\infty(\mathbf{R}^n)$. 至于 $(f*g)(x) \in \mathscr{S}(\mathbf{R}^n)$, 我们需要用 Fourier 变换是 $\mathscr{S}$ 到 $\mathscr{S}$ 上的拓扑同构来证明.

作积分

$$\begin{aligned}\int e^{-i\langle x,\xi\rangle}(f*g)(x)dx &= \iint e^{-i\langle x-y,\xi\rangle}f(x-y)e^{-i\langle y,\xi\rangle}g(y)dydx \\ &= \int e^{-i\langle x,\xi\rangle}f(x)dx \cdot \int e^{-i\langle y,\xi\rangle}g(y)dy \\ &= \hat{f}(\xi)\cdot\hat{g}(\xi). \end{aligned}$$

这里我们多次利用了交换积分次序,由 Fubini 定理,这样做是允许的.

但 $\hat{f}(\xi)$, $\hat{g}(\xi) \in \mathscr{S}$, 而 $\mathscr{S}$ 函数的乘积显然仍是 $\mathscr{S}$ 函数(请读者自己证明),所以 $\hat{f}(\xi)\cdot\hat{g}(\xi) \in \mathscr{S}$. 利用 F^{-1}: $\mathscr{S} \to \mathscr{S}$ 为拓扑同构,将以上的运算反序进行,易得

$$
\begin{aligned}
F^{-1}(\hat{f}\hat{g})(x) &= (2\pi)^{-n}\int e^{i\langle x,\xi\rangle}\hat{f}(\xi)\hat{g}(\xi)d\xi \\
&= (2\pi)^{-n}\int e^{i\langle x,\xi\rangle}\hat{f}(\xi)\int e^{-i\langle y,\xi\rangle}g(y)dyd\xi \\
&= (2\pi)^{-n}\iint e^{i\langle x-y,\xi\rangle}\hat{f}(\xi)g(y)dyd\xi \\
&= \int g(y)dy(2\pi)^{-n}\int e^{i\langle x-y,\xi\rangle}\hat{f}(\xi)d\xi \\
&= \int f(x-y)g(y)dy \\
&= (f*g)(x).
\end{aligned}
$$

因此有

定理 2.1.5 若 $f(x)$, $g(x)\in\mathscr{S}$，则其卷积 $(f*g)(x)\in\mathscr{S}$，而且

$$
(\widehat{f*g})(\xi)=\hat{f}(\xi)\hat{g}(\xi). \tag{2.1.16}
$$

系. $$(\widehat{f\cdot g})(\xi)=(2\pi)^{-n}(\hat{f}*\hat{g})(\xi).$$

在 Fourier 分析中，有时采用 $đ\xi$ 或 $đx$ 的记号：$đ\xi=(2\pi)^{-n}\cdot d\xi$，$đx=(2\pi)^{-n}dx$. 这个写法可能是从物理学中来的：对于 Planck 常数 h，我们写 $\hbar=\dfrac{h}{2\pi}$. 这样系可以写成较对称的形状：

$$
\int e^{-i\langle x,\xi\rangle}f(x)\cdot g(x)dx=\int\hat{f}(\xi-\eta)\hat{g}(\eta)đ\eta.
$$

下面再讨论 Parseval 等式. 由于一个函数的 Fourier 变换时常是取复值的，我们除 Euclid 配对(其记号是 $\langle\cdot,\cdot\rangle$)外，时常要用 Hermite 配对(其记号是 $(\cdot,\cdot)$).

定理 2.1.6 若 $f, g\in\mathscr{S}$，则

$$
\langle\hat{f}, g\rangle=\langle f,\hat{g}\rangle, \tag{2.1.17}
$$

或 $$\int\hat{f}(x)g(x)dx=\int f(\xi)\hat{g}(\xi)d\xi;$$

$$
(f, g)=(2\pi)^{-n}(\hat{f},\hat{g})\ \text{(Parseval 等式)}, \tag{2.1.18}
$$

或 $$\int f(x)\bar{g}(x)dx=\int\hat{f}(\xi)\overline{\hat{g}(\xi)}đ\xi.$$

证. 考虑绝对收敛的二重积分

$$\iint f(\xi)g(x)e^{-i\langle x,\xi\rangle}dxd\xi.$$

用 Fubini 定理将它写为两个不同次序的逐次积分即得式(2.1.17).

在(2.1.17)中将 $g(x)$ 换成 $(2\pi)^{-n}\overline{\hat{g}(x)}$，则 $\hat{g}(\xi)$ 应改为

$$(2\pi)^{-n}\int e^{-i\langle x,\xi\rangle}\overline{\hat{g}(x)}dx=(2\pi)^{-n}\overline{\int e^{i\langle x,\xi\rangle}\hat{g}(x)dx}=\overline{g(\xi)},$$

即得(2.1.18).

3. $\mathscr{S}'$ 广义函数及其性质. $\mathscr{S}$ 空间上的连续线性泛函称为 $\mathscr{S}'$ 广义函数，记其集合为 $\mathscr{S}'$.

由 $\mathscr{S}$ 上半范的定义，$f\in\mathscr{S}'$ 的充分必要条件是存在非负整数 k,m 以及常数 $C_{k,m}$ 使

$$|\langle f,\varphi\rangle|\leqslant C_{k,m}\sum_{|\alpha|\leqslant k,|\beta|\leqslant m}\sup_{\mathbf{R}^n}|x^\alpha\partial_x^\beta\varphi(x)|,\quad\varphi\in\mathscr{S}. \tag{2.1.19}$$

下面举一些例子.

例 1. 由于 $\mathscr{D}(\mathbf{R}^n)\hookrightarrow\mathscr{S}(\mathbf{R}^n)\hookrightarrow\mathscr{E}(\mathbf{R}^n)$，所以有

$$\mathscr{E}'(\mathbf{R}^n)\hookrightarrow\mathscr{S}'(\mathbf{R}^n)\hookrightarrow\mathscr{D}'(\mathbf{R}^n). \tag{2.1.20}$$

因此一切具有紧支集的广义函数都是 $\mathscr{S}'$ 广义函数，而一切 $\mathscr{S}'$ 广义函数又都是 $\mathscr{D}'$ 广义函数.

例 2. $L^p(\mathbf{R}^n)$. 令 $\varphi(x)\in\mathscr{S}$，$g(x)\in L^p(\mathbf{R}^n)$，则

$$|\langle g,\varphi\rangle|\leqslant\int|\varphi(x)g(x)|dx\leqslant\|g\|_{L^p}\|\varphi\|_{L^q},$$

这里 $\frac{1}{p}+\frac{1}{q}=1$. 但

$$\begin{aligned}\|\varphi\|_{L^q}&=\left(\int|\varphi(x)|^qdx\right)^{1/q}\\&\leqslant\sup_{\mathbf{R}^n}(1+|x|^2)^{\frac{n+1}{2q}}|\varphi(x)|\\&\quad\cdot\left[\int(1+|x|^2)^{\frac{-n-1}{2}}dx\right]^{1/q}\end{aligned}$$

$$= C \sup_{\mathbf{R}^n} (1 + |x|^2)^{\frac{n+1}{2q}} |\varphi(x)|,$$

因此

$$|\langle g, \varphi\rangle| \leqslant C_1 \sup_{\mathbf{R}^n} (1 + |x|^2)^{\frac{n+1}{2q}} |\varphi(x)|.$$

例 3. $\mathscr{O}_M^n = \{f(x) \in C^\infty(\mathbf{R}^n);\ \forall\alpha,\ \exists C(\alpha), N(\alpha)$，使

$$|D^\alpha f(x)| \leqslant C(\alpha)(1 + |x|^2)^{N(\alpha)}\}. \tag{2.1.21}$$

$\mathscr{O}_M^n$ 的元显然是 $\mathscr{S}'$ 广义函数．它是很有用处的．其原因之一是，对任一 $f \in \mathscr{S}'$，$g \in \mathscr{O}_M^n$，$gf \in \mathscr{S}'$，也就是说 $\mathscr{O}_M^n$ 是 $\mathscr{S}'$ 的乘子．这是因为，若我们仿照 $\mathscr{D}'$ 广义函数的乘子来定义 gf，则对 $\varphi \in \mathscr{S}$，有

$$\langle gf, \varphi\rangle = \langle f, g\varphi\rangle.$$

$g\varphi$ 显然是 $\mathscr{S}$ 之元，而且由 (2.1 21) 易见其半范

$$p_{\alpha\beta}(g\varphi) \leqslant \sum_{\gamma < \beta} p_{\alpha+N,\gamma}(\varphi).$$

因而上式定义 gf 为 $\mathscr{S}'$ 广义函数．

例 4. 一切在 ∞ 处具有多项式阶增长性的连续函数 $f(x)$，$f(x) = O(1)|x|^N$ $(|x| \to +\infty)$ 都定义一个 $\mathscr{S}'$ 广义函数，而且一切这种函数作为 $\mathscr{D}'(\mathbf{R}^n)$ 广义函数的微商 $\partial^\alpha f(x)$ 也都是 $\mathscr{S}'$ 广义函数．

在例 1 中既已指出一切 $\mathscr{S}'$ 广义函数都是 $\mathscr{D}'$ 广义函数，而一切具紧支集的广义函数又都是 $\mathscr{S}'$ 广义函数，因此，上一章中关于 $\mathscr{D}'$ 和 $\mathscr{E}'$ 广义函数的运算和性质的讨论就可以移到这里来．但是这里有一些新的需要注意之处．

首先是乘子运算．现在并非一切 C^∞ 函数都是 $\mathscr{S}'$ 广义函数的乘子．例 3 指出，$\mathscr{O}_M^n$ 中的元都是 $\mathscr{S}'$ 广义函数乘子，其实其逆也成立，即 $\mathscr{S}'$ 广义函数的乘子必定是 $\mathscr{O}_M^n$ 中之元．其次，关于 $\mathscr{S}'$ 广义函数的构造定理我们有

定理 2.1.7 对任一 $\mathscr{S}'$ 广义函数 f 必可找到一个有界连续函数 $G \in C(\mathbf{R}^n)$ 以及重指标 α 和非负整数 k 使

$$f = \partial^{\alpha}[(1+|x|^2)^{k/2}G(x)].$$

以上两个结果我们都不再证明了，读者可以参看例如 Barros 和 Neto [1].

从这里可以看到 $\mathcal{O}_M^n$ 之函数对讨论 $\mathscr{S}'$ 广义函数的重要性. $\mathcal{O}_M^n$ 中的函数称为缓增 C^∞ 函数，而由定理 2.1.7，$\mathscr{S}'$ 广义函数也称为缓增广义函数.

4. $\mathscr{S}'$ 广义函数的 Fourier 变换. 现在我们要用对偶性来定义 $\mathscr{S}'$ 广义函数的 Fourier 变换. 它的基础是式(2.1.17). 事实上，若 $f, \varphi \in \mathscr{S}$，则

$$\langle f, \hat{\varphi}\rangle = \langle \hat{f}, \varphi\rangle.$$

但是 f 也是 $\mathscr{S}'$ 广义函数，$\hat{\varphi}$ 也是 $\mathscr{S}$ 函数；因此即令 f 不属于 $\mathscr{S}$ 而是一般的 $\mathscr{S}'$ 广义函数，上式左方也是有意义的. 因为 F: $\varphi \longmapsto \hat{\varphi}$ 是 $\mathscr{S}$ 到 $\mathscr{S}$ 上的拓扑同构，所以当 $f \in \mathscr{S}'$ 时，$\langle f, \hat{\varphi}\rangle$ 实际上是 $\varphi \in \mathscr{S}$ 的一个连续线性泛函，记此连续线性泛函为 $\hat{f}$，我们有

定义 2.1.8 若 $f \in \mathscr{S}'$，则对任意 $\varphi \in \mathscr{S}$，$\langle f, \hat{\varphi}\rangle$ 定义 $\mathscr{S}$ 上一个连续线性泛函，记作 $\hat{f} \in \mathscr{S}'$，则 $\hat{f}$ 称为 f 之 Fourier 变换；因此

$$\langle \hat{f}, \varphi\rangle = \langle f, \hat{\varphi}\rangle. \tag{2.1.22}$$

因为 F: $\mathscr{S} \to \mathscr{S}$ 是拓扑同构，它的对偶即 $\mathscr{S}'$ 的 Fourier 变换(仍记为 F) F: $\mathscr{S}' \to \mathscr{S}'$ 也是连续的，而且可证明它仍为线性同构.

定理 2.1.9 F: $\mathscr{S}' \to \mathscr{S}'$ 是拓扑同构.

证. 现在只需证明 F^{-1}: $\mathscr{S}' \to \mathscr{S}'$ 是连续线性映射即可. 任给一个 $f \in \mathscr{S}'$，因为 F: $\mathscr{S} \to \mathscr{S}$ 是拓扑同构，对 $\varphi \in \mathscr{S}$，$\langle f, \varphi\rangle$ 之值应由 $\hat{\varphi}$ 决定，而且是 $\{\hat{\varphi}: \varphi \in \mathscr{S}\}$ 的连续线性泛函：$\langle g, \hat{\varphi}\rangle$，但 $\{\hat{\varphi}; \varphi \in \mathscr{S}\} = \mathscr{S}$，所以 $\langle g, \hat{\varphi}\rangle$ 是 $\mathscr{S}$ 上的连续线性泛函，从而

$$\langle f, \varphi\rangle = \langle g, \hat{\varphi}\rangle.$$

而由定义 $f = \hat{g}$. 这样就证明了 F^{-1} 是有意义的，且

$$\langle f, \varphi\rangle = \langle F^{-1}f, \hat{\varphi}\rangle.$$

F^{-1} 是线性的这是自明的，它的连续性也可以由上式得出．证毕．

利用对偶性我们就可以把关于 $\mathscr{S}$ 函数 Fourier 变换的性质移到 $\mathscr{S}'$ 上来．

1° 微分性质．这里我们先要注意 $x_j \in \mathscr{O}_M^n$，因此它是 $\mathscr{S}'$ 乘子．然后很容易得出

$$\begin{aligned}\langle D_j\hat{f}, \varphi\rangle &= -\langle \hat{f}, D_j\varphi\rangle = -\langle f, \widehat{D_j\varphi}\rangle \\ &= -\langle f, \xi_j\hat{\varphi}\rangle = \langle(-\xi_j)f, \hat{\varphi}\rangle.\end{aligned}$$

因此

$$\widehat{(-x_j)f} = D_{\xi_j}\hat{f}，\text{同理}\ \widehat{(-x)^\alpha f} = D_\xi^\alpha\hat{f}，\text{即}$$

$$(x^\alpha)^\wedge f = (-D)^\alpha\hat{f}, \tag{2.1.23}$$

$$\begin{aligned}\langle \xi_j\hat{f}, \varphi\rangle &= \langle \hat{f}, \xi_j\varphi\rangle = \langle f, \widehat{\xi_j\varphi}\rangle \\ &= \langle f, (-D_{x_j})\hat{\varphi}\rangle = \langle D_{x_j}f, \hat{\varphi}\rangle.\end{aligned}$$

因此

$$\widehat{D_{x_j}f} = \xi_j\hat{f}，\text{同理}$$

$$(D^\alpha)^\wedge f = \xi^\alpha\hat{f}. \tag{2.1.24}$$

2° Fourier 变换与反射．由广义函数反射之定义

$$\begin{aligned}\langle \check{f}, \hat{\varphi}\rangle &= \langle f, \check{\hat{\varphi}}\rangle = \langle f, \hat{\check{\varphi}}\rangle = \langle \hat{f}, \check{\varphi}\rangle \\ &= \langle \check{\hat{f}}, \varphi\rangle = (2\pi)^n\langle f, F^{-1}\varphi\rangle.\end{aligned}$$

因此

$$F\check{f} = (2\pi)^n F^{-1}(f), \quad \check{\hat{f}} = (2\pi)^n F^{-1}f. \tag{2.1.25}$$

3° Fourier 变换与平移．同样由定义

$$\begin{aligned}\langle \tau_h f, \hat{\varphi}\rangle &= \langle f, \tau_{-h}\hat{\varphi}\rangle = \langle f, \widehat{e^{-i\langle\cdot, h\rangle}\varphi}\rangle \\ &= \langle e^{-i\langle\xi, h\rangle}\hat{f}, \varphi\rangle,\end{aligned}$$

有

$$(\widehat{\tau_h f})(\xi) = e^{-i\langle\xi, h\rangle}\hat{f}(\xi), \tag{2.1.26}$$

$$\begin{aligned}\langle \tau_h\hat{f}(\xi), \varphi(\xi)\rangle &= \langle \hat{f}(\xi), \tau_{-h}\varphi(\xi)\rangle \\ &= \langle e^{i\langle\cdot, h\rangle}f, \hat{\varphi}\rangle,\end{aligned}$$

故

$$\tau_h \hat{f} = [e^{i\langle \cdot, h\rangle} f]^\wedge. \tag{2.1.27}$$

关于 Parseval 等式，应该注意，现在用来定义 $\hat{f}$ 的式 (2.1.22)，对于 $f \in \mathscr{S}$ 即是式 (2.1.17)．我们现在要证明的是式 (2.1.18) 在 $\mathscr{S}'$ 情况下的类推．因此考虑一个 Hermite 配对

$$(f, g) = \langle f, \bar{g}\rangle, \quad f \in \mathscr{S}', \quad g \in \mathscr{S}.$$

因为 $\bar{g} = \widehat{F^{-1}}(\bar{g}) = \left[(2\pi)^{-n}\int e^{i\langle x,\xi\rangle}\bar{g}(\xi)d\xi\right]^\wedge = \hat{h}$，故

$$(f, g) = \langle f, \bar{g}\rangle = \langle f, \hat{h}\rangle = \langle \hat{f}, h\rangle = (\hat{f}, \bar{h}).$$

但是

$$\bar{h}(x) = (2\pi)^{-n}\int e^{-i\langle x,\xi\rangle}g(\xi)d\xi = \hat{g}(x),$$

代入上式即得 Parseval 等式

$$(f, g) = (2\pi)^{-n}(\hat{f}, \hat{g}), \tag{2.1.28}$$

这里 $f \in \mathscr{S}'$，$g \in \mathscr{S}$．

最后讨论 $\mathscr{S}'$ 广义函数的卷积及其 Fourier 变换．和 $\mathscr{D}'$ 广义函数一样，两个任意的 $\mathscr{S}'$ 广义函数不能定义其卷积．因此，也和第一章一样，我们先讨论一个函数和一个 $\mathscr{S}'$ 广义函数的卷积，再讨论两个 $\mathscr{S}'$ 广义函数的卷积．

所以先设 $f \in \mathscr{S}'$，$g \in \mathscr{S}$，和第一章定义 1.4.4 一样，我们定义

$$(f * g)(x) = \langle f(y), g(x-y)\rangle. \tag{2.1.29}$$

这个定义之所以合理，是因为当 $f \in \mathscr{S}$ 时，(2.1.29) 就变成了式 (2.1.15)．这时我们有

定理 2.1.10 当 $f \in \mathscr{S}'$，$g \in \mathscr{S}$ 时，定义 $f * g$ 如 (2.1.29) 式，则

1° $(f * g)(x) \in \mathscr{O}_M^n$;

2° $\widehat{f * g} = \hat{f} \cdot \hat{g}$.

证．由 $\mathscr{S}'$ 广义函数的构造定理知道(定理 2.1.6)：

$$f = \partial^\alpha[(1 + |x|^2)^{k/2}F(x)],$$

这里 $F(x)$ 是 $\mathbf{R}^n$ 上的有界连续函数．所以

$$\langle f(y), g(x-y)\rangle = (-1)^{|\alpha|}\int (1+|y|^2)^{k/2} \cdot F(y)\partial_y^\alpha g(x-y)dy.$$

因为 $g\in\mathscr{S}$，所以上面的积分是有意义的．由此式立即可知 $(f*g)(x)\in C^\infty(\mathbf{R}^n)$．为了证明 $f*g\in\mathscr{O}_M^n$，要用到著名的 Peetre 不等式(其证明见后面)

$$(1+|y|^2)^t \leqslant 2^{|t|}(1+|x|^2)^t(1+|x-y|^2)^{|t|},$$

而有

$$(f*g)(x) = \int (1+|y|^2)^{-s} \cdot F(y)(1+|y|^2)^{\frac{k}{2}+s}\partial^\alpha g(x-y)dy.$$

这里取 $s>0$ 充分大，使 $(1+|y|^2)^{-s}F(y)$ 可积，而下面的运算将更为简单．于是

$$\begin{aligned}
|\partial^\beta(f*g)(x)| &= \left|\int (1+|y|^2)^{-s}F(y) \cdot (1+|y|^2)^{\frac{k}{2}+s}\partial^{\alpha+\beta}g(x-y)dy\right| \\
&\leqslant C\int (1+|y|^2)^{-s}|F(y)|(1+|x|^2)^{\frac{k}{2}+s} \cdot (1+|x-y|^2)^{\frac{k}{2}+s}|\partial^{\alpha+\beta}g(x-y)|dy \\
&\leqslant C\sup_x |(1+|x|^2)^{\frac{k}{2}+s}\partial^{\alpha+\beta}g(x)| \cdot (1+|x|^2)^{\frac{k}{2}+s} \\
&= C_1(\beta)(1+|x|^2)^{\frac{k}{2}+s},
\end{aligned}$$

因此 $f*g\in\mathscr{O}_M^n$．

由于 $\mathscr{O}_M^n\subset\mathscr{S}'$，因此 $f*g\in\mathscr{S}'$ 而 $\widehat{f*g}\in\mathscr{S}'$，对任意 $\hat{h}(x)\in\mathscr{D}\subset\mathscr{S}$ 我们有 $h\in\mathscr{S}$，而由定义

$$\langle\widehat{f*g}, h\rangle = \langle f*g, \hat{h}\rangle$$

$$= \iint (1+|y|^2)^{-s}F(y)$$

$$\cdot (1+|y|^2)^{\frac{k}{2}+s}\,\partial^\alpha g(x-y)\hat{h}(x)dxdy$$

$$= \int (1+|y|^2)^{k/2}F(y)(-1)^{|\alpha|}$$

$$\cdot \partial_y^\alpha\langle g(x-y), \hat{h}(x)\rangle dy$$

$$= \langle f(y), \langle g(x), \hat{h}(x+y)\rangle\rangle.$$

这里我们应用了 Fubini 定理来交换积分次序．然而

$$\langle g(x), \hat{h}(x+y)\rangle = \int g(x)\hat{h}(x+y)dx$$

$$= \int g(x-y)\hat{h}(x)dx$$

$$= (\check{g} * \hat{h})(y).$$

因为 $\check{g}(x) = g(-x) = (2\pi)^{-n}\int e^{-i\langle x,\xi\rangle}\hat{g}(\xi)d\xi = (2\pi)^{-n}\hat{\hat{g}}(x)$,故有 $(\check{g}*\hat{h})(y) = (2\pi)^{-n}(\hat{\hat{g}}*\hat{h})(y) = (\hat{g}\cdot h)^\wedge(y)$． 代入上式即得

$$\langle \widehat{f*g}, h\rangle = \langle f, (\hat{g}\cdot h)^\wedge\rangle$$

$$= \langle \hat{f}, \hat{g}\cdot h\rangle = \langle \hat{f}\cdot\hat{g}, h\rangle.$$

因为 $\hat{h}\in\mathscr{D}$ 在$\mathscr{S}$中稠密，易证$\{h;\ \hat{h}\in\mathscr{D}\}$ 也在$\mathscr{S}$中稠密．因此有 $\widehat{f*g} = \hat{f}\cdot\hat{g}$． 证毕．

注． 在上面的证明中，我们用到了 Peetre 不等式． 这是一个简单的但又十分有用的不等式，此后我们还会用到它，因此现在证明如下：

定理 2.1.11 对任意 $t\in\mathbf{R}$ 以及 $\xi,\eta\in\mathbf{R}^n$ 有

$$\left(\frac{1+|\xi|^2}{1+|\eta|^2}\right)^t \leqslant 2^{|t|}(1+|\zeta-\eta|^2)^{|t|}. \qquad (2.1.30)$$

证． 当 $t=0$ 时，上式自然成立，又因 ξ，η 可以互换，所以只要对 $t<0$ 证明即可． 但

$$1+|\xi-\zeta|^2=1+|\xi|^2-2\xi\cdot\zeta+|\zeta|^2$$
$$\leqslant 1+2|\xi|^2+2|\zeta|^2$$
$$\leqslant 2(1+|\xi|^2)(1+|\zeta|^2),$$

令 $\zeta=\xi-\eta$，双方用 $(1+|\xi|^2)$ 除，再乘以 $-t=|t|$ 次幂即得.

现在我们转到两个广义函数的卷积.也和第一章一样，设其中之一 $g\in\mathscr{E}'$，另一个 $f\in\mathscr{S}'$. 这时也和定义 1.4.9 一样，我们定义

$$\langle f*g,\varphi\rangle=\langle f(x),\langle g(y),\varphi(x+y)\rangle\rangle. \tag{2.1.31}$$

但在讨论它的合理性和 Fourier 变换之前，我们先证明

定理 2.1.12 若 $g\in\mathscr{E}'\subsetneq\mathscr{S}'$，则 $\hat{g}(\xi)=\langle g(x), e^{-i\langle x,\xi\rangle}\rangle$.

证. 我们仍然使用广义函数的张量积的定义，在现在的情况下它仍是适用的. 于是对 $\varphi\in\mathscr{D}(\mathbf{R}^n)$ 有

$$\begin{aligned}\langle\hat{g},\varphi\rangle&=\langle g,\hat{\varphi}\rangle\\&=\langle g(x),\langle\varphi(\xi),e^{-i\langle x,\xi\rangle}\rangle\rangle\\&=\langle g(x)\otimes\varphi(\xi),e^{-i\langle x,\xi\rangle}\rangle\\&=\langle\varphi(\xi),\langle g(x),e^{-i\langle x,\xi\rangle}\rangle\rangle\\&=\langle\langle g(x),e^{-i\langle x,\xi\rangle}\rangle,\varphi(\xi)\rangle.\end{aligned}$$

由于 $\mathscr{D}$ 在 $\mathscr{S}$ 中稠密，故有定理之证.

定理 2.1.13 若 $f\in\mathscr{S}'$，$g\in\mathscr{E}'$，则 $f*g\in\mathscr{S}'$，而且 $\widehat{f*g}=\hat{f}\cdot\hat{g}$.

证. 任取 $\varphi\in\mathscr{D}$，由因为 $f\in\mathscr{S}'\subset\mathscr{D}'$，$g\in\mathscr{E}'$，故由定义 1.4.9 有

$$\langle f*g,\varphi\rangle=\langle f(x),\langle g(y),\varphi(x+y)\rangle\rangle.$$

但由 $\mathscr{E}'$ 广义函数的构造定理，存在一个紧支集连续函数 $G(y)$ 使 $\operatorname{supp}G\subset(\operatorname{supp}g$ 的任一邻域)，而且 $g(y)=\partial_y^\beta G(y)$. 因此

$$\begin{aligned}\phi(x)&=\langle g(y),\varphi(x+y)\rangle\\&=(-1)^{|\beta|}\int_{\operatorname{supp}G}G(y)\partial_y^\beta\phi(x+y)dy.\end{aligned}$$

利用积分号下求微商以及 Peetre 不等式有

$$|(1+|x|^2)^{k/2}\partial^\alpha\psi(x)| \leqslant C\int_{\mathrm{supp}F}|G(y)(1+|y|^2)^{k/2}|$$
$$\cdot|(1+|x+y|^2)|^{k/2}|\partial^{\alpha+\beta}\varphi(x+y)|dy$$
$$\leqslant C\sup_{\mathbf{R}^n}|(1+|t|^2)^{k/2}\partial_t^{\alpha+\beta}\varphi(t)|.$$

由此还可知当 $\varphi\in\mathscr{S}$ 中，上面所定义的 $\psi(x)\in\mathscr{S}$，从而当 $\varphi\in\mathscr{S}$ 时 $\langle f(x),\langle g(y),\varphi(x+y)\rangle\rangle$ 仍有意义，而且定义了一个 $\mathscr{S}'$ 广义函数. 由于 $\mathscr{D}$ 在 $\mathscr{S}$ 中稠密，故知这时 $f*g$ 也应该用 (2.1.31) 来定义且 $f*g\in\mathscr{S}'$.

为了计算 $\widehat{f*g}$，仍取 $\varphi\in\mathscr{D}$ 而由 (2.1.31) 有

$$\langle f*g,\hat\varphi\rangle=\langle f,\check g*\hat\varphi\rangle. \tag{2.1.32}$$

但 $\check g*\hat\varphi$ 是 $\check g\in\mathscr{E}'\subset\mathscr{S}'$ 与 $\hat\varphi\in F(\mathscr{D})\subset\mathscr{S}$ 的卷积，因此可以用定理 2.1.9 知它在 $\mathscr{O}_M^n$ 中. 但

$$\begin{aligned}&\int e^{-i\langle x,\xi\rangle}\langle g,e^{-i\langle\theta,\xi\rangle}\rangle\varphi(\xi)d\xi\\
&=\int\langle g,e^{-i\langle x+\theta,\xi\rangle}\rangle\varphi(\xi)d\xi\\
&=\left\langle g,\int e^{-i\langle x+\cdot,\xi\rangle}\varphi(\xi)d\xi\right\rangle\\
&=\langle g,\hat\varphi(x+\cdot)\rangle\\
&=\langle\check g,\hat\varphi(x-\cdot)\rangle\\
&=\check g*\hat\varphi,\end{aligned}$$

这就是说 $\check g*\hat\varphi=(\hat g\cdot\varphi)\hat{}$，代入 (2.1.32) 即有

$$\begin{aligned}\langle f*g,\hat\varphi\rangle&=\langle f,(\hat g\cdot\varphi)\hat{}\rangle\\
&=\langle\hat f,\hat g\cdot\varphi\rangle=\langle\hat f\cdot\hat g,\varphi\rangle.\end{aligned}$$

因为 $\mathscr{D}$ 在 $\mathscr{S}$ 中稠密，故上式对一切 $\varphi\in\mathscr{S}$ 成立而定理得证.

最后我们来看一些 $\mathscr{S}'$ 广义函数的 Fourier 变换之例.

例 1. $\delta\in\mathscr{E}'$，因此 $\hat\delta$ 可按定理 2.1.11 计算:

$$\hat\delta(\xi)=\langle\delta,e^{-i\langle x,\xi\rangle}\rangle=1,$$

同理

$$\hat\delta^{(\alpha)}(\xi)=\langle\delta^{(\alpha)},e^{-i\langle x,\xi\rangle}\rangle=\xi^\alpha.$$

例 2. $1\in\mathscr{S}'$，因此由定义，对 $\varphi\in\mathscr{S}$ 有

$$\begin{aligned}\langle\hat{1},\varphi\rangle&=\langle 1,\hat{\varphi}\rangle\\&=\int\hat{\varphi}(\xi)d\xi=(2\pi)^n(2\pi)^{-n}\int e^{i\langle 0,\xi\rangle}\hat{\varphi}(\xi)d\xi\\&=(2\pi)^n\varphi(0).\end{aligned}$$

因此 $\hat{1}=(2\pi)^n\delta$. 同理 $x^\alpha\in\mathscr{S}'$，而由 (2.1.23)

$$\widehat{x^\alpha}=\widehat{x^\alpha\cdot 1}=(-D)^\alpha\hat{1}=(2\pi)^n i^\alpha\delta^{(\alpha)}(x).$$

例 3. 求 $\left(\text{v. p. }\frac{1}{x}\right)^\wedge$. v. p. $\frac{1}{x}$ 显然也是 $\mathscr{S}'$ 广义函数，而且 $x\cdot\left(\text{v. p. }\frac{1}{x}\right)=1$ $\left(因为 \left\langle x\left(\text{v. p. }\frac{1}{x}\right),\varphi(x)\right\rangle=\left\langle \text{v. p. }\frac{1}{x},x\varphi(x)\right\rangle=\lim\limits_{\varepsilon\to 0+}\int_{|x|\geq\varepsilon}\frac{x\varphi(x)dx}{x}=\int_{\mathbf{R}^1}\varphi(x)dx=\langle 1,\varphi\rangle\right)$. 令

$$f(\xi)=\left(\text{v. p. }\frac{1}{x}\right)^\wedge,$$

则

$$D_\xi f(\xi)=-\left[x\left(\text{v. p. }\frac{1}{x}\right)\right]^\wedge=-\hat{1}=-2\pi\delta,$$

$$f'(\xi)=-2\pi i\delta.$$

因此

$$f(\xi)=-\pi i\,\text{sgn}\,\xi+c,$$

c 是待定常数(这里我们用了 $\text{sgn}\,\xi=2Y(\xi)-1$). 为了决定 c 我们注意，v. p. $\frac{1}{x}$ 是奇广义函数，其 Fourier 变换也是奇的 (这两点由读者自己证明)，因此 $c=0$ 而有

$$\left(\text{v. p. }\frac{1}{x}\right)^\wedge=-\pi i\,\text{sgn}\,\xi.$$

例 4. $\log|x|\in\mathscr{S}'$，下面计算 $(\log|x|)^\wedge$. 令 $f(\xi)=(\log|x|)^\wedge(\xi)$. 因为 $(\log|x|)'=\text{v. p. }\frac{1}{x}$，故有

$$\xi f(\xi)=(D_x\log|x|)^\wedge=\left(\text{v. p. }\frac{1}{ix}\right)^\wedge=-\pi\,\text{sgn}\,\xi.$$

但因广义函数对于乘子运算是有零因子的(见第一章§2.2)，由上式可以得出一个特解

$$f_0(\xi) = -\pi \operatorname{sgn}\xi/\xi = -\pi i/|\xi|,$$

而应有通解 $f(\xi) = f_0(\xi) + f_1(\xi)$，这里

$$\xi f_1(\xi) = 0. \tag{2.1.33}$$

在 $\xi \neq 0$ 处，$\frac{1}{\xi}$ 是一个乘子，因而有 $f_1(\xi) = 0$ $(\xi \neq 0)$ 亦即 $\operatorname{supp} f_1(\xi) = \{0\}$. 由定理 1.3.12 有 $f_1(\xi) = \sum_{k=0}^{N} c_k \delta^{(k)}(\xi)$ 代入 (2.1.32) 可得 $f_1 = c\delta(\xi)$ 而

$$f(\xi) = -\frac{\pi}{|\xi|} + c\delta(\xi).$$

为了决定 c，取 $\varphi(x) = e^{-x^2} \in \mathscr{S}$，而有

$$\begin{aligned}
\langle |x|^{-1}, \varphi\rangle &= 2\langle x_+^{-1}, \varphi\rangle \\
&= -2\langle \log x_+, \varphi'\rangle \\
&= 4\int_0^\infty x\log x \cdot \exp(-x^2)dx \\
&= \Gamma'(1) = -\gamma \ (\gamma \text{ 是 Euler 常数}).
\end{aligned}$$

这里我们用到了(1.2.23)以及 $\Gamma'(1) = -\gamma$，后一点可以参看任一本关于 Γ 函数的著作.

因此

$$\left\langle -\frac{\pi}{|\xi|} + c\delta(\xi), \varphi \right\rangle = \pi\gamma + c. \tag{2.1.34}$$

但另一方面

$$\begin{aligned}
\langle f, \varphi\rangle &= \langle \log|x|, \hat{\varphi}\rangle \\
&= \langle \log|x|, \sqrt{\pi}\, e^{-x^2/4}\rangle \\
&= 2\sqrt{\pi}\int_0^{+\infty} \log x \exp(-x^2/4)dx \\
&= \int_0^\infty \int_{-\infty}^\infty \log x \exp(-x^2 - y^2/4)dxdy
\end{aligned}$$

$$=\int_0^{\infty}\exp(-r^2/4)rdr\int_0^{\pi}\log(r\sin\theta)d\theta$$

$$=4\pi\int_0^{\infty}\exp(-r^2)r\log r dr$$

$$=-\pi\gamma, \tag{2.1.35}$$

比较 (2.1.34) 与 (2.1.35) 有 $c=-2\pi\gamma$，从而

$$(\log|x|)^{\wedge}=-\pi|\xi|^{-1}-2\pi\gamma\delta(\xi).$$

§2. Lebesgue 空间的 Fourier 变换

1. $L^1(\mathbf{R}^n)$ 中的 Fourier 变换. 在上面我们指出 $L^p(\mathbf{R}^n)\subset\mathscr{S}'$. 因此，上一节对 $\mathscr{S}'$ 中 Fourier 变换的一般理论自然适用于 $L^p(\mathbf{R}^n)$. 但是在历史上却是先有 L^1, L^2 空间中的 Fourier 变换. 这里面有许多具体的而且是很有用的结果. 现在我们想要说明这些经典的结果与 $\mathscr{S}'$ 理论是一致的. 为此，我们先从 $L^1(\mathbf{R}^n)$ 中的 Fourier 变换开始.

设 $f\in L^1(\mathbf{R}^n)\subset\mathscr{S}'$，则 $\hat{f}\in\mathscr{S}'$ 定义如下：对 $\varphi\in\mathscr{S}$，

$$\begin{aligned}\langle\hat{f},\varphi\rangle&=\langle f,\hat{\varphi}\rangle\\&=\int f(x)\int e^{-i\langle\xi,x\rangle}\varphi(\xi)d\xi dx\\&=\int\varphi(\xi)d\xi\int f(x)e^{-i\langle\xi,x\rangle}dx\\&=\left\langle\int e^{-i\langle\xi,x\rangle}f(x)dx,\varphi\right\rangle.\end{aligned}$$

这里我们应用了交换积分次序的 Fubini 定理. 总之我们有

$$\hat{f}(\xi)=\int e^{-i\langle\xi,x\rangle}f(x)dx. \tag{2.2.1}$$

但这正是 Fourier 变换的古典的定义. 因此，$L^1(\mathbf{R}^n)$ 函数作为 $\mathscr{S}'$ 之元的 Fourier 变换与其古典意义下的 Fourier 变换是一致的.

现在讨论 $f(x)\in L^1(\mathbf{R}^n)$ 的 $\hat{f}(\xi)$ 之性质. Fourier 变换 F: $\mathscr{S}\to\mathscr{S}$ 或 $\mathscr{S}'\to\mathscr{S}'$ 均为拓扑同构. 但对 $f\in L^1(\mathbf{R}^n)$，$\hat{f}(\xi)$

不一定可积，而有以下的性质。

定理 2.2.1 若 $f(x)\in L^1(\mathbf{R}^n)$，则 $\hat{f}(\xi)$ 连续而且当 $|\xi|\to\infty$ 时 $\hat{f}(\xi)\to 0$。

证．对任意 $\varepsilon>0$，必有 $N=N(\varepsilon)$ 存在使

$$\int_{|x|\geqslant N}|f(x)|dx<\varepsilon/4,$$

$$\begin{aligned}|\hat{f}(\xi+h)-\hat{f}(\xi)|&\leqslant\int_{|x|\geqslant N}|e^{-i\langle x,\xi+h\rangle}\\&\quad-e^{-i\langle x,\xi\rangle}||f(x)|dx\\&\quad+\int_{|x|\leqslant N}|e^{-i\langle x,\xi+h\rangle}\\&\quad-e^{-i\langle x,\xi\rangle}||f(x)|dx\\&<2\cdot\frac{\varepsilon}{4}+\int_{|x|\leqslant N}|e^{-i\langle x,\xi+h\rangle}\\&\quad-e^{-i\langle x,\xi\rangle}||f(x)|dx.\end{aligned}$$

但

$$\begin{aligned}|e^{-i\langle x,\xi+h\rangle}-e^{-i\langle x,\xi\rangle}|&\leqslant|\cos\langle x,\xi+h\rangle\\&\quad-\cos\langle x,\xi\rangle|\\&\quad+|\sin\langle x,\xi+h\rangle\\&\quad-\sin\langle x,\xi\rangle|\\&\leqslant 2|\langle x,h\rangle|\leqslant 2N\cdot|h|.\end{aligned}$$

因此，只要 $|h|$ 充分小，必有

$$|\hat{f}(\xi+h)-\hat{f}(\xi)|<\frac{\varepsilon}{2}+2N|h|\int_{\mathbf{R}^n}|f(x)|dx<\varepsilon.$$

从而 $\hat{f}(\xi)$ 之连续性得证。

为证 $|\xi|\to\infty$ 时 $\hat{f}(\xi)\to 0$，仍用

$$\begin{aligned}|\hat{f}(\xi)|&\leqslant\int_{|x|\geqslant N}|f(x)|dx+\left|\int_{|x|\leqslant N}e^{-i\langle x,\xi\rangle}f(x)dx\right|\\&<\varepsilon/4+\left|\int_{|x|\leqslant N}e^{-i\langle x,\xi\rangle}f(x)dx\right|.\end{aligned}$$

在 $|x|\leqslant N$ 处用一个阶梯函数

$$f_\varepsilon(x)=\sum_{i=1}^{k}A_i\chi(E_i)$$

去逼近 $f(x)$，使 $\|f-f_\varepsilon\|_{L^1}<\varepsilon/4$，这里 E_i 是 $|x|\leqslant N$ 中的小长方体 $\alpha_j^{(i)}\leqslant x_j\leqslant\beta_j^{(i)}$，$E_i\cap E_j=\varnothing$ $(i\neq j)$ 且 $\{x;\ |x|\leqslant N\}=\bigcup_{i=1}^{k}E_i$. 于是

$$\begin{aligned}\left|\int_{|x|\leqslant N}e^{-i\langle x,\xi\rangle}f(x)dx\right|&\leqslant\int_{|x|\leqslant N}|e^{-i\langle x,\xi\rangle}(f(x)-f_\varepsilon(x))|dx\\&\quad+\left|\int_{|x|\leqslant N}e^{-i\langle x,\xi\rangle}f_\varepsilon(x)dx\right|\\&\leqslant\frac{\varepsilon}{4}+\sum_{j=1}^{k}\left|A_j\int_{E_j}e^{-i\langle x,\xi\rangle}dx\right|.\end{aligned}$$

但当 $|\xi|$ 充分大时容易证明最后一个积分小于 $\varepsilon/2$，因此 $|\xi|$ 充分大时 $|\hat{f}(\xi)|<\varepsilon$.

定理的后一部分称为 Riemann-Lebesgue 引理.

若记在 ∞ 处趋向 0 的连续函数集为 $C_\infty(\mathbf{R}^n)$. 则 $F:L^1(\mathbf{R}^n)\to C_\infty(\mathbf{R}^n)$. 但是这个映射并非满射. 尽管 $C_\infty(\mathbf{R}^n)\subset\mathscr{S}'$ 而有逆 Fourier 变换，但其逆 Fourier 变换不一定是 $L^1(\mathbf{R}^n)$ 函数. 因此，在 $L^1(\mathbf{R}^n)$ 中的 Fourier 变换反演定理可以表示为

定理 2.2.2 若 f 与 $\hat{f}$ 同在 $L^1(\mathbf{R}^n)$ 中，则有反演公式

$$f(x)=(2\pi)^{-n}\int e^{i\langle x,\xi\rangle}\hat{f}(\xi)d\xi.\tag{2.2.2}$$

证. $\mathscr{S}'$ 中 Fourier 变换的反演也可以用以下公式来表示：在

$$\langle\hat{f},\varphi\rangle=\langle f,\hat{\varphi}\rangle$$

中记 $\hat{f}=g$，$\hat{\varphi}=\psi$，则 $f=F^{-1}g$，$\varphi=F^{-1}\psi$，而有

$$\langle F^{-1}g,\psi\rangle=\langle g,F^{-1}\psi\rangle.\tag{2.2.3}$$

因为 F：$\mathscr{S}\to\mathscr{S}$ 和 $\mathscr{S}'\to\mathscr{S}'$ 都是拓扑同构，所以上式对一切 $\psi\in\mathscr{S}$，$g\in\mathscr{S}'$ 成立. 由于对 $\psi\in\mathscr{S}$，

$$F^{-1}\psi(x)=(2\pi)^{-n}\int e^{i\langle\xi,x\rangle}\psi(\xi)d\xi,$$

所以对 $g\in L^1(\mathbf{R}^n)$ 有

$$\begin{aligned}\langle F^{-1}g,\phi\rangle &= \langle g, F^{-1}\phi\rangle\\ &= \int g(x)dx\cdot(2\pi)^{-n}\int e^{i\langle x,\xi\rangle}\phi(\xi)d\xi\\ &= \int \phi(\xi)d\xi\cdot(2\pi)^{-n}\int e^{i\langle x,\xi\rangle}g(x)dx\\ &= \left\langle (2\pi)^{-n}\int e^{i\langle x,\xi\rangle}g(x)dx,\ \phi(\xi)\right\rangle.\end{aligned}$$

因此得到

$$(F^{-1}g)(\xi)=(2\pi)^{-n}\int e^{i\langle x,\xi\rangle}g(x)dx,$$

亦即

$$f(x)=(2\pi)^{-n}\int e^{i\langle x,\xi\rangle}\hat{f}(\xi)d\xi.$$

$L^1(\mathbf{R}^n)$ 的 Fourier 变换既然与 $\mathscr{S}'$ 的 Fourier 变换是一致的，则 §1 中关于 $\mathscr{S}'$ 中 Fourier 变换运算和性质的讨论在这里自然都成立．但是正如上面定理所表明的，在 $L^1(\mathbf{R}^n)$ 中讨论 Fourier 变换时多了一个可积性的问题，所以在这个框架内讨论其性质和运算时也就不能不带上一些特点．这里特别需要注意的首先是关于微分运算问题．

定理 2.2.3 若 $f(x)$ 及 $x^\alpha f(x)$, $|\alpha|\leqslant m$ 均属于 $L^1(\mathbf{R}^n)$，则 $D^\alpha\hat{f}(\xi)$ 存在，而且 $\widehat{x^\alpha f}(x)=(-D)^\alpha\hat{f}$；若 $f(x)$ 及 $D^\alpha f(x)$ 均属于 $L^1(\mathbf{R}^n)$，$|\alpha|\leqslant m$，则 $\widehat{D^\alpha f}=\xi^\alpha\hat{f}(\xi)$.

证．只不过是分部积分法而已．

但是在 L^1 框架中，卷积运算却变得很简单．由定理 1.4.1，任意的 $f, g\in L^1(\mathbf{R}^n)$ 均可作卷积，而且 $h=f*g\in L^1(\mathbf{R}^n)$．现在有

定理 2.2.4 $\widehat{f*g}=\hat{f}\cdot\hat{g}$.

证．利用 Fubini 定理

$$(\widehat{f*g})(\xi)=\int e^{-i\langle\xi,x\rangle}(f*g)(x)dx$$

$$= \iint e^{-i\langle \xi, x\rangle} f(t) g(x-t) dx\, dt$$

$$= \int e^{-i\langle \xi, t\rangle} f(t) dt \int e^{-i\langle \xi, x-t\rangle} g(x-t) dx$$

$$= \hat{f} \cdot \hat{g}.$$

2. $L^2(\mathbf{R}^n)$ 中的 Fourier 变换. $L^2(\mathbf{R}^n)$ 也含于 $\mathscr{S}'$ 内，但同时它又是一个 Hilbert 空间．现在我们想在 Hilbert 空间的框架中讨论 Fourier 变换．因为对于一个函数 $f(x)$，$\hat{f}(\xi)$ 一般取复值，所以我们应用复 Hilbert 空间 $L^2(\mathbf{R}^n)$，其中的内积是 Hermite 内积（Hermite 配对），因而按上面的规定用(,)表示：

$$(f, g) = \int f(x) \overline{g(x)} dx. \tag{2.2.4}$$

$\mathbf{R}^n$ 上的 L^2 函数与有界区域 Ω 上的 L^2 函数不同，一般不属于 $L^1(\mathbf{R}^n)$，因此不能用 (2 2.1) 来定义 $\hat{f}(\xi)$．但由本章 § 1.3 的例 2，$L^2(\mathbf{R}^n) \subset \mathscr{S}'$，因此对 $f(x) \in L^2(\mathbf{R})$ 可以定义 $\hat{f}(\xi) \in \mathscr{S}'$．特别是由 Parseval 等式，$(f, g) = (2\pi)^{-n}(\hat{f}, \hat{g})$，因此若在 $\mathbf{R}^n_x$ 中用测度 dx，在 $\mathbf{R}^n_\xi$ 中用测度 $đ\xi$，将 Parseval 等式用于 $f = g \in \mathscr{S}$ 将有

$$\|f\|_{L^2(dx)} = \|\hat{f}\|_{L^2(đ\xi)}. \tag{2.2.5}$$

现在我们可以利用此式证明对 $f \in L^2(\mathbf{R}^n_x)$，必有 $\hat{f} \in L^2(\mathbf{R}^n_\xi)$．事实上，$\mathscr{S}$ 在 $L^2(\mathbf{R}^n)$ 中稠密（在定理 1.4.2. 中我们甚至证明了 $\mathscr{D}(\mathbf{R}^n)$ 在 $L^2(\mathbf{R}^n)$ 中稠密）．因此对 $f \in L^2(\mathbf{R}^n)$，必有一串 $f_j \in \mathscr{S}$，使 $f_j \to f$（在 $L^2(R^n)$ 中），由 (2.2.5)，$\hat{f}_j$ 必在 L^2 中收敛于 $g \in L^2(\mathbf{R}^n)$．但对任一 $\varphi \in \mathscr{S}$，有

$$\langle f_j, \hat{\varphi} \rangle = \langle \hat{f}_j, \varphi \rangle,$$

求极限后有 $\langle f, \hat{\varphi} \rangle = \langle g, \varphi \rangle$．因此 $\hat{f} = g \in L^2(\mathbf{R}^n)$，而且 (2.2.5) 对 $f \in L^2(\mathbf{R}^n)$ 成立．

这样我们证明了 F: $L^2(\mathbf{R}^n) \to L^2(\mathbf{R}^n)$ 是一个等距（保持范数不变，从而也保持内积不变）变换．这个变换是一对一的．因为我们可以用 $\mathscr{S}$ 中的关系式

$$\langle F^{-1}g, \psi \rangle = \langle g, F^{-1}\psi \rangle,$$

仿照上面的方法将 F^{-1} 拓展为 $F^{-1}: L^2(\mathbf{R}^n) \to L^2(\mathbf{R}^n)$. 因此 $F: \mathscr{S}' \to \mathscr{S}'$ 限制到 $L^2(\mathbf{R}^n)$ 上成为一个酉变换(unitary transformation)——即一对一的等距变换，从而知 $L^2(\mathbf{R}^n)$函数的 Fourier 变换仍是 $L^2(\mathbf{R}^n)$ 函数. 但是我们希望有更具体的表达式.

设 $f \in L^2(R^n)$, 作 $|x| \leqslant N$ 的特征函数

$$\chi_N(x) = \begin{cases} 1, & |x| \leqslant N, \\ 0, & |x| > N, \end{cases}$$

则 $\chi_N f = f_N \in L^1 \cap L^2$ 而且 $\|f_N - f\|_{L^2} \to 0\ (N \to +\infty)$. 因此由上述 Fourier 变换的等距性,有

$$\|\hat{f}_N - \hat{f}\|_{L^2} \to 0.$$

但是因为 $f_N \in L^1(\mathbf{R}^n)$, 所以

$$\hat{f}_N(\xi) = \int_{|x| \leqslant N} e^{-i\langle x, \xi\rangle} f(x) dx.$$

$\hat{f}$ 既是 $\hat{f}_N$ 的 L^2 极限,自然有

$$\hat{f}(\xi) = \underset{N \to +\infty}{\text{l. i. m.}} \int_{|x| \leqslant N} e^{-i\langle x, \xi\rangle} f(x) dx.$$

这个极限有时也写成 $\int_{\mathbf{R}^n} e^{i\langle x, \xi\rangle} f(x) dx$. "l. i. m." 是平均收敛的意思.

概括以上的结果,得到

定理 2.2.5 若 $f \in L^2(\mathbf{R}^n)$, 则作为 $\mathscr{S}'$ 广义函数,其 Fourier 变换 $\hat{f}(\xi)$ 仍属于 $L^2(\mathbf{R}^n)$, 而且

$$\hat{f}(\xi) = \underset{N \to \infty}{\text{l. i. m.}} \int_{|x| \leqslant N} e^{-i\langle x, \xi\rangle} f(x) dx. \tag{2.2.6}$$

$F: L^2 \to L^2$ 是一个酉变换,即一对一的等距变换

$$\|f\|_{L^2(dx)} = \|\hat{f}\|_{L^2(d\xi)}. \tag{2.2.7}$$

在 Hilbert 空间中保持范数不变当然也保持内积不变，因为

$$(f, g) = \frac{1}{4}[\|f + g\| - i\|f + ig\| - \|f - g\| + i\|f - ig\|].$$

因此又有

定理 2.2.6 (Plancherel) 对 $f, g \in L^2(\mathbf{R}^n)$, 有

$$(f, g)_{dx} = (\hat{f}, \hat{g})_{d\xi}. \tag{2.2.8}$$

Plancherel 定理虽然形状上和 Parseval 等式相同，但却表现了不同的内容．它虽然很简单却是一个重要的定理．

3. $L^p(\mathbf{R}^n)$ 中的 Fourier 变换． 这里介绍 $L^p(\mathbf{R}^n)$ 中的 Fourier 变换并不只是为了完备，而是想要介绍一种很重要的方法．分析中的许多不等式都是由证明某个 Lebesgue 空间到另一个 Lebesgue 空间的某个算子的有界性而来．例如定理 1.4.1 中的 Hausdorff-Young 不等式就是证明了以 L^1 为核的卷积算子是 L^p 到 L^p 的有界算子，并且估计了它的范数．这里时常会遇到由一族 Banach 空间 A_t 到另一族 Banach 空间 B_t 的算子 T，这里例如 $0 \leqslant t \leqslant 1$，而且可以证明在两个"端点"上 $T: A_0 \to B_0$，$T: A_1 \to B_1$ 是有界的，而要证明在中间的情况 $T: A_t \to B_t$ 也是有界的．例如 Fourier 变换 $F: L^1 \to L^\infty$ 与 $L^2 \to L^2$ 都是有界的，我们自然希望能对 $1 \leqslant p \leqslant 2$ 的 L^p，讨论 Fourier 变换是否有界．关于这一类问题有许多所谓插值定理．其中最简单的是所谓 Riesz-Thorin 定理．为了证明它，我们首先需要关于解析函数的最大模定理的一个推广．

定理 2.2.7 (Doetsch 三线定理) 设 $F(z)$ 在复平面 $z \in \mathbf{C}$ 上之带形 $0 < \mathrm{Re}z < 1$ 中解析，在 $0 \leqslant \mathrm{Re}z \leqslant 1$ 中连续而且有界．若在直线 $\mathrm{Re}z = 0, 1$ 上分别有 $|F(z)| \leqslant M_0, M_1$，则在直线 $0 < \mathrm{Re}z = \theta < 1$ 上必有 $|F(z)| \leqslant M_0^{1-\theta}M_1^{\theta}$.

证．令 $\varphi(z) = F(z)M_0^{z-1}M_1^{-z}$，不妨设 $M_0 = M_1 = 1$．若当 z 在带形 $0 \leqslant \mathrm{Re}z \leqslant 1$ 中趋向 ∞ 时 $\varphi(z) \to 0$，则可取 $R > 0$ 充分大使在 $|\mathrm{Im}z| \geqslant R$ 上，$|\varphi(z)| \leqslant 1$．而在矩形 $0 \leqslant \mathrm{Re}z \leqslant 1, |\mathrm{Im}z| \leqslant R$ 上应用最大模原理，知在此矩形中也有 $|\varphi(z)| \leqslant 1$，从而在带形 $0 \leqslant \mathrm{Re}z \leqslant 1$ 上 $|\varphi(z)| \leqslant 1$．若 $\varphi(z) \to 0$ 的条件不成立．考虑 $\varphi_n(z) = \varphi(z)e^{(z^2-1)/n}$．因为

$$|e^{(z^2-1)/n}| = e^{\mathrm{Re}z^2/n - 1/n} = e^{(x^2-y^2)/n - 1/n} \leqslant e^{-y^2/n},$$

注意，这里我们记 $z = x + iy$，而 $0 \leqslant x \leqslant 1$，从而 $\frac{x^2}{n} - \frac{1}{n} \leqslant$

0. 由于 $\varphi(z)$ 在 $0 \leqslant \operatorname{Re} z \leqslant 1$ 上已设为有界. 故当 $|y| \to \infty$ 时，$\varphi_n(z) \to 0$，而由上之证明，在 $0 \leqslant \operatorname{Re} z \leqslant 1$ 上，$|\varphi_n(z)| \leqslant 1$. 令 $n \to \infty$，则在每一点 z，$\varphi_n(z) \to \varphi(z)$，从而 $|\varphi(z)| \leqslant 1$.

定理 2.2.8 (Riesz-Thorin 定理) 设 T 是由 $L^{p_1} \cap L^{p_2}$ 到 $L^{q_1} \cap L^{q_2}$ 的线性算子，而且

$$\|Tf\|_{L^{q_j}} \leqslant M_j \|f\|_{L^{p_j}}, \quad j = 1, 2, \tag{2.2.9}$$

则当 p_t，q_t 适合 $1/p_t = t/p_1 + (1-t)/p_2$，$1/q_t = t/q_1 + (1-t)/q_2$ 时，对 $f \in L^{p_1} \cap L^{p_2}$ 必有

$$\|Tf\|_{L^{q_t}} \leqslant M_1^t M_2^{1-t} \|f\|_{L^{p_t}}. \tag{2.2.10}$$

证. 因为阶梯函数在 Lebesgue 空间中是稠密的，所以仅需对阶梯函数证明 (2.2.10) 式即可. 为此取两个阶梯函数

$$f(x) = \sum_{i=1}^{m} \xi_i \chi_{E_i}(x),$$

$$g(y) = \sum_{j=1}^{n} \eta_j \chi_{F_j}(x),$$

这里 $\bigcup E_i \subset \mathbf{R}^n$，$\bigcup F_j \subset \mathbf{R}^n$，$E_{i_1} \cap E_{i_2} = \varnothing$，$i_1 \neq i_2$；$F_{j_1} \cap F_{j_2} = \varnothing$，$j_1 \neq j_2$ 而且 E_i，F_j 均为可测集. 由稠密性有

$$\|Tf\|_{L^q} = \sup_g \{ |\int Tf(y) \cdot g(y) dy| ; \|g\|_{L^{q'}} \leqslant 1 \},$$

q' 是 q 的共轭指数：$\dfrac{1}{q} + \dfrac{1}{q'} = 1$. 令

$$a_{ij} = \int T\chi_{E_i}(y) \chi_{F_j}(y) dy,$$

则

$$\int Tf(y) g(y) dy = \sum a_{ij} \xi_i \eta_j = T(\xi, \eta).$$

又因

$$\|f\|_{L^p}^p = \sum_{i=1}^{n} |\xi_i|^p m(E_i),$$

$$\|g\|_{L^{q'}}^{q'} = \sum_{j=1}^{n} |\eta_j|^{q'} m(F_j),$$

因此我们现在需要讨论的即是

$$M_{\alpha,\beta}=\sup\left\{T(\xi,\eta);\ \sum_{i=1}^{m}|\xi_i|^{1/\alpha}\mu_i\leqslant 1,\right.$$

$$\left.\sum_{j=1}^{n}|\eta_j|^{1/\beta}\nu_j\leqslant 1\right\},$$

$\mu_i=m(E_i)$，$\nu_j=m(F_j)$。α 和 β 以后再定。我们想证明 $M_{\alpha,\beta}$ 对 α，β 有一种对数凸性，即当 $\alpha=(1-\theta)\alpha_1+\theta\alpha_2$，$\beta=(1-\theta)\beta_1+\theta\beta_2$ 时

$$M_{\alpha,\beta}\leqslant M_{\alpha_1,\beta_1}^{1-\theta}M_{\alpha_2,\beta_2}^{\theta}\tag{2.2.11}$$

（亦即 $\log M_{\alpha,\beta}$ 是凸函数）。这时，只要令 $\alpha_i=1/p_i$，$\beta_i=1/q_i$ $(i=1,2)$ 而 $1-\theta=t$，即可得定理之证。因为这时 $M_{\alpha_1,\beta_1}=M_1$，$M_{\alpha_2,\beta_2}=M_2$ 而 $M_{\alpha\beta}$ 即 $T\ L^{p_t}\to L^{q_t}$ 的范数。为证(2.2.11)，令

$$\xi_i(z)=e^{\sqrt{-1}\arg\xi_i}|\xi_i|^{[(1-z)\alpha_1+z\alpha_2]/\alpha},$$

$$\eta_j(z)=e^{\sqrt{-1}\arg\eta_j}|\eta_j|^{[(1-z)\beta_1+z\beta_2]/\beta},$$

则 $T(\xi(z),\eta(z))$ 是 $z=x+iy$ 在 $0<x<1$ 中的解析函数。在 $0\leqslant x\leqslant 1$ 时，因 $\xi_i(z),\eta_j(z)$ 都连续而且有界，所以 $T(\xi(z),\eta(z))$ 在 $0\leqslant x\leqslant 1$ 时也连续且有界。

当 $\mathrm{Re}z=0$ 时 $|\xi_i(z)|=|\xi_i|^{\alpha_1/\alpha}$，$|\eta_j(z)|=|\eta_j|^{\beta_1/\beta}$，故

$$\sum|\xi_i(z)|^{1/\alpha_1}\mu_i=\sum|\xi_i|^{1/\alpha}\mu_i\leqslant 1,$$

$$\sum|\eta_j(z)|^{1/\beta_1}\nu_j=\sum|\eta_j|^{1/\beta}\nu_j\leqslant 1.$$

从而这时

$$|T(\xi(z),\eta(z))|\leqslant M_{\alpha_1,\beta_1}=M_1.$$

同理，在 $\mathrm{Re}z=1$ 时

$$|T(\xi(z),\eta(z))|\leqslant M_{\alpha_2,\beta_2}=M_2.$$

从而由定理 2.2.7 当 $z=\theta$ 时（这时 $\xi_i(z)=\xi_i$，$\eta_j(z)=\eta_j$）有

$$|T(\xi,\eta)|\leqslant M_{\alpha_1,\beta_1}^{1-\theta}M_{\alpha_2,\beta_2}^{\theta},$$

而定理得证。

注意上面的证明中是设 $\alpha>0$，$\beta>0$ 的。若 $\alpha=0$ 或 $\beta=$

0，则定义 $M_{\alpha,\beta}$ 的式子中 $\sum_i |\xi_i|^{1/\alpha}\mu_i \leqslant 1$ 或 $\sum_j |\eta_j|^{1/\beta}\nu_j \leqslant 1$ 就要改成 $\sup_i |\xi_i| \leqslant 1$ 或 $\sup_j |\eta_j| \leqslant 1$.

现在将这个定理用于 Fourier 变换，有

定理 2.2.9 (Hausdorff-Young) 若 $f \in L^p(1 \leqslant p \leqslant 2)$，则 $\hat{f} \in L^{p'}$，$\frac{1}{p} + \frac{1}{p'} = 1$，而且

$$\|\hat{f}\|_{L^{p'}} \leqslant (2\pi)^{n/p'} \|f\|_{L^p}. \tag{2.2.12}$$

证. 当 $p = 1$ 时 $p' = \infty$，上式自然成立. $p = 2$ 时 $p' = 2$，由 Plancherel 定理上式也成立. 今令 $p_1 = 1$，$q_1 = \infty$，$p_2 = 2$，$q_2 = 2$ 来应用定理 2.2.8，则因 $\frac{1}{p_t} = t + \frac{1-t}{2} = \frac{1+t}{2}$，$\frac{1}{q_t} = \frac{1-t}{2}$，自然有 $\frac{1}{p_t} + \frac{1}{q_t} = 1$. 记 p_t 为 p，则 $q_t = p'$，而定理得证.

鉴于这个定理的重要性，我们再举出它的一个应用，即关于卷积的 Young 氏不等式. 我们已经看到，若视 $f \in L^1$ 定义一个卷积算子 T_f: $L^1 \to L^1$, $g \longmapsto f * g$ 且 $\|f * g\|_{L^1} \leqslant \|f\|_{L^1}\|g\|_{L^1}$，而且因为 $\|f * g\|_\infty = \text{ess.}\sup|\int f(x-y)g(y)dy| \leqslant \|f\|_{L^1}\|g\|_{L^\infty}$. 因此对于 $g \in L^1 \cap L^\infty$ 有

$$\|T_f g\|_{L^{q_t}} \leqslant \|f\|_{L^1}\|g\|_{L^{p_t}},$$

这里 $\frac{1}{p_t} = \frac{t}{p_1} + \frac{1-t}{p_2} = t$，$\frac{1}{q_t} = t$. 但因 $L^1 \cap L^\infty$ 在 L^{p_t} 中稠密，故 T_f 可以拓展到 L^{p_t} 上成为 $L^{p_t} \to L^{p_t}$ 的有界算子，其范数不大于 $\|f\|_{L^1}$. 又因 $p_t = 1/t$ 是 $\geqslant 1$ 的任意实数，所以上面的 p_t 就改写为 p: $1 \leqslant p \leqslant \infty$.

固定 $g \in L^p$，再把 $f * g$ 看成由 g 定义的卷积算子 T_g，则上面证明的即

$$T_g:\ L^1 \to L^p \quad \|T_g\| \leqslant \|g\|_{L^p}.$$

然而当 $f \in L^q$ 时，由 Hölder 不等式又有

$$\|f * g\|_{L^\infty} \leqslant \|g\|_{L^p}\|f\|_{L^q}.$$

因此又有

$$T_g:\ L^q \to L^\infty, \|T_g\| \leqslant \|g\|_{L^p}.$$

再在 1 和 q 之间应用一次 Riesz-Thorin 定理即可将 T_g 拓展为 $L^r \to L^s$ 的有界算子，且其范数 $\leqslant \|g\|_{L^p}$. 这里 $\frac{1}{r}=\frac{t}{1}+\frac{1-t}{q}=\frac{1}{q}+\frac{t}{p'}$, $\frac{1}{s}=\frac{t}{p'}+\frac{1-t}{\infty}=\frac{t}{p'}=\frac{1}{r}-\frac{1}{q}$, 所以 $\frac{1}{r}+\frac{1}{p}=\frac{1}{s}+1$, 而

$$\|f*g\|_{L^s} \leqslant \|f\|_{L^q}\|g\|_{L^p}. \tag{2.2.13}$$

此式也称为 Young 氏不等式.

但这里需要提到的是现在 $f*g$ 仍然 p.p. 可以用积分 $\int f(x-y)g(y)dy$ 来表示. 事实上，先令 $\frac{1}{q}=1-\frac{1}{p}$, $f\in L^p$, $g\in L^1$, $h\in L^q$, 不失一般性可设 f, g, h 非负（p. p.）这时

$$\begin{aligned}
&\int h(x)\int f(x-y)g(y)dydx\\
=&\int g(y)\int f(x-y)h(x)dxdy\\
\leqslant&\|f\|_{L^p}\|h\|_{L^q}\int g(y)dy\\
=&\|f\|_{L^p}\|h\|_{L^q}\|g\|_{L^1}.
\end{aligned}$$

因为此式对一切 h 都成立，所以 $\int f(x-y)g(y)dy$ 对 x p.p. 收敛，属于 L^p 而且范数不大于 $\|f\|_{L^p}\|g\|_{L^1}$. 但当 $f\in L^1\cap L^p$ 时，映射 $f\longmapsto\int f(x-y)g(y)dy$ 即 $f*g$, 因为 $L^1\cap L^p$ 在 L^p 中稠密，所以对一切 $f\in L^p$, $f*g$ 都可用积分表示.

再用一次上面的技巧，令 $\frac{1}{p}+\frac{1}{r}=\frac{1}{s}+1$, 并设 $f\in L^p$, $g\in L^r$, $h\in L^1\cap L^{s'}$ $\left(\frac{1}{s'}+\frac{1}{s}=1\right)$. 于是有

$$\int g(y)dy\int f(x-y)h(x)dx$$
$$\leqslant \|g\|_{L^r}\|\check{f}*h\|_{L^{r'}}\left(\frac{1}{r'}+\frac{1}{r}=1\right)$$
$$\leqslant \|g\|_{L^r}\|f\|_{L^p}\|h\|_{L^{s'}}.$$

因此，由 Fubini 定理 $g(y)f(x-y)h(x)\in L^1(\mathbf{R}_x^n\times\mathbf{R}_y^n)$，从而对几乎一切 x，$g(y)f(x-y)h(x)\in L^1(\mathbf{R}_y^n)$，而且

$$\int h(x)\int f(x-y)g(y)dy\leqslant \|g\|_{L^r}\|f\|_{L^1}\|h\|_{L^{s'}}.$$

由于 $h(x)\in L^1\cap L^{s'}$ 是任意的，所以对几乎一切 x，$\int f(x-y)\cdot g(y)dy\in L^s$，而且其范数不大于 $\|f\|_{L^p}\|g\|_{L^r}$。以上我们对 $g\in L^1\cap L^r$ 证明了 $f*g$ 可以用积分表示，但因 $L^1\cap L^r$ 在 L^r 中稠密，所以对 $g\in L^r$ 上式也成立.

以上我们简单介绍了以 Riesz-Thorin 定理为基础的插值方法. 但在许多问题中 T 在两个"端点"(A_0, B_0)，(A_1, B_1) 上的有界性并不能保证. 这就需要更强的插值定理，例如 Marcinkiewicz 插值定理. 对此请读者参阅有关的专著.

关于经典的 Fourier 变换，可以参阅经典著作 S. Bochner [1] 或较简单的 Bochner 和 Chandrasekharan [1]. Stein 和 Weiss [1] 一书内容丰富，很有用处，而且有关于插值问题的专章. 关于插值问题可以参看 J. Bergh 和 J. Löfström [1].

§3. Poisson 求和公式与 Fourier 级数

1. 周期的广义函数. 设 $\varphi(x)$ 是 $\mathbf{R}^n$ 上的 C^∞ 函数. 我们说它对多个变量是有周期 1（为简单起见不妨设对各变量周期相同且均为 1），即指

$$\varphi(x+e_j)=\varphi(x),\ e_j=(0,\cdots,\underset{(\text{第 } j \text{ 个分量})}{1},0,\cdots,0). \tag{2.3.1}$$

因此，若我们记等价类

$$x \sim x' \underset{\varphi}{\Longleftrightarrow} x \equiv x' \ (\mathrm{mod}\, e_j),\ j = 1, \cdots, n,$$

为 $\tilde{x}$，则上述周期函数 $\varphi(x)$ 是 $\tilde{x}$ 的函数．记作 $\varphi(\tilde{x})$．上述等价类的集合称为 n 维环面 T^n：

$$T^n = \mathbf{R}^n / \sim.$$

因此周期函数就是 T^n 上的函数（当然设周期为 1），反过来也是一样．

我们现在讨论 T^n 上的基本空间 $\mathscr{D}(T^n)$．因为 T^n 本身就是紧的，因此一切 $C^\infty(T^n)$ 函数均有紧支集．这就是说 $\mathscr{E}(T^n) = \mathscr{D}(T^n)$．与 $\mathscr{D}(\Omega)$ 不同，现在 $\mathscr{D}(T^n)$ 是 Fréchet 空间，而对 $\varphi \in \mathscr{D}(T^n)$ 可以引入可数多个半范，例如

$$\rho_k(\varphi) = \sup_{T^n} \sum_{|\alpha| \leqslant k} |\partial^\alpha \varphi|, \quad k = 0, 1, 2, \cdots \tag{2.3.2}$$

$\mathscr{D}(T^n)$ 亦即 $\mathscr{E}(T^n)$ 上的连续线性泛函称为周期广义函数 $\mathscr{D}'(T^n)$．其所以称为周期的是因为：若 $\tilde{x}$ 有两个代表元 x 和 $x + e_j$ $(j = 1, \cdots, n)$，则

$$\varphi(\tilde{x}) = \varphi(x) = \varphi(x + e_j).$$

从而对于 $f \in \mathscr{D}'(T^n)$ 有

$$\langle f(\tilde{x}), \varphi(\tilde{x}) \rangle = \langle f(x), \varphi(x) \rangle = \langle f(x), \varphi(x + e_j) \rangle,$$

亦即 $\tau_{e_j} f(x) = f(x - e_j) = f(x)$ $(j = 1, \cdots, n)$．这恰好与函数对各个变量都以 1 为周期相仿．

因为 T^n 是紧的，所以 $\mathscr{D}'(T^n)$ 的元均有紧支集而 $\mathscr{D}'(T^n) = \mathscr{E}'(T^n)$．$\mathscr{D}(T^n) = \mathscr{E}(T^n)$ 上的线性泛函连续性的条件也就成了：存在一个常数 $C > 0$ 和非负整数 k 使

$$|\langle f, \varphi \rangle| \leqslant C \sup_{T^n} \sum_{|\alpha| \leqslant k} |\partial^\alpha \varphi|, \quad \varphi \in \mathscr{D}(T^n). \tag{2.3.3}$$

因为 $\mathscr{D}'(T^n) = \mathscr{E}'(T^n)$，所以二者不加区别，而第一章关于 $\mathscr{E}'(T^n)$ 的性质都可以移用于此．其中特别需要注意的是，首先，每一个 $f \in \mathscr{D}'(T^n)$ 均可表示为 T^n 上的连续函数 $F \in C(T^n)$ 的有限阶（广义函数意义下的）微商（见定理 1.3.10）：

$$f = \partial^\alpha F, \quad |\alpha| = k, \quad f \in \mathscr{D}'(T^n). \tag{2.3.4}$$

其次，任意两个 $\mathscr{D}'(T^n)$ 广义函数 f 和 g 均可以作卷积 $f*g$，定义为

$$\langle f*g,\varphi\rangle=\langle f(x)\otimes g(y),\varphi(x+y)\rangle.$$

2. $\mathscr{D}'(T^n)$ 广义函数的 Fourier 变换. 既然 $\mathscr{D}(T^n)=\mathscr{E}(T^n)$，$\mathscr{D}'(T^n)=\mathscr{E}'(T^n)$，自然在 T^n 上也不可能再区别 $\mathscr{S}(T^n)$和 $\mathscr{S}'(T^n)$ 而有

$$\mathscr{D}(T^n)=\mathscr{S}(T^n)=\mathscr{E}(T^n).$$

$$\mathscr{E}'(T^n)=\mathscr{S}'(T^n)=\mathscr{D}'(T^n).$$

因此，每一个 $f\in\mathscr{D}'(T^n)$ 都应该可以作 Fourier 变换. 但定理 2.1.11 指出，每一个具紧支集的广义函数 g 之 Fourier 变换 $\hat{g}(\xi)$ 即 g 作用在 $e^{-i\langle x,\xi\rangle}$ 上之值；不过现在 $e^{-i\langle x,\xi\rangle}$ 一般地并不在 $\mathscr{D}(T^n)$ 中，即对 x_j 不一定有周期 1. 为此，其必要充分条件很容易看到，是 $\xi\in 2\pi\mathbf{Z}^n$. 我们记 $\mathbf{Z}^n$ 中之元为 l，即 $l=(l_1,\cdots,l_n)$ 而 $l_j=0,\pm1,\pm2,\cdots$. 所以现在 $\hat{g}(\xi)$ 并不是 $\mathbf{R}^n_\xi$ 上的函数，而是离散集 $\mathbf{Z}^n$ (它对加法成群)上的函数，亦即序列

$$\{\langle g,e^{-i2\pi\langle l,x\rangle}\rangle\}=\{c_l\},\ l=0,\pm1,\pm2,\cdots\tag{2.3.5}$$

现在来讨论 Fourier 变换的性质. 首先是微分性质. 若 $f(\tilde{x})\in\mathscr{D}'(T^n)$，则 $D^\alpha f(\tilde{x})\in\mathscr{D}'(T^n)$，因此可以讨论 $\widehat{D^\alpha f}$ 的问题而有

$$\begin{aligned}\widehat{D^\alpha f}&=\{\langle D^\alpha f,e^{-i2\pi\langle l,x\rangle}\rangle\}\\&=\{\langle f,(-D)^\alpha e^{-i2\pi\langle l,x\rangle}\rangle\}\\&=\{(2\pi l)^\alpha\langle f,e^{-i2\pi\langle l,x\rangle}\rangle\}\\&=\{(2\pi l)^\alpha c_l\}.\end{aligned}\tag{2.3.6}$$

下面讨论卷积运算. 由卷积的定义. 对 $f,g\in\mathscr{D}'(T^n)$，设其 Fourier 变换为 $\{f_l\}$ 和 $\{g_l\}$，我们有

$$\begin{aligned}\widehat{f*g}&=\{\langle f*g,e^{-i2\pi\langle l,x\rangle}\rangle\}\\&=\{\langle f(x)\otimes g(y),e^{-i2\pi\langle l,x+y\rangle}\rangle\}\\&=\{\langle f(x),e^{-i2\pi\langle l,x\rangle}\rangle\langle g(y),e^{-i2\pi\langle l,y\rangle}\rangle\}\\&=\{f_l\cdot g_l\}.\end{aligned}$$

如果我们定义 Z^n 上函数的乘法为 $\{f_l\}\cdot\{g_l\}=\{f_l\cdot g_l\}$，则立即有

$$\widehat{f*g}=\hat{f}\cdot\hat{g}. \tag{2.3.7}$$

现在讨论 Fourier 变换的逆变换．从上面的讨论看到，$\mathscr{D}'(T^n)$ 中的 Fourier 变换其实就是将 $f\in\mathscr{D}'(T^n)$ 对应于其 Fourier 系数序列．因此，直观地可以想象到，其逆变换就是从 Fourier 系数恢复到原来的 $f\in\mathscr{D}'(T^n)$，亦即有

$$f(x)\sim\sum_l c_l e^{i\langle x,l\rangle},\ f\in\mathscr{D}'(T^n). \tag{2.3.8}$$

所以现在我们将问题重新提出如下：

广义函数在什么意义下可以展开为以上形状的级数，它在什么意义下收敛？

以下就称 (2.3.8) 为广义函数 $f(x)$ 的 Fourier 级数；c_l 称为 $f(x)$ 的 Fourier 系数．

3. 广义函数的 Fourier 级数． 我们先讨论广义函数 $f_n\in\mathscr{D}'(\Omega)$ 的级数收敛性的概念．

定义 2.3.1 $\sum_n f_n\,(f_n\in\mathscr{D}'(\Omega))$ 在 $\mathscr{D}'(\Omega)$ 中收敛于 $f\in\mathscr{D}'(\Omega)$ 即指对任意 $\varphi\in\mathscr{D}(\Omega)$，$\sum_n\langle f_n,\varphi\rangle$ 收敛于 $\langle f,\varphi\rangle$．

现在我们来讨论 $f\in\mathscr{D}'(T^n)$ 的 Fourier 级数的收敛问题．为此我们先估计 c_l．

如上所述(式 (2.3.4)) $f=\partial^\alpha F$，F 是 T^n 上的连续函数即周期的连续函数，因此

$$\begin{aligned}|c_l|&=|\langle f,e^{-i2\pi\langle l,x\rangle}\rangle|\\&=|(-1)^{|\alpha|}\langle F\cdot\partial^\alpha e^{-i2\pi\langle l,x\rangle}\rangle|\\&=\left|(2\pi l)^\alpha\int_{T^n}F(x)e^{-i2\pi\langle l,x\rangle}dx\right|\leqslant Cl^\alpha.\end{aligned} \tag{2.3.9}$$

现在我们在 T^n 上考虑级数 (2.3.8)．取 $\varphi\in\mathscr{D}(T^n)$，则进行充分多次分部积分法

$$\langle e^{i2\pi\langle l,x\rangle}, \varphi\rangle = \int_{T^n}\varphi(x)e^{i2\pi\langle l,x\rangle}dx$$
$$= [(-1)2\pi l]^{-\beta}\int_{T^n}\partial^\beta\varphi(x)e^{i2\pi\langle l,x\rangle}dx.$$

因为 β 可以是任意的，因此 $\langle e^{i2\pi\langle l,x\rangle},\varphi\rangle$ 是急减的，而由 (2.3.9)，f_l 又是缓增的，所以级数 (2.3.8) 总是收敛的．现在要证明其和为 $f(x)$．为此先考虑一个特殊的级数

$$\sum_l e^{i2\pi\langle l,x\rangle}. \tag{2.3.10}$$

它的系数显然适合一个形如 (2.3.9) 的估计 ($\alpha = 0$，$C = 1$)，因此它也收敛．但对 $\varphi\in\mathscr{D}(T^n)$，

$$\sum_l \langle e^{i2\pi\langle l,x\rangle}, \varphi\rangle = \sum_l\int_{T^n}e^{i2\pi\langle l,x\rangle}\varphi(x)dx$$
$$= \sum_l \varphi_l e^{-i2\pi\langle l,0\rangle},$$

φ_l 是 φ 的 Fourier 系数．因为 φ 是充分光滑的周期函数，它的 Fourier 级数自然收敛于 $\varphi(x)$：

$$\varphi(x) = \sum_l \varphi_l e^{-i2\pi\langle l,x\rangle},$$

因此 $\varphi(0) = \sum\limits_l \varphi_l e^{-i2\pi\langle l,0\rangle}$，代入上式即有极重要的公式

$$\delta = \sum_l e^{i2\pi\langle l,x\rangle}. \tag{2.3.11}$$

将它与 $f(x)\in\mathscr{D}'(T^n)$ 求卷积，即有

$$f = f*\delta = \sum_l f*e^{i2\pi\langle l,x\rangle}$$

（这里我们利用了卷积映射的连续性）．但

$$f*e^{i2\pi\langle l,x\rangle} = \langle f(y), e^{i2\pi\langle l,x-y\rangle}\rangle$$
$$= e^{2\pi i\langle l,x\rangle}\langle f, e^{-i2\pi\langle l,y\rangle}\rangle$$
$$= f_l e^{i2\pi\langle l,x\rangle},$$

代入上式即知 $\sum f_l e^{i2\pi\langle l,x\rangle} = f$．因此 (2.3.8) 成为

$$f(x) = \sum_l f_l e^{i2\pi\langle l,x\rangle}. \tag{2.3.12}$$

这里的收敛性自然是在 $\mathscr{D}'(T^n)$ 意义下说的. 如果 $f(x)$ 是经典意义下的函数，自然要问 (2.3.12) 是否会逐点成立？若设 $f(x)$ 局部可积，则因为 $f(x)$ 至多定义到相差一个 0 测度集，所以我们至多只能希望 (2.3.12) p. p. 成立或平均成立. 这方面的研究可以参看关于 Fourier 级数的专著.

上面已经指出，$f\in\mathscr{D}'(T^n)$ 的 Fourier 系数一定是缓增的. 反过来，若有三角级数 $\sum_l f_l e^{-i2\pi\langle l,x\rangle}$. 其系数适合 (2.3.9). 这时取 $\beta>\alpha$ 使 $\beta-\alpha$ 充分大，则级数

$$\sum_l f_l(-i2\pi l)^{-\beta}e^{-i2\pi\langle l,x\rangle} \tag{2.3.13}$$

一致收敛于某个充分光滑的函数 $F(x)$, 而且 (2.3.13) 是 $F(x)$ 的 Fourier 级数. 因为微分运算在 $\mathscr{D}'(T^n)$ 中是连续的，因此，在广义函数的意义下 Fourier 级数可以逐项微分任意多次. 对 (2.3.13) 微分 β 次，立即有 Fourier 级数

$$\partial^\beta F(x)=\sum_l f_l e^{-i2\pi\langle l,x\rangle}.$$

因此，具有缓增系数的三角级数必定是$\mathscr{D}'(T^n)$ 广义函数的 Fourier 级数. 这样我们就得到了一个刻划 $\mathscr{D}'(T^n)$ 广义函数的性质，即具有缓增的 Fourier 系数.

最后我们回到十分重要的式 (2.3.11). 如果在 $\mathbf{R}^n$ 中表示，它应该写成

$$\sum_l \delta(x-l)=\sum_l e^{i2\pi\langle l,x\rangle}, \tag{2.3.13}$$

式子的左边很容易看出是一个 $\mathscr{S}'$ 广义函数，因此右方也是. 双方作 Fourier 变换，但注意到，现在我们讨论的是以 1 为周期的函数，所以它的 Fourier 变换也应变成对于以 1 为周期的 $e^{-i2\pi\langle x,\xi\rangle}$ 进行的运算 $\hat{f}(\xi)=\int e^{-i2\pi\langle x,\xi\rangle}f(x)dx$. 于是

$$\delta(\cdot-l)^\wedge(\xi)=e^{-i2\pi\langle l,\xi\rangle},$$
$$\widetilde{e^{-i2\pi\langle l,\cdot\rangle}}{}^\wedge(\xi)=\delta(\xi+l).$$

从而有

$$\sum_l \delta(\tilde{\cdot}-l)^\wedge(\xi)=\sum_l e^{-i2\pi\langle l,\xi\rangle}=\sum_l \delta(\xi-l). \quad (2.3.14)$$

在最后一个式子中我们应用了(2.3.13)，不过因为现在 l 遍取 $\mathbf{Z}^n$ 中一切值时，$-l$ 也遍取 $\mathbf{Z}^n$ 中一切值，因此将(2.3.13)的右方之 l 改为 $-l$，它仍成立．(2.3.14)中我们又遇到了一个广义函数，它与 Gauss 函数 $e^{-x^2/2}$ 相同，其 Fourier 变换除一个常数因子外即其自身(与(2.1.6)比较)．

取 $f\in\mathscr{S}$，由

$$\left\langle\sum_l \delta(\tilde{x}-l),\ f\right\rangle=\left\langle\sum_l \delta(x-l),\ \hat{f}\right\rangle$$

立即可得重要的 Poisson 求和公式

$$\sum_{l\in\mathbf{Z}^n} f(l)=\sum_{l\in\mathbf{Z}^n}\hat{f}(l). \quad (2.3.15)$$

把它应用到 $f(x)=e^{-tx^2}$ $(x\in\mathbf{R}^1)$ 上即得著名的关于 θ 函数的函数方程

$$\sum_{n=-\infty}^{\infty} e^{-tn^2}=\left[\sum_{n=-\infty}^{\infty} e^{-\frac{\pi^2}{t}n^2}\right]\sqrt{\frac{\pi}{t}}. \quad (2.3.16)$$

§ 4. Paley-Wiener-Schwartz 定理

1. Fourier-Laplace 变换． 这一节的中心问题是讨论函数或广义函数在无穷远处的衰减性质与其 Fourier 变换的光滑性的关系．当然，衰减的极端情况是函数或广义函数具有紧支集，即在无穷远处附近为 0，因此我们要刻划出这类函数或广义函数的 Fourier 变换的特点．这就是 Paley-Wiener-Schwartz 定理．它实际上是两个定理，分别讨论 $C_0^\infty(\mathbf{R}^n)$ 与 $\mathscr{E}'(\mathbf{R}^n)$ 的 Fourier 变换．现在从 $C_0^\infty(\mathbf{R}^n)$ 的 Fourier 变换开始．

$C_0^\infty(\mathbf{R}^n)\subset\mathscr{S}$，因此，任一个 $f\in C_0^\infty(\mathbf{R}^n)$ 的 Fourier 变换 $\hat{f}(\xi)$ 都是 ξ 的急减函数．但是反过来，由 $\hat{f}(\xi)$ 为急减只能得出

$f(x)\in\mathscr{S}$——这当然也是一种光滑性的限制，而不能得出有关 $\operatorname{supp} f$ 的信息．为此，我们引入 $\zeta\in\mathbf{C}^n$，$\zeta=(\zeta_1,\cdots,\zeta_n)$．$\xi_j=\xi_j+\sqrt{-1}\eta_j$ 或写为 $\zeta=\xi+\sqrt{-1}\eta$，$\xi,\eta\in\mathbf{R}^n$．并给出

定义 2.4.1 $f(x)$ 的 Fourier-Laplace 变换是 ζ 的函数

$$\hat{f}(\zeta)=\int e^{-i\langle\zeta,x\rangle}f(x)dx, \tag{2.4.1}$$

如果这里的积分存在的话．

现在设 $f\in C_0^\infty(\mathbf{R}^n)$，则不但可以看到积分 (2.4.1) 是存在的（它事实上只是在紧集上积分)，而且可以在积分号下求微商，或将 $e^{-i\langle\zeta,x\rangle}$ 展开为 ζ 的幂级数而知 $\hat{f}(\zeta)$ 为 ζ 的整函数．今设 $\operatorname{supp} f$ 包含在球 $|x|\leqslant A$ 内，则有

定理 2.4.2 (Paley-Wiener) 整函数 $g(\zeta)$ 是支集含于 $|x|\leqslant A$ 内的 $C_0^\infty(\mathbf{R}^n)$ 函数 $f(x)$ 的 Fourier-Laplace 变换的充分必要条件是对任一非负整数 N 均有常数 C_N 存在，使

$$|g(\zeta)|\leqslant C_N e^{A|\operatorname{Im}\zeta|}/(1+|\zeta|)^N. \tag{2.4.2}$$

证．必要性．设 $g(\zeta)=\int f(x)e^{-i\langle\zeta,x\rangle}dx$，则

$$\zeta^\alpha g(\zeta)=\int_{|x|\leqslant A}D^\alpha f(x)e^{-i\langle\zeta,x\rangle}dx.$$

但在 $|x|\leqslant A$ 中 $|D^\alpha f(x)|\leqslant C_\alpha$，$|e^{-i\langle\zeta,x\rangle}|=e^{\langle\operatorname{Im}\zeta,x\rangle}\leqslant e^{|x||\operatorname{Im}\zeta|}\leqslant e^{A|\operatorname{Im}\zeta|}$．上式对任意 α 成立，所以

$$(1+|\zeta|)^N|g(\zeta)|\leqslant C_N e^{A|\operatorname{Im}\zeta|}$$

对任意 N 成立，从而有 (2.4.2)．

充分性．设 (2.4.2) 成立，则对实的 $\zeta=\xi$，有

$$|g(\xi)|\leqslant C_N(1+|\xi|)^{-N}\quad(\text{对任意}N\text{成立}),$$

这就是说 $g(\xi)$ 急减．因而必有某个 C^∞ 函数 $f(x)$ 使

$$f(x)=(2\pi)^{-n}\int e^{ix\xi}g(\xi)d\xi.$$

今证 $f(x)$ 有紧支集于 $|x|\leqslant A$ 中．对于

$$f(x)=(2\pi)^{-n}\int e^{i\langle\xi,x\rangle}g(\xi)d\xi$$

利用 Cauchy 积分公式，可以写出

$$f(x)=(2\pi)^{-n}\int e^{i\langle\zeta,x\rangle}g(\zeta)d\zeta,$$

$\zeta=\xi+i\eta$，而积分路径是 $\eta=\text{const}$. 利用(2.4.2)，取 $N=n+1$，注意到

$$|e^{i\langle\zeta,x\rangle}|=e^{-\langle\eta,x\rangle},$$

以及 $1+|\zeta|\geqslant 1+|\xi|$，有

$$|f(x)|\leqslant(2\pi)^{-n}C_N e^{A|\eta|-\langle\eta,x\rangle}\int(1+|\xi|)^{-n-1}d\xi$$
$$\leqslant Ce^{A|\eta|-\langle\eta,x\rangle}.$$

令 $\eta=tx$，则有

$$|f(x)|\leqslant Ce^{-t(|x|^2-A|x|)}.$$

若 $|x|>A$，则当 $t\to+\infty$ 时上式右方可以任意小，从而

$$f(x)=0,\ |x|>A,$$

即 $\operatorname{supp}f\subset\{x:|x|\leqslant A\}$. 证毕.

2. 紧支集广义函数的 Fourier-Laplace 变换. Schwartz 把上述 Paley-Wiener 定理推广到$\mathscr{E}'(\mathrm{R}^n)$广义函数上去而有

定理 2.4.3 (Schwartz) $g(\zeta)$ 是$\mathscr{E}'(\mathrm{R}^n)$广义函数$f(x)$的 Fourier-Laplace 变换的必要充分条件是：$g(\zeta)$ 是适合以下条件的整函数：存在常数 $C\geqslant 0$，$A>0$ 以及非负整数N，使

$$|g(\zeta)|\leqslant C(1+|\zeta|)^N e^{A|\mathrm{Im}\zeta|}. \tag{2.4.3}$$

证. $f(x)\in\mathscr{E}'(\mathrm{R}^n)$ 的 Fourier 变换 $\hat{f}(\xi)$ 是(定理 2.1.11)

$$\hat{f}(\xi)=\langle f(x),e^{-i\langle\xi,x\rangle}\rangle.$$

很容易看到 $\langle f(x),e^{-i\langle\zeta,x\rangle}\rangle$ 仍是有意义的，因为 $e^{-i\langle\zeta,x\rangle}$ 仍是 x 的(复值)C^∞ 函数；而且可以在"积分"号下求微商证明它是 ζ 的整函数. 这个整函数记作 $\hat{f}(\zeta)=\langle f(x),e^{-i\langle\zeta,x\rangle}\rangle$，称为 $f(x)$ 的 Fourier-Laplace 变换. 它显然是 $\hat{f}(\xi)$ 的解析拓展.

必要性. 由 $\mathscr{E}'(\mathrm{R}^n)$ 的构造定理，一定存在一个具有紧支集的连续函数 $F(x)$，使 $f(x)=D^\alpha F$. 而且若 $\operatorname{Supp}f\subset\{x;\ |x|\leqslant A\}$，必可使 $\operatorname{Supp}F\subset\{x,\ |x|\leqslant A+\varepsilon\}$，$\varepsilon$ 是任意小的正数.

于是对任意含复参数 $\zeta\in\mathbf{C}^n$ 的 $C^\infty(\mathbf{R}_x^n)$ 函数 $\Phi_\zeta(x)$ 有

$$\begin{aligned}|\langle f,\Phi_\zeta\rangle| &= |\langle F, D_x^\alpha\Phi_\zeta(x)\rangle|\\ &\leqslant \int_{|x|\leqslant A+\varepsilon}|F(x)\cdot D_x^\alpha\Phi_\zeta(x)|dx\\ &\leqslant C\sup_{|x|\leqslant A+\varepsilon}|D_x^\alpha\Phi_\zeta(x)|.\end{aligned}$$

现在令 $\Phi_\zeta(x)=e^{-i\langle\zeta,x\rangle}$，立即有 $|D_x^\alpha\Phi_\zeta(x)|=|\zeta|^\alpha e^{\langle \mathrm{Im}\zeta,x\rangle}$ 而 $\langle f,\Phi_\zeta\rangle=\hat{f}(\zeta)$. 代入上式即有

$$|\hat{f}(\zeta)|\leqslant C(1+|\zeta|)^N e^{(A+\varepsilon)|\mathrm{Im}\zeta|}.$$

此即式(2.4.3)，$N=|\alpha|$，而 A 换成 $A+\varepsilon$，即比包含 $\mathrm{Supp}\,f$ 的球 $|x|\leqslant A$ 之半径稍大的数.

充分性. 设 $g(\zeta)$ 适合式(2.4.3). 令 $\zeta=\xi$，可见 $g(\xi)$ 是 ξ 的缓增函数，因而是 $\mathscr{S}'$ 广义函数. 因为 F：$\mathscr{S}'\to\mathscr{S}'$ 是同构，故必有 $f(x)\in\mathscr{S}'$ 使 $g(\xi)=\hat{f}(\xi)$. 今证 f 有紧支集含于 $|x|\leqslant A$ 内. 为此作磨光核序列 $\alpha_j(x)\doteq J_{1/j}(x)\in C_0^\infty(\mathbf{R}^n)$（见式(1.1.2)），而用它将 $f(x)$ 磨光，即作卷积

$$(f*\alpha_j)(x).$$

由定理 1.4.7，$(f*\alpha_j)(x)$ 作为 $\mathscr{D}'(\Omega)$ 广义函数应该收敛于 $f(x)$.

但另一方面

$$\widehat{f*\alpha_j}=\hat{f}\cdot\hat{\alpha}_j.$$

$\hat{f}(\xi)=g(\xi)$ 有解析拓展 $g(\zeta)$ 适合式(2.4.3)，其中的 N 是一个固定数，现在改记作 N_1. α_j 的支集在 $|x|\leqslant 1/j$ 内，因而由 Paley-Wiener 定理 $\hat{\alpha}_j$ 也有解析拓展 $\hat{\alpha}_j(\zeta)$，而且对任意的 N 有

$$|\hat{\alpha}_j(\zeta)|\leqslant C_N e^{1/j|\mathrm{Im}\zeta|}(1+|\zeta|)^{-N}.$$

因此 $\hat{f}\cdot\hat{\alpha}_j$ 亦即 $\widehat{f*\alpha_j}$ 有解析拓展 $(\widehat{f*\alpha_j})(\zeta)$ 是 ζ 的整函数，而且对任意 N 有

$$|(\widehat{f*\alpha_j})(\zeta)|\leqslant Ce^{(A+\frac{1}{j})|\mathrm{Im}\zeta|}(1+|\zeta|)^{N_1-N}.$$

N_1-N 仍是任意的，因此，再用一次 Paley-Wiener 定理的充分性

部分可知，$(f*\alpha_j)(x)$ 是有紧支集含于 $|x|\leqslant A+\frac{1}{j}$ 内的 C^∞ 函数. 当 $j\to+\infty$ 时,它的极限 $f(x)$ 作为 $\mathscr{D}'$ 广义函数,应有紧支集含于 $|x|\leqslant A$ 内,即 $f\in\mathscr{E}'(\mathbf{R}^n)$,而且

$$\operatorname{Supp} f\subset\{x;\ |x|\leqslant A\}.$$

定理证毕.

§5. 偏微分方程的基本解

1. 基本解的意义. 在求解一些经典的数学物理方程时，有一类特殊的解起了特殊的作用. 例如对于 $\mathbf{R}^3$ 中的 Laplace 方程

$$\Delta u\equiv\frac{\partial^2 u}{\partial x_1^2}+\frac{\partial^2 u}{\partial y_2^2}+\frac{\partial^2 u}{\partial x_3^2}=0 \qquad (2.5.1)$$

$U=-\frac{1}{4\pi r}$ ($r^2=\|x-x_0\|^2$, x_0 是某一定点) 就是这样一个解. 众所周知，在对这方程的解的充分的光滑性假设以及对区域 Ω 及其边界 $\partial\Omega$ 充分的光滑性假设之下，方程 $\Delta u=f$ 之解恒可写为

$$u(x)=-\frac{1}{4\pi}\int_{\partial\Omega}\left[u(\xi)\frac{\partial}{\partial n}\left(\frac{1}{r}\right)-\frac{1}{r}\frac{\partial u}{\partial n}\right]ds$$
$$-\frac{1}{4\pi}\int_{\Omega}\frac{f}{r}\,dv, \qquad (2.5.2)$$

这里 ξ 是积分变量，$r=\|x-\xi\|$. $-\frac{1}{4\pi r}$ 这个解称为 (2.5.1) 的**基本解**. 对波动方程和热传导方程也都有起类似作用的解. Hadamard 总结了这些具体的例子，对于二阶线性的具有解析系数的方程首先提出了系统的基本解理论(详见 Hadamard [1]),而且就是从波动方程的基本解出发,给出了发散积分的有限部分的概念,是广义函数论的先例之一. 现在我们将从广义函数论的角度系统地总结这个理论.

如果 (2.5.2) 中的 f 和 u 均充分光滑而且具有含于 Ω 内的紧

支集，则 (2.5.2) 可以写为

$$u(x)=(U*f)(x). \qquad (2.5.3)$$

由此可以证明

$$\Delta U=\delta.$$

事实上，由于 (2.5.3) 中的 u 是 $\Delta u=f$ 的解，所以

$$f=\Delta u=\Delta(U*f)=(\Delta U)*f,\ \forall f,$$

于是 $\Delta U=\delta$.

仿此，对于一个线性偏微分算子 $P(D)$——我们先考虑常系数的情况，因为讨论变系数的线性偏微分算子的(拟)基本解，正是本书的中心论题：拟微分算子和 Fourier 积分算子的重要来源——我们定义其基本解即适合方程

$$P(D)u=\delta \qquad (2.5.4)$$

的广义函数 u. 在这里需要先约定 u 所在的广义函数空间. 因为下面的基本工具是 Fourier 变换，因此，我们自然地规定在 $\mathscr{S}'$ 中求基本解.

基本解在偏微分方程理论中的作用可以说是两个方面的. 设 U 是基本解，对任意 f 令

$$u=U*f, \qquad (2.5.5)$$

则一方面

$$Pu=PU*f=\delta*f=f, \qquad (2.5.6)$$

所以 u 是方程 $Pu=f$ 的解. 从这一方面看，利用基本解可以解决上述方程的解的存在问题. 另一方面，以 $f=Pu$ 代入 (2.5.5) 又有

$$u=U*Pu, \qquad (2.5.7)$$

利用此式，又可以从 Pu 的性质——这里专门指光滑性、奇异性等等来探讨 u 的正规性和奇异性.

换一个角度来看，我们认为 $(U*)$——即以 U 为核的卷积——是一个算子，则 (2.5.6) 可以解释为 $(U*)$ 是 P 的右逆；(2.5.7) 可以解释为 $(U*)$ 是 P 的左逆. 所以 P 的右逆可以用来解决解的存在问题；P 的左逆可以用来解决解的正规性和奇异性

传播问题. 在拟微分算子和 Fourier 积分算子理论中，这个观点将起基本的作用.

在本节中我们将先讨论一些常见的数学物理方程的基本解，然后证明一般的常系数偏微分方程基本解的存在，最后归结到常系数偏微分方程的局部可解性，并以 Hans Lewy 的著名例子结束.

2. 常系数常微分方程的基本解. 先从最简单的例子开始:

$$\frac{dy}{dx}+ay=\delta(x),\quad a\in\mathbf{C}. \tag{2.5.8}$$

当 $a=0$ 时,它的通解显然是

$$y=H(x)+C.$$

若令 $C=-1$ 即得支集在 R^- 上的唯一基本解; $C=0$ 即给出支集在 R^+ 上的唯一基本解.

令 $y=e^{-ax}F(x)$ 即可将 (2.5.8) 化为

$$\frac{dF}{dx}=\delta(x).$$

因此 (2.5.8) 的通解是

$$y=[H(x)+C]e^{ax}.$$

但若要求 $y\in\mathscr{S}'$, 即要求 y 为缓增的. 这就与 $\mathrm{Re}\,a$ 的符号有关. 若 $\mathrm{Re}\,a>0$, 则 e^{ax} 当 $x\to+\infty$ 时不是缓增的,所以, 这时要想得到缓增基本解应该令 $C=-1$; 同样,若 $\mathrm{Re}\,a<0$, 要得到缓增基本解应取 $C=0$. 只有在 $\mathrm{Re}\,a=0$ 时,可以有无穷多 $\mathscr{S}'$ 中的基本解 (C 可以取任意值).

这个方法可以运用于高阶常系数线性微分方程和常系数线性方程组.

$$L(u)\equiv\frac{du}{dx}+Au=\delta(x)I, \tag{2.5.9}$$

A 是 $k\times k$ 常数矩阵. 高阶方程

$$L(u)\equiv\frac{d^mu}{dx^m}+a_1\frac{d^{m-1}u}{dx^{m-1}}+\cdots+a_mu=\delta(x) \tag{2.5.10}$$

自然可以化为(2.5.9)(右方略有不同)．因为令 $u_j=\frac{d^ju}{dx^j}$ $(j=0, 1, \cdots, m-1)$，而m维矢量 $u(x)={}^t(u_0, \cdots, u_{m-1})$，则得(2.5.9)，其中

$$A=\begin{pmatrix} 0 & -1 & 0 & \cdots & 0 \\ 0 & 0 & -1 & \cdots & 0 \\ & & \cdots & & \\ a_m & a_{m-1} & & \cdots & a_1 \end{pmatrix}.$$

求以下 Cauchy 问题的 $k\times k$ 矩阵解 U:

$$LU=0,\ U|_{x=0}=I\ (\text{单位矩阵}),$$

则有

$$U=\exp(-xA), \tag{2.5.11}$$

这里矩阵A的指数函数 $\exp(-xA)$ 定义为

$$\exp(-xA)=\sum_{n=0}^{\infty}\frac{(-1)^n}{n!}x^nA^n.$$

现在求L的右基本解 $E_{右}$，即要求

$$\frac{d}{dx}(E_{右})+AE_{右}=\delta I,$$

不妨令 $E_{右}=UK$，则有

$$L(UK)=L(U)K+UK'=UK'=\delta I.$$

因此

$$K'=\delta U^{-1}=\delta e^{+xA}=\delta I,$$

$$K=H(x)I+C,$$

C是任意$k\times k$常数矩阵．从而L的一切右基本解均可写为

$$E_{右}=H(x)\exp(-xA)+\exp(-xA)C. \tag{2.5.12}$$

同理也可求出L的一切左基本解 $E_{左}$，即

$$\frac{d}{dx}(E_{左})+E_{左}A=\delta I$$

之解为

$$E_{左}=H(x)\exp(-xA)+C\exp(-xA). \tag{2.5.13}$$

但在把它应用到一个高阶方程 (2.5.10) 时应该注意，现在要求解的方程组并非 (2.5.9) 而是

$$\frac{du}{dx}+Au=\delta e_m,\quad e_m={}^t(0,\cdots,0,1).$$

但我们仍同处理 (2.5.9) 相仿，令 $u=\exp(-xA)v$，则

$$\frac{dv}{dx}=\delta e_m.$$

从而

$$v(x)=H(x)\exp(-xA)e_m+\exp(-xM)c,$$

c 是任意的 m 维常数矢量．取这个矢量值函数的第一个分量 $u_0(x)=U(x)$，即得 (2.5.10) 的基本解．

但是我们可以用更直接的方法来求 (2.5.10) 的基本解．事实上取 $U(x)$ 为齐次方程 $LU=0$ 之满足

$$\left.\frac{d^jU}{dx^j}\right|_{x=0}=\delta_{j,m-1},\quad 0\leqslant j\leqslant m-1$$

($\delta_{j,m-1}$ 是 Kronecker 符号)

的解，则 $u=H(x)U(x)$ 即所求基本解．这是因为，由上述初始条件，$U(x)=\dfrac{x^{m-1}}{(m-1)!}+O(1)x^m$，从而由 Leibnitz 公式，由于

$$x^k\delta^{(l)}=0,\quad x>l,$$

$$\frac{x^k}{k!}\delta^{(k)}=(-1)^k\delta,$$

而

$$\begin{aligned}\frac{d^k}{dx^k}(HU)&=\delta^{(k-1)}U+\cdots+H\frac{d^kU}{dx^k}\\&=\delta^{(k-1)}\frac{x^{m-1}}{(m-1)!}+\cdots+H\frac{d^kU}{dx^k}\\&=H\frac{d^kU}{dx^k},\qquad k<m,\end{aligned}$$

$$\frac{d^m}{dx^m}(HU)=\delta^{(m-1)}U+\cdots+H\frac{d^mU}{dx^m}$$

$$= \delta^{(m-1)} \frac{x^{m-1}}{(m-1)!} + \cdots + H \frac{d^m U}{dx^m}$$

$$= \delta(x) + H \frac{d^m U}{dx^m},$$

故所述的为真.

3. Cauchy-Riemann 算子的基本解. 我们先引进现在所习用的 Pompeiu 记号. 令 $z = x + iy$, 则定义

$$\frac{\partial}{\partial z} = \frac{1}{2}\left(\frac{\partial}{\partial x} - i\frac{\partial}{\partial y}\right),$$

$$\frac{\partial}{\partial \bar{z}} = \frac{1}{2}\left(\frac{\partial}{\partial x} + i\frac{\partial}{\partial y}\right). \tag{2.5.14}$$

对于复变量 z 的复值函数 $f(z) = u(x, y) + iv(x, y)$, 通常的 Cauchy-Riemann 方程(简称 C-R 方程)就成为

$$\frac{\partial f}{\partial \bar{z}} = \frac{1}{2}\left[\left(\frac{\partial u}{\partial x} - \frac{\partial v}{\partial y}\right) + i\left(\frac{\partial u}{\partial y} + \frac{\partial v}{\partial x}\right)\right] = 0.$$

因此 $\frac{\partial}{\partial \bar{z}}$ 就称为 Cauchy-Riemann 算子 (简称 C-R 算子). $2\frac{\partial}{\partial \bar{z}}$ 的基本解即

$$2\frac{\partial E}{\partial \bar{z}} = \frac{\partial E}{\partial x} + i\frac{\partial E}{\partial y} = \delta(x, y) \tag{2.5.15}$$

之解. 为了求 E, 我们对 y 作 Fourier 变换将上式化为对 $\hat{E}(x, \eta) = \int e^{-iy\eta}E(x, y)dy$ 的常微分方程:

$$\frac{\partial \hat{E}}{\partial x} - \eta\hat{E} = \delta(x), \tag{2.5.16}$$

这里 η 是一个参数. 但为使 Fourier 变换有意义, 应该设 E 是含参数 x 的关于 y 的 $\mathscr{S}'$ 广义函数, 因此 $\hat{E}(x, \eta)$ 也应该是 η 的 $\mathscr{S}'$ 广义函数. 用上面的方法解 (2.5.16), 有

$$\hat{E}(x, \eta) = [H(x) + C(\eta)]e^{\eta x},$$

而为了使它是 η 的缓增广义函数,必须取

$$C(\eta)=\begin{cases}-1, & \eta>0,\\ 0, & \eta<0.\end{cases}$$

从而

$$\hat{E}(x,\eta)=\begin{cases}-H(-x)e^{\eta x}, & \eta>0,\\ H(x)e^{\eta x}, & \eta<0.\end{cases} \tag{2.5.17}$$

实际上,我们看到 $\hat{E}(x,\eta)$ 对 η 是急减的,因此它的逆 Fourier 变换是

$$\begin{aligned}2\pi E(x,y)&=H(x)\int_{-\infty}^{0}e^{i\eta y}e^{\eta x}d\eta\\&\quad-H(-x)\int_{0}^{+\infty}e^{i\eta y}e^{\eta x}dx\\&=\frac{1}{x+iy}=\frac{1}{z}.\end{aligned}$$

但这样作出的是 $2\partial_{\bar{z}}$ 的基本解,所以 $\partial_{\bar{z}}$ 的基本解是 $\frac{1}{\pi z}$.

$\frac{1}{z}$ 这个函数在整个复变函数论(可以说即以 C-R 方程为基础的函数论)的重要性是不言而喻的. 下面我们要利用它推导出非齐次的 Cauchy 公式. 鉴于它的重要性,有人认为这是一个应该引进每一本复变函数论基础教材的定理.

定理 2.5.1 设 Ω 是由有限多条 Jordan 曲线围成的有界区域,u 和 f 在 $\bar{\Omega}$ 的某个邻域中属于 C^1, 且有

$$\frac{\partial u}{\partial \bar{z}}=f, \tag{2.5.18}$$

则

$$\begin{aligned}u(x,y)&=\frac{1}{2\pi i}\oint_{\partial\Omega}u(z')dz'/(z'-z)\\&\quad+\frac{1}{2\pi i}\iint_{\Omega}\frac{f(z')dz'\wedge\overline{dz'}}{z'-z},\end{aligned} \tag{2.5.19}$$

这里 $z=x+iy$ 是 Ω 的任一内点.

证. $udz'=udx'+iudy'$ 是一个 1-微分形式,它的外微分是

$$du \wedge dz' = \frac{\partial u}{\partial y'} dy' \wedge dx' + i \frac{\partial u}{\partial x'} dx' \wedge dy'$$

$$= \frac{\partial u}{\partial \bar{z}'} \cdot 2i dx' \wedge dy'$$

$$= -\frac{\partial u}{\partial \bar{z}} dz' \wedge d\bar{z}'.$$

令 z 到 $\partial\Omega$ 之距离为 ρ，取 $0 < \varepsilon < \rho$ 以及

$$\Omega_\varepsilon = \{z' \in \Omega, \ |z' - z| > \varepsilon\},$$

即 Ω 中挖去以 z 为心，以 ε 为半径的圆盘，它的边缘是 $\partial\Omega \cup \{|z - z'| = \varepsilon\}$. 在这个区域上应用 Stokes 公式，有

$$\int_{\partial\Omega} \frac{u(z')dz'}{z' - z} - \oint_{|z-z'|=\varepsilon} \frac{u(z')dz'}{z' - z}$$

$$= -\int_{\Omega_\varepsilon} \frac{\partial u}{\partial \bar{z}'} dz' \wedge d\bar{z}'/(z' - z).$$

这里我们应用了关于 $\frac{\partial}{\partial \bar{z}}$ 的 Leibnitz 公式以及 $\frac{\partial}{\partial \bar{z}'} \frac{1}{z' - z} = 0$. 令 $z' = z + \varepsilon e^{i\theta}$，则上式左方后一个积分当 $\varepsilon \to 0$ 时为

$$-\lim_{\varepsilon \to 0} i \int_0^{2\pi} u(z + \varepsilon e^{i\theta}) d\theta = 2\pi i u(z) = 2\pi i u(x, y).$$

代入上式，即得定理之证.

对于解析的 u，对 udz' 应用 Stokes 公式，即可得 Cauchy 积分定理，对 $u(z')dz'/z' - z$ 应用 Stokes 公式即得通常的 Cauchy 积分公式.

以上我们为证明简单起见，用了过强的假设：u 在 $\bar{\Omega}$ 附近属于 C^1，实际上在可以应用 Stokes 公式的条件下，可以大大放松对 u 的光滑性要求.

4. 热传导方程和 Schrödinger 方程的基本解. 上面我们对一部分变量作 Fourier 变换而化为求常微分方程的基本解问题. 这个方法对热传导方程等等也是适用的.

对于热传导方程，其基本解 E 应该是适合以下方程的缓增广义函数 $E(t, x)$，$x \in \mathbf{R}^n$：

$$\frac{\partial E}{\partial t}-\Delta E=\delta(x,t)=\delta(x)\otimes\delta(t).$$

对 x 作 Fourier 变换，有

$$\frac{\partial \hat{E}}{\partial t}+|\xi|^2\hat{E}=\delta(t).$$

它的唯一缓增（对 ξ）广义函数解是

$$\hat{E}(t,\xi)=H(t)\exp(-t|\xi|^2).$$

对 ξ 作逆 Fourier 变换，并用 Gauss 函数的逆 Fourier 变换公式，即有（见式 (2.1.6)

$$E(t,x)=(2\pi t)^{-n/2}H(t)\exp(-|x|^2/4t).$$

于此 $H(t)$ 的出现值得注意，这说明我们只能解决 $t\geqslant 0$ 处的 Cauchy 问题．这是很自然的，因为热传导是一个不可逆过程．

而对于 Schrödinger 方程之基本解

$$\frac{1}{i}\frac{\partial E}{\partial t}-\Delta E=\delta(x)\otimes\delta(t),\tag{2.5.20}$$

在对 x 作 Fourier 变换后有

$$\frac{1}{i}\frac{\partial \hat{E}}{\partial t}+|\xi|^2\hat{E}=\delta(t),$$

因此可以得到它的一个解

$$\hat{E}(t,\xi)=iH(t)\exp(-it|\xi|^2).\tag{2.5.21}$$

但它对于 ξ 并非可积的，因此不能用 (2.1.5) 来计算 $E(t,x)$．为此，我们引入收敛因子 $\exp(-\varepsilon|\xi|^2)$ 并考虑

$$\hat{E}_\varepsilon(t,\xi)=iH(t)\exp(-(\varepsilon+it)|\xi|^2).\tag{2.5.22}$$

当 $\varepsilon>0$ 时，$\hat{E}_\varepsilon(t\cdot\xi)\in\mathscr{S}_\xi$，而当 $\varepsilon\to 0$ 时，它在 $\mathscr{S}'$ 中收敛于 $\hat{E}(t,\xi)$．因此，它的逆 Fourier 变换 $E_\varepsilon(t,x)$ 应该收敛于 $E(t,x)$．而由 (2.1.5)，并仿照求 Gauss 函数之逆 Fourier 变换之方法有

$$\begin{aligned}E_\varepsilon(t,x)&=i(2\pi)^{-n}\ H(t)\int e^{ix\xi}\exp(-(\varepsilon+it)|\xi|^2)d\xi\\&=i(2\pi)^{-n}H(t)\left\{\int\exp(-(\varepsilon+it)|\xi|^2)d\xi\right\}\end{aligned}$$

$$\cdot \exp(-|x|^2/4(\varepsilon+it))$$
$$\to i(2\pi)^{-n}t^{-n/2}CH(t)\exp(-|x|^2/4it),$$
$$C=\left(\int_{-\infty}^{\infty}\exp(-i\lambda^2)d\lambda\right)^n=((1-i)\sqrt{\pi/2})^n.$$

因此有

$$E(t,x)=H(t)(4\pi t)^{-n/2}\cdot\exp\left(-i(n-2)\frac{\pi}{4}\right)\cdot\exp(-|x|^2/4it). \tag{2.5.23}$$

5. 波动方程的基本解. 对于波动方程

$$\frac{\partial^2 E}{\partial t^2}-\Delta E=\delta(x)\otimes\delta(t),$$

对 x 作 Fourier 变换后将有二阶常微分方程

$$\frac{\partial^2\tilde{E}}{\partial t^2}+|\xi|^2\tilde{E}=\delta(t).$$

用前面的方法将有支集在 $t\geqslant 0$ 处的基本解

$$\tilde{E}_+(t,\xi)=H(t)\sin(t|\xi|)/|\xi|.$$

以及支集在 $t\leqslant 0$ 中的基本解

$$\tilde{E}_-(t,\xi)=-H(-t)\sin(t|\xi|)/|\xi|.$$

因为 $\tilde{E}_\pm(t,\xi)$ 对于 $\xi\in\mathbf{R}^n$ 都不是可积的，在求 $E_\pm(t,x)$ 时又需要如 Schrödinger 方程那样引入收敛因子 $\exp(-\varepsilon|\xi|)$ $(\varepsilon>0)$，而有：

$$\begin{aligned}E_+(t,x)&=(2\pi)^{-n}\lim_{\varepsilon\to 0}\int\exp(ix\xi-\varepsilon|\xi|)\tilde{E}_+(t\cdot\xi)d\xi\\&=(2\pi)^{-n}\int\exp(ix\xi)\tilde{E}_+(t,\xi)d\xi\quad(\text{定义})\\&=(2\pi)^{-n}H(t)\int\left[\exp\left(i\left\langle\xi,x+\frac{\xi}{|\xi|}t\right\rangle\right)\right.\\&\quad\left.-\exp\left(i\left\langle\xi,x-\frac{\xi}{|\xi|}t\right\rangle\right)\right]\frac{d\xi}{2i|\xi|}.\end{aligned}\tag{2.5.24}$$

这样的作法有一个基本的弱点，就是我们把空间变量 x 与时

间变量 t 截然分开了. 但是和热传导方程情况不同，在波动方程情况下，这样作是不自然的. 众所周知，波动方程在 Lorentz 变换下不变，而最重要的 Lorentz 变换如

$$\begin{aligned} t' &= (t + \beta x_1)/\sqrt{1-\beta^2}, \\ x_1' &= (\beta t + x_1)/\sqrt{1-\beta^2}, \\ x_i' &= x_i, \qquad i > 1, \end{aligned} \quad |\beta| < 1, \tag{2.5.25}$$

告诉我们，在讨论波动问题时，时间与空间是不应分开处理的. 因此，在求波动方程的基本解时，我们应对 t 和 x 同时作 Fourier 变换，即作

$$\begin{aligned} \hat{E}_+(\tau, \xi) &= \int e^{-it\tau} \tilde{E}(t, \xi) dt \\ &= \int_0^{+\infty} e^{-it\tau} \sin(t|\xi|) dt / |\xi|. \end{aligned}$$

这里的积分又是发散的. 因此，又应理解它为

$$\hat{E}_{+,\varepsilon}(\tau, \xi) = \int_0^{+\infty} \exp(-it\tau - \varepsilon t) \sin(t|\xi|) dt / |\xi|$$

当 $\varepsilon \to 0+$ 时的极限. 然而

$$\begin{aligned} \hat{E}_{t,\varepsilon}(\tau, \xi) &= \frac{1}{2|\xi| i} \int_0^{+\infty} \{\exp[-it(\tau - i\varepsilon - |\xi|)] \\ &\quad - \exp[-it(\tau - i\varepsilon + |\xi|)]\} dt \\ &= -\frac{1}{2|\xi|} \{(\tau - i\varepsilon - |\xi|)^{-1} \\ &\quad - (\tau - i\varepsilon + |\xi|)^{-1}\} \\ &= -[(\tau - i\varepsilon)^2 - |\xi|^2)]^{-1}. \end{aligned}$$

因此 $\hat{E}_+(\tau, \xi)$ 是以下的理解为 $\mathscr{S}'$ 拓扑中的极限

$$\hat{E}_+(\tau, \xi) = -\lim_{\varepsilon \to 0} [(\tau - i\varepsilon)^2 - |\xi|^2]^{-1}. \tag{2.5.26}$$

如果把这个极限形式地写作 $[\tau^2 - |\xi|^2]^{-1}$，则在波动方程的特征锥面 $\tau^2 - |\xi|^2 = 0$ 上它有很高的奇性. 我们将会看见，特征锥面的存在是求基本解的基本困难所在. 这个锥面是如此重要，而且在物理上有丰富的内涵，我们将在波动方程的情况下称之

为"光锥"，而其 $\tau>0$ 的一叶称为前向光锥，另一叶称为后向光锥.

现在我们回来求 $\mathscr{S}'$ 中的极限 (2.5.24). 为此，我们要利用 Parseval 等式 (2.1.18) (但其中的 $(2\pi)^{-n}$ 现在是 $(2\pi)^{-n-1}$). 注意到对实值函数 $g(x)$,

$$\overline{\hat{g}(\xi)}=\overline{\int e^{-ix\xi}g(x)dx}$$
$$=\int e^{ix\xi}g(x)dx$$
$$=\int e^{-iy\xi}\check{g}(y)dy,$$

于是对实值的 $\varphi(t,x)\in C_0^\infty(\mathbf{R}^{n+1})$ 有

$$\langle E_+,\check{\varphi}\rangle=-(2\pi)^{-n-1}\lim_{\varepsilon\to0+}\iint\frac{\hat{\varphi}(\tau,\xi)d\tau d\xi}{(\tau-i\varepsilon)^2-|\xi|^2}. \qquad (2.5.27)$$

这里我们又遇到了被积函数趋向 ∞ 的严重困难. 解决问题的出路是把 τ, ξ 都看成复变量，而利用 Cauchy 定理改变积分路径. 这时，注意到 $\hat{\varphi}(\tau,\xi)$ 当 $\operatorname{Im}\tau=\text{Const}$, $\operatorname{Im}\xi=\text{const}$ 时对于 $\operatorname{Re}\tau$, $\operatorname{Re}\xi$ 为急减是重要的. 因此，仿照求 Gauss 函数的 Fourier 变换那样对 $\tau\in(-\infty,\infty)$, $\xi_j\in(-\infty,\infty)$ $(j=1,\cdots,n)$ 改变积分路径到 $\operatorname{Im}\tau=-a$, $\operatorname{Im}\xi_j=-b_j$ 上，并记 $b=(b_1,\cdots,b_n)$, 有

$$\langle E_+,\check{\varphi}\rangle=-(2\pi)^{-n-1}\lim_{\varepsilon\to0+}\iint\frac{\hat{\varphi}(\tau-ia,\xi-ib)d\tau d\xi}{(\tau-ia-i\varepsilon)^2-(\xi-b)^2}$$
$$=-(2\pi)^{-n-1}\iint\frac{\hat{\varphi}(\tau-ia,\xi-ib)d\tau d\xi}{(\tau-ia)^2-(\xi-ib)^2},$$

这里 $a>0$, $(\xi-b)^2=\sum_j(\xi_j-b_j)^2$. 为了使这里的极限合法，只需后式分母不为 0 即可. 但

$$(\tau-ia)^2-(\xi-ib)^2=\tau^2-|\xi|^2-(a^2-|b|^2)$$
$$-2i(a\tau+b\xi).$$

要它等于 0，就必须

$$\tau^2-|\xi|^2=a^2-|b|^2,\ a\tau-b\xi=0.$$

前式表明矢量 (τ,ξ)，$(a,-b)$ 在 Lorentz 二次型的等值面上，若 $(a,-b)$ 在前向光锥内，(τ,ξ) 也应在前向光锥内. 后式表明 (τ,ξ)，$(a,-b)$ 是正交的. 但是，在前向光锥内不会有两个正交的向量，因此，只要 $a^2-|b|^2>0$（即 $(a,-b)$ 在前向光锥内)，则上面的讨论表明

定理 2.5.2 取 $(a,b)\in\mathbf{R}^{n+1}$ 且 $a^2-|b|^2>0$，则波动方程的基本解 $E_+(t,x)$ 是广义函数

$$\langle E_+,\check{\varphi}\rangle=-(2\pi)^{-n-1}\iint\frac{\hat{\varphi}(\tau-ia,\xi-ib)d\tau d\xi}{(\tau-ia)^2-(\xi-ib)^2},$$

$$\varphi\in C_0^\infty(\mathbf{R}^{n+1}).\tag{2.5.28}$$

在研究基本解时，讨论它的支集与奇支集的构造是极为重要的. 现以波动方程为例来进行这种讨论. 为此就需要对 Lorentz 变换作一个扼要的介绍.

设有某两个时空坐标 $x=(t,x_1,x_2,x_3)$ 与 $y=(\tau,y_1,y_2,y_3)$（为简单计，我们将 t 与 τ 写成 x_0 与 y_0)，一个非线性变换 $\mathbf{y}=A\mathbf{x}$，若使

$$\begin{aligned}x_0^2-x_1^2-x_2^2-x_3^2&=\langle\mathbf{x},L\mathbf{x}\rangle\\&=\langle\mathbf{y},L\mathbf{y}\rangle\\&=y_0^2-y_1^2-y_2^2-y_3^2,\end{aligned}$$

$$L=\begin{pmatrix}1&&&\\&-1&&\\&&-1&\\&&&-1\end{pmatrix}\text{（未写出的元素均为 0)},$$

就称 A 为 Lorentz 变换. 它必然也保持相应的双线性型 $\langle\mathbf{x}',L\mathbf{x}\rangle$ 不变. 这样的 A 必为非异的，因为若有某个 $\mathbf{x}_0$ 使 $A\mathbf{x}_0=0$，则对一切 $\mathbf{x}'$ 有 $\langle A\mathbf{x}',LA\mathbf{x}_0\rangle=\langle\mathbf{x}',L\mathbf{x}_0\rangle=0$，从而 $L\mathbf{x}_0=0$. 但 L 是非异的，从而 $\mathbf{x}_0=0$. 很容易看到全体 Lorentz 变换成群 $\mathscr{L}$，称为 Lorentz 群.

一切 Lorentz 变换均由形如 (2.5.25) 的变换与空间变量的(狭义)正交变换与反射变换组成(证明见 И. Г. Петровский[4]).

这些变换的行列式均为 ± 1，因此一切 Lorentz 变换的行列式均为 1 或 -1. 行列式为 $+1$ 的一切 Lorentz 变换之集记作 $\mathscr{L}_+$，它是 $\mathscr{L}$ 的子群.

$\mathscr{L}_+$ 是 $\mathscr{L}$ 中保持前向光锥内域不变的元组成的子群. 实际上 $\mathscr{L}_+$ 中之元均由偶数个反射，若干个对空间变量的(狭义)正交变换——它们都保持前向光锥内域不变——与若干个 (2.5.25) 型的 Lorentz 变换构成. 后者当 $t^2-|x|^2>0$, $t>0$ 时必使 $t'^2-|x'|^2>0$, $t'>0$. $t'^2-|x'|^2>0$ 是自然的 (因为 $t'^2-|x'|^2=t^2-|x|^2>0$)，若 $t'<0$ 则有 $t+\beta x_1<0$ 或 $\beta x_1<-t<0$. 故 $\beta|x|^2>t^2>0$, 即 $(\beta^2-1)|x|^2>t^2-|x|^2>0$，这与 $|\beta|<1$ 矛盾.

在本章 §1 中讨论了 Fourier 变换与非异线性变换的关系 (式(2.1.13)). 设有非异线性变换 T: $\mathbf{R}^n\to\mathbf{R}^n$，若对函数 $\varphi\in\mathscr{S}$，我们定义 $\varphi^T(x)=\varphi(T^{-1}x)$，则广义函数 $u\in\mathscr{S}'$ 在非异线性变换 T 下变为 u^T 如下:

$$\langle u^T,\varphi\rangle=|\det T|\langle u,\varphi^{T^{-1}}\rangle \tag{2.5.29}$$

(见第一章). 我们来看 u^T 的 Fourier 变换，由于 $\mathscr{S}$ 在 $\mathscr{S}'$ 中稠密(或由 $\mathscr{S}'$ 之 Fourier 变换的定义)有

$$\hat{u}^T(\eta)=|\det T|\hat{u}({}^tT\eta). \tag{2.5.30}$$

今证

定理 2.5.3 E_+ 在 $\mathscr{L}_+$ 下不变.

证. 任取 $T\in\mathscr{L}_+$，我们要证明 $\langle E_+,\varphi\rangle=\langle E_+,\varphi^{T^{-1}}\rangle$ (注意 $\det T=1$). 由 (2.5.28)

$$\langle E_+,(\varphi^{T^{-1}})^\vee\rangle=-(2\pi)^{-n-1}\cdot\iint\frac{\hat{\varphi}({}^tT^{-1}(\tau-ia,\xi-ib))}{(\tau-ia)^2-(\xi-ib)^2}d\tau d\xi,$$

这里我们应用了 (2.1.13). 现在作变量变换

$${}^t(\tau',\xi')={}^tT^{-1t}(\tau,\xi),$$

它当然仍是 Lorentz 变换. 设 (a,b) 在其下之象是 (a',b') 则

有

$$\tau'^2 - |\xi'|^2 = \tau^2 - |\xi|^2,\quad a'^2 - |b'|^2 = a^2 - |b|^2.$$

而与它相关的双线性型也是不变的:

$$\tau' a' - \langle \xi', b' \rangle = \tau a - \langle \xi, b \rangle.$$

因此

$$\begin{aligned}(\tau' - ia')^2 - (\xi' - ib)^2 &= (\tau'^2 - |\xi'|^2) \\ &\quad - (a'^2 - |b'|^2) - 2i(\tau' a' - \langle \xi', b' \rangle) \\ &= (\tau^2 - |\xi|^2) - (a^2 - |b|^2) - 2i(\tau a - \langle \xi, b \rangle) \\ &= (\tau - ia)^2 - (\xi - ib)^2.\end{aligned}$$

将这一切都代入上述积分式，注意到 $|\det{}^t T^{-1}| = 1$ 有

$$\begin{aligned}\langle E_+, (\varphi^{T^{-1}})^\vee \rangle &= -(2\pi)^{-n-1} \\ &\quad \cdot \iint \frac{\varphi(\tau' - ia', \xi' - \xi b')}{(\tau' - ia')^2 - (\xi' - ib')^2} d\tau' d\xi' \\ &= \langle E_+, \check{\varphi} \rangle\end{aligned}$$

而定理得证.

由此定理即可证明下述重要结果:

定理 2.5.4 E_+ 之支集在前向光锥中.

证. 由 (2.5.24),已知当 $t < 0$ 时 $E_+ = 0$. 但对任意的 $T \in \mathscr{L}_+, E_+^T = E_+$,从而 E_+^T 在 $t < 0$ 时也为 0,从而 E_+ 在 $T^{-1}\{t<0\}$ 中为 0. 在前向光锥外任取一点 P, 过原点作一个超平面使 P 与前向光锥分别位于此超平面之两侧. 先对空间变量作一正交变换, 使此超平面的方程成为 $\lambda x_1 + t = 0$. 由于它在前向光锥之外, 故 $t^2 - x_1^2 < 0$ 而 $|\lambda| < 1$. 令 $\beta = \lambda$ 而作 Lorentz 变换 (2.5.25), 这个超平面变成 $t' = 0$ 而 P 位于 $t' < 0$ 处, 从而 E_+ 在 P 处为 0. 定理证毕.

我们还可以证明进一步的结果: 当空间维数为奇数时, E_+ 的支集在前向光锥的锥面上;而对任意空间维数, E_+ 的奇支集也在前向光锥的锥面上. 证明可看 F. Treves [3].

6. Laplace 方程的基本解. 上面我们利用了波动方程在 Lorentz 变换下的不变性找出了其基本解. 在考虑 n 维 Euclid 空间(暂设 $n>2$) 中 Laplace 方程的基本解时就应利用它在正交群 $O(n)$ (这里的正交变换是非狭义的, 即包含反射从而其行列式为 ± 1) 下的不变性. 对 $\Delta u=\delta$ ($u\in\mathscr{S}'$) 作 Fourier 变换后有

$$-|\xi|^2\hat{u}(\xi)=1,$$

从而

$$\hat{u}(\xi)=-1/|\xi|^2.$$

注意, 当 $\xi=0$ 时它固然有奇性, 但当 $n>2$ 时是可积的, 但在 $|\xi|\to\infty$ 时, $\hat{u}(\xi)$ 下降的速度不够快, 因此虽然是 $\mathscr{S}'$ 广义函数, 却不是在 $\mathbf{R}^n$ 上可积的. 因此在求其逆 Fourier 变换时, 可引入收敛因子 $\exp(-\varepsilon|\xi|^2)$, 而得 $\mathscr{S}'$ 中的基本解为

$$u(x)=(2\pi)^{-n}\lim_{\varepsilon\to 0}\int e^{ix\xi-\varepsilon|\xi|^2}\frac{d\xi}{|\xi|^2}.$$

对任意固定的 x, 令 $r=|x|$, 可以作正交变换 $x'=Ax$ 使 $x'=(r,0,\cdots,0)$. 因为

$$x\xi=\langle Ax,A\xi\rangle=x'\eta=r\eta_1,$$

而 $|A\xi|=|\eta|$, $|\det A^{-1}|=1$, 故

$$u(x)=(2\pi)^{-n}\lim_{\varepsilon\to 0}\int e^{ir\eta_1-\varepsilon|\eta|^2}d\eta/|\eta|^2=U(r),$$

因此基本解是 r 的函数. 但是若 $u(x)$ 只依赖于 r, 则因

$$\Delta u=\frac{d^2u}{dr^2}+\frac{n-1}{r}\frac{du}{dr},$$

$U(r)$ 应适合

$$\frac{d^2U}{dr^2}+\frac{n-1}{r}\frac{dU}{dr}=\delta.$$

令 $\dfrac{dU}{dr}=W$, 将上式双方乘以 r^{n-1} 有

$$r^{n-1}\frac{dW}{dr}+(n-1)r^{n-2}W=r^{n-1}\delta=0,$$

因此有 $r^{n-1}W=C$ 而

$$U(r)=Cr^{2-n},\qquad n>2. \tag{2.5.31$_1$}$$

以上的推理只适用 $n>2$. 当 $n=2$ 时，我们也在 $u(x)=U(r)$ 的形式下求基本解，将得出

$$U(r)=C\ln\frac{1}{r},\qquad n=2. \tag{2.5.31$_2$}$$

这些结果都与古典的结果完全一致.

余下的是要适当决定常数 C. 利用

$$\varphi(0)=\int\Delta U\cdot\varphi(x)dx=C\int\frac{\Delta\varphi}{r^{2-n}}dx,\ \varphi\in\mathscr{S},\ n>2,$$

可以定出

$$C=((2-n)|S^{n-1}|)^{-1},\ n>2,$$

这里 $|S^{n-1}|$ 表 $n-1$ 维单位球面面积，或者

$$C=-(2\pi)^{-1},\quad n=2.$$

计算时只需利用一个仅含 r 的试验函数 $\varphi(r)\in\mathscr{S}$ 即可，详细的计算从略.

7. 一般常系数线性偏微分算子的基本解. 上面举出的许多例子给人们一个信心，即常系数偏微分算子 $P(D)$ 必有基本解 u:

$$P(D)u=\delta.$$

如果我们暂时不问 u 是什么样的广义函数而暂时只是形式地从事的话，则在作 Fourier 变换后，应有

$$\hat{u}(\xi)=1/P(\xi),$$

$$u(x)=(2\pi)^{-n}\int e^{ix\xi}\frac{d\xi}{P(\xi)}. \tag{2.5.32}$$

这里有两个问题：一是在什么广义函数空间中求基本解？一是如何处理 $P(\xi)$ 的零点？关于后者有几种不同的处理方法，例如用 Cauchy 定理改变积分路径，如上面讨论波动方程时所用的方法. 关于此，读者可以参看 Hörmander [2]. 但是下面我们将介绍 B. Malgrange [1] 的方法，他求出了 $\mathscr{D}'(\mathbf{R}^n)$ 中的基本解，关于 $\mathscr{S}'$ 基本解的存在，可以参看 Hörmander [16]（同时应该说明，L. Ehrenpreis [1] 与 B. Malgrange 互相独立而且差不多同时证明了

基本解的存在).

Malgrange 是在 $\mathscr{D}'^{(n+1)}(\mathbf{R}^n)$ 中求出基本解的. 这里 $\mathscr{D}'^{(n+1)}(\mathbf{R}^n)$ 是 $\mathbf{R}^n$ 上的 $n+1$ 阶广义函数空间, 即 $C_0^{n+1}(\mathbf{R}^n)$ 的对偶空间, 对后者赋以一串 Banach 空间 $C^{n+1}(K)$ (支集在紧集 $K\Subset\mathbf{R}^n$ 而且具有 $n+1$ 阶连续导数的空间,其范数为 $\|f\|_K^{n+1}=\sup\limits_{x\in K,|\alpha|\leqslant n+1}|D^\alpha f|$) 的归纳极限拓扑, 即一串 $\phi_j\in C_0^{n+1}(\mathbf{R}^n)$趋于 0 即指从某一个 J 开始, 当 $j\geqslant J$ 时, $\operatorname{supp}\varphi_j\subset K$ 且 $\|\varphi_j\|_K^{n+1}\to 0$. 当然有 $\mathscr{D}'^{(n+1)}(\mathbf{R}^n)\hookrightarrow\mathscr{D}'(\mathbf{R}^n)$.

Malgrange 定理的证明基于以下引理.

引理 2.5.5 设 $f(z)$ 在闭单位圆 $|z|\leqslant 1$ 上解析, $P(z)$ 是 m 次多项式 $P(z)=az^m+bz^{m-1}+\cdots(a\neq 0)$, 则有

$$|af(0)|\leqslant\frac{1}{2\pi}\int_0^{2\pi}|f(e^{i\theta})P(e^{i\theta})|d\theta. \tag{2.5.33}$$

证. 令 $\overline{P}(z)=\bar{a}z^m+\bar{b}z^{m-1}+\cdots$,而$\bar{q}(z)=z^m\overline{P}\left(\frac{1}{z}\right)$, 则 $\bar{q}(0)=\bar{a}$, $|P(e^{i\theta})|=|\bar{q}(e^{i\theta})|$, 由 Cauchy 积分公式有

$$\begin{aligned}|af(0)|&=|\bar{q}(0)f(0)|\\&=\frac{1}{2\pi}\left|\int_{|z|=1}f(z)\bar{q}(z)dz/z\right|\\&\leqslant\frac{1}{2\pi}\int_0^{2\pi}|f(e^{i\theta})P(e^{i\theta})|d\theta.\end{aligned}$$

系 2.5.6 令 $f(z)$ 为整函数, $P(z)$ 同上,则

$$|af(z_0)|\leqslant\sup_{|z-z_0|\leqslant 1}|f(z)P(z)|.$$

证. 对 $\varphi(z)=f(z+z_0)$, $P_1(z)=P(z+z_0)$ 应用引理 2.5.5 即得.

定理 2.5.7 (Malgrange) $\mathbf{R}^n$ 上的常系数偏微分算子必有基本解 $E\in\mathscr{D}'^{(n+1)}(\mathbf{R}^n)$.

证. 以下的证明方法是一个很典型的利用对偶性解决存在问题的例. 它的基本思想是: 由于

$$\langle PT,\varphi\rangle=\langle T,{}^tP\varphi\rangle,\quad T\in\mathscr{D}'(\mathbf{R}^n),\ \varphi\in\mathscr{D}(\mathbf{R}^n),$$

${}^tP$ 是 P 的转置算子，置 $T=E$（基本解）由于 $PT=PE=\delta$ 将有

$$\varphi(0)=\langle E, {}^tP\varphi\rangle. \tag{2.5.34}$$

因此，若能证明 $\varphi(0)$ 是 ${}^tP\varphi$ 的线性泛函，则 E 的存在得知．为此，首先应证 $\varphi(0)\longmapsto {}^tP\varphi$ 是单射，而由于 0 是 $\mathbf{R}^n$ 中的任意点，我们进而证明 $\varphi\longmapsto {}^tP\varphi$ 是单射．但这是容易的，因为在作了适当的变量变换后，记 $\mathbf{R}^n=\{(x',t)\}$ 必可使

$${}^tP(D)=D_t^m+\sum_{k=1}^m P_k(D_{x'})D_t^{m-k},$$

$P_k(D_{x'})$ 是 $D_{x'}$ 的 k 阶算子．若对某个 $\varphi\in\mathscr{D}(\mathbf{R}^n)$，${}^tP\varphi=0$，由 Fourier 变换应有 ${}^tP(\xi)\hat{\varphi}(\xi)=0$，从而 $\hat{\varphi}(\xi)\equiv 0$，$\varphi(x)\equiv 0$．其次应该考虑 ${}^tP\mathscr{D}(\mathbf{R}^n)$（它是 $\mathscr{D}(\mathbf{R}^n)$ 的子空间）上赋以何种拓扑．现在我们赋之以某个 $C_0^k(\mathbf{R}^n)$ 拓扑，若能证明 (2.5.34) 是连续线性泛函，则可用 Hahn-Banach 定理可将 (2.5.34) 扩充为 C_0^k 上的线性泛函 E，从而 $PE=\delta$ 在 $\mathscr{D}'^k(\mathbf{R}^n)$ 中有解 E 存在（当然若能证明 ${}^tP\mathscr{D}=\mathscr{D}$，即 ${}^tP$ 为单全射，则不必再用 Hahn-Banach 定理，而可用开映射定理证明 $({}^tP)^{-1}$ 是连续映射，从而 (2.5.34) 是 $\mathscr{D}$ 上的连续泛函．这是证明存在定理的一个典型手法．可惜我们现在不能证明 ${}^tP:\ \mathscr{D}\to\mathscr{D}$ 是一个全射）．

为了解决以上提出的问题，我们进入复域，记 $\zeta=(\zeta',\tau)$，$\tau=\mu+i\nu$，$\zeta_j=\xi_j+i\eta_j\ (j=1,\cdots,n-1)$，并设 $\hat{\varphi}(\zeta)$ 是 φ 的 Fourier-Laplace 变换．于是，由 Paley-Wiener 定理，$\hat{\varphi}(\zeta)$ 是 ζ 的整函数，而 $\hat{\varphi}(\xi)$ $(\xi_n=\mu)$ 是急减函数．由逆 Fourier 变换公式

$$\begin{aligned}|\varphi(0)|&\leqslant(2\pi)^{-n}\int|\hat{\varphi}(\xi',\mu)|d\xi'd\mu\\&\leqslant A\int(1+|\xi_1|^{n+1}+\cdots+|\xi_{n-1}|^{n+1}\\&\qquad+|\mu|^{n+1})^{-1}d\xi'd\mu,\end{aligned}$$

$$\begin{aligned}A=\sup_{(\xi',\mu)}&|\hat{\varphi}(\xi',\mu)|(1+|\xi_1|^{n+1}+\cdots\\&+|\xi_{n-1}|^{n+1}+|\mu|^{n+1}).\end{aligned}$$

现在来估计上面的 A. 我们注意，若视 ξ' 为参数，则 $\hat{\varphi}(\xi', \tau)$, $\xi_j^{n+1}\hat{\varphi}(\xi', \tau)$, $\tau^{n+1}\hat{\varphi}(\xi', \tau)$ 都是 τ 的整函数. 对它们和 τ 的多项式 ${}^tP(\xi', \tau)$ $(a=1)$ 应用系 2.5.6，立即有

$$|\hat{\varphi}(\xi', \mu)| \leqslant \sup_{|\tau-\mu|\leqslant 1} |{}^tP(\xi', \tau)\hat{\varphi}(\xi', \tau)|,$$

$$|\xi_j^{n+1}\hat{\varphi}(\xi', \mu)| \leqslant \sup_{|\tau-\mu|\leqslant 1} |\xi_j^{n+1}\cdot {}^tP(\xi', \tau)\hat{\varphi}(\xi', \tau)|,$$

$$|\mu^{n+1}\hat{\varphi}(\xi', \mu)| \leqslant \sup_{|\tau-\mu|\leqslant 1} |\tau^{n+1}\cdot {}^tP(\xi', \tau)\hat{\varphi}(\xi', \tau)|.$$

但是

$${}^tP(\xi', \tau)\hat{\varphi}(\xi', \tau) = \int_{\mathbf{R}^n} e^{-i[(x', \xi')+t\tau]}\,{}^tP(D)\varphi(x', t)dx'dt,$$

注意到 $\tau = \mu + i\nu$，有

$$|{}^tP(\xi', \tau)\hat{\varphi}(\xi', \tau)| \leqslant \int_{\mathbf{R}^n} e^{\nu t}|{}^tP(D)\varphi(x', t)|dx'dt,$$

$$|\xi_j^{n+1}\cdot {}^tP(\xi', \tau)\hat{\varphi}(\xi', \tau)| \leqslant \int_{\mathbf{R}^n} e^{\nu t}|D_j^{n+1}\circ {}^tP(D)\varphi(x', t)|dx'dt,$$

$$|\tau^{n+1}\cdot {}^tP(\xi', \tau)\hat{\varphi}(\xi', \tau)| \leqslant \int_{\mathbf{R}^n} e^{\nu t}|D_t^{n+1}\circ {}^tP(D)\varphi(x', t)|dx'dt.$$

但 $\tau - \mu = i\nu$，所以上面三个积分中 $|\nu| \leqslant 1$. 这样可知

$$A \leqslant \sup_{|\nu|\leqslant 1}\int_{\mathbf{R}^n} e^{\nu t}\left\{|{}^tP\varphi| + \sum_j |D_j^{n+1}\circ {}^tP\varphi| + |D_t^{n+1}\circ {}^tP\varphi|\right\}dx'dt.$$

记 ${}^tP\varphi = \psi$，则当一串 ψ 在 C_0^{n+1} 中趋于 0 时，$A \to 0$，从而 (2.5.34) 确为 ${}^tP\mathscr{D}$ 上赋以 C_0^{n+1} 之拓扑后的连续线性泛函. 定理证毕.

8. Hans Lewy 的例子. 有了基本解 $E \in \mathscr{D}'$ 以后，常系数偏微分方程

$$Pu = f, \quad f \in \mathscr{D}',$$

至少当 $f \in \mathscr{E}'$ 时必定有解 $u = E * f \in \mathscr{D}'$. 利用一的 C^∞ 分割

又可将一般的 f 分成若干个 $\mathscr{E}'$ 广义函数函数之和，因此，以上方程局部地总是有解的.

但是上述方程对一般的 $f\in\mathscr{D}'(\Omega)$ 求 $\mathscr{D}'(\Omega)$ 中解却是另一个问题，详见 Hörmander [16].

对于变系数偏微分方程，由 Cauchy-Ковалевская 定理知道，当系数为解析时，上述方程对解析的 f 恒有解析解存在. 因此人们长时间都认为具有 C^∞ 系数的方程当 $f\in C^\infty$ 时局部地也会有 C^∞ 解存在. 所以当 Hans Lewy 在 1957 年发表他的著名的"无解方程"的例子(这是他在研究多复变函数时得到的) [1] 时，确实使世人大为震动而认识到偏微分方程的本性与常微分方程是非常不同的. H. Lewy 的方程因此可以说是开始了偏微分方程的一个新的时期. 这个方程就是

$$u_x+iu_y+2i(x+iy)u_t=f(x,y,t) \tag{2.5.35}$$

或

$$u_{\bar z}+izu_t=\frac{1}{2}f(z,t).$$

令 $\Omega=\{(x,y,t):x^2+y^2<a,\ |t|<b\}$，而 a，b 任意小，H. Lewy 的结果是：存在 $f\in C^\infty(\Omega)$ 使 (2.5.35) 不可能有解 $u\in C^1(\Omega)$ 存在. 为证明这个结果，取实变量 σ，τ 的 C^1 复值函数 $\phi(\rho,t)$ 使 $\operatorname{supp}\phi\subset\{(\rho,t);\ 0<\rho<a,\ |t|<b\}$，于是以 $\varphi(x,y,t)=\phi(\rho,t)$，$\rho=r^2=x^2+y^2$ 为试验函数. 因为

$$\varphi_z=\frac{1}{2}(\varphi_x-i\varphi_y)=\bar z\phi_\rho,$$

故若 $u\in C^1(\Omega)$ 是方程 (2.5.35) 之解，则有

$$\begin{aligned}(u_{\bar z}+izu_t,\varphi)&=\iiint_\Omega(u_{\bar z}+izu_t)\bar\varphi\,dxdydt\\&=\frac{1}{2}(f,\varphi),\end{aligned}$$

亦即

$$\begin{aligned}-(zu,\phi_\rho-i\phi_t)&=-(u,\varphi_z-i\bar z\varphi_t)\\&=\frac{1}{2}(f,\varphi).\end{aligned} \tag{2.5.36}$$

在极坐标 (r,θ)（注意 $\rho=r^2$）中，如果(2.5.35)中的 f 与 ρ,θ 均无关从而仅是 t 的实值光滑函数，则因 ψ 也只与 (ρ,t) 有关，注意到 $dxdy=rdrd\theta=\frac{1}{2}d\rho d\theta$，令

$$U(\rho,t)=\int_0^{2\pi}zud\theta, \tag{2.5.37}$$

把它代入(2.5.36)，则有

$$\begin{aligned}&-\int_{-b}^{b}\int_0^{2\pi}\int_0^a zu\,\overline{(\psi_\rho-i\psi_t)}\,d\rho d\theta dt\\=&-\int_{-b}^{b}\int_0^a U\,\overline{(\psi_\rho-i\psi_t)}\,d\rho dt\\=&\ \pi\int_{-b}^{b}\int_0^a f\psi d\rho dt.\end{aligned}$$

再作分部积分，由于 ψ 之支集在 $\{0<\rho\leqslant a,\ |t|<b\}$ 内，故

$$\int_{-b}^{b}\int_0^a(U_\rho+iU_t-\pi f)\psi d\rho dt=0.$$

由 ψ 之任意性，应用 du Bois-Reymond 引理即得

$$U_\rho+iU_t=\pi f.$$

再记 $g(t)$ 为 $f(t)$ 在 $|t|<b$ 上的光滑原函数，则在令 $V=U+\pi ig$ 以后，有 $V_\rho+iV_t=0$，从而 V 是 $\rho+it$ 在 $0<\rho<a$，$|t|<b$ 上的解函数．因为 $u(x,y,t)$ 在 $0\leqslant\rho<a$，$|t|<b$ 上连续，故 $U(\rho,t)$ 亦然，且由定义 U 之式知 $U(0,t)=0$．因此

$$\mathrm{Re}V(0,t)=0,$$

而由对称原理知，$V(\rho,t)$ 可以解析拓展到 $-a<\rho\leqslant0$ $|t|<b$ 上．因此 $V(0,t)$ 是 t 的解析函数，而

$$\pi ig(t)=V(0,t)$$

也是 g 的解析函数，$f(t)=g'(t)$ 也是这样．这就是说，若在方程(2.5.35)中设 $f(x,y,t)=f(t)$ 仅是光滑而不是解析的，则它不可能有 C^1 解存在．证毕．

关于无解方程的进一步讨论可参看 Nirenberg [1],[3]，其中并有详细的文献．

第三章 Sobolev 空间

§1. 椭圆型问题的变分提法

1. Dirichlet 原理. 十九世纪中叶，下面的问题成为数学中的一个重大问题——Dirichlet 问题：在平面区域 Ω 中求一调和函数使之直到 $\partial\Omega$ 为连续的，而且在边界 $\partial\Omega$ 上取已知函数值．具体地说，即求

$$u(x, y) \in C^2(\Omega) \cap C^0(\bar{\Omega}), \tag{3.1.1}$$

$$\Delta u = 0, \qquad \text{于 } \Omega \text{ 中}, \tag{3.1.2}$$

$$u|_{\partial\Omega} = f, \qquad f \in C^0(\partial\Omega). \tag{3.1.3}$$

Gauss 在研究静电场的平衡问题时就提出过这个问题． Riemann 在讨论这个问题时，提出了著名的 Dirichlet 原理：他指出，方程 (3.1.2) 是所谓 Dirichlet 积分

$$I(u) = \iint_\Omega (u_x^2 + u_y^2)\, dxdy \tag{3.1.4}$$

的 Euler-Lagrange 方程，因此若在可容许函数集

$$A = \{u \in C^1(\Omega), \text{ 且 } u_x, u_y \in L^2, \ u|_{\partial\Omega} = f\}$$

中有 u_0 使 $I(u)$ 达到最小值，则 u_0 应是 Dirichlet 问题之解．实际上，很容易看到，

$$I(u) \geqslant 0, \quad u \in A,$$

因此 $\inf\limits_A I(u)$ 存在． Riemann 认为一定存在某一个函数 u，使 $I(u)$ 达到其在 A 中的下确界，从而使这个下确界成为最小值．而这个函数就是所求的解．1870 年，Weierstrass 对 Riemann 的论据提出了本质性的批评：$I(u)$ 在一个函数集 A 上有下确界并不意味着它在 A 中有最小值．因此不能断言有使 $I(u)$ 达到最小值

的函数 $u(x, y)$ 存在而为 (3.1.2), (3.1.3) 之解. 我们还可以加上一点附注: 即令有某个 $u_0\in A$ 使 $I(u)$ 达到最小值,也不能保证 u_0 具有作为 (3.1.2), (3.1.3) 之解所需的光滑性——在这里是要求 $u_0\in C^2(\Omega)\cap C^0(\bar{\Omega})$. 但是 Riemann 的论证是如此吸引人——它具有坚实的物理基础——因此尽管存在 Weierstrass 所指出的重大问题,不少数学家仍力图去证明 Dirichlet 原理. 这件事是由 Hilbert 在 1900 年完成的. 因为在 Hilbert 看来这个问题在数学中如此重要,所以他在 1900 年的国际数学家大会上提出的著名的 23 个数学问题中竟然有三个 (第 19, 20 和 23) 与此直接有关. 后来的发展证实了 Hilbert 的预见. 本章所要介绍的 Sobolev 空间理论部分地就是由此而产生的,而成为偏微分方程理论(线性的和非线性的)的重要工具. 在这一章里,我们将从广义函数理论的框架对它作一个简要的介绍. 至于详尽的讨论可以参看 Adams[1],关于上述历史及其发展可以参看 F. E. Browder[1].

为了更好地叙述椭圆型问题的变分方法的思想,我们讨论一个稍微一般的 Dirichlet 问题

$$-\Delta u+\lambda u=f,\quad \text{在 } \Omega\subset\mathbf{R}^n \text{内}, \ \lambda \text{ 是正常数}, \tag{3.1.5}$$

f 暂时设为属于 $L^2(\Omega)$. 边值条件为

$$u=g,\qquad \text{在 } \partial\Omega \text{ 上}, \tag{3.1.6}$$

在这类问题中区域 Ω 的性质是很有影响的,因此,以下恒设 Ω 是一个开集, $\partial\Omega$ 由 C^∞ 超曲面 (在 $\mathbf{R}^2$ 的情况下就是一条曲线) 构成且在 $\partial\Omega$ 的每一点附近, Ω 恒位于 $\partial\Omega$ 之一例.

(3.1.6) 中的 g 只定义在 $\partial\Omega$ 上. 这对以下的讨论是很不方便的,因此我们假设 g 可以从 $\partial\Omega$ 充分光滑地拓展到 Ω 上而为 $\tilde{g}$. 这样,我们就可以将 (3.1.5), (3.1.6) 化为一个齐次问题: 令 $U=u-\tilde{g}$, 则有

$$-\Delta U+\lambda U=F,\quad F=f+\Delta\tilde{g}-\lambda\tilde{g}, \tag{3.1.5'}$$

$$U \text{在 } \partial\Omega \text{ 上为 } 0. \tag{3.1.6'}$$

相应于它的 Dirichlet 积分是

$$I(U)=\int_\Omega\left[\sum_{j=1}^n\left(\frac{\partial U}{\partial x_j}\right)^2+\lambda U^2\right]dx+\int_\Omega FU\,dx\text{ ,}\tag{3.1.7}$$

而由积分的形状以及边值条件（3.1.6′），应该取可容许函数集为

$$A=\{U:\ D^\alpha U\in L^2(\Omega),\ |\alpha|\leqslant 1, U|_{\partial\Omega}=0\},$$

如果 F 仍然在 $L^2(\Omega)$ 中的话，$I(U)$ 在 A 上又是下有界的. 因为对任意充分小的常数 $\varepsilon>0$ 恒有

$$\int_\Omega FU\,dx\geqslant-\int_\Omega|FU|\,dx\geqslant-\frac{\varepsilon}{2}\int_\Omega|U|^2\,dx$$
$$-\frac{2}{\varepsilon}\int_\Omega F^2\,dx\text{ ,}$$

所以

$$I(U)\geqslant\int_\Omega\left[\sum_{j=1}^n\left|\frac{\partial U}{\partial x_j}\right|^2+\left(\lambda-\frac{\varepsilon}{2}\right)|U|^2\right]dx$$
$$-\frac{2}{\varepsilon}\int_\Omega F^2\,dx$$
$$\geqslant-\frac{2}{\varepsilon}\int_\Omega F^2\,dx\qquad\left(\text{若 }\lambda-\frac{\varepsilon}{2}\geqslant 0\right).$$

因此 $\inf\limits_A I(u)=d$ 是一个有限数. 我们可以取一串 U_n 使 $I(U_n)\to d$. 如果 U_n 在某种范数下有极限 U_0 的话，则不妨认为 U_0 就是 Dirichlet 问题（3.1.5′），（3.1.6′）的广义解——强解. 由 $I(U)$的定义，这样的范数应取为

$$\|U\|_1=\left(\int_\Omega\sum_{|\alpha|\leqslant 1}|D^\alpha U|^2\,dx\right)^{1/2}.\tag{3.1.8}$$

它是一个范数是明显的. 由此，我们引入一个空间

定义 3.1.1

$$H^1(\Omega)=\{u;\ u\in\mathscr{D}'(\Omega),\ D^\alpha u\in L^2(\Omega),\ |\alpha|\leqslant 1\}.\tag{3.1.9}$$

这里的 $D^\alpha u$ 是广义函数意义下的导数，这样规定，保证了

定理 3.1.2 $H^1(\Omega)$ 是一个 Hilbert 空间.

证. $H^1(\Omega)$ 是线性空间是明显的；而且由我们关于范数的规

定，应取内积为

$$(u, v)_1 = \int \sum_{|\alpha|\leqslant 1} D^\alpha u \cdot \overline{D^\alpha v}\, dx. \tag{3.1.10}$$

这里我们仍然遵循本书的规定：用 $\langle,\rangle$ 表示 Euclid 配对；用 $(,)$ 表示 Hermite 配对.

现在余下需要证明的只是 $H^1(\Omega)$ 的完备性，因此，取 $H^1(\Omega)$ 中的 Cauchy 序列 $\{u_j\}$，而由 $H^1(\Omega)$ 中范数的定义，有

$$\|u_j - u_k\|_{L^2} \to 0 \quad \left\|\frac{\partial}{\partial x_i}(u_j - u_k)\right\|_{L^2} \to 0,\ i = 1, \cdots, n.$$

但由 $L^2(\Omega)$ 之完备性，知必有函数 $f, f_i (i = 1, \cdots, n)$ 属于 $L^2(\Omega)$ 使 $u_j \to f$, $\dfrac{\partial u_j}{\partial x_i} \to f_i$（均为在 $L^2(\Omega)$ 中）．但对于广义函数（$L^2(\Omega)$ 之元均为 $\mathscr{D}'(\Omega)$ 广义函数），$\dfrac{\partial}{\partial x_i}$ 是连续映射．因此在广义函数意义下 $f_i = \dfrac{\partial f}{\partial x_i}$ 而且 $\|u_j - f\|_1 \to 0$．证毕.

以上我们就范数 (3.1.8) 的形式定义了空间 $H^1(\Omega)$，但在求解 Dirichlet 问题 (3.1.5′)，(3.1.6′) 时还需要考虑到边值条件．实际上，我们所用的可容许函数集的定义中就包含了条件 (3.1.6′)，因此当我们求广义解时，也就应要求它"广义地"适合边值条件 (3.1.6′)．为此我们再给出一个空间

定义 3.1.3 $C_0^\infty(\Omega)$ 在范数 (3.1.8) 下的完备化记为空间 $H_0^1(\Omega)$.

我们不妨认为 $H_0^1(\Omega)$ 中的元"广义地"在 $\partial\Omega$ 上为0.

至此，原来的 Dirichlet 问题 (3.1.5′)，(3.1.6′)（至少在 $F \in L^2(\Omega)$ 时）化成了一个变分问题：在 $H_0^1(\Omega)$ 中求一个元使 $I(u)$ 达到最小值.

2. 变分问题的弱形式．解的存在． 上面对问题的提法有一个明显的缺点，即假设了 $F \in L^2(\Omega)$．事实上，我们既已限制在 $H^1(\Omega)$ 中讨论 Dirichlet 问题 (3.1.5)，(3.1.6)，则将 g 充分光滑地从 $\partial\Omega$ 上拓展为 Ω 上的 $\tilde{g}$，应该自然地理解为作一个 $\tilde{g} \in H^1(\Omega)$ 使在某种意义上 $\tilde{g}|_{\partial\Omega} = g$（这里说某种意义是因为 $H^1(\Omega)$ 中

之元并不一定足够光滑，以至于可以定义它们在 $\partial\Omega$ 上的限制，这个问题将在本章迹定理一节中讨论）. 因此，即令 $f\in L^2(\Omega)$, $F=f+\Delta\tilde{g}-\tilde{g}$ 只是一个广义函数. 但是，这个广义函数有特殊的性质：任取 $\varphi\in C_0^\infty(\Omega)(=\mathscr{D}(\Omega))$

$$\langle F,\varphi\rangle=\int_\Omega(f-\tilde{g})\varphi\,dx$$
$$-\int_\Omega\sum_j\frac{\partial\tilde{g}}{\partial x_j}\frac{\partial\varphi}{\partial x_j}\,dx,$$

由范数 $\|\cdot\|_1$ 之定义

$$|\langle F,\varphi\rangle|\leqslant C\|\varphi\|_1.$$

因此，$\langle F,\varphi\rangle$ 可以拓展到 $H_0^1(\Omega)$ 上. 由此可见，不但有 $F\in\mathscr{D}'(\Omega)$，而且 F 还属于作为 $\mathscr{D}'(\Omega)$ 的一个子空间的 $[H_0^1(\Omega)]'$（即 $H_0^1(\Omega)$ 之对偶空间）中，这里

$$[H_0^1(\Omega)]'\hookrightarrow\mathscr{D}'(\Omega).\tag{3.1.11}$$

$H_0^1(\Omega)$ 的对偶空间我们记作 $H^{-1}(\Omega)$. 这里重要的是弄清 $H^{-1}(\Omega)$ 中究竟包含些什么元素.

定理 3.1.4

$$H^{-1}(\Omega)=\left\{f_0+\sum_{j=1}^n\frac{\partial f_j}{\partial x_j},\ f_0,f_j\in L^2(\Omega)\right\}.\tag{3.1.12}$$

证. 对于 $\varphi\in\mathscr{D}(\Omega)$，因为

$$\left|\left\langle f_0+\sum_{j=1}^n\frac{\partial f_j}{\partial x_j},\varphi\right\rangle\right|=\left|\int\left[f_0\varphi-\sum_{j=1}^n f_j\frac{\partial\varphi}{\partial x_j}\right]dx\right|$$
$$\leqslant C\|\varphi\|_1,$$

所以 $f_0+\sum_{j=1}^n\frac{\partial f_j}{\partial x_j}$ 可以拓展为 $H_0^1(\Omega)$ 上之连续线性泛函，即为 $[H_0(\Omega)]'=H^{-1}(\Omega)$ 之元. 因此 (3.1.12) 之右方包含于其左方. 反过来，设 $T\in H^{-1}(\Omega)$，则因 $H_0^1(\Omega)$ 是 Hilbert 空间，其对偶空间即为其自身，故必有 $f\in H_0^1(\Omega)$ 使

$$(\varphi,\bar{f})_1=\langle T,\varphi\rangle,$$

这里内积 $(,)_1$ 之定义见 (3.1.10). 但因 f 及其广义函数意义下的

导数均为 $L^2(\Omega)$ 函数，由 (3.1.10) 有

$$(\varphi, \bar{f}) = \iint\left[\sum_j \frac{\partial\varphi}{\partial x_j}\frac{\partial\bar{f}}{\partial x_j} + \varphi\bar{f}\right]dx$$
$$= \int\varphi(1-\Delta)\bar{f}\,dx,$$

这里 $(1-\Delta)\bar{f}$ 是一个广义函数．代入上式即有

$$T = (1-\Delta)\bar{f} = \bar{f} + \sum_{j=1}^{n}\frac{\partial}{\partial x_j}\left(-\frac{\partial\bar{f}}{\partial x_j}\right),$$

因为 $\bar{f}$ 与 $-\dfrac{\partial\bar{f}}{\partial x_j}$ 均属于 $L^2(\Omega)$，故 T 属于 (3.1.12) 左方．定理证毕．

这个定理实际上的意义是：$H_0^1(\Omega)$ 之由 (3.1.10) 确定的拓扑之对偶空间由 Riesz 定理原来即其本身，现在又指出 $H^{-1}(\Omega)$（粗略地说即 L^2 函数之不高于一阶的导数之有限和）也是其对偶．这就是说在 $H_0^1(\Omega)$ 与 $H^{-1}(\Omega)$ 之间有一个典则的等距共轭线性同构．而且由定理的证明可见，这个同构是由一个微分算子 $1-\Delta$: $H_0^1(\Omega)\to H^{-1}(\Omega)$ 实现的． 为什么对 $H_0^1(\Omega)$ 的共轭空间要采用 $H^{-1}(\Omega)$ 呢？这是因为如果用 $[H_0^1(\Omega)]' = H_0^1(\Omega)$，则 $H_0^1(\Omega)$ 上的线性泛函的形状只能写成 (3.1.10)，而在采用 $H^{-1}(\Omega)$ 后，泛函的形状可以因为 $H^{-1}(\Omega)$ 是 $\mathscr{D}'(\Omega)$ 之子空间而表示为 $\mathscr{D}'(\Omega)$ 与 $\mathscr{D}(\Omega)$ 的配对．

现在我们可以提出 Dirichlet 问题 (3.1.5′), (3.1.6′) 的弱形式了：求一个 $U\in H_0^1(\Omega)$ 使对任意的 $F\in H^{-1}(\Omega)$ 有 $(-\Delta+\lambda)U = F$，亦即对任意 $\varphi\in C_0^\infty(\Omega)(=\mathscr{D}(\Omega))$ 有

$$(U, (-\Delta+\lambda)\bar{\varphi}) = \langle F, \varphi\rangle. \tag{3.1.13}$$

这就是变分问题的弱形式．

为了解决这个问题，由其右方的形状得到启发，我们应该先讨论其左方在 $H_0^1(\Omega)$ 上所建立的拓扑结构，然后再借助于以上的等距同构定理．

实际上，利用广义函数的性质

$$(U, (-\Delta+\lambda)\bar{\varphi}) = \int_{\Omega}\left[\sum_j \frac{\partial U}{\partial x_j}\frac{\partial \varphi}{\partial x_j} + \lambda U\varphi\right]dx,$$

这当然也是一个内积，而且可以拓展到 $H_0^1(\Omega)$ 上，记此内积为 $(,)_\lambda$，它在 $H_0^1(\Omega)$ 上规定一个拓扑线性空间构造．现证

定理 3.1.5 若 $\lambda>\mu>0$，则范数 $(,)_\lambda$ 与 $(,)_\mu$ 等价．

证．很清楚，我们有

$$(,)_\mu \leqslant (,)_\lambda \leqslant \frac{\lambda}{\mu}(,)_\mu. \tag{3.1.14}$$

特别是，当 $\lambda=1$ 时 $(,)_\lambda$ 即 (3.1.10) 中的 $(,)_1$．但我们已知，$H_0^1(\Omega)$ 与 $H^{-1}(\Omega)$ 是等距共轭线性同构的，因此，$H_0^1(\Omega)$ 在赋以内积 $(,)_\lambda$ 时也与 $H^{-1}(\Omega)$ 等距共轭线性同构，因此必定存在唯一的 U 适合 (3.1.13)．

以上的证明中，不等式(3.1.14)起了关键的作用．实际上它就是说：$(u,u)_\lambda$ 是正定 Hermite 形式．因为若 $\lambda>1$，则取 $\mu=1$ 可得

$$(u,u)_\lambda \geqslant (u,u)_1;$$

而若 $\lambda<1$，则取 μ 为 λ，λ 为 1 又有

$$(u,u)_1 \leqslant \lambda^{-1}(u,u)_\lambda.$$

总之，有

$$(u,u)_\lambda \geqslant c\|u\|_1,\quad c>0. \tag{3.1.15}$$

这种形状的不等式是所谓强制 (coercive) 条件的最简单的形式．关于一般的强制性条件及其在椭圆型问题的 L^2 理论中的作用将在椭圆型方程一章中讨论，这里只是给出一个框架而重要的目的是引入一些重要的 Sobolev 空间：$H^1(\Omega)$，$H_0^1(\Omega)$ 和 $H^{-1}(\Omega)$．

§ 2. Sobolev 空间 $H^{m,p}(\Omega)$

1. 基本定义和性质． 在本节中 $\Omega\subset\mathbf{R}^n$ 是一个开集．m 在本节中指一非负整数，$1\leqslant p\leqslant+\infty$．

定义 3.2.1

$$H^{m,p}(\Omega)=\{u\in\mathscr{D}'(\Omega),\ D^\alpha u\in L^p,\ |\alpha|\leqslant m\}. \tag{3.2.1}$$

对于 $u\in H^{m,p}(\Omega)$，我们赋以范数

$$\|u\|_{m,p}=\Big\{\sum_{|\alpha|\leqslant m}\|D^\alpha u\|_{L^p(\Omega)}\Big\}^{1/p},\ 1\leqslant p<+\infty, \tag{3.2.2}$$

$$\|u\|_{m,\infty}=\sup_{|\alpha|\leqslant m}\|D^\alpha u\|_{L^\infty(\Omega)}. \tag{3.2.3}$$

这时，我们有

定理 3.2.2 $H^{m,p}(\Omega)$ 在赋以上述范数后成一 Banach 空间. 当 $1<p<+\infty$ 时，它是自反的. 当 $p=2$ 时，它是 Hilbert 空间. 以后 $H^{m,2}(\Omega)$ 即记作 $H^m(\Omega)$.

证. 首先需要证明的是 $H^{m,p}(\Omega)$ 的完备性. 设适合 $|\alpha|\leqslant m$ 的 n 维重指标 α 的个数是 N，则令

$$H^{m,p}(\Omega)\ni u\longmapsto\{D^\alpha u\}_{|\alpha|\leqslant m}\in[L^p(\Omega)]^N.$$

可以将 $H^{m,p}(\Omega)$ 与 Banach 空间 $L^p(\Omega)$ 之有限幂 $[L^p(\Omega)]^N$——它仍是 Banach 空间——等同起来. 由 $[L^p(\Omega)]^N$ 的完备性即可证明 $H^{m,p}(\Omega)$ 的完备性如定理 3.1.2 一样. 从而，$H^{m,p}(\Omega)$ 是 $[L^p(\Omega)]^N$ 的闭子空间. 但我们知道，自反 Banach 空间的闭子空间仍是自反的（例如见 Rudin [1]，p. 105 Ex.1)，所以 $H^{m,p}(\Omega)$ 当 $1<p<+\infty$ 是自反的. $H^{m,2}(\Omega)$ 是 Hilbert 空间是自明的.

$H^{m,p}(\Omega)$ 就称为 Sobolev 空间.

由这个定理，$H^{m,p}(\Omega)$ 当 $p=1$ 和 $+\infty$ 时很特殊，下面证明的许多定理这时都不成立，这一点应当注意.

我们关心的是 $H^{m,p}(\Omega)$ 中究竟含有什么样的元素. 这里我们有

定理 3.2.3 当 $1\leqslant p<+\infty$ 时，$H^{m,p}(\Omega)\cap C^\infty(\Omega)$ 在 $H^{m,p}(\Omega)$ 中稠密.

证. 作 Ω 的一个穷竭的上升预紧开子集序列 Ω_ν ($\nu=0,1,\cdots$)，令 $\Omega_1'=\Omega_0$，$\Omega_\nu'=\Omega_\nu-\bar{\Omega}_{\nu-2}$，则 $\{\Omega_\nu'\}(\nu=1,2,\cdots)$ 是 Ω 的一个开覆盖，而且 Ω 之任一点 P 至多只属于两个 Ω_ν'（因为

若 $P\in\Omega_{\nu_0}\backslash\Omega_{\nu_0-1}$，则 $P\in\Omega'_{\nu_0}$ 和 Ω'_{ν_0+1})．作从属于 $\{\Omega'_\nu\}$ 的一的分割 $\{\zeta_\nu\}$，并如第一章§1那样作磨光核 J_ε．对于 ν 取 ε_ν 使 $\mathrm{supp}\zeta_\nu$ 的 ε_ν 邻域包含在 Ω'_ν 中，则作截断和卷积 $v_\nu=J_{\varepsilon_\nu}*(\zeta_\nu u)$ $(u\in H^{m,p}(\Omega))$，我们有，$v_\nu\in C_0^\infty(\Omega'_\nu)$．但仿照第一章定理 1.4.2 可以证明对任意小的 η，当 ε_ν 充分小时

$$\|D^\alpha\{(\zeta_\nu u)-v_\nu\}\|_{L^p}<\eta 2^{-\nu}.$$

从而可使

$$\|\zeta_\nu u-v_\nu\|_{m,p}<\varepsilon 2^{-\nu-1},$$

ε 是任意小数．令 $v=\sum_{\nu=1}^{\infty}v_\nu$，因为 $\mathrm{supp}\,v_\nu\subset\Omega'_\nu$ 中，所以上述级数是局部有限的，而知 $v\in C^\infty(\Omega)$．又若 K 是 Ω 的任一紧子集，则 ν 充分大时 $\zeta_\nu u$ 与 v_ν 在 K 内均恒为 0，因此

$$\begin{aligned}&\left\{\sum_{|\alpha|\leqslant m}\int_K|D^\alpha(u-v)|^p\,dx\right\}^{1/p}\\ \leqslant&\sum_{\nu<\nu(K)}\left\{\sum_{|\alpha|\leqslant m}\int_K|D^\alpha(\zeta_\nu u-v_\nu)|^p\,dx\right\}^{1/p}\\ \leqslant&\ \varepsilon.\end{aligned}$$

因而定理得证．

但是我们要注意，$p=+\infty$ 时这个结果显然是不成立的．例如当 $m=0$ 时，$H^{0,\infty}(\Omega)=L^\infty(\Omega)$ 是 Ω 上的有界可测函数空间，而 $C^\infty\cap H^{0,\infty}(\Omega)$ 在 $L^\infty(\Omega)$的拓扑(即除一个 0 测度集外的一致收敛性)下的极限将是除一个 0 测度集外连续的函数集，因而不可能是 $H^{0,\infty}(\Omega)=L^\infty(\Omega)$．

2. 对偶性． 前一节中我们定义了 $H_0^1(\Omega)$ 并且讨论了它的对偶空间．这里我们将对 $H^{m,p}(\Omega)$ 来作同样的工作，因此，我们先要给出

定义 3.2.4 $C_0^\infty(\Omega)$ 在 $H^{m,p}(\Omega)$ 中的完备化（即其闭包）记作 $H_0^{m,p}(\Omega)$．$H_0^{m,2}(\Omega)$ 以下恒记作 $H_0^m(\Omega)$．

$H_0^{m,p}(\Omega)$ 自然仍是 Banach 空间：$H_0^m(\Omega)$ 仍是 Hilbert 空间，其范数仍为 (3.2.2) 与 (3.2.3)．

定理 3.2.5 记 $H_0^{m,p}(\Omega)$ 的对偶空间为 $H^{-m,q}(\Omega)$，则

$$H^{-m,q}(\Omega)=\left\{T\in\mathscr{D}'(\Omega),\ T=\sum_{|\alpha|\leqslant m}D^\alpha f_\alpha,\ f_\alpha\in L^q(\Omega)\right\},\tag{3.2.4}$$

这里 $1\leqslant p<\infty$，$\frac{1}{p}+\frac{1}{q}=1$。

证. 形如 (3.2.4) 的集中的元 T 按公式

$$\langle T,u\rangle=\sum_{|\alpha|\leqslant m}\int(-1)^\alpha f_\alpha D^\alpha u\,dx$$

确定 $H_0^{m,p}(\Omega)$ 上的连续线性泛函. 反之，若 T 是 $H_0^{m,p}(\Omega)$ 上的连续线性泛函，则由于 $H_0^{m,p}(\Omega)$ 按范数 (3.2.2) 是 Banach 空间 $[L^p(\Omega)]^N$ 的闭子空间，故由 Hahn-Banach 定理，T 可以拓展到 $[L^p(\Omega)]^N$ 上去而有 $T\in[L^q(\Omega)]^N$. 因此有一个单全射

$$[H_0^{m,p}(\Omega)]'\ni T\longleftrightarrow\{g_\alpha,\ |\alpha|\leqslant m\}\in[L^q(\Omega)]^N.$$

但在 $H_0^{m,p}(\Omega)$ 的稠密子集 $C_0^\infty(\Omega)$ 上，这个泛函显然可以写为

$$\begin{aligned}\langle T,u\rangle&=\sum_{|\alpha|\leqslant m}\int g_\alpha(x)D^\alpha u(x)\,dx\\&=\sum_{|\alpha|\leqslant m}\int(-1)^{|\alpha|}D^\alpha g_\alpha(x)\cdot u(x)dx.\end{aligned}$$

令 $(-1)^{|\alpha|}g_\alpha=f_\alpha$，则 (3.2.4) 得证.

当 $p=+\infty$ 时，这个定理显然不成立.

又要注意，给定了 $T\in H^{-m,q}(\Omega)$ 后，适合 (3.2.4) 的 f_α 显然不一定是唯一的. 因此，我们应该在 $H^{-m,q}(\Omega)$ 上采用商范数而有

$$\|T\|_{-m,q}=\inf_{T=\sum\limits_{|\alpha|\leqslant m}D^\alpha f_\alpha}\left(\sum_{|\alpha|\leqslant m}\|f_\alpha\|_{L^q}^q\right)^{1/q}.\tag{3.2.5}$$

以后我们恒在 $H^{-m,q}(\Omega)$ 上采用这个范数而使它成为 Banach 空间. 特别是，当 $p=2$ 时，$q=2$，这时我们就记 $H^{-m,2}(\Omega)$ 为 $H^{-m}(\Omega)$，它是一个 Hilbert 空间.

这时自然要问 $H^{-m}(\Omega)$ 怎样等距共轭线性地同构于 $H_0^m(\Omega)$

(作为一个复 Hilbert 空间看待)? 我们将在下一节 $\Omega=\mathbf{R}^n$ 的情况下讨论这个问题.

3. 嵌入定理和有关紧性的结果. 在 §1 中我们对 Dirichlet 问题在 $H^1(\Omega)$ 中得到一个解. 但是我们总希望能得到古典解，至少需要弄清所得的广义解的光滑程度. 这方面 Sobolev 的嵌入定理是最基本的结果. 见 С. Л. Соболев [1].

在叙述有关的结果以前，先讲一件几乎明显的事实：若 $u\in H_0^{m,p}(\Omega)$，在 Ω 外补充 u 之值为 0，得一函数 $\tilde{u}$，则 $\tilde{u}\in H^{m,p}(\mathbf{R}^n)$. 事实上，若一串 $u_j\in C_0^\infty(\Omega)$，逼近 u，补充 u_j 在 Ω 外之值为 0，则当 $j\to\infty$ 时，

$$\|u_j-\tilde{u}\|_{H^{m,p}(\mathbf{R}^n)}=\|u_j-u\|_{H^{m,p}(\Omega)}\to 0,$$

所以 $\tilde{u}\in H^{m,p}(\mathbf{R}^n)$. 因此，以下的结果时常是对 $H^{m,p}(\mathbf{R}^n)$ 来讲的，而对 $H_0^{m,p}(\Omega)$ 自然有相应结果.

定理 3.2.6(Sobolev 不等式) 设 $1\leqslant p<n$，$\dfrac{1}{p^*}=\dfrac{1}{p}-\dfrac{1}{n}$，则对 $u\in\mathscr{D}(\mathbf{R}^n)$ 有

$$\|u\|_{L^{p^*}}\leqslant\frac{\gamma}{n}\sum_{i=1}^n\left\|\frac{\partial u}{\partial x_i}\right\|_{L^p},\quad \gamma=\frac{(n-1)p}{n-p}. \tag{3.2.6}$$

证. 先看 $p=1$ 的情况，我们有

$$|u(x)|\leqslant\int_{-\infty}^{x_i}\left|\frac{\partial u}{\partial x_i}\right|dx_i\leqslant\int_{-\infty}^{+\infty}\left|\frac{\partial u}{\partial x_i}\right|dx_i, \tag{3.2.7}$$

因此

$$|u(x)|^{n/n-1}\leqslant\left(\prod_{i=1}^n\int_{-\infty}^{+\infty}\left|\frac{\partial u}{\partial x_i}\right|dx_i\right)^{1/n-1}.$$

记 $F_i(x)=\displaystyle\int_{-\infty}^{\infty}\left|\frac{\partial u}{\partial x_i}\right|dx_i$，则 $F_i(x)$ 与 x_i 无关，应用推广的 Hölder 不等式

$$\int_{\mathbf{R}^n}\varphi_1\cdots\varphi_m dx\leqslant\|\varphi_1\|_{L^{p_1}}\cdots\|\varphi_m\|_{L^{p_m}},$$

$$\frac{1}{p_1}+\cdots+\frac{1}{p_m}=1,$$

将上式分别对 $x_1, \cdots, x_n$ 积分，而以 $m = p_1 = \cdots = p_m = n-1$，$[F_i(x)]^{1/n-1}$ 为 $\varphi_i(x)$，于是即得

$$\|u\|_{L^{n/n-1}} \leqslant \left(\prod_{i=1}^{n} \int_{\mathbf{R}^n} \left|\frac{\partial u}{\partial x_i}\right| dx_i\right)^{1/n}$$

$$\leqslant \frac{1}{n} \sum_{i=1}^{n} \left\|\frac{\partial u}{\partial x_i}\right\|_{L^1}. \tag{3.2.8}$$

以上在例如对 x_1 求积分时，先将 $\left(\int_{-\infty}^{\infty} \left|\frac{\partial u}{\partial x_1}\right| dx_1\right)^{1/n-1}$ 提出积分号外，而对其余因子用 Hölder 不等式.

(3.2.8) 即 $p=1$ 时的结果. 对 $p>1$，有 $\gamma>1$，在(3.2.8)中用 $|u|^\gamma$ 代替 u，则 $|u|^\gamma \in C_0^1(\mathbf{R}^n)$，而以上的推理仍成立，而且因 $|u|^\gamma = (u\bar{u})^{\gamma/2}$，从而

$$\left|\frac{\partial}{\partial x_i}|u|^\gamma\right| = \left|\frac{\gamma}{2}(u\bar{u})^{\frac{\gamma}{2}-1}\left(u\frac{\partial \bar{u}}{\partial x_i} + \bar{u}\frac{\partial u}{\partial x_i}\right)\right|$$

$$\leqslant \gamma |u|^{\gamma-1}\left|\frac{\partial u}{\partial x_i}\right|,$$

注意到 $\gamma = \frac{(n-1)p}{n-p} = \frac{n-1}{n}p^*$，从而

$$\||u|^\gamma\|_{L^{n/n-1}} = \left(\int |u|^{p^*} dx\right)^{\frac{n-1}{p}},$$

$$\left\|\frac{\partial |u|^\gamma}{\partial x_i}\right\|_{L^1} \leqslant \gamma \int_{\mathbf{R}^n} |u|^{\gamma-1}\left|\frac{\partial u}{\partial x_i}\right| dx$$

$$\leqslant \gamma \left(\int |u|^{q(\gamma-1)} dx\right)^{1/q} \left\|\frac{\partial u}{\partial x_i}\right\|_{L^p},$$

而且 $q(\gamma-1) = \frac{p}{p-1}\left(\frac{(n-1)p}{n-p} - 1\right) = \frac{p}{p-1} \cdot \frac{np-n}{n-p} = \frac{np}{n-p} = p^*$，$\frac{n-1}{n} - \frac{1}{q} = 1 - \frac{1}{n} - \frac{1}{q} = \frac{1}{p} - \frac{1}{n} = \frac{1}{p^*}$，因此代入 (3.2.8) 即得

$$\|u\|_{L^{p^*}} \leqslant \frac{\gamma}{n} \sum_{i=1}^{n} \left\|\frac{\partial u}{\partial x_i}\right\|_{L^p}.$$

将 (3.2.6) 应用于 $C_0^\infty(\Omega)$，双方的积分改为 Ω 上的积分即

可. 又因 $C_0^\infty(\Omega)$ 在 $H_0^{m,p}(\Omega)$ 中稠密，所以 (3.2.6) 对 $H_0^{1,p}(\Omega)$ 也成立. 这就是说，当 $1 \leqslant p < n$ 时，$H_0^{1,p}(\Omega)$ 可以连续地嵌入在 $L^{p^*}(\Omega)$ 中. 下面看 $H_0^{m,p}(\Omega)$，我们仍从 $H^{m,p}(\mathbf{R}^n)$ 开始. 注意到这时若 $u \in H_0^{m,p}(\Omega)$，则 $D^\alpha u \in H_0^{1,p}(\Omega)$，$|\alpha| \leqslant m-1$，而反复应用定理 3.2.6 即有

定理 3.2.7 若 $\frac{1}{p} - \frac{\mu}{n} > 0$ (μ 是正整数)，则 $H^{m,p}(\mathbf{R}^n)$ ($H_0^{m,p}(\Omega)$) 连续地嵌入在 $H^{m-\mu,p^*(\mu)}(\mathbf{R}^n)$ ($H_0^{m-\mu,p^*(\mu)}(\Omega)$) 中. 这里 $\frac{1}{p^*(\mu)} = \frac{1}{p} - \frac{\mu}{n}$. 特别是，若 $\frac{1}{p} - \frac{m}{n} > 0$，则 $H^{m,p}(\mathbf{R}^n)$ ($H_0^{m,p}(\Omega)$) 连续地嵌入在 $L^{p^*(m)}(\mathbf{R}^n)$ ($L^{p^*(m)}(\Omega)$) 中.

现在余下的是考虑 $\frac{1}{p} - \frac{m}{n} < 0$ 的情况. 我们仍然先用 $C_0^\infty(\mathbf{R}^n)$ 中的元来讨论以下的估计，再用稠密性的方法得出有关 $H^{m,p}(\mathbf{R}^n)$ ($H_0^{m,p}(\Omega)$) 的结果.

定理 3.2.8 若 $m - \frac{n}{p} = \alpha$，$0 < \alpha < 1$，则 $u \in H^{m,p}(\mathbf{R}^n)$ ($H_0^{m,p}(\Omega)$) 几乎处处等于一个连续函数，而且存在常数 C 使对 x，$y \in \mathbf{R}^n$ ($x, y \in \Omega$)

$$|u(x) - u(y)| \leqslant C\|u\|_{m,p}|x-y|^\alpha. \tag{3.2.9}$$

证. 由假设 $\frac{\partial u}{\partial x_i} \in H^{m-1,p}(\mathbf{R}^n)$，($H_0^{m-1,p}(\Omega)$)，但 $(m-1) - \frac{n}{p} = \alpha - 1 < 0$ 即 $\frac{1}{p} - \frac{m-1}{n} = \frac{1-\alpha}{n} > 0$，因此由定理 3.2.7，$\frac{\partial u}{\partial x_i} \in L^r(\mathbf{R}^n)$ ($L^r(\Omega)$)，这里 $\frac{1}{r} = \frac{1}{p} - \frac{m-1}{n}$，而且

$$\left\|\frac{\partial u}{\partial x_i}\right\|_{L^r} \leqslant C\|u\|_{m,p}. \tag{3.2.10}$$

用 Ω_ρ 表示以原点为心，ρ 为边长而各边平行于坐标轴的立方体，则对 $x \in \Omega_\rho$ 以及 $u \in C_0^\infty(\mathbf{R}^n)$ ($C_0^\infty(\Omega)$)

$$|u(x) - u(0)| \leqslant \int_0^1 \left|\frac{d}{dt}u(tx)\right| dt$$

$$\leqslant \rho \int_0^1 \sum_i \left| \frac{\partial u}{\partial x_i}(tx) \right| dt,$$

双方在 Ω_ρ 上积分即有

$$\left| \frac{1}{\rho^n} \int_{\Omega_\rho} u(x) dx - u(0) \right| \leqslant \frac{1}{\rho^n} \int_{\Omega_\rho} |u(x) - u(0)| dx$$

$$\leqslant \frac{1}{\rho^{n-1}} \int_0^1 dt \int_{\Omega_\rho} \sum_i \left| \frac{\partial u}{\partial x_i}(tx) \right| dx$$

$$\leqslant \frac{1}{\rho^{n-1}} \int_0^1 \frac{dt}{t^n} \int_{\Omega_{t\rho}} \sum_i \left| \frac{\partial u(x)}{\partial x_i} \right| dx,$$

然后用 r 的共轭指标 r': $\frac{1}{r} + \frac{1}{r'} = 1$（注意 $\rho < r$），对上式内层积分，再应用 Hölder 不等式即有

$$\left| \frac{1}{\rho^n} \int_{\Omega_\rho} u(x) dx - u(0) \right| \leqslant C_\rho^{1-n+n/r'} \int_0^1 t^{n/r'-n} dt \cdot \|u\|_{m,p}.$$

因为 $1 - n + n/r' = 1 - n/r = \alpha$，故有

$$\left| \frac{1}{\rho^n} \int_{\Omega_\rho} u(x) dx - u(0) \right| \leqslant C\rho^\alpha \|u\|_{m,p}.$$

对于任意的 $x, y \in \Omega$. 令 $|x - y| = \rho$，总可以把它们看作边长为 ρ 的立方体内的点（适当选取原点），而由上式即有

$$|u(x) - u(y)| \leqslant C\|u\|_{m,p}|x - y|^\alpha.$$

利用 $C_0^\infty(\mathbf{R}^n)$ $(C_0^\infty(\Omega))$ 在 $H^{m,p}(\mathbf{R}^n)$ $(H_0^{m,p}(\Omega))$ 中的稠密性，即知定理成立。

定理 3.2.9 若 $m - \frac{n}{p} = k + \alpha$，$k$ 为非负整数，$0 < \alpha < 1$，则 $H^{m,p}(\mathbf{R}^n)$ $(H_0^{m,p}(\Omega))$ 连续嵌入 C^k 中，而且其中之元的 k 阶导数适合指数为 α 的 Hölder 条件.

证. 将定理应用于 $D^\beta u$，$|\beta| = k$ 即可.

我们自然会问，以上的结果是否适用于 $H^{m,p}(\Omega)$? 这时需要对 $\partial\Omega$ 加上一些限制. 关于这方面精密的结果我们不再介绍了，读者可以参看 С. Л. Соболев [1] 或 Adams [1]. 在 J. L. Lions [1] 中有很扼要的讨论。

最后,我们要介绍一个有关嵌入的紧性的结果. 很容易看到, Sobolev 空间随 m 的增加而成一个递减的序列:

$$H^{0,p}(\Omega)\supset H^{1,p}(\Omega)\supset\cdots\supset H^{m-1,p}(\Omega)\supset H^{m,p}(\Omega)\supset\cdots$$

$$H_0^{0,p}(\Omega)\supset H_0^{1,p}(\Omega)\supset\cdots\supset H_0^{m-1,p}(\Omega)\supset H_0^{m,p}(\Omega)\supset\cdots$$

因此,若 $m_1<m_2$, 我们有嵌入映射

$$\iota:\ H_0^{m_2,p}(\Omega)\hookrightarrow H_0^{m_1,p}(\Omega). \tag{3.2.11}$$

它是一个连续映射, 而且 $\|\iota\|\leqslant 1$. 现在我们要证明 ι 是一个紧算子. 为此, 我们仍然采用本节中一贯使用的方法, 即用 $C_0^\infty(\Omega)$ 中的元去逼近 $H_0^{m,p}(\Omega)$ 中的任意元,而且逼近序列的作法仍然是本书一贯采用的截断与磨光. 然而现在我们需要有关 $H_0^{m,p}(\Omega)$ 的磨光序列的一个更精确的结果:

引理 3.2.10 令 Ω 为 $\mathbf{R}^n$ 的有界开集, $J_\varepsilon(x)$ 是第一章中介绍的磨光核, q 是 p 的共轭指数: $\dfrac{1}{q}+\dfrac{1}{p}=1$, $1\leqslant p<+\infty$, 则对任意 $f\in H_0^{m,p}(\Omega)$, $m\geqslant 1$ 有

$$\|J_\varepsilon * f-f\|_{H^{m-1,p}(\mathbf{R}^n)}\leqslant C\varepsilon\|J_1\|_{L^q}\|f\|_{m,p}.$$

证. 先设 $f\in C_0^\infty(\Omega)$, 则有

$$f(x+y)-f(x)=\sum_{i=1}^n y_i\int_0^1\frac{\partial f}{\partial x_i}(x+ty)dt.$$

注意到对任意 n 个数 A_i 应用有限和的 Hölder 不等式有

$$\begin{aligned}\left|\sum_{i=1}^n A_i\right|^p&\leqslant\left(\sum_{i=1}^n 1\cdot|A_i|\right)^p\\&=\left(\sum_{i=1}^n 1^q\right)^{\frac{p}{q}}\left(\sum_{i=1}^n|A_i|^p\right)\\&=n^{p-1}\sum_{i=1}^n|A_i|^p,\end{aligned}$$

以 $y_i\displaystyle\int_0^1\frac{\partial f}{\partial x_i}(x+ty)dt$ 作为 A_i, 有

$$|f(x+y)-f(x)|^p\leqslant n^{p-1}\sum_{i=1}^n|y_i|^p$$

$$\cdot\left(\int_0^1\left|\frac{\partial f}{\partial x_i}(x+ty)dt\right)^p$$

$$\leqslant n^{p-1}\sum_{i=1}^n|y_i|^p$$

$$\cdot\int_0^1\left|\frac{\partial f}{\partial x_i}(x+ty)\right|^p dt.$$

双方对 x 在 $\mathbf{R}^n$ 上积分，由 Fubini 定理有

$$\|f(x+y)-f(x)\|_{L^p(\mathbf{R}^n)}^p\leqslant n^{p-1}\sum_{i=1}^n|y_i|^p$$

$$\cdot\int_0^1 dt\int_{\mathbf{R}^n}\left|\frac{\partial f}{\partial x_i}(x+ty)\right|^p dx$$

$$=n^{p-1}\sum_{i=1}^n|y_i|^p\int_{\mathbf{R}^n}\left|\frac{\partial f}{\partial z_i}(z)\right|^p dz$$

$$\leqslant n^{p-1}\sum_{i=1}^n|y_i|^p\|f\|_{1,p}^p,$$

故当 $|y|\leqslant\varepsilon$ 时有

$$\|f(x+y)-f(x)\|_{L^p(\mathbf{R}^n)}\leqslant n\varepsilon\|f\|_{1,p}. \tag{3.2.12}$$

现在把这个结果应用于

$$|(J_\varepsilon*f)(x)-f(x)|\leqslant\int J_\varepsilon(y)|f(x-y)-f(x)|dy$$

$$\leqslant\left(\int|J_\varepsilon(y)|^q dy\right)^{1/q}$$

$$\cdot\left(\int_{|y|\leqslant\varepsilon}|f(x-y)-f(x)|^p dy\right)^{1/p}$$

$$\leqslant\varepsilon^{-n/p}\|J_1\|_{L^q}\left(\int_{|y|\leqslant\varepsilon}|f(x-y)\right.$$

$$\left.-f(x)|^p dy\right)^{1/p},$$

双方对 x 在 $\mathbf{R}^n$ 上积分，并应用 (3.2.12) 有

$$\|(J_\varepsilon*f)(x)-f(x)\|_{L^p(\mathbf{R}^n)}\leqslant\varepsilon^{-n/p}\|J_1\|_{L^q}n\varepsilon\|f\|_{1,p}\left(\int_{|y|\leqslant\varepsilon}dy\right)^{1/p}$$

$$=C\varepsilon\|J_1\|_{L^q}\|f\|_{1,p}.$$

将这个不等式应用于 $D^\alpha f$，$|\alpha| \leqslant m-1$，再注意到 $C_0^\infty(\Omega)$ 在 $H_0^{m,p}(\Omega)$ 中稠密即得引理之证.

磨光算子是一个卷积算子，具体言之是具有连续核的 $L^p \to L^p$ 积分算子，因此自然是紧算子. 把这个事实与上述引理结合起来，即得著名的

定理 3.2.11（**Rellich 引理**） 若 $m_1 < m_2$，则嵌入算子

$$\iota: H_0^{m_2,p}(\Omega) \to H_0^{m_1,p}(\Omega)$$

是紧算子，这里 $\Omega \subset \mathbf{R}^n$ 是一个有界开集.

证. 在本节中我们已指出 $H_0^{m,p}(\Omega)$ 之元都可以看成是 $H^{m,p}(\mathbf{R}^n)$ 之元，且其范数不变，因此有一个等距算子 j: $H_0^{m,p}(\Omega) \to H^{m,p}(\mathbf{R}^n)$. 令 $T = \iota \circ j$，T_ε 为以 J_ε 为核的磨光算子，则引理 3.2.10 可以解释为，作为 $H^{m-1,p}(\mathbf{R}^n) \to H_0^{m,p}(\Omega)$ 的算子有

$$\|T_\varepsilon - T\| \to 0 \quad (\varepsilon \to 0),$$

这里的范数是算子范数. 然而 T_ε 是紧算子（这里用到了 Ω 为有界集），所以它按范数的极限 T 也是紧算子. 又因为 j 作为 $H_0^{m,p}(\Omega)$ 到 $H_0^{m,p}(\Omega)$ 上的算子是恒等算子，所以 ι 是紧算子. 证毕.

应该指出，Rellich [1] 只在 $p=2$ 时证明了这个引理.

关于与定理 3.2.8，定理 3.2.9 相关的嵌入算子的紧性，可以参考前面的引文.

§3. 空 间 $H^S(\mathbb{R}^n)$

1. 基本定义. 本节中我们将讨论 $H^s(\mathbf{R}^n) = H^{s,2}(\mathbf{R}^n)$. 它是一个 Hilbert 空间，因此特别有用. 对于它，我们的基本研究工具是 Fourier 变换，特别是 Plancherel 定理. 同时，因为现在 $\Omega = \mathbf{R}^n$，也使它具有一些新的特点. 这里 $s \in \mathbf{R}$ 是一般的实数而不一定是整数，在偏微分方程的许多问题中是会遇到这样的情况的.

定义 3.3.1 $H^s(\mathbf{R}^n)$（以下简记为 H^s）是这样的缓增广义函

数 u 的空间，它适合 $(1+|\xi|^2)^{s/2}\hat{u}(\xi)\in L^2$:

$$H^s=\{u;\ u\in\mathscr{S}',\ (1+|\xi|^2)^{s/2}\hat{u}(\xi)\in L^2\}. \tag{3.3.1}$$

与定义 3.2.1比较 $D^\alpha u\in L^2, |\alpha|\leqslant m$与$(1+|\xi|^2)^{m/2}\hat{u}(\xi)\in L^2$自然是等价的，而且适合这一条件的 $u\in\mathscr{D}'$ 自然是缓增广义函数，因此二者是一致的．按现在的定义，我们将在 H^s 中赋以 Hermite 内积

$$(u,v)_s=(2\pi)^{-n}\int(1+|\xi|^2)^s\hat{u}(\xi)\overline{\hat{v}(\xi)}d\xi. \tag{3.3.2}$$

很容易证明，这个内积使 H^s 成为 Hilbert 空间．由它生成的范数

$$\|u\|_s^2=(2\pi)^{-n}\int(1+|\xi|^2)^s|\hat{u}(\xi)|^2d\xi \tag{3.3.3}$$

虽然与(3.2.2)不同，但当 $s=m$ 时却是等价的．因此我们仍用了 $\|\cdot\|_s$ 的记号．很明显，$H^0=L^2(\mathbf{R}^n)$.

在 H^s 的定义中实际上我们用了一个算子

$$\begin{aligned}\Lambda^s:\ &\mathscr{S}'\to\mathscr{S}'\\ u&\longmapsto\mathscr{F}^{-1}((1+|\xi|^2)^{s/2}\hat{u}).\end{aligned} \tag{3.3.4}$$

因为 Fourier 逆变换是等距的，因此 Λ^s 限制在 H^s 上时是 Λ^s: $H^s\to H^0(=L^2)$ 的等距同构，其逆映射 Λ^{-s}: $L^2\to H^s$ 当然也是等距同构．

H^s 有一些明显的性质:

$$s_1<s_2\implies H^{s_2}\hookrightarrow H^{s_1}. \tag{3.3.5}$$

我们这里采用$\hookrightarrow$记号，是指：嵌入映射 ι: $H^{s_2}\to H^{s_1}$是连续的，而且容易看到，其范数$\leqslant1$．我们以下恒记

$$H^{+\infty}=\bigcap_s H^s,\quad H^{-\infty}=\bigcup_s H^s. \tag{3.3.6}$$

于是容易看到

$$\mathscr{D}\subset\mathscr{S}\subset H^{+\infty},\quad \mathscr{E}'\subset H^{-\infty}. \tag{3.3.7}$$

D^α: $H^s\to H^{s-|\alpha|}$ 是连续映射．

关于 H^s 的另一些重要性质，我们归纳为

定理 3.3.2 嵌入映射 $\mathscr{S}\to H^s$ 是连续单射，$\mathscr{D}(\mathbf{R}^n)$——

从而还有 $\mathscr{S}$——在 H^s 中稠密．嵌入映射 $H^s\to\mathscr{S}'$ 也是连续单射．若记 τ_h 为平移算子($h\in\mathbf{R}^n$ $\tau_h u$ 表示广义函数 u 在 $x\longmapsto x-h$ 下的象)，则 τ_h: $H^s\to H^s$ 是等距的：$\|\tau_h u\|_s=\|u\|_s$．若 $h=(0,\cdots,0,h_j,0,\cdots,0)$，则当 $h_j\to 0$ 时 $\left\|\frac{1}{h_j}(\tau_h u-u)-\frac{\partial u}{\partial x_j}\right\|_{s-1}\to 0$．

证．嵌入映射 $\mathscr{S}\to H^s$ 是单射，这是显然的．$\Lambda^s H^s\to H^0=L^2$，前已指出是等距同构；Λ^s: $\mathscr{S}\to\mathscr{S}$ 由 $\mathscr{S}$ 函数的性质也是拓扑同构，所以我们只需证明 $\Lambda^s\mathscr{S}=\mathscr{S}\to\Lambda^s H^s=L^2$ 是连续的即可．但这是明显的,因为若 $u\in\mathscr{S}\subset L^2$，则

$$\|u\|_{L^2}=\left(\int(1+|x|^2)^{-n}(1+|x|^2)^n|u(x)|^2dx\right)^{1/2}$$

$$\leqslant C\sup_{\mathbf{R}^n}|(1+|x|^2)^{n/2}u(x)|,$$

$$C=\left(\int(1+|x|^2)^{-n}dx\right)^{1/2}.$$

因为 $\sup\limits_{\mathbf{R}^n}|(1+|x|^2)^{n/2}u(x)|$是 $u(x)\in\mathscr{S}$ 的一个半范，上述嵌入的连续性自明．

再看 H^s 在 $\mathscr{S}'$ 中的嵌入，它自然地也是单射．仍然利用 Λ^s: $\mathscr{S}'\to\mathscr{S}'$ 是拓扑同构，我们也不妨只考虑 $s=0$ 的情况．于是令 $u\in H^0=L^2$ 并将它看作 $\mathscr{S}'$ 之元．于是对任意 $\varphi\in\mathscr{S}$，

$$\begin{aligned}|(u,\varphi)|&=|\langle u,\bar{\varphi}\rangle|\\&=\left|\int u(x)\bar{\varphi}(x)dx\right|\\&\leqslant\|u\|_{L^2}\|\varphi\|_0.\end{aligned}$$

由此立即有嵌入映射 $H^0\to\mathscr{S}'$ 的连续性．

利用 Λ^s: $H^s\to L^2$ 为等距同构，以及 $\mathscr{S}$ 在 L^2 内的稠密性，立即有 $\mathscr{S}$ 在 H^s 中的稠密性．再由 $\mathscr{D}(\mathbf{R}^n)$ 在 $\mathscr{S}$ 内稠密又可得 $\mathscr{D}(\mathbf{R}^n)$ 在 H^s 中的稠密性．

最后讨论平移算子 τ_h 的作用．设 $u\in H^s$，$h\in\mathbf{R}^n$，我们有

$\widehat{\tau_h u}(\xi) = e^{ih\xi}\hat{u}(\xi)$，因此 $\tau_h u \in H^s$，而且 $\|\tau_h u\|_s = \|u\|_s$. 当 $h=(0,\cdots,0,h_j,0,\cdots,0)$ 时

$$\left\|\frac{1}{h_j}(\tau_h u - u) - \frac{\partial u}{\partial x_j}\right\|_{s-1}^2$$
$$= (2\pi)^{-n}\int (1+|\xi|^2)^{s-1}|\hat{u}(\xi)|^2 \cdot \left|\frac{e^{ih_j\xi_j}-1}{h_j} - i\xi_j\right|^2 d\xi.$$

当 $h_j \to 0$ 时，对 ξ 逐点地有

$$\frac{e^{ih_j\xi_j}-1}{h_j} - i\xi_j \to 0,$$

而且由 Lagrange 公式易见

$$\left|\frac{e^{ih_j\xi_j}-1}{h_j} - i\xi_j\right| \leqslant 2|\xi_j| \leqslant 2(1+|\xi|^2)^{1/2},$$

因此由 Lebesgue 控制收敛定理而在上述积分号下取极限，即得

$$\frac{1}{h_j}(\tau_h u - u) \to \frac{\partial u}{\partial x_j} \quad (\text{在 } H^{s-1} \text{ 中}).$$

定理证毕.

从这个定理的证明看到 H^s 和 $H^{s,2}(\Omega)$ 的重要区别：$\mathscr{D}(\mathbf{R}^n) = C_0^\infty(\mathbf{R}^n)$ 在 H^s 中是稠密的，因此 $H^s = H_0^s$，而对于有界开集 Ω，$H_0^{s,2}(\Omega)$ 可以是 $H^{s,2}(\Omega)$ 的真子集. 可以举一个例：设 Ω 为单位球，于 Ω 中 $u \equiv 1$，于是，显然 $u \in H^{m,2}(\Omega)$（m 是任意非负整数），若 $u \in H_0^{m,2}(\Omega)$，则如上一节所说的，补充定义 u 在 Ω 外之值为 1 而得的函数 $\tilde{u}$ 应该在 $H^{m,2}(\mathbf{R}^n)$ 中. 但是 $\frac{\partial \tilde{u}}{\partial x_j}$ 显然可以用集中在单位球面 $|x|=1$ 上 Dirac 测度来表示，从而 $\frac{\partial \tilde{u}}{\partial x_j} \notin L^2(\mathbf{R}^n)$，$\tilde{u} \notin H^{m,2}(\mathbf{R}^n)$. 这样就提出了一个问题：开集 $\Omega \subset \mathbf{R}^n$ 使 $H^{m,p}(\Omega) = H_0^{m,p}(\Omega)$ 的充分必要条件是什么？关于这个问题可以参看 J. L. Lions[1].

2. 对偶性. 第 2 节中我们定义了 $H_0^{m,p}(\Omega)$ 的对偶空间为

$H^{-m,q}(\Omega)$ 并且讨论了它的构造．现在我们当然可以想到 H^s 的对偶应该是 H^{-s}，其中范数为

$$\|u\|_{-s}^2=(2\pi)^{-n}\int(1+|\xi|^2)^{-s}\hat{u}(\xi)d\xi. \qquad (3.3.8)$$

但是 H^s 是一个复 Hilbert 空间，它的 Hermite 对偶空间即其自身，而其配对由 Hermite 内积实现：

$$H^s\times H^s\to C,\ (u,v)\longmapsto(u,v)_s.$$

这是一个 sesqui-linear 映射：对第一个元它是线性的，而对第二个元则是共轭线性的．虽然 $\mathscr{S}\subset H^s$，$H^s\subset\mathscr{S}'$，我们却不能把上述配对拓展到 $H^s\times\mathscr{S}'$ 上去．然而 $\mathscr{S}$ 在 H^s 中是稠密的．因此 H^s 的 Hermite 对偶空间之元（共轭线性连续泛函）l 应该可以用它在 $\mathscr{S}$ 上的限制 $l|\mathscr{S}$ 来刻划，而且 $l\longmapsto l|\mathscr{S}$ 是一个单射．这样就应该把 $(H^s)'$ 看成 $\mathscr{S}'$ 的一个子空间，而来进一步刻划这个子空间．结果是，这个子空间就是 H^{-s}．准确地说，我们有

定理 3.3.3 H^s 及其 Hermite 共轭空间的配对是一个 sesqui-linear 形式 $H^s\times H^{-s}\to C$：$u,v\longmapsto(u,v)_s=(2\pi)^{-n}\int\hat{u}(\xi)\overline{\hat{v}(\xi)}\cdot d\xi$，它适合

$$|(u,v)_s|\leqslant\|u\|_s\|v\|_{-s}. \qquad (3.3.9)$$

证．若 $u\in H^s$，$v\in H^{-s}$，有

$$\hat{u}(\xi)\overline{\hat{v}(\xi)}=(1+|\xi|^2)^{s/2}\hat{u}(\xi)\cdot(1+|\xi|^2)^{-s/2}\overline{\hat{v}(\xi)}.$$

由 Schwartz 不等式有

$$\begin{aligned}\|(u,v)\|_s^2&=\left|(2\pi)^n\int\hat{u}(\xi)\overline{\hat{v}(\xi)}\,d\xi\right|^2\\&\leqslant(2\pi)^{-n}\int(1+|\xi|^2)^s|\hat{u}(\xi)d\xi\\&\quad\cdot(2\pi)^{-n}\int(1+|\xi|^2)^{-s}|\hat{v}(\xi)|d\xi\\&=\|u\|_s^2\|v\|_{-s}^2.\end{aligned}$$

因此每一个 $v\in H^{-s}$ 生成一个 H^s 上的线性连续泛函，而且这个泛函对 v 是共轭线性的．

反之，若 l 是 H^s 的一个线性连续泛函，而且配对 $l(u)=(u, l)$，$u\in H^s$，对 l 是共轭线性的，则由 Riesz 表现定理，存在唯一的 $w\in H^s$ 使对 $u\in H^s$ 有

$$l(u)=(u, w)_s=\langle u, \bar{w}\rangle_s$$

$$=(2\pi)^{-n}\int(1+|\xi|^2)^s\hat{u}(\xi)\overline{\hat{w}(\xi)}d\xi,$$

这里 $\hat{w}(\xi)\in\mathscr{S}'$，因此 $(1+|\xi|^2)^s\overline{\hat{w}(\xi)}\in\mathscr{S}'$．于是存在 $v\in\mathscr{S}'$ 使 $\hat{v}(\xi)=(1+|\xi|^2)^s\hat{w}(\xi)$．因为 $w\in H^s$，故 $v\in H^{-s}$ 而

$$l(u)=(2\pi)^{-n}\int\hat{u}(\xi)\overline{\hat{v}(\xi)}d\xi.$$

由 Riesz 表现定理 $\|l\|=\|w\|_s=\left[(2\pi)^{-n}\int(1+|\xi|^2)^s\cdot|\hat{w}(\xi)|^2d\xi\right]^{1/2}=\left[(2\pi)^{-n}\int(1+|\xi|^2)^{-s}|\hat{v}(\xi)|^2d\xi\right]^{1/2}=\|v\|_{-s}$．证毕．

从这个定理的证明我们也看到，存在着由 H^s 到 H^{-s} 的线性等距同构，它是由以下的算子 T^{2s}：$H^s\to H^{-s}$ $w\longmapsto\mathscr{F}^{-1}(1+|\xi|^2)^s\mathscr{F}w=v$ 来实现的．当 s 为非负整数时，$T^{2s}=(1-\Delta)^s$．这恰好和 § 2 中关于 $H_0^{s,p}(\Omega)$ 的讨论是一致的．

在 § 2 中，我们曾经刻划过 $H^{-m,q}(\Omega)$ 的构造，现在我们有相应的结果．

定理 3.3.4 对非负整数 m，

$$H^{-m}=\left\{u, u\in\mathscr{D}', u=\sum_{|\alpha|\leqslant m}D^\alpha f_\alpha, f_\alpha\in L^2\right\},\quad(3.3.10)$$

这时 $u\in H^{-m}$ 的范数是

$$|u|_{-m}^2=\inf_{f_\alpha}\sum_{|\alpha|\leqslant m}\|f_\alpha\|_0^2.\quad(3.3.11)$$

它与 (3.3.8) 所定义的范数 $\|u\|_{-m}$ 等价且 “inf” 是可达到的．

证．式 (3.3.10) 的证明与 § 2 中相应定理是相似的，因为 $H^m=H_0^m(\mathbf{R}^n)$，而且本节中所用的范数与 § 2 中的是等价的．由 Riesz 表现定理，对 $u\in H^{-m}$ 当且仅当存在 $v\in H^m$ 使 $\|u\|_{-m}=$

$\|v\|_m$ 且对一切 $\varphi\in\mathscr{D}$ 有

$$u(\varphi)=\sum_{|\alpha|\leqslant m}\int D^\alpha\varphi\cdot\overline{D^\alpha v}\,dx$$

$$=\sum_{|\alpha|\leqslant m}\int\varphi\cdot(-1)^{|\alpha|}D^\alpha\,\overline{(D^\alpha v)}\,dx.$$

如果记 $f_\alpha=(-1)^{|\alpha|}\overline{D^\alpha v}$，上式恰好等价于 $u=\sum\limits_{|\alpha|\leqslant m}D^\alpha f_\alpha$. 这里 $f_\alpha\in L^2$，而 $\|u\|_{-m}=\|v\|_m$ 变成

$$\|u\|_{-m}^2=\sum_{|\alpha|\leqslant m}\|f_\alpha\|_0^2.$$

$u\in H^{-m}$ 表示为 (3.3.10) 的方式当然不是唯一的，而若 u 可以通过一组 $f_\alpha\in L^2$ 表示为 (3.3.10)，则对 $\varphi\in\mathscr{D}$ 应有

$$|u(\varphi)|=\left|\sum_{|\alpha|\leqslant m}(-1)^{\alpha}\int\bar{f}_\alpha D^\alpha\varphi dx\right|$$

$$\leqslant\sum_{|\alpha|\leqslant m}\|f_\alpha\|_0\|D^\alpha\varphi\|_0$$

$$\leqslant\left(\sum_{|\alpha|\leqslant m}\|f_\alpha\|_0^2\right)^{\frac{1}{2}}\|\varphi\|_m.$$

因此

$$\|u\|_{-m}\leqslant\left(\sum_{|\alpha|\leqslant m}\|f_\alpha\|_0^2\right)^{\frac{1}{2}}.$$

定理证毕.

3. 嵌入定理和 Rellich 定理. 对 H^m 和对 $H_0^{m,p}(\Omega)$ 一样，也有嵌入定理和 Rellich 定理成立. 但这时不但证明比较简单，而且结果也比较精确.

定义 3.3.5 记 $B^k(\mathbf{R}^n)$ 为 $\mathbf{R}^n$ 中直到 $|\alpha|\leqslant k$ 阶的导数都连续且有界的函数空间. $B(\mathbf{R}^n)=\bigcap\limits_k B^k(\mathbf{R}^n)$. 又记 $\dot{B}^k(\mathbf{R}^n)=\{u;\ u\in B^k(\mathbf{R}^n),\ \lim\limits_{|x|\to\infty}|D^\alpha u|=0,\ |\alpha|\leqslant k\}$, $\dot{B}(\mathbf{R}^n)=\bigcap\limits_k\dot{B}^k(\mathbf{R}^n)$.

定理 3.3.6 设 k 为非负整数，而且 $s>k+\frac{n}{2}$，则 H^s 连续

地嵌入于 $\dot{B}^k(\mathbf{R}^n)$ 中(其中赋以 $B^k(\mathbf{R}^n)$ 的自然的范数).

证. 我们需要证明的只是对 $u\in H^s$ 证明 $\widehat{D^\alpha u}\in L^1(\mathbf{R}^n)$, 而且

$$\|\widehat{D^\alpha u}\|_{L^1}\leqslant C\|u\|_s. \tag{3.3.12}$$

因为这样就有

$$D^\alpha u(x)=(2\pi)^{-n}\int e^{i\xi x}(\widehat{D^\alpha u})(\xi)d\xi\quad |\alpha|\leqslant k$$

是连续函数,且

$$|D^\alpha u(x)|\leqslant(2\pi)^{-n}\|\widehat{D^\alpha u}\|_{L^1}\leqslant C\|u\|_s,$$

而且由 Riemann-Lebesgue 引理有

$$\lim_{|x|\to\infty}D^\alpha u(x)=0.$$

但 (3.3.12) 是容易证明的,因为当 $|\alpha|\leqslant k$ 时

$$2\alpha-2s<-n,$$

从而由 Schwarz 不等式有

$$\begin{aligned}\int_{\mathbf{R}^n}|\widehat{D^\alpha u}(\xi)|d\xi&=\int_{\mathbf{R}^n}|\xi^\alpha\hat{u}(\xi)|d\xi\\&\leqslant\left(\int_{\mathbf{R}^n}\frac{|\xi|^{2|\alpha|}}{(1+|\xi|^2)^s}d\xi\right)^{\frac{1}{2}}\\&\quad\cdot\left(\int_{\mathbf{R}^n}(1+|\xi|^2)^s|\hat{u}(\xi)|^2d\xi\right)^{\frac{1}{2}}\\&\leqslant C\|u\|_s.\end{aligned}$$

这里我们用到了 $\displaystyle\int\frac{|\xi|^{2|\alpha|}}{(1+|\xi|^2)^s}d\xi<+\infty$. 证毕.

这个结果是不可改善的. 因为在 $\mathbf{R}^2$ 中作函数 $u(x,y)=\varphi(x,y)[\log(x^2+y^2)]^\alpha$, $0<\alpha<\dfrac{1}{2}$, $\varphi\in C_0^\infty(\mathbf{R}^2)$ 而且在原点附近恒为 1, 则 $u(x,y)$ 在 $(0,0)$ 附近无界, 但 $u\in H^1(\mathbf{R}^2)$. 这个例子破坏了不等式 $s>k+\dfrac{n}{2}$ $(s=1,k=0,n=2)$.

系 3.3.7 $H^\infty\subset\dot{B}(\mathbf{R}^n)$.

前面我们已证明了 $\mathscr{S}\subset H^{\infty}$，因此现在有

$$\mathscr{S}\subset H^{\infty}\subset \dot{B}. \tag{3.3.13}$$

这个包含关系是真包含．因为例如在 R^1 中函数 $f(x)=\frac{1}{1+x^2}\in H^{\infty}$ 但不在 $\mathscr{S}$ 中；函数 $f(x)=(1+x^2)^{-\frac{1}{4}}\in\dot{B}$ 但 $f(x)\notin L^2=H^0$，因此 $f(x)\notin H^{\infty}$。

为了进一步讨论 Rellich 定理，我们需要对 Sobolev 空间 H^s 进一步局部化．将 H^s 局部化，一是指将它限制在 $\mathbf{R}^n$ 的一个子集上，这一点也可以用一个 $C_0^{\infty}(\Omega)$ 函数 φ 去乘它来实现，二是考虑具有紧支集的 H^s 函数． 这将是我们下面讨论的主题．现在我们先讨论 H^s 上的一些运算，首先是乘子运算．

定理 3.3.8 双线性映射 $\mathscr{S}\times H^s\to H^s$, $\varphi,u\longmapsto\varphi u$ 是连续映射．

证．利用 Peetre 不等式（定理 2.1.10）

$$(1+|\xi|^2)^{s/2}(1+|\eta|^2)^{-s/2}\leqslant 2^{|s|/2}(1+|\xi-\eta|^2)^{s/2},$$

对 $\widehat{\varphi u}(\xi)=(\hat{\varphi}*\hat{u})(\xi)$ 有

$$\begin{aligned}(1+|\xi|^2)^{s/2}\widehat{\varphi u}(\xi)&=\int(1+|\xi|^2)^{s/2}\hat{u}(\eta)\hat{\varphi}(\xi-\eta)d\eta\\&=\int(1+|\xi|^2)^{s/2}(1+|\eta|^2)^{-s/2}\\&\quad\cdot(1+|\eta|^2)^{s/2}\hat{u}(\eta)\hat{\varphi}(\xi-\eta)d\eta\\&\leqslant 2^{|s|/2}\int(1+|\eta|^2)^{s/2}\hat{u}(\eta)\\&\quad\cdot(1+|\xi-\eta|^2)^{s/2}\hat{\varphi}(\xi-\eta)d\eta.\end{aligned}$$

因此，由 Hausdorff-Young 不等式得

$$\left(\int|(1+|\xi|^2)^{s/2}\widehat{\varphi u}(\xi)|^2d\xi\right)^2\leqslant C\int(1+|\eta|^2)^s|\hat{u}(\eta)|^2d\eta\cdot\int(1+|\eta^2|)^{s/2}|\hat{\varphi}(\eta)|d\eta$$

即有 $\varphi u\in H_s$ 而且

$$\|\varphi u\|_s\leqslant C\|u\|_s\int(1+|\eta|^2)^{s/2}|\hat{\varphi}(\eta)|d\eta,$$

故定理得证.

我们还可以将磨光与截断这两种运算在 H^s 中的作用表述为以下定理，其中 $J_\varepsilon(x)$ 是我们常用的磨光核，$\chi(x)\in C_0^\infty(\mathbf{R}^n)$ 是一个截断函数，而且在 $x=0$ 附近恒为 1，$\chi_\varepsilon(x)=\chi(\varepsilon x)$. 于是有

定理 3.3.9 当 $\varepsilon\to 0$ 时 $J_\varepsilon * u$ 和 $\chi_\varepsilon u$ 均在 H^s 中趋于 u，这里 $u\in H^s$.

证. 很容易看到 $\hat{J}_\varepsilon(\xi)=\hat{J}_1(\varepsilon\xi)$，从而 $(\widehat{J_\varepsilon * u})(\xi)=\hat{J}_1(\varepsilon\xi)\cdot\hat{u}(\xi)$. 因此

$$\|J_\varepsilon * u-u\|_s^2=(2\pi)^{-n}\int(1+|\xi|^2)^s|\hat{J}_1(\varepsilon\xi)-1|^2|\hat{u}(\xi)|^2d\xi.$$

因为当 $\varepsilon\to 0$ 时 $\hat{J}_1(\varepsilon\xi)\to\hat{J}_1(0)=1$，而且

$$|\hat{J}_1(\varepsilon\xi)-1|\leqslant|\hat{J}_1(\varepsilon\xi)|+1\leqslant\int J_1(x)dx+1=2,$$

因此由 Lebesgue 控制收敛定理即得 $\|J_\varepsilon * u-u\|_s\to 0$. 至于 $\chi_\varepsilon u$ 则由上一个定理

$$\begin{aligned}\|\chi_\varepsilon u\|_s&\leqslant C^n\int(1+|\xi|^2)^{s/2}|\hat{\chi}_\varepsilon(\xi)|d\xi\cdot\|u\|_s\\&=C\int(1+|\varepsilon\eta|^2)^{s/2}|\hat{\chi}(\eta)|d\eta\cdot\|u\|_s\\&\leqslant C_1\|u\|_s.\end{aligned}$$

这里 C_1 与 ε 无关. 现在取 $\varphi\in\mathscr{D}$ 使 $\|u-\varphi\|<\eta$，则因为当 ε 充分小时，在 $\operatorname{supp}\varphi$ 上 $\chi_\varepsilon\equiv 1$，故有

$$\begin{aligned}\|\chi_\varepsilon u-u\|_s&=\|\chi_\varepsilon(u-\varphi)-(u-\varphi)\|_s\\&\leqslant(C_1+1)\|u-\varphi\|_s<(C_1+1)\eta\to 0.\end{aligned}$$

现在可以证明 Rellich 定理了. 但在我们的情况下，它并不是关于 H^s 的定理（在定理 3.2.11 中我们假设了 Ω 是有界的），而是关于

$$H_K^s=\{u;\ u\in H^s,\ \operatorname{supp}u\subset K,\ K\text{ 为一紧集}\}\quad(3.3.14)$$

的定理.

定理 3.3.10（Rellich 定理） 设 $s_2>s_1$，K 是 $\mathbf{R}^n$ 的紧子集，则嵌入映射 $H_K^{s_2}\hookrightarrow H_K^{s_1}$ 是紧的.

证. 设 $\{u_j\}$ 是 $H_K^{s_2}$ 中的有界序列，例如设 $\|u_j\|_{s_2}\leqslant 1$，只需证明它在 $H_K^{s_1}$ 中有收敛子序列即可. 为此取 $\varphi\in C_0^\infty(\mathbf{R}^n)$ 而且在 K 附近 $\varphi\equiv 1$，则 $\varphi u_j=u_j$，而 $\hat{u}_j=(2\pi)^{-n}\hat{\varphi}*\hat{u}_j$，$D^\alpha\hat{u}_j=(2\pi)^{-n}D^\alpha\hat{\varphi}*\hat{u}_j$. 仿照定理 3.3.8 的证明有

$$(1+|\xi|^2)^{s_2/2}|D^\alpha\hat{u}_j|\leqslant C(\Phi*v_j)(\xi),$$

这里

$$\Phi(\xi)=(1+|\xi|^2)^{s_2/2}|D^\alpha\hat{\varphi}(\xi)|,$$

$$v_j(\xi)=(1+|\xi|^2)^{s_2/2}|\hat{u}_j(\xi)|.$$

应用 Schwarz 不等式即有

$$(1+|\xi|^2)^{s_2/2}|D^\alpha\hat{u}_j|\leqslant C\|\Phi\|_{s_2}\|u_j\|_{s_2}.$$

由于 $(1+|\xi|^2)^{s_2/2}$ 在 ξ 空间的任一紧子集上有正的下界，所以，应用此式于 $\alpha=0$ 的情况即得 $\{\hat{u}_j\}$ 在 ξ 的任一紧子集上一致有界；应于此式于 $|\alpha|=1$ 的情况即得 $\{D\hat{u}_j\}$ 在 ξ 空间的任一紧子集上一致有界. 因此，应用 Ascoli 定理即知，选定 ξ 空间的任一紧子集（例如 $|\xi|\leqslant R$，R 充分大将在以下决定）后，从 $\{\hat{u}_j\}$ 中总可以找到一个一致收敛的子序列. 不妨假设这个子序列就是 $\{\hat{u}_j\}$. 现在我们要证明 $\{u_j\}$ 在 H^{s_1} 中收敛. 为此，给定 ε.

$$\begin{aligned}\|u_j-u_k\|_{s_1}^2&=(2\pi)^{-n}\int(1+|\xi|^2)^{s_1}|\hat{u}_j(\xi)-\hat{u}_k(\xi)|^2d\xi\\&=(2\pi)^{-n}\int_{|\xi|>R}+(2\pi)^{-n}\int_{|\xi|<R}\\&=I_1+I_2.\end{aligned}$$

在 I_1 中，我们有

$$\begin{aligned}I_1=(2\pi)^{-n}&\int_{|\xi|>R}(1+|\xi|^2)^{s_1-s_2}(1+|\xi|^2)^{s_2}\\&\cdot|\hat{u}_j(\xi)-\hat{u}_k(\xi)|^2d\xi\\\leqslant(1+R^2)^{s_1-s_2}&(2\pi)^{-n}\int_{R^n}(1+|\xi|^2)^{s_2}\end{aligned}$$

$$
\begin{aligned}
&\cdot |\hat{u}_j(\xi)-\hat{u}_k(\xi)|^2 d\xi \\
&= (1+R^2)^{s_1-s_2}\|u_j-u_k\|_{s_2}^2 \\
&\leqslant 4(1+R^2)^{s_1-s_2} < \frac{\varepsilon}{2},
\end{aligned}
$$

只要 R 充分大即可．这样确定了 R 后再看 I_2，因为在 ξ 空间的紧子集 $|\xi|\leqslant R$ 上 $\{\hat{u}_j\}$ 一致收敛，所以可以在积分号下取极限而知当 $j,k\geqslant K(\varepsilon)$ 时 $I_2<\varepsilon/2$．总之，当 $j,k\geqslant K(\varepsilon)$ 时

$$\|u_j-u_k\|_{s_1}^2<\varepsilon.$$

因为 H^{s_1} 是完备的，所以 $\{u_j\}$ 收敛于 H^{s_1} 中的一个元，这个元的支集当然仍在 K 内．证毕．

在不同的 H^s 范数之间还有一个重要的不等式，这就是

定理 3.3.11 设 $s_2>s>s_1$，则对任一 $\varepsilon>0$，必存在常数 $C_\varepsilon>0$，使得对一切 $u\in H^{s_2}$ 均有

$$\|u\|_s^2\leqslant\varepsilon\|u\|_{s_2}^2+C_\varepsilon\|u\|_{s_1}^2. \tag{3.3.15}$$

证．因 $H^{s_2}\subset H^s\subset H^{s_1}$，所以 $u\in H^{s_2}$ 必在 H^s 和 H^{s_1} 中．因此，为证上式，只需证明对于 $\xi\in\mathbf{R}^n$ 有

$$(1+|\xi|^2)^s\leqslant\varepsilon(1+|\xi|^2)^{s_2}+C_\varepsilon(1+|\xi|^2)^{s_1}$$

即可．事实上，我们只需令 $C_\varepsilon=\varepsilon^{-(s-s_1)/(s_2-s)}$，因为记 $\rho=1+|\xi|^2$，上式依次化为等价的不等式

$$
\begin{aligned}
&\rho^s\leqslant\varepsilon\rho^{s_2}+C_\varepsilon\rho^{s_1}, \quad \text{或} \\
&1\leqslant\varepsilon\rho^{s_2-s}+\varepsilon^{-(s-s_1)/(s_2-s)}\rho^{s_1-s}, \quad \text{或} \\
&1\leqslant(\lambda\rho)^{s_2-s}+(\lambda\rho)^{s_1-s}, \quad \lambda=\varepsilon^{1/s_2-s}.
\end{aligned}
$$

当 $\lambda\rho\geqslant1$ 时，第一项即 $\geqslant1$；当 $\lambda\rho<1$ 时第二项 $\geqslant1$．

4. Sobolev 空间的局部化 H_{loc}^s 与 H_{comp}^s．

定义 3.3.12 令 $\Omega\subset\mathbf{R}^n$ 是一个开集，$H_{\text{loc}}^s(\Omega)$ 即使得对一切 $\varphi\in C_0^\infty(\Omega)$ 均有 $\varphi u\in H^s$ 的 $\mathscr{D}'(\Omega)$ 广义函数之集．在 $H_{\text{loc}}^s(\Omega)$ 上可以赋以一族半范 $u\longmapsto\|\varphi u\|_s$，$\varphi\in C_0^\infty(\Omega)$．

定理 3.3.13 $H_{\text{loc}}^s(\Omega)$ 是一个 Fréchet 空间，它可以连续嵌入在 $\mathscr{D}'(\Omega)$ 内．对 $H_{\text{loc}}^s(\Omega)$，Sobolev 嵌入定理也成立；即当 $s>$

$n/2+k$ 时 $H^s_{loc}(\Omega)\subset C^k(\Omega)$. 因此，$\bigcap\limits_s H^s_{loc}(\Omega)=C^\infty(\Omega)$. 具有在 Ω 上为 C^∞ 系数的 m 阶线性偏微分算子 $P(D)$: $H^s_{loc}(\Omega)\to H^{s-m}_{loc}(\Omega)$ 是连续映射.

证. 为证 $H^s_{loc}(\Omega)$ 是 Fréchet 空间，先需证明只要用可数多个定义如上的半范即可决定其拓扑. 为此，取 Ω 之一串上升的穷竭紧子集序列 $\{K_j\}$，并作一串 $\varphi_j\in C_0^\infty(\Omega)$，使 $\varphi_j\equiv 1$ 于 K_j 附近. 今证半范族 $\{\|\varphi_j u\|_s\}$ 即可决定 $H^s_{loc}(\Omega)$ 的拓扑结构. 实际上，任给 $\varphi\in C_0^\infty(\Omega)$，必有 j 充分大使 $\mathrm{supp}\,\varphi\subset K_j$，因此 $\varphi=\varphi\varphi_j$，而由定理 3.3.8 有

$$\|\varphi u\|_s=\|\varphi\varphi_j u\|_s\leqslant C\|\varphi_j u\|_s.$$

因此，$H^s_{loc}(\Omega)$ 中零元素之邻域 $\{u:\ \|\varphi u\|_s<\varepsilon\}$ 中包含了邻域 $\left\{u;\ \|\varphi_j u\|<\dfrac{\varepsilon}{C}\right\}$. 再证 $H^s_{loc}(\Omega)$ 的完备性：设 $\{u_j\}$ 是其中的一个 Cauchy 序列，则任取 $\varphi\in C_0^\infty(\Omega)$，$\{\varphi u_j\}$ 是 H^s 中的 Cauchy 序列，因而在其中有极限 u_φ，$u_\varphi\in\mathscr{D}'$. 从而 u_j 在 $\mathscr{D}'(\Omega)$ 中也有极限 $u\in\mathscr{D}'(\Omega)$ 而且对任意 $\varphi\in C_0^\infty(\Omega)$，$\varphi u=u_\varphi$. 从而 $u\in H^s_{loc}(\Omega)$ 而且是 $\{u_j\}$ 的极限.

关于嵌入定理，因为连续性是一个局部性质，故对任一 $x_0\in\Omega$，取 $\varphi\in C_0^\infty(\Omega)$ 使 $\varphi(x_0)\neq 0$，则对 φu 应用 Sobolev 嵌入定理可得 φu 在 x_0 连续，从而 u 在 x_0 连续. 这样可得 $\bigcap\limits_s H^s_{loc}(\Omega)\subset C^\infty(\Omega)$. 相反的包含关系是自明的：对任意 $u\in C^\infty(\Omega)$，$\varphi u\in\mathscr{D}\subset H^s$ $(\forall s\in\mathbf{R})$. 定理的其余部分是自然的.

$H^s_{loc}(\Omega)$ 具有层的性质. 若 $U\subset\Omega$ 为一开集，则限制映射显然是由 $H^s_{loc}(\Omega)$ 到 $H^s_{loc}(U)$ 的连续映射. 若 $u\in H^s_{loc}(\Omega)$ 在 Ω 之各个开子集上之限制均为 0，则必有 $u=0$；若 $\{U_\alpha\}$ 是 Ω 的开覆盖而且有 $u_\alpha\in H^s_{loc}(U_\alpha)$ 使当 $U_\alpha\cap U_\beta\neq\varnothing$ 时 $u_\alpha|_{U_\alpha\cap U_\beta}=u_\beta|_{U_\alpha\cap U_\beta}$，则必存在一个 $u\in H^s_{loc}(\Omega)$ 使 $u|_{U_\alpha}=u_\alpha$. 所有这一切都可以从广义函数的层性质得出.

Sobolev 空间的另外一种局部化是 H^s_{comp}. 前面我们已介绍过

H^s_K（见(3.3.14)），现在有

定义 3.3.14 $H^s_{\text{comp}}(\Omega)=\bigcup\limits_K H^s_K=H^s_{\text{loc}}(\Omega)\cap\mathscr{E}'(\Omega)$. 这里 $\bigcup\limits_K$ 表示对 Ω 的一切紧子集 K 求并. 对它赋以 H^s_K 之拓扑的归纳极限拓扑.

定理 3.3.15 $C_0^\infty(\Omega)$ 在 $H^s_{\text{loc}}(\Omega)$ 及 $H^s_{\text{comp}}(\Omega)$ 中均稠密. 嵌入映射 $C^\infty(\Omega)\to H^s_{\text{loc}}(\Omega)$ 和 $C_0^\infty(\Omega)\to H^s_{\text{comp}}(\Omega)$ 均为连续. $H^s_{\text{loc}}(\Omega)$ 与 $H^s_{\text{comp}}(\Omega)$ 的对偶空间分别是 $H^{-s}_{\text{comp}}(\Omega)$ 和 $H^{-s}_{\text{loc}}(\Omega)$.

证. 嵌入映射的连续性可以直接由嵌入映射 $\mathscr{D}\to H^s$ 的连续性得出. 现证稠密性.

作 Ω 的一个上升的穷竭的紧子集序列 $\{K_j\}$ 以及相应的 $\varphi_j\in C_0^\infty(\Omega)$ 使 φ_j 在 K_j 附近 $\equiv 1$. J_ε 则为磨光算子序列. 于是很明显在 $H^s_{\text{loc}}(\Omega)$ 中 $(u\in H^s_{\text{loc}}(\Omega))$ $\varphi_j u\to u$ 而在 H^s 中 $J_\varepsilon*(\varphi_j u)\to(\varphi_j u)$, 因此 $C_0^\infty(\Omega)$ 在 $H^s_{\text{loc}}(\Omega)$中稠密(当 ε 充分小时, $J_\varepsilon*(\varphi_j u)\in C_0^\infty(\Omega)$). 同样对 $u\in H^s_{\text{comp}}(\Omega)$. 可以证明 $J_\varepsilon*u\to u$ 于 $H^s_{\text{comp}}(\Omega)$ 中.

现在定义 $H^s_{\text{loc}}(\Omega)$ 与 $H^{-s}_{\text{comp}}(\Omega)$ 的一个 Hermite 配对：取 $(u,v)\in H^s_{\text{loc}}(\Omega)\times H^{-s}_{\text{comp}}(\Omega)$ 并作实值函数 $\chi\in C_0^\infty(\Omega)$ 使在 $\operatorname{supp}v$ 附近 $\chi\equiv 1$, 于是定义 $(u,v)=(\chi u,v)$, 右方为 H^s 与 H^{-s} 的 Hermite 配对. 很容易看到，若 v 固定，则上式与 χ 的选取无关，而且对 $u\in H^s_{\text{loc}}(\Omega)$ 是连续的. 同样，它对 v 也是于 $H^s_{\text{comp}}(\Omega)$ 中连续的. 反过来，设 l 是 $H^s_{\text{loc}}(\Omega)$上的连续线性泛函，记它在 u 上之值为 $l(u)$, 因为 $C^\infty(\Omega)$ 可连续嵌入在 $H^s_{\text{loc}}(\Omega)$ 中，$l(u)$ 也是 $C^\infty(\Omega)$ 上的连续线性泛函. 因此，一定有一个 $v\in\mathscr{E}'(\Omega)$ 使 $l(u)=\langle u,\bar v\rangle=(u,v)$. 取实值的 $\chi\in C_0^\infty(\Omega)$ 而且在 $\operatorname{supp}v$ 附近 $\chi\equiv 1$, 则 $(u,v)=(\chi u,v)$. 若取 $u\in H^s$, 上式也是连续泛函，因而 $v\in H^{-s}$. 前面已证 $v\in\mathscr{E}'(\Omega)$, 所以 $v\in H^{-s}\cap\mathscr{E}'(\Omega)=H^{-s}_{\text{comp}}(\Omega)$, 即 $H^s_{\text{loc}}(\Omega)$ 上的连续线性泛函均可用 $H^{-s}_{\text{comp}}(\Omega)$ 上之元表示. 所以 $H^s_{\text{loc}}(\Omega)$ 的对偶空间是 $H^{-s}_{\text{comp}}(\Omega)$. 再则，设 l 为 $H^s_{\text{comp}}(\Omega)$ 上之共轭线性连续泛函，它在

$v\in H^s_{\text{comp}}(\Omega)$ 上之值记作 $l(v)$. 因为 $C_0^\infty(\Omega)\subset H^s_{\text{comp}}(\Omega)$, 因此 l 也是 $C_0^\infty(\Omega)$ 上的共轭线性连续泛函,从而存在一个 $u\in\mathscr{D}'(\Omega)$ 使 $l(v)=\langle u,\bar{v}\rangle=(u,v)$. 令实值的 $\chi\in C_0^\infty(\Omega)$, 则 $(\chi u,v)=l(\chi v)$. 对于 $v\in H^s$, $\chi v\in H^s_{\text{comp}}(\Omega)$, 而且上式是 H^s 上的共轭线性连续泛函, 因此 $u\in H^{-s}_{\text{loc}}(\Omega)$. 这就是说 $H^s_{\text{comp}}(\Omega)$ 的对偶空间是 $H^{-s}_{\text{loc}}(\Omega)$. 证毕.

5. 微分流形上的 Sobolev 空间。在以下我们有时需要讨论流形上的 Sobolev 空间. 例如在讨论椭圆型边值问题时, 就需要在 $\partial\Omega$ 上讨论 Sobolev 空间 (迹定理). 以下都设M是 C^∞ 微分流形,而且在无穷远处是可数的,因此其上有一的 C^∞ 分割存在. 为了讨论M上的 Sobolev 空间,需要对 $H^s(\mathbf{R}^n)$ 作出一个新的刻划,引入一个等价的范数——不妨称为内蕴范数.

定理 3.3.16 设 $0<s<1$, 则

$$H^s=\left\{u\in L^2(\mathbf{R}^n);\ \iint\limits_{\mathbf{R}^n\times\mathbf{R}^n}\frac{|u(x)-u(y)|^2}{|x-y|^{n+2s}}dxdy<+\infty\right\}\tag{3.3.16}$$

而且在 H^s 中可以赋以等价的范数

$$\|u\|'_s=\left(\|u\|^2_{L^2}+\iint\limits_{\mathbf{R}^n\times\mathbf{R}^n}\frac{|u(x)-u(y)|^2}{|x-y|^{n+2s}}dxdy\right)^{\frac{1}{2}}.\tag{3.3.17}$$

证. 设 $u\in L^2(\mathbf{R}^n)$, 则对 $y\in\mathbf{R}^n$ 有

$$\int_{\mathbf{R}^n}|u(x+y)-u(x)|^2dx=(2\pi)^{-n}\int|\hat{u}(\xi)|^2|e^{iy\cdot\xi}-1|^2d\xi.$$

因此

$$\iint\limits_{\mathbf{R}^n\times\mathbf{R}^n}\frac{|u(x+y)-u(x)|^2}{|y|^{n+2s}}dxdy=(2\pi)^{-n}$$
$$\cdot\int_{\mathbf{R}^n}|\hat{u}(\xi)|^2d\xi\int_{\mathbf{R}^n}|e^{iy\cdot\xi}-1|^2|y|^{-n-2s}dy.$$

现在在右方作一个旋转变换

$$y=Az,\quad |\det A|=1,$$

则 $y\cdot\xi=Az\cdot\xi=z\cdot{}^tA\xi$. 适当选取$A$可以使 ${}^tA\xi=(\eta_1,0,\cdots,0)$, 这里 $|\eta_1|=|{}^tA\xi|=|\xi|$. 于是

$$\int_{\mathbf{R}^n} |e^{iy\cdot\xi}-1||y|^{-n-2s}dy=\int_{\mathbf{R}^n} |e^{iz_1\eta_1}-1|^2|z|^{-n-2s}dz,$$

令 $\eta_1 z=w$，则上之积分等于

$$|\eta_1|^{2s}\int_{\mathbf{R}^n} |e^{iw_1}-1|^2|w|^{-n-2s}dw=C|\xi|^{2s},\quad C>0.$$

这里的积分是收敛的，因为在 $|w|\to 0$ 时 $|e^{iw_1}-1|^2=O(|w|^2)$，w_1 表示向量 w 的第一个分量。利用 Plancherel 定理：$\|u\|_{L^2}^2=(2\pi)^{-n}\int|\hat{u}(\xi)|^2d\xi$，代入 (3.3.17) 有

$$\|u\|_s'^2=(2\pi)^{-n}\int|\hat{u}(\xi)|^2(1+C|\xi|^{2s})d\xi.$$

由此明显地可以看到 $\|u\|_s'$ 与 $\|u\|_s$ 等价。

对于一般的 $s>0$，记 $s=m+\sigma$，$0\leqslant\sigma<1$，则有

系 3.3.17 对 $s=m+\sigma>0$，$0\leqslant\sigma<1$，我们有

$$H^s=\Big\{u\in L^2(\mathbf{R}^n);\ D^\alpha u\in L^2(\mathbf{R}^n),\ |\alpha|\leqslant m\ 且$$

$$\iint\limits_{\mathbf{R}^n\times\mathbf{R}^n}\frac{|D^\alpha u(x)-D^\alpha u(y)|^2}{|x-y|^{n+2\sigma}}dxdy<+\infty\quad |\alpha|=m\Big\},\tag{3.3.18}$$

并且可以定义与 $\|u\|_s$ 等价的范数

$$\|u\|_s'=\Big(\sum_{|\alpha|\leqslant m}\|D^\alpha u\|_{L^2}^2$$

$$+\sum_{|\alpha|\leqslant m}\iint\limits_{\mathbf{R}^n\times\mathbf{R}^n}\frac{|D^\alpha u(x)-D^\alpha u(y)|^2}{|x-y|^{n+2\sigma}}dxdy\Big)^{\frac{1}{2}}\tag{3.3.19}$$

对于 $s<0$，则利用 H^{-s} 与 H^s 的对偶性，对于 $u\in H^{-s}$，定义

$$\|u\|_{-s}'=\sup_{v\in H^s}\frac{|(u,v)|}{\|v\|_s'}.\tag{3.3.20}$$

采用内蕴范数的一个优点是可以更简单地证明 $H_{\text{loc}}^s(\Omega)$ 在微分同胚下的不变性，而这是在微分流形上定义 Sobolev 空间的必要准备步骤。

设 Ω，Ω' 均为 $\mathbf{R}^n$ 的开子集，$\chi:\Omega\to\Omega'$ 是一个微分同胚。设 $v\in\mathscr{D}'(\Omega')$，则在第一章 §6 中定义了 v 在 χ 下的拉回 $\chi^*v\in$

$\mathscr{D}'(\Omega)$ 是由下式定义的广义函数(见式(1.6.2))

$$(\chi^* v, \varphi) = (v, J(\chi^{-1})^* \varphi),$$

$$\varphi \in \mathscr{D}(\Omega_1), \quad J = \left|\det \frac{\partial x}{\partial y}\right|.$$

现在我们要把这个关系用到 $v \in H^s$ 上去,为此先需要

定理 3.3.18 令 $K' \Subset \Omega'$, $s \in \mathbf{R}$, 则必存在一个常数 $C(s, K')$ 使对一切 $u \in H^s_{K}(\Omega')$, 有 $\chi^* u = u \circ \chi \in H^s_K(\Omega)$ $K = \chi^{-1}K'$ 而且

$$\|\chi^* u\|_s \leqslant C(s, K')\|u\|_s. \tag{3.3.21}$$

证. 证明将分成几步进行. 先设 $u \in C_0^\infty(K')$. 再作一个紧集 K_1', 使 $K' \Subset K_1' \Subset \Omega'$, 则对上述 u, 其拉回 $\chi^* u$ 显然仍在 H^s 中. 在证明了(3.3.21)以后利用 $C_0^\infty(K_1')$ 在 H^{s}_{comp} 中的稠密性即可对 $u \in H^s_K(\Omega')$ 证明式(3.3.21).

(1) $0 < s < 1$. 首先有 $\chi^* u \in L^2(\mathbf{R}^n)$; 同时,若以 x', y' 表示 Ω' 中的点: x, y 表示 Ω 中的点, 则当 $x' = \chi(x)$, $y' = \chi(y)$ 时,有

$$\iint\limits_{\mathbf{R}^n \times \mathbf{R}^n} \frac{|\chi^* u(x) - \chi^* u(y)|^2}{|x - y|^{n+2s}} dx dy$$

$$= \iint \frac{|u(x') - u(y')|^2}{|x' - y'|^{n+2s}} F(x, y; x', y') dx' dy'.$$

其中 $F = (|x' - y'|/|x - y|)^{n+2s}|J(x)J(y)|$. $J = \det \dfrac{\partial \chi}{\partial x}$. 很容易看到 F 是有界的,因此,由 $u(x') \in H^s$ 即有

$$\iint\limits_{\mathbf{R}^n \times \mathbf{R}^n} \frac{|\chi^* u(x) - \chi^* u(y)|^2}{|x - y|^{n+2s}} dx dy < +\infty,$$

而且容易得知(3.3.21)成立. 因为 χ 是微分同胚所以 $\operatorname{supp}\chi^* u \subset K$, $u \in H^s_K(\Omega)$.

(2) s 为非负整数. 上述结论对于 $u \in C_0^\infty(K')$ 可以利用链法则来证明. $s > 0$ 的一般情况可以由(1), (2)两款综合起来即得.

(3) $s < 0$. 我们有

$$\|\chi^* u\|'_s = \sup_{v\in C_0^\infty} \left|\int (\chi^* u)(x) v(x) dx\right| \Big/ \|v\|'_{-s}.$$

这里我们利用了 C_0^∞ 在 H_{-s} 中的稠密性，而且不失一般性可以假设 $\operatorname{supp} v \subset \chi^{-1}(K_1')$. 作变量变换记 $x' = \chi(x)$, 有

$$\|\chi^* u\|'_s = \sup_{v\in C_0^\infty} \left|\int u(x') v(\chi^{-1}(x')) \left|\frac{dx}{dx'}\right| dx'\right| \Big/ \|v\|'_{-s}$$

$$\leqslant C\|v(\chi^{-1}(x'))\|'_{-s}\|u\|'_s/\|v\|'_{-s}.$$

但因 $-s > 0$,故由前之 (2) 款有 $\|v(\chi^{-1}(x'))\|'_{-s} = \|\chi^{-1*}v\|'_{-s} \leqslant C_1\|v\|'_{-s}$，代入上式又得式 (3.3.21). 定理证毕.

现在可以证明我们所需的结论了.

定理 3.3.19 令 $\chi: \Omega \to \Omega'$ 为一微分同胚如上,则 $u \longmapsto \chi^* u$ 是 $H^s_{\text{loc}}(\Omega') \to H^s_{\text{loc}}(\Omega)$ 的拓扑同构,其逆为 $u \longmapsto \chi^{-1*}u$.

证. 任取一个 $\varphi \in C_0^\infty(\Omega)$, 记 $\phi = \chi^{-1*}\varphi$, 则 $\phi \in C_0^\infty(\Omega')$. 从而对 $u \in H^s_{\text{loc}}(\Omega')$, $\phi u \in H^s(\Omega')$. 由定理 3.3.18, $\chi^*(\phi u) = (\phi u)\circ\chi = (\phi\circ\chi)(u\circ\chi) = \varphi(u\circ\chi) = \varphi\chi^* u \in H^s(\Omega)$, 而且

$$\|\varphi\chi^* u\|'_s \leqslant C(s, K)\|\phi u\|'_s.$$

这就证明 $u \longmapsto \chi^* u$ 是 $H^s_{\text{loc}}(\Omega') \to H^s_{\text{loc}}(\Omega)$ 中的连续映射(是线性映射是自明的). 对 χ^{-1} 应用以上论证,即得定理之证.

现在令 M 是一个 C^∞ 流形，而且由前面的假设,知道对坐标邻域$\{(U_\alpha, \varphi_\alpha)\}$ ($\varphi_\alpha U_\alpha \subset \mathbf{R}^n$) 形成的开覆盖，有从属于它的一的 C^∞ 分割 $\{g_\alpha\}$. 我们又知道可以定义 $\mathscr{D}'(U_\alpha)$ 以及 $\mathscr{D}'(M)$. 现在我们给出

定义 3.3.20 $H^s_{\text{loc}}(M)$ 表示 $\mathscr{D}'(M)$ 中适合以下条件的元素 u 之集合：对每个 U_α, $u|U_\alpha \in H^s_{\text{loc}}(U_\alpha)$. 这里 $u|U_\alpha \in H^s_{\text{loc}}(U_\alpha)$ 即指 $(\varphi_\alpha^{-1})^* u \in H^s_{\text{loc}}(\varphi_\alpha(U_\alpha))$. 同样,可以定义 $H^s_{\text{comp}}(M)$.

一个特别重要的情况是M为紧流形的情况. 这时，$H^s_{\text{loc}}(M)$ 和 $H^s_{\text{comp}}(M)$ 是同样的，而我们可以记所得空间为 $H^s(M)$. 在 $H^s(M)$ 上有 Hilbert 空间结构. 这是因为，在坐标邻域的覆盖 $\{(U_\alpha, \varphi_\alpha)\}$ 中可以选取一个有限子覆盖 $U_1, \cdots, U_r$, 以及相应的一的有限 C^∞ 分割$g_1, \cdots, g_r$. 于是对$u, v \in H^s(M)$, $(\varphi_j^{-1})^*(g_j u)$

$\in H^s(\varphi_j(U_j))$，而知 $((\varphi_j^{-1})^*(g_ju),\ (\varphi_j^{-1})^*(g_jv))_s$ 有意义。因此，$H^s(M)$ 上有 Hermite 内积

$$(u,v)_s=\sum_{j=1}^{r}((\varphi_j^{-1})^*(g_ju),(\varphi_j^{-1})^*(g_jv))_s. \tag{3.3.22}$$

$H^s(M)$ 的完备性很容易证明，由此可知 $H^s(M)$ 是一个复 Hilbert 空间。但是要注意，这个 Hilbert 空间结构不是典则的。当选用不同的坐标邻域覆盖或不同的一的 C^∞ 分割时，将得到不同的，但是就线性拓扑空间结构而言是等价的 Hilbert 空间。

我们将在第五章中讨论拟微分算子时再一次讨论微分流形上的 Sobolev 空间。

§4. 拓展定理与迹定理

1. $H^m(\Omega)$ 之拓展. 在本节中我们将要讨论 $H^m(\Omega)$（m 为非负整数）之元的拓展与在低维流形上的限制问题。一般说来，$H^m(\Omega)$ 之元是不能拓展到 H^m 上去的。下面是一个例子。设 $0<\varepsilon<\dfrac{1}{2}$，而 $\Omega\subset\mathbf{R}^2$ 是

$$\Omega=\{(x,y)\in\mathbf{R}^2,\ 0<x<1,\ 0<y<x^4\}.$$

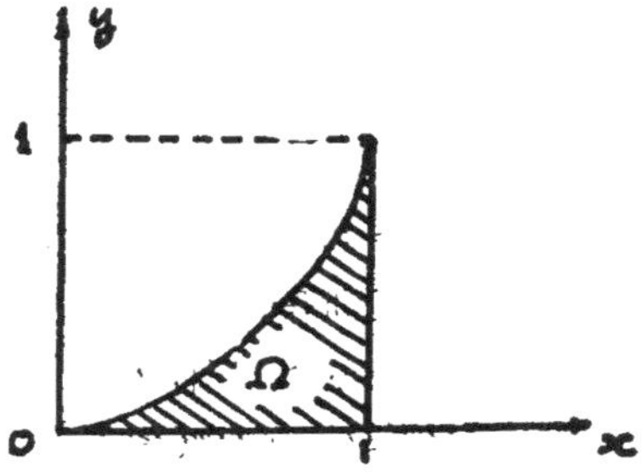

图 3

显然 $u(x,y)=x^{-\varepsilon}\in H^2(\Omega)$（读者可以自行验证），但不可能找

到 $\tilde{u}\in H^2(\mathbf{R}^2)$ 使 $\tilde{u}|_\Omega=u$. 这是因为,由定理 3.3.6 $\left(\text{现在的情况是 } m=2,\ n=2,\ k=0,\ \text{从而 } m>k+\frac{n}{2}\right)$, $H^2(\mathbf{R}^n)$ 中的元都应在 $B^0(\mathbf{R}^2)$ 中,因此至少是有界的,但 $u(x,y)=x^{-\varepsilon}$ 当然不是有界的.

由此例可以看到,若想将 $H^m(\Omega)$ 之元拓展为 $H^m(\mathbf{R}^n)$ 中之元,应该对 $\partial\Omega$ 的光滑性加上一些限制. 在本节中我们恒设 $\partial\Omega$ 是 $\mathbf{R}^n$ 的 C^∞ 超曲面,而且在 $\partial\Omega$ 之每一点附近,Ω 恒位于 $\partial\Omega$ 之一侧. 这种开集 Ω 称为正则开集. 下面有时我们设 Ω 是有界的,这时 $\partial\Omega$ 为紧;有时则不然,最多的情况将是讨论 $\Omega=\mathbf{R}^n_+=\{(x_1,\cdots,x_n);\ x_n>0\}$ 的情况. 这是因为,在我们的讨论中最常用的技巧就是局部化与平坦化.

由关于 $\partial\Omega$ 的假设,在一点 $x_0\in\partial\Omega$ 附近,$\partial\Omega$ 可以用方程 $\varphi(x)=0$ 来表示,而 Ω 中邻近 x_0 的点 x 则适合 $\varphi(x)>0$, 因此在作坐标变换 $x\mapsto y,\ y_n=\varphi(x)$ 后,Ω 在 x_0 附近的部分将微分同胚于上半空间 $\{y:\ y\in\mathbf{R}^n,\ y_n>0\}$ 中的一个开集,而 $\partial\Omega$ 在 x_0 附近将被同一个微分同胚(可以拓展到 $\partial\Omega$ 上)变为 $y_n=0$ 的一部分. 现在设 $\Omega\subset\mathbf{R}^n$ 是正则开集,由上所述,可以找到 $\mathbf{R}^n$ 中的一族开集 $\{\Omega_\alpha\}$ 成为 Ω 的局部有限的开覆盖,以及相应的微分同胚 $\theta_\alpha:\ \Omega_\alpha\to B_\alpha$ ($\mathbf{R}^n$ 之开集),以及从属于 $\{\Omega_\alpha\}$ 的一的 C^∞ 分割 $\{\varphi_\alpha\}$; 对这里的 Ω_α 及微分同胚 θ_α 我们还可以要求,其中之一(记作 θ_0)相应的 $\bar{\Omega}_0\subset\Omega$, 而其余的 Ω_α 均与 $\partial\Omega$ 相交,而

$$\begin{aligned}\theta_\alpha(\Omega_\alpha\cap\Omega)&=\{y\in B_\alpha,\ y_n>0\},\\ \theta_\alpha(\Omega_\alpha\cap\partial\Omega)&=\{y\in B_\alpha,\ y_n=0\}.\end{aligned}\tag{3.4.1}$$

当然,如果 Ω 是有界的正则开集,则 $\{\Omega_\alpha\}$ 是有限集,记作 $\{\Omega_i\}$, $i=0,1,\cdots,N$, 相应的 θ_α 记作 θ_i.

因为乘法运算 $\varphi_\alpha\cdot:\ H^m(\Omega)\to H^m(\mathbf{R}^n)$ 是连续的,因此 $u\in H^m(\Omega)$ 当且仅当 $\varphi_\alpha u\in H^m(\Omega_\alpha\cap\Omega)$. 这里 $u=\sum\limits_\alpha\varphi_\alpha u$, 而且因为 $\{\Omega_\alpha\}$ 是局部有限的,因此 $\sum\limits_\alpha$ 在每一点附近都是有限和. 用

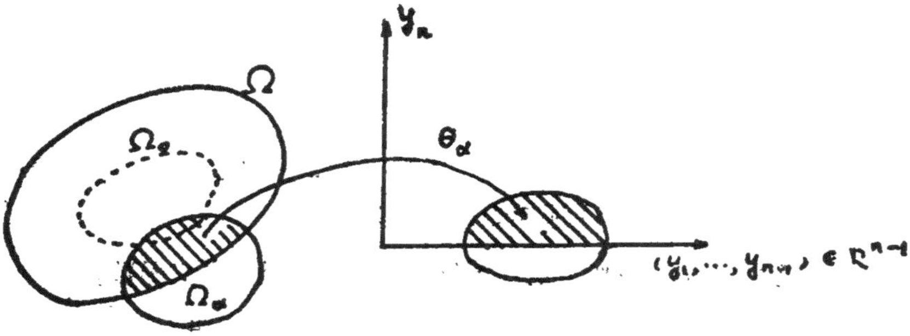

图 4

$(\theta_\alpha^{-1})^*$ 将 $\varphi_\alpha u$ 拉回，并在 B_α 补充定义其值为 0. 记这样补充定义后的函数为 $\widetilde{(\theta_\alpha^{-1})^* \varphi_\alpha u} = v_\alpha$，则由于 $H^m(\Omega)$ 在微分同胚下不变，易见：$u\in H^m(\Omega)$ 当且仅当

$$\begin{aligned} &v_0\in H^m(\mathbf{R}^n),\\ &v_\alpha\in H^m(\mathbf{R}_+^n),\ \mathbf{R}_+^n=\{y\in\mathbf{R}^n,\ y_n>0\}. \end{aligned} \tag{3.4.2}$$

通过上面的叙述知道，$u\in H^m(\Omega)$ 当且仅当 $v_\alpha\in H^m(\mathbf{R}_+^n)$，$v_0\in H^m(\mathbf{R}^n)$. 因此，在考虑 $H^m(\Omega)$ 的拓展时，可以限于考虑 $H^m(\mathbf{R}_+^n)$. 这就是我们说的局部化与平坦化.

再提醒一下，在本章中对区域 Ω 讨论 $H^{m,p}(\Omega)$ 时，由定义知 m 只是非负整数，所以本节从一开始起就规定了 m 是非负整数.

在证明拓展定理前，我们先需要一个关于稠密性的结果.

定理 3.4.1 空间 $C_0^\infty(\mathbf{R}_+^n)$ 在 $H^m(\mathbf{R}_+^n)$ 中稠密.

证. 设 $u\in H^m(\mathbf{R}_+^n)$，必要时乘以截断函数，可以设 u 之支集在 $\mathbf{R}_+^n$ 中有界. 令 $\mathbf{R}_-^n=\mathbf{R}^{n-1}\times(-\infty,0)$ 并定义

$$\tilde{u}=\begin{cases}u, & 于\ \mathbf{R}_n^+\ 中,\\ 0, & 于\ \mathbf{R}_-^n\ 中.\end{cases} \tag{3.4.3}$$

作一串磨光算子 J_ε，使其磨光核(仍用 J_ε 表示)之支集在 $\mathbf{R}_-^n$ 中，则因 $\tilde{u}\in L^2(\mathbf{R}^n)\cap\mathscr{E}'(\mathbf{R}^n)$，所以

$$v_\varepsilon=(\tilde{u}*J_\varepsilon)|_{\mathbf{R}_+^n}$$

是有意义的. 对任意重指标 α，$|\alpha|\leqslant m$，有

$$D^\alpha v_\varepsilon - D^\alpha u = (D^\alpha \tilde{u} * J_\varepsilon)|_{\mathbf{R}^n_+} - D^\alpha u,$$

但

$$D^\alpha \tilde{u} * J_\varepsilon - \widetilde{D^\alpha u} = \widetilde{D^\alpha u} * J_\varepsilon - \widetilde{D^\alpha u} + (D^\alpha \tilde{u} - \widetilde{D^\alpha u}) * J_\varepsilon.$$

这里"～"是指如(3.4.3)那样的拓展运算.

注意到 $D^\alpha \tilde{u} - \widetilde{D^\alpha u}$ 是支集位于 $y_n = 0$ 上的广义函数，而 J_ε 之支集则在 $\mathbf{R}^n_-$ 中，所以后一项在 $\mathbf{R}^n_+$ 上为 0；此外 $D^\alpha u \in L^2(\mathbf{R}^n)$，所以当 $\varepsilon \to 0$ 时，第一项在 $L^2(\mathbf{R}^n)$ 中趋于 0. 限制在 $\mathbf{R}^n_+$ 上考虑即有在 $H^m(\mathbf{R}^n_+)$ 中 $v_\varepsilon \to u$. 证毕.

注. 这个定理对 $H^{m,p}(\Omega)$, $1 \leqslant p < \infty$ 都成立.

回到区域 Ω，就有

系 3.4.2 对正则开集 $\Omega \subset \mathbf{R}^n$，$C_0^\infty(\bar{\Omega})$ 在 $H^m(\Omega)$ 中稠密.

注意，在定义 3.2.4 中，记 $C_0^\infty(\Omega)$ 在 $H^{m,p}(\Omega)$ 中的完备化为 $H_0^{m,p}(\Omega)$，因此，$C_0^\infty(\Omega)$ 在 $H_0^{m,p}(\Omega)$ 中稠密. 从这个系看到，对 $H^{m,p}(\Omega)$，$C_0^\infty(\bar{\Omega})$ 才是它的稠密子集，当 $m > 0$ 时 $C_0^\infty(\Omega)$ 则不是. 这里有明显的例子，$u = 1$ 是 $H^{m,p}(\Omega)$ 之元（如果 Ω 有界的话），但 $\varphi \in C_0^\infty(\Omega)$ 不可能与 u 任意接近. 实际上，$H^{1,1}(\Omega)$ 是 $H^{m,p}(\Omega)$ 中当 $m \neq 0$ 时最大的一个，若 $\|\varphi - 1\|_{m,p}$ 可以任意小的话，$\|\varphi - 1\|_{1,1}$ 也可以任意小. 但

$$\|\varphi - 1\|_{1,1} = \int_\Omega |1 - \varphi| dx + \int_\Omega |\operatorname{grad} \varphi| dx,$$

但是利用 Sobolev 不等式(3.2.6)易证存在常数 C 使得

$$\int_\Omega |\varphi| dx \leqslant C \int_\Omega |\operatorname{grad} \varphi| dx.$$

因此

$$\|\varphi - 1\|_{1,1} \geqslant \operatorname{mes}(\Omega) - (C - 1)\int_\Omega |\operatorname{grad} \varphi| dx$$
$$\geqslant \operatorname{mes}(\Omega) - (C - 1)\|\varphi - 1\|_{1,1},$$

即 $\|\varphi - 1\|_{1,1} \geqslant \frac{1}{C} \operatorname{mes}(\Omega)$. 所以，$H_0^{m,p}(\Omega)$ 是 $H^{m,p}(\Omega)$ 的真

子空间，而在 $H_0^{m,p}(\Omega)$ 中稠密的集 $C_0^\infty(\Omega)$ 在 $H^{m,p}(\Omega)$ 中不必稠. 但若将 $C_0^\infty(\Omega)$ 改为 $C_0^\infty(\bar{\Omega})$，则此例失效，因为 $u=1$ 截断后在 $C_0^\infty(\bar{\Omega})$ 中——当然，在这个例子中 Ω 应设为有界的. 实际上，至少对于 $\Omega=\mathbf{R}^n$，$H_0^m(\Omega)=H^m(\Omega)$ 而 $C_0^\infty(\Omega)$ 在 $H^m(\Omega)=H^m(\mathbf{R}^n)$ 中确是稠密的.

现在可以进到本段的主要结果了.

定理 3.4.3 $H^m(\mathbf{R}_+^n)$ 中的函数可以拓展到 $H^m(\mathbf{R}^n)$ 上，记此拓展算子为 P，则 $P: H^m(\mathbf{R}_+^n)\to H^m(\mathbf{R}^n)$ 是连续算子.

证. 由于 $C_0^\infty(\bar{\mathbf{R}}_+^n)$ 在 $H^m(\mathbf{R}_+^n)$ 中稠密，我们先来对 $u\in C_0^\infty(\mathbf{R}_+^n)$ 定义算子 P. 我们可以定义

$$Pu(y)=\begin{cases}u(y), & y_n>0,\\ \sum_{k=1}^{m}\lambda_k u(y',-ky_n), & y_n<0,\quad y'=(y_1,\cdots,y_{n-1}),\end{cases}\tag{3.4.4}$$

这里我们取 λ_k 使 $\sum_{k=1}^{m}\lambda_k(-k)^j=1\ (j=0,\cdots,m-1)$. 由于这个关于 λ_k 的方程组的行列式是一个 Vandermonde 行列式而不为 0，所以 λ_k 可以唯一地决定，而且易见 $Pu\in C_0^\infty(\mathbf{R}^n)$.

由 (3.4.4) 易见存在只依赖于 m,n，的常数 C 使得

$$\|Pu\|_{H^m(\mathbf{R}_-^n)}\leqslant C\|u\|_{H^m(\mathbf{R}_+^n)}.$$

于是

$$\|Pu\|_{H^m(\mathbf{R}^n)}\leqslant C\|u\|_{H^m(\mathbf{R}_+^n)}.\tag{3.4.5}$$

由 $C_0^\infty(\bar{\mathbf{R}}_+^n)$ 在 $H^m(\mathbf{R}_+^n)$ 中的稠密性即可将 P 定义到 $u\in H^m(\mathbf{R}_+^n)$ 上而仍使上式成立. 证毕.

注. 这里的拓展算子 P 是限制算子 $r: H^m(\mathbf{R}^n)\to H^m(\mathbf{R}_+^n)$ $u\longmapsto u|_{\mathbf{R}_+^n}$ 的右逆. 这个拓展方法称为 Seeley 拓展，他原来的结果是：$C^\infty(\bar{\mathbf{R}}_+^n)$ 中的函数可以拓展为 $C^\infty(\mathbf{R}^n)$ 中的函数，而且拓展算子 P: $C^\infty(\mathbf{R}_+^n)\to C^\infty(\mathbf{R}^n)$ 是连续的.

回到最初的正则开集 Ω，即有

系 3.4.4 设 $\Omega_0\subset\mathbf{R}^n$ 使 $\Omega\Subset\Omega_0$，则存在拓展算子 $P_{\Omega\Omega_0}$:

$C_0^\infty(\Omega) \to C_0^\infty(\Omega_0)$；而且 $P_{\Omega\Omega_0}$ 可以拓展为连续算子 $P_{\Omega\Omega_0}$: $H^m(\Omega) \to H^m(\Omega_0)$. $P_{\Omega\Omega_0}$ 是限制算子的右逆.

这些结果对 $H^{m,p}(\Omega)$ 也成立.

由于对于正则开集 Ω 有拓展定理，所为嵌入定理和 Rellich 定理对于 $H^m(\Omega)$ 也可以加以改进. 即有

定理 3.4.5 (1) 设 k 为非负整数且 $m-\frac{n}{p}=k+\alpha$, $1\leqslant p<\infty$, $0\leqslant\alpha<1$,则 $H^{m,p}(\Omega)$ 可以连续嵌入 $C^k(\bar{\Omega})$中，且其 k 阶导数为 α 阶 Hölder 连续.

(2) 设 $m_1<m_2$, 则嵌入映射 $H^{m_2,p}(\Omega)\to H^{m_1,p}(\Omega)$ 是紧映射.

证. 作一个函数 $\varphi\in C_0^\infty(\Omega_1)$ 使 $\Omega\Subset\Omega_1\Subset\Omega_0$ 而且在 Ω 上 $\varphi\equiv 1$. 令由 $H^m(\Omega)$ 到 $H^m(\Omega_0)$ 的拓展算子为 P, 乘以 φ 的乘子运算为 Φ: $H^m(\Omega_0)\to H^m(\Omega_0)$, 则对 $u\in H^m(\Omega)$, $\Phi Pu\in H_0^m(\Omega_0)$, 而且 $\mathrm{supp}(\Phi Pu)\subset\bar{\Omega}_1$. 因此可以对 ΦPu 应用定理 3.2.9 与 3.2.11，再限制到 $\bar{\Omega}$ 上即得定理之证.

关于对偶性也可得到较好的结果. 可以证明

定理 3.4.6 $H^m(\Omega)$ 之对偶空间是 $H_{\bar{\Omega}}^{-m}(\mathbf{R}^n)$ ($H^{-m}(\mathbf{R}^n)$ 中支集在 $\bar{\Omega}$ 中之元的集),反之亦然；而且是由 $(u,v)=(\tilde{u},v)$ 来定义的,这里 $u\in H^m(\Omega)$, $\tilde{u}$ 是它在 $H^m(\mathbf{R}^n)$ 中之任意拓展, $v\in H_{\bar{\Omega}}^{-m}(\mathbf{R}^n)$.

以上结果的证明详见 J. Chazarain 和 A. Piriou [1].

2. 迹定理. 利用局部化和平坦化，我们可以将问题归结到 $\mathbf{R}^n$ 和 $\mathbf{R}_+^n$. 以下我们用 x 表 $\mathbf{R}^n$ 中之点， 并记 $x=(x',x_n)$, $x'=(x_1,\cdots,x_{n-1})$. 对于充分光滑的函数 $u(x)$，可以定义它在超平面 $x_n=0$ 上的限制算子 γ

$$(\gamma u)(x')=u(x',0). \tag{3.4.6}$$

以下，我们将称 γ 为迹算子. 这一段的目的是要证明 γ 可以推广到 Sobolev 空间上去，也就说，Sobolev 空间之元在某种意义上具有边值.

定理 3.4.7 设 $s>\frac{1}{2}$，则由 (3.4.6) 所定义的迹算子 γ: $C_0^\infty(\mathbf{R}^n)\to C_0^\infty(\mathbf{R}^{n-1})$ 可以唯一地拓展为一个连续算子(仍称为迹算子并记作 γ): $\gamma: H^s(\mathbf{R}^n)\to H^{s-\frac{1}{2}}(\mathbf{R}^{n-1})$.

证. 由于 $C_0^\infty(\mathbf{R}^n)$ 在 $H^s(\mathbf{R}^n)$ 中稠密，故不妨限于 $u\in C_0^\infty(\mathbf{R}^n)$ 的情况. 这时,由 Fourier 逆变换有

$$\gamma u(x')=u(x',0)=(2\pi)^{-n}\int e^{ix'\xi'}\hat{u}(\xi',\xi_n)d\xi'd\xi_n,$$

因此

$$\widehat{\gamma u}(\xi')=(2\pi)^{-1}\int\hat{u}(\xi',\xi_n)d\xi_n. \tag{3.4.7}$$

作变量变换 $\xi_n=(1+|\xi'|^2)^{\frac{1}{2}}\eta_n$，则当 $s>\frac{1}{2}$ 时有

$$\begin{aligned}(2\pi)^{-1}\int(1+|\xi|^2)^{-s}d\xi_n&=(1+|\xi'|^2)^{-s+\frac{1}{2}}\\&\quad\cdot(2\pi)^{-1}\int(1+\eta_n^2)^{-s}d\eta_n\\&=C_s(1+|\xi'|^2)^{-s+\frac{1}{2}}.\end{aligned}$$

由此,并对 (3.4.7) 应用 Schwarz 不等式有

$$\begin{aligned}|\widehat{\gamma u}(\xi')|&=\left|(2\pi)^{-1}\int(1+|\xi|^2)^{-s/2}(1+|\xi|^2)^{s/2}\hat{u}(\xi',\xi_n)d\xi_n\right|\\&\leqslant\left((2\pi)^{-1}\int(1+|\xi|^2)^{-s}d\xi_n\right)^{\frac{1}{2}}\\&\quad\cdot\left((2\pi)^{-1}\int(1+|\xi|^2)^s|\hat{u}(\xi',\xi_n)|^2d\xi_n\right)^{\frac{1}{2}}\\&=C_s^{\frac{1}{2}}[(1+|\xi'|^2)^{-s+\frac{1}{2}}]^{\frac{1}{2}}\\&\quad\cdot\left((2\pi)^{-1}\int(1+|\xi|^2)^s|\hat{u}(\xi',\xi_n)|^2d\xi_n\right)^{\frac{1}{2}},\end{aligned}$$

因此

$$\begin{aligned}\|\widehat{\gamma u}\|_{s-\frac{1}{2}}^2&=(2\pi)^{-n+1}\int(1+|\xi'|^2)^{s-\frac{1}{2}}|\widehat{\gamma u}(\xi')|^2d\xi'\\&\leqslant C_s(2\pi)^{-n}\int(1+|\xi|^2)^s|\hat{u}(\xi)|^2d\xi\end{aligned}$$

$$= C_s\|u\|_s^2. \tag{3.4.8}$$

再由 $C_0^\infty(\mathbf{R}^n)$ 在 $H^s(\mathbf{R}^n)$ 中的稠密性即得定理之证.

系 3.4.8 设 $j\in\mathbf{N}$ 而 $s-j>\frac{1}{2}$, 定义 j 阶迹算子 $\gamma^j=\gamma\circ D_{x_n}^j$, 则 γ^j: $H^s(\mathbf{R}^n)\to H^{s-j-\frac{1}{2}}(\mathbf{R}^{n-1})$ 是连续算子.

上面的定理和系不妨可以解释为 $H^s(\mathbf{R}^n)$ 中之元在低一维的超平面上的限制——或边值——将损失 $\frac{1}{2}$ 阶光滑性.

我们还应指出，迹算子是一个全射. 事实上,设满足 $s-j>\frac{1}{2}$的非负整数 j 中最大的一个是 m,则系 3.4.8 使我们可以定义一个映射

$$(\gamma^0, \gamma^1, \cdots, \gamma^m): H^s(\mathbf{R}^n)\to\prod_{j=0}^m H^{s-j-\frac{1}{2}}(\mathbf{R}^{n-1}), \tag{3.4.9}$$

这里 $\gamma^0=\gamma$. 我们要证明这是一个全射,因为有

定理 3.4.9 上述 $(\gamma^0, \gamma^1, \cdots, \gamma^m)$ 具有右逆

$$R: \prod_{j=0}^m H^{s-j-\frac{1}{2}}(\mathbf{R}^{n-1})\to H^s(\mathbf{R}^n). \tag{3.4.10}$$

证. 对任意选定的非负整数 j: $0\leqslant j\leqslant m$, 作 $\varphi\in C_0^\infty(\mathbf{R})$ 使

$$\varphi^{(k)}(0)=\delta_j^k,\ 0\leqslant k\leqslant m.$$

对 $u\in C_0^\infty(\mathbf{R}^{n-1})$, 记 $\mathbf{R}^{n-1}$ 中的点为 $x'=(x_1, \cdots, x_{n-1})$, 令

$$(R_ju)(x', x_n)=(2\pi)^{-n+1}\int e^{ix'\xi'}(1+|\xi'|^2)^{-j/2}$$

$$\cdot\varphi((1+|\xi'|^2)^{\frac{1}{2}}x_n)\hat{u}(\xi')d\xi',$$

(R_ju) 是 $C^\infty(\mathbf{R}^n)$ 函数,而且容易证明

$$\gamma^k(R_ju)=\delta_j^k u(x').$$

应用 Fourier 变换, 如定理 3.4.7 那样又容易证明存在一个常数 $C>0$, 使对一切 $u\in C_0^\infty(\mathbf{R}^{n-1})$, 有

$$\|R_j u\|_{H^s(\mathbf{R}^n)} \leqslant C \|u\|_{H^{s-j-\frac{1}{2}}(\mathbf{R}^{n-1})}. \tag{3.4.11}$$

由稠密性即得定理之证.

回到一般的超曲面,我们有

定理 3.4.10 设N是 $\Omega\subset\mathbf{R}^n$ 中的 C^∞ 超曲面，则迹算子 γ: $C_0^\infty(\Omega)\to C_0^\infty(N)$ 在 $s>\dfrac{1}{2}$ 时可以唯一拓展为连续映射 γ: $H^s_{\mathrm{loc}}(\Omega)\to H^{s-1/2}_{\mathrm{loc}}(N)$.

证. 应用局部化和平坦化就化到定理 3.4.7 的情况.

系 3.4.8 当然也可同样推广.

以上讨论了 H^s 中之元在区域内的超曲面上的限制,下面讨论在区域边界上的限制. 首先讨论从 $\overline{\mathbf{R}}^n_+$ 到其边界 $\partial\overline{\mathbf{R}}^n_+=\mathbf{R}^{n-1}$ 上的限制——亦即迹算子. 设 $u\in C_0^\infty(\overline{\mathbf{R}}^n_+)$, 和上面一样，记 $\mathbf{R}^n$ 中的点为 $x=(x', x_n)$, $x'=(x_1, \cdots, x_{n-1})$, 定义迹算子 γ^j, $C_0^\infty(\overline{\mathbf{R}}^n_+)\to C_0^\infty(\mathbf{R}^{n-1})$, $u\longmapsto D^j_n u(x', 0)$. 我们有:

定理 3.4.11 设 $s>\dfrac{1}{2}$, 上述迹算子 γ^j 可以唯一地拓展为连续算子 γ^j: $H^s(\mathbf{R}^n_+)\to H^{s-j-\frac{1}{2}}(\mathbf{R}^{n-1})$, 而且

$$(\gamma^0, \gamma^1, \cdots, \gamma^m)\colon H^s(\mathbf{R}^n_+)\to\prod_{j=0}^m H^{s-j-\frac{1}{2}}(\mathbf{R}^{n-1})$$

是全射. 这里m是适合 $s-j>\dfrac{1}{2}$ 的最大非负整数 j.

证. 先设 $u\in C_0^\infty(\overline{\mathbf{R}}^n_+)$. 由拓展定理 3.4.3, 可将 u 变为 $Pu\in C_0^\infty(\mathbf{R}^n)$, 而且易见

$$\gamma^j Pu=\gamma^j u.$$

由系 3.4.8 以及式 (3.4.5) 有

$$\begin{aligned}\|\gamma^j u\|_{H^{s-j-\frac{1}{2}}(\mathbf{R}^{n-1})} &= \|\gamma^j Pu\|_{H^{s-j-\frac{1}{2}}(\mathbf{R}^{n-1})}\\ &\leqslant C\|Pu\|_{H^s(\mathbf{R}^n)}\\ &\leqslant C_1\|u\|_{H^s(\mathbf{R}^n_+)}.\end{aligned}$$

再利用稠密性来考虑,即知 γ^j 可以拓展为连续算子 γ^j: $H^s(\mathbf{R}^n_+)\to$

$H^{s-j-\frac{1}{2}}(\mathbf{R}^{n-1})$.

$$(\gamma^0, \gamma^1, \cdots, \gamma^m):\ H^s(\mathbf{R}_+^n) \to \prod_{j=0}^{m} H^{s-j-\frac{1}{2}}(\mathbf{R}^{n-1})$$

是全射及其右逆存在可以如同定理 3.4.9 一样去证明.

回到一般的正则开集,则有

定理 3.4.12 设 Ω 是 $\mathbf{R}^n$ 的有界正则开集. 对 $u \in C^\infty(\bar{\Omega})$ 定义迹算子 $\gamma^j u = \left(\frac{\partial}{\partial \nu}\right)^j u|_{\partial\Omega}$, $\frac{\partial}{\partial \nu}$ 是 $\partial\Omega$ 的外法线方向导数. 若 j 适合 $s-j>\frac{1}{2}$, 则 γ^j 可以拓展为由 $H^s(\Omega)$ 到 $H^{s-j-\frac{1}{2}}(\partial\Omega)$ 上的连续映射,而且是全射.

最后,我们还要指出一个结果:对于正则开集 Ω, $H_0^m(\Omega)$ 就是 $H^m(\Omega)$ 中之 j 阶迹 $\gamma^j u=0$, $j=0,1,\cdots,m-1$ 的元所成之集. 也就是说, $H_0^m(\Omega)$ 中的元即边值在一定意义下为 0 的 $H^m(\Omega)$ 函数.

还有一些与本章结果直接有关的事实将在以下各章中随时提出.

第四章　振荡积分、象征和稳定位相法

§1. 振荡积分

1. 基本定义. 本章中我们将要讨论形如

$$(Au)(x)=(2\pi)^{-n}\iint e^{i\Phi(x,y,\theta)}a(x,y,\theta)u(y)dyd\theta \qquad (4.1.1)$$

的积分. 它首先以

$$(Au)(x)=(2\pi)^{-n}\int e^{i\Phi(x,\xi)}a(x,\xi)\hat{u}(\xi)d\xi \qquad (4.1.2)$$

的形状出现在 P. D. Lax 关于 Cauchy 问题的渐近解法的工作 [1] 中. 若将 $\hat{u}(\xi)=\int e^{-iy\xi}u(y)dy$ 代入 (4.1.2) 则得

$$(Au)(x)=(2\pi)^{-n}\iint e^{i[\Phi(x,\xi)-y\cdot\xi]}a(x,\xi)u(y)dyd\xi.$$

它当然是 (4.1.1) 之特例, 但是 $a(x,\xi)$ 中不含 y 是不自然的, 因此 Hörmander 在 [9], [11] 中引入了 (4.1.1).

$a(x,y,\theta)$称为(4.1.1)的振幅函数, 这里恒设它是 $x\in\Omega_1\in\mathbf{R}^{n_1}$, $y\in\Omega_2\subset\mathbf{R}^{n_2}$ (Ω_i 为开集)及 $\theta\in\mathbf{R}^N$ 的 C^∞ 函数. 对于它我们将要加上一些限制.

定义 4.1.1 $S^m_{\rho,\delta}$ 类即指满足以下条件的 $C^\infty(\Omega_1\times\Omega_2\times\mathbf{R}^N)$ 函数的集合: 对任一紧集 $K\Subset\Omega_1\times\Omega_2$ 以及重指标 α,β_1,β_2 存在常数 $C(\alpha,\beta_1,\beta_2,K)>0$ 使

$$|\partial_\theta^\alpha\partial_x^{\beta_1}\partial_y^{\beta_2}a(x,y,\theta)|\leqslant C(\alpha,\beta_1,\beta_2,K)(1+|\theta|)^{m-\rho|\alpha|+\delta|\beta_1+\beta_2|}, \qquad (4.1.3)$$

这里 $(x,y)\in K$, $\theta\in\mathbf{R}^N$, $0\leqslant\rho,\delta\leqslant1$.

注意, $S^m_{\rho,\delta}$ 类中的函数一般允许取复值.

(4.1.1) 中的函数 $\Phi(x, y, \theta)$ 通常取为相函数，即

定义 4.1.2 相函数即一个 $C^\infty(\Omega_1 \times \Omega_2 \times \mathbf{R}^N\backslash 0)$ 函数 $\Phi(x, y, \theta)$，它对 θ 是一次正齐性的，即

$$\Phi(x, y, t\theta) = t\Phi(x, y, \theta), \ t > 0, \tag{4.1.4}$$

而且当 $\theta \neq 0$ 时没有临界点，即当$\theta \neq 0$时，$\mathrm{grad}_{(x,y,\theta)}\Phi(x,y,\theta) \neq 0$.

在本书中相函数恒规定取实值.

我们规定相函数在 $\Omega_1 \times \Omega_2 \times \mathbf{R}^N\backslash 0$ 中光滑是因为齐性函数一般地不可能在 $\theta = 0$ 处光滑.

实际上，在前几章中我们已多次见到了 (4.1.1) 或 (4.1.2) 型的积分. 例如设 A 是微分算子

$$P(x, D) = \sum_{|\alpha| \leq m} a_\alpha(x) D^\alpha, \quad a_\alpha(x) \in C^\infty(\Omega),$$

则由 Fourier 变换知

$$(Pu)(x) = (2\pi)^{-n} \iint e^{i(x-y)\cdot\xi} P(x, \xi) u(y) dy d\xi.$$

这里振幅函数 $P(x, \xi)$ 不含 y，但它显然在 $\Omega \times \Omega \times \mathbf{R}^n$ ($n = \dim\Omega$) 中属于 $S^m_{1,0}$. $\Phi(x, y, \xi) = (x - y)\cdot\xi$ 适合相函数的一切要求. 又如在第三章中定义 Sobolev 空间 H^s 时，我们遇到了算子

$$(2\pi)^{-n} \int e^{ix\xi} (1 + |\xi|^2)^m \hat{u}(\xi) d\xi,$$

它是 (4.1.2) 型的积分. 相应的振幅函数是

$$(1 + |\xi|^2)^m \in S^{2m}_{1,0},$$

相函数仍是 $(x - y)\cdot\xi$.

$S^m_{\rho,\delta}$ 中最常见的是 $S^m_{1,0}$，以下我们简记为 S^m；$S^m_{\rho,0}$ 则记为S^m_ρ. 但在不同的问题中确会遇到其它的 ρ 和 δ，而且时常会带来一些麻烦.

在 (4.1.1) 中我们首先设 $u \in C_0^\infty(\Omega_2)$，这时，对 y 的积分不成问题，但 $S^m_{\rho,\delta}$ 类中的函数对 θ 具有多项式阶的增长性，因此，对 θ 的积分通常是发散积分，这时对 (4.1.1) 应该赋以意义. 当 $a \in S^m_{\rho,\delta}$，而 $\Phi(x, y, \theta)$ 是相函数时，(4.1.1) 就称为振荡积分，赋它以意义就称为其正规化. 在进行正规化以前，为方便起见我们将

x 看作参数而暂时略去，将 y 写成 x，而将 (4.1.1) 写为

$$I_\Phi(au) \equiv \iint e^{i\Phi(x,\theta)}a(x,\theta)u(x)dxd\theta,\ u(x)\in C_0^\infty(\Omega), \tag{4.1.1'}$$

这里 $x\in\Omega\subset\mathbf{R}^n$，$\theta\in\mathbf{R}^N$. 没有必要假设 $n=N$，尽管在以后实际用到它时确实是 $n=N$.

振荡积分的正规化有两种途径. 其一是以下面的引理为基础的：

引理 4.1.3 在 $\Omega\times\mathbf{R}^N$ 上存在一个具有 C^∞ 系数的微分算子

$$L=\sum_{j=1}^N a_j(x,\theta)\frac{\partial}{\partial\theta_j}+\sum_{j=1}^n b_j(x,\theta)\frac{\partial}{\partial x_j}+c(x,\theta),$$

其中 $a_j\in S^0(\Omega\times\mathbf{R}^N)$，$b_j\in S^{-1}(\Omega\times\mathbf{R}^N)$，$c\in S^{-1}(\Omega\times\mathbf{R}^N)$，使得其形式转置算子适合

$$\begin{aligned}{}^tL(e^{i\Phi})&=\left[-\sum_{j=1}^N\frac{\partial}{\partial\theta_j}(a_j\cdot)-\sum_{j=1}^n\frac{\partial}{\partial x_j}(b_j\cdot)+c\right]e^{i\Phi}\\&=e^{i\Phi}.\end{aligned}$$

证. 因为 $\frac{\partial}{\partial\theta_j}e^{i\Phi}=i\frac{\partial\Phi}{\partial\theta_j}e^{i\Phi}$，$\frac{\partial}{\partial x_j}e^{i\Phi}=i\frac{\partial\Phi}{\partial x_j}e^{i\Phi}$，故

$$\left(-\sum_{j=1}^N i\frac{\partial\Phi}{\partial\theta_j}|\theta|^2\frac{\partial}{\partial\theta_j}-\sum_{j=1}^n i\frac{\partial\Phi}{\partial x_j}\frac{\partial}{\partial x_j}\right)e^{i\Phi}$$

$$=\left(\sum_{j=1}^N|\theta|^2\left|\frac{\partial\Phi}{\partial\theta_j}\right|^2+\sum_{j=1}^n\left|\frac{\partial\Phi}{\partial x_j}\right|^2\right)e^{i\Phi}=\frac{1}{\phi}e^{i\Phi}.$$

因为 Φ 在 $\theta\neq0$ 时无临界点，所以 $\theta\neq0$ 时 ϕ 是光滑的，从而有

$$-i\phi\left(\sum_{j=1}^n|\theta|^2\frac{\partial\Phi}{\partial\theta_j}\frac{\partial}{\partial\theta_j}+\sum_{j=1}^n\frac{\partial\Phi}{\partial x_j}\frac{\partial}{\partial x_j}\right)e^{i\Phi}=e^{i\Phi}. \tag{4.1.5}$$

但这样作出的算子还不是我们要求的 ${}^tL$，因为 ϕ 是 θ 的 -2 阶正齐性函数，因而在 $\theta=0$ 处有奇性. 所以我们还需进一步作一个截断函数 $\chi(\theta)\in C_0^\infty(\mathbf{R}^N)$，而且在 $\theta=0$ 的某个邻域中 $\chi(\theta)\equiv1$，于是由 (4.1.5) 有

$$\left[-i\phi(1-\chi)\sum_{j=1}^N|\theta|^2\frac{\partial\Phi}{\partial\theta_j}\frac{\partial}{\partial\theta_j}-i\phi(1-\chi)\sum_{j=1}^n\frac{\partial\Phi}{\partial x_j}\frac{\partial}{\partial x_j}\right.$$

$$+\chi(\theta)\Big]e^{i\Phi}=e^{i\Phi}.$$

很容易验证，这个算子中 $\dfrac{\partial}{\partial\theta_j}$，$\dfrac{\partial}{\partial x_j}$ 的系数和 $\chi(\theta)$ 恰好属于 S^0，S^{-1}，S^{-1}. 令它的形式转置算子为 L，则它正是 ${}^tL$，而 L 之系数正符合所求. 证毕.

振荡积分的正规化的第一个方法如下：

先设 $m<-N$. 因为 $e^{i\Phi}=({}^tL)^k e^{i\Phi}$，代入 (4.1.1′) 并且作分部积分. 因为 $u(x)$ 有紧支集，对 x 作分部积分时，"积分号外"的部分为 0；又因 au 当 $|\theta|\to+\infty$ 时为 0，$L(au)$ 当 $|\theta|\to\infty$ 时也为 0，… 所以对 θ 分部积分时，积分号外的部分也为 0，故

$$I_\Phi(au)=\iint e^{i\Phi(x,\theta)}L^k(a(x,\theta)u(x))dxd\theta. \qquad (4.1.6)$$

很容易验证 $L^k(a(x,\theta)u(x))\in S^{m-ks}_{\rho,\delta}$，$s=\min[\rho,1-\delta]$. 所以在 $\rho>0$ 与 $\delta<1$时 $s>0$，而只要 k 充分大，$m-ks$ 可以小于任意给定数.

以上是在 $m<-N$ 时作的讨论. 若 $m\geqslant -N$，则 (4.1.1′) 没有意义，但适当选 k 使 $m-ks<-N$，则 (4.1.6) 有意义，而且其值与 k 无关(只要 k 能保证 $m-ks<-N$). 我们就以 (4.1.6) 之值作为 $m\geqslant -N$ 时振荡积分 (4.1.1′) 的定义. 这是正规化的第一个途径.

第二个途径如下：作截断函数 $\chi(\theta)$ 如上，并且定义

$$I_{\Phi,\varepsilon}(au)=\iint e^{i\Phi(x,\theta)}\chi(\varepsilon\theta)a(x,\theta)u(x)dxd\theta,$$

且试图以 $I_{\Phi,\varepsilon}$ 当 $\varepsilon\to 0$ 时的极限作为 (4.1.1′) 的定义. 事实上如第一种途径那样作分部积分有

$$I_{\Phi,\varepsilon}(au)=\iint e^{i\Phi(x,\theta)}L^k(\chi(\varepsilon\theta)a(x,\theta)u(x))dxd\theta.$$

注意到存在一个与 ε 无关的常数 $C_\gamma>0$ 使

$$|\partial_\theta^\gamma\chi(\varepsilon\sigma)|\leqslant C_\gamma(1+|\theta|^2)^{-|\gamma|/2},$$

就容易看到当 $\varepsilon\to 0$ 时，上式有极限存在. 我们就用这个极限作

为振荡积分 (4.1.1′) 的定义．当然这里应取 k 充分大使 $m-ks<-N$．由于这个极限就是式 (4.1.6)，我们一方面看到它与 χ 的取法无关；同时也看到，振荡积分的这两种正规化是一致的．

总结以上的结果，我们得到

定理 4.1.4 若 $\rho>0$，$\delta<1$ 而 $a(x,\theta)\in S^m_{\rho,\delta}$，$\Phi(x,\theta)$ 是相函数，则可以用下式来定义

$$I_\Phi(au)=\iint e^{i\Phi(x,\theta)}a(x,\theta)u(x)dxd\theta,\ u(x)\in C_0^\infty(\Omega),$$

并称之为振荡积分：

$$I_\Phi(au)=\iint e^{i\Phi(x,\theta)}L^k(a(x,\theta)u(x))dxd\theta$$

$$=\lim_{\varepsilon\to 0}\iint e^{i\Phi(x,\theta)}\chi(\varepsilon\theta)a(x,\theta)u(x)dxd\theta,$$

这里 k 的选取应适合

$$m-ks<-N,\ s=\min(\rho,1-\delta),\ \chi(\theta)\in C_0^\infty(\mathbf{R}^N)$$

而且在 $\theta=0$ 的某一邻域中 $\chi(\theta)\equiv 1$．

2. 含参数的振荡积分． 前面我们已说过，(4.1.1′) 是由 (4.1.1) 中略去参数而来．振荡积分之所以重要，在一定程度上是由于可以和普通积分一样，在积分号下对参数进行微分或积分运算．所以我们现在再回到 (4.1.1) 而且考虑更为一般的含有参数的振荡积分

$$F(x)=\iint e^{i\Phi(x,y,\theta)}a(x,y,\theta)u(x,y)dyd\theta. \quad (4.1.1'')$$

这里我们假设：

1° $\Phi(x,y,\theta)$ 对 y 和 θ 而言是相函数，因此 $\mathrm{grad}_{y,\theta}\Phi(x,y,\theta)\neq 0$；

2° $x\in\Omega_1\subset\mathbf{R}^{n_1}$，$y\in\Omega_2\subset\mathbf{R}^{n_2}$，$a\in S^m_{\rho,\delta}$，$\rho>0$，$\delta<1$；

3° $u(x,y)\in C_0^\infty(\Omega_1\times\Omega_2)$．

在这些条件下 (4.1.1″) 是有意义的，因而定义了 x 的函数 $F(x)$．

定理 4.1.5 在上述假设下；

1° $F(x)\in C_0^\infty(\Omega_1)$.

2° $\int F(x)\,dx=\iiint e^{i\Phi(x,y,\theta)}a(x,y,\theta)u(x,y)dxdyd\theta$ (4.1.7)

右方表示一个振荡积分，而积分的次序是 $dx\to dy\to d\theta$.

3° $D_x^\alpha F(x)=\iint D_x^\alpha[e^{i\Phi(x,y,\theta)}a(x,y,\theta)u(x,y)]dyd\theta$.

证. 1° $\Pi_x\text{supp}\,u(x,y)\Subset\Omega_1$. 若 $x\notin\Pi_x\text{supp}\,u(x,y)$ 则 $u(x,y)=0$，从而 $F(x)=0$. 这就是说

$$\text{supp}F(x)\subset\Pi_x\text{supp}\,u(x,y)$$

右方是 Ω_1 的紧子集. $F(x)\in C^\infty$ 由3°可知.

2° 因为 $F(x)$ 有紧支集，所以 $\int F(x)dx$ 实际上是紧集上的积分. 因为 (4.1.1″) 是振荡积分，所以可以作出

$$L=L\left(x,y,\theta,\frac{\partial}{\partial y},\frac{\partial}{\partial\theta}\right)$$

而使

$$F(x)=\iint e^{i\Phi(x,y,\theta)}L^k(a(x,y,\theta)u(x,y))dyd\theta.$$

现在右方是通常的绝对收敛的积分，故由 Fubini 定理即得 2° 之证.

3° 作截断函数 $\rho_k(\theta)=\chi\left(\frac{1}{k}\theta\right)$，并用 $a_k=a\rho_k$ 代替 a 置入 (4.1.1″) 中，令所得之函数为 $F_k(x)$，显然 $F_k(x)$ 当 $k\to\infty$ 时对 $x\in\Omega_1$ 一致收敛于 $F(x)$. 又 $F_k(x)\in C_0^\infty(\Omega_1)$ 是显然的，因为可以在积分号下求导数. 我们有

$$D_x^\alpha F_k(x)=\iint e^{i\Phi(x,y,\theta)}b_\alpha(x,y,\theta)\rho_k(\theta)dyd\theta,$$

这里 $b_\alpha(x,y,\theta)=e^{-i\Phi}D_x^\alpha(e^{i\Phi}au)$. 很容易看到

$$b_\alpha(x,y,\theta)\in S_{\rho,\delta}^{m+|\alpha|}.$$

因此应用振荡积分正规化可知对 x 一致地有

$$\lim_{k\to\infty}D_x^\alpha F_k(x)=\iint e^{i\Phi(x,y,\theta)}b_\alpha(x,y,\theta)dyd\theta$$

$$= \iint D_x^{\alpha}[e^{i\Phi(x,y,\theta)}a(x, y, \theta)u(x, y)]dyd\theta.$$

由数学分析的知识即得 3° 之证. 证毕.

因为振荡积分在正规化以后实际上是一个绝对收敛积分，所以 Fubini 定理对它也是成立的.

3. 振荡积分所定义的广义函数. 现在回到不含参数的情况，即

$$I_{\Phi}(au) = \iint e^{i\Phi(x,\theta)}a(x, \theta)u(x)dxd\theta \tag{4.1.1'}$$

在固定了 Φ 和 a 以后，它是 $u(x) \in \mathscr{D}(\Omega)$ 的线性泛函. 我们可以证明它是连续线性泛函，因而定义一个广义函数 A:

$$I_{\Phi}(au) = \langle A, u\rangle. \tag{4.1.8}$$

定理 4.1.6 若 k 适合 $m - ks < -N$, $s = \min(\rho, 1 - \delta) > 0$, 则 (4.1.8) 定义一个不超过 k 阶的 $\mathscr{D}'$ 广义函数，称为 Fourier 积分分布.

证. 设 $u \in \mathscr{D}_K(\Omega)$, K 是 Ω 的紧子集，则容易验证

$$|I_{\Phi}(au)| = \left|\iiint e^{i\Phi(x,\theta)}L^k(a(x, \theta)u(x))dxd\theta\right|$$

$$\leqslant \sum_{|\alpha|=0}^{k} C_{\alpha}\sup_K |D^{\alpha}u(x)|,$$

从而命题得证.

特别是若 $k = 0$, 则振荡积分本身就是绝对收敛的而不需正规化. 这时，应用 Fubini 定理知道

$$I_{\Phi}(au) = \langle A, u\rangle = \int\left[\int e^{i\Phi(x,\theta)}a(x, \theta)d\theta\right]u(x)dx,$$

因此广义函数 A 就成了通常的函数(现在是 $C^{\infty}(\mathbf{R}^n)$ 函数)

$$A = \int e^{i\Phi(x,\theta)}a(x, \theta)d\theta. \tag{4.1.9}$$

但对一般的 k 上式就不再有意义，甚至也不能理解为振荡积分，因为我们只知道 $\mathrm{grad}_{(x,\theta)}\Phi \neq 0$ 而不能断定 $\mathrm{grad}_{\theta}\Phi(x, \theta) \neq 0$; 但是我们仍旧形式地应用 (4.1.9) 来表示 $I_{\Phi}(au)$ 所定义的广义函数.

为了进一步讨论广义函数 A 的性质，当然需要注意到相函数 $\Phi(x,\theta)$. 它对 θ 是正齐性函数，而相应于它有一个重要的概念

定义 4.1.7 $\Omega\times(\mathbf{R}^N\backslash 0)$ 的子集 U 称为锥形集，如果

$$(x,\theta)\in U\Rightarrow(x,t\theta)\in U(t>0);\quad (x_0,\theta_0)\in\Omega\times(\mathbf{R}^N\backslash 0)$$

的邻域如果是一个锥形集就称为一个锥邻域.

锥形性质将变量 x 和 θ 区别开来了. 我们会看到，这是有重要根据的，我们将会看到，我们需要在余切丛 $T^*\Omega$ 上讨论相函数与振幅函数，这样，x 将是底空间的坐标而 θ 将是纤维坐标.

在讨论 A 的性质时，一个起重要作用的集是

$$C_\Phi=\{(x,\theta)\in\Omega\times(\mathbf{R}^N\backslash 0),\ \mathrm{grad}_\theta\Phi(x,\theta)=0\}. \quad (4.1.10)$$

记从 $\Omega\times(\mathbf{R}^N\backslash 0)$ 到 Ω 的投影算子为 π,

$$\pi C_\Phi=S_\Phi,\quad R_\Phi=\Omega\backslash S_\Phi. \quad (4.1.11)$$

定理 4.1.8 sing supp $A\subset S_\Phi$ 或 A 在 R_Φ 中是 C^∞ 函数.

证.设 $x_0\in S_\Phi$ 即指存在 $\theta\in\mathbf{R}^N\backslash 0,\Phi_\theta(x_0,\theta)=0$.所以若 $x_0\in R_\Phi$ 使对任意 $\theta\in\mathbf{R}^N\backslash 0$, $\Phi_\theta(x_0,\theta)\neq 0$. 由 Φ 之连续性，必有 x_0 的邻域 V，使在 $V\times(\mathbf{R}^N\backslash 0)$ 中 $\Phi_\theta(x,\theta)\neq 0$，于是可以应用振荡积分的正规化方法（定理 4.1.5）知当 $x\in V$ 时 $A=A(x)\in C^\infty$，而且对 $u\in C_0^\infty(V)$ 有

$$\langle A,u\rangle=\int A(x)u(x)dx.$$

所以 $A|_V\in C^\infty(V)$，从而定理 4.1.8 得证.

上面我们没有讨论振幅函数的作用. 实际上很容易看到有

系 4.1.9 若在 S_Φ 附近 $a\equiv 0$，则 $A=A(x)$ 是一个 C^∞ 函数.

这个结果还可以进一步精密化，但为此需要进一步讨论 a 的性质. 在本节最后，我们要介绍一个十分重要的概念:

定义 4.1.10 相函数 $\Phi(x,\theta)$ 称为非退化的，如果微分

$$d\left(\frac{\partial\Phi}{\partial\theta_j}\right)(j=1,\cdots,N)$$

线性无关的话，亦即

$$\mathrm{rank}(\Phi_{\theta\theta}\Phi_{\theta x}) = \mathrm{rank}\begin{pmatrix} \frac{\partial^2\Phi}{\partial\theta_1\partial\theta_1} & & & \frac{\partial^2\Phi}{\partial\theta_1\partial x_1} & \cdots & \frac{\partial^2\Phi}{\partial\theta_1\partial x_n} \\ & \ddots & & & \cdots & \\ & & \frac{\partial^2\Phi}{\partial\theta_N\partial\theta_N} & \frac{\partial^2\Phi}{\partial\theta_n\partial x_1} & \cdots & \frac{\partial^2\Phi}{\partial\theta_N\partial x_n} \end{pmatrix}$$

$$= N.$$

定理 4.1.11 当相函数 Φ 是非退化时，C_Φ 是 $\Omega\times(\mathbf{R}^N\backslash 0)$ 的 n 维子流形.

证明只不过是应用隐函数存在定理罢了.

§2. 象征的空间

1. $S^m_{\rho,\delta}(\Gamma)$. 上节中我们称 (4.1.1) 中的 $a(x,y,\theta)$ 为振幅函数，而且在下一章中我们将明确地定义什么是象征. 但是目前我们暂时混用这些名词，因为我们真正关心的乃是空间 $S^m_{\rho,\delta}$. 由于锥形集在以后的讨论中将起重要的作用，我们先要讨论 $S^m_{\rho,\delta}$ 的一个推广 $S^m_{\rho,\delta}(\Gamma)$，这里 Γ 是 $\Omega\times\mathbf{R}^N$ 的一个锥形集. 首先我们介绍一些名词和记号. 若 $K\subset\Omega\times\mathbf{R}^N$，我们记

$$K^c=\{(x,t\theta);(x,\theta)\in K,\ t\geqslant 1\},$$

$$\Gamma\backslash 0=\{(x,\theta)\in\Gamma,\theta\neq 0\},\ \mathbf{R}^N_0=\mathbf{R}^N\backslash 0;$$

若 $a\in C^\infty(\Omega\times\mathbf{R}^N)$，则使 a 在其外恒为 0 的最小闭锥集称为 a 之锥支集.

定义 4.2.1 设 Γ 是 $\Omega\times\mathbf{R}^N$ 的开锥形子集，$a\in C^\infty(\Gamma)$ 称为属于 $S^m_{\rho,\delta}(\Gamma)$ 是指对 Γ 的任一紧子集 K 以及任意的重指标 α,β 存在常数 $C=C(\alpha,\beta,K)>0$ 使得对 $(x,\theta)\in K^c$ 有

$$|\partial_x^\beta\partial_\theta^\alpha a(x,\theta)|\leqslant C(1+|\theta|)^{m-\rho|\alpha|+\delta|\beta|}. \tag{4.2.1}$$

我们记 $S^{+\infty}_{\rho,\delta}(\Gamma)=\bigcup\limits_m S^m_{\rho,\delta}(\Gamma)$，$S^{-\infty}_{\rho,\delta}(\Gamma)=\bigcap\limits_m S^m_{\rho,\delta}(\Gamma)$.

当 $\Gamma=\Omega\times\mathbf{R}^N$ 时，$S^m_{\rho,\delta}(\Gamma)$ 即上节之 $S^m_{\rho,\delta}$；$a\in C^\infty(\Gamma)$ 若对 θ 为 m 次正齐性(即有 $a(x,t\theta)=t^m a(x,\theta)$，$t>0$)，则 $a\in S^m_{1,0}(\Gamma)$. 和上一节一样，$S^m_{\rho,0}(\Gamma)$ 就记作 $S^m_\rho(\Gamma)$，$S^m_{1,0}(\Gamma)$ 就记作 $S^m(\Gamma)$. 若

$a(x, \theta) \equiv 0$（当 $|\theta|$ 充分大时），显然 $a \in S^{-\infty}_{\rho,\delta}(\Gamma)$.

$S^m_{\rho,\delta}(\Gamma)$ 有一些明显的性质，现归纳为

定理 4.2.2 1° 当 $m_1 \leqslant m_2$ 时有 $S^{-\infty}_{\rho,\delta}(\Gamma) \subset S^{m_1}_{\rho,\delta}(\Gamma) \subset S^{m_2}_{\rho,\delta}(\Gamma) \subset S^{+\infty}_{\rho,\delta}(\Gamma)$.

2° 若 $a_1 \in S^{m_1}_{\rho_1,\delta_1}(\Gamma)$, $a_2 \in S^{m_2}_{\rho_2,\delta_2}(\Gamma)$, 则 $a_1 a_2 \in S^m_{\rho,\delta}$, 这里

$m = m_1 + m_2$, $\rho = \min(\rho_1, \rho_2)$, $\delta = \max(\delta_1, \delta_2)$.

3° 若 $a \in S^m_{\rho,\delta}(\Gamma)$, 则 $\partial_x^\beta \partial_\theta^\alpha a(x, \theta) \in S^{m-\rho|\alpha|+\delta|\beta|}_{\rho,\delta}(\Gamma)$.

4° 若 $a \in C^\infty(\Gamma)$, 则 $a \in S^m_{\rho,\delta}(\Gamma)$ 当且仅当 $a \in S^m_{\rho,\delta}(\Gamma \backslash 0)$.

这个定理的证明几乎是自明的，我们不再一一叙述．只是要提出，由 2° 知 $S^{+\infty}_{\rho,\delta}(\Gamma)$ 是一个交换代数，$S^{-\infty}_{\rho,\delta}(\Gamma)$ 是它的一个理想．因此，若 $a, b \in S^m_{\rho,\delta}(\Gamma)$ 而且 $a - b \in S^{-\infty}_{\rho,\delta}(\Gamma)$，则 a 与 b 有一个等价关系，记作 $a \sim b$．在偏微分算子理论的许多问题中，没有必要区别具有这关系的两个象征．这在以下的讨论中是极为重要的．

在许多问题中，我们会遇到某个性质“对充分大的 $|\theta|$ 成立”，例如说，对充分大的 $|\theta|$，$a \in S^m_{\rho,\delta}(\Gamma)$ 即指对于 Γ 的紧集 K，存在一个常数 $r_K > 0$ 使 a 当 $(x, \theta) \in \Gamma$ 且 $|\theta| > r_K$ 时属于 C^∞，而且式 (4.2.1) 对 $|\theta| \geqslant r_K$ 成立．这时 $|\theta| > 3r_K/2$ 和 $|\theta| < 2r_K$ 构成 $\mathbf{R}^N$ 的开覆盖，相应地可以作一的 C^∞ 分割 $\chi_0(\theta)$ 和 $\chi_1(\theta)$．任取一个函数 $a_1 \in C^\infty(\Gamma)$，（例如取 $a_1 \equiv 0$）．令

$$b = \chi_0(\theta) a(x, \theta) + \chi_1(\theta) a_1(x, \theta),$$

则 $b \in C^\infty(\Gamma)$ 而且适当选取 $C = C(\alpha, \beta, K)$ 可以使 (4.2.1) 对 $b(x, \theta)$ 成立，从而 $b \in S^m_{\rho,\delta}(\Gamma)$．因为 $a - b \equiv 0$ ($|\theta| > 2r_K$)，故 $a \sim b$．因此对充分大的 $|\theta|$ 属于 $S^m_{\rho,\delta}(\Gamma)$ 的象征在许多问题中都可以用 $S^m_{\rho,\delta}(\Gamma)$ 中的象征来代替．其它“对充分大的 $|\theta|$ 成立”的性质也往往可以这样来处理．

函数 $a \in S^m_{\rho,\delta}(\Gamma)$ 是一个局部性质，因为有

定理 4.2.3 设 $\Gamma \subset \Omega \times \mathbf{R}^N$ 是一个开锥形集，$a \in C^\infty(\Gamma)$．若任一点 $(x_0, \theta_0) \in \Gamma \backslash 0$ 均有一个锥邻域 $V \subset \Gamma \backslash 0$ 而使 $a|V \subset S^m_{\rho,\delta}(V)$，则 $a \in S^m_{\rho,\delta}(\Gamma)$.

证．根据定理 4.2.2 之 4°，我们不妨只考虑 $\Gamma=\Gamma\backslash 0$ 的情况．令 K 为 Γ 之一紧集，则 $\varepsilon=\inf\limits_{K}|\theta|>0$．由假设，对 $(x_0,\theta_0)\in\Gamma$，必可找到一个邻域 V_0 使当 $|\theta|>\varepsilon$ 时

$$|\partial_x^\beta\partial_\theta^\alpha a(x,\theta)|\leqslant C(1+|\theta|)^{m-\rho|\alpha|+\delta|\beta|}.$$

用有限多个这样的 V_0 覆盖 K 即知上式在 K^c 中成立．定理证毕．

2. $S_{\rho,\delta}^m(\Gamma)$ 在变量变换下的性态． 设 $\Gamma_j(j=1,2)$ 分别是 $\mathbf{R}^{n_j}\times\mathbf{R}_0^{N_j}$ 中的锥形集，其中的坐标分别为 (x,ξ) 和 (y,η)．如果有一个 C^∞ 映射 $f:\Gamma_1\to\Gamma_2$ 使 $y=y(x,\xi)$，$\eta=\eta(x,\xi)$ 对 ξ 分别为零次和一次正齐性的，就说 f 与乘法群 $\mathbf{R}^+$ 的作用可交换(因为下面的图式是可交换的)．

$$\begin{array}{ccc}(x,\xi) & \xrightarrow{\mathbb{R}^+} & (x,t\xi)\\ f\downarrow & & \downarrow f\\ (y,\eta) & \xrightarrow[\mathbb{R}^+]{} & (y,t\eta)\end{array}$$

现在设 $a\in S_{\rho,\delta}^m(\Gamma_2)$，我们要问 $f^*a=a\circ f=b$ 是否在 $S_{\rho,\delta}^m(\Gamma_1)$ 中？答案见于以下的定理

定理 4.2.4 设 f 与乘法群 $\mathbf{R}^+$ 的作用可交换，则在以下的情况下，$b\in S_{\rho,\delta}^m(\Gamma_1)$：

1° $\rho+\delta=1$；

2° $\rho+\delta\geqslant 1$，而 $y=y(x)$ 与 ξ 无关；

3° $y=y(x)$，$\eta=\eta(\xi)$ 而 ρ，δ 为任意．

在讨论象征时 ξ，η 时常称为纤维坐标，而集 $\{(x_0,\xi)\}$ 称为 x_0 处的纤维．这样上述的条件 2° 中 y 与 ξ 无关，则 x_0 处的纤维变为 $y(x_0)=y_0$ 处的纤维 $\{(y_0,\eta(x_0,\xi)\}$．我们说这样的变换是保持纤维的．

定理的证明．我们用 $b^{(j)}$ 和 $b_{(j)}$ 分别记 $\dfrac{\partial a}{\partial\eta_j}\circ f$ 和 $\dfrac{\partial a}{\partial y_j}\circ f$ 则有

$$\frac{\partial b}{\partial\xi_l}=\sum_j b^{(j)}\frac{\partial\eta_j}{\partial\xi_l}+\sum_j b_{(j)}\frac{\partial y_j}{\partial\xi_l},$$

$$\frac{\partial b}{\partial x_l}=\sum_j b^{(j)}\frac{\partial\eta_j}{\partial x_l}+\sum_j b_{(j)}\frac{\partial y_j}{\partial x_l}.$$

由于 f 与 $\mathbf{R}^+$ 的作用可交换，$\frac{\partial \eta_j}{\partial \xi_l}$，$\frac{\partial y_j}{\partial x_l}$ 是 ξ 的 0 次正齐性函数，$\frac{\partial \eta_j}{\partial x_l}$ 与 $\frac{\partial y_j}{\partial \xi_l}$ 则分别是 1 次和 -1 次正齐性函数. 利用 $a \in S^m_{\rho,\delta}(\Gamma)$，当 $(x, \xi) \in \dot{K} \Subset \Gamma$ 时很容易得出以下的估计：当 $(x, \xi) \in K^c$ 时，

$$\left|\frac{\partial b}{\partial \xi_l}\right| \leqslant C[(1+|\xi|)^{m-\rho} + (1+|\xi|)^{m+\delta-1}],$$

$$\left|\frac{\partial b}{\partial x_l}\right| \leqslant C[(1+|\xi|)^{m-\rho+1} + (1+|\xi|)^{m+\delta}].$$

若 $\rho + \delta = 1$，则 $m - \rho = m + \delta - 1$，$m - \rho + 1 = m + \delta$，由此可以反复应用上式而知 $b \in S^m_{\rho,\delta}(\Gamma_1)$，而 1° 得证.

在 2° 的情况下 $\frac{\partial y_j}{\partial \xi_l} = 0$，$m - \rho + 1 \leqslant m + \delta$，从而又得以上结果. 在 3° 下，$\frac{\partial y_j}{\partial \xi_l} = \frac{\partial \eta_j}{\partial x_l} = 0$，这个结果仍成立. 定理证毕.

利用这个定理，可将系 4.1.9 精密化而得

定理 4.2.5 设 (4.1.9) 中的相函数是非退化的而且以下两条件中有一个成立：

1° $\rho + \delta = 1$ 且 $\rho > \delta$；

2° $\rho > \delta$ 且 $\Phi(x, \theta)$ 对 θ 是线性的，

则 1° 若 a 在 C_ϕ 上无限阶为 0，则 (4.1.9) 中的

$A = A(x) \in C^\infty(\Omega)$；

2° 若 a 在 C_ϕ 上为 0，则存在 $b \in S^{m-(\rho-\delta)}_{\rho,\delta}(\Omega \times \mathbf{R}^N)$ 使对任意 $u(x) \in C_0^\infty(\Omega)$，$I_\Phi(au) = I_\Phi(bu)$.

为此，先应证明一个引理，它是著名的 Hadamard 引理的一个变形.

引理 4.2.6 令 $\varphi_1 \cdots, \varphi_k$ 是 $\Omega \times \mathbf{R}^N \backslash 0$ 中的 C^∞ 函数，对 θ 为零次正齐性，而在

$C = \{(x, \theta) \in \Omega \times \mathbf{R}^N \backslash 0, \phi_j(x, \theta) = 0, j = 1, \cdots, k\}$

上，$d\phi_1, \cdots, d\phi_k$ 是线性无关的，$a(x, \theta) \in S^m_{\rho,\delta}(\Omega \times \mathbf{R}^N \backslash 0)$，若

1° $\rho + \delta = 1$ 或

2° $\phi_1, \cdots, \phi_k$ 只是 x 的函数，

则当 a 在 C 上为 0（无限阶为 0）时，必存在 $a_j \in S^{m+\delta}_{\rho,\delta}(\Omega \times \mathbf{R}^N)$ $(j = 1, \cdots, N)$（在 C 上无限阶为 0），使得

$$a = \sum_{i=1}^{k} a_i \varphi_i. \tag{4.2.2}$$

证. 我们实际上是要从 (4.2.2) 中将 a_i 解出，为此，我们先对 (x, θ) 局部地求解，然后再用一的分割拓展到整个区域上去. 于是设 $(x_0, \theta_0) \in \Omega \times \mathbf{R}^N \backslash 0$. 若 $(x_0, \theta_0/|\theta_0|) \notin C$ 则必有某个 $\phi_{i_0}(x_0, \theta_0) \neq 0$，于是我们在 $(x, \theta/|\theta|)$ 充分接近于 $(x_0, \theta_0/|\theta_0|)$ 处令 $a_{i_0} = a/\phi_{i_0}$ 而其它 $a_j = 0$，利用 ϕ_{i_0} 之齐次性可以在 $\{(x_0, t\theta_0)\}$ $(t>0)$ 的一个锥邻域中定出 a_i. 若 $(x_0, \theta_0/|\theta_0|) \in C$，则因 $d\phi_i$ 在 $(x_0, \theta_0/|\theta_0|)$ 处是无关的，所以由隐函数定理，可以对它们补充以 $\phi_{k+1}, \cdots, \phi_l$ $(l = n + N - 1)$，它们仍是 θ 的零次正齐性函数，而且 $\phi_1, \cdots, \phi_l$ 是流形 $\{(x, \theta), |\theta| = 1\}$ 上在 $(x_0, \theta_0/|\theta_0|)$ 附近的局部坐标，设它可适用于区域 $B \subset \mathbf{R}^l$ 中，则可得一个微分同胚

$$(x, \theta) \to (\phi_1, \cdots, \phi_l, |\theta|) \in \mathbf{R}^l \times \mathbf{R}^+,$$

将 $\{(x_0, t\theta_0)\}$ $(t > 0)$ 的一个锥邻域映到 $B \times \mathbf{R}^+$ 上. 令 $a(x, \theta)$ 在这个微分同胚下变成 $\tilde{a}(\phi, |\theta|)$.

若 1° $\rho + \delta = 1$ 成立，则由定理 4.2.4 之1°（注意在定理 4.2.4 中 ξ 和 η 的维数分别为 N_1和N_2而不一定相同），以$\phi_1, \cdots, \phi_l$ 作为 y，$|\theta|$ 作为 η 而知 $\tilde{a}(\phi, |\theta|) \in S^m_{\rho,\delta}$. 在 2° 的情况下，$\phi_1, \cdots, \phi_k$ 只含 x 则我们可以改用另外的微分同胚，使 $y_1 = \phi_1, \cdots, y_k = \phi_k$，而仍能使在 $\{(x_0, t\theta_0)\}$ $(t > 0)$ 的锥邻域中变 $a(x, \theta) = \tilde{a}(y, \eta) \in S^m_{\rho,\delta}$. 总之我们得到了 $\tilde{a}(y, \eta) \in S^m_{\rho,\delta}$ 而且在 $y_1 = \cdots = y_k = 0$ 处 $\tilde{a}(y, \eta) = 0$. 对 $\tilde{a}$ 应用古典的 Hadamard 引理

$$\tilde{a}(y, \eta) = \sum_{j=1}^{k} y_j \int_0^1 \tilde{a}_{(j)}(ty_1, \cdots, ty_k, y_{k+1}, \cdots, \eta)\, dt,$$

$\tilde{a}_{(j)} = \dfrac{\partial a}{\partial x_j}$. 回到原来的坐标，即有

$$a(x,\theta)=\sum_{j=1}^{k}a_j(x,\theta)\phi_j,$$

而且由 a_j 的作法知 $a_j\in S_{\rho,\delta}^{m+\delta}$.

以上我们分别在 $(x_0,\theta_0)\notin C$ 与 $(x_0,\theta_0)\in C$ 两种情形，在半射线 $\{(x_0,t\theta_0)\}$ $(t>0)$ 的锥邻域中作出了所需的 a_j（注意，在 $(x_0,\theta_0)\notin C$ 时，$a_j=0$ 或 $a_j/\phi_j\in S_{\rho,\delta}^{m}\subset S_{\rho,\delta}^{m+\delta}$）. 这些锥邻域构成 $\Omega\times\mathbf{R}^N\backslash 0$ 的一个开覆盖，它们与 $|\theta|=1$ 之交则是球丛 $\Omega\times S^{N-1}$ 的一个开覆盖. 作从属于它的一的 C^∞ 分割，并对 θ 坐标作零次齐性拓展得到适用于 $\Omega\times\mathbf{R}^N\backslash 0$ 的一的 C^∞ 分割. 用它将前面局部得出的 a_j 粘起来即得引理之证. 关于 a_j 在 C 上无限阶为 0 这一部分的证明由上自明.

定理 4.2.5 的证明. 将引理 4.2.6 应用于 $\varphi_j=\partial\Phi/\partial\theta_j$，$C$ 变成了 C_Φ，而

$$a=\sum_{j=1}^{N}a_j\frac{\partial\Phi}{\partial\theta_j}.$$

但是 $\dfrac{\partial\Phi}{\partial\theta_j}e^{i\Phi}=-i\dfrac{\partial}{\partial\theta_j}e^{i\Phi}$，应用分部积分即得

$$I_\Phi(au)=\sum_{j=1}^{N}I_\Phi\left(i\frac{\partial a_j}{\partial\theta_j}u\right),$$

令

$$b=\sum_{j=1}^{N}i\frac{\partial a_j}{\partial\theta_j},$$

则定理的结论 2° 得证，因为现在明显地有 $b\in S_{\rho,\delta}^{m-(\rho-\delta)}$.

这里需要注意的是我们在振荡积分 $I_\Phi(au)$ 中应用了分部积分法. 当 $m<-N$ 时这自然是合理的；若不然，则需要用正规化来证明.

若 a 在 C_Φ 上无限阶为 0，则由 b 之表达式以及引理 4.2.6 中关于 a_j 在 C 上无限阶为 0 的结论知 b 也具有这个性质而可以反复应用结论 2°. 因为 $\rho>\delta$，所以应用 2° 足够多次以后可得

$$I_\Phi(au)=I_\Phi(bu),\quad b\in S_{\rho,\delta}^{-M}.$$

M 为任意大，这时广义函数 A 成为

$$A=\int e^{i\Phi(x,\theta)}b(x,\theta)d\theta.$$

显然 $A=A(x)$ 可以继续求导任意次而有 $A(x)\in C^\infty$. 定理证毕.

3. $S^m_{\rho,\delta}(\Gamma)$ 的拓扑. 设 $K\Subset\Gamma$ 是一个紧集，由定义，必存在常数 $C=C(\alpha,\beta,\Gamma)$ 使

$$|\partial^\alpha_\theta\partial^\beta_x a(x,\theta)|\leqslant C(1+|\theta|)^{m-\rho|\alpha|+\delta|\beta|},\quad (x,\theta)\in K^c.$$

取适合上式的最小的 C，亦即取

$$p_{\alpha,\beta,K}(a)=\sup_{K^c}|\partial^\alpha_\theta\partial^\beta_x a(x,\theta)|/(1+|\theta|)^{m-\rho|\alpha|+\delta|\beta|}. \quad (4.2.3)$$

可以看到它是 $S^m_{\rho,\delta}(\Gamma)$ 的一个半范. 如果紧集 K', K, K'' 适合 $K'\subset K\subset K''$，则易见

$$p_{\alpha,\beta,K'}(a)\leqslant p_{\alpha,\beta,K}(a)\leqslant p_{\alpha,\beta,K''}(a). \quad (4.2.4)$$

现在取 Γ 的一个上升的穷竭的紧集序列 $\{K_j\}$, $j=1,2,\cdots$ 于是对任意的重指标 α, β, $p_{\alpha,\beta,K_j}(a)$ 构成可数多个半范. 用这组半范定义一个拓扑，很容易看到 $S^m_{\rho,\delta}(\Gamma)$ 在这个拓扑下是完备的，从而使它成为一个 Fréchet 空间. 以后凡说到 $S^m_{\rho,\delta}(\Gamma)$ 是一个空间时，都是指的这个拓扑.

在这样的拓扑下明显地可以看到

定理 4.2.7 1° 若 $m_1<m_2$，则嵌入映射 $S^{m_1}_{\rho,\delta}(\Gamma)\to S^{m_2}_{\rho,\delta}(\Gamma)$ 是连续的.

2° 映射 $\partial^\alpha_\theta\partial^\beta_x$: $S^m_{\rho,\delta}(\Gamma)\to S^{m-\rho|\alpha|+\delta|\beta|}_{\rho,\delta}(\Gamma)$ 是连续的.

3° 乘法映射 $(S^{m_1}_{\rho,\delta}(\Gamma), S^{m_2}_{\rho,\delta}(\Gamma))\to S^{m_1+m_2}_{\rho,\delta}(\Gamma)$ 是连续的

4° 定理 4.2.4 给出的映射 $S^m_{\rho,\delta}(\Gamma_2)\to S^m_{\rho,\delta}(\Gamma_1)$ 是连续的.

这个定理的证明略去.

$S^m_{\rho,\delta}(\Gamma)$ 中有界集的概念是一个重要概念. 在一般的拓扑线性空间中，集 M 为有界的定义是：对于 0 的任一邻域 V，必有常数 $\lambda>0$ 存在，使 $M\subset\lambda V$. 对于 $S^m_{\rho,\delta}(\Gamma)$，因为 0 的邻域可以由半范 $p_{\alpha,\beta,K}$ 生成，所以 $M\subset S^m_{\rho,\delta}(\Gamma)$ 为有界即指存在常数 $C_{\alpha,\beta,K}$ 使对一切 $a\in M$

$$p_{\alpha,\beta,K}(a) \leqslant C_{\alpha,\beta,K}. \tag{4.2.5}$$

在 §1 中我们讨论了振荡积分作为含参数的积分的微分与积分运算（定理 4.1.5）和 Fubini 定理，§2 中证明定理 4.2.5 时还讲到了振荡积分的分部积分法，下面想要讨论关于振荡积分的 Lebesgue 定理．为此先需证明下面的

引理 4.2.8 设 $f(t)\in C^2[0,1]$，则必有与 $f(t)$ 无关的常数 M 存在使

$$(\max_{[0,1]}|f'(t)|)^2 \leqslant M(\max_{[0,1]}|f(t)|)[\max_{[0,1]}|f(t)| + \max_{[0,1]}|f''(t)|]. \tag{4.2.6}$$

证．当然不妨设 $f(t)\not\equiv 0$ 且取实数值．先令

$$t\in\left[0,\frac{1}{2}\right],\quad 0\leqslant \varepsilon<\frac{1}{4},$$

由 Lagrange 公式，必有 $t_1\in(t+\varepsilon,t+2\varepsilon)$ 而

$$\frac{1}{\varepsilon}[f(t+2\varepsilon)-f(t+\varepsilon)] = f'(t_1) = f'(t) + \int_t^{t_1} f''(\tau)d\tau.$$

由于 $t_1 - t < 2\varepsilon$，故由上式

$$|f'(t)| \leqslant \left|\frac{1}{\varepsilon}[f(t+2\varepsilon)-f(t+\varepsilon)]\right| + \int_t^{t_1}|f''(\tau)|d\tau$$

$$\leqslant \frac{2}{\varepsilon}\max_{[0,1]}|f(t)| + 2\varepsilon\max_{[0,1]}|f''(t)|.$$

令

$$\varepsilon = \frac{1}{4}[\max_{[0,1]}|f(t)|/(\max_{[0,1]}|f(t)| + \max_{[0,1]}|f''(t)|]^{\frac{1}{2}},$$

即得

$$(\max_{[0,1]}|f'(t)|) \leqslant 9(\max_{[0,1]}|f(t)|)^{\frac{1}{2}}(\max_{[0,1]}|f(t)| + \max_{[0,1]}|f''(t)|)^{\frac{1}{2}}.$$

定理 4.2.9 若 $\{a_j\}$ 为 $S^m_{\rho,\delta}(\Omega\times\mathbf{R}^N)$中的有界集而且在 $\Omega\times\mathbf{R}^N$ 的任一紧子集上一致地有 $a_j\to a\in S^m_{\rho,\delta}(\Omega\times\mathbf{R}^N)$，则对任意 $u\in C_0^\infty(\Omega)$ 有

$$\lim_{j\to\infty} I_\Phi(a_j u) = I_\Phi(au). \tag{4.2.7}$$

证．令 $e_k = (0,\cdots,\underset{(k)}{1},\cdots,0)$，$f_j(t) = a_j(x,\theta+te_k)$

$$- a(x, \theta + te_k),$$

因为对$(x,\theta)\in(\Omega\times\mathbf{R}^N$的任一紧集)一致地有$\max\limits_{[0,1]}|f_j(t)|\to 0$,故由上面的引理,利用$\{a_j\}$为$S^m_{\rho,\delta}$中的有界集,知对$(x,\theta)\in(\Omega\times\mathbf{R}^N$的任一紧集)一致地有$f_j'(0)=\partial_{\theta_k}a_j(x,\theta)-\partial_{\theta_k}a(x,\theta)\to 0$. 反复应用此法(注意在对$x$变量应用此式时$e_k$需改为$(0,\cdots,h,\cdots,0)$,$h>0$充分小)可知$\partial_x^\beta\partial_\theta^\alpha a_j(x,\theta)$在$\Omega\times\mathbf{R}^N$的任一紧集中一致收敛于$\partial_x^\beta\partial_\theta^\alpha a(x,\theta)$,当然在$\Omega\times\mathbf{R}^N$中也有逐点收敛. 乘以$u(x)$并不改变收敛的特性,于是利用 Lebesgue 控制收敛定理于$I_\Phi(au)$的正规化

$$\iint e^{i\Phi(x,\theta)}L^k(a_j(x,\theta)u(x))dxd\theta,$$

即得定理之证.

同样的证法当然也适用于积分(4.1.1):

$$(A_ju)(x)=\iint e^{i\Phi(x,y,\theta)}a_j(x,y,\theta)u(y)dyd\theta$$

$$\to (Au)(x)=\iint e^{i\Phi(x,y,\theta)}a(x,y,\theta)u(y)dyd\theta.$$

这个定理显然即是振荡积分的控制收敛定理,$\{a_j\}$为有界集的条件代替了被积函数的一致受控条件.

最后我们介绍一个逼近定理.

定理 4.2.10 设$a\in S^m_{\rho,\delta}(\Gamma)$, $\chi\in C_0^\infty(\mathbf{R}^N)$而且在$\theta=0$的某个邻域中$\chi\equiv 1$. 令$\chi_j(\theta)=\chi(\theta/j)$,于是$a_j=\chi_ja\in S^{-\infty}_{\rho,\delta}(\Gamma)$,而且对任意$m'>m$, a_j在$S^{m'}_{\rho,\delta}(\Gamma)$的拓扑中收敛于$a$.

证. $\chi_ja=a_j\in S^{-\infty}_{\rho,\delta}(\Gamma)$是明显的. 取任意的$\alpha,\beta$与紧集$K$,由于$a\in S^m_{\rho,\delta}(\Gamma)$,必定存在常数$C$使

$$|\partial_\theta^{\alpha'}(1-\chi_j(\theta))\partial_\theta^{\alpha''}\partial_x^\beta a(x,\theta)|\leqslant C(1+|\theta|)^{m-\rho|\alpha''|+\delta|\beta|}j^{-|\alpha'|}.$$

这里$(x,\theta)\in K^c$, $K\Subset\Gamma$是一个紧子集. 于是

$$\frac{|\partial_\theta^{\alpha'}(1-\chi_j(\theta))\partial_\theta^{\alpha''}\partial_x^\beta a(x,\theta)|}{(1+|\theta|)^{m'-\rho|\alpha|+\delta|\beta|}}$$

$$\leqslant C(1+|\theta|)^{m-m'}\frac{(1+|\theta|)^{\rho|\alpha'|}}{j^{|\alpha'|}}$$

若设 $\chi(\theta)=1$ 于 $|\theta|\leqslant r$, $\chi(\theta)=0$ 于 $|\theta|\geqslant R>r$，则在上式中当 $\alpha'=0$ 时式左的支集在 $|\theta|\geqslant jr$ 处，右方则是 $C(1+|\theta|)^{m-m'}$. 因此右方当 $|\theta|\geqslant jr$ 时 $\leqslant C_0 j^{m-m'}$；当 $|\theta|\leqslant jr$时因左方为 0，即令不变右方这个不等式仍成立. 当 $\alpha'\neq 0$ 时，式左的支集在 $jr\leqslant|\theta|\leqslant jR$ 中，在这个区域内，右方的

$$(1+|\theta|)^{\rho|\alpha'|}/j^{|\alpha'|}\leqslant\left(\frac{1}{j}+R\right)^{\rho|\alpha'|}j^{(\rho-1)|\alpha|}\leqslant C_1,$$

$$(1+|\theta|)^{m-m'}\leqslant(1+jr)^{m-m'}\leqslant C_2 j^{m-m'},$$

总之式左 $\leqslant C_0 j^{m-m'}$；在这个区域外，式左为 0 故仍可得式左 $\leqslant C_0 j^{m-m'}$. 利用这个结果即知，对 $S^{m'}_{\rho,\delta}(\Gamma)$ 的任意半范 $p_{\alpha,\beta,K}$ 都有

$$p_{\alpha,\beta,K}(a_j-a)=O(1)j^{m-m'}\to 0.$$

定理证毕.

4. 渐近展开式. 在解析函数范畴中，幂级数展开式是最重要的工具之一，但在 C^∞ 函数范畴中，一般说来 Taylor 展开式的应用需要在余项处理上有新的概念和技巧. 对 $S^m_{\rho,\delta}(\Gamma)$，一个重要的概念就是渐近展开式.

定义 4.2.11 设 $\{a_j\}_{j=1,2,\cdots}$ 中 $a_j\in S^{m_j}_{\rho,\delta}(\Gamma)$，而 $m_j\searrow-\infty$. 我们说 $a\in C^\infty(\Gamma)$ 具有渐近展开式 $a\sim\sum\limits_j a_j$ 即指存在一串实数 $\mu_k\searrow-\infty$而使

$$a-\sum_{m_j>\mu_k}a_j\in S^{\mu_k}_{\rho,\delta}(\Gamma). \tag{4.2.8}$$

一种常见的情况是 $a_j(x,\theta)$ 是 θ 的 $m-j$ 次正齐性函数而 $a\in S^m(\Gamma)$，这时 $a(x,\theta)$ 称为经典的象征.

当 a 具有渐近展开式 $\sum\limits_j a_j$ 时，并不意味着 $\sum\limits_j a_j$收敛，而且不同的象征可以具有相同的渐近展开. 在这时，若对 $a,b\in S^m_{\rho,\delta}(\Gamma)$ 也有 $b\sim\sum\limits_j a_j$，则 $a-b=\left(a-\sum\limits_{j<k}a_j\right)-\left(b-\sum\limits_{j<k}a_j\right)\in S^{\mu_k}_{\rho,\delta}(\Gamma)$ 对一切 k 成立，所以 $a\sim b\in S^{-\infty}_{\rho,\delta}(\Gamma)$. 按定理 4.2.2 后的说明，$a$ 与 b 有等价关系 $a\sim b$. 所以每一个～等价类具有相同的渐近展开式. 用渐近展开式来表示 $S^m_{\rho,\delta}(\Gamma)$ 中的等价类时，对该类中的

象征的种种运算会带来很大的方便.

由定义可以直接看到，若 $a \sim \sum_j a_j$，则

$$\partial_x^\beta \partial_\theta^\alpha a \sim \sum_j \partial_x^\beta \partial_\theta^\alpha a_j. \tag{4.2.9}$$

现在我们来证明

定理 4.2.12 设有 $\{a_j\}_{j=1,2,\cdots}$ 如定义 4.2.11 中所述，则必存在 $a \in S^m_{\rho,\delta}(\Gamma)$ 使 $a \sim \Sigma a_j (m = m_1)$，而且 a 在等价关系 $a \sim b$（或记作 $a \equiv b \bmod S^{-\infty}_{\rho,\delta}(\Gamma)$）下是唯一的.

证. 唯一性部分在定义 4.2.11 后的说明中已经证明了，为证明 a 的存在性. 取函数 $\chi(\theta) \in C^\infty(\mathbf{R}^N)$，使$\chi(\theta)=0$ 于 $|\theta| \leqslant \frac{1}{2}$ 处，$\chi(\theta) = 1$ 于 $|\theta| \geqslant 1$ 处. 作 Γ 的一个上升的穷竭紧集序列 $\{K_j\}$，并且选一个正数的上升序列 $\{t_j\} \to \infty$ 使得对 $(x, \theta) \in K_l^c$ 有

$$\left|\partial_x^\beta \partial_\theta^\alpha \left[\chi\left(\frac{\theta}{t_j}\right) a_j(x, \theta)\right]\right| \leqslant 2^{-j}(1 + |\theta|)^{m_{j-1}-\rho|\alpha|+\delta|\beta|}, \tag{4.2.10}$$

这里 $|\alpha| + |\beta| + l \leqslant j$. 这样的 t_j 总是可以找到的，为此先设 $t \geqslant 1$，注意到

$$\partial_\theta^\alpha \chi\left(\frac{\theta}{t}\right) = (\partial_\theta^\alpha \chi)\left(\frac{\theta}{t}\right) t^{-|\alpha|}.$$

若 $\alpha \neq 0$，上式中的 $\frac{\theta}{t}$ 应适合 $t \geqslant |\theta| \geqslant \frac{1}{2} t$ 或 $|\theta| \leqslant t \leqslant 2|\theta|$（否则双方均为 0），所以一定有与 t 无关的常数 C_α（例如取为 $\sup|\partial_\theta^\alpha \chi|$）使对一切 θ 有

$$\left|\partial_\theta^\alpha \chi\left(\frac{\theta}{t}\right)\right| \leqslant C_\alpha(1 + |\theta|)^{-|\alpha|}. \tag{4.2.11}$$

当 $\alpha=0$ 时，自然也有 C_0 存在. 总之当 $t \geqslant 1$ 时，$\chi\left(\frac{\theta}{t}\right)$ 对 t 一致地属于 $S^0(\mathbf{R}^N)$. 由此，当 $(x, \theta) \in K_l^c$ 而 α, β 适合 $|\alpha| + |\beta| +$

$l \leqslant j$ 时，一定存在常数 C_j 使

$$\left|\partial_x^\beta \partial_\theta^\alpha \left[\chi\left(\frac{\theta}{t_j}\right) a_j(x, \theta)\right]\right| \leqslant C_j(1 + |\theta|)^{m_j - \rho|\alpha| + \delta|\beta|}$$

$$= C_j(1 + |\theta|)^{m_j - m_{j-1}} \cdot (1 + |\theta|)^{m_{j-1} - \rho|\alpha| + \delta|\beta|}.$$

但在此式中可以设 $|\theta| \geqslant \frac{1}{2} t_j$，由于 $m_j - m_{j-1} < 0$，因此只要取 t_j 充分大即可使 (4.2.10) 成立.

于是我们令

$$a(x, \theta) = \sum_j \chi\left(\frac{\theta}{t_j}\right) a_j(x, \theta). \tag{4.2.12}$$

这个级数确实是收敛的，因为在某一点 (x_0, θ_0) 附近，当 j 充分大使 $|\theta_0/t_j| < \frac{1}{2}$ 时，$\chi\left(\frac{\theta_0}{t_j}\right) = 0$，而 (4.2.12) 成为有限和. 利用有限覆盖定理可知在每个紧集 $K \subset \Gamma$ 中，(4.2.12) 都是有限和，因此可以证明 $a \in S^{m_1}_{\rho,\delta}(\Gamma)$.

再看 $a - \sum\limits_{j<k} a_j = \sum\limits_{j<k}\left[\chi\left(\frac{\theta}{t_j}\right) - 1\right] a_j + \sum\limits_{j \geqslant k+1} \chi\left(\frac{\theta}{t_j}\right) a_j$，

前一项当 $|\theta|$ 充分大时为 0，因而属于 $S^{-\infty}_{\rho,\delta}(\Gamma)$，对后一项，则利用 $\sum 2^{-j}$ 收敛可知对 Γ 之任一紧集 K（它必含于某个 K_l 内），在 K^c 中

$$\left|\partial_x^\beta \partial_\theta^\alpha \sum_{j \geqslant k+1} \chi\left(\frac{\theta}{t_j}\right) a_j\right| \leqslant C(1 + |\theta|)^{m_{k+1} - \rho|\alpha| + \delta|\beta|}.$$

由此，定理得证.

在这个定理的证明中采用了重要的 Borel 技巧（当然有了一些改变），它来自以下经典的定理及其证明.

定理 4.2.13 (Borel) 设 $K \Subset \mathbf{R}^n$，$I = [-h, h]$，$h > 0$，$f_j \in C_0^\infty(K)$，于是必存在 $f \in C_0^\infty(I \times K)$ 使得

$$\partial^j f(x, t)/\partial t^j = f_j(x), \quad j = 0, 1, \cdots$$

证. 作函数 $\varphi(t) \in C_0^\infty(I)$ 使当 $|t| \leqslant a < h$ 时 $\varphi(t) \equiv 1$. 取一串正数 $\{\varepsilon_j\}$，使 $\varepsilon_j \searrow 0$ 充分快以至

$$|\partial^\alpha g_j(x,t)| \leqslant 2^{-j}, \quad |\alpha| \leqslant j-1, \qquad (4.2.13)$$

这里 $g_j(x,t)=\varphi\left(\frac{t}{\varepsilon_j}\right)t^j f_j(x)/j!$. 这样取 ε_j 是可能的，因为由 $f_j(x)\in C_0^\infty(K)$，其各阶导数均有上界，记 ∂^α 中 ∂_t 之阶数为 α_t，则由 Leibnitz 公式

$$|\partial^\alpha g_j(x,t)| \leqslant \sum_{\alpha_t'+\alpha_t''=\alpha_t} C(\alpha_t', \alpha_t'')\varepsilon_j^{-\alpha_t'}\, t^{j-\alpha_t''}.$$

但在上式中可以认为 $|t|<a\varepsilon_j$，因为 $|t|\geqslant a\varepsilon_j$ 时 $\left|\frac{t}{\varepsilon_j}\right|\geqslant a$ 而 $g_j(x,t)\equiv 0$，上式自然成立. 因此当 ε_j 充分小时

$$|\partial^\alpha g_j(x,t)| \leqslant C_\alpha \varepsilon_j^{j-\alpha_t} < 2^{-j},$$

因为 $\alpha_t\leqslant|\alpha|\leqslant j-1$. 由 (4.2.13) 可知

$$f(x,t)=\sum_{j=0}^\infty g_j(x,t) \qquad (4.2.14)$$

即合于所求.

(4.2.14) 可以说是一种变形了的 Taylor 级数. 因为任给一串复数 c_j，形式幂级数 $\sum_{j=0}^\infty c_j t^j/j!$ 不一定收敛，但仿照以上的方法，$g(t)=\sum\varphi\left(\frac{t}{\varepsilon_j}\right)c_j t^j/j!$，则 $g(t)\in C_0^\infty(\mathbf{R})$，而且 $g^{(j)}(0)=c_j$ 即 $g(t)$ 以 $\sum_{j=0}^\infty c_j t^j/j!$ 为其形式 Taylor 级数. 这样，Borel定理允许我们把 Taylor 级数这个重要工具应用于 C^∞ 函数. 这当然是很有用的.

需要注意的是定理 4.2.12 应用起来不很方便，因为要验证 $a\sim\sum a_j$ 就需要估计 $\partial_x^\beta\partial_\theta^\alpha\left[a-\sum_{j<k}a_j\right]$. 作为一个较方便的替代，我们有

定理 4.2.14 设 $a_j\in S_{\rho,\delta}^{m_j}(\Gamma)$, $m_j\searrow-\infty$, $a\in C^\infty(\Gamma)$ 而且对 Γ 之任意紧子集 K 以及重指标 α,β 均存在常数 μ 和 C 使

$$|\partial_x^\beta\partial_\theta^\alpha a(x,\theta)| \leqslant C(1+|\theta|)^\mu, \ (x,\theta)\in K^c, \quad (4.2.15)$$

而且设对任意紧集 $K\subset\Gamma$，存在一串 $\mu_l\searrow-\infty$ 以及常数 C_l 使得当 $(x,\theta)\in K^c$ 时

$$\left|a(x,\theta)-\sum_{j=1}^{l-1}a_j(x,\theta)\right|\leqslant C_l(1+|\theta|)^{\mu_l},\quad(4.2.16)$$

则必有 $a\sim\sum_j a_j$.

证. 为证明它需要引理 4.2.8 在高维情况下的一个直接推论——其证明留待读者:

设 $\mathbf{R}^p$ 有紧子集 $K_1\Subset K_2$，f 在 K_2 附近二阶连续可微，则必存在一个与 f 无关的常数 C 使

$$\left(\sup_{K_1}\sum_{|\alpha|=1}|D^\alpha f|\right)^2\leqslant C\sup_{K_2}|f(x)|\left[\sup_{K_2}|f(x)|+\sup_{K_2}\sum_{|\alpha|=2}|D^\alpha f|\right].\quad(4.2.17)$$

现在证明定理本身. 由定理 4.2.12 必存在 $b\sim\sum_j a_j$. 令

$$d=a-b,$$

则对任一紧集 $K\subset\Gamma$ 易证

$$\begin{aligned}&|\partial_x^\beta\partial_\theta^\alpha d(x,\theta)|\leqslant C(1+|\theta|)^\lambda,\ (x,\theta)\in K^c,\\&|d(x,\theta)|\leqslant C_r(1+|\theta|)^{-r},\ (x,\theta)\in K^c,\end{aligned}\quad(4.2.18)$$

这里 C 和 λ 依赖于 α,β,K 而 r 是任意正整数.

令 $d_\theta(x,\xi)=d(x,\theta+\xi)$，则

$$\partial_x^\beta\partial_\xi^\alpha d_\theta(x,\xi)|_{\xi=0}=\partial_x^\beta\partial_\theta^\alpha d_\theta(x,\theta).$$

令 $K_1=K\times\{\xi=0\}$，$K_2=\hat{K}\times\{|\xi|\leqslant1\}$，这里 $\hat{K}$ 是 Γ 内的紧集且 $K\Subset\hat{K}$，则由 (4.2.18) 知，对 $(x,\theta)\in K$ 有

$$\left(\sup_{K^c}\sum_{|\alpha|+|\beta|\leqslant1}|\partial_x^\beta\partial_\xi^\alpha d_\theta(x,\xi)|\right)^2\leqslant C(1+|\theta|)^{-r}$$

$$\cdot[(1+|\theta|)^{-r}+(1+|\theta|)^\lambda].$$

因为这里的 C 对任意 d_θ 均适用，故对 $(x,\theta)\in K^c$ 有

$$\sup_{K_1}\sum_{|\alpha|+|\beta|\leqslant1}|\partial_x^\beta\partial_\theta^\alpha d(x,\theta)|\leqslant C(1+|\theta|)^{-r/2}.\quad(4.2.19)$$

这就是说，当 $|\alpha|+|\beta|\leqslant 1$ 时 $|\partial_x^\beta\partial_\theta^\alpha d(x,\theta)|\leqslant C_r'(1+|\theta|)^{-r}$，$r$ 是任意的．对 $\partial_x^\beta\partial_\theta^\alpha d(x,\theta)$ ($|\alpha|+|\beta|=1$) 再应用 (4.2.18) 即知 (4.2.19) 对 $|\alpha|+|\beta|\leqslant 2$ 也成立，仿此以往，可知 $d(x,\theta)\in S_{\rho,\delta}^{-\infty}(\Gamma)$．因此 $a\sim\sum a_j$．

§3. Fourier 积分算子

1. Fourier 积分算子及其分布核． 现在回到积分 (4.1.1)，并假设 $\rho>0$，$\delta<1$，它定义了一个算子而将 $u(x)\in C_0^\infty(\Omega_2)$ 映到 $\mathscr{D}'(\Omega_1)$ 中．这是因为对 $w(x,y)\in C_0^\infty(\Omega_1\times\Omega_2)$，如 §1 定理 4.1.6 指出的，$I_\Phi(aw)$ 是 w 的连续线性泛函，而且是阶数不超过 k (k 适合 $m-ks<-N$，$s=\min(\rho,1-\delta)>0$) 的 $\mathscr{D}'(\Omega_1\times\Omega_2)$ 广义函数．记此广义函数为 K_A，即

$$\langle K_A,w\rangle=\iiint e^{i\Phi(x,y,\theta)}a(x,y,\theta)w(x,y)dxdyd\theta. \quad (4.3.1)$$

此式右方的积分理解为振荡积分．

我们知道，每一个 $\mathscr{D}'(\Omega_1\times\Omega_2)$ 广义函数都定义一个算子 $C_0^\infty(\Omega_2)\to\mathscr{D}'(\Omega_1)$：令 $w(x,y)$ 为张量积 $v\otimes u$

$$\begin{aligned}\langle K_A,v\otimes u\rangle&=\iiint e^{i\Phi(x,y,\theta)}a(x,y,\theta)u(y)v(x)dxdyd\theta\\&=\langle Au,v\rangle,\end{aligned} \quad (4.3.2)$$

这里 $Au(x)$ 即由上式定义的 $\mathscr{D}'(\Omega)$ 广义函数，而且形式地仍记 $Au(x)$ 如式 (4.1.1)．

这里要注意，迄今为止式 (4.1.1) 并无定义：在定义振荡积分 $I_\Phi(au)$ (4.1.1′) 时，我们要求 $\mathrm{grad}_{(x,\theta)}\Phi(x,\theta)\neq 0$，$s=\min(\rho,1-\delta)>0$．同样相函数 $\Phi(x,y,\theta)$ 适合 $\mathrm{grad}_{(x,y,\theta)}\Phi\neq 0$ 保证了 $I_\Phi(aw)$ (即 (4.3.1)) 有意义．在讨论含参变量的振荡积分 (4.1.1″) 时，规定了 $\mathrm{grad}_{(y,\theta)}\Phi(x,y,\theta)\neq 0$ 才能确知 $F(x)$ ((4.1.1″)) 是 $C_0^\infty(\Omega_1)$ 函数．在一般地讨论 (4.1.1) 时并没有这个条件，因而 (4.1.1) 直到现在才可以定义如下：

定义 4.3.1 若 $a\in S^m_{\rho,\delta}(\Omega_1\times\Omega_2\times\mathbf{R}^N)$，$\Phi(x,y,\theta)$ 为相函数，则当 $s=\min(\rho,1-\delta)>0$ 时定义 $Au(x)$ 为由 (4.3.2) 所定义的 $\mathscr{D}'(\Omega_1)$ 广义函数. 这时 $A:\mathscr{D}(\Omega_2)\to\mathscr{D}'(\Omega_1)$ 称为 Fourier 积分算子(以下简记为 FIO)，(4.3.1) 所定义的广义函数 K_A 称为 A 的分布核.

和前面讨论 Fourier 积分分布 $I_\Phi(au)$ 一样，我们把分布核 K_A 形式地写为

$$K_A(x,y)=\int e^{i\Phi(x,y,\theta)}a(x,y,\theta)d\theta. \tag{4.3.3}$$

由定理 (4.1.8) 有

$$\operatorname{singsupp}K_A\subset S_\Phi=\{(x,y);\exists\theta\neq 0,\ \Phi_\theta(x,y,\theta)=0\},$$

或者说 $K_A(x,y)$ 在 $R_\Phi=\Omega_1\times\Omega_2\backslash S_\Phi$ 中为光滑.

这里的讨论没有涉及振幅函数 $a(x,y,\theta)$. 当然直接利用系 4.1.9 知，若在 S_Φ 附近 $a\equiv 0$，则 $K_A(x,y)\in C^\infty(\Omega_1\times\Omega_2)$. 但是我们容易看到，只需设 $a\in S^{-\infty}_{\rho,\delta}$，则 (4.3.1) 和 (4.3.3) 均绝对收敛，而且应用 Fubini 定理知这时分布核 $K_A(x,y)$ 即是由 (4.3.3) 所定义的函数，而且它也是光滑的.

Fourier 积分算子总是写成

$$Au(x)=\iint e^{i\Phi(x,y,\theta)}a(x,y,\theta)u(y)dyd\theta. \tag{4.3.4}$$

目前这只是形式的写法，甚至还不是振荡积分，因为我们并未设 $\operatorname{grad}_{(y,\theta)}\Phi\neq 0$，它的定义就是 (4.3.2). 虽然，在 $a\in S^{-\infty}_{\rho,\delta}$ 时 (4.3.4) 作为一个积分，确实是有意义的. 下面举一些 FIO 的例子.

例1. 首先是线性偏微分算子

$$P(x,D)=\sum_{|\alpha|\leqslant m}a_\alpha(x)D^\alpha,\quad a_\alpha(x)\in C^\infty(\Omega),$$

因为

$$\widehat{Du}(\xi)=\int e^{-i\xi y}\xi u(y)dy,$$

所以

$$P(x, D)u(x) = (2\pi)^{-n}\iint e^{i(x-y)\cdot\xi}P(x, \xi)u(y)d\xi dy. \quad (4.3.5)$$

其振幅函数(象征)是 $P(x, \xi)$，相函数是 $(x-y)\cdot\xi$，相应的分布核是

$$K_A = (2\pi)^{-n}\int e^{i(x-y)\cdot\xi}P(x, \xi)d\xi = \sum_{|\alpha|\leq m} a_\alpha(x)\cdot(2\pi)^{-n}$$

$$\cdot\int e^{i(x-y)\cdot\xi}\xi^\alpha d\xi = \sum_{|\alpha|\leq m} a_\alpha(x)D^\alpha\delta(x-y).$$

特别是恒等算子 id 相应的分布核是 $\delta(x-y)$. 可见"很规则"的算子相应的分布核可以有很高的奇性.

例2. 拟微分算子就是相函数为 $(x-y)\cdot\xi$，而象征为 $a(x, \xi)\in S^m_{\rho,\delta}(\Omega\times\mathbf{R}^n)$ $(n=\dim\Omega)$ 的 FIO:

$$(Au)(x) = (2\pi)^{-n}\iint e^{i(x-y)\xi}a(x, \xi)u(y)dyd\xi$$

$$= (2\pi)^{-n}\int e^{ix\xi}a(x,\xi)\hat{u}(\xi)d\xi.$$

由于它的极大的重要性,我们下一章将专门讨论它.

例 3. 波动方程的 Cauchy 问题

$$\frac{\partial^2 f}{\partial t^2} = \Delta f, \quad x\in\mathbf{R}^n,$$

$$f|_{t=0} = 0, \quad \left.\frac{\partial f}{\partial t}\right|_{t=0} = u(x)\in C_0^\infty(\mathbf{R}^n).$$

对 x 作 Fourier 变换有

$$\frac{\partial^2\hat{f}}{dt^2} = -|\xi|^2\hat{f}(t, \xi),$$

$$\hat{f}|_{t=0} = 0, \quad \left.\frac{d\hat{f}}{dt}\right|_{t=0} = \hat{u}(\xi),$$

因此

$$\hat{f}(t, \xi) = \frac{\sin t|\xi|}{|\xi|}\hat{u}(\xi).$$

再由反演公式有

$$f(t, x) = (2\pi)^{-n} \iint e^{i(x-y)\xi} \frac{\sin t|\xi|}{|\xi|} u(y) dy d\xi$$

$$= (2\pi)^{-n} \iint e^{i[(x-y)\xi + t|\xi|]}(2i|\xi|)^{-1} u(y) dy d\xi$$

$$+ (2\pi)^{-n} \iint e^{i[(x-y)\xi - t|\xi|]}(2i|\xi|)^{-1} u(y) dy d\xi.$$

记第一个积分为 $f_+(t, x)$，并引入截断函数 $\chi(\xi) \in C_0^\infty(\mathbf{R}^n)$ 使在 $|\xi| \leqslant 1$ 时 $\chi(\xi) = 1$，在 $|\xi| \geqslant 2$ 时 $\chi(\xi) = 0$，而将 f_+ 写成

$$f_+(t, x) = g_+(t, x) + h_+(t, x),$$

$$g_+(t, x) = (2\pi)^{-n} \iint e^{i[(x-y)\xi + t|\xi|]} a(\xi) u(y) dy d\xi,$$

$$a(\xi) = [1 - \chi(\xi)](2i|\xi|)^{-1},$$

$$h_+(t, x) = (2\pi)^{-n} \iint e^{i[(x-y)\xi + t|\xi|]} \chi(\xi) a(\xi) u(y) dy d\xi.$$

对第二个积分 $f_-(t, x)$ 也作类似处理，就可以看见 $f(t, x)$ 分成了两个部分：

$$g_+(t, x) + g_-(t, x)$$

以及

$$h_+(t, x) + h_-(t, x) = (2\pi)^{-n} \iint e^{i(x-y)\cdot\xi} \chi(\xi) \frac{\sin t|\xi|}{|\xi|} u(y) dy d\xi.$$

这是一个拟微分算子，其象征是

$$\chi(\xi) \sin t|\xi| / |\xi| \in S^{-\infty}$$

(因为当 $|\xi| \geqslant 2$ 时它恒为 0)，而 $g_\pm(t, x)$ 都是 FIO，其相函数是 $(x-y)\cdot\xi \pm t|\xi|$.

例 4. 拉回算子． 设 $\Omega_1 \subset \mathbf{R}_x^{n_1}$，$\Omega_2 \subset \mathbf{R}_y^{n_2}$，而 $f: \Omega_1 \to \Omega_2$ 是一个 C^∞ 映射，则对 $u(y) \in C_0^\infty(\Omega_2)$ 可以定义其拉回 $(f^* u)(x) = (u \circ f)(x)$. 对 $u(y)$ 利用恒等算子的 FIO 表达式(例 1)，有

$$(f^* u)(x) = (2\pi)^{-n} \iint e^{i[f(x)-y]\cdot\xi} u(y) dy d\xi$$

相函数是 $[f(x) - y]\cdot\xi$，振幅函数是 $1 \in S^0$.

这个例子还包含了迹算子．设 $\mathbf{R}^p = \mathbf{R}^n \times \mathbf{R}^{p-n}$，其中的坐标记作 (x_1, x_2)，$x_1 \in \mathbf{R}^n$，$x_2 \in \mathbf{R}^{p-n}$. 令 $f: \mathbf{R}^n \to \mathbf{R}^p$，$x_1 \longmapsto (x_1, 0)$.

$\Omega_2\subset\mathbf{R}^p$, $\Omega_1\subset\mathbf{R}^n$ 定义为

$$\Omega_2\cap(\mathbf{R}^n\times\{0\})=\Omega_1\times\{0\}\quad(\Omega_1\neq\varnothing).$$

我们知道,对 $u\in C_0^\infty(\Omega_2)$, 可以定义其迹算子为

$$\gamma:\ C_0^\infty(\Omega_2)\to C_0^\infty(\Omega_1),\quad(\gamma u)(x_1)=u(x_1,0),$$

于是 $(\gamma u)(x_1)=(u\circ f)(x_1)=(f^*u)(x_1)$. 因此,迹算子 γ 也可以用 FIO 表示为

$$(\gamma u)(x_1)=(2\pi)^{-n}\iint e^{i[f(x_1)-(y_1,y_2)]\xi}u(y_1,y_2)dyd\xi.$$

2. FIO 定义域的扩充,算子相函数. 现在我们考查 FIO A 的形式转置算子 ${}^tA$, 其定义是

$$\langle Au,v\rangle=\langle u,{}^tAv\rangle,\ u\in C_0^\infty(\Omega_2),\ v\in C_0^\infty(\Omega_1).\tag{4.3.6}$$

利用振荡积分来定义,容易看到

$$\langle Au,v\rangle=\iiint e^{i\Phi(x,y,\theta)}a(x,y,\theta)u(y)v(x)dxdyd\theta$$

是 $u\in\mathscr{D}(\Omega_2)$ 的连续线性泛函,因而上式也通过 v 定义了 $\mathscr{D}'(\Omega_2)$ 广义函数 ${}^tAv(y)$. 仿照定义 4.3.1 和式 (4.3.4) 知道 ${}^tA$ 也是一个 FIO, 而交换 x, y 后有

$$({}^tAv)(x)=\iint e^{i\Phi(y,x,\theta)}a(y,x,\theta)v(y)dyd\theta.\tag{4.3.7}$$

因此其相函数是 $\Phi(y,x,\theta)$ (它当然适合相函数之定义);振幅函数是 $a(y,x,\theta)\in S^m_{\rho,\delta}(\Omega_2\times\Omega_1\times\mathbf{R}^N)$, 而且

$$ {}^tAv:\ \mathscr{D}(\Omega_1)\to\mathscr{D}'(\Omega_2).\tag{4.3.8}$$

现在要问, $Au(x)$ 在什么条件下是经典的光滑函数? 当然我们希望用振荡积分的正规化来处理 (4.3.4), 但这就需要对相函数加上一些条件. 为此,我们引人

定义 4.3.2 若相函数适合以下条件:

1° $\forall x\in\Omega_1$, $\mathrm{grad}_{(y,\theta)}\Phi(x,y,\theta)\neq0$, $(y,\theta)\in\Omega_2\times\mathbf{R}^N\backslash0$;

2° $\forall y\in\Omega_1$, $\mathrm{grad}_{(x,\theta)}\Phi(x,y,\theta)\neq0$, $(x,\theta)\in\Omega_1\times\mathbf{R}^N\backslash0$,

则 $\Phi(x,y,\theta)$ 称为算子相函数.

条件 1° 保证了 (4.3.4) 可以看作含参数 x 的振荡积分,从而仿照定理 4.1.4 和定理 4.1.5 可知 (4.3.4) 中的 $Au(x)\in C^\infty(\Omega_1)$,

而且由于

$$Au(x)=\iint e^{i\Phi(x,y,\theta)}L^k[a(x,y,\theta)u(y)]dyd\theta, \qquad (4.3.9)$$

$$k \text{ 适合 } m-ks<-N,\ s=\min(\rho,1-\delta)>0,$$

易见当 $u(y)$ 在 $\mathscr{D}(\Omega_2)$ 中趋向 $u_0(y)\in\mathscr{D}(\Omega_2)$ 时，$Au(x)$ 在 $\mathscr{E}(\Omega_1)$ 中趋向于 $(Au_0)(x)\in\mathscr{E}(\Omega_1)$. 因此，准确些说，条件 1° 保证了 $A:\mathscr{D}(\Omega_2)\to\mathscr{E}(\Omega_1)$ 是连续映射. 同样的理由，2° 保证了 ${}^tA:\mathscr{D}(\Omega_1)\to\mathscr{E}(\Omega_2)$ 是连续映射. 总之有

定理 4.3.3 若 $\Phi(x,y,\theta)$ 是算子相函数，则 FIO (4.3.4) 是 $\mathscr{D}(\Omega_2)\to\mathscr{E}(\Omega_1)$ 的连续映射；其形式转置算子 ${}^tA$((4.3.7)) 是 $\mathscr{D}(\Omega_1)\to\mathscr{E}(\Omega_2)$ 的连续映射.

这个结果很容易精确化，因为我们可以在 (4.3.9) 的积分号下求导，故有：若非负整数 j,k 适合 $m-j-ks<-N$，则 A 和 ${}^tA$ 分别是 $\mathscr{D}^k(\Omega_2)\to\mathscr{E}^j(\Omega_1)(\mathscr{D}^k(\Omega_1)\to\mathscr{E}^j(\Omega_2))$ 的连续映射.

对形式转置算子再作转置即可将 A 的定义域拓展，如果拓展后的算子仍记为 A，则这个拓展的定义是

$$\langle Au,v\rangle=\langle u,{}^tAv\rangle. \qquad (4.3.10)$$

注意到 ${}^tA:\mathscr{D}(\Omega_1)\to\mathscr{E}(\Omega_2)$ 是连续的，则当 $u\in\mathscr{E}'(\Omega_2)$ 时，上式右方有意义，而且是 $v\in\mathscr{D}(\Omega_1)$ 的连续线性泛函. 因此 (4.3.10) 的左方 $Au\in\mathscr{D}'(\Omega_1)$. 这就是说，拓展后的 $A:\mathscr{E}'(\Omega_2)\to\mathscr{D}'(\Omega_1)$ 而且还容易看到这个映射也是连续的. 对于 ${}^tA$ 当然也是这样.

定理 4.3.4 若 $\Phi(x,y,\theta)$ 是算子相函数，则 A 和 ${}^tA$ 分别可以拓展为连续映射 $\mathscr{E}'(\Omega_2)\to\mathscr{D}'(\Omega_1)$ 和 $\mathscr{E}'(\Omega_1)\to\mathscr{D}'(\Omega_2)$.

3. 奇支集的变化. 上面已经说到 FIO A (4.3.4) 是由 $\mathscr{D}(\Omega_2)\to\mathscr{D}'(\Omega_1)$ 的映射，而且由式 (4.3.2) 知这个映射是连续的. 由 Schwartz 核定理，这样的映射，必可由一个分布核 $K_A\in\mathscr{D}'(\Omega_1\times\Omega_2)$ 按张量积

$$\langle K_A(x,y),v(x)\otimes u(y)\rangle=\langle Au,v\rangle$$

来定义. 因此，由式 (4.3.2)，相应于 FIO A 的 Schwartz 核就是式(4.3.2) 中的 K_A. 这个核形式地记作 (4.3.3) 而且由定理 4.1.8

知道当 $(x, y)\in R_\Phi$ 时，这个形式的记法可以理解为振荡积分而 $K_A(x, y)\in C^\infty(R_\Phi)$ 即

$$\text{sing supp} K_A \subset S_\Phi = \Omega_1 \times \Omega_2 \backslash R_\Phi. \tag{4.3.11}$$

现在我们要讨论以下的问题：设 Φ 是算子相函数，则 $A: \mathscr{E}'(\Omega_2)\to \mathscr{D}'(\Omega_1)$，现在要问 sing supp Au 和 sing supp u 之间的关系如何？这里 $u\in \mathscr{E}'(\Omega_2)$. 为此我们先引进一个集合运算关系：集合的复合.

定义 4.3.5 设 X, Y 是两个集合，$S\subset X\times Y$，$K\subset Y$，我们定义 S 与 K 的复合 $S\circ K$ 为

$$S\circ K = \{x\in X;\ \exists y\in K \text{ 使 } (x, y)\in S\}. \tag{4.3.12}$$

于是，我们的结果是

定理 4.3.6 当 Φ 为算子相函数时

$$\text{sing supp } Au \subset S_\Phi \circ \text{sing supp} u,\ u\in \mathscr{E}'(\Omega_2). \tag{4.3.13}$$

证. 当 sing supp$u = \varnothing$ 时，上式右方自然也是 $\varnothing$，而这时 $u\in \mathscr{D}(\Omega_2)$，$Au\in \mathscr{E}(\Omega_1)$ 上式左方也是 $\varnothing$，总之上式成立. 在一般情况下我们则将 u 分为两部分，使一部分具有空的奇支集，而另一部分则集中在 sing supp$u$ 上，具体些说，令 Ω_2' 是 sing supp u 之任意邻域，作函数 $\psi(y)\in C_0^\infty(\Omega_2')$ 而且在 sing supp u 之另一个邻域 $\Omega_2''\subset\Omega_2'$ 上，$\psi(y)\equiv 1$. 于是令

$$u = \psi u + (1-\psi)u = u_1 + u_2,$$

则有 $u_2\in \mathscr{E}(\Omega_2)$，而 sing supp u = sing supp $u_1 \subset \text{supp}(\psi u)\subset\Omega_2'$. 记 $\text{supp}(\psi u) = K_2$，若 K_1 是 Ω_1 中不与 $S_\Phi\circ K_2$ 相交的紧集，则 $K_1\times K_2\subset R_\Phi$（若不然当有 $x_0\in K_1$，$y_0\in K_2$ 使 $(x_0, y_0)\notin R_\Phi$，即 $(x_0, y_0)\in S_\Phi$，亦即 $x_0\in S_\Phi\circ K_2$ 而与 $K_1\cap S_\Phi\circ K_2 = \varnothing$ 矛盾）. 因为 R_Φ 是开集，K_1，K_2 是紧集，故必有 Ω_1 与 Ω_2 的开子集，ω_1，ω_2 使 $K_1\subset\omega_1\subset\Omega_1$，$K_2\subset\omega_2\subset\Omega_2$ 而 $\omega_1\times\omega_2\subset R_\Phi$. 但 $K_A(x,y)\in C^\infty(R_\Phi)$，故 $Au(x)\in C^\infty(\omega_1)$. 因此

$$\text{sing supp } Au \subset S_\Phi\circ K_2 \subset S_\Phi\circ\Omega_2'.$$

但 Ω_2' 是 sing supp u 的任意邻域，故定理成立.

从这个定理可以看到，若 $S_\Phi = \varnothing$，则 sing supp $Au = \varnothing$ 即

$Au\in C^\infty(\Omega_1)$. 但是若 $a(x,y,\theta)\in S^{-\infty}_{\rho,\delta}(\Omega_1\times\Omega_2\times\mathbf{R}^N)$, 前面已经指出 $K_A(x,y)\in C^\infty(\Omega_1\times\Omega_2)$, 这时尽管 S_Φ 不一定是空集, 但我们可以看到将 S_Φ 换成 $\mathrm{sing\,supp}K_A$ 上面的结果仍是成立的, 因此当 $a\in S^{-\infty}_{\rho,\delta}(\Omega_1\times\Omega_2\times\mathbf{R}^N)$ 时, 也有 $Au\in C^\infty(\Omega_1)$. 一个连续线性算子 A: $\mathscr{E}'(\Omega_2)\to\mathscr{D}'(\Omega_1)$ 若映 $\mathscr{E}'(\Omega_2)$ 到 $C^\infty(\Omega_1)$ 中就称为正则化算子 (见定义 1.5.4). 所以振幅函数在 $S^{-\infty}_{\rho,\delta}$ 中的 FIO 是正则化算子. 如果我们记振幅函数在 $S^m_{\rho,\delta}$ 中的 FIO 之集为 $\mathscr{L}^m_{\rho,\delta}$, 则 $\mathscr{L}^{-\infty}_{\rho,\delta}$ 是正则化算子集. 在偏微分方程理论的许多问题中,我们可以(或者说"不得不")略去 $\mathscr{L}^{-\infty}_{\rho,\delta}$ 算子.例如在例 3 中,我们关心的是 g_++g_- 而略去拟微分算子 h_++h_-. 因此, 我们认为两个只相差 $\mathscr{L}^{-\infty}_{\rho,\delta}$ 算子 (当然要相函数相同) 的 FIO 是等价的. 也就是说, 我们关心的是 $\mathscr{L}^m_{\rho,\delta}/\mathscr{L}^{-\infty}_{\rho,\delta}$ (当然是指有相同相函数的情况). 例 3 中我们实际上求的是波动方程的基本解, 而在考虑一般的基本解问题时可以更明显地看到,我们不得不在 $\mathscr{L}^m_{\rho,\delta}/\mathscr{L}^{-\infty}_{\rho,\delta}$ 中讨论问题. 在 § 2 关于象征空间的讨论中, 我们看到, 需要注意的是 $S^m_{\rho,\delta}/S^{-\infty}_{\rho,\delta}$. 于是 $\mathscr{L}^m_{\rho,\delta}/\mathscr{L}^{-\infty}_{\rho,\delta}$ 和 $S^m_{\rho,\delta}/S^{-\infty}_{\rho,\delta}$ 之间的对应关系是一个重要的问题. 这一点在下面将会看得很清楚.

§ 4. 稳定位相法

1. 相函数没有临界点的情况. 本节中我们将要系统地讨论积分

$$\int e^{i\tau\varphi(x)}a(x)dx \tag{4.4.1}$$

当 $\tau\to+\infty$ 时的渐近状况. 这类积分在许多物理问题——例如物理光学的几何光学近似以及量子力学的经典力学近似中出现. 下面介绍的方法对于物理学家已经是很熟知的了,而时常以 WKB 方法 (Wentzel-Kramers-Brillouin) 或 JWKB (J 指 Jeffreys) 方法之名见称, 又时常称为鞍点法. $\tau\to+\infty$ 在物理上相应于频率无限增长或波长无限减小的情况, 因而 τ 可以称为频率变量. (4.4.1)

的研究对研究振荡积分、FIO的性质将起重大的作用. 对于振荡积分 $I_\Phi(au)$，表面上并没有参数 τ 出现，但因相函数对 θ 是一次正齐性的：

$$\Phi(x, y, \theta) = |\theta|\Phi\left(x, y, \frac{\theta}{|\theta|}\right),$$

而从上面的讨论自然看见，$|\theta| \to +\infty$ 时的研究起了关键的作用. 所以，对于 $I_\varphi(au)$，θ 也就是频率变量. 对于这个原因，我们在下面将讨论积分

$$I(x, \tau) = \int e^{i\tau\varphi(x,y)}a(x, y, \tau)dy \tag{4.4.2}$$

当 $\tau \to +\infty$ 时的动态，这里 x 是一个参数，而在 $\Omega_1 \subset \mathbf{R}^{n_1}$ 中变动，$y \in \Omega_2 \subset \mathbf{R}^{n_2}$，而且为了避免收敛性问题，不妨设当 y 在紧集 K 以外时，$a \equiv 0$. $\varphi(x, y) \in C^\infty(\Omega_1 \times \Omega_2)$ 取实值，$a \in S^m(\Omega_1 \times \Omega_2 \times \mathbf{R}^+)$.

这里的基本结果是：当 φ 对 y 没有临界点时，$I(x, \tau)$ 随 τ^{-1} 急减. 更准确些说有

定理 4.4.1 设在 $\Omega_1 \times \Omega_2$ 上 $\mathrm{grad}_y\varphi(x, y) \neq 0$，则 $I(x, \tau) \in S^{-\infty}(\Omega_1 \times \mathbf{R}^+)$.

证. 由假设 $|d_y\varphi(x, y)| > 0 \quad (x, y) \in \Omega_1 \times \Omega_2$ 因为 y 实际上只在紧集 K 上变动，所以当 x 在 Ω_1 之一紧子集 L 中变动时有

$$|d_y\varphi(x, y)| \geqslant \delta > 0. \tag{4.4.3}$$

暂时用不着 (4.4.3)，只由 $d_y\varphi(x, y) \neq 0$，即可作出一个一阶偏微分算子

$$L(x, y, D_y) = \tau^{-1}|d_y\varphi(x, y)|^{-2}\sum_{j=1}^{n_2}\partial_{y_j}\varphi(x, y)D_{y_j},$$

使对一切自然数 $k \geqslant 1$ 有

$$L^k(e^{i\tau\varphi}) = e^{i\tau\varphi},$$

代入 (4.4.2)，并对 y 作分部积分，由于 a 对 y 具有紧支集，故有

$$I(x, \tau) = \int e^{i\tau\varphi}({}^tL)^k a dy,$$

但因每一个 ${}^tL$ 中均含有因子 τ^{-1}，故

$$({}^tL)^k a \in S^{m-k}(\Omega_1 \times \Omega_2 \times \mathbf{R}^+).$$

由此可知，当 $x\in L\Subset\Omega_1$ 时，因有式(4.4.3)，故

$$|I(x,\tau)|\leqslant C\tau^{m-k},\ k=1,2,\cdots \tag{4.4.4}$$

如果将 I 对 x 或 τ 求导，则因可以在积分号下进行运算而且得到同样类型的积分，所以仍可得(4.4.4)型的估计：

$$|\partial_x^\alpha\partial_\tau^\beta I(x,\tau)|\leqslant C_{\alpha,\beta}\tau^{m+|\alpha|+|\beta|-k}, \tag{4.4.5}$$

这里 $x\in L\Subset\Omega_1$，$k=1,2,\cdots$.

所以这样表述的定理意味着：$I(x,\tau)$ 不但随 τ^{-1} 急减，而且其对 x,τ 的各阶导数当 x 属于 Ω_1 之任一紧子集时，对 x 一致地随 τ^{-1} 急减.

2. φ 为非退化二次型的情况. 由上可知，真正有兴趣的是 $\varphi(x,y)$ 对 y 有临界点的情况. 我们首先讨论最简单的特例，即 $\varphi(x,y)$ 对于 y 是一个非退化二次型的情况：

$$\varphi(x,y)=\frac{1}{2}\langle Q(x)y,y\rangle. \tag{4.4.6}$$

这里 $Q(x)$ 是一个 $C^\infty(\Omega_1)$ 对称可逆矩阵，而这时应有 $\Omega_2=\mathbf{R}^{n_2}$. 这里我们的基本工具是 Gauss 函数的 Fourier 变换. 在第二章里，我们已经看到其最简单的情况即式(2.1.6)

$$\int e^{-ix\cdot\xi}\exp\left(-\frac{1}{2}|x|^2\right)dx$$

$$=(2\pi)^{n/2}\exp(-|\xi|^2/2)$$

可以粗略地说，Gauss 函数的 Fourier 变换除相差一个常数因子外仍是 Gauss 函数. 这个结果对更一般的情况也是成立的，即有

引理 4.4.2 设 Q 为 $n_2\times n_2$ 可逆实对称矩阵，则 Gauss 函数 $\exp\left(\frac{i}{2}\langle Qy,y\rangle\right)(y\in\mathbf{R}^{n_2})$ 的 Fourier 变换是

$$\eta\longmapsto(2\pi)^{n_2/2}|\det Q|^{-\frac{1}{2}}e^{i\pi/4\,\mathrm{sgn}Q}\exp\left(-\frac{i}{2}\langle Q^{-1}\eta,\eta\rangle\right), \tag{4.4.7}$$

这里 $\mathrm{sgn}Q$ 是 Q 的符号数，即正特征值个数减去负特征值个数.

证. 可以找到一个正交阵 M，使 ${}^tMQM$ 为对角形：

$$
{}^tMQM=\begin{pmatrix}\lambda_1 & & \\ & \ddots & \\ & & \lambda_{n_2}\end{pmatrix},\lambda_i \text{ 为 } Q \text{ 之特征值.} \tag{4.4.8}
$$

令 $y=Mz$，则 $\langle Qy, y\rangle=\langle {}^tMQMz, z\rangle$，$y\cdot\eta=Mz\cdot\eta=z\cdot{}^tM\eta$. 令 ${}^tM\eta=\zeta$，如果这时证得了 (4.4.7)，则因

$$
\left\langle\begin{pmatrix}\lambda_1 & & \\ & \ddots & \\ & & \lambda_n\end{pmatrix}^{-1}\zeta, \zeta\right\rangle=\left\langle M\begin{pmatrix}\lambda_1 & & \\ & \ddots & \\ & & \lambda_n\end{pmatrix}^{-1}{}^tM\eta, \eta\right\rangle
$$

$$
=\langle Q^{-1}\eta, \eta\rangle,
$$

而且 sgn$Q$ 和 det$Q$ 在正交变换下都不变，所以我们不妨设 Q 为对角形 (4.4.8)，并且计算

$$
\int e^{-iy\cdot\eta}\exp\left(\frac{i}{2}\langle Qy, y\rangle\right)dy
$$

$$
=\int e^{-i\sum\limits_{j=1}^{n_2}y_j\eta_j}\exp\left(\frac{i}{2}\sum_{j=1}^{n_2}\lambda_j y_j^2\right)dy
$$

$$
=\prod_{j=1}^{n_2}\int e^{-iy_j\eta_j}\exp\left(\frac{i}{2}\lambda_j y_j^2\right)dy_j. \tag{4.4.9}
$$

因此问题化为计算

$$
\int_{-\infty}^{+\infty}e^{-iy\eta}\exp\left(\frac{i}{2}\lambda y^2\right)dy,
$$

λ 是实数. 这一个积分在通常意义下自然是发散的，而我们是视 $\exp\left(\frac{i}{2}\lambda y^2\right)$ 为 $\mathscr{S}'$ 广义函数来讨论的. 这个计算可以用解析拓展来完成.

换 $i\lambda$ 为复数 $-\mu$，则 $\exp(-\mu y^2)$ 当 $\mathrm{Re}\mu>0$ 时是 $\mathscr{S}'$ 广义函数，而且在 $\mathrm{Re}\mu>0$ 这个半平面中对 μ 是全纯的. 任取 $\varphi\in\mathscr{S}$，则由 Plancherel 定理

$$
(\exp(-\mu y^2/2), \varphi)=(2\pi)^{-n}(F\exp(-\mu y^2/2), F\varphi).
$$

因此式右也是 μ 在半平面 $\mathrm{Re}\mu>0$ 上的全纯函数但 $F:\mathscr{S}'\to\mathscr{S}'$ 是拓扑同构，所以 $F\exp(-\mu y^2)\in\mathscr{S}'$ 对 μ 在 $\mathrm{Re}\mu>0$ 时为全纯.

当 μ 为正实数时，上式右方为

$$(2\pi)^{-n}\int\sqrt{2\pi}\exp\left(-\frac{\eta^2}{2\mu}\right)\mu^{-\frac{1}{2}}\cdot(\overline{F}\varphi)(\eta)d\eta,$$

其中规定 $\arg\mu=0$，因此它在半平面 $\mathrm{Re}\mu\geqslant 0$ 中的解析拓展是

$$(2\pi)^{-n}\int\sqrt{2\pi}\,|\mu|^{-\frac{1}{2}}e^{-\frac{i}{2}\arg\mu}\exp(-\eta^2/2\mu)(\overline{F\varphi})(\eta)d\eta.$$

现在让 μ 从 $\mathrm{Re}\mu\geqslant 0$ 处趋向 $-i\lambda$，$\lambda\in\mathbf{R}\backslash 0$，则 $\arg\mu\to-\mathrm{sgn}\lambda\cdot\frac{\pi}{2}$

上式中 $(\overline{F\varphi})(\eta)\in\mathscr{S}$ 而对 η 急减，所以可以在积分号下取极限，从而得到

$$\left(F\left(\exp\left(\frac{i}{2}\lambda y^2\right)\right),F\varphi\right)=\sqrt{2\pi}|\lambda|^{-\frac{1}{2}}e^{\frac{\pi}{4}\mathrm{sgn}\lambda}\int e^{-i\eta^2/2\lambda}(\overline{F}\varphi)(\eta)d\eta.$$

但是当 $\varphi\in\mathscr{S}$ 时，$F\varphi$ 可以遍取 $\mathscr{S}$ 中之一切元，故知

$$F\left(\exp\left(\frac{i}{2}\lambda y^2\right)\right)$$

作为 $F\left(\exp\left(-\frac{\mu}{2}y^2\right)\right)$ 在 $\mathscr{S}'$ 中的极限仍属于 $\mathscr{S}'$，而且

$$F\left(\exp\left(\frac{i}{2}\lambda y^2\right)\right)=\sqrt{2\pi}\,|\lambda|^{-\frac{1}{2}}e^{\frac{\pi}{4}\mathrm{sgn}\lambda}\exp(-i\eta^2/2\lambda).$$

代入 (4.4.9)，因为 $\det Q=\prod_{j=1}^{n_2}\lambda_j$, $\mathrm{sgn}Q=\sum_{j=1}^{n_2}\mathrm{sgn}\lambda_j$ 即得 (4.4.7)，因而引理证毕.

利用这个引理即可证明

定理 4.4.3 积分

$$I(x,\tau)=\int\exp\left(\frac{i}{2}\tau\langle Q(x)y,y\rangle\right)a(x,y,\tau)dy \tag{4.4.10}$$

适合

$$I(x,\tau)\in S^{m-n_2/2}(\Omega_1\times\mathbf{R}^+) \tag{4.4.11}$$

而且有渐近展开式

$$I(x,\tau)\sim$$

$$\left(\frac{2\pi}{\tau}\right)^{n_2/2}|\det Q(x)|^{-\frac{1}{2}}e^{i\pi/4\,\mathrm{sgn}Q(x)}\left(\sum_{k\geqslant 0}\frac{\tau^{-k}}{k!}R^k a(x,y,\tau)|_{y=0}\right),$$

$$(4.4.12)$$

其中 R 是一个微分算子

$$R(x, \partial_y) = \frac{i}{2}\langle Q^{-1}(x)\partial_y, \partial_y\rangle. \tag{4.4.13}$$

证. 利用 Plancherel 定理,我们有

$$I(x, \tau) = (2\pi\tau)^{-n_2/2}|\det Q(x)|^{1/2} e^{i\pi/4 \operatorname{sgn} Q(x)} J(x, \tau),$$

$$J(x, \tau) = \int e^{-\frac{i}{2\tau}\langle Q^{-1}(x)\eta, \eta\rangle} a(x, -\hat{\eta}, \tau) d\eta,$$

$a(x, \hat{\eta}, \tau)$ 表示 $a(x, y, \tau)$ 对 y 作 Fourier 变换. 对函数 e^{is} 应用 Taylor 公式

$$e^{is} = \sum_{k=0}^{N-1} \frac{(is)^k}{k!} + r_N(s),$$

有 $|r_N(s)| \leqslant \frac{|s|^N}{|N|}$,因为 $\left(\frac{\partial}{\partial s}\right)^j r_N(s)$ 是 $\left(\frac{\partial}{\partial s}\right)^j e^{is}$ 的 Taylor 展开式的余项,故

$$\left|\left(\frac{\partial}{\partial s}\right)^j r_N(s)\right| \leqslant \frac{|s|^{N-j}}{(N-j)!}, \quad 0 \leqslant j \leqslant N, s \in \mathbf{R}. \tag{4.4.14}$$

将它应用到 $e^{-\frac{i}{2}\tau\langle Q^{-1}(x)\eta, \eta\rangle}$ 可得

$$J(x, \tau) = \sum_{k=0}^{N-1} J_k(x, \tau) + R_N(x, \tau)$$

$$J_k(x, \tau) = \frac{1}{k!}\int \left(-\frac{i}{2\tau}\langle Q^{-1}(x)\eta, \eta\rangle\right)^k a(x, -\hat{\eta}, \tau) d\eta.$$

但

$$\eta a(x, -\hat{\eta}, \tau) = \eta\int e^{iy\eta} a(x, y, \tau) dy = \frac{1}{i}\int \frac{\partial}{\partial y} e^{iy\eta}$$

$$\cdot a(x, y, \tau) dy = -\frac{1}{i}\int e^{iy\eta}\frac{\partial}{\partial y} a(x, y, \tau) dy$$

$$= i(2\pi)^{n_2} F^{-1}\left(\frac{\partial}{\partial y} a(x, y, \tau)\right),$$

而 $\int F^{-1}(f(y)) d\eta = f(0)$,所以

$$J_k(x, \tau) = (2\pi)^{n_2} \frac{\tau^{-k}}{k!} [R(x, \partial_y)]^k a(x, y, \tau)|_{y=0}, \quad (4.4.15)$$

$$R_N(x, \tau) = \int r_N\left(-\frac{1}{2\tau}\langle Q^{-1}(x)\eta, \eta\rangle\right) a(x, -\hat{\eta}, \tau) d\eta. \quad (4.4.16)$$

因为 $J_k(x, \tau)$ 中有因子 τ^{-k}，所以 $J_k(x, \tau) \in S^{m-k}(\Omega_1 \times \mathbf{R}^+)$，余下的只是要证明 $R_N(x, \tau)$ 适合

$$\partial_\tau^\alpha \partial_x^\beta R_N(x, \tau) = O(\tau^{m-N-|\alpha|}), \quad (4.4.17)$$

而且是要求当 x 在 Ω_1 之任一紧子集 K 内时上式对 x 一致地成立。

利用 (4.4.14)，易见

$$|R_N(x, \tau)| \leqslant C\tau^{-N} \int |\eta|^{2N} |a(x, -\hat{\eta}, \tau)| d\eta. \quad (4.4.18)$$

这里我们要注意，因为 $a(x, y, \tau)$ 对 y 有紧支集，所以当 $x \in K$ 时，对任意的非负整数 μ，存在常数 $C = C(K, \mu)$ 使

$$\sup(1 + |\eta|^2)^\mu |a(x, -\hat{\eta}, \tau)| \leqslant C\tau^m. \quad (4.4.19)$$

令 $2N - \mu < -n_2$ 即知 (4.4.18) 之积分收敛，而且

$$|R_N(x, \tau)| \leqslant C\tau^{m-N}, \quad x \in K.$$

再看 $\partial_\tau^\alpha \partial_x^\beta R_N(x, \tau)$，利用 Leibnitz 公式，可知它可以写成有限多个以下形式的项之和

$$C\int \partial_\tau^{\alpha'} \partial_x^{\beta'} \left[r_N\left(-\frac{1}{2\tau}\langle Q^{-1}(x)\eta, \eta\rangle\right)\right] \partial_\tau^{\alpha''} \partial_x^{\beta''} a(x, -\hat{\eta}, \tau) d\eta.$$

$\alpha = \alpha' + \alpha''$，$\beta = \beta' + \beta''$，而 $\partial_\tau^{\alpha'} \partial_x^{\beta'} r_N$ 又是以下形式的项的有限线性组合

$$r_N^{(j)}\left(-\frac{1}{2\tau}\langle Q^{-1}(x)\eta, \eta\rangle\right) \prod_{l=1}^{j} \partial_\tau^{\gamma_l} \partial_x^{\delta_l} \left[-\frac{1}{2\tau}\langle Q^{-1}(x)\eta, \eta\rangle\right].$$

这里 $j \leqslant |\alpha'| + |\beta'|$，$\sum_l \gamma_l = \alpha'$，$\sum_l \delta_l = \beta'$。因此

$$\left|\prod_{l=1}^{j} \partial_\tau^{\gamma_l} \partial_x^{\delta_l} \left[-\frac{1}{2\tau}\langle Q^{-1}(x)\eta, \eta\rangle\right]\right| \leqslant C\tau^{-|\alpha'|-j} |\eta|^{2j}$$

当 $x\in K$ 时一致地成立. 结合 $a(x,-\hat{\eta},\tau)\in S^m$ 且对 η 急减，以及 (4.4.14) 即有所需的 (4.4.17). 定理证毕.

一个在以后时常用到的情况是 $\dim\Omega_1=n$, $\Omega_2=\mathbf{R}^n\times\mathbf{R}^n$,记 $y=(z,\zeta)$, 令

$$Q(x)=Q=\begin{pmatrix}0&1\\1&0\end{pmatrix},$$

有 $\langle Q(x)y,y\rangle=\langle z,\zeta\rangle$. 这时 $\det Q=1$, 作正交变换

$$t_j=\frac{1}{\sqrt{2}}(z_j+\zeta_j),\quad t_{j+n}=\frac{1}{\sqrt{2}}(-z_j+\zeta_j),$$

有

$$\langle Q(x)y,y\rangle=\frac{1}{2}\sum_{j=1}^{n}(t_j^2-t_{j+n}^2),$$

所以 $\operatorname{sgn}Q=0$; 又

$$R(x,\partial_y)=\frac{i}{2}\sum_{j=1}^{n}\frac{\partial^2}{\partial z_j\partial\zeta_j},$$

所以由上定理可以得到重要的公式如下:

若 $a\in S^m(\Omega_1\times\Omega_2\times\mathbf{R}^+)=S^m(\Omega_1\times\mathbf{R}^n\times\mathbf{R}^n\times\mathbf{R}^+)$ 而且对于 $y=(z,\zeta)$ 有紧支集,则

$$\int e^{i\tau z\cdot\zeta}a(x,z,\zeta,\tau)dzd\zeta\sim\left(\frac{2\pi}{\tau}\right)^n\sum_{k\geq 0}\frac{\tau^{-k}}{k!}R^k a|_{z=\zeta=0}$$

$$\sim\left(\frac{2\pi}{\tau}\right)^n\sum_{\alpha}\frac{\tau^{-|\alpha|}}{\alpha!}\partial_z^\alpha D_\zeta^\alpha a(x,z,\zeta,\tau)|_{z=\zeta=0}.\qquad(4.4.20)$$

3. φ 对 y 具有一个非退化临界点的情况. 上面讨论的

$$\varphi=\frac{1}{2}\langle Q(x)y,y\rangle$$

有一个孤立的临界点 $y=0$, 而且

$$\operatorname{Hess}_y\varphi=\det\left(\frac{\partial^2\varphi}{\partial y_i\partial y_j}\right)=\det Q(x)\neq 0,$$

因此这个临界点是非退化的. 一般情况下,$\varphi(x,y)$ 的临界点由

$$\operatorname{grad}_y\varphi(x,y)=0,\ 即\ \frac{\partial\varphi}{\partial y_j}=0,\ j=1,\cdots,n_2,$$

决定，临界点的非退化性质即

$$\mathrm{Hess}_y\varphi = \det\left(\frac{\partial^2\varphi}{\partial y_i\partial y_j}\right) \neq 0, \text{ 当 } \mathrm{grad}_y\varphi(x, y) = 0 \text{ 时}.$$

这时，由隐函数存在定理可知，若有临界点存在，则对每一个固定的 x，φ 对 y 的临界点 $y(x)$ 是孤立的，而且若 $\varphi(x, y) \in C^\infty(\Omega_1 \times \Omega_2)$，$y = y(x)$ 也是 C^∞ 函数. 现在设 (x_0, y_0) 是一个非退化临界点，则必有 x_0 与 y_0 的充分小邻域 U 和 V，使得对 $x \in U$，$\varphi(x, y)$ 有唯一的对 y 的临界点 $y(x) \in V$，使 $y(x) \in C^\infty(U)$，即

$$\mathrm{grad}_y\varphi[x, y(x)] = 0, \ \mathrm{Hess}_y\varphi[x, y(x)] \neq 0, \quad (4.4.21)$$

$$y(x_0) = x_0.$$

我们就要在这样的条件下讨论 (4.4.2) 的渐近性质，而 φ 为非退化二次型则是其特例.

解决这个问题的基本依据是这样的事实：C^∞ 函数在非退化临界点附近必可局部地通过一微分同胚化为非退化二次型（Morse 引理）. 这个事实在许多数学分枝中，特别是在非线性分析中有极大的重要性. 它的证明方法有种种不同的表述，但都只是语言表述上的区别，而其基本思想和方法则大体一致. 这里，为了我们的需要将证明一个含参数的形式，其中关键性的步骤是应用隐函数定理.

引理 4.4.4（含参数的 Morse 引理） 设 (x_0, y_0) 是 $\varphi(x, y) \in C^\infty(\Omega_1 \times \Omega_2)$ 对 y 的非退化临界点，则必可找到 x_0, y_0 的充分小邻域 $U \subset \Omega_1$, $V \subset \Omega_2$ 以及一个含参数 $x \in U$ 的微分同胚（Morse 微分同胚）$h \in C^\infty(U \times V)$: $U \times V \to \mathbf{R}^{n_2}$，使得若令 $z = h(x, y)$（视为含参数 x 的 n_2 维 C^∞ 向量），恒有

$$\varphi(x, y) - \varphi(x, y(x)) = \frac{1}{2}\,{}^t z Q(x) z, \ (x, y) \in U \times V, \quad (4.4.22)$$

这里 $Q(x) = \mathrm{Hess}_y\varphi(x, y(x))$，而 h 具有以下性质：对 $x \in U$ 它是 $y \in V \to \mathbf{R}^{n_2}$ 的微分同胚，而且

$$h[x, y(x)] = 0, \quad \partial_y h[x, y(x)] = I, \quad x \in U. \quad (4.4.23)$$

$y(x)$ 已在前面讲过，它适合式 (4.4.21).

证. 考虑 $t\in\mathbf{R}$ 的函数 $F(t)=\varphi[x, y(x)+t(y-y(x))]$，并作其含有积分余项的 Taylor 展开式（令 $t=1$）

$$F(1)=F(0)+F'(0)+\int_0^1(1-\tau)F''(\tau)d\tau,$$

有

$$\varphi(x, y)-\varphi(x, y(x))=\frac{1}{2}{}^t(y-y(x))Q(x, y)(y-y(x)). \tag{4.4.24}$$

这里 $Q(x, y)$ 是一个对称矩阵，而当 U, V 充分小时是非退化的，且

$$Q(x, y(x))=Q(x)=\mathrm{Hess}_y\varphi(x, y)|_{y=y(x)}. \tag{4.4.25}$$

现在我们想求一个 C^∞ 的 $n_2\times n_2$ 矩阵 $R(x, y)$:

$$U\times V\ni(x, y)\xrightarrow{R}R(x, y)\in L(\mathbf{R}^{n_2}, \mathbf{R}^{n_2})$$

使得

$$R[x, y(x)]=I,\ {}^tR(x, y)\cdot Q(x)\cdot R(x, y)=Q(x, y). \tag{4.4.26}$$

当 U, V 充分小时，由 $R[x, y(x)]=I$ 自然有 $R(x, y)$ 非奇异. 如果能找到这样的 R，则令 $h(x, y)=R(x, y)(y-y(x))$. 由于 $R(x, y)$ 非奇异，$h(x, y)$ 在 $U\times V$ 中是对 y 的微分同胚: $V\to\mathbf{R}^{n_2}$. 由 (4.4.24)，以 $y-y(x)=R^{-1}(x, y)h(x, y)$ 代入

$$\begin{aligned}\varphi(x, y)-\varphi[x, y(x)]&=\frac{1}{2}{}^th{}^tR^{-1}(x, y)Q(x, y)R^{-1}(x, y)h\\&=\frac{1}{2}{}^th\cdot Q(x)\cdot h=\frac{1}{2}\langle Q(x)h, h\rangle.\end{aligned}$$

现在我们要由 (4.4.26) 用隐函数定理求 $R(x, y)$. 我们把它看成是一个由 R 到 $n_2\times n_2$ 对称矩阵空间的映射，记此空间为 S. 则实际上 $S\cong\mathbf{R}^{\frac{1}{2}n_2(n_2+1)}$. 对于 R 则要求它在 $Q^{-1}S$ 中，这里

$$Q=Q(x_0)=\mathrm{Hess}_y\varphi[x_0, y(x_0)]:$$

$$Q^{-1}S\ni R\xrightarrow{\Phi}\Phi(R)={}^tRQ(x)R\in S.$$

令 $x = x_0$，在 $R = I$ 处，$\Phi(I) = Q(x_0) \in S$，现在看 I 处的 $d\Phi$，为此令 $R = I + T$，代入 ${}^tRQ(x_0)R$，并取其中 T 的线性部分即得 $d\Phi|_{R=I}$，它将 $Q^{-1}S$ 的切空间(即 $Q^{-1}S$ 自身，因为 $Q^{-1}S \cong \mathbf{R}^{\frac{1}{2}n_2(n_2+1)}$)映到

$$Q^{-1}S \ni T \xrightarrow{d\Phi|_{R=I}} {}^tTQ + QT \in S.$$

这个映射是全射：对任意 $A \in S$，$T = \dfrac{1}{2}Q^{-1}A$ 是它的原象。但 $d\Phi|_{R=I}$ 是 $\mathbf{R}^{\frac{1}{2}n_2(n_2+1)} \to \mathbf{R}^{\frac{1}{2}n_2(n_2+1)}$ 的线性映射，它既是全射，亦必是单射，这样，隐函数定理就是适用的。

取 U，V 充分小，因为 $Q(x) \in S$ 在 Φ 下有原象 $R = I$，$Q(x, y)$ $x \in U$，$y \in V$ 在 Φ 下也必有唯一原象 $R(x, y)$ 它属于 $C^\infty(U \times V)$，而且是非奇异的(因为 U，V 充分小)。$R(x, y)$ 即 (4.26) 之解. 引理证毕.

现在我们即可陈述本节的主要定理了. 上面求出了一个含参数 x 的 C^∞ 微分同胚 $h(x, \cdot)$: $V \to \mathbf{R}^{n_2}$，记 $h(x, y) = z$，而必有一个逆 $k(x, \cdot)$: $W \to \mathbf{R}^{n_2}$ 使 k: $U \times W \ni (x, z) \longmapsto k(x, z) = y \in V$. 于是我们有

定理 4.4.5 设 $\varphi(x, y)$ 适合 Morse 引理 4.4.4 的条件

$$a \in S^m(\Omega_1 \times \Omega_2 \times \mathbf{R}^+),$$

且对 x，y 具有紧支集，则式 (4.4.2) 中的 $I(x, \tau)$ 具有以下性质:

1° $$e^{-i\tau\varphi(x, y(x))}I(x, \tau) \in S^{m-\frac{1}{2}n_2}(\Omega_1 \times \mathbf{R}^+). \tag{4.4.27}$$

2° 它具有以下的渐近展开式

$$(2\pi/\tau)^{n_2/2}|\det Q(x)|^{-\frac{1}{2}}e^{i\pi/4\ \operatorname{sgn} Q(x)}$$
$$\left[\sum_{k>0}\frac{\tau^{-k}}{k!}R^k(x, z, \partial_z)\tilde{a}(x, z, \tau)\right]_{z=0}, \tag{4.4.28}$$

其中

$$\tilde{a}(x, z, \tau) = a(x, k(x, z), \tau)\left|\frac{Dy}{Dz}(x, z)\right|_{z=0},$$

$$R(x, z, \partial_z) = \frac{i}{2}\langle Q(x)\partial_z, \partial_z\rangle.$$

证. 利用一的 C^∞ 分割可以设 $a(x, y, \tau)$ 对 x, y 的支集充分小,因而可以利用 Morse 引理而得

$$I(x, \tau) = e^{i\tau\varphi(x,y(x))}\int e^{i\tau/2\langle Q(x)h(x,y),h(x,y)\rangle}a(x, y, \tau)dy$$
$$= e^{i\tau\varphi(x,y(x))}\int e^{i\tau/2\langle Q(x)z,z\rangle}\tilde{a}(x, z, \tau)dz.$$

利用定理 4.4.3 即得本定理之证.

注. 1. 以上的结论对 $a \in S^m_{\rho,1-\rho}(\Omega_1 \times \Omega_2 \times \mathbf{R}^+)$ 也成立.

2. 近年来具有复值相函数的振荡积分与 FIO 的研究越来越重要,因此有必要讨论 $\varphi(x, y)$ 取复值时 $I(x, \tau)$ 的渐近展开. 这方面的工作可见 A. Melin 和 J. Sjöstrand [1]. 同样,具有退化相函数的研究也越来越重要, 例如可以参看 B. Malgrange [2], В. А. Васильев [1] 和 Варченко [1].

§5. 微局部分析

1. 波前集的定义. 七十年代线性偏微分方程理论的一个巨大进步,是认识到有必要对奇性进行谱分析. 这个重大发现是由两方面殊途同归地完成的. 一是从日本佐藤幹夫 (M. Sato) 提出的超函数 (hyperfunction) 理论中提出了奇谱的概念, 参见 Sato, Kashiwara 和 Kawai [1] (这篇重要文献时常被称为 S-K-K), 我们将在本书超函数一章中介绍. 这是一个 C^ω (即实解析)范畴的理论. 其二是由 Hörmander [11] 发其端,是对广义函数的奇性进行谱分析而来. 对广义函数的谱分析就是微局部分析. Huygens 关于波前的构造法可说是这种分析的物理原型, 因此提出的概念也就称为广义函数的波前集. 本节按其内容本来应放在第二章, 因为 Fourier 分析就是谱分析,但因我们将多次用到本章的技巧,所以移到这里.

第一章中提出的广义函数 f 的奇支集表示了奇性在 x (位置)空间的位置: $x_0 \notin \text{sing supp} f$ 时, 必可用一个支集在 x_0 附近的 C^∞ 函数 $\alpha(x)$ (使 $\alpha(x_0) \neq 0$) 去乘 f 而得一个 C_0^∞ 函数 αf, 这是 f 的

"局部化". 对 αf 作 Fourier 变换将得一个急减函数 $\widehat{\alpha f}(\xi)$, 即对一切非负整数 N 有常数 C_N 存在使

$$|\widehat{\alpha f}(\xi)| \leqslant C_N(1 + |\xi|)^{-N}. \tag{4.5.1}$$

反之,若上式成立,则 $\alpha f \in \mathscr{S}$, 从而 f 在 x_0 附近充分光滑.

由此可见, 若 $f \in \mathscr{E}'(\mathbf{R}^n)$ 有奇性, 则一定有某个方向 η, 在它的一个锥邻域 V 中 (4.5.1) 不成立. 这样的 η 不妨称为"坏"方向, 它是在 ξ (频率)空间中的, 因此也就可以说是导致产生 f 之奇性的频率成份. 我们记这些"坏"方向之集为 $\sum(f)$, 它是 ξ 空间中的闭锥形集.

这样我们就看到了 sing supp$f$ 描述了 f 之奇性的空间位置, $\sum(f)$ 描写了导致 f 产生奇性的频率成份. 现在我们要把二者结合起来. 在这样作的时候我们不妨回忆一下 Huygens 构造波前的方法. 波前是波动方程解的间断面,也就是一种奇性,它沿一定的方向传播, 由此得到新的间断. 所以我们也就把奇性的位置和方向二者结合起来的产物称为广义函数的波前集. 为使二者结合起来. 我们需要以下的命题:

定理 4.5.1 若 $\varphi \in C_0^\infty(\mathbf{R}^n)$, $f \in \mathscr{E}'(\mathbf{R}^n)$, 则

$$\sum(\varphi f) \subset \sum(f). \tag{4.5.2}$$

证. 由 Fourier 变换的性质

$$(\widehat{\varphi f})(\xi) = \int \hat{\varphi}(\xi - \eta)\hat{f}(\eta)d\eta. \tag{4.5.3}$$

而且 $\hat{\varphi}(\eta) \in \mathscr{S}$. 因为 f 具有紧支集,由 Schwartz 定理,一定存在某个非负整数 M 与常数 $C_M > 0$ 使

$$|\hat{f}(\xi)| \leqslant C_M(1 + |\xi|)^M.$$

今证,若 $\hat{f}(\xi)$ 在某个锥 Γ 内为急减, 则 $\widehat{\varphi f}$ 在 Γ 内亦然, 这样就证明了 (4.5.2). 为此, 任取锥 $\Gamma_1 \Subset \Gamma$ 而将积分 (4.5.3) 分成两个部分而有,当 $\xi \in \Gamma_1$ 时,

$$|(\widehat{\varphi f})(\xi)| \leqslant \int_\Gamma |\hat{\varphi}(\xi - \eta)\hat{f}(\eta)| d\eta$$

$$+ C_M \int_{C\Gamma} |\hat{\varphi}(\xi - \eta)| |(1 + |\eta|)^M d\eta$$

在 Γ 中 $\hat{f}$ 为急减，而因 $(1+|\xi|)\leqslant(1+|\xi-\eta|)(1+|\eta|)$，从而 $(1+|\eta|)^{-N}\leqslant(1+|\xi-\eta|)^N(1+|\xi|)^{-N}$ 以及 $|\hat{\varphi}(\xi-\eta)|\leqslant$ $\leqslant C_{2N}(1+|\xi-\eta|)^{-2N}$ 从而第一个积分可以小于 $C_1(1+|\xi|)^{-N}$ (N 是任意非负整数). 对第二个积分，则因 $\xi\in\Gamma_1$，$\eta\in C\Gamma$，故必有某个 $\varepsilon>0$ 使 $|\xi-\eta|\geqslant\varepsilon|\xi|$. 再利用一次上面的不等式(其中的 ξ 与 η 互换)有

$$C_M\int_{C\Gamma}|\hat{\varphi}(\xi-\eta)|(1+|\eta|)^M d\eta$$
$$\leqslant C_M(1+|\xi|)^M\int_{C\Gamma}|\hat{\varphi}(\xi-\eta)|(1+|\xi-\eta|)^M d\eta,$$

然而对任意 k

$$|\hat{\varphi}(\xi-\eta)|\leqslant C_k(1+|\xi-\eta|)^{-2k}$$
$$\leqslant C'_k(1+|\xi|)^{-k}(1+|\xi-\eta|)^{-k},$$

因此

$$(1+|\xi|)^M\int_{C\Gamma}|\hat{\varphi}(\xi-\eta)|(1+|\xi-\eta|)^M d\eta$$
$$\leqslant C(1+|\xi|)^{M-k}\int_{C\Gamma}(1+|\xi-\eta|)^{M-k}d\eta$$
$$\leqslant C'(1+|\xi|)^{-N}\ (N\text{为任意非负整数}).$$

总结以上结果，并由 Γ_1 之任意性，即知对任意 N 必有 $C_N>0$ 使

$$|\widehat{\varphi f}(\xi)|\leqslant C_N(1+|\xi|)^{-N},\ \xi\in\Gamma.$$

定理得证.

现在利用一切支集在 x_0 附近的 $\varphi\in C_0^\infty(\mathbf{R}^n)$ 将 f 局部化，即可定义

$$\sum\nolimits_{x_0}(f)=\bigcap_{\varphi}\sum(\varphi f),\ \varphi\in C_0^\infty,\ \varphi(x_0)\neq 0, \qquad (4.5.4)$$

$\sum_{x_0}(f)$ 显然表示在 x_0 的"坏"方向的集合. 它是 $\mathbf{R}^n_\xi$ 的一个闭锥形集.

定理 4.5.2 任取一串 $\varphi_j\in C_0^\infty$，$\varphi_j(x_0)\neq 0$ 使 $\{\mathrm{supp}\ \varphi_j\}\to\{x_0\}$，则

$$\sum_{x_0}(f)=\bigcap_i \sum(\varphi_i f). \tag{4.5.5}$$

证. 事实上任取一个 $\varphi\in C_0^\infty$, $\varphi(x_0)\neq 0$, 必可找到一个 φ_i 使 $\operatorname{supp}\varphi_i\Subset\operatorname{supp}\varphi$, 而且

$$\sum(\varphi_i f)\subset\sum(\varphi f).$$

因此

$$\bigcap_i\sum(\varphi_i f)\subset\bigcap_\varphi\sum(\varphi f)=\sum_{x_0}(f),$$

从而 (4.5.5) 得证.

推论 4.5.3 若 $\sum_{x_0}(f)=\varnothing$, 则 $x_0\notin\operatorname{sing\,supp}f$, 其逆亦真.

证. 因为 (4.5.5) 中的 $\{\sum(\varphi_i f)\}$ 是一个闭锥形集套, 其交为空之充分必要条件是存在某个 φ_{i_0} 使 $\sum(\varphi_{i_0}f)=\varnothing$. 从而 $\varphi_{i_0}f\in C^\infty$ 而因 $\rho_{i_0}(x_0)\neq 0$, 得知 f 在 x_0 附近属于 C^∞.

定义 4.5.4 $f\in\mathscr{D}'(\Omega)$ 的波前集即

$$WF(f)=\{(x,\xi)\in\Omega\times(\mathbf{R}^n\backslash 0),\ \xi\in\sum_x(f)\}. \tag{4.5.6}$$

波前集又称奇谱, 也记作 S.S.(f).

由定义很明显有

定理 4.5.5 波前集在 x 空间上的投影为

$$\pi_x WF(f)=\operatorname{sing\,supp}f. \tag{4.5.7}$$

波前集是 $\Omega\times(\mathbf{R}^n\backslash 0)$ (即 Ω 之余切丛除去零截口——这种除去零截口的余切丛时常记作 $T^*\Omega$) 中的闭锥形集, 即

$$(x,\xi)\in WF(f)\Rightarrow(x,t\xi)\in WF(f)(t>0),$$

因此也可以说是 Ω 的余切球丛 $\Omega\times S^{n-1}$ 的闭子集. 它在底空间上的投影已如上所述, 即 f 之奇支集, 它在纤维空间上的投影则是 $\sum(f)$. 但因纤维空间在坐标变换下不是不变的, 所以 $\sum(f)$ 的意义有限.

下面看一些例子

例 1. $\delta(x)$, 因为 $\hat\delta(\xi)=1$, 所以在一切方向上 $\hat\delta(\xi)$ 均非急减, 因此

$$WF(\delta)=\{(0,\xi),\ \xi\in\mathbf{R}^n\backslash 0\}.$$

例 2. 计算 $WF\left(\text{v. p.}\dfrac{1}{x}-i\pi\delta(x)\right)$.

由 §1.4. 例 3，$\left(\text{v.p.}\frac{1}{x}\right)^\wedge(\xi) = -\pi i \operatorname{sgn}\xi$，所以

$$\left[\text{v.p.}\frac{1}{x} - i\pi\delta(x)\right]^\wedge(\xi) = -\pi i[1 + \operatorname{sgn}\xi]$$

$$= \begin{cases} -2\pi i, & \xi > 0, \\ 0, & \xi < 0. \end{cases}$$

因此有

$$WF\left(\text{v.p.}\frac{1}{x} - \pi i\delta(x)\right) = \{(0, \xi); \xi > 0\}.$$

例 3. 线性子空间上的 Dirac 分布．在第一章 §6 中我们讨论过超曲面上的 Dirac 分布 ω_{n-1}（见 (1.6.11)）现在稍加推广考虑 $\mathbf{R}^n$ 的任一 k 维子流形 V 上相应的概念并计算其波前集．因为波前集是一个局部概念，而当我们限于在 V 上某一点的邻域中考虑问题时，自然不妨设 V 为 $\mathbf{R}^n$ 的 k 维子空间 $x_{k+1} = \cdots = x_n = 0$．令 ds 是 V 上的 Lebesgue 测度，$u = u_0 ds_x$ ($u_0 \in C^\infty(V)$)．可以证明

$$WF(u) = \operatorname{supp} u \times (V^\perp \backslash 0).$$

现在 $V^\perp$ 表示 ξ 空间的子空间 $\xi_1 = \cdots = \xi_k = 0$．

事实上，取 $\alpha(x) \in C_0^\infty$，则

$$\widehat{(\alpha u)}(\xi) = \int_V e^{-i\langle x, \xi\rangle}\alpha(x)u_0(x)ds_x. \tag{4.5.8}$$

若记 $\xi = \xi' + \xi''$，$\xi' = (\xi_1, \cdots, \xi_k)$，$\xi'' = (\xi_{k+1}, \cdots, \xi_n)$，则作为 ξ' 的函数，$(\hat{\alpha u})(\xi)$ 是急减的．若作一个锥与 $V^\perp$ 相交，则除非 $\alpha u = 0$，$\hat{\alpha u}(\xi)$ 在此锥中不可能是急减的，因为

$$(\hat{\alpha u})(\xi) = \int e^{-i\langle x', \xi'\rangle}\alpha(x', 0)u_0(x', 0)dx'$$

$$x' = (x_1, \cdots, x_k),\ x'' = (x_{k+1}, \cdots, x_n),$$

$$\xi' = (\xi_1, \cdots, \xi_k),\ \xi'' = (\xi_{k+1}, \cdots, \xi_n),$$

作为 ξ'' 的函数不是急减的．但在 $|\xi| < C|\xi'|$ 处 $(\hat{\alpha u})(\xi)$ 确是急减的．

定义 4.5.4 指出，$WF(u)$ 的纤维部分 $\xi \in \Sigma(f)$ 是 f 的"坏"方

向.那么,$WF(u)$ 以外的方向就应该是“好”方向,所以可以预期 u 在这样的方向上有很高的光滑性. 事实上我们可以证明若 $(x', x'', \xi', \xi'') = (0, 0, 0, \xi_n) \notin WF(u)$,则当 $\alpha \in C_0^\infty(\mathbf{R}^n)$ 的支集在 $x = 0$ 的充分小邻域中,$\alpha u \in C^\infty(x_n; \mathscr{D}'(\mathbf{R}^{n-1}))$. 证明如下:取 $x = 0$ 的充分小邻域 V 以及 $(0, \xi_n)$ 的充分小锥邻域 $\Gamma = \{\xi; |\xi'| \leqslant c|\xi_n|\}$,$c$ 充分小,则当 $\alpha \in C_0^\infty(V)$ 时 $\widehat{\alpha u}$ 在 Γ 中急减. 但整个说来 $\alpha u \in \mathscr{E}'(\mathbf{R}^n)$,$\widehat{\alpha u}(\xi)$ 缓增,故必有实数 μ 与常数 $C_\mu > 0$ 使 $|\widehat{\alpha u}(\xi)| \leqslant C_\mu(1 + |\xi|)^\mu$. 若 $|\xi'| \leqslant c|\xi_n|$ 而 c 充分小,则 $1 + |\xi| \geqslant 1 + |\xi_n| - |\xi'| \geqslant c_1(1 + |\xi_n|)$,而且因为 $\widehat{\alpha u}(\xi)$ 在 Γ 中急减,$|\widehat{\alpha u}(\xi)| \leqslant C_N(1 + |\xi|)^{-N} \leqslant C_N(1 + |\xi_n|)^{-N}$,又 $1 \leqslant (1 + |\xi'|)^{\mu+N}$ 所以对任意充分大的正整数 N 有:

$$|\widehat{\alpha u}(\xi)| \leqslant C_N(1 + |\xi_n|)^{-N}(1 + |\xi'|)^{\mu+N}. \tag{4.5.9}$$

若 $|\xi'| > c|\xi_n|$ 则有

$$\begin{aligned}|\widehat{\alpha u}(\xi)| &\leqslant C_\mu(1 + |\xi|)^\mu \\ &= C_\mu(1 + |\xi|)^\mu(1 + |\xi_n|)^N(1 + |\xi_n|)^{-N} \\ &\leqslant C_N(1 + |\xi'|)^{\mu+N}(1 + |\xi_n|)^{-N}.\end{aligned}$$

这里我们用到了

$$1 + |\xi_n| \leqslant C(1 + |\xi'|),$$
$$(1 + |\xi|) \leqslant 1 + |\xi'| + |\xi_n| \leqslant C(1 + |\xi'|).$$

总之(4.5.9)成立.

由此可知,对于 $\varphi(x') \in C_0^\infty(\mathbf{R}^{n-1})$ 与 $\psi(x_n) \in C_0^\infty(\mathbf{R})$ 有

$$\langle \alpha u, \varphi \otimes \psi \rangle = (2\pi)^{-n} \int \widehat{\alpha u}(\xi)\hat{\varphi}(-\xi')\hat{\psi}(-\xi_n)d\xi' d\xi_n$$

$$= (2\pi)^{-n}\int \psi(x_n)dx_n \int e^{ix_n\xi_n}\widehat{\alpha u}(\xi', \xi_n)\hat{\varphi}(-\xi')d\xi' d\xi_n,$$

所以 αu 恰好是一个函数 U:

$$\langle \alpha u, \varphi \otimes \psi \rangle = \langle\langle U, \varphi\rangle, \psi\rangle,$$

这里

$$\langle U, \varphi\rangle = (2\pi)^{-n} \int \hat{\varphi}(-\xi')d\xi' \cdot \int e^{ix_n\xi_n}\widehat{\alpha u}(\xi', \xi_n)d\xi_n$$

$$= (2\pi)^{-n+1}\int \hat{\varphi}(-\xi')\hat{U}(x_n)(\xi')d\xi',$$

$$\hat{U}(x_n)(\xi') = (2\pi)^{-1}\int e^{ix_n\xi_n}\widehat{\alpha u}(\xi', \xi_n)d\xi_n.$$

由估计式 (4.5.9) 易见 $U\widehat{(x_n)}(\xi')$ 是有意义的，它对 x_n 属于 $C_0^\infty(\mathbf{R})$ 而其值是 $\mathscr{E}'(\mathbf{R}^{n-1})$ 广义函数:

$$(\alpha u)(x) \in C_0^\infty(\mathbf{R}, \mathscr{E}'(\mathbf{R}^{n-1})).$$

下面看一下 $WF(u)$ 的最简单的性质.

首先容易看到: $WF(u_1 + u_2) \subset WF(u_1) \cup WF(u_2)$. (4.5 9)

其次，可证

$$WF(D^\alpha u) \subset WF(u). \tag{4.5.10}$$

因为若取 $\alpha(x) \in C_0^\infty$ 而且在 x_0 附近为 1，取 $\alpha_1(x) \in C_0^\infty$ 而且在 $\mathrm{supp}\alpha(x)$ 附近为 1，则有

$$\sum\nolimits_{x_0}(D^\alpha u) \subset \sum\nolimits_{x_0}(\alpha(x)D^\alpha \alpha_1(x)u) \subset \sum(D^\alpha \alpha_1(x)u) \subset \sum(\alpha_1(x)u).$$

再令 $\{\mathrm{supp}\alpha_1(x)\} \to \{x_0\}$，即得 (4.5.10) 之证.

对于 C^∞ 函数 $a(x)$，易证

$$WF(au) \subset WF(u). \tag{4.5.11}$$

因为若 $a(x_0) \neq 0$，由定理 4.5.1，$\sum(au) \subset \sum(u)$. 而对一般的 $a(x)$，则可写成 $a(x) = a_1(x) - a_2(x)$ 而 $a_1(x_0) \neq 0$. $a_2(x_0) \neq 0$ 并用式 (4.5.9).

综合 (4.5.10) 与 (4.5.11) 即知，对于具有 C^∞ 系数的线性 PDO: $P(x, D)$ 有

$$WF(P(x, D)u) \subset WF(u). \tag{4.5.12}$$

若将上式双方再在 x 空间上投影，我们将又一次得出一个明显的关系式

$$\text{sing supp}\,(P(x, D)u) \subset \text{sing supp}(u). \tag{4.5.13}$$

(4.5.12) 只不过是它的推广而已.

上面给出的定义 4.5.4 是以 Fourier 变换为基础的，因而与坐标的选择有关，下面的定理告诉我们，这个概念实际上是与坐标无关的，这样就很容易设想到，它实际上是除去零截口的余切丛 $T^*\mathbf{R}^n\backslash 0$ 的一个子集. 这对下面我们在微分流形上讨论波前集很有好处.

定理 4.5.6 对于 $u \in \mathscr{D}'(\mathbf{R}^n)$，$(x_0, \xi_0) \notin WF(u)$，$\xi_0 \neq 0$ 之

充分必要条件是：对一切 $p \geqslant 1$ 与 $\lambda_0 \in \mathbf{R}^p$, $\phi \in C^\infty(\mathbf{R}^n \times \mathbf{R}^n, \mathbf{R}^p)$，只要适合 $d_x\phi(x_0, \lambda_0) = \xi_0$，必有 x_0 的一个邻域 V 以及 λ_0 在 $\mathbf{R}^p$ 中的邻域 Λ，使对一切

$$\alpha(x) \in C_0^\infty(V),\ \alpha(x_0) \neq 0,\ \langle u, \alpha(x)e^{-i\tau\phi(x,\lambda)}\rangle$$

当 $\tau \to +\infty$ 时对 $\lambda \in \Lambda$ 一致地急减.

证. 充分性. 令 $p = n$, $\lambda_0 = \xi_0$, $\phi(x, \lambda) = ix\cdot\lambda$，则

$$\langle u, \alpha(x)e^{-i\tau\phi(x,\lambda)}\rangle = \widehat{\alpha u}(\xi),\ \xi = \tau\lambda,$$

λ 的邻域 Λ 现在成了 ξ_0 的锥邻域 Λ_1，而知 $\widehat{\alpha u}(\xi)$ 在 Λ_1 中急减，从而 $(x_0, \xi_0) \notin WF(u)$.

必要性. 若 $(x_0, \tau\xi_0) \notin WF(u)$, $\tau > 0$，则必有 x_0 的邻域 V_0 以及 ξ_0 的邻域 W_0 亦即 $\tau\xi_0$ 的锥邻域 W_1，以及

$$\alpha(x) \in C_0^\infty(V_0),\ \alpha(x_0) \neq 0$$

使 $\widehat{\alpha u}(\tau\xi)$ 在 W_1 中急减，而且对 ξ 在 ξ_0 的邻域 W_0 中是一致的. 作 $\beta \in C_0^\infty(V_0)$ 使 $\beta = 1$ 于 $\operatorname{supp}\alpha$ 上，则

$$\langle u, \alpha(x)e^{-i\tau\phi(x,\lambda)}\rangle = \langle u, \beta\alpha e^{-i\tau\phi(x,\lambda)}\rangle$$

$$= \left(\frac{\tau}{2\pi}\right)^n \int \widehat{\alpha u}(\tau\xi) I(\tau, \xi, \lambda) d\xi,$$

$$I(\tau, \xi, \lambda) = \int e^{i\tau(x\cdot\xi - \phi(x,\lambda))}\beta(x)\,dx.$$

但是容易看到，当 ξ 不在 ξ_0 的某邻域 $W \subset W_0$ 中时，若 λ 在 λ_0 的某邻域 Λ 中，x 在 x_0 的某邻域 $V \subset V_0$ 中时 $|\xi - d_x\phi(x, \lambda)| \geq C(1 + |\xi|)$，$C > 0$ 与 λ 无关. 注意到

$$|\xi - d_x\phi(x, \lambda)|^{-2}\left\langle \xi - d_x\phi(x, \lambda), \frac{\partial}{\partial x}\right\rangle e^{i\tau(x\cdot\xi - \phi(x,\lambda))}$$

$$= (i\tau)e^{i\tau(x\cdot\xi - \phi(x,\lambda))},$$

在 $I(\tau, \xi, \lambda)$ 的表达式中反复应用上式作分部积分即知对任意整数 N 均有常数 C_N 与 λ 无关使

$$|I(\tau, \xi, \lambda)| \leqslant C_N\tau^{-N}(1 + |\xi|)^{-N},\ \xi \in \mathbf{R}^n \backslash W,\ \lambda \in \Lambda.$$

现在将 $\langle u, \alpha e^{-i\tau\phi}\rangle$ 的积分式分为两项：

$$\langle u, \alpha e^{-i\tau\phi}\rangle = \int_W + \int_{\mathbf{R}^n\setminus W} = I_1 + I_2.$$

在 I_1 中，由假设 $\widehat{\alpha u}(\tau\xi)$ 急减：

$$|\widehat{\alpha u}(\tau\xi)| \leqslant C_N\tau^{-N}(1+|\xi|)^{-N}.$$

这里的 I 适合

$$|I(\tau, \xi, \lambda)| \leqslant \int |\beta(x)|dx = C.$$

从而

$$|I_1| \leqslant C\tau^{-N}, \quad C \text{ 与 } \lambda \text{ 无关}.$$

在 I_2 中，注意到 $\alpha u \in \mathscr{E}'$ 从而 $\widehat{\alpha u}(\tau\xi)$ 缓增，而有

$$|I_2| \leqslant C\tau^{-N+\mu}\int(1+|\xi|)^{\mu-N}d\xi = C_1\tau^{-N+\mu}.$$

总之有

$$|\langle u, \alpha e^{-i\tau\phi}\rangle| \leqslant C_N\tau^{-N+\mu}, \ C_N \text{ 与 } \lambda \text{ 无关},$$

从而定理证毕.

2. 广义函数的拉回和推前. 对于广义函数不象对普通函数那样可以定义其种种运算，这是由于广义函数具有很高的奇异性的原故. 现在既然有了波前集的概念对广义函数的奇异性作了更精密的分析，则自然可以应用这个结果进一步探讨对广义函数进行种种运算的可能性. 在这里面，最重要的乃是它们在变量变换下的"函子"性质，亦即在 x 空间的可微映射下的函子性质，而首先是它的拉回. 第一章 §6 中我们曾定义了 $\mathscr{D}'$ 广义函数在微分同胚下的拉回. 但对更一般的可微映射 $\varphi: \mathbf{R}^m \to \mathbf{R}^n$，对 $u \in \mathscr{D}'(\mathbf{R}^n)$，$\varphi^*u \in \mathscr{D}'(\mathbf{R}^m)$ 并不是恒可定义的. 为解决这个问题，我们先定义 $\mathscr{D}'(M)$（以下用 M 代替 $\mathbf{R}^n$）的一个子空间，而光滑函数在其中按某种拓扑稠密. 然后我们首先对这些光滑函数定义其拉回，再通过极限运算来定义 φ^*u. 这个手续可以说是一个标准化了的手续.

定义 4.5.7 我们定义

$$\mathscr{D}'_\Gamma(M) = \{f \in \mathscr{D}'(M), WF(f) \subset \Gamma\},$$

Γ 是 $M \times (\mathbf{R}^n\setminus 0) \subset \mathbf{R}^n \times (\mathbf{R}^n\setminus 0)$ 的一个闭锥形集，而且称 $f_j \in$

$\mathscr{D}'_\Gamma(M)$ 在 $\mathscr{D}'_\Gamma(M)$ 中趋于 $f \in \mathscr{D}'_\Gamma(M)$，当且仅当

1° $f_j \to f$（在 $\mathscr{D}'(M)$ 中）；

2° 任意选定 $\varphi \in C_0^\infty(M)$，以及 $\mathbf{R}^n \backslash 0$ 中的闭锥 V 使

$$\Gamma \cap (\operatorname{supp} \varphi \times V) = \varnothing, \tag{4.5.14}$$

则对任意非负整数 N 都有

$$\sup_V |\xi|^N |\widehat{(\varphi f)}(\xi) - \widehat{(\varphi f_j)}(\xi)| \to 0, \xi \in V. \tag{4.5.15}$$

引理 4.5.8 $f \in \mathscr{D}'(M)$ 属于 $\mathscr{D}'_\Gamma(M)$ 当且仅当对上述的 φ，V 与 N 有

$$\sup_V |\xi|^N |\widehat{(\varphi f)}(\xi)| < +\infty. \tag{4.5.16}$$

证. 设 (4.5.16) 成立，取 $(x_0, \xi_0) \notin \Gamma$，则必可找到一个 $\varphi \in C_0^\infty(M)$，使其支集充分小而且 $\varphi(x_0) \neq 0$，又可找到 ξ_0 在 $\mathbf{R}^n \backslash 0$ 中的一个充分小锥邻域 V，使(4.5.14) 成立，而且有 (4.5.16)．但(4.5.16) 意味着 $(x_0, \xi_0) \notin WF(f)$，因此 $WF(f) \subset \Gamma$．反之，若 $f \in \mathscr{D}'_\Gamma(M)$，则因 $WF(\varphi f) \subset WF(f)$，从而对于适合 (4.5.14) 的 (x, ξ) 应有 (4.5.16) 成立.

现证 $C_0^\infty(M)$ 在 $\mathscr{D}'_\Gamma(M)$ 中稠密，准确些说，有

定理 4.5.9 对任意 $f \in \mathscr{D}'_\Gamma(M)$ 必可找到 $f_j \in C_0^\infty(M)$ 使 $f_j \to f$（在 $\mathscr{D}'_\Gamma(M)$ 中），且 $\operatorname{supp} f_j$ 含于 $\operatorname{supp} f$ 之某邻域中.

证. 作 M 的一个穷竭的上升紧子集序列 $\{K_j\}$ 以及相应的截断函数序列 $\{\chi_j\}$，使在 K_j 上，$\chi_j = 1$. 再作磨光核序列 $\rho_j = J_{1/j}$（见式 (1.1.1)），于是令

$$f_j = \rho_j * (\chi_j f),$$

则自然有 $f_j \in C_0^\infty(M)$，而且在 $\mathscr{D}'(M)$ 中 $f_j \to f$. 现在余下的应证 (4.5.15) 成立. 为此设 φ 和 V 取得适合 (4.5.14). 作一个 $\alpha(x) \in C_0^\infty(M)$ 使在 $\operatorname{supp} \varphi$ 附近 $\alpha(x) = 1$ 并作 W 为 V 在 $\mathbf{R}^n \backslash 0$ 中的闭锥邻域，使得

$$\Gamma \cap (\operatorname{supp} \alpha \times W) = \varnothing, \tag{4.5.17}$$

则当 j 充分大时，因 $\operatorname{supp} \alpha \Subset K_j$，易见

$$\varphi f_j = \varphi(\rho_j * (\chi_j f)) = \varphi(\rho_j * (\alpha f)),$$

从而因为 $\varphi\alpha=\varphi$, $\widehat{\varphi f}=(\widehat{\varphi\alpha})f=\varphi(\widehat{\alpha f})$, 而有

$$\widehat{\varphi f}(\xi)-\widehat{\varphi f_j}(\xi)=\varphi\widehat{(\alpha f)}(\xi)-\widehat{\varphi f_j}(\xi)$$
$$=\int\hat{\varphi}(\xi-\eta)(\widehat{\alpha f})(\eta)[1-\widehat{\rho_j}(\eta)]d\eta.$$

但

$$|\hat{\rho}_j(\eta)|=\left|\int e^{-i\langle x,\eta\rangle}J_{1/j}(x)dx\right|\leqslant\int|J_{1/j}(x)|dx=\int J_{1/j}(x)dx$$
$$=1,$$

且当 $j\to\infty$ 时 $\rho_j(x)$ 是 $\delta(x)$ 的规则化序列，因而 $\hat{\rho}_j(\eta)$ 趋向于 $e^{-i\langle 0,\eta\rangle}=1$，因此和证明定理 4.5.1 一样，可知 (4.5.15) 成立，再用一个适当的截断函数即可得出关于支集的论断. 因此定理得证.

现在转到如何定义广义函数在一般的 C^∞ 映射 Φ: $\mathbf{R}^m\to\mathbf{R}^n$ 下的拉回的问题. 对于 C^∞ 函数 f, Φ^*f 的定义是自明的. 由前面所证已知，C^∞ 函数在 $\mathscr{D}'_\Gamma(M)$ 中是稠密的，所以我们设法证明已定义的 Φ^*f 在 $\mathscr{D}'_{\Phi^*\Gamma}$ 中稠密，这里

$$\Phi^*\Gamma=\{(x,{}^t\Phi'(x)\eta),(\Phi(x),\eta)\in\Gamma\},$$

而且当 $f_j\in C_0^\infty$ 在 $\mathscr{D}'_\Gamma(M)$ 中有极限 f 时，Φ^*f_j 在 $\mathscr{D}'_{\Phi^*\Gamma}$ 中也有极限. 我们就用这个极限作为 Φ^*f 之定义.

定理 4.5.10 设 $\Omega_x\subset\mathbf{R}^m$, $\Omega_y\subset\mathbf{R}^n$ 为开集，$\Phi:\Omega_x\to\Omega_y$ 是 C^∞ 映射，定义其余法线集为

$$N_\Phi=\{(\Phi(x),\eta)\in\Omega_y\times\mathbf{R}^n,{}^t\Phi'(x)\eta=0\},\quad(4.5.18)$$

则当 $f\in\mathscr{D}'(\Omega_y)$ 适合

$$N_\Phi\cap WF(f)=\varnothing\quad(4.5.19)$$

时，可以唯一地定义 Φ^*f, 使对 $f\in C_0^\infty(\Omega_y)$, $\Phi^*f=f\circ\Phi$; 而且对任意闭锥形集 $\Gamma\subset\Omega_y\times(\mathbf{R}^n\backslash 0)$ 适合 $\Gamma\cap N_\Phi=\varnothing$, Φ_f^*: $\mathscr{D}'_\Gamma(\Omega_y)\to\mathscr{D}'_{\Phi^*\Gamma}(\Omega_x)$ 是序列连续的，且

$$WF(\Phi^*f)\subset\Phi^*WF(f)$$
$$=\{(x,{}^t\Phi'(x)\eta),(\Phi(x),\eta)\in WF(f)\}.\quad(4.5.20)$$

这里

$$\Phi^*\Gamma=\{(x,{}^t\Phi'(x)\eta),(\Phi(x),\eta)\in\Gamma\}.\quad(4.5.21)$$

证. 对 $f\in\mathscr{D}'_\Gamma(\Omega_y)$，由定理 4.5.9 必有一串 $f_j\in C_0^\infty(\Omega_y)$ 在 $\mathscr{D}'_\Gamma(\Omega_y)$ 中趋于 f. 对 $C_0^\infty(\Omega_y)$ 函数如 f_j，可定义 $\Phi^*f_j=f_j\circ\Phi$. 我们只需证明 Φ^*f_j 在 $\mathscr{D}'_{\Phi^*\Gamma}(\Omega_x)$ 中趋于一个极限即可. 现在不妨设 Ω_x 和 Ω_y 分别是 x_0 和 $y_0=\Phi(x_0)$ 的充分小邻域，于是对 $f\in C_0^\infty(\Omega_y)$ 用 Fourier 反演公式有

$$(\Phi^*f)(x)=(2\pi)^{-n}\int e^{i\Phi(x)\cdot\eta}\hat{f}(\eta)d\eta.$$

视它为一个 $\mathscr{D}'(\Omega_x)$ 广义函数，则对 $\chi(x)\in\mathscr{D}(\Omega_x)$ 有

$$\langle\Phi^*f,\chi\rangle=(2\pi)^{-n}\int\hat{f}(\eta)I_\chi(\eta)d\eta, \tag{4.5.22}$$

$$I_\chi(\eta)=\int e^{i\Phi(x)\cdot\eta}\chi(x)\,dx.$$

现在在 $\mathscr{D}'_{\Phi^*\Gamma}(\Omega_x)$ 中考虑它. 于是设 $\operatorname{supp}\chi(x)$ 在 x_0 的充分小邻域中，而取 W 为 $\{\eta,\ {}^t\Phi'(x_0)\eta=0\}$ 的一个锥邻域于是在

$$\operatorname{supp}\chi(x)\times V\ (V=\mathbf{R}^n\backslash W)$$

上

$$|{}^t\Phi'(x)\eta|\geqslant c|\eta|,\quad c>0.$$

但是

$$|{}^t\Phi'(x)\eta|^{-2}\left\langle{}^t\Phi'(x)\eta,\ \frac{\partial}{\partial x}\right\rangle e^{i\Phi(x)\cdot\eta}=ie^{i\Phi(x)\cdot\eta}$$

代入 (4.5.22) 并反复应用分部积分法，知有 C_N 存在使

$$|I_\chi(\eta)|\leqslant C_N(1+|\eta|)^{-N},\ \eta\in V,\ N\text{为任意正整数}. \tag{4.5.23}$$

由假设 $\Gamma\cap N_\Phi=\varnothing$，故不妨设 $\Gamma\cap(\operatorname{supp}\chi(x)\times W)=\varnothing$. 令 $f\in\mathscr{D}'_\Gamma(\Omega_y)$ 且 $\operatorname{supp}f$ 在 y_0 的充分小邻域中，则

$$(2\pi)^{-n}\int\hat{f}(\eta)I_\chi(\eta)d\eta=\int_W+\int_V=I_1+I_2.$$

在 W 中，$\hat{f}(\eta)$ 是急减的，$|I_\chi(\eta)|\leqslant\int|\chi(x)|\,dx=C$，因此 $\int_W$ 有意义；在 V 中，因为 f 有紧支集，故 $f\in\mathscr{E}'(\Omega_y)$ 从而 $\hat{f}(\eta)$ 缓增，$I_\chi(\eta)$ 则由 (4.5.23) 是急减的，所以 $\int_V$ 也有意义. 这样我们看到

(4.5.22) 不但对 $f\in C_0^\infty(\Omega_y)$ 有意义，而且对 $f\in \mathscr{D}'_\Gamma(\Omega_y)$ 有意义. 还容易看到，当 $\chi\to 0$ 于 $\mathscr{D}(\Omega_x)$ 中时，在 W 中

$$|I_\chi(\eta)|\leqslant C\sup|\chi(x)|\to 0,$$

在 V 中则由于 C_N 可取为 $C\sup\limits_{|\alpha|\leqslant N, x\in\Omega_x}|D^\alpha\chi(x)|$ 而趋于 0，故对任意 N，$(1+|\eta|)^N I_\chi(\eta)\to 0$，从而 (4.5.22) 也趋于 0. 这就是说当 $f\in\mathscr{D}'_\Gamma(\Omega_y)$ 时 (4.5.22) 定义一个 $\mathscr{D}'(\Omega_x)$ 广义函数. 仍记为 Φ^*f，今证它对 $f\in\mathscr{D}'_\Gamma(\Omega_y)$ 是序列连续的. 为此任取正整数 N_1 并记 (4.5.22) 如

$$\langle\Phi^*f,\chi\rangle=(2\pi)^{-n}\int\hat{f}(\eta)(1+|\eta|)^{N_1}(1+|\eta|)^{-N_1}I_\chi(\eta)d\eta$$
$$=I_1+I_2.$$

积分的划法如上. 如果 $f=f_j\to 0$ 于 $\mathscr{D}'_\Gamma(\Omega_y)$ 中，一方面由于在 W 中 $\sup\limits_{|\eta|\in W}|\hat{f}_j(\eta)|(1+|\eta|)^{N_1}$ 是 $\mathscr{D}'_\Gamma(\Omega_y)$ 的一个半范，从而 $I_1\to 0$；另一方面在 V 中则由 $f_j\to 0$ (于 $\mathscr{E}'(\Omega_y)$ 中) 且 $I_\chi(\eta)$ 对 η 为急减又有 $I_2\to 0$；综合起来知 (4.5.22) 对 $f\in\mathscr{D}'_\Gamma(\Omega_y)$ 为序列连续.

余下的仅需证明 (4.5.20). 为此取 $\alpha(x)\in C_0^\infty(\Omega_x)$ 并作

$$(\alpha\hat{\Phi}^*f)(\xi)=(2\pi)^{-n}\iint e^{i[\Phi(x)\cdot\eta-x\cdot\xi]}\hat{f}(\eta)\alpha(x)dxd\eta$$
$$=(2\pi)^{-n}\int\hat{f}(\eta)I(\alpha,\eta,\xi)d\eta,\qquad(4.5.24)$$
$$I(\alpha,\eta,\xi)=\int e^{i[\Phi(x)\cdot\eta-x\cdot\xi]}\alpha(x)dx.$$

我们要证明，当 ξ 在 $\Phi^*\Gamma$ 之外(准确些说，当 ξ 在 $\Phi^*WF_{x_0}(f)$ 的某一个锥邻域 V_{y_0} 之外)时 $(\widehat{\alpha\Phi^*f})(\xi)$ 对 ξ 急减. 为此又将 (4.5.24) 分为两个积分. 其一是在

$$C=\{(\xi,\eta);\quad \xi={}^t\Phi'(x_0)\eta\}$$

的锥邻域外. 在这一部分上，因

$$|\partial_x[\Phi(x)\cdot\eta-x\cdot\xi]|=|{}^t\Phi'(x)\eta-\xi|\geqslant c(|\xi|+|\eta|),$$

若 supp $\alpha(x)$ 充分小使 x 与 x_0 充分接近；应用分部积分法可知

$$|I(\alpha,\eta,\xi)|\leqslant C_N(1+|\xi|+|\eta|)^{-N}.$$

N 是任意正整数. 另一部分是在 C 的锥邻域中，这里 $|\xi|\leq C|\eta|$.

故若 ξ 在 $\{{}^t\Phi'(x_0)\eta,\ \eta\in WF_{y_0}(f)\}$ 之外，有 $\hat{f}(\eta)=O(|\eta|^{-N})$.
这样仿照前面的方法可知当 supp $\alpha(x)$ 与 supp$f(y)$分别在 x_0, y_0 的充分小邻域内，ξ 在 $\{{}^t\Phi'(x_0)\eta,\ \eta\in WF_{y_0}(f)\}$ 之外，有

$$(\alpha\widehat{\Phi^*f})(\xi)=O(|\xi|^{-N}),$$

从而定理证毕.

现在再来看推前运算. 用前面同样的记号 $\Phi:\Omega_x\to\Omega_y$, $f\in\mathscr{D}'(\Omega_x)$,则当以下条件有一条成立时:

(i) Φ 为适当映射即紧集的原象为紧集;

(ii) $f\in\mathscr{E}'(\Omega_x)$,

我们可以用

$$\langle\Phi_*f,\chi\rangle=\langle f,\Phi^*\chi\rangle,\ \chi\in\mathscr{D}(\Omega_y) \tag{4.5.25}$$

来定义 Φ_*f, 而上述条件 (i), (ii) 或者保证了 $\Phi^*\chi\in\mathscr{D}(\Omega_x)$ 或在 $f\in\mathscr{E}'(\Omega_x)$ 时 $\Phi^*\chi\in\mathscr{E}(\Omega_x)$.

对于余切丛 $T^*\Omega_x$ 的子集 S 我们定义其推前 $\Phi_*S\subset T^*\Omega_y$ 为

$$\Phi_*S=\bigcup_x(\Phi_x^*)^{-1}(S_x),\quad S_x=S\cap T_x^*(\Omega_x).$$

这里对 $T_y^*(\Omega_y)(y=\Phi(x))$ 中的每一个余切向量 η, 我们记 ${}^t\Phi'(x)\eta\in T_x^*(\Omega_x)$ 为 $\Phi_x^*\eta$, 并称之为 η 之拉回,因此 $(\Phi_x^*)^{-1}\xi$, $\xi\in T_x^*(\Omega_x)$, 是 ξ 在 Φ_x^* 下的原象. 如果 S 是紧集,Φ^*S 也是紧集.

广义函数在推前运算下波前集变化规则是

定理 4.5.11 $WF(\Phi_*f)\subset\Phi_*WF(f)$. (4.5.26)

证. 由波前集的等价定义 (定理 4.5.6),取 $\alpha(y)\in C_0^\infty(\Omega_y)$ 使其支集在 $y_0=\Phi(x_0)$ 的充分小邻域 V 内, 再取 $\phi(y)$ 使得 $d_y\phi(y_0)=\eta_0$, 则 $(y_0,\eta_0)\notin WF(\Phi_*f)$ 的充分必要条件是

$$\langle\Phi_*f,\alpha(y)e^{-i\tau\phi(y)}\rangle=\langle f,\alpha(\Phi(x))e^{-i\tau\phi[\Phi(x)]}\rangle$$

当 $\tau\to+\infty$ 时急减. 于是设 $(y_0,\eta_0)\notin\Phi_*WF(f)$, 将上式改写为

$$\begin{aligned}&\langle f,\alpha[\Phi(x)]e^{-i\phi[\Phi(x)]}\rangle\\&=(2\pi)^{-n}\iint e^{ix\cdot\xi}\hat{f}(\xi)\beta(x)e^{-i\tau\omega(x)}dxd\xi,\end{aligned}$$

这里 $\beta(x)=\alpha[\Phi(x)]$, $\omega(x)=\phi[\Phi(x)]$. 不失一般性可以设 $f\in\mathscr{E}'(\Omega_x)$, 因为由前面所设关于定义 Φ_*f 的两个条件. 或者已

有 $f\in\mathscr{E}'(\Omega_x)$，或者 Φ 为适当映射. 在后一情况下 $\beta(x)\in C_0^\infty(\Omega_x)$，可以作 $\gamma(x)\in C_0^\infty(\Omega_x)$ 而在 $\operatorname{supp}\beta(x)=\operatorname{supp}\alpha[\Phi(x)]$ 上 $\gamma=1$，于是上式中的 f 可以换成 $\gamma f\in\mathscr{E}'(\Omega_x)$ 而值不改变，因此仍可认为 $f\in\mathscr{E}'(\Omega_x)$. 这样 $\hat{f}(\xi)$ 总是缓增的，而在 $WF(f)$ 之外它可以是急减的. 再将上式改写为

$$\langle f,\beta e^{-i\tau\omega(x)}\rangle=(2\pi)^{-n}\int\hat{f}(\xi)d_\xi\int e^{-i[\tau\omega(x)-x\cdot\xi]}\beta(x)dx$$

$$=(2\pi)^{-n}\int\hat{f}(\xi)I(\tau,\xi)d\xi. \tag{4.5.27}$$

现在来估计 $I(\tau,\xi)$. 设 $\operatorname{supp}f$ 充分小以至于 $WF(f)$ 当 $x\in\operatorname{supp}f$ 时其纤维坐标 ξ 之集(即为 $\sum(f)$) 有一个锥邻域 C，因此在 C 之外 $\hat{f}(\xi)$是急减的. 再看 C 内的情况，注意到

$$d_x\omega(x)={}^t\Phi'(x)\frac{\partial\psi}{\partial y}[\Phi(x)]={}^t\Phi'(x)d_y\psi(y),$$

由假设当 $x=x_0$ 时 $d_y\psi(y)=d_y\psi(y_0)=\eta_0\notin\Phi_*\sum_{x_0}(f)$，于是当 $x\in\operatorname{supp}f$ 从而与 x_0 充分接近时，$d_x\omega(x)={}^t\Phi'(x)d_y\psi(y)\notin\sum(f)$，因此令 $\xi=\tau\xi_1$ 有

$$|d_x\omega(x)-\xi_1|\geqslant c(1+|\xi_1|),\ c>0.$$

注意到

$$|d_x\omega(x)-\xi_1|^{-2}\left\langle d_x\omega(x)-\xi_1,\ \frac{\partial}{\partial x}\right\rangle e^{-i\tau[\omega(x)-x\cdot\xi_1]}$$

$$=-i\tau e^{-i\tau[\omega(x)-x\cdot\xi_1]},$$

代入 $I(\tau,\xi)$ 之式并且反复应用分部积分知对任意正整数 N 有

$$|I(\tau,\xi)|\leqslant C_N\tau^{-N}(1+|\xi_1|)^{-N}. \tag{4.5.28}$$

现在仿照前面定理的证明，将 (4.5.27) 分为两部分

$$(2\pi)^{-n}\int\hat{f}(\xi)I(\tau,\xi)d\xi=I\int_C+\int_{\mathbf{R}^n\setminus C}=I_1+I_2$$

对于 I_1 注意到 (4.5.28) 以及 $\hat{f}(\xi)=\hat{f}(\tau\xi_1)$ 对 $\tau\xi_1$ 为缓增知 $I_1=O(\tau^{-N})$.对于 I_2 注意到

$$|I(\tau,\xi)|\leqslant\int|\beta(x)|dx=C,$$

而 $|\hat{f}(\xi)|\leqslant C_N(1+|\tau\xi_1|)^{-N}$ 也有 $I_2=O(\tau^{-N})$. 总之

$$\langle f, \beta e^{-i\tau\omega(x)}\rangle = O(\tau^{-N}).$$

亦即

$$\langle \Phi_* f, \alpha(y) e^{-i\tau\phi(y)}\rangle = O(\tau^{-N}).$$

这就是说 $(y_0, \eta_0) \notin \Phi_* WF(f)$ 时必有 $(y_0, \eta_0) \notin WF(\Phi_* f)$，从而 (4.5.26) 得证. 定理证毕.

把以上所述用到 Φ 为微分同胚的情况，很容易看到 $\Phi_* N_\Phi = \{(\Phi(x), 0)\}$，而 (4.5.19) 成立. 当然 Φ 也一定是适当映射，从而定理 4.5.11 也适用. 应用定理 4.5.10 并注意到 $\Phi^* = (\Phi_*)^{-1}$，并在 (4.5.20) 中用 $\Phi_* f$ 代替 f 有

$$\Phi_* WF(f) \subset WF(\Phi_* f),$$

由定理 4.5.11 则有

$$WF(\Phi_* f) \subset \Phi_* WF(f),$$

总之 $WF(\Phi_* f) = \Phi_* WF(f)$. 同样 $WF(\Phi^* f) = \Phi^* WF(f)$. 这就又一次告诉我们，在微分同胚(在坐标变换)下，波前集按余切丛的子集的变化规律而变化.

3. 广义函数的限制与乘积. 上面我们已经定义了广义函数的拉回与推前，并且讨论了波前集在这些运算下的变化规律. 利用它们(还加上即将在下面定义的张量积关系)，就可以讨论广义函数的一些其他运算. 首先是广义函数在一个(嵌入)子流形 N 上的限制.

令 $\Phi: N \subset \Omega_x$ 为嵌入映射，则 $f \in \mathscr{D}'(\Omega_x)$ 在 N 上的限制就是 f 的拉回 $\Phi^* f$，因此可以应用前面的结果. 因为波前集是一个局部的(微局部的)概念，而且由上所述，它的定义与坐标无关，故不妨设 $\Omega_x = \mathbf{R}^m$，而 $N = \mathbf{R}^n$ $(n < m)$ 定义为

$$x_{n+1} = \cdots = x_m = 0.$$

所以在局部坐标下

$$\Phi: (x_1, \cdots, x_n) \mapsto (x_1, \cdots, x_n, 0, \cdots, 0),$$

$\Phi'(x) = (I, 0)$，I 为 n 阶方阵，0 为 $n \times m - n$ 矩阵.

余法线集(亦即 N 的余法丛)是

$$N_\Phi = \{(x, \eta), {}^t\Phi'(x)\eta = 0\}$$

$$= \{(x, \eta), \eta = (0, \cdots, 0, \eta_{n+1}, \cdots, \eta_m)\}.$$

由定理 4.5.10 直接可得

定理 4.5.12 设 N 是 $\Omega_x \subset \mathbf{R}^m$ 的 n 维嵌入子流形，其余法丛为 N_Φ，则若 $f \in \mathscr{D}'(\Omega_x)$ 之波前集适合关系式 $WF(f) \cap N_\Phi = \varnothing$，则 f 必可限制到 N 上而成为 $\mathscr{D}'(N)$ 广义函数；当 $f \in C^\infty(\Omega_x)$ 时，这个限制即经典意义下的 $f|_N$；限制运算对 $f \in \mathscr{D}'_\Gamma(\Omega_x)$，$\Gamma \cap N_\Phi = \varnothing$，是序列连续的.

其次讨论如何定义 $f_1 \in \mathscr{D}'(\Omega)$ 与 $f_2 \in \mathscr{D}'(\Omega)$ 之乘积. 我们还是先看 $f_1, f_2 \in C_0^\infty(\Omega)$ 的情况，这时乘积的定义应该与古典的定义一致. 但是 $f_1(x)f_2(x) = f_1(x) \otimes f_2(y)|_{y=x}$ 即张量积 $f_1 \otimes f_2$ 在对角集 $\Delta = \{(x, x), x \in \Omega\} \subset \Omega \times \Omega$ 上的限制. 因为 $C_0^\infty(\Omega)$ 在 $\mathscr{D}'(\Omega)$ 中稠密，所以如果广义函数的乘积可能定义的话，也应该是张量积之限制. 因此，我们先从 $f_1 \in \mathscr{D}'(\Omega_x)$，$f_2 \in \mathscr{D}'(\Omega_y)$ 的张量积之定义开始，并设 Ω_x，Ω_y 分别为 $\mathbf{R}^m$ 与 $\mathbf{R}^n$ 中的开集. 取 $\varphi(x)$，$\psi(y)$ 分别为支集在 x_0 与 y_0 附近的 C_0^∞ 函数，然后考虑 $\varphi f_1 \otimes \psi f_2$ 的 Fourier 变换，于是有

定理 4.5.13 若 $\Omega_x \in \mathbf{R}^m$，$\Omega_y \in \mathbf{R}^n$ 均为开集，$f_1 \in \mathscr{D}'(\Omega_2)$，$f_2 \in \mathscr{D}'(\Omega_y)$，则

$$\begin{aligned} WF(f_1 \otimes f_2) \subset \{WF(f_1) \times WF(f_2)\} \cup \{\operatorname{supp}_0 f_1 \times WF(f_2)\} \\ \cup \{WF(f_1) \times \operatorname{supp}_0 f_2\}, \end{aligned} \tag{4.5.29}$$

这里 $\operatorname{supp}_0 f_1 = \{(x_0, 0); x_0 \in \operatorname{supp} f_1\}$，$\operatorname{supp}_0 f_2$ 也相同.

证. 设 $(x_0, \xi_0; y_0, \eta_0) \in \{(4.5.29)\text{ 之右方}\}^c$ 且 $(\xi_0, \eta_0) \neq (0, 0)$，则有

$$\begin{aligned} (x_0, \xi_0, y_0, \eta_0) \in \{WF(f_1) \times WF(f_2)\}^c \\ \cap \{\operatorname{supp}_0 f_1 \times WF(f_2)\}^c \cap \{WF(f_1) \times \operatorname{supp}_0 f_2\}^c. \end{aligned}$$

作 $\alpha(x) \in C_0^\infty(\Omega_x)$，$\beta(y) \in C_0^\infty(\Omega_y)$ 使其支集各在 x_0，y_0 的充分小邻域中，于是考虑 $(\widehat{\alpha f_1 \otimes \beta f_2})(\xi, \eta) = \widehat{\alpha f_1}(\xi) \cdot \widehat{\beta f_2}(\eta)$.

若 $\xi_0 \neq 0$ 则自然有 $(x_0, \xi_0, y_0, \eta_0) \in \{\operatorname{supp}_0 f_1 \times WF(f_2)\}^c$，同时还有

$$(x_0, \xi_0, y_0, \eta_0) \in \{WF(f_1) \times WF(f_2)\}^c \cap \{WF(f_1) \times \operatorname{supp}_0 f_2\}^c.$$

这时或者有 $(x_0, \xi_0) \notin WF(f_1)$，或者有 $(x_0, \xi_0) \in WF(f_1)$ 而 $(y_0, \eta_0) \notin WF(f_2)$ 同时 $(y_0, \eta_0) \notin \mathrm{supp}_0 f_2$. 当 $(x_0, \xi_0) \notin WF(f_1)$ 时，有 ξ_0 的某个锥邻域 W_1 使当 $x \in \mathrm{supp}\alpha, \xi \in W_1$ 时 $\widehat{(\alpha f_1)}(\xi)$ 急减，故对任一非负整数 N, $|\widehat{\alpha f_1}(\xi)| \leqslant C_N(1+|\xi|)^{-N}$; 但因 $\beta f_2 \in \mathscr{E}'$ 而 $\widehat{\beta f_2}(\eta)$ 缓增，即存在 M 与 $C_M > 0$ 使 $|\widehat{\beta f_2}(\eta)| \leqslant C_M(1+|\eta|)^M$. 固定 (ξ, η)，有 $\widehat{\alpha f_1}(t\xi)\widehat{\beta f_2}(t\eta) = O(t^{M-N})$, $t \to +\infty$ 即 $\widehat{\alpha f_1}(\xi)\widehat{\beta f_2}(\eta)$ 急减.

当 $(x_0, \xi_0) \in WF(f_1)$ 时，则 $(y_0, \eta_0) \notin WF(f_2)$ 同时 $(y_0, \eta_0) \notin \mathrm{supp}_0 f_2$. 若 $\eta_0 \neq 0$ 则 $(y_0, \eta_0) \notin WF(f_2)$ 而化为上面讨论过的情况（将 (x_0, ξ_0) 与 (y_0, η_0) 对调），若 $\eta_0 = 0$，则因 $(y_0, 0) = (y_0, \eta_0) \notin \mathrm{supp}_0 f_2$，必有 $y_0 \notin \mathrm{supp} f_2$. 因此适当取 $\beta(y)$ 后必有 $\beta f_2 = 0$ 而 $\widehat{\alpha f_1}(\xi)\widehat{\beta f_2}(\eta) = 0$ 当然也是急减的. 定理证毕.

现在可以令 $\Omega_x = \Omega_y = \Omega$（从而 $m = n$），并将 $f_1 \otimes f_2$ 限制在对角集从而得出 $f_1 \cdot f_2$ 的定义. 这时嵌入映射为 $\Phi: \Omega \to \Omega \times \Omega$,

$$x \mapsto \begin{pmatrix} x \\ x \end{pmatrix}, \text{故 } \Phi'(x) = \begin{pmatrix} I \\ I \end{pmatrix}, {}^t\Phi'(x) = (I, I)$$

而 $N_\Phi = \{(\xi, \eta), {}^t\Phi'(x)\begin{pmatrix} \xi \\ \eta \end{pmatrix} = \xi + \eta = 0\}$，于是有

定理 4.5.14 若 $f_1, f_2 \in \mathscr{D}'(\Omega)$，则除非有 $(x, \xi) \in WF(f_1)$, $(x, -\xi) \in WF(F_2)$，均可定义其乘积 $f_1 \cdot f_2$ 为 $f_1 \otimes f_2$ 在对角集上的限制，而且

$$WF(f_1 \cdot f_2) \subset \{WF(f_1) + WF(f_2)\} \cup WF(f_1) \cup WF(f_2), \tag{4.5.30}$$

这里

$$WF(f_1) + WF(f_2) = \{(x, \xi + \eta), (x, \xi) \in WF(f_1), (x, \eta) \in WF(f_2)\}.$$

有时我们也引用记号 $WF'(f) = \{(x, -\xi), (x, \xi) \in WF(f)\}$，则上述的 $f_1 \cdot f_2$ 可以定义的条件可以写为 $WF(f_1) \cap WF'(f_2) = \varnothing$.

5. 由振荡积分所定义的广义函数的波前集. 现讨论振荡积

分 $I_\varphi(au)$ 所定义的广义函数 A 的波前集，这是一个基本的问题，它所使用的方法也是在本节中一直使用的同一方法. §1 中我们看到，振荡积分

$$I_\Phi(au) = \iint e^{i\Phi(x,\theta)}a(x,\theta)u(x)dxd\theta, \qquad (4.1.1')$$

$$a \in S^m_{\rho,\delta}, \quad u \in \mathscr{D}(\Omega).$$

定义一个不超过 k 阶的 $\mathscr{D}'$ 广义函数 A:

$$\langle A, u\rangle = I_\Phi(au) \qquad (4.1.8)$$

称为 Fourier 积分分布. 这里 k 适合 $m - ks < -n$ 而 $s = \min(\rho, 1-\delta) > 0$. 现在我们要证明

定理 4.5.15 对 Fourier 积分分布 A (4.1.8) 有

$$WF(A) \subset \{(x, \Phi_x(x,\theta)), \theta \neq 0,$$
$$(x,\theta) \in \text{con supp}\, a, \Phi'_\theta(x,\theta) = 0\}. \qquad (4.5.31)$$

这里 con supp a 是 a 的锥形支集，即 a 在其中不恒为 0 的最小闭锥形集.

证. 记 (4.5.31) 之右方为 F, 并设 $(x_0, \xi_0) \notin F$. 于是存在 x_0 在 Ω 中的一个邻域 V 以及 ξ_0 在 $\mathbf{R}^n\backslash 0$ 中的紧锥邻域 W, 还有 $C = \{(x,\theta) \in \text{con supp}\, a, \theta \neq 0, \Phi_\theta(x,\theta) = 0\}$ 的锥邻域 $\widetilde{C}$, 使当 $x \in V$, $(x,\theta) \in \widetilde{C}$ 时, $\Phi_x(x,\theta) \notin W$. 通过作截断函数，不妨设 $a(x,\theta) = 0$ ($|\theta| \leqslant 1$), 这样对广义函数 A 只改变了一个 C^∞ 函数而不影响其波前集. 再作一个截断函数 $\chi(x,\theta) \in C^\infty(\Omega \times \mathbf{R}^n\backslash 0)$, 使对 θ 为零次齐性，而在 C 上 $\chi = 1$, supp$\chi \subset \widetilde{C}$, 用 $\chi a = a_1$ 在 (4.1.8) 中代替 a, 则因在 supp$(a - a_1)$ 上 $\Phi'_\theta(x,\theta) \neq 0$, 由系 4.1.9 知，这对广义函数 A 也只改变了一个 C^∞ 函数而不影响到其波前集. 最后对 x 作一截断函数 $\alpha(x)$ 使其支集在 x_0 的邻域 V 中. 于是 $\alpha A \in \mathscr{E}'$ 而其 Fourier 变换为

$$\langle \alpha A, e^{-i\langle x,\xi\rangle}\rangle = \langle A(x), \alpha(x)e^{-i\langle x,\xi\rangle}\rangle,$$

故

$$(\widehat{\alpha A})(\xi) = \int e^{i(\varphi(x,\theta)-\langle x,\xi\rangle)}b(x,\theta)dxd\theta, \qquad (4.5.32)$$

$$b(x,\theta) = \alpha(x)\chi(x,\theta)a(x,\theta).$$

当 $\xi\in W$，而 $(x,\theta)\in \text{con supp}b(x,\theta)$ 时，由假设 $\varphi'_x(x,\theta)-\xi\neq 0$ 而由齐性可知必存在常数 $c>0$ 使

$$|\varphi'_x(x,\theta)-\xi|\geqslant c(|\theta|+|\xi|).$$
$$\xi\in W,\ (x,\theta)\in \text{con supp}b(x,\theta).$$

现在作微分算子

$$L=\frac{1}{|\varphi'_x(x,\theta)-\xi|^2}\sum_j(\varphi'_{x_j}-\xi_j)D_{x_j},$$

则 $L[e^{i[\varphi(x,\theta)-\langle x,\xi\rangle]}]=e^{i[\varphi(x,\theta)-\langle x,\xi\rangle]}$，代入 (4.5.32)并反复用分部积分法有

$$\widehat{\alpha A}(\xi)=\int e^{i[\varphi(x,\theta)-\langle x,\xi\rangle]}({}^tL)^k b(x,\theta)dxd\theta,\ \forall k.$$

然而由齐性以及 $a\in S^m_{\rho,\delta}$ 易见对一切非负整数 l

$$|({}^tL)^l b(x,\theta)|\leqslant C(1+|\theta|)^{m+l\delta}(|\theta|+|\xi|)^{-l},\quad (4.5.33)$$

当 $\xi\in W$，而且 $|\xi|\geqslant 1$ 时，$|\theta|+|\xi|\geqslant|\theta|+1$，当 $|\theta|\leqslant 1$ 时，$a(x,\theta)=0$ 从而 $b(x,\theta)=0$，所以在 con supp b 上，$|\theta|+|\xi|\geqslant 1+|\xi|$，因此

$$(|\theta|+|\xi|)^{-l}=(|\theta|+|\xi|)^{-l\delta_1}(|\theta|+|\xi|)^{-l(1-\delta_1)}$$
$$\leqslant(1+|\theta|)^{-l\delta_1}(1+|\xi|)^{-l(1-\delta_1)}.$$

这里 δ_1 的选取适合 $0\leqslant\delta<\delta_1<1$，代入 (4.5.33) 即有

$$|(\widehat{\alpha A})(\xi)|\leqslant C(1+|\xi|)^{-l(1-\delta_1)}\int(1+|\theta|)^{m-l\delta_1}d\theta.$$

取 l 充分大使 $m-l\delta_1<-n$，$l(1-\delta_1)$ 充分大即知 $\widehat{\alpha A}(\xi)$ 对 $\xi\in W$ 为急减。因此，$(x_0,\xi_0)\notin WF(A)$ 而定理得证。

6. 在线性算子作用下波前集的变化. 设 A: $C_0^\infty(\Omega_y)\to\mathscr{D}'(\Omega_x)$ 是一个连续线性算子，由 Schwartz 核定理，A 必对应于一个广义函数 $K_A(x,y)\in\mathscr{D}'(\Omega_x\times\Omega_y)$，使得对于 $\phi(y)\in C_0^\infty(\Omega_y)$，$\varphi(x)\in C_0^\infty(\Omega_x)$，因为 $A\phi\in\mathscr{D}'(\Omega_x)$，从而 $\langle A\phi,\varphi\rangle$ 有意义，而有

$$\langle A\phi_2,\varphi\rangle=\langle K_A,\varphi\otimes\phi\rangle.$$

我们要问对于 $u\in C_0^\infty(\Omega_y)$，$WF(Au)$ 与 $WF(K_A)$ 的关系如何？在有了这个知识以后进一步讨论 A 能否拓展为由某个广义函数空

间到 $\mathscr{D}'(\Omega_x)$ 的线性算子,并且讨论算子的复合.

这个问题也可以利用上面讲的函子运算来解决. 先看 $u\in C_0^\infty(\Omega_y)$ 的情况,对于 $\varphi\in C_0^\infty(\Omega_x)$, 由

$$\langle Au, \varphi\rangle = \langle K_A, \varphi\otimes u\rangle,$$

因为 $\varphi\otimes u = (\varphi\otimes 1)\cdot(1\otimes u)$ 而把 $1\otimes u$ 看作 $\mathscr{D}'(\Omega_x\times\Omega_y)$ 的乘子,有

$$\langle Au, \varphi\rangle = \langle K_A(1\otimes u), \varphi\otimes 1\rangle, \tag{4.5.34}$$

$K_A(1\otimes u)$ 是一个乘法. 如果令投影算子 π 为

$$\pi:\ \Omega_x\times\Omega_y\to\Omega_x,\ (x, y)\mapsto x,$$

则 $\varphi(x)=\varphi(x)\otimes 1_y$ (1_y 即 y 的恒取值 1 的函数)而

$$\varphi\otimes 1 = (\pi^*\varphi)(x, y),$$

把它代入 (4.5.34) 并利用推前运算 π_* 的定义有

$$\langle Au, \varphi\rangle = \langle K_A(1\otimes u), \pi^*\varphi\rangle = \langle \pi_* K_A(1\otimes u), \varphi\rangle,$$

所以

$$Au = \pi_* K_A(1\otimes u). \tag{4.5.35}$$

这是一个重要的关系. 它把算子的作用分解为过去已讨论过的运算,即张量积、广义函数的乘法与推前,从而很容易讨论波前集的变化以及 A 的拓展. 先设 K_A 具有紧支集.

$$WF(1\otimes u) = \mathrm{supp}_0 1\times WF(u) = \{(x, 0, y, \eta),\ x\in\Omega_x, (y, \eta)\in WF(u)\}$$

(定理 4.5.13, 注意 $WF(1)=\varnothing$). 由关于乘积的定理 4.5.14 知,只要 $WF(K_A)+WF(1\otimes u)$ 中不包含零截口,亦即

$$WF(u)\cap\{y, \eta\};\ \exists x\in\Omega_x, (x, 0, y, -\eta)\in WF(K_A)\} = \varnothing, \tag{4.5.36}$$

则 $K_A(1\otimes u)$ 有定义,而且

$$WF(K_A(1\otimes u))\subset[WF(K_A)+\mathrm{supp}_0 1\times WF(u)] \cup WF(K_A)\cup WF(1\otimes u).$$

因为已经假设了 K_A 具有紧支集, $K_A(1\otimes u)$ 自然也如此, 所以 $\pi_* WF(K_A(1\otimes u))$ 总是有定义的. 现在来计算 π_*.

$$\pi:\ \Omega_x\times\Omega_y\to\Omega_x\quad (x, y)\mapsto x,$$

亦即 $x = x + 0y$，所以

$$\pi'_{(x,y)} = (I, 0), \quad {}^t\pi'_{(x,y)} = \begin{pmatrix} I \\ 0 \end{pmatrix},$$

因此对于

$$S \subset T^*(\Omega_x \times \Omega_y), \ \pi_* S = \bigcup_{x,y} (\pi^*_{(x,y)})^{-1} S_{x,y} = \bigcup_{(x,y)} \{l, \exists (\eta_x, \eta_y)$$

$$\pi_1^* l = (\eta_x, \eta_y)\} = \{(x, \eta_x), \exists y \in \Omega_y, (x, \eta_x, y, 0) \in S_{x,y}\}.$$

因为

$$\begin{aligned} WF(K_A) + WF(1 \otimes u) &= \{(x, \xi, y, \eta) + (x, 0, y, \eta')\} \\ &= \{(x, \xi, y, \eta + \eta')\}, \end{aligned}$$

故

$$\pi_*[WF(K_A) + WF(1 \otimes u)] = \{(x, \xi), \exists (y, \eta) \in WF(u) \text{ 且 } (x, \xi, y, -\eta) \in WF(K_A)\},$$

$$\pi_* WF(K_A) = \{(x, \xi), \exists y \in \Omega_y, (x, \xi, y, 0) \in WF(K_A)\}$$

$$\pi_*(WF(1 \otimes u)) = \emptyset.$$

现在引入几个记号:

$$WF_x(K_A) = \{(x, \xi), \exists y \in \Omega_y, (x, \xi, y, 0) \in WF(K_A)\},$$

$$WF'_x(K_A) = \{(x, \xi), \exists y \in \Omega_y, (x, -\xi, y, 0) \in WF(K_A)\},$$

以及类似地有 $WF_y(K_A)$ 和 $WF'_y(K_A)$，还有"复合记号"

$$WF'(K_A) \circ WF(u) = \{(x, \xi), \exists (y, \eta) \in WF(u) \text{ 且 } (x, \xi, y, -\eta) \in WF(K_A)\},$$

则有

$$\pi_*[WF(K_A) + WF(1 \otimes u)] = WF'(K_A) \circ WF(u),$$

$$\pi_* WF(K_A) = WF_x(K_A).$$

因此我们得到

定理 4.5.16 设算子 $A: C_0^\infty(\Omega_y) \to \mathscr{D}'(\Omega_x)$ 具有紧支集的核 K_A，而且设 $u \in \mathscr{D}'(\Omega_y)$ 适合

$$WF(u) \cap WF'_y(K_A) = \emptyset, \tag{4.5.37}$$

且 A 可以拓展到上述的 u 上去而且对 u 为序列连续的，这时有

$$WF(Au) \subset WF'(K_A) \circ WF(u) \cup WF_x(K_A). \tag{4.5.38}$$

K_A 是相应于 A 的分布核，

$$WF'(K_A)=\{(x,\xi,y,\eta),(x,\xi,y,-\eta)\in WF(K_A)\}.$$

以上我们假设了 K_A 具有紧支集，如果不然则可代以

$$\operatorname{supp}K_A\cap(\Omega_x\times\operatorname{supp}u)\to\Omega_x.$$

为适当映射．这个条件的作用在于保证可以定义 π_*

条件 (4.5.37) 也可以写成

$$WF'(K_A)\cap WF(u)\subset\Omega_x\times(\mathbf{R}^m\backslash 0).$$

下面考虑两个算子 A: $C_0^\infty(\Omega_y)\to\mathscr{D}'(\Omega_x)$, B: $C_0^\infty(\Omega_z)\to\mathscr{D}(\Omega_y)$ 的复合，假设相应的分布核 $K_A(x,y)$ 与 $K_B(y,z)$ 都有适当选定的支集，使 π_*K_A, π_*K_B 都是可以定义的，并且记它们的波前集为 Γ_A, Γ_B. 我们要证明

定理 4.5.17 若

$$WF'_y(K_A)\cap WF_y(K_B)=\varnothing,\tag{4.5.39}$$

则可以定义 $A\circ B$: $C_0^\infty(\Omega_z)\to\mathscr{D}'(\Omega_x)$, 而其相应的波前集 $WF(K_{A\circ B})$ 适合

$$\begin{aligned}WF'(K_{A\circ B})\subset WF'(K_A)\circ WF'(K_B)&\cup(WF_x(K_A)\times\operatorname{supp}_0\Omega_z)\\&\cup(\operatorname{supp}_0\Omega_x\times WF_z(K_B)).\end{aligned}\tag{4.5.40}$$

证．先看一个特殊情况

$$K_A=f(x)\otimes g_1(y),\quad K_B=g_2(y)\otimes h(z).$$

而 f, g_1, g_2, h 都是 C_0^∞ 函数．这时 $A\circ B$ 自然是有定义的，而且

$$K_{A\circ B}(x,z)=f(x)\otimes h(z)\cdot\langle g_1,g_2\rangle,$$

这里 $\langle g_1,g_2\rangle$ 是把 g_1 当作 $\mathscr{D}'(\Omega_y)$ 之元作用在 g_2 上之值．由分布核的定义，

$$\begin{aligned}&\langle A\circ B\varphi,\psi\rangle=\langle K_{A\circ B},\varphi(x)\otimes\psi(z)\rangle\\&\quad=\langle f(x)\otimes g_1(y)\otimes 1,(1\otimes g_2(y)\otimes h(z))\pi^*(\varphi(x)\otimes\psi(z))\rangle,\end{aligned}$$

这里 π: $\Omega_x\times\Omega_y\times\Omega_z\to\Omega_x\times\Omega_z$, $(x,y,z)\mapsto(x,z)$, 因此

$$\pi^*(\varphi(x)\otimes\psi(z))=\varphi(x)\otimes 1_y\otimes\psi(z).$$

应用函子运算与推前的定义有

$$\begin{aligned}&\langle K_{A\circ B},\varphi(x)\otimes\psi(z)\rangle\\&\quad=\langle\pi_*(f(x)\otimes g_1(y)\otimes 1)\cdot(1\otimes g_2(y)\otimes h(z)),\varphi(x)\otimes\psi(z)\rangle\end{aligned}$$

因此 $K_{A\circ B}$ 又可以应用函子运算而表示为

$$K_{A\circ B}=\pi_*(f(x)\otimes g_1(y)\otimes 1)\cdot(1\otimes g_2(y)\otimes h(z)).$$

对于一般的 K_A 和 K_B，如果可能定义 $K_{A\circ B}$ 的话，就应该定义为

$$K_{A\circ B}=\pi_*(K_A(x,y)\otimes 1_z)\cdot(1_x\otimes K_B(y,z)).\quad(4.5.41)$$

我们就用 (4.5.41) 作为 $K_{A\circ B}$ 之定义，并相应地定义

$$A\circ B:\ C_0^\infty(\Omega_z)\to\mathscr{D}'(\Omega_x).$$

先看 $(K_A(x,y)\otimes 1_z)\cdot(1_x\otimes K_B(y,z))$. 为使它有定义，例如只需要求

$$\begin{aligned}
0\notin\ & WF(K_A\otimes 1)\cap WF(1\otimes K_B)\\
&=WF(K_A)\times\mathrm{supp}_0\ \Omega_z+\mathrm{supp}_0\ \Omega_x\times WF(K_B)\\
&=\{(x,\xi,y,\eta_1+\eta_2,z,\zeta);\ (x,\xi,y,\eta_1)\in WF(K_A)\\
&\quad(y,\eta_2,z,\zeta)\in WF(K_B)\}.
\end{aligned}$$

因此当 (4.5.39) 成立时此式自然成立，因为 $\eta_1+\eta_2\neq 0$. 然后

$$\begin{aligned}
WF(K_{A\circ B})\subset\pi_*[&(\Gamma_A\times\mathrm{supp}_0\Omega_z+\mathrm{supp}_0\Omega_x\times\Gamma_B)\\
&\cup(\Gamma_A\times\mathrm{supp}_0\Omega_z)\cup(\mathrm{supp}_0\Omega_x\times\Gamma_B)]
\end{aligned}$$

仿照上面的定理来计算 π_* 即有

$$\begin{aligned}
&\pi_*[(\Gamma_A\times\mathrm{supp}_0\Omega_z)+(\mathrm{supp}_0\Omega_x\times\Gamma_B)]\\
&\quad=\{(x,\xi,z,\zeta),\exists(y,0)=(y,\eta-\eta)\text{使}\\
&\qquad(x,\xi,y,0,z,\zeta)\in\Gamma_A\times\mathrm{supp}_0\Omega_z+\mathrm{supp}_0\Omega_x\times\Gamma_B\}\\
&\quad=\{(x,\xi,z,\zeta),\exists(y,\eta)\text{使}\\
&\qquad(x,\xi,y,-\eta,z,0)\in\Gamma_A\times\mathrm{supp}_0\Omega_z,\\
&\qquad(x,0,y,\eta,z,\zeta)\in(\mathrm{supp}_0\Omega_x\times\Gamma_B)\}\\
&\quad=\{(x,\xi,z,\zeta),\exists(y,\eta)\text{使}(x,\xi,y,-\eta)\in\Gamma_A,\\
&\qquad(y,\eta,z,\zeta)\in\Gamma_B\}=WF'(K_A)\circ WF(K_B),\\
&\pi_*(\Gamma_A\times\mathrm{supp}_0\Omega_z)=\{(x,\xi,z,0),\exists(y,\eta),(x,\xi,y,\eta)\in\Gamma_A\}\\
&\quad=WF_x(K_A)\times\mathrm{supp}_0\Omega_z,\\
&\pi_*(\mathrm{supp}_0\Omega_x\times\Gamma_B)=\{(x,0,z,\zeta),\exists(y,\eta),(y,\eta,z,\zeta)\in\Gamma_B\}\\
&\quad=\mathrm{supp}_0\Omega_x\times WF_z(K_B).
\end{aligned}$$

因此我们有

$$\begin{aligned}
WF(K_{A\circ B})\subset WF'(K_A)\circ WF(K_B)&\cup(WF_x(K_A)\times\mathrm{supp}_0\Omega_z)\\
&\cup(\mathrm{supp}_0\Omega_x\times WF_z(K_B)).
\end{aligned}$$

这个式子也就是

$$WF'(K_{A\circ B})\subset WF'(K_A)\circ WF'(K_B)\cup(WF_x(K_A)\times \mathrm{supp}_0\Omega_x)$$
$$\cup(\mathrm{supp}_0\Omega_x\times WF'_x(K_B)).$$

定理证毕.

附带提一句,条件(4.5.39)可代以较弱的

$$0\notin \Gamma_A\times \mathrm{supp}_0\Omega_x+\mathrm{supp}_0\Omega_x\times\Gamma_B.$$

最后来看几个例子.

例1. 卷积的波前集. 令 $v\in\mathscr{D}'(\mathbf{R}^n)$, $f:\mathbf{R}^n\times\mathbf{R}^n\to\mathbf{R}^n$, $(x, y)\mapsto x-y$, 于是

$$f'(x,y)=(I,-I),\quad {}^tf'=\begin{pmatrix} I\\ -I\end{pmatrix},$$

$$N_f=\left\{f(x,y),\eta),\ {}^tf'\eta=\begin{pmatrix}\eta\\ -\eta\end{pmatrix}=0\right\}=\{(x-y,0)\}.$$

因此,由广义函数的拉回之定义,对任意 $v\in\mathscr{D}'(\mathbf{R}^n)$, $u=f^*v\in\mathscr{D}'(\mathbf{R}^n\times\mathbf{R}^n)$ 都是有定义的. 我们不妨仿照 $v\in C^\infty(\mathbf{R}^n)$ 的情况记 $u(x,y)=v(x-y)$, $u(x,y)$ 是卷积运算 $\varphi\mapsto v*\varphi$ 的核,这一点由拉回运算的序列连续性即可看到. 由定理 4.5.10, 我们有

$$WF(u)\subset f^*WF(v)=\{(x,y,{}^tf'\eta),\ (f(x,y),\eta)\in WF(v)\}$$
$$=\{(x,\eta,y,-\eta),(x-y,\eta)\in WF(v)\}.$$

但是实际上这里有=而不只是 $\subset$ 成立,这是因为对于 $\varphi,\phi\in\mathscr{D}(\mathbf{R}^n)$, 利用序列连续性不妨设 $v\in C_0^\infty(\mathbf{R}^n)$, 从而

$$\begin{aligned}&\langle v(x-y),\varphi(x)\phi(x-y)\rangle\\ &=\iint v(x-y)\varphi(x)\phi(x-y)dxdy\\ &=\iint\varphi(x)v(z)\phi(z)dzdz=\int 1\cdot\varphi(x)dx\int v(z)\phi(z)dz\\ &=\langle 1,\varphi\rangle\langle v,\phi\rangle.\end{aligned}$$

用 $\phi(x-y)e^{-i\langle x-y,\xi\rangle}$ 代替 ϕ, 由上式有

$$\begin{aligned}\langle 1,\varphi\rangle\langle v,\phi e^{-ix\xi}\rangle&=\langle 1,\varphi\rangle\widehat{(\phi v)}(\xi)\\ &=\langle v(x-y)\varphi(x)\phi(x-y),e^{-i(x\xi+y\eta)}\rangle|_{\eta=-\xi}\\ &=\langle T(x,y),e^{-i(x\xi+y\eta)}\rangle|_{\eta=-\xi}=\hat{T}(\xi,-\xi).\end{aligned}$$

由波前集的定义

$$WF(u)=WF(v(x-y))=\{(x,\eta,y,-\eta),$$
$$(x-y,\eta)\in WF(v)\}.$$

例 2. 设 $f\in C^\infty(\Omega_x,\mathbf{R})$ 且当 $f(x)=0$ 时 $f'(x)\neq 0$. 因此

$${}^tf'(x)=\begin{pmatrix} f_{x_1}\\ \vdots \\ f_{x_n}\end{pmatrix},$$

而由 ${}^tf'(x)\eta=0$ 必有 $\eta=0,\eta\in\mathbf{R}$. 因此 $N_f=\{(f(x),\eta),{}^tf'(x)\eta=0\}$. 对于 $\delta\in\mathscr{D}'(\mathbf{R})$, 因为 $WF(\delta)=\{(0,\eta),\eta\neq 0\}$, 所以 $WF(\delta)\cap N_f=\{(f(x),\eta),f(x)=0,{}^tf'(x)\eta=0\}=\varnothing$ 而可以定义 $f^*\delta=\delta(f)$. 这时由定理 4.5.10,

$$WF(\delta(f))\subset\{(x,\eta f'(x)),f(x)=0,\eta\in\mathbf{R}\backslash 0\}.$$

但是我们知道

$$\langle\delta,\varphi\rangle=(2\pi)^{-1}\int\hat{\varphi}(\eta)d\eta=(2\pi)^{-1}\iint e^{iy\cdot\eta}\varphi(y)dyd\eta.$$

所以若令 $\chi(\eta)\in C_0^\infty(\mathbf{R}^1)$ 而且在 $[-1,1]$ 上 $\chi(\eta)=1$, 则

$$(2\pi)^{-1}\int e^{iy\cdot\eta}\chi\left(\frac{\eta}{n}\right)d\eta\in C_0^\infty(\mathbf{R}^1)$$

在 $\mathscr{D}'(\mathbf{R}^1)$ 中趋于 $\delta(y)$. 对于 C_0^∞ 函数 φ, 因

$$f^*\left[(2\pi)^{-1}\int e^{iy\cdot\eta}\chi\left(\frac{\eta}{n}\right)d\eta\right]=(2\pi)^{-1}\int e^{if(x)\cdot\eta}\chi\left(\frac{\eta}{n}\right)d\eta,$$

因此求极限后就有

$$\langle f^*\delta,\varphi\rangle=(2\pi)^{-1}\iint e^{if(x)\cdot\eta}\varphi(x)dxd\eta.$$

由于假设了当 $f(x)=0$ 时 $f'(x)\neq 0$, 所以这个积分可以了解为振荡积分.

当 $f(x)=x_n$ 时, 我们就得到

$$\begin{aligned}\langle\delta(x_n),\varphi\rangle&=(2\pi)^{-1}\iint e^{ix_n\eta_n}\varphi(x)dxd\eta_n\\&=(2\pi)^{-1}\int dx'\int\hat{\varphi}(x',-\eta_n)d\eta_n\\&=\int\varphi(x',0)dx'.\end{aligned}$$

这恰好就是第一章§6，定义 1.6.2 后的例 1，即超平面上的 Dirac 分布 对一般由 $f(x)=0$ 定义的超曲面，利用变量变换也可得出(1.6.11)：

$$\langle\delta(f),\varphi\rangle=\int_{f=0}\frac{\varphi(x)}{|\mathrm{grad}f|}\omega S,\quad S: f(x)=0.$$

7. 微分流形的情况． 在定理 4.5.11 后我们说明了波前集是余切丛的子集．这个情况有助于我们讨论微分流形上的广义函数的波前集．正如在本书中一贯规定的，凡谈到微分流形时都是指的 C^∞ 的具在无穷远处为可数的流形．以下的 M，M_1，$M_2\cdots$ 都是指的这样的流形，我们也就不再一一说明．

定义 4.5.18 设 M 为一微分流形，$u\in\mathscr{D}'(M)$，我们定义 $WF(u)$ 为 $\dot{T}^*M=T^*M\backslash 0$ 的一个子集，即 $(x,\xi)\in WF(u)$，当且仅当存在一个局部坐标 $\chi: U\to V\subset\mathbf{R}^n$，$U$ 是 x 在 M 中的一个邻域，使 $\tilde{\chi}(x,\xi)\in WF[\chi^{-1*}(u)]$ $\tilde{\chi}$ 是由 χ 在 T^*M 上诱导出的一个局部坐标．

在定理 4.5.6 中我们给出了波前集的一个等价的定义而它是与坐标的选择无关的．

由于对波前集的讨论在许多情况下都是局部的，所以选定了适当的坐标后．总可以归结为 $\mathbf{R}^n$ 的情况而与前面一样．因此，本节中的定理都可以很容易地移到这里．例如设 $f: M\to N$ 是一个 C^∞ 映射，在一点 $x\in M$ 附近可以定义 N 的余法线集 $N_f=\{(y,\eta)\in T^*N\backslash 0,\exists x\in M$ 使 $y=f(x)$，${}^tf'(x)\eta=0\}$，而当 $WF(u)\cap N_f=\varnothing$ 时，对 $u\in\mathscr{D}'(N)$ 可以定义 $f^*u\in\mathscr{D}'(M)$，使 $WF(f^*u)=\{(x,{}^tf'(x)\eta),x\in\dot{M},(f(x),\eta)\in WF(u)\}$．把这个结果应用到一个嵌入子流形 $i: N\to M$，则可取 f 为 i，而 N_f 就是 N 的余法丛，这样就得到 $u\in\mathscr{D}'(M)$ 在 N 上的限制，只要 $WF(u)\cap N_j=\varnothing$．

同样，若 $u_1,u_2\in\mathscr{D}'(M)$．只要 $0\notin WF(u_1)+WF(u_2)$，又可以定义 $u_1\cdot u_2\in\mathscr{D}'(u)$，而且

$$WF(u_1\cdot u_2)\subset(WF(u_1)+WF(u_2)]\cup(WF(u_1)\times\mathrm{supp}_0u_2)$$

$\cup(\text{supp}_0 f_1 \times WF(u_2))$.

关于推前运算 f: $M \to N$, f_*: $\mathscr{D}'(M) \to \mathscr{D}'(N)$, 则对 $u \in \mathscr{D}'(M)$, 只要 f 是适当映射或者 u 具有紧支集(或者 $f|_{\text{supp}u}$: $\text{supp}u \to N$ 为适当映射), 则 $f_*u \in \mathscr{D}'(N)$ 有定义, 而且

$$WF(f_*u) \subset f_*WF(u) = \{(y, \eta) \in T^*N\backslash 0, \exists x \in M$$

使 $y = f(x)$ 而 $(x, {}^t f'(x)\eta) \in WF(u) \cup \text{supp}_0 u\}$.

关于由 $C_0^\infty(N)$ 到 $\mathscr{D}'(M)$ 的线性算子 A, 则相应于 M 和 N 上的 C^∞ 密度 μ, ν 可以得到分布核 $K_A \in \mathscr{D}'(M \times N)$, 使得对 $\varphi \in C_0^\infty(M)$, $\psi \in C_0^\infty(N)$ 有

$$\langle K_A, (\varphi \otimes \psi)(\mu \otimes \nu) \rangle = \langle A\psi, \varphi\mu \rangle.$$

如果选用 M 上的一的 C^∞ 分割 $\{\alpha_i\}$ 与 N 上的一的 C^∞ 分割 $\{\beta_j\}$, 可以定义 $Au = \sum\limits_{i,j} (\alpha_i A)(\beta_j u)$, 而将问题归结为在局部坐标系中讨论 $\alpha_i A \beta_j$, 而这正是前面已经做过的. 这样, 我们将会得到与定理 4.5.16, 4.5.17 完全相同的结果.

第五章 拟微分算子

§1. 拟微分算子的基本性质

1. 定义. 拟微分算子是线性偏微分算子的自然推广. 设有 C^∞ 系数的线性偏微分算子

$$P(x, D)u = \sum_{|\alpha|\leq m} a_\alpha(x)D^\alpha, \quad a_\alpha(x) \in C^\infty(\Omega), \qquad (5.1.1)$$

$\Omega\subset\mathbf{R}^n$ 是一个开集. 将它作用到 $u(x) \in C_0^\infty(\Omega)$ 上,则因

$$u(x) = (2\pi)^{-n}\int e^{ix\xi}\hat{u}(\xi)d\xi,$$

而有

$$P(x, D)u = (2\pi)^{-n}\int e^{ix\xi}P(x, \xi)\hat{u}(\xi)d\xi$$

$$= (2\pi)^{-n}\iint e^{i(x-y)\xi}P(x, \xi)u(y)dyd\xi. \qquad (5.1.2)$$

因为 $P(x, \xi)$ 是 ξ 的 m 次多项式，所以上式最后一个积分可以理解为振荡积分.

由此可见,我们可以考虑更为一般的线性算子,即 $P(x, \xi)$ 不一定是 ξ 的多项式的情况,而且因为在上式中出现了 x 与 y, 所以也不必仅限于 $P(x, \xi)$ 只含 x 与 ξ 的情况. 这样我们就得到一般的拟微分算子(简记为 PsDO):

$$A(x, D)u = 2(\pi)^{-n}\iint e^{i(x-y)\xi}a(x, y, \xi)u(y)dyd\xi, \qquad (5.1.3)$$

$$u \in C_0^\infty(\Omega).$$

它是上一章介绍的 Fourier 积分算子 (FIO) 的特例: 其相函数是

$$\Phi(x, y, \xi) = (x - y)\xi,$$

而有

$$\Phi_x = -\Phi_y = \xi, \quad \Phi_\xi = x - y.$$

$a(x, y, \xi)$ 称为拟微分算子 $A(x, D)$ 的振幅函数，不依赖于 y 的振幅函数称为 $A(x, D)$ 的象征(或全象征). 以后，我们将要证明在一定条件下可以从振幅函数求出象征.

在拟微分算子的讨论中，振幅函数的类有重大的作用. 在本书中我们都是讨论 $a(x, y, \xi) \in S^m_{\rho,\delta}(\Omega \times \Omega \times \mathbf{R}^n)$ 的情况. 这里 $0 \leqslant \rho, \delta \leqslant 1$. 应该注意，许多重要性质是否成立将取决于 ρ, δ 之值. 例如，将式(5.1.2)理解为振荡积分需要假设 $\rho > 0$, $\delta < 1$ (第四章定理 4.1.4). 因此，在下面如无特殊声明，总是设 $S^m_{\rho,\delta}$ 类适合 $0 < \rho$ 以及 $\delta < 1$ (以后凡是 $0 < \rho, \delta < 1$ 均指 $0 < \rho$ 以及 $\delta < 1$). 这里特别重要的是类 $S^m = S^m_{1,0}$, 它是由 Kohn 和 Nirenberg 在 [1] 中引入的，一般的 $S^m_{\rho,\delta}$ 类的引入则见于 L. Hörmander [7] 中. 另外，我们再申明一下，当 $\delta = 0$ 时 $S^m_{\rho,0}$ 常记作 S^m_ρ.

拟微分算子的引入虽然是线性偏微分算子的直接推广. 但这并不是为推广而推广，而是出于一种需要：使推广后的算子形成一个代数，而其中可以包括尽可能多的算子，首先是"逆"算子. 在第二章中我们已经看到，求基本解的问题就是求逆算子的问题. 而偏微分算子的"逆"，很显然，一般不是微分算子. 但是，以后将会看到，椭圆型算子的"逆"确实是拟微分算子(而非椭圆型算子的"逆"则常是 Fourier 积分算子). 所以可以说，拟微分算子的主要来源之一是求椭圆算子的"逆"的问题.

我们记振幅函数在 $S^m_{\rho,\delta}$ 类中的 PsDO 之集为 $L^m_{\rho,\delta}$.

2. PsDO 之核. PsDO (5.1.2) 很明显是一个连续映射：

$$A: C_0^\infty(\Omega) \to C^\infty(\Omega).$$

这一点可以直接由定理 4.1.5 的证明看出. 因为 $C^\infty(\Omega) \hookrightarrow \mathscr{D}'(\Omega)$，因此 $A: C_0^\infty(\Omega) \to \mathscr{D}'(\Omega)$ 也是连续的，因此，由 Schwartz 核定理，应该有一个广义函数 $A(x, y)$ 即相应于 A 的分布核，使得对一切 $v \in C_0^\infty(\Omega)$ 均有(见式 4.3.2)

$$\langle A(x, y), u(y) \otimes v(x) \rangle = \langle Au, v \rangle. \tag{5.1.4}$$

和上一章一样，这个广义函数我们形式地写为

$$A(x, y)=(2\pi)^{-n}\int e^{i(x-y)\xi}a(x, y, \xi)d\xi. \qquad (5.1.5)$$

它并不是一个振荡积分，因为其相函数 $(x-y)\cdot\xi$ 对 ξ 的梯度 $x-y$ 并不恒为非零．对于最简单的情况，即 $a(x, y, \xi)$ 不含 ξ 而为象征时，我们有

$$A(x, y)=(2\pi)^{-n}\int e^{i(x-y)\xi}a(x, \xi)d\xi$$
$$=K(x, x-y),$$

这里

$$K(x, z)=(2\pi)^{-n}\int e^{iz\xi}a(x, \xi)d\xi.$$

特别若 $a(x, \xi)$ 是 ξ 的齐性函数时，$K(x, z)$ 是对 z 为齐性的广义函数，而且 C^∞ 地依赖于 x．这时，算子 (5.1.2) 就写为

$$(Au)(x)=\int K(x, x-y)u(y)dy.$$

在拟微分算子理论出现之前，Calderon 和 Zygmund（更早还有 С. Г. Михлин）就讨论过这种形式的算子，并称之为奇异积分算子，并以此为工具在偏微分方程中得出了重要的结果．关于奇异积分算子的理论可以参看 Calderon 和 Zygmund [1] 和 Calderon [2], [5].

上式虽然只是分布核的形式记法，但我们可以根据上一章的理论讨论它的性质．现在相函数是 $\Phi(x, y, \xi)=(x-y)\cdot\xi$．从而 $\Phi_\xi=x-y$，而 S_Φ（见定理 4.1.8）为 $S_\Phi=\{(x, y); x-y=0\}=\{(x, x)\}$ 即为 $\Omega\times\Omega$ 的对角集．因此，应用定理 4.1.8 于此将给出：**对于拟微分算子** $A\in L^m_{\rho,\delta}$, $0<\rho$, $\delta<1$, $\operatorname{sing\,supp}A(x, y)\subset\{(x, x); x\in\Omega_x\}$

相应于 PsDO A 的分布核一般是一个 k 阶广义函数，这里 k 适合不等式 $m-ks<-n(n=\dim\mathbf{R}^n_\xi)$，而 $s=\min(\rho, 1-\delta)$．特别是若 $m<-n$，则式 (5.1.2) 作为一个普通的含参变量的积分是绝对收敛的(而且对于 x，当 x 在 Ω 之任一紧子集内时，也是

一致收敛的），所以可以应用 Fubini 定理而知，这时核 $A(x, y)$ 确实可以写成通常的 Lebesgue 积分 (5.1.5) 而且是 x, y 的连续函数. 若 $m < -n - k$（k 为非负整数），则 $A(x, y) \in C^k(\Omega \times \Omega)$；特别是若 $a \in S^{-\infty}_{\rho,\delta} = \bigcap\limits_m S^m_{\rho,\delta}$，则 $A(x,y) \in C^\infty$. 而 A 变为具有 C^∞ 核的算子. 这时 A 是一个正则化算子（上一章§3，以及定理 1.5.5）.

相应于象征类 $S^{-\infty}_{\rho,\delta}$ 的 PsDO 类记作 $L^{-\infty}_{\rho,\delta}$，上面已证明，$L^{-\infty}_{\rho,\delta}$ 均为正则化算子；而且因为 $S^{-\infty}_{\rho,\delta} = \bigcap\limits_m S^m_{\rho,\delta}$，所以 $L^{-\infty}_{\rho,\delta} \subset \bigcap\limits_m L^m_{\rho,\delta}$；现在我们要证明

定理 5.1.1 $L^{-\infty}_{\rho,\delta} = \bigcap\limits_m L^m_{\rho,\delta} = \{$具 C^∞ 核的算子$\} = \{$正则化算子$\}$.

证. $L^{-\infty}_{\rho,\delta} \subset \bigcap\limits_m L^m_{\rho,\delta}$ 已经得证. 今设 $A \in \bigcap\limits_m L^m_{\rho,\delta}$，则对一切实数 m 必有 $a_m(x, y, \xi) \in S^m_{\rho,\delta}$ 使 (5.1.2) 成立. 取 m 适合 $m < -n - k$，则可见到相应于 A 的分布核可以写为

$$A(x, y) = (2\pi)^{-n} \int e^{i(x-y)\xi} a_m(x, y, \xi) d\xi,$$

而有 $A(x, y) \in C^k(\Omega \times \Omega)$ $(\forall k)$. 因为分布核只决定于算子 A 而不随 m 变化，故有 $A(x, y) \in C^\infty(\Omega \times \Omega)$ 而 A 为具有 C^∞ 核的算子. 这就是说 $\bigcap\limits_m L^m_{\rho,\delta} \subset \{$具 C^∞ 核的算子$\}$.

再设 A 为具 C^∞ 核 $A(x, y)$ 的算子，于是 A 可以写为 (5.1.5) 之形，而取

$$a(x, y, \xi) = e^{-i(x-y)\xi} A(x, y) \rho(\xi),$$

这里 $\rho(\xi) \in C_0^\infty$ 而且 $\int \rho(\xi) d\xi = (2\pi)^n$. 因为 $a(x, y, \xi)$ 对 ξ 具有紧支集，显然 $a \in S^{-\infty}_{\rho,\delta}$，从而 $A \in L^{-\infty}_{\rho,\delta}$. 总之，我们证明了

$$\{\text{具 } C^\infty \text{ 核的算子}\} \subset L^{-\infty}_{\rho,\delta} \subset \bigcap_m L^m_{\rho,\delta} \subset \{\text{具 } C^\infty \text{ 核的算子}\},$$

再由定理 1.5.5，$\{$具 C^∞ 核的算子$\} = \{$正则化算子$\}$，从而定理得证.

从证明中我们看到，若振幅函数对 ξ 具有紧支集，则相应的算子 (5.1.3) 必为 $L^{-\infty}_{\rho,\delta}$ 算子. 不仅如此，由系 4.1.9 还可以看到，若

振幅函数 $a(x, y, \xi)$ 在对角集附近恒为 0,也有分布核 $A(x, y) \in C^\infty(\Omega \times \Omega)$,即相应的算子 $A \in L^{-\infty}$.

$S^{-\infty}_{\rho,\delta}$ 和 $L^{-\infty}_{\rho,\delta}$ 的讨论具有重要的意义. 前一章 §3 末尾已经指出,在偏微分方程理论的许多问题中,正则化算子可以(或者说"不得不")略去. 这样,我们在讨论 m 阶拟微分算子时,应该考虑一个等价类,即相差 $L^{-\infty}_{\rho,\delta}$ 的算子(亦即相差一个正则化算子)认为是相同的. 这样,我们就可以给出

定义 5.1.2 $L^m_{\rho,\delta}/L^{-\infty}_{\rho,\delta}$ 之元称为一个 m 阶 (ρ, δ) 型拟微分算子. m 阶 $(1,0)$ 型拟微分算子简称为 m 阶拟微算子.

下面我们要讨论分布核的支集. 这里有

定义 5.1.3. 设 A 为由 $C_0^\infty(\Omega)$ 到 $\mathscr{D}'(\Omega)$ 的连续线性映射,相应的分布核是 $A(x, y)$, 若

$$\pi_x|_{\operatorname{supp}A(x,y)}:(x, y)\longmapsto x, \quad \pi_y|_{\operatorname{supp}A(x,y)}:(x, y)\longmapsto y$$

是适当的(即使紧集的原象仍为紧集的算子),则称 A 为适当的.

注意,这个定义不仅只对 PsDO 适用. 对于拟微分算子,重要的是有

定理 5.1.4 设 $A \in L^m_{\rho,\delta}$, 则必可将它写成

$$A = A_1 + R,$$

其中 R 是正则化算子,而 $A_1 \in L^m_{\rho,\delta}$ 是适当的.

证. 我们来求一个函数 $\rho \in C^\infty(\Omega \times \Omega)$ 使

$$\pi_x|_{\operatorname{supp}\rho}:(x, y)\longmapsto x, \quad \pi_y|_{\operatorname{supp}\rho}:(x, y)\longmapsto y$$

是适当的. 为此作 Ω 的一个局部有限相对紧覆盖 $\{U_j\}_{j\in J}$. 于是 $\{\bar{U}_j \times \bar{U}_j\}_{j\in J}$ 是对角集 $\operatorname{diag}(\Omega \times \Omega) = \{(x, x); x \in \Omega\}$ 的一个覆盖, 而且很明显 $\pi_x|_U$ 与 $\pi_y|_U U = \bigcup_{j\in J} \bar{U}_j \times \bar{U}_j$ 是适当的. 取 $\operatorname{diag}(\Omega\times\Omega)$ 的一个邻域 V 使 $\bar{V}\subset U$,并作一个函数 $\rho \in C^\infty(\Omega\times\Omega)$ 使 $\operatorname{supp}\rho\subset U$ 而在 V 上 $\rho \equiv 1$. 于是用下面的 $\mathscr{D}'(\Omega \times \Omega)$ 广义函数

$$A_1(x, y) = \rho A(x, y), \quad A_R(x, y) = (1-\rho)A(x, y)$$

作分布核来构造出算子 A_1 与 R. 很容易看到, A_1 与 R 都是拟微分算子.

$$A_1u(x) = (2\pi)^{-n}\iint e^{i(x-y)\xi}\rho(x, y)a(x, y, \xi)u(y)dyd\xi,$$

$$(Ru)(x) = (2\pi)^{-n}\iint e^{i(x-y)\xi}[1-\rho(x, y)]a(x, y, \xi)u(y)dyd\xi.$$

以上 $u \in C_0^\infty(\Omega)$. 对于算子 A_1 因为 $\rho(x, y)$ 不含 ξ, 故有 $\rho(x, y)a(x, y, \xi) \in S^m_{\rho,\delta}$;对于算子 R,因为其振幅函数在对角集 $x = y$ 附近为 0, 故为正则化算子. 定理证毕.

这个定理的意义在于它指出了,在讨论拟微分算子时,我们时常可以限于讨论适当的拟微分算子.

3. 奇支集的变化. 一个拟微分算子总是由 $C_0^\infty(\Omega)$ 到 $\mathscr{D}'(\Omega)$ 的线性映射. 因而就提出了如何计算 sing supp Au 的问题. 特别是由上一章定义 4.3.2, 拟微分算子的相函数 $(x-y)\cdot\xi$ 恒适合 $\text{grad}_{(y,\xi)}(x-y)\cdot\xi = (-\xi, x-y)$, $\text{grad}_{(x,\xi)}(x-y)\xi = (\xi, x-y)$ 在 $\Omega \times \mathbf{R}^n\backslash 0$ 中不为 0, 因此是算子相函数, 因而 A 和 ${}^tA$ 均可以拓展为由 $\mathscr{E}'(\Omega)$ 到 $\mathscr{D}'(\Omega)$ 的线性映射,因此虽然当 $u \in C_0^\infty(\Omega)$ 时, 因 $Au \in C^\infty(\Omega)$ 而 sing supp $Au = \varnothing$. 然而当 $u \in \mathscr{E}'(\Omega)$ 时, 就更需要讨论 sing supp Au 与 sing supp u 的关系. 这一点固然可以直接由上一章定理 4.3.6 得出,但我们宁愿稍为广泛一点地讨论核的支集、奇支集与 Au 的支集、奇支集的关系. 为此我们再重复一下定义 4.3.5: 若 $S\subset X \times Y$, $K\subset Y$, 我们定义 S 与 Y 之复合 $S\circ Y$ 为

$$S\circ Y = \{x \in X;\ \exists y \in Y \text{ 使 } (x, y) \in S\}. \tag{5.1.6}$$

很容易看到

$$S\circ Y = \pi_x[S \cap \pi_y^{-1}Y]. \tag{5.1.7}$$

首先,再讲一下关于支集的一般结果:

定理 5.1.5 设 A: $C_0^\infty(\Omega) \to \mathscr{D}'(\Omega)$ 的核为 $A(x, y) \in \mathscr{D}'(\Omega \times \Omega)$ 则对一切 $u \in C_0^\infty(\Omega)$ 有

$$\text{supp}Au \subset \text{supp}A(x, y)\circ\text{supp}u. \tag{5.1.8}$$

证. 因为 supp$u$ 是紧集,上式右方易见为闭. 事实上,若有序列 $\{x_n\}\subset$ 右方且 $x_n \to x_0$, 则相应于 $\{x_n\}$ 的 $\{y_n\}\subset$supp$u$ (在必

要时取其子序列）收敛于 $y_0 \in \text{supp}u$. 因为 $\text{supp}A(x, y)$ 为闭，故 $(x_0, y_0) = \lim(x_n, y_n) \in \text{supp}A(x, y)$，从而

$$x_0 \in \text{supp}A(x, y) \circ \text{supp}u.$$

今证，若取 $v \in C_0^\infty(\Omega)$ 且 $\text{supp}v \cap (\text{supp}A \circ \text{supp}u) = \varnothing$，必有 $\langle Au, v\rangle = 0$，若如此则定理证毕. 但这个式子就表示

$$(\text{supp}u \times \text{supp}v) \cap \text{supp}A(x, y) = \varnothing,$$

而由 $\text{supp}(v \otimes u) = \text{supp}u \times \text{supp}v$ 即有

$$\langle Au, v\rangle = \langle A(x, y), v \otimes u\rangle = 0,$$

从而定理得证.

进一步，关于适当的算子我们有

定理 5.1.6 设 $A: C_0^\infty(\Omega) \to \mathscr{D}'(\Omega)$ 是适当的，则

i) 对一切紧集 $K \Subset \Omega$，$\text{supp}\, A(x, y) \circ K = K' \Subset \Omega$ 也是紧的，于是 A 映 $\mathscr{D}_K^\infty(\Omega)$ 到 $\mathscr{D}'_{K'}(\Omega)$ 中.

ii) 对一切紧集 $K' \Subset \Omega$，必存在紧集 $K \Subset \Omega$ 使

$$(\text{supp}u \cap K) = \varnothing \Rightarrow (\text{supp}Au \cap K') = \varnothing.$$

因此，A 变 $C_0^\infty(\Omega)$ 的局部有限和为 $\mathscr{E}'(\Omega)$ 广义函数的局部有限和. 特别是，A 可以用唯一方式拓展为由 $C^\infty(\Omega)$ 到 $\mathscr{D}'(\Omega)$ 的线性连续映射，且仍适合式 (5.1.8).

证. i) 由 (5.1.7) 有

$$K' = \pi_x[\text{supp}A(x, y) \cap \pi_y^{-1}K].$$

因为投影映射 π_y 是适当的，故 $\pi_y^{-1}K$ 从而 $\pi_y^{-1}K \cap \text{supp}A(x, y)$ 为紧，它在连续映射 π_x 下的象也是紧的.

ii) 令 $K = \pi_y[\pi_x^{-1}K' \cap \text{supp}A(x, y)]$，则与 i) 相同知 K 为紧. 若 $\text{supp}u \cap K = \varnothing$，则因

$$\begin{aligned}\text{supp}Au \cap K' &\subset (\text{supp}A(x, y) \circ \text{supp}u) \cap K' \\ &= \pi_x[\text{supp}A(x, y) \cap \pi_y^{-1}\text{supp}u] \cap K' \\ &= \pi_x[\text{supp}A(x, y) \cap \pi_y^{-1}\text{supp}u \cap \pi_x^{-1}K'].\end{aligned}$$

但 $\pi_y^{-1}K = \pi_x^{-1}K' \cap \text{supp}A(x, y)$，代入上式有

$$\begin{aligned}\text{supp}Au \cap K' &\subset \pi_x[\pi_y^{-1}\text{supp}u \cap \pi_y^{-1}K'] \\ &= \pi_x[\pi_y^{-1}(\text{supp}u \cap K)]\end{aligned}$$

$= \emptyset.$

由此 A 变 $C_0^\infty(\Omega)$ 之元为 $\mathscr{E}'(\Omega)$ 之元. 设有 $C_0^\infty(\Omega)$ 之元的和 $\sum_\alpha u_\alpha$, 任取一个 $K' \Subset \Omega$, 相应于 K' 按上面的方式作 K, 必只有有限多个 u_α (设为 $u_1, \cdots, u_j$) 适合 $\operatorname{supp} u_\alpha \cap K \neq \emptyset$. 则除 $Au_1, \cdots, Au_j$ 外, 对一切 α 有 $\operatorname{supp} Au_\alpha \cap K' = \emptyset$, 即是说 $\sum_\alpha Au_\alpha$ 也是局部有限和. 现在作 Ω 的一的 C^∞ 分割 $\{\varphi_\alpha\}$, 则 $u \in C^\infty(\Omega)$ 可写为

$$u = \sum_\alpha \varphi_\alpha u = \sum_\alpha u_\alpha,$$

而右方是 $C_0^\infty(\Omega)$ 的局部有限和, 从而 $\sum_\alpha Au_\alpha$ 是 $\mathscr{E}'(\Omega)$ 的局部有限和. 我们就用它作为 Au 的定义(很清楚, 这个定义是与一的分割 $\{\varphi_\alpha\}$ 的取法无关的), 它当然是 $\mathscr{D}'(\Omega)$ 之元. 这样我们就将 A 拓展为 $C^\infty(\Omega)$ 到 $\mathscr{D}'(\Omega)$ 的线性映射了. 它的连续性证略. 由于 $C_0^\infty(\Omega)$ 在 $C^\infty(\Omega)$ 中稠密, 这样的拓展显然是唯一可能的. 证毕.

这个定理是对一般的适当的算子 $A: C_0^\infty(\Omega) \to \mathscr{D}'(\Omega)$ 提出的. 若 A 是适当的拟微分算子, 则还应有 $A: C_0^\infty(\Omega) \to C^\infty(\Omega)$, 所以现在有: $A: C^\infty(\Omega) \to C^\infty(\Omega)$. 而且由 i) 还有 $A: C_0^\infty(\Omega) \to C_0^\infty(\Omega)$. 这些都是很重要的结论, 在下一节我们将要应用它们.

现在讨论奇支集的问题. 和上面一样, 我们首先仍然着眼于一般的算子 $A: C_0^\infty(\Omega) \to \mathscr{D}'(\Omega)$.

定理 5.1.7 设上述算子的分布核为 $A(x, y) \in \mathscr{D}'(\Omega \times \Omega)$, 而且使 $A: C_0^\infty(\Omega) \to C^\infty(\Omega)$ 可拓展为映射 $\mathscr{E}'(\Omega) \to \mathscr{D}'(\Omega)$, 则

$$\operatorname{sing\,supp} Au \subset \operatorname{sing\,supp} A(x, y) \circ \operatorname{sing\,supp} u. \tag{5.1.9}$$

证. 设 $x_0 \notin \operatorname{sing\,supp} A(x, y) \circ \operatorname{sing\,supp} u$, 这就是说

$$(\{x_0\} \times \operatorname{sing\,supp} u) \cap \operatorname{sing\,supp} A(x, y) = \emptyset.$$

因为 $\{x_0\} \times \operatorname{sing\,supp} u$ 为紧, $\operatorname{sing\,supp} A(x, y)$ 为闭, 所以必可找到 x_0 与 $\operatorname{sing\,supp} u$ 的开邻域 U 与 V 使适合

$$(U \times V) \cap \operatorname{sing\,supp} A(x, y) = \emptyset.$$

现在作 $\alpha\in C_0^\infty(V)$ 使在 sing supp u 附近恒为 1，则对 $u\in\mathscr{E}'(\Omega)$ 有:

$$u=\alpha u+(1-\alpha)u,\quad Au=A(\alpha u)+A(1-\alpha)u.$$

但 $(1-\alpha)u\in C_0^\infty(\Omega)$，从而 $A(1-\alpha)u\in C^\infty(\Omega)$ 而

$$\text{sing supp } Au\subset\text{sing supp } A(\alpha u).$$

但 $A(x,y)|U\times V$ 为 C^∞，故当 $x\in U$时 $A(\alpha u)(x)\in C^\infty$，这就说明 $x_0\notin$ sing supp Au 而定理证毕.

本段一开始就说明，PsDO 因为作为 FIO 的特例具有算子相函数，故由定理 4.3.4 知它可以拓展为 $\mathscr{E}'(\Omega)\to\mathscr{D}'(\Omega)$ 的算子，所以定理 5.1.7 对 PsDO 是适用的. 但是由定理 4.1.8 知

$$\text{sing supp } A(x,y)\subset\text{diag}(\Omega\times\Omega)=\{(x,x),x\in\Omega\}$$

中,所以对适合 $0<\rho,\delta<1$ 的 $L^m_{\rho,\delta}$ 类拟微分算子有

$$\text{snig supp } Au\subset\text{sing supp } u. \tag{5.1.10}$$

这是一个极为重要的性质. 回忆一下 C^∞ 系数的线性偏微分算子

$$A(x,D)=\sum_{|\alpha|\le m}a_\alpha(x)D^\alpha,$$

则不但上式成立而且还有

$$\text{supp } Au\subset\text{supp } u \tag{5.1.11}$$

(这不但可以直接证明，还可以如下看出：PDO $A(x,D)$ 的核是

$$\sum_{|\alpha|\le m}a_\alpha(x)\delta^{(\alpha)}(x-y),$$

因此 supp $A(x,y)=\text{diag}(\Omega\times\Omega)$ 然后再用定理 5.1.5). (5.1.11) 称为 PDO 的局部性，十分值得注意的是它的逆也成立: J. Peetre [1], [2] 证明了: 任何线性连续算子 $A: C_0^\infty(\Omega)\to C^\infty(\Omega)$，若能拓展为线性连续算子 $A:\mathscr{E}'(\Omega)\to\mathscr{D}'(\Omega)$ 且使 (5.1.11) 成立，则它必是一个 C^∞ 系数的线性偏微分算子. PsDO 一般说来当然不会有局部性，例如平移算子 τ_h:

$$C_0^\infty(\mathbf{R}^n)\to C_0^\infty(\mathbf{R}^n)(\mathscr{E}'(\mathbf{R}^n)\to\mathscr{E}'(\mathbf{R}^n)),\quad u(x)\longmapsto u(x-h)$$

就是一个 PsDO:

$$(\tau_h u)(x)=u(x-h)=(2\pi)^{-n}\int e^{i(x-h)\cdot\xi}\hat{u}(\xi)d\xi,$$

可是明显地没有局部性．但 PsDO 有 (5.1.10)，这个性质称为拟局部性．所以上面的结论可以陈述为

系 5.1.8 $L^m_{\rho,\delta}(0<\rho,\delta<1)$ 类拟微分算子有拟局部性．

4. PsDO 与波前集． 我们首先要推广 PsDO 的拟局部性到微局部的提法上去，即证明 $WF(Au)\subset WF(u)$．事实上，相应于 PsDO 的分布核是由

$$\langle A(x,y),v(x)\otimes u(y)\rangle$$

$$=(2\pi)^{-n}\iiint e^{i(x-y)\cdot\xi}a(x,y,\xi)u(y)v(x)dxdyd\xi$$

定义的．当 $0<\rho,\delta<1$ 时，这是一个振荡积分，而由定理 4.5.15

$$\begin{aligned}WF(A(x,y))&\subset\{(x,y,\Phi_x,\Phi_y),\xi\neq 0,\Phi_\xi=0\}\\&=\{(x,y,\xi,-\xi),\xi\neq 0,x=y\}\\&=\{(x,\xi;x,-\xi),\xi\neq 0\},\end{aligned}$$

从而

$$\begin{aligned}WF'(A(x,y))&=\{(x,\xi;x,\xi)\}\\&\subset\mathrm{diag}[(T^*\Omega\backslash 0)\times(T^*\Omega\backslash 0)].\end{aligned}$$

我们记 $WF'(A(x,y))$ 在每一个因子 $T^*\Omega\backslash 0$ 上的投影为 $WF(A)$，则有

$$WF(A)=\{(x,\xi),\ \xi\neq 0\}.$$

当 A 为适当的而 $u\in\mathscr{D}'(\Omega)$，或者当 $u\in\mathscr{E}'(\Omega)$ 时，Au 都是有意义的．现在来应用定理 4.5.16 的推论式 (4.5.38)，注意到其中的 K_A 就是我们的分布核广义函数 A，即得

定理 5.1.9 设 $A\in L^m_{\rho,\delta}$，$0<\rho,\delta<1$，$u\in\mathscr{D}'(\Omega)$，而且或者 A 为适当，或者 $u\in\mathscr{E}'(\Omega)$ 使 Au 有意义，则有

$$WF(Au)\subset WF(u).\tag{5.1.12}$$

在以前各章中我们多次利用截断函数去乘一个广义函数借以实现局部化．但这只是在 x 空间即余切从 $T^*\Omega\backslash 0$ 的底空间的局

部化．微局部分析则要求既在底空间也在纤维空间中实现局部化(不妨称为微局部化)．这一点可以利用 PsDO 来实现．事实上，对于 $u\in\mathscr{D}'(\Omega)$，令 $x_0\in\Omega$，先作截断函数 $\varphi(x)\in C_0^\infty(\Omega)$ 使其支集在 x_0 点附近，于是 $\varphi u\in\mathscr{E}'(\Omega)$ 而 $\widehat{\varphi u}(\xi)$ 是一个缓增函数．如果要将 $\widehat{\varphi u}(\xi)$ 在某一个方向 $\xi_0\in\mathbf{R}^n\backslash 0$ 局部化，当然可以用一个 ξ 的零次齐性函数 $\chi(\xi)$ 去乘它，这里 $\chi(t\xi)=\chi(\xi)\ (t>0)$．然后作拟微分算子 $\chi(D)$，我们就说 $\chi(D)[\varphi(x)u(x)]$ 是既在底空间的 x_0 点、又在纤维空间的 ξ_0 方向局部化了的——即实现了微局部化．但是 $\chi(D)$ 以 $\chi(\xi)$ 为振幅函数——其实是象征．而 $\chi(\xi)$ 作为零次齐性函数不可能属于 C^∞ (除非 $\chi(\xi)\equiv\text{const}$)，因此又需要作一些修正：切去 $\chi(\xi)$ 在 $|\xi|\leqslant 1$ 中的部分，如前所述，这样作只会相差一个正则化算子．确切地说，我们要作的 $\chi(\xi)$ 具有以下性质：

i) $\chi(\xi)\in C^\infty$ 而且当 $|\xi|\geqslant 1$ 时对 ξ 为零次齐性函数，即

$$\chi(t\xi)=\chi(\xi),\ t\geqslant 1,\ |\xi|\geqslant 1;$$

ii) $\chi(\xi)$ 之锥支集在 ξ_0 的某个锥邻域 V 内；

iii) 在 $\xi=0$ 附近 $\chi(\xi)\equiv 0$.

这样的 $\chi(\xi)$ 是很容易作的，实际上在单位球面 $|\xi|=1$ 上作一个支集在 $\xi_0/|\xi_0|$ 的某个邻域中的 $C_0^\infty(S^{n-1})$ 函数，当按零次齐性的要求拓展到单位球面以外，最后再用一个在 $\xi=0$ 附近恒为 0 而支集又位于 $|\xi|\leqslant 1$ 中的 $C_0^\infty(\mathbf{R}_\xi^n)$ 函数去乘即可．

这样作出了 $\chi(\xi)$ 和 $\varphi(x)$ 后，我们有

定理 5.1.10 设 $u\in\mathscr{E}'(\Omega)$，$(x_0,\xi_0)\notin WF(u)$，则必可找到一个 S^0 类 PsDO $A(x,D)$，使其象征 $\sigma_A\equiv 1\ (\text{mod}S^{-\infty})$ 于 (x_0,ξ_0) 的某个锥邻域中，而且 $Au\in C_0^\infty(\Omega)$.

证．由波前集的定义，在必要时作 Ω 的一个一的分割 $\{\varphi_\alpha\}$，并用 φ_α 去乘 $u(x)$，可以设 $\hat{u}(\xi)$ 在 ξ 的某个锥邻域 V 中急减．作 $\chi(\xi)$ 如前所述使其锥支集含于 V 中，且在一个更小的锥 $V_1\Subset V$ 内 $\chi(\xi)\equiv 1\ (|\xi|\geqslant 1)$．于是 $\chi(\xi)\widehat{\varphi u}(\xi)$ 急减，从而 $\chi(D)u(x)\in C^\infty(\Omega)$．再作 $\psi(x)\in C_0^\infty(\Omega)$ 且在 x_0 附近 $\psi(x)\equiv 1$，于是

$$\psi(x)\chi(D)u(x)\in C_0^\infty(\Omega).$$

令 $A(x, D)=\psi(x)\chi(D)$，则其振幅函数(实际上是象征)为

$$\sigma_A(x, \xi)=\psi(x)\chi(\xi),$$

A 显然合于所求．证毕．

上一章 §5 中说过，波前集粗略说来就是“坏方向”的集合，现在既然已用一个 PsDO $A(x, D)$ 在余切丛中将 $\hat{u}(\xi)$ 的“坏的”频率成分切除，余下的自然是“好”的频率成分，其表现就是 $Au\in C_0^\infty(\Omega)$．这定理的逆也是成立的．

定理 5.1.11 设 $u\in\mathscr{E}'(\Omega)$，$(x_0, \xi_0)\in\Omega\times(\mathbf{R}^n\backslash 0)$，$A(x, D)\in L^0$ 而且其象征 $\sigma_A(x, \xi)\equiv 1(\mathrm{mod}S^{-\infty})$ 于 (x_0, ξ_0) 的某个锥邻域中．若 $Au\in C^\infty(\Omega)$，则 $(x_0, \xi_0)\notin WF(u)$．

证．和上面一样作 $\chi(\xi)$，使它的支集在 ξ_0 的某个锥邻域中，而且当 $|\xi|\geqslant 1$ 时对 ξ 为零次齐性，且 $\chi(\xi)=0$ 于 $\xi=0$ 附近．再作 $\varphi(x)\in C_0^\infty$ 使在 x_0 附近 $\varphi(x)\equiv 1$．适当选取 φ 与 χ 的支集，必可知

$$\chi(\xi)\varphi(x)\sigma_A(x, \xi)\equiv\chi(\xi)\varphi(x)(\mathrm{mod}S^{-\infty}).$$

从而

$$\chi(D)\varphi(x)A(x, D)-\chi(D)\varphi(x)\in L^{-\infty},$$

把双方作用到 u 上，因为 $A(x, D)u\in C^\infty(\Omega)$，$\varphi(x)A(x, D)u\in C_0^\infty(\Omega)$，从而 $\chi(D)\varphi(x)A(x, D)u\in C^\infty(\Omega)$，而有 $\chi(D)\varphi(x)u\in C^\infty(\Omega)$．

现在进一步证明 $\chi(D)\varphi(x)u\in\mathscr{S}(\mathbf{R}^n)$．因为这样就知道 $\chi(\xi)\widehat{\varphi u}(\xi)\in\mathscr{S}(\mathbf{R}^n)$．从而 $\widehat{\varphi u}(\xi)$ 在 ξ_0 附近急减，而由波前集的定义即知 $(x_0, \xi_0)\notin WF(u)$．

为了证明 $\chi(D)\varphi(x)u\in\mathscr{S}(\mathbf{R}^n)$，我们要用下面的引理：

引理 5.1.12 设 $v\in\mathscr{E}'(\mathbf{R}^n)$，$\chi(\xi)\in S_\rho^m$，则当

$$\mathrm{dist}(x, \mathrm{supp}\, v)\geqslant 1$$

时

$$|D^\alpha\chi(D)v(x)|\leqslant C_{\alpha,N}|x|^{-2N}. \tag{5.1.13}$$

证．因为 $\xi^\alpha\chi(\xi)\in S_\rho^{m+|\alpha|}$，所以不妨将 $D^\alpha\chi(D)$ 合并，视为一

个 PsDO 而设 $\alpha=0$. 又因 $\mathscr{E}'$ 广义函数可以表示为

$$v(x)=\sum_{|\alpha|<l} D^\alpha v_\alpha,$$

$v_\alpha(x)$ 为连续函数，所以又不妨设引理中的 $v(x)\in\mathscr{E}'(\mathbf{R}^n)\cap C(\mathbf{R}^n)$. 这样由

$$\chi(D)v(x)=(2\pi)^{-n}\iint e^{i(x-y)\cdot\xi}\chi(\xi)v(y)dyd\xi,$$

利用

$$|x-y|^{-2N}(-\Delta_\xi)^N e^{i(x-y)\cdot\xi}=e^{i(x-y)\cdot\xi}, \qquad (5.1.14)$$

而反复应用分部积分法有

$$\chi(D)v(x)=(2\pi)^{-n}\iint e^{i(x-y)\cdot\xi}[(-\Delta_\xi)^N\chi(\xi)](x-y)^{-2N}\cdot v(y)dyd\xi.$$

这个积分是有意义的，因为 $y\in\operatorname{supp}v$，从而 $|x-y|\geqslant\operatorname{dist}(x,\operatorname{supp}v)\geqslant 1$. 当 N 充分大时

$$(-\Delta_\xi)^N\chi(\xi)\in S^{m-2N}$$

在 $\mathbf{R}^n_\xi$ 上绝对可积，从而上之积分收敛而且可以用 $|x|^{-2N}$ 来估计（$|x|$ 充分大）. 引理证毕.

将这个引理用到 $\chi(D)\varphi(x)u$ 上，视 $\varphi(x)u$ 为 v，它当然在 $\mathscr{E}'(\mathbf{R}^n)$中，而且当 $|x|\to\infty$ 时，$\operatorname{dist}(x,\operatorname{supp}\varphi u)\geqslant 1$ 自然满足. 定理证毕.

应用式 (5.1.14) 并反复作分部积分是一个常用的技巧，今后还会多次用到.

这个定理还有重要推广，将在 §4 中讨论（见定理 5.4.6）.

§2. 拟微分算子的代数

1. 拟微分算子的基本特征. 本节的主要内容是证明 $\bigcup_m L^m_{\rho,\delta}$ ($0<\rho$, $\delta<1$ 而且 $\delta<\rho$) 类的拟微分算子在 $\operatorname{mod}L^{-\infty}_{\rho,\delta}$ 意义下构成一个代数. 这个代数中的乘法了解为算子的复合，而且其中

还有转置与伴两种对合运算．“$\mathrm{mod}L_{\rho,\delta}^{-\infty}$”的限制是很自然的，因为 PsDO 作为具有算子相函数的 FIO，是 $C_0^\infty(\Omega)\to C^\infty(\Omega)$ 的映射，而且可以拓展为 $\mathscr{E}'(\Omega)\to\mathscr{D}'(\Omega)$（见上一章 § 3），因此若 $A\in L_{\rho,\delta}^{m_1}$，$B\in L_{\rho,\delta}^{m_2}$，$A\circ B$ 一般地是没有意义的；但是若 A，B 是适当的，则它们是 $C_0^\infty(\Omega)\to C_0^\infty(\Omega)$（$\mathscr{E}'(\Omega)\to\mathscr{E}'(\Omega)$）的映射（定理 5.1.6 的推论），因此 $A\circ B$ 有意义．但是每一个 PsDO 都可以 $\mathrm{mod}L_{\rho,\delta}^{-\infty}$ 而化为适当的 PsDO（定理 5.1.4），所以在本节中恒设 $0<\rho$，$\delta<1$ 使得每一个拟微分算子均可 $\mathrm{mod}L_{\rho,\delta}^{-\infty}$ 而成为适当的．我们也可以说本节的内容就是证明适当的 PsDO 构成一个代数．关于适当的拟微分算子，我们在上一节中已经证明了的事实可以再归结为：适当的 PsDO 是 $C_0^\infty(\Omega)\to C_0^\infty(\Omega)$（或 $C^\infty(\Omega)\to C^\infty(\Omega)$）的连续线性映射，而且由于它们具有算子相函数，所以又可以拓展为 $\mathscr{D}'(\Omega)\to\mathscr{D}'(\Omega)$（或 $\mathscr{E}'(\Omega)\to\mathscr{E}'(\Omega)$）的连续线性映射；对于以 $a(x,y,\xi)\in S_{\rho,\delta}^m$ 为振幅函数的 PsDO，只要用一个支集在 $x=y$ 附近的函数 $\rho(x,y)$ 去乘（这时相应的分布核也被乘以 $\rho(x,y)$）就可以得到一个适当的拟微分算子而与原算子只相差一个 $L_{\rho,\delta}^{-\infty}$ 算子．

现在我们要刻划 PsDO，即给出一个标志 PsDO 的特征性质．为此，首先要讨论 PsDO 作用到指数类型的函数上所得的结果．下面的定理 5.2.1 从它使用的相当复杂的技巧和它的推论（特别是有关象征的结论）来看，都是一个很基本的定理．

定理 5.2.1 设 $A\in L_{\rho,\delta}^m(0<\rho,\ \delta<1,\ \delta<\rho)$，$f(x,\theta)\in S_{\rho,\delta}^q(\Omega,\mathbf{R}^n)$ 对 x 具有紧支集，$\psi(x,\theta)\in C^\infty(\Omega\times(\mathbf{R}^n\backslash 0))$ 取实值且对 θ 为一次正齐性，而且

$$\text{当 }(x,\theta)\in\operatorname{con\,supp}f(x,\theta),\ \theta\neq 0\text{ 时 }d_x\psi(x,\theta)\neq 0. \tag{5.2.1}$$

令

$$b(x,\theta)=e^{-i\psi(x,\theta)}A(f(x,\theta)e^{i\psi(x,\theta)}), \tag{5.2.2}$$

则有以下的结论

i) $b(x,\theta)\in S_{\rho,\delta}^{m+q}(\Omega\times(\mathbf{R}^n\backslash 0))$.

ii) $b(x,\theta)$ 有以下的渐近展开式

$$b(x,\theta)\sim\sum_{\alpha,\beta}\frac{1}{\alpha!\beta!}(\partial_\xi^{\alpha+\beta}D_y^\beta a)(x,x,\psi_x(x,\theta))$$
$$\cdot D_y^\alpha(f(y,\theta)e^{iR(x,y,\theta)})|_{y=x},\quad(5.2.3)$$
这里 $a(x,y,\xi)$ 是 A 的振幅函数,而
$$R(x,y,\theta)=\psi(y,\theta)-\psi(x,\theta)-\langle\psi_x(x,\theta),y-x\rangle.$$
iii) $b(x,\theta)=a(x,x,\psi_x(x,\theta))f(x,\theta)\bmod S_{\rho,\delta}^{m+q-(\rho-\delta)}$. 渐近式 (5.2.3) 的一般项属于 $S_{\rho,\delta}^{m+q-k(\rho-\delta)/2}$,因而它作为一个渐近式是有意义的.

证. 任取一点 $(x_0,\theta_0)\in\Omega\times(\mathbf{R}^n\backslash0)$ 并在其某一个锥邻域中证明我们的定理即可,因为可以把这些锥邻域中的结果综合起来而得定理之证.

由 A 之定义,令它作用于 $f(x,\theta)e^{i\psi(x,\theta)}$ 上,有
$$b(x,\theta)$$
$$=e^{-i\psi(x,\theta)}(2\pi)^{-n}\iint e^{i(x-y)\xi+i\psi(y,\theta)}a(x,y,\xi)f(y,\theta)dyd\xi.$$
令 $a(x,y,\xi)f(y,\theta)$ 作为 y 的函数之支集为 K,则由假设 $K\Subset\Omega$. 今取 $\tau=|\theta|$, $\omega=\theta/|\theta|$, $\xi=\tau\eta$, 则有
$$b(x,\theta)$$
$$=\tau^ne^{-i\tau\psi(x,\omega)}(2\pi)^{-n}\iint e^{i\tau\Phi(x,\omega,y,\eta)}a(x,y,\tau\eta)f(y,\tau\omega)dyd\eta,$$
$$\Phi(x,\omega,y,\eta)=(x-y)\eta+\psi(y,\omega).$$
我们想用稳定位相法来展开上式,为此我们先把上式按 η 截断,即作 $\mu(\eta)\in C_0^\infty(\mathbf{R}^n)$, 使当 $|\eta|\leqslant\frac{r}{4}$ 时 $\mu(\eta)=1$, 当 $|\eta|\geqslant\frac{r}{2}$ 时
$$\mu(\eta)=0.$$
这里 $r=\inf\limits_{\substack{(x,\theta)\in\text{conesupp}a\\x\in K}}|d_x\psi(x,\theta)|>0$ (注意 (5.2.1)). 于是将 $b(x,\theta)$ 分为两部分:
$$I(x,\omega,\tau)=\tau^ne^{-i\tau\psi(x,\omega)}(2\pi)^{-n}\iint e^{i\tau\Phi}a\mu f dyd\eta.\quad(5.2.4)$$
在这一部分中

$$|d_y\Phi| = |-\eta + d_y\phi(y, \omega)| \geqslant \frac{r}{2} > 0.$$

因此很容易证明对一切非负整数N有$b = O(\tau^{-N})$. 事实上,作一阶微分算子

$$L \equiv |d_y\phi(y, \omega) - \eta|^{-2}\langle d_y\phi - \eta, D_y\rangle,$$

易见$\frac{1}{\tau}L(e^{i\Phi}) = e^{i\Phi}$, 反复应用分部积分法有

$$I(x, \omega, \tau) = \tau^{-N}e^{-i\tau\psi}(2\pi)^{-n}\iint e^{i\tau\Phi}L^{n+N}(a\mu f)dyd\eta.$$

因此$I(x, \omega, \tau) = O(\tau^{-N}) = O(|\theta|^{-N})$, 而有$I(x, \omega, \tau) \in S^{-\infty}_{\rho,\delta}$(关于导数的估计可以类似地进行). 记余下的部分为 $J(x, \omega, \tau) = b(x, \theta) - I(x, \omega, \tau)$, 我们用稳定位相法来对它进行估计. 为此先求相函数的临界点,并且看一看它是否非退化的. 对相函数 Φ:

$$d_y\Phi = d_y\phi(y, \omega) - \eta, \quad d_\eta\Phi = x - y$$

因此其临界点是$(x, \omega; x, d_y\phi(x, \omega))$. 在此点

$$\text{Hess}\,\Phi = \Phi'' = \begin{pmatrix}\phi''_{yy} & -I \\ -I & 0\end{pmatrix},$$

因此$|\det\Phi''| = 1$, 而$\text{sgn}\Phi'' = 0$. 记$y_0 = x_0$, $\eta_0 = d_y\phi(x_0, \omega_0)$, 则对非退化临界点$(x_0, \omega_0; y_0, \eta_0)$应用 Morse 引理(引理 4.4.4)知道有$x_0$, ω_0的邻域U与V以及集$W_0 = \{(x, d_y\phi(x, \omega)); (x, \omega) \in U \times V\}$的邻域$W$, 可在其中应用 Morse 的微分同胚. 于是令$\rho(y, \eta) \in C_0^\infty(W)$且在$W_0$上$\rho \equiv 1$, 考虑积分

$$J_1(x, \omega, \tau) = e^{-i\tau\psi}\left(\frac{\tau}{2\pi}\right)^n\iint e^{i\Phi}\rho af(1 - \mu)dyd\eta,$$

其振幅函数为$(x, \omega; y, \eta, \tau)$的函数

$$\rho(y, \eta)a(x, y, \tau\eta)f(y, \tau\omega)(1 - \mu(\eta)) \in S^{m+q}_{\rho,\delta}(\Omega \times S_{n-1} \times \Omega \times \mathbf{R}^n \times \mathbf{R}_+).$$

对它应用稳定位相公式(定理 4.4.5, 在那里振幅函数规定在S^m类中,但结果对$a \in S^m_{\rho,\delta}$显然适用)有

$$J_1 \in S^{m+q}_{\rho,\delta}(U \times V \times \mathbf{R}_+)$$

且有渐近展开式（见（4.4.28））

$$J_1(x,\omega,\tau)\sim\sum_{k\geq0}\frac{\tau^{-k}}{k!}S_k(x,\omega,y,\eta,D_y,D_\eta)$$

$$[a(x,y,\tau\eta)f(y,\tau\omega)]_{y=x,\eta=\phi_y(x,\omega)}. \tag{5.2.5}$$

这里我们将 ρ 与 $1-\mu(\eta)$ 的导数均吸收到表达式 S_k（它们是阶数 $\leqslant 2k$ 的微分算子）中去了，S_k 还与 ϕ 有关。

现在我们来进一步弄清式（5.2.5）中的各项．将 ω 再改写为 $\theta/|\theta|$，同时注意到 S_k 即定理 4.4.5 中的 R_k，这样，（5.2.5）中的一般项是

$$\sum_{|\alpha|+|\beta|=2k}c_{\alpha,\beta}(x,\theta)\partial_\xi^\alpha\partial_y^\beta[a(x,y,\xi)f(y,\theta)]_{y=x,\xi=\phi_y(x,\theta)}, \tag{5.2.6}$$

但因 $a\in S^m_{\rho,\delta}$，$f\in S^q_{\rho,\delta}$，从而 $af\in S^{m+q}_{\rho,\delta}$ 而 $\partial_\xi^\alpha\partial_y^\beta(af)\in S^{m+q-\rho|\alpha|+\delta|\beta|}_{\rho,\delta}$．但是 $c_{\alpha,\beta}$ 又是 θ 的 $-k$ 次正齐性函数，从而 $c_{\alpha,\beta}\in S^{-k}\subset S^{-k}_{\rho,\delta}$ 因此上式的一般项属于 $S^{m+q-k-\rho|\alpha|+\delta|\beta|}_{\rho,\delta}$ 但是

$$\begin{aligned}-k-\rho|\alpha|+\delta|\beta|&=-(|\alpha|+|\beta|)(\rho-\delta)-k-|\alpha|\delta+|\beta|\rho\\&\leqslant-\frac{k}{2}(\rho-\delta),\end{aligned}$$

故若记（5.2.5）的一般项为 $b_k(x,\theta)$，则有

$$J_1(x,\omega,\tau)\sim\sum_{k>0}b_k(x,\theta),\quad b_k\in S^{m+q-k(\rho-\delta)/2}_{\rho,\delta}. \tag{5.2.7}$$

现在再进一步讨论 $b_k(x,\theta)$ 的表达式，这里关键在于弄清式（5.2.6）中的 $c_{\alpha,\beta}(x,\theta)$．为此，我们应该注意 $c_{\alpha,\beta}$ 即由定理 4.4.5 中的 $\langle Q^{-1}\partial_y,\partial_y\rangle$ 而来，因此，它只依赖于 ϕ 而与 a，f 的选取无关．故为了具体算出 $c_{\alpha,\beta}$，只需对特定的 a，f 去计算即可．现在令 $a(x,y,\xi)=Q(x,\xi)g(y)$，Q 是 ξ 的多项式，而 g 是 y 的 C_0^∞ 函数．这时

$$\begin{aligned}b(x,\theta)&=e^{-i\phi(x,\theta)}Q(x,D)(gfe^{i\phi})\\&=e^{-i\phi(x,\theta)}\sum_\beta\frac{1}{\beta!}D_y^\beta g(y)\cdot(\partial_\xi^\beta Q(y,D_y)(fe^{i\phi(y,\theta)})|_{y=x}.\end{aligned}$$

作 Taylor 展开式 $\phi(y,\theta)=\phi(x,\theta)+\langle\phi_y(x,\theta),y-x\rangle+R$

有

$$e^{-i\phi(x,\theta)}\partial_\xi^\beta Q(y, D_y)(fe^{i\phi(y,\theta)})|_{y=x}$$

$$= \sum_\alpha \frac{1}{\alpha!}\partial_\xi^{\alpha+\beta}Q(x, d_x\phi(x, \theta))D_y^\alpha(fe^{iR})|_{y=x},$$

因此

$$b(x, \theta) \sim \sum_{\alpha,\beta}\frac{1}{\alpha!\beta!}[(D_y^\beta\partial_\xi^{\alpha+\beta}a(x, y, \phi_y(y, \theta))D_y^\alpha(fe^{iR})]_{y=x},$$

它正是 (5.2.3) 的右方.

于此,余下的只是要证明 $J - J_1 \in S_{\rho,\delta}^{-\infty}$. 这里

$$J - J_1 = e^{i\tau\psi}\left(\frac{\tau}{2\pi}\right)^n\iint e^{i\Phi}(1 - \rho)af(1 - \mu)dyd\eta. \qquad (5.2.8)$$

作一阶微分算子

$$L = ([d_y\phi(y, \omega) - \eta]^2 + |x - y|^2)^{-1}$$
$$\cdot [\langle d_y\phi(y, \omega) - \eta, D_y\rangle + \langle x - y, D_y\rangle],$$

由于在 W_0 上 $\rho \equiv 1$,从而在 $\mathrm{supp}(1 - \rho)$ 上 $[d_y\phi(y, \omega) - \eta]^2 + (x - y)^2 \neq 0$, 而且经简单的计算可见

$$\frac{1}{\tau}(1 - \mu)(1 - \rho)L(e^{i\tau\Phi}) = (1 - \mu)(1 - \rho)e^{i\tau\Phi}$$

代入 (5.2.8) 并且反复应用分部积分法,可将积分号下化为

$$\frac{1}{\tau^K}e^{i\tau\Phi}({}^tL)^k\cdot(1 - \mu)(1 - \rho)af,$$

它是以下形式的项的和

$$\frac{1}{\tau^k}c(x, \omega, y, \eta)D_y^\alpha D_\eta^\beta a(x, y, \tau\eta)|\tau|^\beta D_y^\gamma f(y, \tau\omega),$$

其中 $|\alpha| + |\beta| + |\gamma| \leqslant k$, k 是任意非负整数. 由于

$$[1 - \rho(y, \eta)][1 - \mu(\eta)]([d_y\phi(y, \omega) - \eta]^{-2} + |x - y|^2)^{-1}$$

对 η 属于 S^{-2}, 易见上式中的 c 对于 η 属于 S^{-k}, 从而对上式可以用

$$C\tau^{-k}(1 + |\eta|)^{-k}(1 + \tau|\eta|)^{m+\delta|\alpha|-\rho|\beta|}\tau^{|\beta|}\tau^{q+|\gamma|\delta}$$

来估计. 又因在 $\mathrm{supp}(1 - \mu)$ 上 $|\eta| \geqslant \frac{r}{4}$,所以上式还可用

$$
\begin{aligned}
&C\tau^{m+q+\delta(|\alpha|+|\gamma|)-k+|\beta|-|\beta|(\rho-\delta)}\\
\leqslant\ & C\tau^{m+q-k+(|\alpha|+|\beta|+|\gamma|)s} \quad (s=\max(\delta,\ 1-\rho)<1)\\
\leqslant\ & C\tau^{m+q-k(1-s)}
\end{aligned}
$$

来估计．因此，由于 k 可以任意取，得知 $J-J_1=O(|\theta|^{-N})$，$\forall N$．对 $J-J_1$ 的导数可以作类似的估计．定理证毕．

应用这个定理即可得出刻划 PsDO 的性质：

定理 5.2.2 设 A：$C_0^\infty(\Omega)\to C^\infty(\Omega)$ 是一个线性连续算子，则 $A\in L_{\rho,\delta}^m$ 的充分必要条件是：对于一切 $f\in C_0^\infty(\Omega)$ 有

$$
e^{-ix\xi}P(fe^{ix\xi})\in S_{\rho,\delta}^m(\Omega\times\mathbf{R}^n). \tag{5.2.9}
$$

证．必要性由定理 5.2.1 可以直接得出，因为 $f\in C_0^\infty(\Omega)\subset S_{\rho,\delta}^0(\Omega\times\mathbf{R}^n)$，因此只需证明充分性即可．令 $\{\rho_i\}$ 是 Ω 上的一个一的 C^∞ 分割，$\beta_i\in C_0^\infty(\Omega)$ 适合 $\beta_i\equiv 1$ 于 $\operatorname{supp}\rho_i$ 上且 $\{\operatorname{supp}\beta_i\}$ 仍为局部有限的．对 $u\in C_0^\infty(\Omega)$，由 Fourier 逆变换公式，

$$
\begin{aligned}
(\rho_i u)(x) &= (2\pi)^{-n}\int e^{ix\xi}\widehat{(\rho_i u)}(\xi)d\xi\\
&= (2\pi)^{-n}\int \beta_i(x)e^{ix\xi}\widehat{(\rho_i u)}(\xi)d\xi,
\end{aligned}
$$

这是一个 $C_0^\infty(\Omega)$ 函数，而由 A 的连续性知可以在积分号下施以 A 而有

$$
\begin{aligned}
A(\rho_i u)(x) &= (2\pi)^{-n}\int e^{ix\xi}p_i(x,\ \xi)\widehat{(\rho_i u)}(\xi)d\xi\\
&= (2\pi)^{-n}\iint e^{i(x-y)\xi}p_i(x,\ \xi)\rho_i(y)u(y)dyd\xi.
\end{aligned}
$$

这里由假设 $p_i(x,\ \xi)=e^{-ix\xi}A(\beta_i e^{ix\xi})\in S_{\rho,\delta}^m$．对 i 求和即有

$$
(Au)(x)=(2\pi)^{-n}\iint e^{i(x-y)}p(x,\ y,\ \xi)u(y)dyd\xi,
$$

$$
p(x,\ y,\ \xi)=\sum_i p_i(x,\ \xi)\rho_i(y)\in S_{\rho,\delta}^m(\Omega\times\Omega\times\mathbf{R}^n),
$$

$p(x,\ y,\ \xi)$ 是有意义的，因为上述的 $\sum\limits_i$ 因 $\{\operatorname{supp}\rho_i\}$ 之局部有限性而总是有意义的．所以 $A\in L_{\rho,\delta}^m$．证毕．

在上面的两个定理中，若设 A 是适当的，则在定理 5.2.1 中，不

必设 f 对 x 有紧支集：在定理 5.2.2 中亦可设 $f=1$. 这是因为，例如在定理 5.2.1 中，设 $x\in K\Subset\Omega$, 则积分 $b(x,\theta)$ 实际上对 y 是在紧集 $K_1=\pi_y(\pi^{-1}K\cap\operatorname{supp}A(x,y))$ 上进行的，$A(x,y)$ 是相应于 A 的分布核，因此令 $\chi(y)\in C_0^\infty(\Omega)$ 且在 K_1 上 $\chi\equiv 1$, 则用 χf 代替 f, $b(x,\theta)$ 不会改变，而 $\chi f\in C_0^\infty(\Omega)$.

2. PsDO 的象征. 在上一节中我们说 PsDO 若有一个振幅函数与 y 无关，则此振幅函数称为象征. 因此问题在于是否一切 PsDO 均有象征存在，以及象征在何种程度上决定一个 PsDO.

先设 PsDO A 是适当的，则由 A 可定义一个算子（仍记为A）:

$$A:C^\infty(\mathbf{R}^n)\to C^\infty(\Omega)\xrightarrow{A}C^\infty(\Omega).$$

第一个箭头是限制映射. 若将这个算子作用到

$$u(x)=(2\pi)^{-n}\int e^{ix\xi}\hat{u}(\xi)d\xi,\quad u\in\mathscr{S}$$

上去，并视式左为 $C^\infty(\mathbf{R}^n)$ 函数，则有

$$(Au)(x)=(2\pi)^{-n}\int e^{ix\xi}p(x,\xi)\hat{u}(\xi)d\xi,\qquad(5.2.10)$$

这里 $p(x,\xi)=e^{-ix\xi}A(e^{ix\xi})$ 即定理 5.2.1 中决定的 $S^m_{\rho,\delta}$ 函数. 于是有

定理 5.2.3 若 $A\in L^m_{\rho,\delta}$ 是适当的，则必存在

$$p(x,\xi)=e^{-ix\xi}A(e^{ix\xi})\in S^m_{\rho,\delta}\qquad(5.2.11)$$

使 (5.2.10) 成立. 而且，若 A 的振幅函数是 $a(x,y,\xi)$, 则有

$$p(x,\xi)\sim\sum_\alpha\frac{1}{\alpha!}\partial_\xi^\alpha D_y^\alpha a(x,y,\xi)|_{y=x}.\qquad(5.2.12)$$

上述的 $p(x,\xi)$ 是唯一的.

证. 由 $\mathscr{S}$ 在 $C^\infty(\mathbf{R}^n)$ 中的稠密性，用上面的说明即知 (5.2.11) 存在而且是唯一的. 渐近式 (5.2.12) 可由定理 5.2.1 直接得出.

$p(x,\xi)$ 称为 A 的全象征. 于是对于适当的 PsDO $A\in L^m_{\rho,\delta}$, 全象征在 $\operatorname{mod}(S^{-\infty}_{\rho,\delta})$ 意义下是唯一存在的. 对于一般的 PsDO $A\in L^m_{\rho,\delta}$, 由上节知.必可找到一个适当的 $A_1\in L^m_{\rho,\delta}$ 使 $A=A_1+A_2$, 而 $A_2\in L^{-\infty}_{\rho,\delta}$. 若有 A 的另一个分解 $A=A_1'+A_2'$, 则相应于 A_1 和

A'_1 的全象征之差 $p(x,\xi)-p'(x,\xi)\in S^{-\infty}_{\rho,\delta}$. 前面已经说过，考虑一个 PsDO $A\in L^m_{\rho,\delta}$ 时，我们时常是考虑它在 $L^m_{\rho,\delta}/L^{-\infty}_{\rho,\delta}$ 中的一个等价类. 我们也时常就用 A 表示这个等价类. 在这个等价类中可以找到许多适当的 PsDO 作为其代表元，它们的全象征除相差一个 $S^{-\infty}_{\rho,\delta}$ 函数外是相同的，也就是说属于 $S^m_{\rho,\delta}/S^{-\infty}_{\rho,\delta}$ 的同一个等价类之中. $L^m_{\rho,\delta}/L^{-\infty}_{\rho,\delta}$ 和 $S^m_{\rho,\delta}/S^{-\infty}_{\rho,\delta}$ 都是线性空间，于是上面我们所讨论的可以归结为：$L^m_{\rho,\delta}/L^{-\infty}_{\rho,\delta}$ 与 $S^m_{\rho,\delta}/S^{-\infty}_{\rho,\delta}$ 是同构的. 因而我们有

定义 5.2.4 线性同构 σ: $L^m_{\rho,\delta}/L^{-\infty}_{\rho,\delta}\to S^m_{\rho,\delta}/S^{-\infty}_{\rho,\delta}$ 称为 PsDO $A\in L^m_{\rho,\delta}$ 的全象征. 以后我们记 (5.2.11) 为 $\sigma(A)$，也记 $A=p(x,D)$. 这些记法当然应该分别在 $\mathrm{mod}(S^{-\infty}_{\rho,\delta})$与$\mathrm{mod}(L^{-\infty}_{\rho,\delta})$意义下理解.

以上的讨论当然是对 $0<\rho$, $\delta<1$ 而且 $\delta<\rho$ 的 $L^m_{\rho,\delta}$ 类中的 PsDO 而言的.

再看渐近展开式 (5.2.12)，它的主项是 $a(x,x,\xi)\in S^m_{\rho,\delta}(\Omega\times\mathbf{R}^n)$，而其余各项则属于 $S^{m-|\alpha|(\rho-\delta)}_{\rho,\delta}(\Omega\times\mathbf{R}^n)$. 一般说来，若有对 $p(x,\xi)\in S^m_{\rho,\delta}$ 的渐近展开式

$$p(x,\xi)\sim\sum_{k\geq 0}p_k(x,\xi)=p_0(x,\xi)+q(x,\xi). \quad (5.2.13)$$

这里 $p_k(x,\xi)\in S^{m_k}_{\rho,\delta}$，而 $\{m_k\}\downarrow-\infty$，$m_0=m$，则 $q(x,\xi)\in S^{m_1}_{\rho,\delta}\subset S^m_{\rho,\delta}$ 从而 $\sigma(q)(x,\xi)\in S^{m_1}_{\rho,\delta}/S^{-\infty}_{\rho,\delta}$ 应该对应于 $q(x,D)\in L^{m_1}_{\rho,\delta}/L^{-\infty}_{\rho,\delta}$. 将它与 $\sigma(p)$: $S^m_{\rho,\delta}/S^{-\infty}_{\rho,\delta}\to L^m_{\rho,\delta}/L^{-\infty}_{\rho,\delta}$ 比较并且求商，即知有一个很简单的同构

$$\sigma_m: L^m_{\rho,\delta}/L^{m_1}_{\rho,\delta}\to S^m_{\rho,\delta}/S^{m_1}_{\rho,\delta}.$$

$p_0(x,\xi)$ (以后为了表明其阶数记 p_k 为 p_{m_k}) 在右方的等价类就称为相应 PsDO 类的主象征. 更准确些说，称同构 σ 为主象征. 但是通常我们简单地就说 $p_m(x,\xi)$ 是 PsDO A (5.2.10) 的主象征.

有一个特别重要的情况是：展开式 (5.2.13) 中的 $p_k(x,\xi)$ 对 ξ 是 m_k 阶正齐性函数. 这时称 PsDO $p(x,D)$ 为经典的拟微分算子，它有一个典则的主象征 $p_m(x,\xi)$ 是 ξ 的 m 阶正齐性函数，经典的 PsDO 类以后将记作例如 $CL^m_{\rho,\delta}$. 例如，对于线性偏微分算子(当然是经典的 PsDO)

$$P(x, D)=\sum_{|\alpha|\leqslant m} a_\alpha(x) D^\alpha,$$

其全象征和主象征分别就是我们熟知的

$$P(x, \xi)=\sum_{|\alpha|\leqslant m} a_\alpha(x) \xi^\alpha,$$

$$P_m(x, \xi)=\sum_{|\alpha|=m} a_\alpha(x) \xi^\alpha,$$

后者我们时常称为主部（或称相应的 PDO $P_m(x, D)=\sum\limits_{|\alpha|=m} a_\alpha(x) D^\alpha$ 为主部）.

3. PsDO 的代数. 现在我们要证明 $\bigcup\limits_m L^m_{\rho,\delta}(0<\rho,\ \delta<1,\ \delta<\rho)$ 构成一个代数.

首先显而易见的是它构成线性空间. 不但如此，它还是环 $C^\infty(\Omega)$ 上的模（module）：事实上，若 $\alpha(x)\in C^\infty(\Omega)$，则对 $A\in L^m_{\rho,\delta}$ 有

$$(\alpha A)u(x)=(2\pi)^{-n}\iint e^{i(x-y)\xi}\alpha(x)p(x,\xi)u(y)dyd\xi.$$

因此 $\alpha A\in L^m_{\rho,\delta}$. 这与 $S^m_{\rho,\delta}/S^{-\infty}_{\rho,\delta}$ 是环 $C^\infty(\Omega)$ 上的模是相应的.

作为一个代数，应该有"乘法". 拟微分算子类 $\bigcup\limits_m L^m_{\rho,\delta}$ 中的乘法就是算子的复合. 但是一般的 PsDO 是一个映射 $C_0^\infty(\Omega)\to C^\infty(\Omega)$，因此，一般地不能复合. 但是当我们在 $L^m_{\rho,\delta}/L^{-\infty}_{\rho,\delta}$ 的等价类中取适当的 PsDO 为代表元时，则因适当的 PsDO 是 $C_0^\infty(\Omega)\to C_0^\infty(\Omega)$（或 $\mathscr{E}'(\Omega)\to\mathscr{E}'(\Omega)$）的连续线性映射，所以可以复合. 而有

定理 5.2.5 设适当的 PsDO $A\in L^{m_1}_{\rho,\delta}$, $B\in L^{m_2}_{\rho,\delta}$, 则 $B\circ A$ 也是适当的 PsDO，且 $B\circ A\in L^{m_1+m_2}_{\rho,\delta}$，而且有以下的渐近展开式：

$$\sigma(B\circ A)(x,\xi)\sim\sum_\alpha\frac{1}{\alpha!}\partial_\xi^\alpha\sigma(B)(x,\xi)\cdot D_x^\alpha\sigma(A)(x,\xi). \tag{5.2.14}$$

证. $B\circ A$ 显然是有意义的，而且它可以写成

$$(B\circ Au)(x)=(2\pi)^{-n}\int B(e^{ix\xi}\sigma(A)(x,\xi))\hat{u}(\xi)d\xi$$
$$=(2\pi)^{-n}\int e^{ix\xi}[e^{-ix\xi}B(e^{ix\xi}\sigma(A)]\hat{u}(\xi)d\xi.$$

对 $B(e^{ix\xi}\sigma(A))$ 应用定理 5.2.1，取 $\sigma(A)(x,\xi)$ 为其中的 $f(x,\theta)$，$x\cdot\xi$ 为其中的 $\phi(x,\theta)$，它们除 $f(x,\theta)$ 对 x 应有紧支集一点外，适合其一切条件，但因 B 是适当的，正如定理 5.2.2 后的说明所指出的，这时不必要求 $f(x,\theta)$ 对 x 有紧支集. 因此，

$$e^{-ix\xi}B(e^{ix\xi}\sigma(A))\in S^{m_1+m_2}_{\rho,\delta},$$

而且有以下的渐近展开式——注意到现在 $R(x,y,\theta)=0$，而且式 (5.2.3) 中的 $a(x,y,\xi)$ 现在是 $\sigma(B)(x,\xi)$ 与 y 无关，故一切 $\beta\neq 0$ 的项自然消失，故有

$$\sigma(B\circ A)(x,\xi)=e^{-ix\xi}B(e^{ix\xi}\sigma(A)(x,\xi))$$
$$\sim\sum_\alpha\frac{1}{\alpha!}\partial_\xi^\alpha\sigma(B)(x,\xi)\cdot D_x^\alpha\sigma(A)(x,\xi).$$

现在余下的是要证明 $B\circ A$ 是适当的. 在定理 5.1.6 中证明了：若一个算子 A：$C_0^\infty(\Omega)\to\mathscr{D}'(\Omega)$ 是适当的，则对任一紧集 $K\Subset\Omega$，必可找到另一个紧集 $K'\Subset\Omega$，使当 $\operatorname{supp}u\subset K$ 时，$\operatorname{supp}Au\subset K'$. 实际上它的逆也成立. 准确些说，我们有

引理 5.2.6 PsDO 算子 A 为适当的充分必要条件是：对于 A 及其转置 ${}^tA$，以下性质成立：$\forall K\Subset\Omega$，$\exists K'\Subset\Omega$ 使 $\operatorname{supp}u\subset K\Rightarrow\operatorname{supp}Au\subset K'$($\operatorname{supp}{}^tAu\subset K'$).

因为这里涉及转置算子，所以将在下面证明. 暂时承认它以后，定理 5.2.5 证毕.

PsDO 代数是具有两个对合运算的代数. 所谓代数 $\mathscr{A}$ 的对合，就是一个自同态 ι: $\mathscr{A}\to\mathscr{A}$ 使得 $\iota^2=id$. 现在我们要讲的对合就是转置运算与伴运算. PsDO A 的转置算子 ${}^tA$ 与伴算子 A^* 的定义分别是：对 $u,v\in C_0^\infty(\Omega)$ 有

$$\langle Au,v\rangle=\langle u,{}^tAu\rangle;\tag{5.2.15}$$
$$(Au,v)=(u,A^*u).\tag{5.2.16}$$

它们的差别在于其一基于 Euclid 配对，另一个基于 Hermite 配

对．很明显

$$ {}^{t}({}^{t}A)=A,\quad (A^{*})^{*}=A. $$

定理 5.2.7 设 A 为适当的 PsDO，$A\in L^{m}_{\rho,\delta}$，则可以定义 ${}^{t}A$ 与 A^{*} 也是 $L^{m}_{\rho,\delta}$ 中的适当的 PsDO，而且它们的象征各为

$$ \sigma({}^{t}A)(x,\xi)\sim\sum_{\alpha}\frac{1}{\alpha!}\partial_{\xi}^{\alpha}D_{x}^{\alpha}\sigma(A)(x,-\xi), \tag{5.2.17} $$

$$ \sigma(A^{*})(x,\xi)\sim\sum_{\alpha}\frac{1}{\alpha!}\partial_{\xi}^{\alpha}D_{x}^{\alpha}\overline{\sigma(A)(x,\xi)}. \tag{5.2.18} $$

证 由定义 (5.2.15) 与 (5.2.16) 有

$$ \begin{aligned} \langle Au,v\rangle&=\langle u,{}^{t}Av\rangle\\ &=(2\pi)^{-n}\iiint e^{i(x-y)\xi}\sigma(A)(x,\xi)u(y)v(x)dxdyd\xi, \end{aligned} $$

$$ \begin{aligned} (Au,v)&=(u,A^{*}v)\\ &=(2\pi)^{-n}\iiint e^{i(x-y)\xi}\sigma(A)(x,\xi)u(y)\overline{v(x)}dxdyd\xi, \end{aligned} $$

这里的积分都应理解为振荡积分．应用 Fubini 定理(见第四章，§1.2.末)，知它们可以分别写为

$$ \begin{aligned} &\langle u,{}^{t}Av\rangle\\ &=\int u(y)dy\cdot(2\pi)^{-n}\iint e^{i(x-y)\xi}\sigma(A)(x,\xi)v(x)dxd\xi, \end{aligned} $$

$$ \begin{aligned} &(u,A^{*}v)\\ &=\int u(y)dy\cdot(2\pi)^{-n}\iint e^{i(x-y)\xi}\sigma(A)(x,\xi)\bar{v}(x)dxd\xi. \end{aligned} $$

所以，在交换 x 与 y 以后有

$$ \begin{aligned} ({}^{t}Av)(x)&=(2\pi)^{-n}\iint e^{-i(x-y)\xi}\sigma(A)(y,\xi)v(y)dyd\xi\\ &=(2\pi)^{-n}\iint e^{i(x-y)\xi}\sigma(A)(y,-\xi)v(y)dyd\xi. \end{aligned} $$

在后式中我们将 ξ 改成了 $-\xi$．同理

$$ \begin{aligned} &(A^{*}v)(x)\\ &=(2\pi)^{-n}\iint e^{i(x-y)\xi}\overline{\sigma(A)(y,\xi)}v(y)dyd\xi. \end{aligned} $$

这里的积分仍应理解为振荡积分．

所以 ${}^tA$ 与 A^* 仍为 $L^m_{\rho,\delta}$ PsDO，而其振荡函数(不是象征)各为 $\sigma(A)(y,-\xi)$ 与 $\overline{\sigma(A)(y,\xi)}$. 应用定理 5.2.3 的式 (5.2.12) 即有

$$\sigma({}^tA)(x,\xi)\sim\sum_\alpha\frac{1}{\alpha!}\partial_\xi^\alpha D_x^\alpha\sigma(A)(x,-\xi);$$

$$\sigma(A^*)(x,\xi)\sim\sum_\alpha\frac{1}{\alpha!}\partial_\xi^\alpha D_x^\alpha\overline{\sigma(A)(x,\xi)}.$$

余下的仅是要证明 ${}^tA$ 与 A^* 仍是适当的. 这是很容易的，因为若记 A，${}^tA$ 与 A^* 的分布核各为 $A(x,y)$，${}^tA(x,y)$，$A^*(x,y)$，则由 (5.2.15) 与(5.2.16) 有

$$\langle A(x,y),u(y)\otimes v(x)\rangle=\langle {}^tA(x,y),v(y)\otimes u(x)\rangle;$$

$$\langle A(x,y),u(y)\otimes\overline{v(x)}\rangle=\langle\overline{A^*(x,y)},\overline{v(y)}\otimes u(x)\rangle.$$

因此

$${}^tA(x,y)=A(y,x),\quad A^*(x,y)=\overline{A(y,x)},$$

而相应的投影算子(记号自明)分别适合

$$\pi_{{}^tA,1}=\pi_{A,2},\quad \pi_{{}^tA,2}=\pi_{A,1};$$

$$\pi_{A^*,1}=\pi_{A,2},\quad \pi_{A^*,2}=\pi_{A,1}.$$

因此当 A 为适当的 PsDO 时，${}^tA$ 与 A^* 也都是适当的 PsDO. 定理证毕.

注. 定理 5.2.7 对一般的，即不一定适当的 PsDO 也是成立的(当然 ${}^tA$ 与 A^* 不再是适当的). 这是因为任一个 PsDO $A\in L^m_{\rho,\delta}$ 均可写为 $A=A_1+R$，A_1 是适当的，而 R 是正则化算子(即有 C^∞ 核的积分算子). 但正则化算子的转置算子与伴算子仍然是正则化算子，而对 A_1 则可用定理 5.2.7，正则化算子相应的象征归入 (5.2.17)，(5.2.18) 的"$\sim$"之 mod $(S^{-\infty}_{\rho,\delta})$ 中即得定理的证明.

最后给出引理 5.2.6 的证明. 其必要性是明显的，为了证明其充分性，我们先证 π_2: supp $A(x,y)\to\Omega$, $(x,y)\longmapsto y$ 是适当的. 取 $K\Subset\Omega$ 为一紧集，按引理 5.2.6 作出 $K'\Subset\Omega$ 并证明

$$\pi_2^{-1}(K)\cap\operatorname{supp}A(x,y)\subset K'\times K.$$

事实上，若 $(x_0,y_0)\in(\Omega\backslash K')\times K$，作 $\varphi(x,y)=\varphi_1(x)\varphi_2(y)\in$

$C_0^\infty(\Omega\times\Omega)$ 而其支集在 (x_0, y_0) 的充分小邻域中，则由引理 5.2.6 的条件 $\langle A(x, y), \varphi_1(x)\varphi_2(y)\rangle=0$. 由 $C_0^\infty(\Omega)\otimes C_0^\infty(\Omega)$ 在 $C_0^\infty(\Omega\times\Omega)$ 中的稠密性，即知对一般的 $\varphi(x, y)\in C_0^\infty(\Omega\times\Omega)$，当其支集在 (x_0, y_0) 的充分小邻域中时，$\langle A(x, y), \varphi(x, y)\rangle=0$. 从而 $\pi_2^{-1}(K)\cap \mathrm{supp}A(x, y)\subset K'\times K$. 由 ${}^tA$ 的适当性又可得 π_1 之适当性. 引理证毕.

以上我们讨论了 $B\circ A$, ${}^tA$, A^* 的象征. 但主象征的讨论是十分重要的. 由 (5.2.14), (5.2.17), (5.2.18) 立即有

$$\sigma_{m_1+m_2}(B\circ A)=\sigma_{m_2}(B)(x, \xi)\sigma_{m_1}(A)(x, \xi), \quad (5.2.19)$$

$$\sigma_m({}^tA)(x, \xi)=\sigma_m(A)(x, -\xi), \quad (5.2.20)$$

$$\sigma_m(A^*)(x, \xi)=\overline{\sigma_m(A)(x, \xi)}. \quad (5.2.21)$$

特别有意义的是 (5.2.19). 从主象征来看,

$$\sigma_{m_1+m_2}(B\circ A)=\sigma_{m_1+m_2}(A\circ B),$$

但从全象征来看，$\sigma(B\circ A)\neq\sigma(A\circ B)$. 事实上，由 (5.2.14), $\sigma(B\circ A)$ 与 $\sigma(A\circ B)$ 的渐近展开式，只有 $|\alpha|=0$ 的项相同，而 $|\alpha|=1$ 时就有

$$\sigma(B\circ A):\ \frac{1}{i}\sum_{k=1}^{n}\frac{\partial}{\partial\xi_k}\sigma_{m_2}(B)\cdot\frac{\partial}{\sigma x_k}\sigma_{m_1}(A),$$

$$\sigma(A\circ B):\ \frac{1}{i}\sum_{k=1}^{n}\frac{\partial}{\partial x_k}\sigma_{m_2}(B)\cdot\frac{\partial}{\partial\xi_k}\sigma_{m_1}(A),$$

二者并不相同. 从而

$$\sigma(A\circ B-B\circ A)\sim\frac{1}{i}\sum_{k=1}^{n}\left\{\frac{\partial\sigma_{m_1}(A)}{\partial\xi_k}\frac{\partial\sigma_{m_2}(B)}{\partial x_k}-\frac{\partial\sigma_{m_1}(A)}{\partial x_k}\frac{\partial\sigma_{m_2}(B)}{\partial\xi_k}\right\}+\cdots$$

很清楚右方属于 $S_{\rho,\delta}^{m_1+m_2-1}$. 我们定义 (x, ξ) 的函数 f 与 g 的 Poisson **括弧** $\{f, g\}$ 是

$$\sum_{k=1}^{n}\left\{\frac{\partial f}{\partial\xi_k}\frac{\partial g}{\partial x_k}-\frac{\partial f}{\partial x_k}\frac{\partial g}{\partial\xi_k}\right\}. \quad (5.2.22)$$

于是知道：两个适当的 PsDO $A\in L^{m_1}_{\rho,\delta}$，$B\in L^{m_2}_{\rho,\delta}$ 的**交换子**

$$[A, B]=A\circ B-B\circ A \tag{5.2.23}$$

是 $L^{m_1+m_2-1}_{\rho,\delta}$ 类 PsDO，而其主象征是

$$\sigma_{m_1+m_2-1}([A, B])=\frac{1}{i}\{\sigma_{m_1}(A), \sigma_{m_2}(B)\}. \tag{5.2.24}$$

交换子，Poisson 括弧以及式 (5.2.24) 在以后都是很重要的.

4. 微局部的考虑. 现在我们要讨论在 PsDO 代数中进行种种运算时，波前集的变化.

这里我们只讨论 PsDO 的复合. 为此，我们更为一般地提出以下问题：设有开集 Ω_z, Ω_y, Ω_x 分别属于空间 $\mathbf{R}^{n_z}$, $\mathbf{R}^{n_y}$, $\mathbf{R}^{n_x}$ 而线性算子 A: $C_0^\infty(\Omega_z)\to\mathscr{D}'(\Omega_y)$, B: $C_0^\infty(\Omega_y)\to\mathscr{D}'(\Omega_x)$，问在什么条件下可以定义 $B\circ A$: $C_0^\infty(\Omega_z)\to\mathscr{D}'(\Omega_x)$，而且 $WF(B\circ A)$ 与 $WF(B)$, $WF(A)$ 的关系如何？这里和以下对算子及其相应的分布核用相同的记号.

为了解决这个问题，我们要应用上一章 § 5，n°5 的定理 4.5.15 和 4.5.16，令 $u\in C_0^\infty(\Omega_z)$, $v=Au\in\mathscr{D}'(\Omega_y)$，由定理 4.5.16 有

$$WF(v)\subset WF'(A)\circ\mathrm{supp}_0 u, \tag{5.2.25}$$

又显然有

$$\mathrm{supp}\, v\subset\mathrm{supp}\, A\circ\mathrm{supp}\, u. \tag{5.2.26}$$

这是因为若 $x_0\notin\mathrm{supp}\, A\circ\mathrm{supp}\, u$，则必有其一个邻域 U

$$U\cap\mathrm{supp}\, A\circ\mathrm{supp}\, u=\phi,$$

这就是说 $(\mathrm{supp}\, u\times U)\cap\mathrm{supp}\, A=\phi$，因此，若 $\chi\in C_0^\infty(U)$，则 $\mathrm{supp}(u\otimes\chi)=\mathrm{supp}\, u\times\mathrm{supp}\,\chi$ 与 $\mathrm{supp}\, A$ 之交为 ϕ，从而

$$\langle A, u\otimes\chi\rangle=\langle Au,\chi\rangle=\langle v, \chi\rangle=0,$$

从而 $x_0\notin\mathrm{supp}\, v$. 因此，由定理 4.5.15，若

$$WF'(B)\circ(WF'(A)\circ\mathrm{supp}_0 u)\subset\Omega_x\times\mathbf{R}^{n_x}\backslash 0=\dot{T}^*\Omega_x, \tag{5.2.27}$$

$$\mathrm{supp}\, B\cap(\Omega_x\times(\mathrm{supp}\, A\circ\mathrm{supp}\, u))\xrightarrow{\pi_x}\Omega_x \text{ 为适当}, \tag{5.2.28}$$

则 $B_v=B\circ Au$ 总是可以定义的. 所以为使 $B\circ A$ 有意义，即 $B\circ Au$ 对一切 u 有意义，我们需要讨论何时上述两个条件对一切 $u\in$

$C_0^\infty(\Omega_x)$ 成立. 现在对 $u(x,y)\in\mathscr{D}'(\Omega_x\times\Omega_y)$ 的波前集

$$WF(u)\subset \dot{T}^*(\Omega_x\times\Omega_y)$$

引入两个与投影相近的概念

$$WF'_y(u)=\{(y,\eta)\in\dot{T}^*\Omega_y;\ \exists x\in\Omega_x \text{ 使 } (x,0;y,\eta)\in WF'(u)\}, \tag{5.2.29}$$

$$WF_x(u)=\{(x,\xi)\in\dot{T}^*\Omega_x;\ \exists y\in\Omega_y \text{ 使 } (x,\xi;y,0)\in WF(u)\}. \tag{5.2.30}$$

利用这个记号即知, (5.2.27) 与 (5.2.28) 对一切 $u\in C_0^\infty(\Omega_x)$ 成立的充分条件是

$$\begin{cases} WF'(B)\cap WF_y(A)=\phi, \\ (\mathrm{supp}B\times\mathrm{supp}A)\cap(\Omega_x\times\mathrm{diag}(\Omega_y\times\Omega_y)\times\Omega_x) \end{cases} \tag{5.2.31}$$

$$\xrightarrow{\pi}\Omega_x\times\Omega_x \text{ 为适当.}$$

这时 $B\circ A$: $C_0^\infty(\Omega_x)\to\mathscr{D}'(\Omega_x)$ 有定义, 而且由定理 4.5.16 知, 若 $u\to 0$ 于 $C_0^\infty(\Omega_x)$ 中, 必有 $B\circ Au\to 0$ 于 $\mathscr{D}'(\Omega_x)$ 中. 总之, 我们有

定理 5.2.8 在条件 (5.2.31) 下可以定义 $B\circ A$: $C_0^\infty(\Omega_x)\to\mathscr{D}'(\Omega_x)$ 的线性连续算子.

关于 $B\circ A$ 的波前集我们有: 在定理 5.2.8 的条件下, 有

$$WF'(B\circ A)\subset[WF'(B)\circ WF'(A)]\cup[WF_x(B)\times(\Omega_x\times\{0\})] \cup[(\Omega_x\times\{0\})\times WF'_z(A)], \tag{5.2.32}$$

这里

$$WF_x(B)=\{(x,\xi),\ \exists\, y\in\Omega_y \text{ 使 } (x,\xi;y,0)\in WF(B)\},$$

$$WF'_z(A)=\{(z,\xi);\ \exists\, y\in\Omega_y \text{ 使 } (y,0;z,\xi)\in WF'(A)\}.$$

这个结论的证明可以参看 Hörmander [16].

现在把这个结论用于 PsDO. 注意到, 由定理 4.5.10, PsDO A 的波前集应适合

$$WF(A)\subset\{(x,\xi;x,-\xi);\ \xi\neq 0,\ (x,x)\in\mathrm{supp}\,A\},$$

所以 $WF'_z(A)=WF(B)=\phi$, 而

$$WF'(B)\circ WF'(A)=\{(x,\xi;z,\xi);\ \exists(y,\eta) \text{ 使 } (x,\xi;y,\eta)\in WF'(B);\ (y,\eta;z,\xi)\in WF'(A)\}$$

$$= \{(x, \xi; x, \xi), (x, x) \in \text{supp } B \cap \text{supp } A\}$$
$$= WF'(B) \cap WF'(A). \tag{5.2.33}$$

又因对于适当的 PsDO，条件 (5.2.31) 自然满足，故应用定理 4.5.16 的推论 (4.5.39) 有

定理 5.2.9 设 $A, B \in L^m_{\rho,\delta}$ $(0 < \sigma, \rho < 1, \delta < \rho)$，则对 $u \in \mathscr{D}'(\Omega_x)$，恒有

$$WF(Au) \subset WF'(A) \circ WF(u) \subset WF(u) \tag{5.2.34}$$

而且

$$W \subset (\dot{B} \circ A) \subset WF(B) \cap WF(A). \tag{5.2.35}$$

(5.2.34) 显然是 PsDO 的拟局部性在微局部意义下的推广。

§3. 微分流形上的 PsDO

1. PsDO 与变量变换. 在许多应用 PsDO 的问题中都需要考虑微分流形上的 PsDO. 一个微分流形即一个局部 Euclid 空间，而各个坐标小块中的坐标变换又都是 C^∞ 微分同胚. 因此，在考虑微分流形上的 PsDO 之前，先需要讨论 $L^m_{\rho,\delta}$ 类 PsDO 在变量变换下的性态. 这时，我们不但需要和前面一样假设 $0 < \rho, \delta < 1$，$\delta < \rho$，而且还需要假设 $\rho + \delta \geqslant 1$，从而 $\delta \geqslant 1 - \rho$. 因此，关于 ρ 和 δ，设

$$0 \leqslant 1 - \rho \leqslant \delta < \rho \leqslant 1. \tag{5.3.1}$$

因为 $\rho > 1 - \rho$，所以下面的讨论实际上限于 $\rho > \frac{1}{2}$ 的情况. 当然，对 $L^m = L^m_{1,0}$ 算子，$\delta = 0$，$\rho = 1$，(5.3.1) 自然是成立的.

于是设有一个 $L^m_{\rho,\delta}$ 类 PsDO

$$(Au)(x) = (2\pi)^{-n} \int e^{ix\xi} \sigma_A(x, \xi) \hat{u}(\xi) d\xi$$
$$= (2\pi)^{-n} \iint e^{i(x-y)\xi} \sigma_A(x, \xi) u(y) dy d\xi, \quad u \in C_0^\infty(\Omega_1). \tag{5.3.2}$$

不失一般性可以设 A 是适当的.

若有一个微分同胚 $\varphi: \Omega_1 \to \Omega_2$, $\Omega_j \subset \mathbf{R}^n$ 为开集 $(j=1,2)$，于是考虑由下面的可换图式定义的算子

$$\begin{array}{ccc} C_0^\infty(\Omega_1) & \xrightarrow{A} & C^\infty(\Omega_1) \\ \varphi^* \uparrow & & \uparrow \varphi^* \\ C_0^\infty(\Omega_2) & \xrightarrow[A_1]{} & C^\infty(\Omega_2) \end{array} \tag{5.3.3}$$

A_1 是否仍为 $L^m_{\rho,\delta}$ 类 PsDO？如果是，它的象征如何决定？这些问题自然可以通过直接写出 A_1 来解决．然而，我们不妨更一般地考虑由振幅函数 $a(x_1, y, \xi)$ 所决定的算子 A：

$$(Au)(x_1) = (2\pi)^{-n}\iint e^{i(x_1-y)\xi}a(x_1, y, \xi)u(y)dyd\xi, x_1 \in \Omega_1. \tag{5.3.4}$$

于是令 Ω_2 中的坐标为 x，则 $x = \varphi(x_1)$, $x_1 = \psi(x)(\psi = \varphi^{-1})$，而且作变换 $y = \psi(z)$，即得

$$(A_1u)(x) = (2\pi)^{-n}\iint e^{i(\psi(x)-\psi(z))\cdot\xi}a(\psi(x), \psi(z), \xi) u(\psi(z))\left|\frac{dy}{dz}\right|dzd\xi.$$

利用 Taylor 公式

$$\psi(x) - \psi(z) = \psi'(z)(x-z) + \rho(x, z), \quad \rho = 0(|x-z|^2),$$

并对 ξ 再作变换 ${}^t\psi'(z)\xi = \eta$，即有

$$(A_1u)(x) = (2\pi)^{-n}\iint e^{i(x-z)\eta}a_1(x, z, \eta)u(\psi(z))dzd\eta,$$

$$a_1(x, z, \eta) = e^{i\rho(x,z)\xi}a(\psi(x), \psi(z), ({}^t\psi'(z))^{-1}\eta). \tag{5.3.5}$$

注意到，我们已通过 (5.3.1) 中的 $\delta \geqslant 1-\rho$ 保证了 $\rho+\delta \geqslant 1$，从而可以利用定理 4.2.4 的 2° 得知 $a_1 \in S^m_{\rho,\delta}(\Omega \times \Omega \times \mathbf{R}^n)$，从而知道 A_1 仍为 $L^m_{\rho,\delta}$ 类 PsDO．这当然还需要作详细的运算．但是利用 § 2 中的一个很基本的定理，即定理 5.2.1，可直接由式 (5.3.2) 得出结论．为简单计，我们只看 $L^m_{1,0} = L^m$ 的情况，而有下面的定理(其实它对 $L^m_{\rho,\delta}$, $0 \leqslant 1-\rho \leqslant \delta < \rho \leqslant 1$ 也成立)：

定理 5.3.1 设 $\varphi: \Omega_1 \to \Omega_2$ 为微分同胚，$A \in L^m$，则由 (5.3.3) 所定义的 A_1 也属于 L^m，而且其象征有以下的渐近展开式

$$\sigma(A_1)(y, \eta) \sim \sum_\alpha \frac{1}{\alpha!} \partial_\xi^\alpha \sigma(A)(x, {}^t\varphi'(x) \cdot \eta) D_z^\alpha(e^{ir})|_{z=x}, \tag{5.3.6}$$

这里

$$r(x, z, \eta) = [\varphi(z) - \varphi(x) - \varphi'(x)(z - x)] \cdot \eta.$$

证. 因为 A 是适当的，容易看到 A_1 也是适当的. 应用定理 5.2.1，我们有

$$e^{-iy\eta} A_1(e^{iy\eta}) = e^{-i\varphi(x)\cdot\eta} A(e^{i\varphi(x)\cdot\eta})|_{x=\varphi^{-1}(y)}.$$

从而知道式左是 S^m 类象征，而且有渐近展开式 (5.3.6). 它是由式 (5.2.2) 中令 $a(x, y, \xi)$ 为 $\sigma_A(x, \xi)$，$f = 1$ 而得的. 这里要注意，因为已设 A 为适当的，所以由定理 5.2.2 后的注，可以省去 f 对 x 有紧支集的要求而设 $f = 1$. 定理证毕.

我们要特别注意主象征在变量变换下的状况. 由渐近展开式 (5.3.6)，知 $\sigma(A_1)$ 的主要部分即 $\sigma_m(A_1)$ 的一个代表元是

$$\sigma_m(A_1)(y, \eta) = \sigma_m(A)(x, {}^t\varphi'(x)\eta).$$

若记 Ω_1 中的坐标为 x，其对偶坐标为 ξ，而 Ω_2 中的对应量是 y 和 η，上式告诉我们

$$y = \varphi(x), \quad \eta = [{}^t\varphi'(x)]^{-1}\xi.$$

这恰好是余切丛的局部坐标的变换规律. 可见主象征可以不变地定义在余切丛 $T^*\Omega_1$ 上. 这是一个十分重要的事实. 相应于 PsDO，在余切丛上还有哪一些具有不变意义的对象，这是一个严重的问题. 在许多问题中，我们还会遇到所谓次主象征，也是具有不变意义的. 这一点将在适当的地方讲到.

2. 微分流形上的 PsDO. 设 M 是一个微分流形(正如以前已规定的，本书中凡讲到流形均是指在无穷远处可数的 C^∞ 流形，因而其上必有一的 C^∞ 分割). 又设 $0 \leqslant 1 - \rho \leqslant \delta < \rho \leqslant 1$，我们说 A 是 M 上的 $L^m_{\rho,\delta}$ 类 PsDO 是指：A, $C_0^\infty(M) \to C^\infty(M)$，而且若 $\Omega \subset M$ 是一个坐标邻域，χ_1: $\Omega \to \Omega_1 \subset \mathbf{R}^n$ 是相应的同胚映射，恒

可找到一个 $L^m_{\rho,\delta}(\Omega_1)$ 类 PsDO A_1 使以下图式是可换的：

$$\begin{array}{ccc} C_0^\infty(\Omega) & \xrightarrow{A} & C^\infty(\Omega) \\ \chi_1^*\uparrow & & \uparrow\chi_1^* \\ C_0^\infty(\Omega_1) & \xrightarrow[A_1]{} & C^\infty(\Omega) \end{array} \tag{5.3.7}$$

这个定义是与坐标系的选取无关的，因为设有另一个坐标映射 (Ω, χ_2)，则令 $\varphi = \chi_2\circ\chi_1^{-1}: \Omega_1 \to \Omega_1$，将 (5.3.3) 与 (5.3.7) 合并起来又可得一可换图式

$$\begin{array}{ccc} C_0^\infty(\Omega) & \xrightarrow{A} & C^\infty(\Omega) \\ \chi_1^*\uparrow & & \uparrow\chi_1^* \\ C_0^\infty(\Omega_1) & \xrightarrow{A_1} & C^\infty(\Omega_1) \\ \varphi^*\uparrow & & \uparrow\varphi^* \\ C_0^\infty(\Omega_1) & \xrightarrow{A_2} & C^\infty(\Omega_1) \end{array}$$

A_2 也是一个 $L^m_{\rho,\delta}$ 类 PsDO.

又 (5.3.7) 上一行的 A 在这里是表示 $r(\Omega)\circ A\circ(\Omega)$，其中 $i(\Omega)$: $C_0^\infty(\Omega) \to C_0^\infty(M)$ 是嵌入映射，$r(\Omega)$: $C^\infty(M) \to C^\infty(\Omega)$ 是限制映射，但我们仍用记号 A.

定理 5.2.1 和 5.2.2 给出了刻划 $\Omega\subset\mathbf{R}^n$ 上的 PsDO 的特征性质，我们也可以利用它来给出流形上 PsDO 的定义. 实际上，与上相同设 Ω 是 M 的坐标邻域，则余切丛 $T^*\Omega = T^*M|_\Omega$ 可以局部平凡化，从而有局部坐标 (x, ξ). 若有另一个局部平凡化 (y, η)，则必有局部微分同胚 φ: $x \longmapsto y = \varphi(x)$, $\eta \longmapsto {}^t\varphi'(x)\eta = \xi$. 因此若 $\phi \in C^\infty(T^*\Omega)$ 在一个局部平凡化中是纤维坐标 ξ 的一次正齐性函数，则在任意局部平凡化中，由于 $\xi = {}^t\varphi'(x)\eta$，它也是 η 的一次正齐性函数；同样，若 $f \in C^\infty(T^*\Omega)$ 作为 (x, ξ) 的函数属于 $S^m_{\rho,\delta}$，则它作为 (y, η) 的函数，由定理 4.2.4 的 2°，也是 $S^m_{\rho,\delta}$ 类的. 所以我们就可以将 $T^*\Omega$ 直接写作 $\Omega \times \mathbf{R}^n$. 而有

定义 5.3.2 $L^m_{\rho,\delta}(M)$ 是适合以下条件的线性连续算子 A: $C_0^\infty(M) \to C^\infty(M)$ 之集：对任一坐标邻域 Ω，以及任意的实值

$\phi(x,\xi)\in C^\infty(\Omega\times\mathbf{R}^n\backslash 0)$（对纤维坐标为一次正齐性函数）、任意的函数 $f(x,\xi)\in S^q_{\rho,\delta}(\Omega\times\mathbf{R}^n)$（对 x 具有紧支集）而且在 Con supp f 上 $d_x\phi(x,\xi)\neq 0$，恒有

$$e^{-i\phi}A(fe^{i\phi})\in S^{m+q}_{\rho,\delta}(\Omega\times\mathbf{R}^n). \tag{5.3.8}$$

对于微分流形，同样可以定义其上的 $L^{-\infty}_{\rho,\delta}$ 类，而且和前面一样，我们有

$$L^{-\infty}_{\rho,\delta}(M)=\bigcap_m L^m_{\rho,\delta}(M)=\{\text{具有 } C^\infty \text{ 核的算子}\}$$

$$=\{\text{正则化算子}\},$$

也可以定义适当的拟微分算子，而且任一个拟微分算子（mod$L^{-\infty}$）总可以化为适当的拟微分算子．这里的证明均从略，只是要提到一点，在微分流形上定义具有 C^∞ 核的积分算子时需要有测度，然而，每一个 C^∞ 流形都可以赋以一个 Riemann 度量，所以这是没有问题的．

定义 5.3.2 实际上是利用了局部的性质来定义 M 上的 PsDO 的．它实际上是说，若 A 是 M 上的 PsDO，则 $r(\Omega)\circ A\circ\iota(\Omega)$，亦即 $A|_\Omega$ 是 Ω 上的 PsDO．反过来也是对的．因为我们有

定理 5.3.3 设流形 M 有一个开覆盖 $\{U_\alpha\}$，而在每一个 U_α 上各有 $P_\alpha\in L^m_{\rho,\delta}(U)$，使得当 $U_\alpha\cap U_\beta\neq\phi$ 时，

$$P_\alpha|_{U_\alpha\cap U_\beta}\equiv P_\beta|_{U_\alpha\cap U_\beta}(\text{mod}L^{-\infty}_{\rho,\delta}(U_\alpha\cap U_\beta)), \tag{5.3.9}$$

则必有 $P\in L^m_{\rho,\delta}(M)$，使 $P|_{U_\alpha}\equiv P_\alpha(\text{mod}L^{-\infty}_{\rho,\delta}(U_\alpha))$，$P$ 在 mod$L^{-\infty}$ 意义下是唯一的．

证．令 P_α 的象征为 $\sigma(P_\alpha)$，由 (5.3.9) 知在 $U_\alpha\cap U_\beta$ 上，

$$\sigma(P_\alpha)\equiv\sigma(P_\beta)(\text{mod}S^{-\infty}_{\rho,\delta}).$$

因此可以把这些象征粘合起来而得一个 M 上的 $S^m_{\rho,\delta}$ 象征，相应于此象征的 PsDO 即所求的 P．当然以上所说都应按 mod$S^{-\infty}_{\rho,\delta}$ 意义理解．具体作法如下．

必要时将 $\{U_\alpha\}$ 加细，不妨设 U_α 为相对紧的而且这个覆盖是局部有限的．作从属于它的一的 C^∞ 分割 $\{\rho_\alpha\}$ 而且对每一个 ρ_α 作函数 $\mu_\alpha\in C_0^\infty(U_\alpha)$ 使在 suppρ_α 上 $\mu_\alpha\equiv 1$．于是定义算子 P 如下：

$$Pu = \sum_{\alpha} \mu_\alpha P_\alpha \rho_\alpha u, \quad u \in C_0^\infty(M). \tag{5.3.10}$$

右方的和是局部有限的，因而是有意义的．今证 $P \in L^m_{\rho,\delta}(M)$．它显然是 $C_0^\infty(M)$ 到 $C^\infty(M)$ 的连续线性映射．若按定义 5.3.2 作 f 与 ϕ，则有

$$e^{-i\phi}P(fe^{i\phi}) = \sum_{\alpha} \mu_\alpha e^{-i\phi}P_\alpha(\rho_\alpha f e^{i\phi}).$$

右方的每一项都是M上的 $S^m_{\rho,\delta}$ 类的象征，而且因为这个和是局部有限的，从而是有意义的，故知式左亦属于 $S^m_{\rho,\delta}(T^*M)$．因此 $P \in L^m_{\rho,\delta}$．

再证 $P|_{U_\alpha} = P_\alpha$．因为 $\mathrm{supp}\rho_\beta \cap U_\alpha \subset U_\alpha \cap U_\beta$，所以

$$\begin{aligned}\mu_\beta P_\beta \rho_\beta|_{U_\alpha} &\equiv \mu_\beta P_\alpha \rho_\beta | U_\alpha && (\mathrm{mod} L^{-\infty}) \\ &\equiv P_\alpha\rho_\beta + (\mu_\beta - 1)P_\alpha\rho_\beta && (\mathrm{mod} L^{-\infty}) \\ &\equiv P_\alpha\rho_\beta && (\mathrm{mod} L^{-\infty}).\end{aligned}$$

这里我们要注意 $(\mu_\beta - 1)P_\alpha\rho_\beta$ 是一个具有 C^∞ 核的积分算子，这一点只需写出它的象征的渐近展开式就会看到．这是一个一般的方法，实际上，只要 $\mathrm{supp}\,\varphi \cap \mathrm{supp}\,\psi = \phi$，$\varphi$，$\psi \in C_0^\infty$，恒有 $\psi P_\varphi \in S^{-\infty}$．将上式对 β 求和，即有

$$P|_{U_\alpha} \equiv \sum_{\beta} P_\alpha \rho_\beta = P_\alpha.$$

唯一性是明显的．

定义 5.3.2 与定理 5.3.3 综合起来，说明 $L^m_{\rho,\delta}/L^{-\infty}_{\rho,\delta}$ 是M上的一个层．这个层性质使我们能对微分流形M上的 PsDO 给出一个更自然的定义．事实上，取可换图式 (5.3.7) 中的 Ω_1 为坐标邻域，χ_1: $\Omega \to \Omega_1 \subset \mathbf{R}^n$ 为相应的同胚就有一个等价的定义：

定义 5.3.2′ 若 A: $C_0^\infty(M) \to C^\infty(M)$ 是线性连续映射，且对任一坐标邻域 (Ω, χ)，由 (5.3.7) 所决定的算子 A_1 是 Eudid空间 $\mathbf{R}^n$ 之开集 Ω_1 上的 $L^m_{\rho,\delta}(\Omega_1)$ 类 PsDO (按 § 1 的意义)，则称 A 为 M上的 $L^m_{\rho,\delta}$ 类拟微分算子．

3. 流形上的拟微分算子的运算． 在定义 5.3.2 中我们已经说

明了流形M上的PsDO A的象征$\sigma(A)$是余切丛上的函数．而由定义5.3.2′，若用M的一个坐标邻域Ω以及T^*M在其上的局部平凡化，更可作出PsDO $A_1\in L^m_{\rho,\delta}(\Omega_1)$ (χ: $\Omega\to\Omega_1$)，它有全象征$\sigma(A_1)$．在不同的坐标邻域之交上，相应的全象征在mod$S^{-\infty}_{\rho,\delta}$意义上相同，因此可以将它们拼合起来而得到 $S^m_{\rho,\delta}(T^*M)/S^{-\infty}_{\rho,\delta}(T^*M)$的一个元，这就是$M$上的PsDO $A\in L^m_{\rho,\delta}(M)$之象征的确切定义．同样，在坐标邻域$\Omega$中可以定义$A_1$的主象征

$$\sigma_m(A_1)\in S^m_{\rho,\delta}(\Omega_1\times\mathbf{R}^n)/S^{m_1}_{\rho,\delta}(\Omega_1\times\mathbf{R}^n)$$
$$=[S^m_{\rho,\delta}(\Omega_1\times\mathbf{R}^n)/S^{-\infty}_{\rho,\delta}]/[S^{m_1}_{\rho,\delta}/S^{-\infty}_{\rho,\delta}](m_1<m).$$

因此也可以在mod($S^{-\infty}_{\rho,\delta}$)的意义下把它们粘合起来而得到$A\in L^m_{\rho,\delta}(M)$的主象征$\sigma_m(A)\in S^m_{\rho,\delta}(T^*M)/S^{m_1}_{\rho,\delta}(T^*M)$．特别是，对于经典的拟微分算子，主象征有典则的定义，即$\sigma(A)$之渐近展开式的m次齐性部分．在本节1°中已指出了它是余切丛上的函数．这样我们就可以把定义5.2.4和以下关于主象征的说明移到流形上来，而说$A\in L^m_{\rho,\delta}(M)$的全象征和主象征就是两个同构：

$$\sigma(A):\ L^m_{\rho,\delta}(M)/L^{-\infty}_{\rho,\delta}(M)\to S^m_{\rho,\delta}(T^*M)/S^{-\infty}_{\rho,\delta}(T^*M);$$
$$\sigma_m(A):\ L^m_{\rho,\delta}(M)/L^{m_1}_{\rho,\delta}(M)\to S^m_{\rho,\delta}(T^*M)/S^{m_1}_{\rho,\delta}(T^*M).$$

这里我们不再给出严格的证明了．

对流形上的拟微分算子也可以规定其运算，主要结果如下：

定理 5.3.4 设$A\in L^{m_1}_{\rho,\delta}(M)$，$B\in L^{m_2}_{\rho,\delta}(M)$是适当的（或至少有一个是适当的），则$B\circ A\in L^{m_1+m_2}_{\rho,\delta}(M)$，而且

$$\sigma_{m_1+m_2}(B\circ A)=\sigma_{m_2}(B)\cdot\sigma_{m_1}(A). \tag{5.3.11}$$

证．$B\circ A\in L^{m_1+m_2}_{\rho,\delta}(M)$是显然的，而且只需在一个坐标邻域$\Omega$中证明式(5.3.11)．为此，取$\varphi\in C_0^\infty(\Omega)$，$\psi\in C_0^\infty(\Omega)$而且在supp$\varphi$上$\psi\equiv 1$，于是

$$\varphi B\circ A=\varphi B\psi\circ A+\varphi B(1-\psi)\circ A$$
$$\equiv\varphi B\psi\cdot A$$

这里我们又一次应用了：因supp $\varphi\cap$supp$(1-\psi)=\phi$而$\varphi B(1-\psi)\in L^{-\infty}$这一事实．现在完全可以限制在坐标邻域$\Omega$上讨论问题了，因而有

$$\varphi(B\circ A)|_\Omega = \varphi B|_\Omega \circ \psi A|_\Omega.$$

回到 $\chi(\Omega)\subset\Omega_1\subset\mathbf{R}^n$ 上即得

$$\begin{aligned}&\varphi(x)\sigma_{m_1+m_2}(B\circ A)(x,\xi)\\&=\varphi(x)\sigma_{m_2}(B)(x,\xi)\cdot\psi(x)\sigma_{m_1}(A)(x,\xi)\\&=\varphi(x)\sigma_{m_2}(B)\cdot\sigma_{m_1}(A)(x,\xi).\end{aligned}$$

由 $\varphi(x)$ 之任意性即得定理之证.

其它的结果就更容易了. 首先我们赋M以一个正的测度，然后就有

定理 5.3.5 若 $A\in L^m_{\rho,\delta}(M)$，则可定义其转置算子 ${}^tA$ 与伴算子 ${}^*A$ 仍为$L^m_{\rho,\delta}(M)$ 之元，而且

$$\sigma_m({}^tA)^{(x,\xi)}=\sigma_m(x,-\xi),\quad \sigma_m({}^*A)(x,\xi)=\overline{\sigma_m(A)(x,\xi)}.$$

最后，我们讲一讲经典拟微分算子的主象征的求法.

定理 5.3.6 设A是经典的 $L^m_{\rho,\delta}(M)$ 拟微分算子，则对 $(x_0,\xi_0)\in T^*M$，恒有

$$\sigma_m(A)(x_0,\xi_0)=\lim_{\tau\to+\infty}\tau^{-m}[e^{-i\tau\psi(x)}A(ae^{i\tau\psi})]_{x=x_0},$$

这里 $a(x)\in C_0^\infty(M)$ 在 x_0 附近为 1，$\psi\in C^\infty(M)$，$d_x\psi(x_0)=\xi_0$ 而且在 supp a 上 $d_x\psi(x)\neq 0$.

证. 作包含 x_0 的坐标邻域 Ω 以及 $\alpha,\beta\in C_0^\infty(\Omega)$ 使在 suppα 上 $\beta=1$，且 $\alpha(x_0)=1$. 于是用前面常用的技巧将 A 局部化为由 $C_0^\infty(\Omega)$ 到 $C^\infty(\Omega)$ 中的算子如下

$$\begin{aligned}e^{-i\tau\psi}A(ae^{i\tau\psi})&=e^{-i\tau\psi}\alpha A(\beta ae^{i\tau\psi})+e^{-i\tau\psi}\alpha A[(1-\beta)\alpha e^{i\tau\psi}]\\&\equiv e^{-i\tau\psi}\alpha A(\beta ae^{i\tau\psi})(\mathrm{mod}S^{-\infty}).\end{aligned}$$

以下即可用局部坐标来讨论了. 应用定理 5.2.1 即有

$$\begin{aligned}e^{-i\tau\psi}\alpha A(\beta ae^{i\tau\psi})(x_0)&\equiv\sigma_m(A)(x_0,\tau d\psi(x_0))(\alpha a)(x_0)\\&\equiv\tau^m\sigma_m(A)(x_0,\xi_0)(\mathrm{mod}\tau^{m'},\ m'<m).\end{aligned}$$

定理证毕.

4. 流形上的 Sobolev 空间. Sobolev 空间 $H^s(\mathbf{R}^n)$ 的定义可以认为是以 PsDO 为基础的. 设 Λ_s 是以 $(1+|\xi|^2)^{s/2}$ 为象征的适当的 PsDO，则 Λ_s: $\mathscr{D}'(\mathbf{R}^n)\to\mathscr{D}'(\mathbf{R}^n)$. 若 $u\in\mathscr{D}'(\mathbf{R}^n)$ 而且

$\Lambda_s u \in L^2(\mathbf{R}^n) \subset \mathscr{D}'(\mathbf{R}^n)$，则

$$\|\Lambda_s u\|_{L^2}^2 = (2\pi)^{-n} \|\widehat{\Lambda_s u}\|_{L^2}^2.$$

然而

$$\widehat{\Lambda_s u}(x) = (2\pi)^{-n} \int e^{ix\xi}(1 + |\xi|^2)^{s/2} \hat{u}(\xi) d\xi,$$

$$\Lambda_s u(\xi) = (1 + |\xi|^2)^{s/2} \hat{u}(\xi).$$

所以式右就是 $H^s(\mathbf{R}^n)$ 范数. 这样我们可以用 PsDO 的理论来讨论 Sobolev 空间. 在本节中我们就将这样来讨论微分流形M上的 Sobolev 空间. 虽然所得的结果与第三章是一致的,但是我们可以看到一些新的方法,它们在以下是很重要的.

于是令M有一个局部坐标邻域 $\{\Omega^\nu, x^\nu\}$ 所形成的局部有限相对紧开覆盖, $\{\varphi^\nu\}$ 是从属于它的一的 C^∞ 分割, $\psi^\nu \in C_0^\infty(\Omega^\nu)$, 而且在 $\mathrm{supp}\varphi^\nu$ 上, $\psi^\nu \equiv 1$. 于是令 $u \in \mathscr{D}'(M)$, 则

$$u = \sum_\nu \varphi^\nu u = \sum_\nu u_\nu,$$

$u_\nu \in \mathscr{D}'(\Omega^\nu)$. 令 χ^ν: $\Omega^\nu \to \Omega_1^\nu \subset \mathbf{R}^n$, 而在 Ω_1^ν 上作 Λ_s 如上,由可换图式(5.3.7),在 Ω^ν 定义相应的 PsDO, 仍记为 Λ_s 最后作 $\psi_\nu \Lambda_s \varphi_\nu u$, 并求其和, 因为 $\{\mathrm{supp}\psi_\nu\}$ 是局部有限的,所以 $\sum_\nu \psi_\nu \Lambda_s \varphi_\nu u$ 也是有意义的,仍记为 $\Lambda_s u$. 这时我们有

定义 5.3.7 M上的 Sobolev 空间即

$$H_{\mathrm{loc}}^s(M) = \{u \in \mathscr{D}'(M),\ \Lambda_s u \in L_{\mathrm{loc}}^2(M)\}, \tag{5.3.12}$$

$$H_{\mathrm{comp}}^s(M) = H^s(M) \cap \mathscr{E}'(M). \tag{5.3.13}$$

以上当然设在M上已经给定了一个光滑的正的测度, 这样 $L_{\mathrm{loc}}^2(M)$ 是有意义的. 也很容易看到若M是一个紧流形,则

$$H_{\mathrm{loc}}^s(M) = H_{\mathrm{comp}}^s(\Omega),$$

且记为

$$H^s(M) = H_{\mathrm{loc}}^s(M) = H_{\mathrm{comp}}^s(M).$$

定义 5.3.7 与坐标邻域的选取、$\{\varphi_\nu\}$ 以及 $\{\psi_\nu\}$ 的选取似乎都是有关的,但是用标准的方法却容易证明 $H^s(M)$ 之定义并不依赖于这一切,这一点我们不再给以证明. 但是在定义 5.3.7 中采用了

一个特定的 Λ_s，故应该考虑此定义依赖于 Λ_s 的程度．以后会证明，用任意的 s 阶适当的 PsDO $A_s\in L_s(M)$ 代替 Λ_s，只要它是椭圆型的，而且主象征在 $\dot{T}^*M$ 上恒正，则所得的空间是一样的，以下关于 $H^s(M)$ 之拓扑构造与对偶性的讨论也均不必改变，现在采用 Λ_s 是因为它有一些特定的好处．

容易看到，由关于复合的渐近展开式(5.2.14)，由于 Λ_s 的象征(在每一个坐标邻域中)与 x 无关，所以有

$$\sigma(\Lambda_{s_2}\circ\Lambda_{s_1})\sim\sigma(\Lambda_{s_2})\cdot\sigma(\Lambda_{s_1})=(1+|\xi|^2)^{(s_1+s_2)/2},$$

特别是若 $s_2=-s$，$s_1=s$，则有

$$\sigma(\Lambda_{-s}\circ\Lambda_s)\sim 1,\quad \sigma(\Lambda_s\circ\Lambda_{-s})\sim 1.$$

但是以 1 为象征的 PsDO 显然是恒等算子，所以

$$\Lambda_{-s}\circ\Lambda_s\equiv\Lambda_s\circ\Lambda_{-s}\equiv \mathrm{id}\ (\mathrm{mod} L^{-\infty}).$$

所以我们说 Λ_{-s} 是 Λ_s 的"拟逆"或"拟基本解"．关于拟基本解的理论，我们将在下一节讨论．同时 Λ_s 还是自伴的：$\Lambda_s=\Lambda_s^*$．

设 $K\Subset M$，我们记 $H^s(K)=\{u,\ u\in H^s_{\mathrm{comp}}(M),\ \mathrm{supp}u\subset K\}$．它有特别的重要性，这是因为，从定义 5.3.7 看，$H^s_{\mathrm{loc}}(M)$ 与 $H^s_{\mathrm{comp}}(M)$都有明显的局部性．首先我们容易看到，若

$$u\in H^s_{\mathrm{loc}}(M),\quad a\in C_0^\infty(M),$$

则 $au\in H^s_{\mathrm{comp}}(M)$，而且其逆也是成立的：若 $u\in\mathscr{D}'(M)$ 且对任一点 $x_0\in M$ 均可找到 $\varphi(x)\in C_0^\infty(M)$，$\varphi(x_0)\neq 0$ 使 $\varphi(x)u\in H^s_{\mathrm{comp}}(M)$，则 $u\in H^s_{\mathrm{loc}}(M)$，事实上可以从这一些 $\varphi(x)$ 中找出一个子集 $\{\varphi_\nu\}$ 使 $\{\mathrm{supp}\varphi_\nu\}$ 成为 M 的局部有限覆盖，令 $\tilde{\varphi}_\nu=|\varphi_\nu|^2/\sum\limits_\nu|\varphi_\nu|^2$，则 $\{\tilde{\varphi}_\nu\}$ 是一的 C^∞ 分割，而由于 Λ_s 是适当的，所以 $\sum\limits_\nu\Lambda_s(\tilde{\varphi}_\nu u)$ 是局部有限和，从而

$$\Lambda_s u=\sum_\nu\Lambda_s(\tilde{\varphi}_\nu u)\in L^2_{\mathrm{loc}}(M).$$

这个事实告诉我们，为了讨论 $H^s_{\mathrm{loc}}(M)$，只需要对M的每一个紧子集K讨论 $H^s(K)$ 即可。

现在我们就在 $H^s(K)$ 中引入 Hilbert 空间构造. 设 u、$v \in H^s(K)$, 用上面给出的坐标邻域系 $\{(\Omega^\nu, \chi^\nu)\}$ 以及从属的一的分割,即可定义 Hermite 内积

$$(u, v)_s = \sum_\nu ((\chi_1^\nu)^* \varphi_\nu u, (\chi_1^\nu)^* \varphi_\nu v)_s, \ \chi_1^\nu = (\chi^\nu)^{-1}. \quad (5.3.14)$$

现在需要证明 $H^s(K)$ 在上述内积所诱导出的范数 $\|\cdot\|_s$ 下完备. 为此设有 $H^s(K)$ 中的 Cauchy 序列 $\{u_k\}$. 于是

$$(\chi_1^\nu)^* \varphi_\nu u_k = v_k \in H^s(\chi^\nu \mathrm{supp}\varphi^\nu)$$

是 $H^s(\chi^\nu_{\mathrm{supp}\varphi}\nu)$ 中的 Cauchy 序列而在其中有极限 v^ν, 且 $\mathrm{supp} v^\nu \subset \chi^\nu \mathrm{supp}\varphi^\nu$. 将 v^ν 拉回到 M 上: 令 $u^\nu = (\chi^\nu)^* v^\nu$, 则因 $\{\mathrm{supp} u^\nu \subset \mathrm{supp}\varphi^\nu\}$ 是局部有限的,所以 $u = \sum_\nu u^\nu$ 有意义.很容易证明 $\|u_k - u\|_s \to 0$.

既然在 $H^s(K)$ 上已有了 Hilbert 空间构造, 当然就有了一个拓扑, 利用它即可对 $H^s_{\mathrm{comp}}(M)$ 赋以归纳极限拓扑: 取一串上升的穷竭紧集序列 $K_j (j=1, 2, \cdots)$, 于是 $H^s(K_1) \subset H^s(K_2) \subset \cdots \subset H^s_{\mathrm{comp}}(M)$, 且 $H^s_{\mathrm{comp}}(M) = \bigcup_j H^s(K_j)$ 于是有嵌入映射

$$\iota_j H^s(K_j) \to H^s_{\mathrm{comp}}(M).$$

归纳极限拓扑就是使 ι_j 为连续的最强的拓扑,亦即使$H^s_{\mathrm{comp}}(M)$具有"最多的"开集之拓扑. 由于要保证 ι_j 之连续性, $H^s_{\mathrm{comp}}(M)$ 中的开集必须在 $H^s(K_j)$ 中之原象均为开 (可能是空集), 因而 $H^s_{\mathrm{comp}}(M)$ 中的开集族即每个 $H^s(K_j)$中开集族之并. 所以 $\{u_k\}$ 在 $H^s_{\mathrm{comp}}(M)$ 中趋于 0 当且仅当从某一个 k_0 起, 一切 u_k 均在 $H^s(K)$ (某个 K)中且在其中收敛. 线性映射 f: $H^s_{\mathrm{comp}}(M) \to E$($E$ 为一个局部凸线性空间)当且仅当 $f \circ \iota_j (j=1, 2, \cdots)$ 为连续时才连续.

$H^s_{\mathrm{loc}}(M)$ 中则可赋以使乘法映射 M_φ: $H^s_{\mathrm{loc}}(M) \to H^s(\mathrm{supp}\varphi)$, $\varphi \in C_0^\infty(M)$ 为连续的最弱的拓扑, 亦即具有"最少的"开集的拓扑, 这里 M_φ: $u \longmapsto \varphi u \in H^s(\mathrm{supp}\,\varphi)$. 这个拓扑可以用半范族

$$\|u\|_{s,\varphi} = \|\varphi u\|_s, \ \varphi \in C_0^\infty(M)$$

来定义.

最后讨论 $H^s_{comp}(M)$ 与 $H^s_{loc}(M)$ 的对偶性. 对 $u\in C_0^\infty(M)\subset H^s_{comp}(M)$ 与 $v\in C^\infty(M)\subset H^{-s}_{loc}(M)$, 可以给出一个 Hermite 配对

$$(u, v)=\int u(x)v(x)d\mu(x), \tag{5.3.15}$$

$d\mu(x)$ 就是前已说到的赋在 M 上的光滑正测度. 我们要把它拓展为双线性映射

$$H^s_{comp}(M)\times H^{-s}_{loc}(M)\to C \tag{5.3.16}$$

且对各个因子分别连续.

定理 5.3.8 上述拓展是可能的, 从而 $H^s_{comp}(M)$ 与 $H^{-s}_{loc}(M)$ 关于拓展后的配对 (5.3.16) (仍记为 (u, v)) 是对偶的. 特别当 M 为紧流形时, $H^s(M)$ 是 Hilbert 空间, 这时存在一个拓扑同构

$$H^{-s}(M)=[H^s(M)]'\sim H^s(M).$$

证. 先证明拓展的可能性. 为此不妨设 Λ_s 是自伴的即

$$(\Lambda_s u, v)=(u, \Lambda_s v),\quad u, v\in C_0^\infty(M)$$

(若不然则用 $\frac{1}{2}(\Lambda_s+\Lambda_s^*)$ 代替 Λ_s). 由于 Λ_s 的拟逆是 Λ_{-s}, 从而

$$I=\Lambda_{-s}\Lambda_s+R_s,\quad R_s\in L^{-\infty}(M).$$

R_s 是具有 C^∞ 核的适当的算子, 从而 R_s: $\mathscr{E}'(M)\to C_0^\infty(M)$, $\mathscr{D}'(M)\to C^\infty(M)$. (若需将 Λ_s 用 $\frac{1}{2}(\Lambda_s+\Lambda_s^*)$ 代替, 则需用 Λ_s 的拟逆——其存在性见下一节——Λ'_{-s} 的自伴化 $\frac{1}{2}(\Lambda'_{-s}+\Lambda'^*_{-s})$ 代替 Λ_{-s}). 于是取 $u\in C_0^\infty(K)$ (K 是 M 的任一紧集), $v\in C^\infty(M)$, 有

$$\begin{aligned}(u, v)&=(\Lambda_{-s}\Lambda_s u, v)+(R_s u, v)\\&=(\Lambda_s u, \Lambda_{-s}v)+(R_s u, v).\end{aligned}$$

但因 Λ_s: $H^s(K)\to L^2(\hat{K})$ ($\hat{K}$ 是 M 的某一个紧子集),

$$\Lambda_{-s}.\ H^{-s}_{loc}(M)\to L^2_{loc}(M),$$

所以上式很容易拓展为

$$H^s(K)\times H^{-s}_{loc}(M)\to C.$$

又因 $H^s_{\text{comp}}(M)=\bigcup_K H^s(K)$，所以它又可拓展到 $H^s_{\text{comp}}(M)\times H^{-s}_{\text{loc}}(M)$上去．仍用$(u,v)$记拓展后的配对．

现证 $H^{-s}_{\text{loc}}(M)$ 上的任一共轭线性连续泛函 $l(v)$ 均可写为 (u,v)，而 $u\in H^s_{\text{comp}}(M)$．事实上因 $C^\infty(M)\hookrightarrow H^{-s}_{\text{loc}}(M)$，而且在其中稠密，$l(v)$ 应为 $C^\infty(M)$ 上的共轭线性连续泛函，故必有 $u\in\mathscr{E}'(M)$ 使

$$l(v)=(u,v).$$

令 supp $u\subset K$，今证 $u\in H^s(K)$，亦即 $\Lambda_s u\in L^2(\hat{R})$．由于 Λ_s 将 $L^2_{\text{loc}}(M)$ 连续地映入 $H^{-s}_{\text{loc}}(M)$．故对 $v\in L^2_{\text{loc}}(M)$，有

$$(\Lambda_s u,v)=(u,\Lambda_s v)=l(\Lambda_s v).$$

但因 $\Lambda_s C^\infty(M)\subset\Lambda_s L^2_{\text{loc}}(M)\subset H^{-s}_{\text{loc}}(M)$ 是稠的嵌入，所以可以对 $\{\Lambda_s v,\ v\in L^2_{\text{loc}}(M)\}$ 应用 Riesz 表现定理而知 $\Lambda_s u\in L^2(\hat{R})$，从而 $u\in H^s(K)$．

同样也可以证明 $H^s(K)$ 上的线性连续泛函也必可写为 (u,v)，$u\in H^s(K)$，$v\in H^{-s}_{\text{loc}}(M)$．由前述 $H^s_{\text{comp}}(M)$ 之拓扑结构可知，l: $H^s_{\text{comp}}(\text{M})\to C$ 为连续的充分必要条件是它在所有 $H^s(K)$ 上的限制为连续的，所以 $H^s_{\text{comp}}(M)$ 上的连续线性泛函均可写为配对 (u,v) 之形．

关于拓扑同构部分是显然的．定理证毕．

对于微分流形上的 Sobolev 空间，嵌入定理和 Rellich 定理也都是成立的，这里就不再讲了．

§4. 椭圆和亚椭圆的 PsDO

1. 椭圆PsDO 及其拟基本解. 本章开始时我们即已指出 PsDO 理论的重要来源之一是求椭圆型偏微分算子的基本解．现在我们对这个问题就 PsDO 的情况来加以解决．首先要给出

定义 5.4.1 设 $A\in L^m_{\rho,\delta}(\Omega)$，$0\leqslant\delta<\rho\leqslant1$，$\Omega$为 $\mathbf{R}^n$ 的开集(或 Ω 为流形M上的开集，这时还要设 $1-\rho\leqslant\delta$)，如果它的象征 $\sigma(A)(x,\xi)$ 适合以下条件：对 Ω之任一紧集 K 必存在常数

$c>0$ 与 $r>0$ 使

$$|\sigma_A\sigma(A)(x,\xi)| \geqslant c(1+|\xi|)^m,\ x\in K,\ |\xi|\geqslant r, \tag{5.4.1}$$

就说 A 是椭圆型的.

这个条件当然也可以用关于主象征 $\sigma_m(A)(x,\xi)$ 的条件

$$|\sigma_m(A)(x,\xi)| \geqslant c(1+|\xi|)^m,\ x\in K,\ |\xi|\geqslant r \tag{5.4.1'}$$

来代替.

准确一些说，也可以说任何一个与适合定义 5.4.1 的 A 只相差一个 $L^{-\infty}_{\rho,\delta}$ 算子的拟微分算子都是椭圆型的. 这个定义当然也包括了通常的椭圆型偏微分算子 $P(x,D)=\sum\limits_{|\alpha|\leqslant m} a_\alpha(x)D^\alpha$ 为其特例: 因为 $P_m(x,\xi)=\sum\limits_{|\alpha|\leqslant m} a_\alpha(x)\xi^\alpha\neq 0$ (当 $\xi\neq 0$ 时) 与 $|P(x,\xi)|\geqslant c(1+|\xi|)^m$ (当 $|\xi|$ 充分大时)显然是等价的.

椭圆型 PsDO 最重要的特点就是它有拟基本解存在. 确切些说，可以证明

定理 5.4.2 设 $A\in L^m_{\rho,\delta}(\Omega)$ 是椭圆型的，则必存在 $B_j\in L^{-m}_{\rho,\delta}(\Omega)(j=1,2)$ 使

$$B_1\circ A = I+R_1,\quad R_1\in L^{-\infty}_{\rho,\delta}, \tag{5.4.2}$$

$$A\circ B_2 = I+R_2,\quad R_2\in L^{-\infty}_{\rho,\delta}, \tag{5.4.3}$$

而且 B_j 在 (mod $L^{-\infty}_{\rho,\delta}$) 意义下是唯一的. B_1 称为 A 之左拟基本解(左拟逆)，B_2 称为右拟基本解(右拟逆)，而且 $B_1\equiv B_2=B$ (mod $L^{-\infty}_{\rho,\delta}$)，故称 B 为其拟基本解(拟逆).

证. 实际上在证明了左右拟基本解存在后，必可证明 $B_1\equiv B_2$ (mod$L^{-\infty}_{\rho,\delta}$)，因为只要用 B_1 从左方作用于 (5.4.3) 即有

$$B_1+B_1\cdot R_2 = B_1\circ A\circ B_2 = (I+R_1)\circ B_2 = B_2+R_1\circ B_2.$$

下面我们先对 $\Omega\subset\mathbf{R}^n$ 的情况证明左拟基本解的存在. 这时我们需要一个引理.

引理 5.4.3 设 $A\in L^m_{\rho,\delta}$ 是椭圆型的，则其象征 $\sigma(A)(x,\xi)$ 当 $|\xi|$ 充分大时适合下式

$$\partial^\alpha_\xi\partial^\beta_x\sigma(A)(x,\xi)/\sigma(x,\xi)\in S^{-\rho|\alpha|+\delta|\beta|}_{\rho,\delta}. \tag{5.4.4}$$

证. 将上式左方分子简记为 $\partial^\gamma_y\sigma(A)(y)$，$y=(x,\xi)$，$\gamma=$

(α, β) 于是

$$\partial_y[\partial_y^\gamma\sigma(A)(y)/\sigma(A)(y)]$$
$$=\partial_y^{\gamma_1}\sigma(A)(y)/\sigma(A)(y)-\frac{\partial_y\sigma(A)(y)}{\sigma(A)(y)}\cdot\frac{\partial_y^\gamma\sigma(A)(y)}{\sigma(A)(y)}.$$

依此类推应有

$$\partial_y^\delta[\partial_y^\gamma\sigma(A)(y)/\sigma(A)(y)]$$
$$=\sum_{k=0}^{|\delta|}\sum_{\delta_0+\cdots+\delta_k=\delta}c_{\delta_0\cdots\delta_k}\frac{\partial_y^{\delta_0}\partial_y^\gamma\sigma(A)(y)}{\sigma(A)(y)}\prod_{j=1}^{k}\frac{\partial_y^{\delta_j}\sigma(A)(y)}{\sigma(A)(y)}$$

由于 $|\sigma(A)(y)|\geqslant c(1+|\xi|)^m, x\in K\Subset\Omega$, $|\xi|$ 充分大，故得式(5.4.4)。

定理 5.4.2 证明的完成. 先作一个 $B_0\in L_{\rho,\delta}^{-m}$ 使当 $|\xi|\geqslant r>0$ 时以 $[\sigma(A)(x,\xi)]^{-1}$为象征而且是适当的. 于是由复合公式

$$\sigma(B_0\circ A)\sim 1+\sum_{\alpha>0}\frac{1}{\alpha!}\partial_\xi^\alpha\sigma(A)^{-1}D_x^\alpha\sigma(A)$$
$$=1+\sum_{|\alpha|>0}\frac{1}{\alpha!}\frac{\partial_\xi^\alpha\sigma(A)^{-1}}{\sigma(A)^{-1}}\cdot\frac{D_x^\alpha\sigma(A)}{\sigma(A)}.$$

用证明引理 5.4.3 的方法，很容易验证 $\sigma(A)^{-1}\in S_{\rho,\delta}^{-m}$，所以由此引理知

$$\frac{1}{\alpha!}\frac{\partial_\xi^\alpha\sigma(A)^{-1}}{\sigma(A)^{-1}}\cdot\frac{D_x^\alpha\sigma(A)}{\sigma(A)}\in S_{\rho,\delta}^{-(\rho-\delta)|\alpha|}.$$

记

$$\sum_{|\alpha|>0}\frac{1}{\alpha!}\frac{\partial_\xi^\alpha\sigma(A)^{-1}}{\sigma(A)^{-1}}\cdot\frac{D_x^\alpha\sigma(A)}{\sigma(A)}=\sigma(R_0)(x,\xi),$$

以它为象征的适当的 PsDO 为 R_0，则 $R_0\in L_{\rho,\delta}^{-(\rho-\delta)}$，而有

$$B_0\circ A\equiv I+R_0\quad(\mathrm{mod}L_{\rho,\delta}^{-\infty}). \tag{5.4.5}$$

再作一个适当的 PsDO $C_0\in L_{\rho,\delta}^0$ 如下，

$$C_0\sim\sum_{j=0}^{\infty}(-1)^jR_0^j$$

因为 $[\sigma(R_0^j)]\in S_{\rho,\delta}^{-(j\rho-\delta)}$ 所以这里的渐近展开式是有意义的（定理 4.2.12），而且容易看到：

$$C_0(I+R_0)\equiv I\quad(\mathrm{mod}L_{\rho,\delta}^{-\infty}).$$

用 C_0 左"乘"式 (5.4.5) 即得

$$B_1\circ A\equiv I(\mathrm{mod}L_{\rho,\delta}^{-\infty}),\quad B_1=C_0\circ B_0.$$

于是左拟基本解得出．用同法可作右拟基本解．

再证唯一性．设有两个左拟基本解 B_1, B_1', 任取一个右拟基本解B_2, 由前面关于左右拟基本解相等的证法有

$$B_1\equiv B_1\circ(A\circ B_2)\equiv(B_1\circ A)\circ B_2\equiv B_2\ (\mathrm{mod}L_{\rho,\delta}^{-\infty}).$$

同理 $B_1'\equiv B_2$, 从而 $B_1\equiv B_1'(\mathrm{mod}L^{-\infty})$.

最后再看 $\Omega\subset M$ (M 是一个微分流形)的情况．这时，如本节开始时所说的，还需要加上 $1-\rho\leqslant\delta$的条件．我们还是用前面一贯使用的方法，即用一族局部有限的坐标邻域 $\{(\Omega^\nu,\chi^\nu)\}(\chi^\nu:\Omega^\nu\to\Omega_1^\nu\subset\mathbf{R}^n)$ 去覆盖 Ω, 并令 $\{\varphi^\nu\}$ 为从属的一的分割，而 $\psi^\nu\in C_0^\infty(\Omega)$ 适合 $\psi^\nu=1$ 于 $\mathrm{supp}\varphi^\nu$ 附近．在每个 Ω^ν 中都可作出拟基本解 B^ν．令 $B=\sum_\nu\varphi^\nu B^\nu\psi^\nu$ 即是所求．

对于经典的椭圆拟微分算子 $A\in L^m$:

$$\sigma(A)(x,\xi)\sim\sum_{j=0}^{\infty}\sigma_{m-j}(A)(x,\xi),\ |\xi|\geqslant r>0,\quad(5.4.6)$$

$\sigma_{m-j}(A)(x,\xi)$ 是 ξ 的 $m-j$ 次正齐性函数，椭圆性的定义显然可以改为

$$\sigma_m(A)(x,\xi)\neq0,\quad|\xi|\geqslant r>0.\qquad(5.4.7)$$

这时拟基本解显然也是经典的 PsDO. 实际上作 $B\in L^{-m}$, 而且令

$$\sigma(B)\sim\sum_{j=0}^{\infty}\sigma_{-m-j}(B)(x,\xi),$$

设法求出 $\sigma_{-m-j}(B)(x,\xi)$ 为 ξ 的 $-m-j$ 次正齐性函数．为使 $B\circ A\equiv1\ (\mathrm{mod}L^{-\infty})$ 应有

$$\sum_\alpha\frac{1}{\alpha!}\partial_\xi^\alpha\sigma(A)(x,\xi)D_x^\alpha\sigma(B)(x,\xi)-1\equiv0\ (\mathrm{mod}S^{-\infty}),$$

将左方按齐性的次数展开，即有当 $|\xi|\geqslant r$ 时

$$\sigma_m(A)\sigma_{-m}(B)=1,$$

$$\sigma_m(A)\sigma_{-m-1}(B)+\sum_{|\alpha|=1}\partial_\xi^\alpha\sigma_m(A)D_x^\alpha\sigma_m(B)(x,\xi)=0,$$

$$\cdots$$

$$\sigma_m(A)\sigma_{-m-j}(B)+\sum_{\substack{k+l+|\alpha|=j\\ l<j}}\frac{1}{\alpha!}\partial_\xi^\alpha\sigma_{m-k}(A)D_x^\alpha\sigma_{-m-l}(B)=0.$$

由于在 $|\xi|\geqslant r$ 处 $\sigma_m(A)\neq 0$，即可求出一切 $\sigma_{-m-j}(B)$. 再用适当方法在 $|\xi|\leqslant r$ 时将 $\sigma_{-m-j}(B)$ 补充定义即可使所得的 $B\in L^{-m}$ 为 A 之拟基本解. 这样求出的 $b_{-m-j}(x,\xi)$ 在 $|\xi|$ 充分大时对 ξ 是 $-m-j$ 次正齐性的. 因此相应的 B 也是经典的 PsDO.

由经典的偏微分方程理论知道，椭圆算子的显著特点是具有正则性，即当方程右方光滑时，解也应该是光滑的. 对椭圆型的 PsDO，类似的结论也成立. 具体说，我们有

定理 5.4.4 (Weyl-Schwartz) 设 $A\in L^m_{\rho,\delta}$ 是椭圆型的，则

$$\text{sing supp}\,Au=\text{sing supp}\,u,\quad u\in\mathscr{E}'(\Omega).\tag{5.4.8}$$

若 A 是适当的，则上式对 $u\in\mathscr{D}'(\Omega)$ 也成立.

证. 当 $u\in\mathscr{E}'(\Omega)$ 或 $u\in\mathscr{D}'(\Omega)$ 而 A 为适当的，Au 恒有意义，而且分别在 $\mathscr{E}'(\Omega)$ 与 $\mathscr{D}'(\Omega)$ 中.

由 PsDO 的拟局部性，

$$\text{sing supp}\,Au\subset\text{sing supp}\,u.$$

利用拟基本解 B：$B\circ A=I+R$，$R\in L^{-\infty}$，有

$$u=B\circ Au-Ru.$$

但 $Ru\in C^\infty$ 从而 $\text{sing supp}Ru=\phi$. 从而

$$\text{sing supp}\,u=\text{sing supp}B\circ Au\subset\text{sing supp}\,Au.$$

因此定理得证.

利用这个定理到方程

$$Au=0.$$

因为右方 $0\in C^\infty(\Omega)$，故它的一切 $\mathscr{E}'(\Omega)$ 解均为 C^∞ 解. 这一事实首先是 H.Weyl [1] 在 1940 年对 $\Delta u=0$ 证明的，该文在应用 Hilbert 空间方法于偏微分方程上起了重大的作用. 其后约 1950 年 Schwartz [1]，(第五章，§ 6) 又对一般的具有 C^∞ 系数的线性椭圆型方程证明了它. 所以我们称之为 Weyl-Schwartz 定理. 其

实，更早地可以溯源到 Bernstein 1904年关于椭圆型方程解的解析性的工作(这是他对 Hilbert 第 19 问题的著名解答). 因此我们形成了一个概念即椭圆型方程的正则性. 这个定理即这一概念的具体内容. 以下的定理 5.5.8 则是它的进一步展开，推论 5.4.10 则是它的微局部形式，关于 Hilbert 问题的历史发展可以参看 Browder [1].

2. 微局部的考虑. 在关于拟基本解的讨论中，$|\sigma(A)(x,\xi)| \geqslant C(1+|\xi|)^m$ 这一条件起了决定性的作用. 这是余切丛上的条件. 因此自然提出，如果此条件在余切丛上的某个锥形集 Γ 内成立，是否可以推广拟基本解的概念. 为简单起见，我们设 $\Gamma = \Omega \times \Gamma_0$，$\Omega$ 是底空间中的开集，Γ_0 是 $\mathbf{R}^n\backslash 0$ 中(即纤维中)的锥. 若对 Ω 中的紧子集 K 有 $c>0$，$r>0$ 使

$$|\sigma(A)(x,\xi)| \geqslant c(1+|\xi|)^m,\ (x,\xi)\in K\times\Gamma_0,\ |\xi|\geqslant r,$$

就说 A 在 Γ 中是椭圆型的. 现在我们要来求一个微局部的拟基本解. 为此，令 $\Gamma_1 \Subset \Gamma_0$ 是 Γ 的任意的紧锥形子集. 我们有

定理 5.4.5 在上述条件下，必存在一个在 $\Omega\times\Gamma_1$ 中为椭圆型的适当的 PsDO $B\in L^{-m}_{\rho,\delta}$ 使得

$$\sigma(B\circ A)\sim 1,\ \sigma(A\circ B)\sim 1,\ (x,\xi)\in\Omega\times\Gamma_1\ . \tag{5.4.9}$$

B 称为 A 在 $\Omega\times\Gamma_1$ 中的微局部基本解.

证. 设 $\sigma(A)$ 在 Γ 中有如下的渐近展开式:

$$\rho(A)(x,\xi)\sim\sum_{j=0}^{\infty}\rho_j(A)(x,\xi)$$

$$\sigma_j(A)\in S^{m_j}_{\rho,\delta}(\Gamma),\ m_j=m-j(\rho-\delta)\searrow-\infty,\ m_0=m.$$

于是在

$$\sigma(B)(x,\xi)\sim\sum_{j=0}^{\infty}\sigma_j(B)(x,\xi),$$

$$\sigma_j(B)\in S^{n_j}_{\rho,\delta}(\Gamma),\ n_j\searrow-\infty,\ n_0=-m_0=-m$$

的形式下求 $\sigma(B)$. 仿照上面求经典的椭圆型 PsDO 的拟基本解的方法，可以得到

$$\sigma_0(B)\sigma_0(A)=1,$$

$$\sigma_1(B)\sigma_0(A)+\sum_{\alpha=1}\partial_\xi^\alpha\sigma_0(B)D_x^\alpha\sigma_0(A)+\sigma_0(B)\sigma_1(A)=0,$$

$$\cdots$$

因为 $m_j=m-j(\rho-)$，所以由 $\sigma_0(A)$ 在 Γ 中不为 0（$|\xi|\geqslant r$ 时），可令 $n_j=-m-j(\rho-\delta)$，由以上诸式可以依次求出 $\sigma_j(B)\in S_{\rho,\delta}^{n_j}$（$|\xi|\geqslant r$ 时）。作函数 $\chi(\xi)\in C^\infty(\mathbf{R}^n)$ 使其支集在 $\Gamma_2\cap\{|\xi|\geqslant 2r\}$ 中，这里 $\Gamma_0\Subset\Gamma_2\Subset\Gamma_1$，而且在 Γ 附近 $|\xi|$ 充分大时 $\chi(\xi)\equiv 1$. 于是 $\chi(\xi)\sigma_j(B)\in S_{\rho,\delta}^{n_j}(\Omega\times\mathbf{R}^n)$. 而可以作出一个 $n_0=-m$ 阶适当的拟微分算子 B 使

$$\sigma(B)\sim\sum_j\chi(\xi)\sigma_j(B).$$

显然 B 在 Γ_1 中是椭圆型的，而且适合式 (5.4.9).

作为这个定理的直接推论可以把定理 5.1.11 改进为

定理 5.4.6 若 $u\in\mathscr{E}'(\Omega)$，$A\in L_{\rho,\delta}^m$ 在 (x_0,ξ_0) 的某个锥邻域中是椭圆型的，若 $Au\in C^\infty(\Omega)$，则 $(x_0,\xi_0)\notin WF(u)$.

证. 作 A 的适当的微局部拟基本解 B. 因 $Au\in C^\infty(\Omega)$，故 $B\circ Au\in C^\infty$. 但在 (x_0,ξ_0) 的锥邻域中 $\sigma(B\circ A)(x,\xi)\equiv 1$，故由定理 5.1.11 即得定理之证.

$\sigma(A)(x,\xi)$ 不适合椭圆性条件的点自然引起人们极大的兴趣. 事实上 $|\sigma(A)(x,\xi)|\geqslant c(1+|\xi|)^m$ 这个条件可以改写为 $\lim\limits_{t\to+\infty}t^{-m}|\sigma(A)(x,t\xi)|\neq 0$. 因此破坏这个条件的点 (x_0,ξ_0) 应适合 $\lim\limits_{t\to\infty}t^{-m}|\sigma(A)(x_0,t\xi_0)|=0$. 对于经典的拟微分算子（自然包括偏微分算子），这个条件就是 $\sigma_m(a)(x_0,\xi_0)=0$. 所有这样的 (x_0,ξ_0) 都称为特征点. 特征的概念是偏微分方程的基本概念之一，现在我们可以理解，它是一个微局部的，即余切丛上的概念. 因此我们给出

定理 5.4.7 $A\in L_{\rho,\delta}^m(M)$ 的特征集 $\mathrm{Char}(A)$ 是

$$\mathrm{Char}(A)=\{(x,\xi)\in\dot{T}^*M;\ \lim_{t\to+\infty}t^m|\sigma(A)(x,t\xi)|=0\}. \tag{5.4.10}$$

利用这个概念可以看到，定理 5.4.6 可以改述为：若 $u\in\mathscr{E}'(\Omega)$ 而且 $Au\in C^\infty$，则 $WF(u)\subset\mathrm{Char}(A)$. 利用这一点和定理 5.1.10 可以改述波前集的定义如下：

定理 5.4.8 $WF(u)=\bigcap\limits_{A\in L^0,Au\in C^\infty}\mathrm{Char}(A)$. (5.4.11)

证. 前已证明 $WF(u)\subset\mathrm{Char}(A)$ 对一切 $A\in L^m_{\rho,\delta}$ 且 $Au\in C^\infty$ 成立，自然对 $A\in L^0_{\rho,\delta}$，$Au\in C^\infty$ 成立. 所以

$$WF(u)\subset\bigcap_{A\in L^0,Au\in C^\infty}\mathrm{Char}(A).$$

反之，若 $(x_0,\xi_0)\notin WF(u)$，则有一个 $A_0\in L^0$，使

$$\sigma(A_0)(x_0,\xi_0)=1$$

于 (x_0,ξ_0) 的某个锥邻域中成立（即 $(x_0,\xi_0)\notin\mathrm{Char}(A)$）而且 $A_0u\in C^\infty$，因此 $(x_0,\xi_0)\notin\bigcap\limits_{A\in L^0,Au\in C^\infty}\mathrm{Char}(A)$. 所以

$$\bigcap_{A\in L^0,Au\in C^\infty}\mathrm{Char}(A)\subset WF(u).$$

定理证毕.

定理 5.4.8 的好处是，它给出了 $WF(u)$ 的一个与坐标无关的定义，因而可以适用于微分流形上的广义函数.

定理 5.4.6 与 5.4.8 在 $u\in\mathscr{D}'(\Omega)$ 而 A 为适当的 PsDO（从而 Au 有意义且属于 $\mathscr{D}'(\Omega)$）时也成立.

至此可以进一步讨论 u 与 Au 的波前集之间的关系. 我们设 $u\in\mathscr{E}'(\Omega)$，$A\in L^m_{\rho,\delta}(\Omega)$ 或 $u\in\mathscr{D}'(\Omega)$ 而 A 为适当的 PsDO.

定理 5.4.9 $WF(Au)\subset WF(u)\subset WF(Au)\cup\mathrm{Char}(A)$.

(5.4.12)

证 先证左方的包含关系. 设 $(x_0,\xi_0)\notin WF(u)$，由定理 5.1.10 必存在适当的 $P\in L^0$ 使 $\sigma(P)\equiv1\ (\mathrm{mod}S^{-\infty})$ 在 (x_0,ξ_0) 的某个锥邻域中使 $Pu\in C^\infty$. 现在作 0 阶适当的 PsDO Q 使在 (x_0,ξ_0) 为椭圆的而且在 (x_0,ξ_0) 的一个充分小锥邻域外 $\sigma(Q)\in S^{-\infty}$. 因此

$$P\circ Q\equiv Q,\ Q\circ P\equiv Q\ (\mathrm{mod} L^{-\infty}).$$

于是易证 $Q\circ A\equiv Q\circ A\circ P$. 但因 $Pu\in C^\infty$, 所以 $Q\circ A\circ Pu\in C^\infty$ 而 $Q\circ Au\in C^\infty$. 由定理 5.4.6 有 $(x_0,\xi_0)\notin WF(Au)$. 故 $WF(Au)\subset WF(u)$.

右边的"$\subset$". 设 $(x_0,\xi_0)\notin \mathrm{Char}(A)\cup WF(Au)$, 则 $(x_0,\xi_0)\notin WF(Au)$, 从而由定理 5.1.10, 必有 $P\in L^0$ 为适当的, 且在 (x_0,ξ_0) 的某个锥邻域中 $\sigma(P)=1$, 使得 $(P\circ A)u\in C^\infty$ 又由 $(x_0,\xi_0)\notin \mathrm{Char}(A)$, 故由 $\sigma(P)=1$ 易证 $P\circ A$ 在 (x_0,ξ_0) 的某个锥邻域中是椭圆型的. 由定理 5.4.6 即有 $(x_0,\xi_0)\notin WF(u)$. 证毕.

这个定理有一个重要的推论:

推论 5.4.10 若 A 是椭圆型的拟微分算子, 则

$$WF(Au)=WF(u).$$

这是关于椭圆型 PsDO 的正则性的定理 5.4.4 的微局部的推广. 关于椭圆型 PsDO 的正则性的更进一步的结果将在下一节讨论 PsDO 在 Sobolev 空间上的作用时再讲.

3. Gårding 不等式. Gårding 在研究高阶椭圆型方程的 Dirichlet 问题时, 从一般的椭圆算子

$$Au\equiv\sum_{|\alpha|\le m}a_\alpha(x)D^\alpha u,\quad \sum_{|\alpha|=m}a_\alpha(x)\xi^\alpha\neq 0\ (\xi\neq 0)$$

中分出一类所谓强椭圆算子[1], 即适合条件

$$\mathrm{Re}\sum_{|\alpha|=m}a_\alpha(x)\xi^\alpha\geqslant c|\xi|^m,\ c>0 \tag{5.4.12}$$

的算子. 显然一切强椭圆算子都是椭圆的, 但是其逆则不成立. 例如著名的 Bitsadze (Бицадзе) 算子 $\partial_{\bar z}^2=\frac{1}{4}(\partial_x^2+2i\partial_x\partial_y-\partial_y^2)$ 是椭圆的, 但不是强椭圆的. 对强椭圆算子, Gårding 给出了一个极为重要的不等式: 对任意实数 s 以及紧集 $K\Subset\Omega$ 必存在常数 $C>0$ 使对一切 $u\in C_0^\infty(K)$,

1) 实际上, Вишик 在 1951 年就提出了这个概念, 见 Вишик 和 Ладыженская [1].

$$\operatorname{Re}(Au,u) \geqslant C\|u\|_{m/2}^2 - \lambda\|u\|_s^2. \tag{5.4.13}$$

$\|\cdot\|_s$ 表示 Sobolev 空间 $H^s(\Omega)$ 范数. 这个不等式可以说具有里程碑式的重要性. 它不但可以用来解决 Dirichlet 问题的存在性，而且还可以导出许多重要的先验估计，还可以用于导出关于双典型问题的能量估计. Gårding 在 1953 年提出它的时候，是用所谓"冻结系数法"(亦即所谓 Korn 技巧)去证明的(见 Gårding [1]). 后来发现，在拟微分算子的框架中证明它更为简单. 这个证明以下述引理 5.4.11 为基础，而引理的证法又与构造经典的椭圆 PsDO 的拟基本解的方法如出一辙，所以也可以看出那个方法的基本重要性.

引理 5.4.11 若 $p(x, \xi) \in S^0_{\rho,\delta}(\Omega)$, $\operatorname{Re}p(x, \xi) \geqslant c > 0$, 则必存在算子 $B \in L^0_{\rho,\delta}(\Omega)$ 使

$$\operatorname{Re}p(x, D) - B^* \circ B \in L^{-\infty}_{\rho,\delta}(\Omega), \tag{5.4.14}$$

这里 $\operatorname{Re}p = \dfrac{1}{2}(p + p^*)$.

证. 我们从构造 B 的象征 $b(x, \xi)$ 入手. 假设

$$b(x, \xi) \sim \sum_{j=0}^{\infty} b_j(x, \xi), \quad b_j \in S^{-j(\rho-\delta)}_{\rho,\delta}(\Omega),$$

注意从 § 2 开始我们都是假设了 $\delta < \rho$ 的，所以上面的渐近展开式是有意义的. 很明显应该取

$$b_0(x, \xi) = [\operatorname{Re}p(x, \xi)]^{1/2} \geqslant c^{1/2} > 0.$$

很容易证明 $b_0(x, \xi) \in S^0_{\rho,\delta}$, 以它为象征作算子 $b_0(x, D) \in L^0_{\rho,\delta}$, 则由复合的公式

$$\begin{aligned} & b_0^*(x, D) \circ b_0(x, D) \text{ 之象征} \\ & \sim \sum_{\alpha} \frac{1}{\alpha!} \partial_\xi^\alpha \overline{b_0(x, \xi)} D_x^\alpha b_0(x, \xi) \\ & \equiv |b_0(x, \xi)|^2 \ (\operatorname{mod} S^{-(\rho-\delta)}_{\rho,\delta}). \end{aligned}$$

于是

$$R_1(x, D) = \operatorname{Re}p(x, D) - b_0^*(x, D) \circ b_0(x, D) \in L^{-(\rho-\delta)}_{\rho,\delta}.$$

假设已经作出 $b_0, b_1, \cdots, b_j$, 我们希望作出 $b_{j+1}(x, \xi) \in S^{-(j+1)(\rho-\delta)}_{\rho,\delta}$ 使

$$\operatorname{Re}p(x, D) = \left[\sum_{k\neq 0}^{j} b_k^*(x, D) + b_{j+1}^*(x, D)\right]$$

$$\circ\left[\sum_{k=0}^{j} b_k(x, D) + b_{j+1}(x, D)\right] + R_{j+2},$$

$$R_{j+2}(x, D) \in L_{\rho,\delta}^{-(j+2)(\rho-\delta)}.$$

但上式右方等于

$$\operatorname{Re}p(x, D) + R_j(x,D) + b_{j+1}^* \circ \sum_{k=0}^{j+1} b_k + \sum_{k=0}^{j+1} b_k^* \circ b_{j+1}$$

$$+ R_{j+1}(x, D)$$

所以 $b_{j+1}(x, D)$ 的象征应该适合

$$b_{j+1}^* \cdot b_0 + b_0^* \cdot b_{j+1} = -R_j(x,\xi).$$

因为 $b_0^*(x, \xi) = b_0(x, \xi) = [\operatorname{Re}p(x, \xi)]^{1/2} \geqslant c^{1/2} > 0$，所以可以求出 b_{j+1} 而且易证 $b_{j+1} \in S_{\rho,\delta}^{-(j+1)(\rho-\delta)}$. 仿此即可作出 B.

这个 B 在某种意义下可以说近似于 $\operatorname{Re}p(x, D)$ 的平方根.

定理 5.4.12（Gårding 不等式） 设 $A \in L_{\rho,\delta}^m$ 适合以下不等式

$$\operatorname{Re}\sigma(A)(x, \xi) > a_0|\xi|^m,\ a_0 \geqslant 0 \text{ 为一常数},$$

则对任意 $\varepsilon > 0$ 以及任意紧集 $K \Subset \Omega$，任意 s 均存在常数 $C \geqslant 0$ 使对 $u \in C_0^\infty(K)$ 有

$$\operatorname{Re}(Au, u) \geqslant (a_0 - \varepsilon)\|u\|_{m/2}^2 - C\|u\|_s^2. \qquad (5.4.15)$$

证. 我们不妨设 $s < \frac{m}{2}$. 因为若对这样的 s 已经证得 (5.4.15)，那么对 $s_1 > \frac{m}{2}$，取 $s_0 < \frac{m}{2}$，则因显然

$$\|u\|_{s_0} \leqslant \|u\|_{s_1},$$

故有

$$\begin{aligned}\operatorname{Re}(Au, u) &\geqslant (a_0 - \varepsilon)\|u\|_{m/2}^2 - C\|u\|_{s_0}^2 \\ &\geqslant (a_0 - \varepsilon)\|u\|_{m/2}^2 - C\|u\|_{s_1}^2.\end{aligned}$$

取 $\Lambda_{m/2}$ 为以 $(1+|\xi|^2)^{m/4}$ 为象征的适当的 PsDO，当然 $\Lambda_{m/2} \in L^{m/2} \subset L_{\rho,\delta}^{m/2}$. 而且它是自伴的. 用 $\Lambda_{-m/2} A \Lambda_{m/2}$ 代替 A，不妨设

$A \in S^{0}_{\rho,\delta}$ 即 $m = 0$. 于是考虑算子

$$C = \frac{1}{2}(A + {}^*A) - \left(a_0 - \frac{\varepsilon}{2}\right) I.$$

它当然属于 $L^{0}_{\rho,\delta}$. 对它应用引理 5.4.11 可以找到适当的 $B \in L^{m/2}_{\rho,\delta}$ 使

$$C - B^*B = R \in L^{-\infty}_{\rho,\delta}.$$

因此

$$(Cu, u) - (B^*Bu, u) = \frac{1}{2}(Au, u) + \frac{1}{2}(A^*u, u)$$

$$- (Bu, Bu) - \left(a_0 - \frac{\varepsilon}{2}\right)(u, u) = (Ru, u),$$

因此

$$\begin{aligned}\mathrm{Re}(Au, u) &= \left(a_0 - \frac{\varepsilon}{2}\right)\|u\|_0^2 + \|B^*u\|_0^2 + (Ru, u)\\ &\geqslant \left(a_0 - \frac{\varepsilon}{2}\right)\|u\|_0^2 + (Ru, u)\\ &\geqslant \left(a_0 - \frac{\varepsilon}{2}\right)\|u\|_0^2 - |(Ru, u)|. \end{aligned} \qquad (5.4.16)$$

但由 Schwartz 不等式易证

$$\begin{aligned}|(Ru, u)| &\leqslant \|u\| \cdot \|Ru\|\\ &\leqslant \frac{\varepsilon}{2}\|u\|_0^2 + C_1\|Ru\|_0^2.\end{aligned}$$

又因 $R \in L^{-\infty}_{\rho,\delta}$, 故对于固定的 K 当然又有常数 C_2 使

$$\|Ru\|_0^2 \leqslant C_2\|u\|_s^2.$$

代入 (5.4.16) 即得

$$\mathrm{Re}(Au, u) \geqslant (a_0 - \varepsilon)\|u\|_0^2 - C\|u\|_s^2,\ C = C_1C_2,$$

而定理证毕.

4. 亚椭圆 PsDO. 上面我们看到椭圆型 PsDO 的重要特性是它的正则性(定理 5.4.4.):

$$\text{sing supp } u = \text{sing supp } Au,\quad u \in \mathscr{E}'(\Omega), \qquad (5.4.17)$$

但是并不是只有椭圆型算子，而且还有许多在数学物理中很重要

的算子都具有这个性质．因此，我们把适合它的算子分出来并给出

定义 5.4.13 若 $A\in L^m_{\rho,\delta}(\Omega)$ 适合式(5.4.17)，则称 A 是 Ω 中的亚椭圆算子．

现在重要的问题是给出 $A\in L^m_{\rho,\delta}(\Omega)$ 具有亚椭圆性的具体判据．注意到由于拟微分算子具有拟局部性，$\operatorname{sing\,supp}Au\subset\operatorname{sing\,supp}u$ 总是成立的，而在定里5.4.4 中证明反向的包含关系时只是用到了 A 的拟基本解；因此，我们容易地看到

定理 5.4.14 若 $A\in L^m_{\rho,\delta}$ 有拟基本解 B 存在，则 A 必为亚椭圆的．

证．由假设有

$$B\circ A=I+R,\quad R\in L^{-\infty},$$

故对 $u\in\mathscr{E}'(\Omega)$ 有

$$u=B\circ Au-Ru,\quad Ru\in C^\infty,$$

因此

$$\operatorname{sing\,supp}u=\operatorname{sing\,supp}B\circ Au\subset\operatorname{sing\,supp}Au$$

而定理证毕．

第七章中还将证明，有时 A 必定是椭圆算子，但是只是在拟基本解属于 L^{-m} 的条件下．

但是我们希望有一个更方便的“代数的”判据，对此，我们有

定理 5.4.15 若 $A\in L^m_{\rho,\delta}(\Omega)$ 适合以下条件

(H_1)　$\exists m_1\leqslant m$ 使对 $x\in K\Subset\Omega$，有正常数 R，C_1，C_2 存在使

$$C_1|\xi|^{m_1}\leqslant|\sigma(A)(x,\xi)|\leqslant C_2|\xi|^m,\ |\xi|\geqslant R,\ x\in K;\tag{5.4.17}$$

(H_2)

$$|\partial_x^\beta\partial_\xi^\alpha\sigma(A)(x,\xi)/\sigma(A)(x,\xi)|\leqslant C_{\alpha,\beta,K}|\xi|^{-\rho|\alpha|+\delta|\beta|},\quad |\xi|\geqslant R,\ x\in K,\tag{5.4.18}$$

则 A 必为亚椭圆的．

证．我们只需证明适合 (H_1)，(H_2) 的算子 A 必具有拟基本解即可．令 $\chi(\xi)\in C^\infty(\mathbf{R}^n)$ 而在 $|\xi|$ 充分小时为 0，$|\xi|$ 充分大时为 1，以 $b_0(x,\xi)=\chi(\xi)\sigma(A)^{-1}(x,\xi)$ 为象征作一个适当的拟微分算子 B_0（它显然属于 $L^{-m_1}_{\rho,\delta}$），则

$$\sigma(B_0\circ A)\sim 1+\sum_{\alpha}\frac{1}{\alpha!}\partial_\xi^\alpha b_0(x,\xi)D_x^\alpha\sigma(A)(x,\xi)$$

$$=1+r(x,\xi),\ |\xi|\ \text{充分大时}.$$

这个渐近式是有意义的，因为 $r(x,\xi)\in S_{\rho,\delta}^{-(\rho-\delta)}$：

$$\partial_\xi^\alpha b_0 D_x^\alpha\sigma(A)$$

$$=\sum c(\sigma(A)^{-1}\partial_\xi^{\alpha_1}\sigma(A))\cdots(\sigma(A)^{-1}\partial_\xi^{\alpha_k}\sigma(A))\sigma(A)^{-1}D_x^\alpha\sigma(A),$$

这里 $\sum|\alpha_j|\leqslant|\alpha|$. 其余的估计亦可仿此证明. 令 R 是以 $r(x,\xi)$ 为象征的适当拟微分算子，再考虑算子 $C_0\sim\sum\limits_{j=0}^{\infty}(-1)^jR^j$（它就是 $I+R$ 的拟基本解）. 并令 $C_0B_0=B$，则明显地有：B 是 A 的拟基本解. 大家可以看到，这个证明与定理 5.4.2 完全一致.

可以看一些亚椭圆算子之例：

例 1. 热算子 $\partial_t-\triangle$ 的象征是 $i\xi_0+|\xi|^2$，这里 $m=2$，$m_1=1$.

例 2. $1+|x|^{2\nu}(-\triangle)^\mu$（$\mu$，$\nu$ 为非负整数）的象征是 $1+|x|^{2\nu}|\xi|^{2\mu}$. $m=2\mu$，$m_1=0$，而且不难证明 $\rho=1$，$\delta=\mu/\nu$（只要 $\mu<\nu$）. 所以它是亚椭圆的，特别是当 $\nu\geqslant 2$ 时，$1-|x|^{2\nu}\triangle$ 是亚椭圆算子.

我们不妨将适合 (H_1)，(H_2) 的算子类记作 $HL_{\rho,\delta}^{m;m_1}$，这个类有许多性质使之类似 $L_{\rho,\delta}^m$：可以很简单地证明：$HL_{\rho,\delta}^{m;m_1}$ 中算子的转置算子与伴算子仍在 $HL_{\rho,\delta}^{m;m_1}$ 中；又若 $A\in HL_{\rho,\delta}^{m',m_1'}$，$B\in HL_{\rho,\delta}^{m'',m_1''}$ 且至少有一个是适当的，则 $B\circ A\in HL_{\rho,\delta}^{m'+m'',m_1'+m_1''}$；此外，若 $\rho+\delta\geqslant 1$，亦即 $0\leqslant 1-\rho\leqslant\delta<\rho\leqslant 1$，则 $HL_{\rho,\delta}^{m;m_1}$ 在变量变换下不变，因此在这个条件下，可以在微分流形上定义 $HL_{\rho,\delta}^{m;m_1}$. 这些结论的证明与 § 2，§ 3 中相应定理的证明并无二致，所以在这里不再重复.

我们还容易看到椭圆型 $L_{\rho,\delta}^m$ 类就是 $HL_{\rho,\delta}^{m;m}$.

尽管 $HL_{\rho,\delta}^{m;m_1}$ 如此重要，它却没有包含一切亚椭圆算子. 著名的 Колмогоров 算子

$$Au=\frac{\partial^2 u}{\partial x_1^2}+x_1\frac{\partial u}{\partial x_2}-\frac{\partial u}{\partial x_3}\tag{5.4.19}$$

就是一个例子．它具有基本解(见 A. H. Колмогоров [1]) 因而是亚椭圆的，但它的象征是，

$$\sigma(A)(x,\xi)=-\xi_1^2+ix_1\xi_2-i\xi_3,$$

若令 $\xi^{(j)}=(0,j,jx_1)$，则 $\sigma(A)(x,\xi^{(j)})=0$，但 $|\xi^j|\to\infty$，因此不可能满足 (H_1)．

Hörmander 在 [8] 中详细地讨论了一类二阶偏微分算子有亚椭圆性的充分必要条件．这一类即

$$A=\sum_{j=1}^{m}X_j^2+X_0+c(x), \tag{5.4.20}$$

其中

$$X_j=\sum_{k=1}^{n}a_{jk}(x)\frac{\partial}{\partial x_k},\ j=0,1,\cdots,m, \tag{5.4.21}$$

$a_{jk}\in C^\infty(\Omega)$ 是实值函数，但 $c(x)\in C^\infty(\Omega)$ 可以取负值．

为了表述 Hörmander 的结果，需要一些关于向量场的语言．若 X，Y 是两个向量场(即两个 C^∞ 系数的一阶线性偏微分算子)，可以定义一种反交换的“乘积”——交换子积

$$[X,Y]=XY-YX.$$

一切向量场的集合(作为一个线性空间)，关于交换子积构成一个 Lie 代数．考虑由 $X_0, X_1,\cdots,X_m$ 生成的 Lie 代数(指实数域上的代数) $\mathscr{G}$，它是由

$$[X_{i_1},[X_{i_2},[X_{i_3},[\cdots]]\cdots]\ (\text{有限重})$$

所张的 R 线性空间．它的元素当然是一些 C^∞ 系数的齐次一阶线性偏微分算子，它们的象征均可写为 $\sum_{j=1}^{n}\alpha_j(x)\xi_j$．如果将它们的系数“冻结”在某一点 $x_0\in\Omega$，即考虑 $\sum_{j=1}^{n}\alpha_j(x_0)\xi_j$，它们是 $\mathbf{R}_\xi^n$ 的对偶空间之元．因此，“冻结”以后，$\mathscr{G}$ 将在每一点对应于 $(\mathbf{R}_\xi^n)^*$ 的一个子空间，因而有一定的维数 $r(x_0)\leqslant n$．我们现在考虑 $r(x_0)=r=\mathrm{const}\neq 0$ 的情况．Hörmander 的结果就是著名的“平方和定理”如下：

定理 5.4.16 若上述算子 A 中的 $X_j(j=0,1,\cdots,m)$ 所生成的 $\mathscr{G}$ 在各点的维数不变：$r(x_0)=r\neq 0$，则 A 有亚椭圆性的必要充分条件是 $r=n$.

这个定理的证明较长，我们在此不再重复，读者可以参看上面引述的 Hörmander 的原著或 F. Treves [4] 卷 1 第二章 § 5 或 Kumano-go [1]第四章. 我们这里只来看一下它应用到 Колмогоров 算子上的情况. 这时 $X_1=\frac{\partial}{\partial x_1}$, $X_0=x_1\frac{\partial}{\partial x_2}-\frac{\partial}{\partial x_3}$, 所以

$$[X_1, X_0]=\frac{\partial}{\partial x_2},$$

由此立即可知 $\mathscr{G}$ 之维数为 $3=n$，因此 Колмогоров 算子有亚椭圆性.

Hörmander 定理的证明主要应用的方法是所谓 ε 估计. 它是次椭圆估计 (Subelliptic estimates) 类型的. 次椭圆估计是一个很重要的工具，读者可以参看 Егоров [1], [2] 和 Hörmander [14]. 这里讲的算子是所谓具有重特征的算子，关于重特征算子与亚椭圆性的关系可以参看 Taylor [1] 第十五章.

§ 5. 关于有界性和紧性的结果

1. L^2 有界性定理. 拟微分算子 $A\in L^m_{\rho,\delta}(\mathbf{R}^n)$ 是一个连续线性算子

$$A:\ C_0^\infty(\mathbf{R}^n)\to C^\infty(\mathbf{R}^n).$$

若 A 还是适当的，则 A: $C_0^\infty(\mathbf{R}^n)\to C_0^\infty(\mathbf{R}^n)$. 现在要问 A 可否拓展为由 $L^2(\mathbf{R}^n)\to L^2(\mathbf{R}^n)$ 的线性连续算子即

$$\|Au\|_{L^2}\leqslant C\|u\|_{L^2}? \tag{5.5.1}$$

对这个问题的回答可由以下定理得出：

定理 5.5.1 设 $A\in L^0_{\rho,\delta}(M)$ 是适当的，$0\leqslant\delta<\rho\leqslant 1$ (或当 M 是一流形时设 $0\leqslant 1-\rho\leqslant\delta<\rho\leqslant 1$)，且对任一紧集 $K\Subset M$ 有

$$\lim_{|\xi|\to+\infty}\sup_{x\in K}|\sigma(A)(x,\xi)|<C, \quad (5.5.2)$$

则必可找到一个适当的自伴正则化算子 R 使

$$\|Au\|_{L^2}^2\leqslant C^2\|u\|_{L^2}^2+(Ru,u),\ u\in C_0^\infty(M). \quad (5.5.3)$$

证. 因为 $(Au,Au)=(A^*Au,u)$，我们只需证明存在一个适当的 $B\in L_{\rho,\delta}^0(M)$，使

$$A^*A+B^*B-C^2=R$$

是正则化算子即可，因为这时即有

$$\|Au\|^2+\|Bu\|^2=C^2\|u\|^2+(Ru,u),\ u\in C_0^\infty(M).$$

C^2-A^*A 有一个主象征为 $C^2-|\sigma(A)(x,\xi)|^2$，因此定理的证明归结为

定理 5.5.2 若 $C\in L_{\rho,\delta}^0(M)$ 是适当且自伴的，并设对任意紧集 $K\Subset M$ 有

$$\lim_{|\xi|\to+\infty}\inf_{x\in K}\mathrm{Re}\sigma(C)(x,\xi)>0,$$

则必可找到一个适当的 $B\in L_{\rho,\delta}^0$ 使 $B^*B-C=R$ 是正则化算子.

证. 当 $x\in K$ 而 $|\xi|$ 充分大时，很容易找到实值的象征 $b_0\in S_{\rho,\delta}^0(M)$ 使

$$|b_0(x,\xi)|^2-\mathrm{Re}\sigma_C(x,\xi)=0.$$

以 b_0 为象征作一个适当的 $B_0\in L_{\rho,\delta}^0(M)$，则

$$\sigma(B^*B)(x,\xi)\equiv b_0(x,\xi)\ (\mathrm{mod}S_{\rho,\delta}^{-(\rho-\delta)}(M)).$$

故

$$C-B_0^*B_0\in L_{\rho,\delta}^{-(\rho-\delta)}(M).$$

如果已作出 $B_0,B_1,\cdots,B_j$ 使

$$R_j=C-(B_0^*+B_1^*+\cdots+B_j^*)\cdot(B_0+B_1+\cdots+B_j)\in L_{\rho,\delta}^{-(j+1)(\rho-\delta)}(M)$$

现在要求作 $B_{j+1}\in L_{\rho,\delta}^{-(j+1)(\rho-\delta)}(M)$ 使

$$R_{j+1}=C-(B_0^*+\cdots+B_{j+1}^*)(B_0+\cdots+B_{j+1})\in L_{\rho,\delta}^{-(j+2)(\rho-\delta)}(M).$$

实际上，即要求

$$R_{j+1}\equiv R_j-B_{j+1}^*B_0-B_0^*B_{j+1},\ (\mathrm{mod}L_{\rho,\delta}^{-(j+2)(\rho-\delta)}(M)),$$

因为 R_j 是自伴的，从而 $\operatorname{Im}\sigma(R_j)\in S^{-(j+2)(\rho-\delta)}_{\rho,\delta}$，因此 B_{j+1} 的取法仅需使

$$2\sigma(B_{j+1})\sigma(B_0)=\sigma(R_j),\quad |\xi| \text{ 充分大}, x\in K$$

即可，由 $|\sigma(B_0)|=b_0^{\frac{1}{2}}(x,\xi)$ 即知这是可能的。现在作一个适当的 $B\in L^0_{\rho,\delta}(M)$ 使 $\sigma(B)\sim\sum_{j=0}^{\infty}\sigma(B_j)$ 即合于所求。

请读者把这个结果与引理 5.4.11 比较。这里的结果更为精确。

下面看一个特别的情况。设相应于 A 的分布核 $A(x,y)$ 在 $M\times M$ 中有紧支集 $K\times K\Subset M\times M$。作 $u\in C_0^\infty(M)$ 使在 K 上 $u\equiv 0$，则 $Au=0$，而可以选 Ru 使 $Ru=0$ 因此，在以上的作法中，当 $A(x,y)$ 有紧支集时，我们可以设 R 之核 $R(x,y)$ 也有紧支集。于是可得

定理 5.5.3 若 $A\in L^0_{\rho,\delta}(\mathbf{R}^n)$，$0\leqslant\delta<\rho\leqslant 1$，$A(x,y)$ 在 $\mathbf{R}^n\times\mathbf{R}^n$ 中有紧支集，且

$$\overline{\lim_{|\xi|\to+\infty}}|\sigma(A)(x,\xi)|<C, \tag{5.5.4}$$

则必存在算子 A_1，使 $A-A_1\in L^{-\infty}_{\rho,\delta}(\mathbf{R}^n)$，$\operatorname{supp}A_1(x,y)$ 也为紧，而且

$$\|A_1u\|\leqslant C\|u\|,\quad u\in C_0^\infty(\mathbf{R}^n). \tag{5.5.5}$$

证. 我们现在作一个磨光核 $\chi(x)\in C_0^\infty(\mathbf{R}^n)$，使得不但有 $\chi(x)\geqslant 0$，$\int\chi(x)dx=1$，而且还有 $0\leqslant\hat{\chi}(\xi)\leqslant 1$。事实上如第一章 §1 那样作磨光核 $\chi_0(x)$，则只能有

$$|\hat{\chi}_0(\xi)|=\left|\int e^{-ix\xi}\chi_0(x)dx\right|\leqslant\int|\chi_0(x)|dx=\int\chi_0(x)dx=1.$$

但若取 $\chi(x)=\int\chi_0(x+y)\chi_0(y)dy$，自然也有 $\chi(x)\in C_0^\infty(\mathbf{R}^n)$。$0\leqslant\chi(x)\leqslant\int\chi_0(y)dy=1$，$\int\chi(x)dx=\iint\chi_0(x+y)\chi_0(y)dxdy=\left[\int\chi_0(y)dy\right]^2=1$，而且因 $\hat{\chi}(\xi)=|\hat{\chi}_0(\xi)|^2$，而得 $0\leqslant\hat{\chi}(\xi)\leqslant 1$。

现在令 $\chi_\varepsilon(x)=\varepsilon^{-n}\chi(x/\varepsilon)$，并定义算子

$$A_\varepsilon u=Au-A(\chi_\varepsilon * u) \tag{5.5.6}$$

这里

$$A_\varepsilon u(x)=(2\pi)^{-n}\int e^{ix\xi}\sigma(A)(x,\xi)(1-\hat{\chi}_\varepsilon(\xi))\hat{u}(\xi)d\xi, \tag{5.5.7}$$

$$\hat{\chi}_\varepsilon(\xi)=\hat{\chi}(\varepsilon\xi).$$

定理 5.5.1 仍可适用，而知

$$\|A_\varepsilon u\|^2\leqslant C^2\|u-\chi_\varepsilon * u\|^2+(R(u-\chi_\varepsilon * u),(u-\chi_\varepsilon * u)). \tag{5.5.8}$$

因为 $A(x,y)$ 有紧支集，所以 $R(x,y)\in C_0^\infty(\mathbf{R}^n\times\mathbf{R}^n)$，由 (5.5.7) 之第二式还可见到 $\|u-\chi_\varepsilon * u\|^2\leqslant\|u\|^2$. 若定义 R_ε 为

则
$$R_\varepsilon u=R(u-\chi_\varepsilon * u),$$

$$\begin{aligned}R_\varepsilon u(x)&=\int R(x,y)\left[u(y)-\int\chi_\varepsilon(y-x)u(x)dx\right]dy\\&=\int\left[R(x,y)-\int R(x,z)\chi_\varepsilon(z-y)dz\right]u(y)dy\\&=\int\left[R(x,y)-\int R(x,y+\varepsilon z)\chi(z)dz\right]u(y)dy\\&=\int R_\varepsilon(x,y)u(y)dy.\end{aligned}$$

很容易看到，当 ε 充分小时，$\operatorname{supp}R_\varepsilon(x,y)$ 位于某个固定的紧集 $K_1\Subset\mathbf{R}^n\times\mathbf{R}^n$ 内部，而且当 $\varepsilon\to 0$ 时，$R_\varepsilon(x,y)$ 一致趋于 0.

我们可以选一个充分小的 $\delta>0$ 而将 (5.5.4) 中的 C 换成 $C-\delta$，这样由 (5.5.7) 可得，当 ε 充分小时

$$\|A_\varepsilon u\|^2\leqslant(C-\delta)^2\|u\|+\|R_\varepsilon u\|\|u\|\leqslant C^2\|u\|^2.$$

我们就可以用 A_ε 为所求之 A_1. 因为 $A-A_1$ 之象征为 $\sigma(A)(x,\xi)\hat{\chi}(\varepsilon\xi)$，$\hat{\chi}(\varepsilon\xi)\in S_{\rho,\delta}^{-\infty}$，所以 $A-A_1\in L^{-\infty}$. 直接验证也不难看到 A_1 的分布核有紧支集.

上面的定理假设了分布核有紧支集. 这个限制不难在下一段中解除，当然所得的结论要弱一些. 但是，限制 $\rho>\delta$ 却是很严重的，例如在证明引理 5.5.2 中利用定理 5.4.11 作 B 时利用了渐近展开，这时 $\rho>\delta$ 是不可少的. 在本章一开始就指出过在各种各

样的 $S^m_{\rho,\delta}$ 类中，有些性质很好，例如假设了 $\rho>\delta$ 则可以得出拟微分算子代数的种种定理，再加上 $0\leqslant 1-\rho\leqslant\delta<\rho\leqslant 1$ 又可以在微分流形上定义拟微分算子. 但是 $\rho=\delta$ 时，$S^m_{\delta,\delta}$ 就是一个"坏"类，而在许多时候又需要用到. 例如 $S^0_{\delta,\delta}$ 的 L^2 有界性定理(Calderon-Vaillancourt 定理)就是很有用的工具. 我们将在本章末尾介绍.

另外，还应该考虑 L^p 有界性. 这方面也有了许多工作，例如可以参看 C. Fefferman [1]，张恭庆 [1]，王柔怀和李成章 [1].

2. 拟微分算子在 Sobolev 空间上的作用. 本段中 M 既可以指 $\mathbf{R}^n$ 的一个开区域，也可以指一个微分流形，$A\in L^m_{\rho,\delta}$ 是 M 上的拟微分算子. 当 $M\subset\mathbf{R}^n$ 时，我们设 $0\leqslant\delta<\rho\leqslant 1$，当 M 是微分流形时则设 $0\leqslant 1-\rho\leqslant\delta<\rho\leqslant 1$. 当 $M\subset\mathbf{R}^n$ 时，可以对任意实数 s 定义 $H^s(M)$，而当 M 是微分流形时，则可定义 $H^s_{\text{loc}}(M)$ 与 $H^s_{\text{comp}}(M)$. 但在 M 为紧流形时，我们记

$$H^s(M)=H^s_{\text{loc}}(M)=H^s_{\text{comp}}(M).$$

当 M 为紧时，可以借助于一的分割在其上引入具有光滑的正密度的测度 d_μ（相对于 Lebesgue 测度而言），从而可以定义 $L^2(M,d_\mu)$，而且因为 M 为紧，它的定义实际上与 d_μ 的取法无关，因此记为 $L^2(M)$，亦即 $H^0(M)$，这时，$A(x,y)$ 自然有紧支集，从而，由定理 5.5.1 即知

定理 5.5.4 在上述条件下，A 可以拓展为连续线性算子 $L^2(M)\to L^2(M)$.

对一般的 M，我们则有

定理 5.5.5 设 $A\in L^m_{\rho,\delta}(M)$，则它是连续线性映射

$$A:\ H^s_{\text{comp}}(M)\to H^{s-m}_{\text{loc}}(M). \tag{5.5.9}$$

若 A 是适当的，则还有

$$A:\ H^s_{\text{comp}}(M)\to H^s_{\text{comp}}(M), \tag{5.5.10}$$

$$A:\ H^s_{\text{loc}}(M)\to H^s_{\text{loc}}(M). \tag{5.5.11}$$

证. 在定义 Sobolev 空间 $H^s_{\text{comp}}(M)$ 与 $H^s_{\text{loc}}(M)$ 时，我们是利用了 $\Lambda_s\in L^s_{1,0}\subset L^s_{\rho,\delta}$ 的，而且利用一的分割不难看到，可以设 Λ_s

是适当的(在给出定义 5.3.7 时，我们就已看到 $\Lambda_s u$ 是定义为有限和 $\sum_\nu \phi_\nu \Lambda_s \varphi_\nu u$ 的，而每一项 $\phi_\nu \Lambda_s \varphi_\nu$ 自然是适当的)，则 Λ_{-s} 是 Λ_s 的拟基本解也是适当的，所以

$$\Lambda_{-s}\Lambda_s = I + R_s,$$

R_s 也是适当的．现在 $u \in H^s_{\text{comp}}(M)$，所以 $u_0 = \Lambda_s u \in L^2_{\text{comp}}(M)$ 而由上式

$$u = \Lambda_{-s}u_0 + v, \quad v \in C_0^\infty(M),$$

$$\Lambda_{s-m}Au = \Lambda_{s-m}A\Lambda_{-s}u_0 + \Lambda^s Av.$$

这里 $\Lambda_{s-m}A\Lambda_{-s} \in L^0_{\rho,\delta}(M)$，$\Lambda_{s-m}A\Lambda_{-s}u_0 \in L^2_{\text{loc}}(M)$ (A 为适当时则属于 $L^2_{\text{comp}}(M)$)，$\Lambda^s Av \in C^\infty(M) \subset L^2_{\text{loc}}(M)$ (A 为适当时则属于 $L^2_{\text{comp}}(M)$)，因此 $\Lambda_{s-m}Au \in L^2_{\text{loc}}(M)$ (A 为适当时属于 $L^2_{\text{comp}}(M)$)．于是得知

$$A: H^s_{\text{comp}}(M) \to H^{s-m}_{\text{loc}}(M) \ (\text{或}\ H^{s-m}_{\text{comp}}(M)),$$

其连续性由以上的讨论是自明的．其余部分的证明类似．

系 5.5.6 设 $A \in L^0_{\rho,\delta}(M)$，则它可拓展为连续线性映射

$$H^s_{\text{comp}}(M) \to H^s_{\text{loc}}(M).$$

当 $s = 0$ 时，可见 $A: L^2_{\text{comp}}(M) \to L^2_{\text{loc}}(M)$．这就是定理 5.5.3 的推广．

在讲到微分流形上的 Sobolev 空间时，我们曾指出定义 5.3.7 实际上与 Λ_s 无关，事实上，作为定理 5.5.5 的推论，我们有

系 5.5.7 定义 5.3.7 可改为一个等价的定义若 $u \in \mathscr{D}'(M)$，且对任意适当的 $A \in L^s_{1,0}(M)$ 有 $Au \in L^2_{\text{loc}}(M)$ 则 $u \in H^s_{\text{loc}}(M)$．

利用这个定理，还可以对椭圆型算子的正则性定理作出如下的推进．

定理 5.5.8 若除本段开始的假设外，再设 $A \in HL^{m;m_0}_{\rho,\delta}$，则由 $u \in \mathscr{D}'(M)$ 以及 $Au \in H^s_{\text{loc}}(M)$，有 $u \in H^{m_0+s}_{\text{loc}}(M)$．特别是，若 A 为 m 阶椭圆型 PsDO 时有 $u \in H^{s+m}_{\text{loc}}(M)$．

证．作 A 的拟基本解 B，它是适当的，而且是 $-m_0$ 阶 PsDO．

因此 $u = B\circ Au + v, v\in C^\infty(M)$, $B\circ Au\in L_{loc}^{s+m_0}(M)$. 定理证毕.

特别我们可以看 $Au\in C^\infty(M)$ 的情况. 这时对一切 s 有 $Au\in H_{loc}^s(M)$, 从而 $u\in H_{loc}^{s+m_0}(M)$ 对一切 s 成立. 由嵌入定理, $u\in C^\infty(M)$. 所以对亚椭圆算子 $A\in HL_{\rho,\delta}^{m;m_0}$ 由 $u\in \mathscr{D}'(M)$ 以及 $Au\in C^\infty(M)$ 可得 $u\in C^\infty(M)$. 这样我们又一次在一个特例下得到

$$\text{sing supp}\, u = \text{sing supp}\, Au.$$

以上证明了 A 在 $H_{loc}^s(M)$ 或 $H_{comp}^s(M)$ 上的连续性. 但这两个空间均非 Hilbert 空间,因而没有得到有关 A 的更精确的知识. 现在, 取 $K\Subset M$ 为一紧集, 则 $H^s(K)$ 是一个 Hilbert 空间. 我们在 $H^s(K)$ 上引入一个与原来的数量积等价的数量积. 仍用原来的 Λ_s, 有

$$\Lambda_{-s}\circ\Lambda_s = I + R_s,\quad R_s\in L_{\rho,\delta}^{-\infty}.$$

若 $p > s$ 为一自然数,令 $Q_1, \cdots, Q_N$ 是所有阶数不超过 p 的微分算子所成的 C^∞ 左 module 的生成元,定义

$$(u, v)_s' = (\Lambda_s u, \Lambda_s u) + \sum_{k=1}^{N}(Q_k R_s u, Q_k R_s v).$$

因为 $Q_k R_s\in L_{\rho,\delta}^{-\infty}$, 因此 $|(Q_{k} R_s u, Q_k R_s u)|\leqslant C\|u\|_s^2$ 对某个适当的 C 成立. 由此可见

$$\|u\|_s'^2 = (\Lambda_s u, \Lambda_s u)\leqslant C\|u\|_s'^2\leqslant C_1\|u\|_s^2.$$

即范数 $\|\cdot\|_s$ 与 $\|\cdot\|_s'$ 等价. 对于 $K\Subset M$, 必可找到一个适当的紧集 $\hat{K}\Subset M$ 使 $Au\in H^{s-m}(\hat{K})$, 而且 $A: H^s(K)\to H^{s-m}(\hat{K})$ 是连续的. 这里我们设 A 是适当的. $\hat{K}$ 的存在是很清楚的, 事实上可取 $\hat{K} = \pi_x(\text{supp}\, A(x, y)\cap\pi_y^{-1}K) = \text{supp}A(x, y)\circ K$. 为证明 A 之连续性, 我们采用范数 $\|\cdot\|_s'$, 而问题归结为用 $\|\Lambda_s u\|$ 与 $\|Q'R_s u\|$ 来估计 $\|\Lambda_{s-m}Au\|$ 和 $\|QR_{s-m}Au\|$, 这里 Q 和 Q' 是任意的微分算子. 但是

$$\Lambda_{s-m}A_u = (\Lambda_{s-m}A\Lambda_{-s})(\Lambda_s u) - (\Lambda_{s-m}AR_s)u,$$

$$QR_{s-m}Au = (QR_{s-m}A\Lambda_{-s})(\Lambda_s u) - (QR_{s-m}AR_s)u.$$

右方的 PsDO 都是适当的,故这些算子的分布核虽非紧支集的, 但

当它们所作用的 u 具有紧支集 K 时，不妨设它们的分布核的支集在 $\hat{K}\times K$ 的某邻域中，因而可以利用关于 L^2 有界性的定理 5.5.1 得到这里的结论.

我们仍设 $A\in HL^{m;m_0}_{\rho,\delta}(M)$ 而且是适当的，则因为有拟基本解 $B\in HL^{-m_0,-m}_{\rho,\delta}(M)$ 也是适当的，利用

$$u=B\circ Au+Ru,\quad R\in L^{-\infty}_{\rho,\delta},\quad u\in C_0^\infty(M),$$

即可得到

定理 5.5.9 若 $A\in HL^{m;m_0}_{\rho,\delta}(M)$ 为适当的，则对任意实数 t 与紧集 $K\Subset M$ 必有常数 $C>0$ 使

$$\|u\|_{s+m_0}\leqslant C(\|Au\|_s+\|u\|_t),\quad u\in C_0^\infty(K).\qquad(5.5.12)$$

特别是，当 A 为椭圆型时，有

$$\|u\|_{s+m}\leqslant C(\|Au\|_s+\|u\|_t),\quad u\in C_0^\infty(K).\qquad(5.5.13)$$

对 $HL^{m;m_0}_{\rho,\delta}$ 算子，$m_0<m$，因此可以把 (5.5.12) 的左方写为 $\|\cdot\|_{s+m-\delta}$，$\delta=m-m_0>0$，所以估计 (5.5.12) 与 (5.5.13) 比较，可以说光滑性损失了 δ. 这种光滑性的损失在许多重要的应用中都会发生. 所以我们特别地把以下类型的算子

$$u\in\mathscr{D}'(M),\ Pu\in H^s_{\text{loc}}(M)\Rightarrow u\in H^{s+m-\delta}_{\text{loc}}(M),\ 0<\delta<1,$$

称为次椭圆算子. 规定 $\delta<1$ 是为了使以上的性质与 P 的低阶项无关. 有关次椭圆算子以及次椭圆估计的文献前面已经介绍了.

3. 紧性、Fredholm 性与指标. 本章一开始就提到，PsDO 是线性偏微分算子的自然的推广，这种推广之所以有价值，在于它有助于解决偏微分方程理论中的重大问题. 60 年代中期，Atiyah-Singer 指标定理的出现是偏微分方程理论的重大成就. 这个定理说明了 PsDO 理论的巨大力量. 正是由此，还由于它有助于解决其它一些重大问题(如 Cauchy 问题的唯一性)，PsDO 才得到了公认. 在本书中不可能介绍指标定理，读者可以参看 Atiyah, Singer [1] 和 Shanahan [1]，下面只讲一些有关的一般概念，第七章中再进一步介绍.

两个 Banach 空间 E 和 F 之间的线性算子为紧的定义是清楚的，但现在 $L^2_{\text{comp}}(M)$ 与 $L^2_{\text{loc}}(M)$ 均非巴拿赫空间. A: $L^2_{\text{comp}}(M)$

$\to L^2_{loc}(M)$ 为紧的定义是：任取紧集 $K\Subset M$，A 限制在

$$L^2_K(M)=\{f\in L^2(M),\ \mathrm{supp} f\subset K\}$$

上时将它的任意有界集映为 $L^2_{loc}(M)$ 的预紧（precompact）集．这里有一个经典的结果：若 A 将 $L^2_K(M)$ 中的一切弱收敛于 0 的序列 $\{f_i\}$ 均变为 $L^2_{loc}(M)$ 中的强收敛于 0 的序列，即对任意紧集 $K'\Subset\Omega$ 有

$$\int_{K'}|Af_i|^2dx\to 0,$$

则 A 为紧．这里第一个重要的结果是：

定理 5.5.10 对于紧集 $K\Subset M$，一切正则化算子 A: $L^2_K(M)\to L^2_{loc}(M)$，都是紧的．

证．令 A 之分布核为 $A(x,y)\in C^\infty(M\times M)$，$f_i$ 在 $L^2_K(M)$ 中弱收敛于 0，则对每一点 $x\in K'$，

$$\left[\int A(x,y)f_i(y)\ dy\ \right]^2\to 0.$$

又因 $\{f_i\}$ 必有界，所以又有

$$\left|\int A(x,y)f_i(y)dy\right|^2\leqslant C\int_{K'}|A(x,y)|^2dy,$$

右方是 x 的 Lebesgue 可积函数．所以由 Lebesgue 控制收敛定理，$\{Af_i\}$ 在 $L^2_{loc}(M)$ 中强收敛于 0．定理证毕．

对于拟微分算子 $A\in L^0_{\rho,\delta}(M)$ $0\leqslant 1-\rho\leqslant\delta<\rho\leqslant 1$（若 $M\subset\mathbf{R}^n$ 则只需 $0\leqslant\delta<\rho\leqslant 1$），有以下的基本结果：

定理 5.5.11 若 $A\in L^0_{\rho,\delta}(M)$ 为适当且使对任意紧集 $K\Subset M$ 一致地有

$$\varlimsup_{|\xi|\to+\infty,x\in K}|\sigma(A)(x,\xi)|\to 0,$$

即 A: $L^2_{comp}(M)\to L^2_{loc}(M)$ 是紧的．

证．我们仍只看 A 在 $L^2_K(M)$ 上的限制．由定理 5.5.2，存在一个正则化算子 R，而对任意正数 δ 有，对任一紧集 $K'\Subset M$

$$\|Au\|^2_{L^2(K')}\leqslant\delta\|u\|^2_{L^2(K')}+(Ru,u)_{L^2(K')},\quad u\in L^2_K(M).$$

取一串 u_j 在 $L^2_K(M)$ 中弱收敛于 0，从而 $\{\|u_j\|\}$ 为有界：$\|u_j\|\leqslant C$，则对任意 ε，因 Ru_j 强收敛于 0 在 $L^2(K')$ 中，必有 $J(\varepsilon)>0$

使 $j > J(\varepsilon)$ 时

$$\|Ru_j\| < \frac{\varepsilon}{2C}.$$

再取 $\delta < \frac{\varepsilon}{2C^2}$，则由上式有

$$\|Au_j\|^2_{L^2(K')} \leqslant \frac{\varepsilon}{2C^2}C^2 + \|Ru_j\|_{L^{2*}(K')}\|u_j\|_{L^2(K')} < \varepsilon,$$

从而 $A: L^2_{\mathrm{comp}}(M) \to L^2_{\mathrm{loc}}(M)$ 是紧的.

这个证明无论对 $M \subset \mathbf{R}^n$ 或M是一个微分流形却是适用的.而且M本身为紧时,定理的结论可改为 $A: L^2(M) \to L^2(M)$ 为紧的.

对于 Sobolev 空间的情况我们则有

定理 5.5.12 设有适当的 $A \in L^m_{\rho,\delta}(M)$，而实数 s 与 s' 适合 $s' < s - m$，则对紧集 $K \Subset M$，必存在紧集 $\hat{K} \Subset M$，使 $A: H^s(K) \to H^{s'}(\hat{K})$ 为紧.

证. $\hat{K}$ 的存在以及 $A: H^s(K) \to H^{s-m}(\hat{K})$ 为连续的，这点从定理 5.5.8 的证明即可看到.令 ι 为嵌入映射 $H^{s-m}(\hat{K}) \to H^{s'}(\hat{K})$，则由 Rellich 引理(定理 3.2.11) ι 是紧的,而A则是以下两个算子的复合:

$$H^s(K) \xrightarrow{A} H^{s-m}(\hat{K}) \xrightarrow{\iota} H^{s'}(\hat{K}),$$

故定理得证.

仅次于紧算子的重要算子是所谓 Fredholm 算子. 设E和F是两个局部紧的 Hausdorff 拓扑线性空间，$L(E, F)$ 表示由E到F的连续线性映射之集. 我们有

定义 5.5.13 设 $A \in L(E, F)$，若 $\dim\ker A < +\infty$，$\dim\mathrm{coker}\, A < +\infty$，则称$A$为 Fredholm 算子,其指标定义为

$$\mathrm{index} A = \dim\ker A - \dim\mathrm{coker} A. \tag{5.5.14}$$

coker A 称为A之余核,其定义为

$$\mathrm{coker}\, A = F/\mathrm{Im} A.$$

但是这里只考虑代数商空间而不考虑其拓扑结构.

把这些概念应用于紧流形M上的椭圆算子 $A \in L^m_{\rho,\delta}(M)$，$0 \leqslant 1-\rho \leqslant \delta < \rho \leqslant 1$，其形式共轭 $A^* \in L^m_{\rho,\delta}(M)$. 若记$A$在

C^∞ 上的限制为 A_∞，在 $L^2(M)$ 上的拓展为 A_m（这是定义在 $D=H^m(M)\subset L^2(M)$ 上的无界算子），则有以下的重要结果.

定理 5.5.14 对于上述的 A，

1）无界算子 (A_m, D) 之伴算子 (A_m^*, D^*) 是 A^* 在 L^2 中的拓展，其定义域 D^* 仍为 $H^m(M)$；

2）A_m 是 Fredholm 算子，且

$$\ker A_m=\ker A_\infty\subset C^\infty(M), \tag{5.5.15}$$

$$L^2(M)=\ker A_\infty\oplus \operatorname{Im} A_m^*;$$

3）当且仅当 $A=A^*$ 时 $A_m=A_m^*$，且

$$L^2(M)=\operatorname{Rer} A_\infty\oplus \operatorname{Im} A_m,\quad C^\infty=\ker A_\infty\oplus \operatorname{Im} A_\infty, \tag{5.5.16}$$

证. 1）因为 C^∞ 在 H^m 中稠密，故 A_m^* 定义域为

$$D^*=\{v\in L^2(M),\ \text{映射}\ C^\infty(M)\to C$$
$$u\longmapsto (A_m u, v)\ \text{在}\ L^2\text{意义下连续}\}. \tag{5.5.17}$$

但对 $u\in C^\infty$，$A_m u=A_\infty u$，且 $A^*: \mathscr{D}'(M)\to\mathscr{D}'(M)$ 为连续的. 故

$$(A_m u, v)=(A_\infty u, v)=(Au, v)=(u, A^*v)$$

代入 (5.5.17) 即有

$$D^*=\{v\in L^2(M), A^*v\in L^2(M)\}.$$

但 $L^2=H^0$，故由 A^* 之椭圆正则性有 $v\in H^m(M)$.

2）若 $u\in D=H^m\subset L^2$ 使 $A_m u=0$，因为 $A_m u=Au$，$A\in L^m_{\rho,\delta}$ 视为 $\mathscr{D}'(M)\to\mathscr{D}'(M)$ 的映射，由 A 之椭圆正则性，$u\in C^\infty$，从而 $\ker A_m=\ker A_\infty$. 令 B 为 A 之拟基本解，故 $B\circ A=I+R$，$R\in L^{-\infty}_{\rho,\delta}$ 是一个紧算子，故若 $u\in\ker A_m=\ker A_\infty$ 有 $(I+R)u=0$. 但这时 $u\in L^2$ 从而 $u\in\ker(I+R)\subset L^2(M)$. 因为在 Hilbert 空间上 Fredholm 理论对 $I+R$ 是成立的，而 $\dim\ker(I+R)<+\infty$ 故 $\dim\ker A_m<+\infty$. 再证 $\operatorname{dim\,coker} A_m=\operatorname{codim}\operatorname{Im} A_m<+\infty$，为此利用 B 还是 A 的右拟基本解这一事实：

$$A\circ B=I+R',\quad R'\in L^{-\infty},$$

故 $\operatorname{Im} A_m\supset \operatorname{Im} A_\infty\supset \operatorname{Im} A\circ B=\operatorname{Im}(I+R')$（这里 R' 作用在 $C^\infty(M)$ 上），但 $\operatorname{codim}\operatorname{Im}(I+R')<+\infty$，从而 $\operatorname{codim} A_m<+\infty$. 总结以

上两点即知 A_m 是 Fredholm 算子.

同理 A_m^* 也是 Fredholm 算子.

再证 $L^2(M)$ 的直和分解. 由于 A_m 和 A_m^* 都是稠定的，故 $L^2(M)=(\mathrm{Im}A_m^*)^\perp\oplus\mathrm{Im}A_m^*$. 然而易见 $(\mathrm{Im}A_m^*)^\perp=\ker A_m=\ker A_\infty$，故有

$$L^2(M)=\ker A_\infty\oplus\mathrm{Im}A_m^*.$$

3) 当 $A=A^*$ 时，显然 $A_m=A_m^*$. 反之若 $A_m=A_m^*$，则限制在 $C^\infty(M)$ 上时，自然有 $A_\infty=(A_\infty)^*$，从而 $A=A^*$. 在这个情况下，我们还有 $\mathrm{Im}A_m=\mathrm{Im}A_m^*$. 利用 (5.5.15) 之第二式，对 $u\in C^\infty(M)\subset L^2(M)$ 有

$$u=u_1+u_2,\quad u_1\in\ker A_\infty,\quad u_2\in\mathrm{Im}A_m.$$

但 $u_2=u-u_1\in C^\infty$，从而由 A 之椭圆正则性，u_2 应是某个 $C^\infty(M)$ 之元在 A_∞ 下的象. 从而

$$C^\infty(M)=\ker A_\infty\oplus\mathrm{Im}A_\infty.$$

$L^2(M)=\ker A_\infty\oplus\mathrm{Im}A_m$ 是自明的.

4. Calderon-Vaillancourt 定理与强 Gårding 不等式. 以下提出的关于 L^2 有界性的精密结果首先见于 Calderon 和 Vaillancourt [1]，并且立即在局部可解问题上得到应用(见 Beals 和 Fefferman [3]). 它的证明以著名的 Cotlar-Stein 引理为基础，而后者又在许多问题中有应用. Calderon 和 Vaillancourt 定理指出 $L^0_{\rho,\rho}0<\rho<1$ 类算子是 L^2 有界的，而这个类是一个"坏"类，因为它没有 $\rho>\delta$ 的性质，所以不能作渐近展开，而在定理 5.5.1, 5.5.2 的证明中这却是本质的要求. 现在我们从以下的引理开始.

引理 5.5.15 设 $b(x,y)$ 在 $\Omega\times\Omega$ 上可测，$\Omega\subset\mathbf{R}^n$ 为一开集，而且

$$\iint|b(x,y)b(x,y')|dxdy'\in L^\infty(\Omega),$$

则算子 $Bu(x)=\int b(x,y)u(y)dy$ 是 $L^2(\Omega)\to L^2(\Omega)$ 的有界算子，其范数 $\leqslant C=\left(\sup_\Omega\mathrm{ess}\iint|b(x,y)\bar{b}(x,y')|dxdy'\right)^{1/2}$.

证. 直接计算，令 $\beta(x,y,y')=b(x,y)\bar{b}(x,y')$ 有

$$\int|Bu(x)|^2dx=\iiint b(x,y)\bar{b}(x,y')u(y)\bar{u}(y')dxdydy'$$

$$\leqslant\iiint|\beta(x,y,y')|^{1/2}|u(y)||\beta(x,y',y)|^{1/2}|u(y')|dxdydy'$$

$$\leqslant\iiint|\beta(x,y,y')||u(y)|^2dydy'dx\leqslant C^2\int|u(y)|^2dy.$$

引理 5.5.16 (Cotlar-Stein) 令 Ξ 为一测度空间，$d\xi$ 为其测度，H 为一 Hilbert 空间，$B(\xi)$ 是值在 $\mathscr{L}(H,H)$ 中的 $\xi\in\Xi$ 的可测函数. 若

$$\int_\Xi\|B^*(\xi)B(\eta)\|^{1/2}d\eta\leqslant C,\quad\int_\Xi\|B(\xi)B^*(\eta)\|^{1/2}d\eta\leqslant C,\tag{5.5.18}$$

则对 H 中之任意元 f 与 g，$(B(\xi)f,g)$ 是 $\xi\in\Xi$ 的可积函数，而且由 $(Bf,g)=\int_\Xi(B(\xi)f,g)d\xi$ 所定义的算子 $B\in\mathscr{L}(H,H)$，$\|B\|\leqslant C$.

证. 令 X 为 Ξ 的有限测度可测集，而且在其上

$$\|B(\xi)\|\leqslant M<+\infty.$$

又定义 $(B_Xf,g)=\int_X(B(\xi)f,g)d\xi$.

现在给一串 $B_1,\cdots,B_j\in\mathscr{L}(H,H)$，并令 $B_{2p+1}=I$ 若 $j=2p$，则

$$\|B_1\cdots B_j\|\leqslant\|B_1\|\cdot\|B_2B_3\|\cdots\|B_{2p}B_{2p+1}\|,$$

$$\|B_1\cdots B_j\|\leqslant\|B_1B_2\|\cdots\|B_{2p-1}B_{2p}\|\|B_{2p+1}\|,$$

将两式相乘得

$$\|B_1\cdots B_j\|\leqslant\|B_1\|^{1/2}\|B_1B_2\|^{1/2}\|B_2B_3\|^{1/2}\cdots\|B_{j-1}B_j\|^{1/2}\|B_j\|^{1/2},$$

再注意到 $\|B_X\|^2=\|B_X^*B_X\|$，即有

$$\|B_X\|^{2^\nu}=\|(B_X^*B_X)^{2^{\nu-1}}\|$$

$$=\sup_{\|u\|=1}\int_X\int_X(B^*(\xi)B(\eta)(B_X^*B_X)^{2^{\nu-1}-1}u,u)d\xi d\eta$$

$$=\sup_{\|u\|=1}\int_{X^{2^\nu}}(B^*(\xi_1)B(\eta_1)\cdots B^*(\xi_\nu)B(\eta_\nu)u,u)d\xi_1\cdots d\eta_\nu.$$

这里 $\nu = 2^{j-1}$，因此

$$\|B_X\|^{2^j} \leqslant \int_{X^{2\nu}} \|B^*(\xi_1)\|^{1/2} \|B^*(\xi_1)B(\eta_1)\|^{1/2} \cdots \|B^*(\xi_\nu)B(\eta_\nu)\|^{1/2} \cdot \|B(\eta_\nu)\|^{1/2} d\xi_1 \cdots d\eta_\nu \leqslant M(\text{mes}X)^2 C^{2^j},$$

亦即 $\|B_X\| \leqslant [M(\text{mes}X)^2]^{2^{-j}} C$. 令 $j \to \infty$ 即有 $\|B_X\| \leqslant C$. 由于上式右方与 X 无关，故有 $\|B\| \leqslant C$.

定理 5.5.17 (Calderon-Vaillancourt) $A \in L^0_{\rho,\rho}(\Omega)$ 是 $L^2_{\text{comp}}(\Omega)$ 到 $L^2_{\text{loc}}(\Omega)$ 的连续线性算子.

证. 我们可以更一般地将 A 用振幅函数而不是象征表示如下：$a(x, y, \xi) \in S^0_{\rho,\rho}(\Omega \times \Omega \times \mathbf{R}^n)$ 而

$$Au(x) = (2\pi)^{-n} \iint e^{i(x-y)\xi} a(x, y, \xi) u(y) dy d\xi. \quad (5.5.19)$$

并暂设 $\pi_{x,y}\text{supp}a(x, y, \xi) \Subset \Omega \times \Omega$ 为紧. 注意到，若令 $\varphi(\xi) = (1 + |\xi|^2)^{\rho/2}$，则对任意正整数 N

$$[1+\varphi(\xi)^{2N}(-\triangle_\xi)^N] e^{i(x-y)\cdot\xi} = [1+\varphi(\xi)^{2N}|x-y|^{2N}] e^{i(x-y)\xi}$$

从而 $e^{i(x-y)\xi} = [1 + \varphi(\xi)^{2N}(-\triangle_\xi)^N] e^{i(x-y)\cdot\xi} [1 + \varphi(\xi)^{2N}|x-y|^{2N}]^{-1}$. 代入 (5.5.19)，并且对 ξ 反复作分部积分即得

$$Au(x) = (2\pi)^{-n} \iint e^{i(x-y)\xi} b(x, y, \xi) u(y) dy d\xi, \quad (5.5.20)$$

这里

$$b(x, y, \xi) = [1 + \varphi(\xi)^{2N}(-\triangle_\xi)^N]\{a(x, y, \xi) \cdot [1 + \varphi(\xi)^{2N}|x - y|^{2N}]^{-1}\}$$

在分部积分过程中积分号外的部分均为零，这是由于当 $|\xi| \to \infty$ 时 $\varphi(\xi) = O(|\xi|^\rho)$ 的原故. $\pi_{x,y}\text{supp}b(x, y, \xi)$ 当然也在 $\Omega \times \Omega$ 中紧. 若记 $\beta(x, y, \xi) = e^{i(x-y)\xi} b(x, y, \xi)$，则 $Au(x)$ 可以写成

$$Au(x) = \int B(\xi) u(x) d\xi = \int d\xi \cdot (2\pi)^{-n} \int \beta(x, y, \xi) u(y) dy,$$

这正是 Cotlar-Stein 引理中算子 B 的形式，因下面应该估计 $b(x, y, \xi)$ 以确定可以应用这个引理.

由 $a \in S^0_{\rho,\rho}(\Omega \times \Omega \times \mathbf{R}^n)$ 的假设以及 $1 + |\xi| \approx (1 + |\xi|^2)^{1/2}$，有

$$|D_\xi^\alpha D_x^\beta a| + |D_\xi^\alpha D_y^\beta a| \leqslant C\varphi(\xi)^{|\beta|-|\alpha|},$$

对于 $\varphi(\xi) = |\xi|^\rho \psi(\xi)$, $\psi(\xi)$ 可以展为 $\frac{1}{|\xi|^2}$ 的幂级数而且常数项为 1，易见

$$D_\xi^\alpha \varphi = \sum_{\alpha_1 \leqslant \alpha} \binom{\alpha}{\alpha_1} D_\xi^{\alpha_1} |\xi|^\rho D_\xi^{(\alpha-\alpha_1)} \psi(\xi)$$

$$= \sum_{\alpha_1 \leqslant \alpha} O(1) |\xi|^{\rho-|\alpha_1|} D_\xi^{(\alpha-\alpha_1)} \psi(\xi) = O(1)(1 + |\xi|)^{-|\alpha|} \varphi(\xi).$$

因此有

$$|D_\xi^\alpha D_x^\beta b| + |D_\xi^\alpha D_y^\beta b| \leqslant C_1 \varphi(\xi)^{|\beta|-|\alpha|}[1 + \varphi(\xi)^{2N} |x - y|^{2N}]^{-1}. \tag{5.5.21}$$

在计算过程中，我们要用到 $(1 + |\xi|)^{-|\alpha|} \approx (1 + |\xi|^2)^{-\frac{|\alpha|}{2}} = (1 + |\xi|^2)^{-\frac{\rho}{2}|\alpha| + (\rho-1)\frac{|\alpha|}{2}} = O(1)\varphi(\xi)^{-|\alpha|}$.

在 (5.5.21) 中令 $\alpha = \beta = 0$ 有 $2|b| \leqslant C_1[1 + \varphi(\xi)^{2N}|x - y|^{2N}]^{-1}$ 因此，若取 $2N > n'$，即有

$$\iint |b(x, y, \xi) b(x, y', \xi)| dx dy' \leqslant C_0^2 \varphi(\xi)^{-2n}, \tag{5.5.22}$$

因此，由引理 5.5.15 即知

$$B(\xi)u(x) = (2\pi)^{-n} \int \beta(x, y, \xi) u(y) dy$$

$$= (2\pi)^{-n} \int e^{i(x-y)\xi} b(x, y, \xi) u(y) dy \tag{5.5.23}$$

定义了一个连续线性算子 $B(\xi): L^2 \to L^2$，且 $\|B(\xi)\| \leqslant C_0 \varphi(\xi)^{-n}$. 这个 $B(\xi)$ 是值在 $\mathscr{L}(H, H)$ $(H = L^2)$ 中的可测函数（实际上对 ξ 无穷可微）无疑，所以为了应用 Cotlar-Stein 引理，只需验证 (5.5.18) 成立即可.

由 (5.5.23) 知，$B^*(\eta)$ 应为

$$B^*(\eta)u(x) = (2\pi)^{-n} \int e^{i(x-y)\cdot\eta} \bar{b}(y, x, \eta) u(y) dy,$$

因此，$B(\xi)B^*(\eta)$ 应是以下式为核的积分算子

$$c(x, y, \xi, \eta)$$

$$= (2\pi)^{-n} e^{i(x\xi - y\eta)} \int e^{-iz(\xi-\eta)} b(x, z, \xi) \bar{b}(y, z, \eta) dz.$$

现在引入算子

$$L = [\varphi(\xi)^2 + \varphi(\eta)^2 + |\xi - \eta|^2]^{-1} [\varphi(\xi)^2 + \varphi(\eta)^2 - \triangle_z],$$

则 $L e^{-iz(\xi-\eta)} = e^{-iz(\xi-\eta)}$，代入 $c(x, y; \xi, \eta)$ 之式并应用 (5.5.21) 则对任意正整数 J 有

$$\begin{aligned} & L^J [b(x, z, \xi) \bar{b}(y, z, \eta)] \\ & \leqslant C\{1 + [\varphi(\xi) + \varphi(\eta)]^{-1} |\xi - \eta|\}^{-2J} \\ & \quad \cdot [1 + \varphi(\xi)|x - z|]^{-2N} [1 + \varphi(\eta)|y - z|]^{-2N}. \end{aligned}$$

于是在 $c(x, y; \xi, \eta)$ 之式中对 z 反复作分部积分，则有

$$\left\{\iiint |c(x, y, \xi, \eta) c(x, y', \xi, \eta)| dx dy'\right\}^{1/2}$$

$$\leqslant C'\{1 + [\varphi(\xi) + \varphi(\eta)]^{-1} |\xi - \eta|\}^{-2J} \varphi(\xi)^{-n} \varphi(\eta)^{-n}.$$

因此利用引理 5.5.15 即知 $B(\xi)B^*(\eta) \in \mathscr{L}(H, H)$，$H = L^2$，而且其范数即是上式右方.

再来计算 $\int \|B(\xi)B^*(\eta)\|^{1/2} d\eta$. 这时只需估计下式对 η 的积分：

$$F(\xi, \eta) = \{1 + [\varphi(\xi) + \varphi(\eta)]^{-1} |\xi - \eta|\}^{-J} \varphi(\xi)^{-n} \varphi(\eta)^{-n}.$$

当 $|\xi - \eta| \geqslant |\eta|/2$ 时，

$$|\xi| = |\xi - \eta + \eta| \leqslant |\eta| + |\xi - \eta| \leqslant 3|\xi - \eta|,$$

$$\begin{aligned} & 1 + [\varphi(\xi) + \varphi(\eta)]^{-1} |\xi - \eta| \\ & \quad \geqslant (1 + c|\xi - \eta|^2)^{-\frac{\rho}{2}} |\xi - \eta| \\ & \quad \geqslant C(1 + |\eta|)^{1-\rho}, \end{aligned}$$

故这时

$$F(\xi, \eta) \leqslant C(1 + |\eta|)^{-n\rho/2 - J(1-\rho)},$$

而当 J 充分大时，$F(\xi, \eta)$ 在 $|\xi - \eta| \geqslant \frac{|\eta|}{2}$ 上对 η 的积分小于

一个与 ξ 无关的常数.

在 $|\xi-\eta|\leqslant|\eta|/2$ 处, 有 $|\xi|-|\eta|\leqslant|\eta|/2$ 和 $|\eta|-|\xi|\leqslant|\eta|/2$ 故 $\varphi(\xi)\sim\varphi(\eta)$,而

$$|F(\xi,\eta)|\leqslant C[1+|\xi-\eta|/\varphi(\xi)]^{-J}\varphi(\xi)^{-n}.$$

$$\begin{aligned}\int_{|\xi-\eta|\leqslant|\eta|/2}|F(\xi,\eta)|d\eta &\leqslant C\int_{\mathbf{R}^n_\eta}[1+|\xi-\eta|/\varphi(\xi)]^{-J}\varphi(\xi)^{-n}d\eta\\ &= C\int_{\mathbf{R}^n_\zeta}(1+|\zeta|)^{-J}d\zeta\quad(\zeta=(\xi-\eta)/\varphi(\xi))\\ &= C_1\ (\text{与 }\xi\text{ 无关}).\end{aligned}$$

所以 Cotlar-Stein 引理中的条件成立.

余下的就只是要解除 $\pi_{x,y}\operatorname{supp} a(x,y,\xi)$ 在 $\Omega\times\Omega$ 中为紧的限制. 我们的定理是要证明 $A: L^2_{\text{comp}}\to L^2_{\text{loc}}$ 为连续的, 因此, 若给出 $u\in L^2_{\text{comp}}$, 我们应证 $\varphi Au\in L^2(\Omega)$, 这里 $\varphi\in C_0^\infty(\Omega)$. 又设 $\operatorname{supp} u=K\Subset\Omega$, 作 $\psi\in C_0^\infty(\Omega)$ 使在 $\operatorname{supp} u$ 上 $\psi\equiv1$, 于是 $\varphi Au=\varphi A\psi u$, 而我们可以用 $\varphi A\psi$ 代替 A. $\varphi A\psi$ 的振幅函数是 $\varphi(x)a(x,y,\xi)\psi(y)$, 自然适合 $\pi_{x,y}\varphi a\psi$ 在 $\Omega\times\Omega$ 中紧的要求.

至此 Calderon-Vaillancourt 定理的证明完毕.

从 Calderon-Vaillancourt 定理可以导出另一个有用的不等式即强 Gårding 不等式. 在 Gårding 不等式(5.4.15)右方有一个任意的 ε, 现在问,能不能将 ε 去掉? 我们不妨用 $A-a_0 id$ 代替 A, 这样使 $a_0=0$, 而要求证明这样一个不等式

$$\operatorname{Re}(Au,u)\geqslant -C\|u\|^2_{s_1}.$$

强 Gårding 不等式首先是由 Hö mander [6] 给出的, Beals 和 Fefferman [1] 则从 Calderon-Vaillancourt 定理导出了它. 所谓强 Gårding 不等式就是

定理 5.5.18 设 $A\in L^1_{1,0}(\Omega)$ 的象征 $a(x,\xi)\in S^1_{1,0}(\Omega)$ 恒为非负,则对 Ω 之任一紧子集 K 必存在常数 $C>0$ 使

$$\operatorname{Re}(Au,u)+C\|u\|^2\geqslant0,\quad u\in C_0^\infty(K). \tag{5.5.24}$$

为了证明这个定理需要以下的

引理 5.5.19 对上述的 A 和 K 必存在 $C>0$ 使

$$(1+|\xi|)^{-1/2}|d_x a(x,\xi)|+(1+|\xi|)^{1/2}|d_\xi a(x,\xi)| \leqslant Ca(x,\xi)^{1/2}, \tag{5.5.25}$$

这里 $x\in K$, $\xi\in\mathbf{R}^n$.

证. 我们只需在 $\Omega\times\mathbf{R}^n$ 的很小的闭锥形集上证明它，然后用一的分割即可知道它在 $K\times\mathbf{R}^n$ 上成立. 故在 (x,ξ) 附近取 (x_0,ξ_0) 使 $|\xi-\xi_0|\leqslant\frac{1}{2}(1+|\xi|)$. 利用 Taylor 展开式以及 $a\in S^1_{1,0}$ 即有

$$0\leqslant a(x_0,\xi_0)\leqslant a(x,\xi)+(x-x_0)a_x(x,\xi)+(\xi-\xi_0)a_\xi(x,\xi) + M\sum_{|\alpha+\beta|=2}|(x-x_0)^\alpha(\xi-\xi_0)^\beta|(1+|\xi|)^{1-|\beta|}.$$

取 ε 充分小而 $x_0=x+\varepsilon a_x(x,\xi)(1+|\xi|)^{-1}$, $\xi_0=\xi+\varepsilon a_\xi(x,\xi)(1+|\xi|)$ 代入上式有

$$\varepsilon(1+|\xi|)^{-1}|a_x|^2+\varepsilon(1+|\xi|)|a_\xi|^2$$
$$\leqslant a(x,\xi)+\varepsilon^2M\sum_{|\alpha|+|\beta|=2}|a_x^\alpha||a_\xi^\beta|(1+|\xi|)^{(|\beta|-|\alpha|)/2}$$
$$=a(x,\xi)+\varepsilon^2M[|a_x|(1+|\xi|)^{-1}+|a_x|(1+|\xi|)]^2.$$

令 ε 充分小整理上式即得引理之证.

定理 5.5.18 的证明. 作算子 B 使其象征为

$$b(x,\xi)=g(x)[1+a(x,\xi)]^{1/2},\ g\in C_0^\infty(\Omega),$$
$$g(x)=1 \text{ 于 } \Omega' \text{ 附近},$$

利用链法则和引理 55.19 容易证明，存在正常数 $C_{\alpha,\beta}$ 使

$$|D_\xi^\alpha D_x^\beta b|\leqslant C_{\alpha,\beta}(1+a)^{\frac{1}{2}-\frac{1}{2}|\alpha+\beta|}(1+|\xi|)^{(|\beta|-|\alpha|)/2}. \tag{5.5.26}$$

令 $C=B^*B$, 经直接计算有

$$\sigma(C)(x,\xi)=(2\pi)^{-n}\iint e^{-i(x-z)(\xi-\eta)}b(z,\xi)b(z,\eta)dzd\eta,$$

将 $b(z,\eta)$ 对 η 在 ξ 点展开,

$$b(z,\eta)=b(z,\xi)+\sum_{|\gamma|=1}(\eta-\xi)^\gamma\int_0^1\partial_\xi^\gamma b(z,\xi+t(\eta-\xi))dt$$
$$=b(z,\xi)+\sum_{|\gamma|=1}(\eta-\xi)^\gamma b_\gamma(z,\xi,\eta),$$

代入上式有

$$\sigma(C)(x,\xi)=b(x,\xi)^2-r(x,\xi)$$

$$=(1+a)g^2(x)-(2\pi)^{-n}\iint e^{-i(x-z)(\xi-\eta)}p(z,\xi,\eta)dzd\eta$$

$$=(1+a)g^2(x)-(2\pi)^{-n}\iint e^{-i(x-z)(\xi-\eta)}\sum_{|\gamma|=1}\cdot D_z^\gamma b(z,\xi)$$

$$\cdot b_\gamma(z,\xi,\eta)dzd\eta.$$

现证 $r\in S^0_{1/2,1/2}(\Omega)$，从而由 Calderon-Vaillancourt 定理即知以 r 为象征的算子 R 将 $L^2_{\text{comp}}(\Omega)$ 连续映入 $L^2_{\text{loc}}(\Omega)$. 但在 Ω' 中因 $g(x)\equiv 1$，故知对 $u\in L^2_0(\Omega')$，有

$$R\equiv I+A-B^*B,$$

从而定理直接可证. 现在对 $r(x,\xi)$ 作一些估计.

$$D_\xi^\alpha D_x^\beta r(x,\xi)=\sum_{\alpha'\leqslant\alpha}\binom{\alpha}{\alpha'}(2\pi)^{-n}\iint e^{-i(x-z)\cdot(\xi-\eta)}$$

$$\cdot D_\xi^{\alpha'}D_z^\beta D_\eta^{\alpha-\alpha'}p(z,\xi,\eta)dzd\eta,$$

因此将 p 用 b_γ 表出后可知上式是以下形状的项之线性组合

$$\iint e^{-i(x-z)(\xi-\eta)}q(z,\xi,\eta)dzd\eta, \tag{5.5.27}$$

$$q(z,\xi,\eta)=[D_\xi^{\alpha_1}D_z^{\beta_1+\gamma}b(z,\xi)][D_\xi^{\alpha_2}D_z^{\beta_2}D_\eta^{\alpha_3}b_\gamma(z,\xi,\eta)], \tag{5.5.28}$$

$$\alpha_1+\alpha_2+\alpha_3=\alpha,\ \beta_1+\beta_2=\beta,\ |\gamma|=1.$$

由 (5.5.26)，设 $|\xi-\eta|\leqslant|\xi|/2$ 将有

$$|D_\eta^{\alpha'}D_z^{\beta'}q(z,\xi,\eta)|\leqslant C(1+|\xi|)^{(|\beta+\beta'|-|\alpha+\alpha'|)/2}. \tag{5.5.29}$$

现令 $q=q_1+q_2$，suppq_1 在 $|\xi-\eta|\leqslant|\xi|/2$ 中，supp q_2 在 $|\xi-\eta|\geqslant|\xi|/4$ 中，q_1 适合 (5.5.28). 利用分部积分可将 (5.527) 中相应于 q_1 的部分写成

$$K_1(x,\xi)=\iint e^{-i(x-z)(\xi-\eta)}L^Nq_1(z,\xi,\eta)dzd\eta,$$

$$L=[1+\varphi(\xi)^2|x-z|^2+\varphi(\xi)^{-2}|\xi-\eta|^2]^{-1}$$

$$\cdot[1-\varphi(\xi)\triangle_\eta-\varphi(\xi)^{-2}\triangle_z],$$

$$\varphi(\xi)=(1+|\xi|^2)^{1/4}.$$

利用 (5.5.29) 即有

$$|L^N q_1| \leqslant C(1+|\xi|)^{(|\beta|-|\alpha|)/2}/[1+\varphi(\xi)^2|x-z|^2$$
$$+\varphi(\xi)^{-2}|\xi-\eta|^2]^{-N},$$

将此式对 z, η 积分可得

$$|K_1| \leqslant C(1+|\xi|)^{(|\beta|-|\alpha|)/2}.$$

对 (5.5.27) 中相应于 q_2 的部分,有

$$K_2(x,\xi)$$
$$=\iint e^{-i(x-z)(\xi-\eta)}(1+|\xi-\eta|^2)^{-k}(1-\triangle_z)^k q_2(z,\xi,\eta)d\xi d\eta,$$

但是易证

$$|(1-\triangle_z)^k q_2| \leqslant C(1+|\xi-\eta|)^{k+(|\beta|-|\alpha|)/2},$$

因此取 k 充分大也有 $|K_2| \leqslant C(1+|\xi|)^{(|\beta|-|\alpha|)/2}$. 这里还要用到 $|\eta| \leqslant 5|\xi-\eta|$. 由于 $|\xi-\eta| \geqslant |\xi|/4$, 这是明显成立的. 综合关于 K_1, K_2 两个估计即得定理之证.

以上关于 Calderon-Vaillancourt 定理与强 Gårding 不等式之证明都引自 Treve [4] 卷一, 第四章, 其它的证法例如可见 Kumano-go [1] 或 Taylor [1] 第七章,在那里证明了,若 $a(x,\xi)\in S^m_{\rho,\delta}$ $0\leqslant\delta<\rho\leqslant 1$, 且 $a(x,\xi)\geqslant 0$,则

$$\operatorname{Re}(Au,u)+C\|u\|^2_{m-(\rho-\delta)/2}\geqslant 0.$$

在结束本章时应该指出,对 PsDO 作种种精密的估计是很重要的,它与古典的调和分析的近代发展有很密切的关系. 这方面文献众多,例如可以参看 Coifman 和 Meyer [1], Stein [2], Stein 和 Nagel [1], Fefferman 和 Phong [1]. 关于各种 PsDO 类, Beals 和 Fefferman [2], Beals [1] 对 $S^m_{\rho,\delta}$ 作了重要的推广. Hörmander 在 [15] 中又作了进一步的推广.

第六章 Cauchy 问　　题

§1. 解析域中的 Cauchy 问题

1. 概述. 本章中我们将要研究线性偏微分方程

$$\frac{\partial^k u}{\partial t^k}=\sum_{j=0}^{k-1}P_j(t, x, \partial_x)\partial_t^j u+f(x, t) \tag{6.1.1}$$

的 Cauchy 问题

$$\left.\frac{\partial^j u}{\partial t^j}\right|_{t=0}=\varphi_j(x),\ j=0, 1, \cdots, k-1, \tag{6.1.2}$$

其中 P_j 是 ∂_x 的 $m-j$ 次多项式. 这个问题由于它在物理上的重要性,一直是偏微分方程的基本问题之一. 直到十九世纪中叶,人们对于偏微分方程的研究,可以说都是就各个物理问题中出现的具体方程,寻求这个问题的解. 而且人们的注意力一直是放在具体的解法和解的显表示式上. 十九世纪四十年代,Cauchy 第一个给出了相当一般的存在定理,其后又为俄罗斯女数学家 Ковалевская 所改进. 这可以说是偏微分方程领域中第一个普遍性的定理.

其后,具有巨大意义的一步是 Hadamard 的《Cauchy 问题》[1] 这一名著的出现;他第一次提出了适定性的概念,可以毫不夸张地说,Cauchy 问题的真正历史是从这里开始的. 在 Hadamard 的这一名著中还提出了发散积分的有限部分的概念,开广义函数论的先河. 在稍后一点的时间,以 Hilbert 为领袖的 Göttingen 学派是偏微分方程的另一个主要中心.另一部名著,Courant 和 Hilbert 的《数学物理方法》[1] 是这个学派的代表作. 他们不仅首先把 Hilbert 空间的理论应用于偏微分方程,而且首先提出系统的能量积分方法(见 Courant, Friedrichs, Lewy[1])是一个基本的方法.

到三十年代，在苏联又出现了一个重要的学派．Sobolev 一方面继承了 Hadamard 的工作．作出了二阶线性变系数双曲型方程的基本解，同时又在研究双曲型方程 Cauchy 问题唯一性时提出了广义解的概念；这又是直接与 Göttingen 学派的工作相联系的．Sobolev 的代表作是 Соболев[1]． 苏联学派的另一个代表人物 Petrowsky（И. Г. Петровский）在 Cauchy 问题的研究上又作出了划阶段的贡献．他在 Петровский[2]中详尽地阐明了 Hadamard 关于适定性的思想，对相当一般的线性方程组给出了适定性的条件，而且把适定性的研究与特征多项式的代数性质联系起来．他所用的工具是 Fourier 变换，这也是后来研究这个问题的基本工具．

广义函数论的出现开始了 Cauchy 问题的新的历史阶段．由于广义函数论将 Fourier 变换的效用推向新的水平，使得 Leray[1] 可以用它对 Petrowsky 的工作作更深入的探讨，Gårding[2]则对常系数的线性双曲型方程给出了系统的理论． 苏联的 Gelfand（И. М. Гельфанд）学派的贡献也就在于应用广义函数论对 Petrowsky 的思想和方法作了系统的发展．这些工作系统地总结在他和他的学生们的五卷集（Гелъфанд и щилов [3]），特别是第三卷中．我们还应该指出 Leray[2]，Leray, Gärding, Kotake[1] 这一系列论文的重要性．它们所采用的方法的核心来自 Fourier 分析、多复变函数论以及拓扑学知识，其中蕴含了丰富的思想．

下一个阶段的标志是拟微分算子理论的出现．这个理论的直接来源之一就是 Cauchy 问题唯一性的研究．这里最重要的贡献应归功于 Zygmund 和 Calderon，见 Calderon[3]，Calderon 和 Zygmund[1]． 他们提出的奇异积分算子是拟微分算子的直接前身．拟微分算子理论的出现不但使问题深化了，而且也使前此的发展更清晰了，在某种意义上说是更容易懂了．但是它并没有结束 Cauchy 问题的研究，Fourier 积分算子的出现也是直接与这项研究相联系的．

从 Cauchy 最早的存在定理至今已有将近 150 年历史了．一个重大问题对整个数学的推动有如此之大者，在数学史上先例不算很多（也许偏微分方程的另一个基本问题——Dirichlet 问题也算一个例子）. 可以说，偏微分方程理论几百年来在整个数学宝库中虽然作出了形形色色的贡献，而其核心一直是一些最基本的问题及其发展. 本章的计划是首先介绍抽象形式的 Cauchy-Ковалевская 定理；然后转到常系数方程的讨论和拟微分算子理论的应用，并以半群理论的简要介绍告终. 至于 Fourier 积分算子的介绍则推迟到下册.

2. 抽象的 Cauchy 问题. 对于常微分方程的 Cauchy 问题

$$\frac{dy}{dx} = f(x, y),$$

$$y|_{x=0} = 0,$$

我们可以采用化为积分方程以及利用不动点原理这个标准的手续来解决. 其实，化为积分方程还可以如下进行：令 $y'(x) = z(x)$，则由初始条件

$$y(x) = \int_0^x z(\xi) d\xi,$$

把原问题化为

$$z(x) = f\left[x, \int_0^x z(\xi) d\xi\right],$$

其余处理的步骤则与通常的教本上一样.

对于 Cauchy 问题 (6.1.1), (6.1.2)，在化为方程组后，也可以写为

$$\frac{du}{dt} - Au = f, \quad u|_{t=0} = 0. \tag{6.1.3}$$

A 是一个微分算子，u 是一个向量. 或者更一般地考虑一个非线性问题

$$\frac{du}{dt} - Au = f(t, Au), \quad u|_{t=0} = 0. \tag{6.1.4}$$

这样，我们就得到一个"算子系数的常微分方程"，而试图仿照常微分方程的方法来处理. 因此，我们令

$$v=\frac{du}{dt}-Au,$$

考虑到初始条件,则我们形式地有

$$u(t)=\int_0^t e^{(t-\sigma)A}v(\sigma)d\sigma$$

代入(6.1.4)即得一个"抽象的积分方程":

$$v(t)=f\left[t,\int_0^t e^{(t-\sigma)A}v(\sigma)d\sigma\right].$$

不仅是(6.1.4)，还有许多其它的问题也可以这样来处理，因此,我们不妨更为一般地考虑

$$v(t)=f\left[t,\int_0^t K(t,\sigma)v(\sigma)d\sigma\right], \tag{6.1.5}$$

而视 $v(t)$ 为 t 的函数，其值域则在某一空间 E 中，$K(t,\sigma)$ 则取值在由 E 到 E 的线性算子空间中．这样我们就得到在抽象空间中取值的函数 $v(t)$ 的积分方程 (6.1.5).

但是对于(6.1.3),A 是一个微分算子,因此很难找到一个合适的空间 E 使得 $A:E\to E$ 是一有界算子．在定义了 e^{tA} 以后，一般也不能保证它是有界算子，更不用说一般的核 $K(t,\sigma)$ 了．为了解决这个问题，我们引进 Banach 空间的阶梯及其上的奇异算子的概念.

设有 $s_0>0$ (可能 $s_0=+\infty$)以及一族 Banach 空间$\{X_s\}_{0<s\leqslant s_0}$适合以下条件:

$$X_s\hookrightarrow X_{s'},\quad 0<s'\leqslant s\leqslant s_0,\ \text{嵌入映射范数}\leqslant 1. \tag{6.1.6}$$

则 $\{X_s\}_{0<s\leqslant s_0}$ 称为 Banach 空间阶梯．这里的例子(也就是下面将要用到的)是：令 Ω_s 为 C^n 中的重圆域 (polydisc): $\Omega_s=\{z=(z_1,\cdots,z_n)\in C^n;\ |z_j|<s\}$，于是定义

$$X_s=\{f(z);\ f(z)\ \text{在}\ \Omega_s\ \text{中全纯且有界}\},$$

$$\|f\|_s=\sup_{\Omega_s}|f(z)|, \tag{6.1.7}$$

$X_s\subset X_{s'}$ 是显然的,嵌入算子的范数 $\leqslant 1$ 即是最大模原理.

再设 $T:\bigcup\limits_{0<s\leqslant s_0}X_s\to\bigcup\limits_{0<s\leqslant s_0}X_s$ 是一个线性算子,使

$$f \in X_s, \Rightarrow Tf \in X_{s'} \ (0 < s' < s).$$

若 $T \in L(X_s, X_{s'})$ 而且

$$\|T\|_{L(X_s, X_{s'})} \leqslant C(s - s')^{-d}, \qquad (6.1.8)$$

则 T 称为 d 阶奇异算子. 对于 (6.1.7) 中的 Banach 空间阶梯, $\frac{\partial}{\partial z_j}$ $(j=1,\cdots,n)$ 就是 1 阶奇异算子——这一事实其实就是 Cauchy 不等式, 而 m 阶微分算子就是 m 阶奇异算子. (6.1.7) 中的 $\bigcup\limits_{0<s\leqslant s_0} X_s$ 就是在 $z=0$ 全纯的函数之芽 (germ) 的集合. 应用 $\bigcup\limits_{0<s\leqslant s_0} X_s$ 和奇异算子 $\frac{\partial}{\partial z_j}$ 就给出了抽象处理 Cauchy 问题的一个合适的框架.

另一点需要提到的是 $v(t)$ 和 $f\left[t, \int_0^t K(t,\sigma)v(\sigma)d\sigma\right]$ 对 t 的光滑性要求. 在经典的 Cauchy-Ковалевская 定理中要求数据与解对 t 和对其余变量一样的解析性. 这当然对涉及不变性的问题大有好处, 然而采用抽象形式时的优点正在于它可以大为放松 f 和 u 对 t 的光滑性要求. 这一点将在下文中看得很清楚.

至此我们可以将抽象的 Cauchy 问题陈述如下: 设 $\{X_s\}_{0<s\leqslant s_0}$ 是一个 Banach 空间阶梯; $B(s,R) = \{u \in X_s, \|u\|_s < R\}$ ($\|\cdot\|_s$ 记 X_s 中的范数); $f(t,u): [0,T] \times \bigcup\limits_{0<s\leqslant s_0} B(s,R) \to \bigcup\limits_{0<s\leqslant s_0} X_s$ 是连续函数; $K(t,\sigma): (0,T) \times (0,T) \to L(X_s, X_s)$ 也是有界连续函数; 此外重要的是设 $f: [0,T] \times B(s,R) \to X_{s'} (0 < s' < s \leqslant s_0)$ 且

$$\|f(t,u) - f(t,v)\|_{s'} \leqslant \frac{C(t)}{s - s'} \|u - v\|_s, \qquad (6.1.9)$$

$$t \in [0,T],\ u, v \in B(s,R),\ C(t) \in L^1[0,T].$$

$$\|f(t,0)\|_s \leqslant \frac{M(t)}{s_0 - s},\ M(t) \in L^1[0,T] \ (0 < s < s_0). \qquad (6.1.10)$$

并在这些条件下求解抽象积分方程

$$v(t) = f\left[t, \int_0^t K(t,\sigma)v(\sigma)d\sigma\right], \qquad (6.1.5)$$

并要求解 $v(t)$ 在 $t=0$ 附近对 t 连续且取值于 X_s $(0 < s < s_0)$ 中.

3. Cauchy-Ковалевская 定理，Nishida 的改进． 在下面，为简单计，不妨令 $s_0=1$，而且作变量变换

$$\tau=\varphi(t)=\int_0^t[1+C(\sigma)tM(\sigma)]d\sigma,\ \phi=\varphi^{-1}.$$

于是 $\frac{d}{d\tau}=\phi'(\tau)\frac{d}{dt}$，因此引入新的未知函数等：

$$w(\tau)=v[\phi(\tau)]\phi'(\tau),$$

$$\tilde{\kappa}(\tau,\zeta)=K[\phi(\tau),\phi(\sigma)],$$

$$F(\tau,\cdot)=\phi'(\tau)f[\phi(\tau),\cdot].$$

这样(6.1.9)和(6.1.10)中的 $C(t)$ 和 $M(t)$ 均可以设为1．因此，在讨论(6.1.5)时假设 $C(t)$，$M(t)$ 均为有界亦不失一般性．现在提出本节的基本定理．

定理 6.1.1 在假设(6.1.9)，(6.1.10)(其中的 $C(t)$ 与 $M(t)$ 均改为常数)以及

$$\sup_{0<s<s0,0<\sigma<t<T}\|K(t,\sigma)\|_{\mathscr{L}(X_s,X_s)}=m<\infty \tag{6.1.11}$$

之下，必存在唯一的 $v(t)$，使对 t 在 $[0,a(1-s))$ 中连续，在 X_s 中取值．而且当 $0\leqslant t<a$ 时适合方程(6.1.5)以及

$$\sup_{0<t<a(1-s)}\left\|\int_0^t K(t,\sigma)v(\sigma)d\sigma\right\|_s<R, \tag{6.1.12}$$

这里 a 是 $(0,T]$ 中的某一实数．

这个定理的证明将归结为几个引理． 在这里再引入一个 Banach 空间的阶梯 $\{E_a\}_{0<a\leqslant T}$：

$$E_a=\{u(t):[0,a)\to\bigcup_{0<s\leqslant1}X_s;u(t)\text{ 在 }[0,a(1-s))\text{ 上连续，而且}$$

$$|||u|||_a=\sup_{0\leqslant t<a(1-s),0<s<1}\|u(t)\|_s(1-s)\sqrt{1-t/a(1-s)}<\infty\}.$$

很明显，若 $a\leqslant b\leqslant T$，则 $E_b\hookrightarrow E_a$，而且嵌入算子之范数 $\leqslant1$．

引理 6.1.2 设 $a\in(0,T]$，$v\in E_a$，$0<s<1$，$0\leqslant t<a(1-s)$，则

$$\left\|\int_0^t K(t,\sigma)v(\sigma)d\sigma\right\|_s\leqslant 2ma|||v|||_a. \tag{6.1.13}$$

这由直接计算并用(6.1.11)即得．

引理 6.1.3 设 $a\in(0,T]$, $v\in E_a$, $0<s<1$, $0\leqslant t<a(1-s)$, 则

$$\int_0^t \|v(\sigma)\|_{s(\sigma)}[s(\sigma)-s]^{-1}d\sigma$$
$$\leqslant 8a|||v|||_a\frac{1}{1-s}\sqrt{\frac{a(1-s)}{a(1-s)-t}}, \tag{6.1.14}$$

这里 $s(\sigma)=\frac{1}{2}(1+s-\sigma/a)$.

证. 由定义直接计算有

$$\int_0^t \|v(\sigma)\|_{s(\sigma)}[s(\sigma)-s]^{-1}d\sigma$$
$$\leqslant |||v|||_a\int_0^t[1-s(\sigma)]^{-1}[s(\sigma)-s]^{-1}\sqrt{\frac{a(1-s(\sigma))}{a(1-s(\sigma))-\sigma}}d\sigma$$
$$\leqslant |||v|||_a\int_0^t 4a^2(a(1-s)+\sigma)^{-\frac{1}{2}}(a(1-s)-\sigma)^{-\frac{3}{2}}d\sigma$$
$$=|||v|||_a\frac{4a}{a(1-s)}\int_0^{t/a(1-s)}(1+\tau)^{-1/2}(1-\tau)^{-3/2}d\tau$$
$$\leqslant 8a|||v|||_a\frac{1}{1-s}\sqrt{\frac{a(1-s)}{a(1-s)-t}}\ (\text{利用}(1+\tau)^{-1/2}\leqslant 1).$$

引理 6.1.4 设 $a\in(0,T/2)$, $0<s<1$, $0<t<a(1-s)$, u, v 分别适合 $u\in E_a$, $|||u|||_a<\frac{R}{4ma}$, $v\in E_{2a}$, $|||v|||_{2a}<\frac{R}{8ma}$($R$ 是(6.1.12)中的常数),则有

$$\left\|f\left[t,\int_0^t K(t,\sigma)u(\sigma)d\sigma\right]-f\left[t,\int_0^t K(t,\sigma)v(\sigma)d\sigma\right]\right\|_s$$
$$\leqslant C_m\int_0^t\|u(\sigma)-v(\sigma)\|_{s(\sigma)}[s(\sigma)-s]^{-1}d\sigma, \tag{6.1.15}$$

$s(\sigma)=\frac{1}{2}(1+s-\sigma/a)$.

证. 令 $t_j=\frac{j}{n}t$, $j=0,1,\cdots,n$, 则有

$$f\left[t,\int_0^t K(t,\sigma)u(\sigma)d\sigma\right]-f\left[t,\int_0^t K(t,\sigma)v(\sigma)d\sigma\right]$$

$$= \sum_{j=1}^{n} \left\{ f\left[t, \int_0^{t_j} Kud\sigma + \int_{t_j}^{t} Kvd\sigma\right] \right.$$
$$\left. - f\left[t, \int_0^{t_{j-1}} Kud\sigma + \int_{t_{j-1}}^{t} Kvd\sigma\right]\right\}.$$

由(6.1.13)有

$$\left\|\int_0^{t_j} Kud\sigma + \int_{t_j}^{t} Kvd\sigma\right\|_{s_j} < R, \quad s_j = \inf_{t_{j-1}\leqslant\sigma\leqslant t_j} s(\sigma),$$
$$j = 1, \cdots, n.$$

再用(6.1.9)(其中的 $C(t)$ 改为常数 C)有，利用(6.1.11)

$$\left\|f\left[t, \int_0^{t} K(t, \sigma)u(\sigma)d\sigma\right] - f\left[t, \int_0^{t} K(t, \sigma)v(\sigma)d\sigma\right]\right\|_s$$
$$\leqslant \sum_{j=1}^{n} \frac{C}{s_j - s}\left\|\int_{t_{j-1}}^{t_j} K(t, \sigma)(u(\sigma) - v(\sigma))d\sigma\right\|_{s_j}$$
$$\leqslant C_m \sum_{j=1}^{n} \int_{t_{j-1}}^{t_j} [\tilde{s}_n(\sigma) - s]^{-1}\|u(\sigma) - v(\sigma)\|_{s_n(\sigma)}d\sigma,$$

这里 $\tilde{s}_n(\sigma)$ 是阶梯函数 $\tilde{s}_n(\sigma) = s_j$, $t_{j-1} \leqslant \sigma < t_j$, $j = 1, \cdots, n$. 令 $n \to \infty$ 求极限即得引理之证.

定理 6.1.1 的证明归结为证明映射

$$Gv(t) = f\left[t, \int_0^{t} K(t, \sigma)v(\sigma)d\sigma\right]$$

是 E_a 的某个闭子集上的压缩映射，a 充分小. 但是任取 $b \in (0, T)$, $u \in E_b$ 且 $|||u|||_b \leqslant \dfrac{R}{4mb}$, $0 < s < 1$, $0 < t < b(1 - s)$

$$\|Gu(t)\|_s \leqslant \|Gu(t) - f(t, 0)\|_s + \|f(t, 0)\|_s,$$

由(6.1.10)(其中的 $M(t)$ 改成常数 M)以及引理 6.1.3, 6.1.4 有

$$\|Gu(t)\|_s \leqslant 8bmC\,|||u|||_b \frac{1}{1 - s}\sqrt{\frac{b(1 - s)}{b(1 - s) - t}} + \frac{M}{1 - s},$$
$$|||Gu|||_b < 8bmC|||u|||_b + M.$$

故当 $a \in \left(0, \dfrac{T}{2}\right)$, $u \in E_a$, $|||u|||_a \leqslant \dfrac{R}{4ma}$, $v \in E_{2a}$, $|||v|||_a \leqslant \dfrac{R}{8ma}$ 时 Gu 与 Gv 仍分别在 E_a, E_{2a} 中，且

$$\|\!|Gu|\!\|_a < 2CR + M,$$
$$\|\!|Gv|\!\|_{2a} < 2CR + M. \tag{6.1.16}$$

用上面的方法估计 $Gu - Gv$ 又有

$$\|\!|Gu - Gv|\!\|_a \leqslant 8amC\|\!|u - v|\!\|_a. \tag{6.1.17}$$

现在 E_{2a} 中取闭球 $S_a = \{u \in E_{2a}; \|\!|u|\!\|_{2a} \leqslant R/8ma\}$，则若取 a 充分小：

$$a < \inf\left(\frac{T}{2}, \frac{R}{8m(2CR + M)}\right). \tag{6.1.18}$$

由(6.1.16)可知 $G: S_a \to S_a$. 由(6.1.17)知

$$\|\!|Gu - Gv|\!\|_a < (CR/2CR + M)\|\!|u - v|\!\|_a.$$

由于 $S_a \subset E_{2a} \subset E_a$ 从而是一个完备距离空间的闭子集，所以 G 是其上的压缩映射，从而有唯一不动点在 S_a 中.

以上我们在 S_a 中找到一个解，且由引理 6.1.2,(6.1.18)知此解适合 (6.1.12). 上面提到的不动点的唯一性只说明在 S_a 中解唯一，我们要证明的则是适合(6.1.12)的解唯一. 今设 v 是这样一个解而且对应某个 $a \in (0, T)$，因此由(6.1.9),(6.1.10)有

$$\begin{aligned}
\|v(t)\|_s &\leqslant \left\|f\left[t, \int_0^t K(t, \sigma)v(\sigma)d\sigma\right] - f(t, 0)\right\|_s + \|f(t, 0)\|_s \\
&\leqslant \frac{C}{s(t) - s}\left\|\int_0^t K(t, \sigma)v(\sigma)d\sigma\right\|_{s(t)} + \frac{M}{1 - s} \\
&\leqslant \frac{CR}{s(t) - s} + \frac{M}{1 - s} \quad \left(s < s(t) < 1 - \frac{t}{a}\right) \\
&\leqslant \frac{aCR}{a(1 - s) - t} + \frac{M}{1 - s}.
\end{aligned}$$

对于 $b < a/2$，由 $\|\!|\cdot|\!\|_b$ 之定义有

$$\begin{aligned}
\|\!|v|\!\|_b &\leqslant \sup_{t < 2b(1-s)} (1 - s)\sqrt{1 - \frac{t}{2b(1 - s)}} \\
&\quad \times \left(\frac{aCR}{(a - 2b)(1 - s)} + \frac{M}{1 - s}\right) \\
&\leqslant \frac{aCR}{a - 2b} + M.
\end{aligned}$$

从而当 $acR/a - 2b + M < R/8mb$ 时，这个解应该在 S_b 中，而只要 $a<\inf\left(\frac{T}{2}, \frac{R}{8m(M+2CR)}\right)$ 且 $b = a/4$ 时上式总是可以满足的。所以当 a 适合(6.1.18)时，原方程的适合 (6.1.12) 的解总在 S_b 中，$b = a/4$。前面已经证明，当 a 适合(6.1.18)时，S_a 中的解是唯一的。现在 $b = a/4$ 当然也适合(6.1.18)，从而 S_b 中的解是唯一的。定理证毕。

这个定理的特点是对方程右方关于 t 的光滑性要求很低，所得到的解 $v(t)$ 对 t 也只有连续性，但若规定 $f(t, u)$ 及 $K(t, \sigma)$ 对 t 有相应的光滑性时，在方程 (6.1.5) 双方对 t 求导即可得到 $v(t)$ 对 t 的光滑性。特别是有

系 6.1.5 若(6.1.9)，(6.1.10)，(6.1.11)在 $|t| < T, t \in \mathbf{C}$ 中成立，$K(t,\sigma)$ 在 $|t| < T, |\sigma| < T$ 中全纯，而取值于 $L(X_s, X_s)(0<s<1)$ 中，对 $f(t,u)$ 则设：当 $0<s'<s\leqslant 1, u:\{t\in \mathbf{C}, |t|<T\}\to B(s, R)$ 对 t 全纯时，$t\longmapsto f(t,u(t))$ 是在 $X_{s'}$ 中取值的全纯函数。这时必存在常数 a 以及唯一的 $v(t):\{t\in\mathbf{C}, |t|<a(1-s)\}\to X_s$ $(0<s<1)$ 对 t 全纯而且适合方程(6.1.5)和

$$\sup_{|t|<a(1-s)}\left\|\int_{\gamma_t} K(t, \sigma)v(\sigma)d\sigma\right\|_s < R.$$

γ_t 是复平面上连结 0 和 t 而且位于 $|z| < T$ 中的曲线。

现在将定理 6.1.1 和系 6.1.5 用于证明 Cauchy-Ковалевская 定理。我们可以只考虑拟线性方程组

$$\partial_t u = \sum_{j=1}^{n} a_j(t, x, u)\partial_{x_j} u + a_0(t, x, u), \qquad (6.1.19)$$
$$u|_{t=0} = 0$$

的情况，这并不损失一般性，于是有

定理 6.1.6 (Cauchy-Ковалевская). 设在 Cauchy 问题(6.1.19)中，a_0, a_j 在 $t = 0$ 附近对 t 连续且取值为在 $(x,u) = (0,0)\in\mathbf{R}^{n+1}$ 附近解析的函数，则必有唯一 $u(t,x)$ 对 t 一阶连续可微，取值为 $x = 0\in\mathbf{R}^n$ 附近的解析函数，适合(6.1.19)。

证. 采用前面例子中所作的 Banach 空间阶梯 $\{X_s\}_{0<s\leqslant 1}$ 以

及奇异算子 ∂_{x_j}，则

$$f(t, u) = \sum_{j=1}^{n} a_j(t, x, u)\partial_{x_j}u + a_0(t, x, u),$$

显然满足(6.1.9)，(6.1.10)．又令 $v = \partial_t u$，由初始条件

$$u(t) = \int_0^t v(\sigma)d\sigma,$$

即 $K(t, \sigma) = \mathrm{id}$．显然满足(6.1.11)．因此由定理 6.1.1 直接可得定理之证．

如果假设 a_0，a_j 对 t 是解析的(在 $t = 0$ 附近)值为 $x = 0$ 附近的解析函数，则由系 6.1.5 立即可得经典的 Cauchy-Ковалевская 定理．

以上抽象形式的 Cauchy 问题首先是由 Yamanaka 提出的，然后又由 Овсянников, Treves, Nirenberg 加以推进． 从形式上来看，它比 Cauchy 原来所用的优级数法要容易得多，但实质上，它所采用的奇异算子概念是以 Cauchy 不等式为基础的，所以与优级数方法是相同的．这个方法的真正优点在于它可以应用于许多不同的问题，而且大大地减弱了对 t 的光滑性要求．第一个看出可以减轻对 t 的要求的是南云道夫，他的工作发表在 1940 年，因战争关系而少为人知，他用的方法是 Leray-Schauder 不动点定理．这里所讲的基本上是西田（Nishida）对 Nirenberg 的工作的改进和简化，所采用的讲法来自 Goulaouic 的 [1]（在那里有详尽的文献），但是我们假设的条件略强，这样就避免了对取值于抽象空间的函数花更多的力量．

4. 抽象的 Holmgren 定理． Holmgren 关于唯一性的定理指出，具有解析系数的方程的 Cauchy 问题不但在解析函数类中而且在足够光滑的函数类中也是唯一的．它可以说是 Cauchy-Ковалевская 定理的对偶的定理，因为它把 $Pu = 0$ 的唯一性问题归结为转置方程 ${}^tPv = f$ 的存在性问题． Holmgren 定理的抽象形式也是一样，将问题归结为一个对偶的问题．因此，对我们将要使用的 Banach 空间阶梯作以下的规定．令 Ω_s 为中心在 Ω 中而半径为

s 的重圆域组成：$\bigcup_{a\in\Omega}\{z\in\mathbf{C}^n, \sup_j|z_j-a_j|<s\}$，$X_s$ 表示 Ω_s 上全纯而且有界的函数之 Banach 空间，其范数 $\|\cdot\|_s=\sup_{\Omega_s}\|\cdot\|$. F_s 为 $\mathbf{C}^n$ 上的整函数在 Ω_s 上之限制利用 $\|\cdot\|_s$ 完备化所得的 Banach 空间. 记 F_s^* 为 F_s 之对偶空间，$\{F_s^*\}_{0<s\leq 1}$ 就是我们需要的上升的 Banach 空间阶梯：它与 $\{X_s\}_{0<s<1}$ 不同，因为 $F_s\subset F_{s'}(s'<s)$，故有 $F_{s'}^*\subset F_s^*(s'<s)$，所以是一个上升的阶梯. $\dfrac{\partial}{\partial z_j}: F_s\to F_{s'}(s'<s)$ 的转置算子 ${}^t\left(\dfrac{\partial}{\partial z_j}\right): F_{s'}^*\to F_s^*(s'<s)$ 仍是一个一阶奇异算子. 实际上，取 $v\in F_{s'}^*$ 则对任意的 $f\in F_s$ 有

$$\left|\left\langle {}^t\left(\frac{\partial}{\partial z_j}\right)v,\ f\right\rangle\right| = \left|\left\langle v,\ \frac{\partial}{\partial z_j}f\right\rangle\right|$$

$$\leqslant \|v\|_{s'}^*\left\|\frac{\partial}{\partial z_j}f\right\|_{s'}$$

$$\leqslant \frac{C}{s-s'}\|v\|_{s'}^*\|f\|_s,$$

这里 $\|\cdot\|_{s'}^*$ 表示 $F_{s'}^*$ 中的范数. 因此有

$$\left\|{}^t\left(\frac{\partial}{\partial z_j}\right)v\right\|_s^* \leqslant \frac{C}{s-s'}\|v\|_{s'}^*.$$

值得注意的是，$\mathscr{E}'(\Omega)\subset F_s^*(0<s\leqslant 1)$ 而且这个嵌入映射是单射.

这个 Banach 空间的阶梯虽与前面介绍的不同，但是容易看到，定理 6.1.1 几乎可以逐字不变地将其证明移用于此，从而这定理现在仍可适用. 这样，我们就可以提出并证明抽象的 Holmgren 定理如下，这里我们是对线性方程组提出的：

定理 6.1.7 (Holmgren) 设 $A_0(t,x)$, $A_j(t,x)(j=1,\cdots,n)$ 均为 $N\times N$ 方阵，其元是对 t 在 $[0,T]$ 上连续函数而取 $x=0\in\mathbf{R}^n$ 附近解析的函数为值，设 $u\in C^1([0,T];[\mathscr{D}'(\Omega)]^N)$，即为对 t 一阶连续可微的 N 维向量函数而取值于 $[\mathscr{D}'(\Omega)]^N$ 中，Ω 是 $0\in\mathbf{R}^n$ 的某一邻域. 若

$$\partial_t u + \sum_{j=1}^{n} A_j(t, x)\partial_{x_j} u + A_0(t, x)u = 0, \qquad (6.1.20)$$
$$u(0, \cdot) = 0,$$

则在 $t \in [0,\delta)$ (δ 是一适当小正数)时，$u = 0$.

证. 在证明经典的 Holmgren 定理时，作一个变量变换(即著名的 Holmgren 变换)

$$\tau = t + |x|^2$$

是很重要的. 在我们的情况下则将用一个截断过程代替它，这样作，可以容许 u 对 t 有更弱的光滑性，弱到很难作上述变换. 因此取 $\varphi \in C_0^\infty(\mathbf{R}^n)$ 使 $\operatorname{supp}\varphi(x) \subset \Omega_1 \subset \Omega$，而在 $x = 0$ 的一个更小的邻域 ω_1 上 $\varphi(x) \equiv 1$. 于是设 $u(t, x)$ 是上述问题之解，则 $v(t, x) = \varphi(x)u(t, x) \in C^1([0, T], (\mathscr{E}')^N)$，而且 v 适合

$$\partial_t v + \sum_{j=1}^{n} A_j(t, x)\partial_{x_j} v + A_0(t, x)v = f(t, x), \quad (6.1.21)$$
$$v(0, \cdot) = 0,$$

这里 $f(t, x)$ 由 $u(t, x)$ 及 $\varphi(x)$ 线性地决定，$f \in C^1([0, T], (\mathscr{E}')^N)$.

这样令 $K(t, \sigma) = \mathrm{id}$. 即可应用定理 6.1.1 而知 (6.1.21) 在 $[F_\gamma^*(\omega)]^N$ 中有唯一解，这里 $\omega = \Omega_1 \backslash \bar{\omega}_1$，由于在 ω_1 上 $\varphi(x) = 1$，故 $f(t,x)$ 在 ω_1 上为 0，从而 $f(t,x) \in [\mathscr{E}'(\omega)]^N \subset [F_\gamma^*(\omega)]^N$. 但是 $v(t,x)$ 是这样一个解，$v \in [\mathscr{E}'(\mathbf{R}^N)]^N$，因此，Holmgren 定理最后的成立将依赖于以下的引理：

引理 6.1.8 设 ω 是 $\mathbf{R}^n$ 的有界开集，$\mathcal{O}$ 为 $\mathbf{R}^n - \bar{\omega}$ 的相对紧集，则必存在一个正数 $r > 0$ 使得若 $v \in \mathscr{E}'(\mathbf{R}^N)$ 适合以下条件：存在 $L > 0$ 使对 $\mathbf{C}^n$ 上的任意整函数 f 均有

$$|\langle v, f\rangle| \leqslant L \sup |f(z)|,$$

则 v 在 $\mathcal{O}$ 上为 0，这里

$$\omega_r = \bigcup_{a \in \omega} \{z \in \mathbf{C}^n, \ \sup_j |z_j - a_j| < r\}.$$

证. 作一串整函数 $f_k(z)=k^n\exp(-k^2z^2)$, $z^2=\sum_{j=1}^n z_j^2$ 然后选 r 使当 $z\in\omega_r$, $a\in\mathcal{O}$ 时

$$\inf((a-x)^2-y^2)>0,\quad z=x+iy.$$

因为 $v\in[\mathscr{E}'(\mathbf{R}^n)]^N$, 所以 $v*f_k$ 总是有意义的,而

$$\sup_{a\in\mathcal{O}}|(v*f_k)(a)|=\sup_{a\in\mathcal{O}}|\langle v(x),f_k(a-x)\rangle|$$

$$\leqslant L\sup_{a\in\mathcal{O}}\sup_{z\in\omega_r}k^n e^{-k^2((a-x)^2-y^2)}\to 0,$$

即 $(v*f_k)(z)$ 在 $z\in\mathcal{O}$ 时一致趋于0, 而因 $\mathcal{O}\subset\mathbf{R}^n$, 在其上 $f_k=k^ne^{-k^2x^2}$ 是磨光核的变形,从而 $v=0$ 于 $\mathcal{O}$ 上.

把这个结果应用于(6.1.21)的解 v 即知在 ω_1 的任一紧子集上 $v\equiv 0$. 但在 ω_1 上 $\varphi(x)=1$, 从而在 ω_1 上 $u\equiv 0$ 而定理得证.

以上我们用 Banach 空间阶梯及其上的奇异算子讨论了解析的 Cauchy 问题. 类似的讨论还可以参看 Treves[3]. 在 Hörmander [4] 中还讨论了 Beudon 定理的证明以及 Goursat 问题等等.

§2. 常系数双曲型方程

1. 代数学的预备知识. 当我们在解析函数类以外讨论 Cauchy 问题时, 最简单的情况就是常系数方程. 这时可以用 Fourier 变换把问题化为一个代数问题, 具体地说即偏微分算子的象征的根之性质问题. 循着这样的思想, Gårding [2] 给出了一个相当完备的理论,我们先从讨论代数方程根的性质开始来介绍这个理论. 我们所需要的有关知识, 主要是 Tarski-Seidenberg 定理和 Hörmander 的一个定理.

设有 $n+1$ 个复变量 $t\in\mathbf{C}$ 和 $z=(z_1,\cdots,z_n)\in\mathbf{C}^n$ 的多项式 $P(t,z)$. 视 $P(t,z)=0$ 为 t 的方程(设 P 对 t 为 m 次):

$$P(t,z)\equiv a_0(z)t^m+a_1(z)t^{m-1}+\cdots+a_m(z),\quad(6.2.1)$$

$$a_0(z)\not\equiv 0.$$

则由代数学的基本定理, 对每个 z 均有 m 个根 $t_1(z),\cdots,t_m(z)$.

但我们不能骤然就说 t_i 是 z 的函数，因为对不同的 z 值所得的 t，不知道把哪些 t 值联起来视为一个函数 $t_i(z)$. 当然可以应用隐函数定理，但这是需要一定条件的，而在这个条件得到满足的情况下，又可以更简单地应用 Rouché 定理. 于是设有 (t_0,z_0) 使 $P(t_0, z_0)=0$，但 $\frac{\partial}{\partial t}P(t_0,z_0)\neq 0$，可以找到 $\varepsilon>0$ 使当 $0<|t-t_0|\leqslant\varepsilon$ 时 $P(t,z_0)\neq 0$. 取 $t\in\{t;|t-t_0|=\varepsilon\}$，又可找到 $\delta>0$，使当 $|t-t_0|=\varepsilon$ 而 $0<|z-z_0|<\delta$ 时 $P(t,z)\neq 0$. 故由 Rouché 定理

$$t(z)=(2\pi i)^{-1}\int_{|t-t_0|=\varepsilon}\tau\frac{\partial}{\partial\tau}P(\tau,z)d\tau/P(\tau,z) \quad (6.2.2)$$

是 $P(t(z),z)=0$ 的适合 $|z-z_0|<\delta$, $|t-t_0|<\varepsilon$ 的唯一解，而且 $t(z_0)=t_0$. 这个解对 z 是解析的.

上述条件表明 (t_0,z_0) 不是 $P(t,z)=0$ 与 $\frac{\partial}{\partial t}P(t,z)=0$ 之公共解. 但两个代数方程有公共解（亦即两个多项式有公因子）的条件乃是其结式为 0（准确的陈述可见 Van der Waerden，代数学 I，§26，31）. P 和 $\frac{\partial}{\partial t}P$ 的结式是

$$R(P,P_t)=a_0^{2m-1}\prod_{i\neq k}(t_i-t_k).$$

因而我们得到

定理 6.2.1 若 $P(t,z)=0$ 对于 t 没有重根，则一切 z 点，凡使 $a_0R(P,P_t)(z)\neq 0$，必有一个邻域 V 使在其中存在 m 个解析函数 $t_1(z),\cdots,t_m(z)$ 而

$$P(t,z)\doteq a_0(z)\sum_{j=1}^{m}(t-t_j(z)),z\in V. \quad (6.2.3)$$

关于代数方程的根可以作一些很有用的估计. 现在设

$$a_0(z)\neq 0,$$

故可用 $a_0(z)$ 遍除之而设 $P(t,z)=t^m+\sum_{j=1}^{m}a_j(z)t^{m-j}$. 这时可以证明

引理 6.2.2 对上述方程 $P(t,z)=t^m+\cdots=0$ 的根 $t_j(z)$ 有 $|t_j(z)|\leqslant 2\max\limits_k|a_k|^{1/k}$.

证：用 $t=\max\limits_k|a_k|^{1/k}\tau$ 代入方程，易见可设 $|a_j(z)|\leqslant 1$，而由方程有

$$|\tau^m|=\left|\sum_{j=1}^m a_j(z)\tau^{m-j}\right|\leqslant 1+|\tau|+\cdots+|\tau|^{m-1},$$

故 $1\leqslant\dfrac{1}{|\tau|^m}+\dfrac{1}{|\tau|^{m-1}}+\cdots+\dfrac{1}{|\tau|}\leqslant\dfrac{1}{|\tau|-1}$，故 $|\tau|\leqslant 2$ 而引理得证.

我们以后经常会对一个常系数微分算子 $P(D)$ 考虑 $P(\zeta+\tau\theta)=P(\tau,\zeta)$，这里 θ 是一个固定的 n 维向量，而 $\zeta\in\mathbf{C}^n$（或 $\mathbf{R}^n$）. 若 $P(D)$ 之主部为 $P_m(D)$ 则将 $P(\zeta+\tau\theta)$ 对 τ 展开有

$$P(\zeta+\tau\theta)=P_m(\theta)\tau^m+\cdots$$

若 θ 不是特征方向即 $P_m(\theta)\neq 0$，则不妨设 $P_m(\theta)=1$ 而将上式写为

$$P(\zeta+\tau\theta)=\tau^m+\sum_{j=1}^m a_j(\zeta)\tau^{m-j},$$

$a_j(\zeta)$ 是 ζ 的 j 次多项式，应用上述引理有

$$|\tau_j(\zeta)|\leqslant M(|\zeta|+1); \tag{6.2.4}$$

若 θ 是特征方向，则若 $P(\zeta+\tau\theta)$ 关于 τ 的展开式的最高次项系数恒不为 0，一定可以找到一个 $a>1$ 使

$$|\tau_j(\zeta)|\leqslant M(|\zeta|^a+1). \tag{6.2.5}$$

应用引理 6.2.2，可以得到以下的

定理 6.2.3 设 $\tau_k,\tau'_l\ (k,l=1,\cdots,m)$ 分别为方程

$$\tau^m+\sum_{j=1}^m a_j\tau^{m-j}=0,\quad \tau^m+\sum_{j=1}^m a'_j\tau^{m-j}=0 \tag{6.2.6}$$

之根，而且存在常数 $M,\delta>0$ 使

$$|a_j|\leqslant M^j,\quad |a_j-a'_j|\leqslant M^j\delta,$$

则对任一 τ_k 必有某一个 τ'_l 存在使 $|\tau_k-\tau'_l|\leqslant 2M\delta^{1/m}$.

证. 将 τ_k 代入 τ'_l 所满足的方程，将有

$$\prod_{l=1}^{m}(\tau_k-\tau'_l)=\tau_k^m+\sum_{j=1}^{m}a'_j\tau_k^{m-j}=\sum_{j=1}^{m}(a'_j-a_j)\tau_k^{m-j}.$$

但由引理 6.2.2 有 $|\tau_k|\leqslant 2M$，故

$$\prod_{l=1}^{m}|\tau_k-\tau'_l|\leqslant M^m\delta\sum_{j=1}^{m}2^{m-j}\leqslant(2M)^m\delta,$$

因此左方的 m 个因子中至少有一个(记为 $\tau_k-\tau'_l$)适合

$$|\tau_k-\tau_{l'}|\leqslant 2M\delta^{1/m}.$$

这个定理说明代数方程的根 Hölder 连续依赖于系数．这个结果自然失之太弱，因为由前述式(6.2.2)已知单根是系数的解析函数．至于包含重根在内的情况如何处理将在下面讨论．现在我们先将这个定理应用于常系数偏微分算子 $P(D)$(其主象征和前面一样，仍记为 P_m)而有

系 6.2.4 若 θ 不是 P 之特征方向，$\tau_k(\zeta)$ 和 $\tau_k^0(\zeta)$ 分别是方程 $P(\zeta+\tau\theta)=0$，$P_m(\zeta+\tau\theta)=0$ 的根，则

$$|\tau_k(\zeta)-\tau_k^0(\zeta)|\leqslant M(|\zeta|+1)^{(m-1)/m}.$$

证．不妨设 $P_m(\theta)=1$，于是 τ_k,τ_k^0 各为形如(6.2.6)的方程之根，而且 $a_j(\zeta)$，$a'_j(\zeta)$ 为 ζ 的 j 次多项式，但其差为 ζ 的 $j-1$ 次多项式，故存在$M>0$与$\delta>0$使

$$|a_j(\zeta)|\leqslant[M(|\zeta|+1)]^j,$$
$$|a_j(\zeta)-a'_j(\zeta)|\leqslant[M(|\zeta|+1)]^{j-1}.$$

仿照定理 6.2.3 的证明过程并应用引理 6.2.2 于 τ_k 而有

$$\prod_{l=1}^{m}|\tau_k(\zeta)-\tau_l^0(\zeta)|\leqslant\sum[M(|\zeta|+1)]^{j-1}[2(M|\zeta|+1)]^{m-j}$$
$$\leqslant 2^mM^m(|\zeta|+1)^{m-1}.$$

将 $\tau_l^0(\zeta)$ 适当地重新排列即得

$$|\tau_k(\zeta)-\tau_k^0(\zeta)|\leqslant 2M(|\zeta|+1)^{(m-1)/m}.$$

现在回到定理 6.2.1，在那里我们有 $a_0R\neq 0$ 的假设，当它得不到满足时，$t_j(z)$ 对 z 是什么关系？若 $n=1$，即 P 为二变量的多项式 $P(t,z)$，我们有以下著名的 Puisseux 级数展开式：

定理 6.2.5 令 $P(t,z)$ 为二变量多项式(6.2.1)，$a_0(z)\neq 0$，则

对每个 $t_j(z)$ 均有整数 $p>0$ 使 $t_j(z)$ 为 $z^{1/p}$ 在 $0<|z^{1/p}|<\delta^{1/p}$ (δ 适当取)中的解析函数,而且有以下展开式

$$t_j(z)=\sum_{k=N}^{\infty}c_k(z^{1/p})^k,\ N\text{为整数}. \tag{6.2.7}$$

证. a_0R 在 $z=0$ 时可能为 0, 但必有其某数 δ 使在 $0<|z|<\delta$ 中 $a_0R\neq 0$, 特别是 $a_0(z)\neq 0$. 作变换 $ta_0(z)=w$, 则 w 适合

$$w^m+\sum_{j=1}^{m}b_j(z)w^{m-j}=0,\ b_j=a_0^{m-1}a_j.$$

若它的根为 $w_1,\cdots,w_l$ 而在 $z=0$ 处其重数各为 $m_1,\cdots,m_l$. 为简单计设 $w=0$ 是一个 μ 重零点. 则在 $0<|z|<\delta$ 中必有此方程 μ 个根与 $w=0$ 相当接近. 任取其一 $w(z)$, 由定理 6.2.1, 它是 z 的解析函数, 故在绕 $z=0$ 解析拓展一周后仍应得原方程之一根. 但因在 $0<|z|<\delta$ 中,在 $w=0$ 附近只有 μ 个根,因此拓展 $p(p\leqslant\mu)$ 周后仍得原解 $w(z)$. 因此 $w(z^p)$ 在 $0<|z|^p<\delta$ 中单值解析而且有界,从而

$$w(z^p)=\sum_{1}^{\infty}c_kz^k.$$

回到 $t(z)$ 即有

$$t_j(z^p)=\sum_{N}^{\infty}c_kz^k,\ N\text{为整数},$$

从而定理得证.

式(6.2.7)称为 Puisseux 级数,有时也记作 $\sum_{N}^{\infty}c_kz^{k/p}$. 它也可以适用于 $z=\infty$ 附近的情况,这时有

$$t_j(z)=\sum_{-\infty}^{N}c_k(z^{1/p})^k. \tag{6.2.8}$$

总之 $z=0$ 或 $z=\infty$ 至多是 $t_j(z^p)$ 的极点.

Puisseux 展开式给出了当 $z\in\mathbf{R}$ $(z\to+\infty)$ 时的渐近展开

式. 设(6.2.8)中第一个不为0的系数是 c_N, 则

$$t_j(z) = c_N(z^{1/p})^N(1 + o(1)). \tag{6.2.9}$$

Puisseux 展开式不适用于 $n > 1$ 的情况, 因此得不到类似于(6.2.9)的渐近展开式, 而它却是至关重要的. $n > 1$ 时, Tarski-Seidenberg 定理是一个有效的代替工具. Tarski-Seidenberg 定理实质上是一个未定元的代数方程的 Sturm 定理的推广 (关于 Sturm 定理, Van 和 Waerden [1] 第九章 § 69 中有一个极好的介绍). 下面我们用半代数集的语言来叙述 Tarski-Seidenberg 定理, 详尽的讨论可以参看 Hörmander [16] 第二卷之附录.

今设有实系数的 n 个未定元 $\xi = (\xi_1, \cdots, \xi_n)$ 的代数多项式 $P_1^{(j)}(\xi), \cdots, P_s^{(j)}(\xi)(j = 1, 2, \cdots, N)$, 我们定义

$$\begin{aligned} E_j = \{\xi \in \mathbf{R}^n,\ & P_1^{(j)}(\xi) = 0, \cdots, P_k^{(j)}(\xi) = 0; \\ & P_{k+1}^{(j)}(\xi) > 0, \cdots, P_r^{(j)}(\xi) > 0; \\ & P_{r+1}^{(j)}(\xi) \geqslant 0, \cdots, P_s^{(j)}(\xi) \geqslant 0\}. \end{aligned} \tag{6.2.10}$$

于是给出

定义 6.2.6 上述 E_j 形状的集的有限并

$$E_1 \cup \cdots \cup E_N \tag{6.2.11}$$

称为半代数集.

很明显, 半代数集的有限交、有限并以及余集均为半代数集. 空集与全空间都是半代数集.

定理 6.2.7 (Tarski-Seidenberg) 设 $A \subset \mathbf{R}^n \times \mathbf{R}^m = \{(\xi, \lambda); \xi \in \mathbf{R}^n, \lambda \in \mathbf{R}^m\}$ 为一半代数集, 则它在 $\mathbf{R}^m$ 上的投影 $A_\lambda = \{\lambda \in \mathbf{R}^m, \exists \xi, (\xi, \lambda) \in A\}$ 仍是半代数集.

我们特别来看 $A = \{(\xi, \lambda); P(\xi, \lambda) = 0\}$ 的情况. 这时 A 即是 $P(\xi, \lambda) = 0$ 的实零点集. 在以下的应用中, λ 时常是参数, 而我们的问题将是讨论 $P(\xi, \lambda) = 0$ (对参数 λ 也是实多项式)有实根 ξ 的必要充分条件. 当然 $\exists \xi$ 使 $(\xi, \lambda) \in A \Longleftrightarrow \lambda \in A_\lambda$, 但 $\lambda \in A_\lambda$ 即 λ 适合有限多个条件 $E_1, \cdots, E_N$ 如 (6.2.10); 所以 $P(\xi, \lambda) = 0$ 对某个 λ 有实根 ξ 的必要充分条件是 λ 适合有限多个形如(6.2.10)的条件. 这就是原来形式的 Tarski-Seidenberg 定理.

这个定理证明的实质是：先把 ξ 分为 ξ_1 与 $(\xi_2,\cdots,\xi_n)$ 而将后者归到参数 λ 之中，于是将定义半代数集 A 的实系数多项式看作 ξ_1 的多项式而利用讨论一变元的 Sturm 定理的方法，然后再对 $\xi_2,\cdots,\xi_n$ 依次进行．但是，Sturm 定理是将实根的位置问题归结为多项式符号变化，所以我们先引进讨论符号变化的一种记号．

设 $p_1(x),\cdots,p_s(x)$ 是 $x\in\mathbf{R}$ 的实多项式．它们的实零点按大小次序排列为 $x_1<\cdots<x_N$．记 $-\infty=x_0$，$+\infty=x_{N+1}$，于是 $x_0<x_1<\cdots<x_N<x_{N+1}$ 将实轴 $\mathbf{R}$ 分成 $N+1$ 个区间 $I_k=(x_k,x_{k+1})$ $(k=0,1,\cdots,N)$．其中 I_0 与 I_N 是半无限的．很明显在各个 I_k 上，$p_i(x)$ 不变号，其符号函数之值不变为 $\operatorname{sgn}p_i(I_k)$．于是每一个 $p_i(x)$ 对应于 $2N+1$ 个符号数 $\operatorname{sgn}p_i(I_k)$，$\operatorname{sgn}p_i(x_j)$ $(j=1,\cdots,N)$．将 $p_1,\cdots,p_s$ 的这些符号数排成一个 $s(2N+1)$ 维向量，则其元尽为 $0,\pm1$．于是对应于 $p_1,\cdots,p_s$ 有向量

$$w=\{\operatorname{sgn}p_i(x_j),\ \operatorname{sgn}p_i(I_k)\}=\mathrm{SGN}(p_1,\cdots,p_s),$$
$$i=1,\cdots,s;\ j=1,\cdots,N;\ k=0,1,\cdots,N.$$

令这些 w 之集为 W．但是要注意，并非每一个以 0，±1 为元的 $s(2N+1)$ 维向量均为某一组 $p_1,\cdots,p_s$ 之 $\mathrm{SGN}(p_1,\cdots,p_s)$．例如若 $\operatorname{sgn}p_i(x_j)\neq0$，则必有

$$\operatorname{sgn}p_i(I_{j-1})=\operatorname{sgn}p_i(I_j)=\operatorname{sgn}p_i(x_j).$$

利用这种符号数，则例如 x 所适合的一组形如(6.2.10)的条件

$$p_1(x)>0,\ \cdots,\ p_r(x)\geqslant0,\ \cdots,\ p_s(x)=0;$$

则视 $x=x_j$ 或 $x\in I_k$ 而表为

$$\operatorname{sgn}p_1(t)=1,\ \cdots,\ \operatorname{sgn}p_r(t)\neq-1,\ \cdots,\ \operatorname{sgn}p_s(t)=0,$$

$t=x_j$ 或 I_k．于是 Tarski-Seidenberg 定理归结为

定理 6.2.7′ 设 $P_1(\xi,\lambda),\cdots,P_s(\xi,\lambda)$ 是 ξ,λ 的实多项式，$\xi\in\mathbf{R}$，$\lambda\in\mathbf{R}^m$，而且它们对 ξ 的最高次数为 l，则对一切 $w\in W$

$$E=\{\lambda\in\mathbf{R}^m,\ \mathrm{SGN}(P_1(\cdot,\lambda),\cdots,P_s(\cdot,\lambda))=w\}\qquad(6.2.12)$$

均为半代数集．

定理 6.2.7′ 是对 $n=1$，从而 $\xi=\xi_1$ 叙述的、其原因已如上述．为了证明它，我们需要以下的

引理 6.2.8 令 $p_1(x), \cdots, p_s(x)$ 是 $x\in\mathbf{R}$ 的非零实多项式，其最高次数为 l，且 $\deg p_s = l$. 若记 p_s 用 $p_1, \cdots, p_{s-1}, p_s'$ 除的余式为 $g_1, \cdots, g_s$，则 $\mathrm{SGN}(p_1, \cdots, p_s)$ 完全由 $\mathrm{SGN}(p_1, \cdots, p_{s-1}, p_s', g_1, \cdots, g_s)$ 决定.

证. 设 $p_1, \cdots, p_{s-1}, p_s', g_1, \cdots, g_s$ 的实零点集是 $x_1 < \cdots < x_N$，则 $w = \mathrm{SGN}(p_1, \cdots, p_{s-1}, p_s', g_1, \cdots, g_s)$ 已完全决定了 $\mathrm{SGN}(p_1, \cdots, p_{s-1}, p_s')$. 所以可以得知 $p_1, \cdots, p_{s-1}, p_s'$ 之实零点集为 $\{x_{i_1} < \cdots < x_{i_k}\}\subset\{x_1 < \cdots < x_N\}$. 余下的只是要决定 $\mathrm{SGN}(p_s)$. 除在每一个 x_{i_p} 上以外 p_s' 不会变号，从而在这些点以外 p_s 是单调的. 因此，要想决定 p_s 的全部实零点的位置（只需知道它们在哪个区间 $(x_{i_p}, x_{i_{p+1}})$ 中或是否与某个 x_{i_p} 重合），只需定出 $\mathrm{sgn}\,p_s(x_{i_p})$ 与 $\mathrm{sgn}\,p_s(\pm\infty)$ 即可. 令 p_s 的最高次项系数为 A，则显然 $\mathrm{sgn}\,p_s(-\infty) = \mathrm{sgn}((-1)^l A)$，$\mathrm{sgn}\,p_s(+\infty) = \mathrm{sgn}A$. 每一个 x_{i_p} 必是某 p_j 式 p_s' 之零点，从而 $\mathrm{sgn}\,p_s(x_{i_p}) = \mathrm{sgn}(g_j(x_{i_p})$ 或 $g_s(x_{i_p}))$ 而可从 w 读出. 于是 $p_s(x)$ 之实零点位置亦可完全定出. 证毕.

定理 6.2.7′ 之证明. 我们对 $P_1, \cdots, P_s$ 关于 $\xi\in\mathbf{R}$ 的最高次数 l 以及 $P_1, \cdots, P_s$ 中次数为 l 的多项式个数来归纳地证明它. 当 $l = 0$ 时定理是不足道的. 设当最高次数 $< l$ 或最高次数虽为 l，但次数恰为 l 的多项式个数较少的情况已证明了定理.

令 $l_1, \cdots, l_s$ 是一组固定常数，则 $\{\lambda\in\mathbf{R}^m, \deg_\xi P_j = l_j\}$ 即使得 P_j 关于 ξ 的最高次数为 l_j，而且其 l_j 次系数（λ 的实多项式）不为 0 的 λ 所成之集，当然是半代数集. 当 λ 变化时，$\deg_\xi P_j$ 当然在变化，但只能有有限多值（不超过 $l+1$ 个），所以只有有限多组 $\{l_1, \cdots, l_s\}$（不超过 $(l+1)^s$ 组）能使 $\{\lambda\in\mathbf{R}^m, \deg_\xi P_j = l_j\}$ 非空. 若它们的每一个与 $E((6.2.12))$ 之交均为半代数集，则 E 当然也是半代数集.

于是令 $l = l_s = \max\limits_j l_j$，而且将 P_j 写成

$$P_j(\xi) = q_j(x)\xi^{m_j} + \cdots$$

我们所说的交就是

$$\{\lambda; q_1(\lambda)\cdots q_s(\lambda)\neq 0,\ \ \mathrm{SGN}(P_1(\cdot,\lambda),\cdots,P_s(\cdot,\lambda))=\omega\}.$$
(6.2.13)

用 $P_1,\cdots,P_{s-1},P_s'$ 去除 P_s 并令所得之商为 $g_1,\cdots,g_s$，并在必要时用 $q_s(x)\cdots q_s(\lambda)$ 之偶次幂去乘，以保证 $g_1,\cdots,g_s$ 仍为 λ 的多项式，则由引理 6.2.8，$\mathrm{SGN}(P_1,\cdots,P_s)=w$ 与 $\mathrm{SGN}(P_1,\cdots,P_{s-1},P_s',g_1,\cdots,g_s)=w'$ 等价．故所说的交是

$$\{\lambda; q_1\cdots q_s\neq 0,\ \mathrm{SGN}(P_1,\cdots,P_{s-1}P_s',g_1,\cdots,g_s)=w'\}. \quad (6.2.14)$$

但 $P_1,\cdots,P_{s-1},P_s',g_1,\cdots,g_s$ 之最高次数 $<l$ 或虽为 l 但次数恰为 l 的多项式个数较少(P_s 被次数 $<l$ 的多项式 $P_s',g_1,\cdots,g_s$ 代替)，故由归纳假设，(6.2.14) 是半代数集，从而 (6.2.13) 亦然．证毕．

因为半代数集之余也是半代数集，因此定理 6.2.7 中 A_λ 的表达式之 $\exists$ 可以改为 $\forall$．所以，例如 $\xi=(\xi',\xi'')$，则由 E 为半代数集可得

$$\{\lambda\in\mathbf{R}^m,\ \forall\xi'\in\mathbf{R}^{n_1},\ \exists\xi''\in\mathbf{R}^{n-n_1},\ (\xi',\xi'';\lambda)\in E\}$$

也是半代数集．采用这种运算，对于 $\mathbf{R}^{2+m}=\{(\xi,\eta,\lambda)\}$ 中的半代数集 E 可得一个重要的结果：令

$$f(\xi)=\sup\{\eta;(\xi,\eta;\lambda)\in E\}$$

(若右方为 $\varnothing$，则规定 $f(\xi)=-\infty$)，我们有

系 6.2.9 在以上的假设下 $f(\xi)$ 是 $\mathbf{R}$ 上的半代数函数，即其次图象 (subgraph)

$$F=\{(\xi,\eta);\eta\leqslant f(\xi)\} \qquad (6.2.15)$$

是半代数集．

证．$F=\{(\xi,\eta),\forall\varepsilon>0,\exists\eta'>\eta-\varepsilon,\exists\lambda,(\xi,\eta',\lambda)\in E\}$．然后由 Tarski-Seidenberg 定理即得．

现在来证明在以下很有用的

定理 6.2.10 (Hörmander) 若 $f(x)$ 是 $\mathbf{R}$ 上的半代数函数，则 $\mathbf{R}$ 必可分为有限多个区间（有的可能缩为一点）使 f 在每个区间上或为 $\pm\infty$，或为连续的代数函数．若 $f(x)$ 对充分大的 $x>0$ 是有限的且不恒为 0，则

$$f(x) = Ax^{\alpha}(1 + o(1)),\ x \to +\infty,$$

$A \neq 0$, α 为有理数.

证. 对 f 作 F 如(6.2.15)得一半代数集. 它在 $\mathbf{R}$ 上的投影也是一半代数集,因而是有限多个区间之并,在它们的余集上 $f(x) = -\infty$, 这个余集当然也是有限个区间之并. F 的余集是半代数集 $\{(x, y), y \geqslant f(x)\}$ 它在 $\mathbf{R}$ 上的投影当然也是有限个区间, 它们的余集即使 $f(x) = +\infty$ 的有限个区间. 除去 $f(x) = \pm\infty$ 的区间即得 $f(x)$ 为有限的有限个区间, 令 I 为其中之一. 我们想证明在 I 中,最多除去有限个例外点(即定理中所说的缩为一点的区间), $f(x)$ 是某个代数方程的根.

F 既然是一个半代数集,则必由例如

$$P_1(x, y) \geqq 0, \cdots, P_r(x, y) = 0$$

来定义. 将例如 $P_j(x, y)$ 写成 y 的多项式,其系数为 x 的多项式. 我们设想 $f(x)$ 将是 $P_j(x, y) = 0$ 的解,为此就应从 I 中除去一切 $P_j(x, y)$ 的最高次系数的实零点, 因为这种点可能使 $f(x)$ 变为不定;为了应用隐函数定理就应除去 P_j 之每个既约因子的判别式(即该因子与其对 y 的导数之结式)的零点,这就可以保证 $\dfrac{\partial P_j}{\partial y} \neq 0$;最后还应除去任两个 P_j 之两个不成比例的既约因子的结式零点, 这就可以保证由隐函数定理确定的函数 $y = f_k(x)$ $k = 1, 2, \cdots, K$ 在 I 之任一点不相等. 这里总共除去了有限多个点, 而使 I 再次分为有限个小区间,取其中之一为 I', 则在 I' 中 $P_j(x, y) = 0(j = 1, 2, \cdots, r)$ 定义了有限多个隐函数 $y = f_k(x)$, 且

$$f_1(x) < f_2(x) < \cdots < f_k(x).$$

曲线 $y = f_k(x)$ 将 (x, y) 平面上的带形 $\{(x, y); x \in I'\}$ 分成有限多个区域

$$\{(x, y); x \in I', y < f_1(x)\},$$
$$\{(x, y); x \in I', f_i(x) < y < f_{i+1}(x)\},$$
$$\{(x, y); x \in I', f_k(x) < y\}.$$

它们或者全属于 F 或全不在 F 中(但最后一个不在 F 中,否则由 F

之定义(式(6.2.15))应有 $f(x)=+\infty,\ x\in I'$，而这是已经否定了的. 曲线段 $y=f_k(x)\ (k=1,2,\cdots,K)$ 也是如此. 至此，由 F 之定义知，在 I' 中 $f(x)$ 必等于某个 $f_j(x)$ 而这是一个连续的有限的代数函数.

最后余下的是要证明渐近式 $f(x)=Ax^{\alpha}(1+o(1))$. 事实上，当 $x>0$ 充分大时，I' 成为半无限区间 $(x_N,+\infty)$，若 $f(x)$ 在其上连续且有限，则它是某个二实变之实多项式 $P_l(x,y)=0$ 的根，故由 Puisseux 展开式即得所求证的结论. 定理证毕.

2. 双曲性的定义和双曲多项式的性质. 现在讨论一个常系数线性偏微分算子 $P(D)$ 的 Cauchy 问题，并设支柱为超平面 $\langle x,N\rangle=0$，这里 N 是一个非零向量，而且超平面不是特征超平面，即

$$P(N)\neq 0,$$

而我们是在半空间 $H:\langle x,N\rangle>0$ 中求解. 如果我们越出解析函数的范畴，就会发现，为使这个 Cauchy 问题适定，对 P 要加上很强的限制.

在讨论这个限制之前先对 Cauchy 问题的提法作一些说明. 这里并不限于常系数算子. 在经典的 Cauchy 问题中总是分出一个特定的变量——时间. 因此现在我们设 $P(x,D)$ 是 $\mathbf{R}^{n+1}=\{(t,x_1,\cdots,x_n)\}$ 中的算子，而不失一般性可设 $N=(1,0,\cdots,0]$. 在 $\langle x,N\rangle\equiv t>0$ 处考虑 Cauchy 问题 $P(x,D)u=f$，并在 $t=0$ 上给初始条件 $\left.\dfrac{\partial^l u}{\partial t^l}\right|_{t=0}=\varphi_l\ (l=0,1,\cdots,m-1)$，所谓这个问题的 C^∞ 适定性即指对 $f\in C^\infty(\mathbf{R}^{n+1})$，$\varphi_l\in C^\infty(\mathbf{R}^n)$，必有唯一的解 $u\in C^\infty(\mathbf{R}^{n+1})$. 若对任意 t_0 以 $\langle x,N\rangle=t_0$ 为支柱的 Cauchy 问题均为 C^∞ 适定，则说对于 P，Cauchy 问题在 N 方向上 C^∞ 适定.

适定的 Cauchy 问题还有另一个提法:

引理 6.2.11 设 $t=0$ 对 $D(x,D)$ 是非特征的超平面，则 Cauchy 问题在 $t\geqslant 0$ 中 C^∞ 适定的必要充分条件是：对一切 $f_0\in C^\infty(\mathbf{R}^{n+1})$ 且 $\operatorname{supp}f_0\subset\overline{\mathbf{R}}_+^{n+1}=\{(t,x);t\geqslant 0\}$ 者，必有唯一

解 $u_0\in C^\infty(\mathbf{R}^{n+1})$ 且 $\operatorname{supp}u_0\subset\bar{\mathbf{R}}_+^{n+1}$ 使得 $Pu_0=f_0$.

证. 由非特征条件，方程 $Pu=f$ 可写为

$$D_t^m u+\sum_{\substack{\alpha_0+\cdots+\alpha_n\leqslant m\\ \alpha_0<m}} a_{\alpha_0\alpha_1\cdots\alpha_n}D_t^{\alpha_0}D_{x_1}^{\alpha_1}\cdots D_{x_n}^{\alpha_n}u=f,$$

由它以及初始条件可以算出 $D^\alpha u$, $|\alpha|=(\alpha_0+\cdots+\alpha_n)\leqslant m$. 将方程双方对 t 及 x 求适当的导数又可算出一切 $D^\alpha u$ 在 $t=0$ 上的值. 而且这些值线性地依赖于 f 和 $\left.\dfrac{\partial^l u}{\partial t^l}\right|_{t=0}$ $(l=0,1,\cdots,m-1)$的相应导数的值.

必要性. 设已给定 $f_0\in C^\infty$, $\operatorname{supp}f_0\subset\bar{R}_+^{n+1}$, 则对一切 α, $D^\alpha f_0|_{t=0}=0$. 于是以初值 $\left.\dfrac{\partial^l u}{\partial t^l}\right|_{t=0}=0$ $(l=0,1,\cdots,m-1)$ 在 $\mathbf{R}_+^{n+1}$ 中求解 Cauchy 问题 $Pu=f_0$ $(t>0)$. 可以得一个唯一解 $u\in C^\infty(\bar{R}_+^{n+1})$, 而且在 $t=0$ 处, u 之一切导数均为 0 (这种函数称为在 $t=0$ 处是平坦的 (*flat*)). 令 $u_0=u$ $(t\geqslant 0)$, $u_0=0$ $(t<0)$ 即得 $Pu_0=f_0$ 的唯一支集在 $\bar{\mathbf{R}}_+^{n+1}$ 中的解 u_0.

充分性. 设有 Cauchy 问题 $Pu=f$, $\left.\dfrac{\partial^l u}{\partial t^l}\right|_{t=0}=\varphi_l$, $l=0,1,\cdots,m-1$. 如前所述,可以计算出一切 $D^\alpha u|_{t=0}$ 之值. 用 Borel 技巧可以作一个 $\varphi\in C^\infty(\mathbf{R}^{n+1})$ 使 $D^\alpha u|_{t=0}=D^\alpha\varphi|_{t=0}$, 于是令 $v=u-\varphi$, 有 $Pv=f-P\varphi$, $D^\alpha v|_{t=0}=0$, $(\forall\alpha)$. 于是容易得知 $f-P\varphi$ 在 $t=0$ 处是平坦的. 将它拓展到 $t<0$ 处, 令其值为 0, 得一支集在 $\bar{\mathbf{R}}_+^{n+1}$ 中的函数 f_0, 于是由假设可得 v_0. 令 v_0 在 $t\geqslant 0$ 的限制是 v, 很明显 $u=v+\varphi$ 即是原 Cauchy 问题之解.

我们可以称 $Pu_0=f_0$ 的 Cauchy 问题: $\operatorname{supp}f_0\subset\bar{\mathbf{R}}_+^{n+1}$, $\operatorname{supp}u_0\subset\bar{\mathbf{R}}_+^{n+1}$ 为平坦的 Cauchy 问题. 引理 6.2.11 指出 C^∞ 适定的 Cauchy 问题可化为平坦的 Cauchy 问题.

为了证明关于 Cauchy 问题适定之必要条件的论断，还需要一个重要的

引理 6.2.12 设 $P(x,D)$的Cauchy 问题在非特征方向N上是 C^∞ 适定的, 则对 $\bar{\mathbf{R}}_+^{n+1}$ 的任一紧集K必有常数 $C>0$ 和整数 $k\geqslant$

0 使得对一切 $u \in C_K^\infty$ 有

$$|u|_0^+ \leqslant C|Pu|_k^+, \tag{6.2.16}$$

这里 $|\varphi|_k^+ = \sup\limits_{\substack{|\alpha|\leqslant k \\ t\geqslant 0}} |D^\alpha \varphi|$.

证. 设 $f \in C_K^\infty$, 对 $f_+ = f|_{\mathbb{R}_+^{n+1}}$ 用 Seeley 拓展 S (第三章定理 3.4.3), 在那里拓展算子记作 P), 得出 $Sf_+ \in C_0^\infty(\mathbb{R}^{n+1})$ 而且可以设 $\text{supp}Sf_+ \subset V$, V 是 K 的任意邻域. 因为拓展算子 S 是连续的[1], 故对任意整数 $k \geqslant 0$, 必有常数 $C > 0$ 和整数 $q \geqslant 0$ 使对一切 $f \in C_K^\infty$ 有

---

1) 在第三章定理 3.4.3 后面的注中提到 Seeley 拓展的连续性但未证明. 现在证明如下: 对 $f \in C_K^\infty$, 我们定义

$$S(f_+) = \sum_{k=1}^\infty \lambda_k(\chi f_+)(-2^k t, x), \quad t<0,$$

$$S(f_+) = f_+(t, x), \quad t \geqslant 0,$$

这里 $\chi(t) \in C_0^\infty(\mathbb{R})$ 在 0 附近恒为 1, 而 λ_k 的选取则要求对一切非负整数 j 有

$$\sum_{k=1}^\infty \lambda_k 2^{kj} = (-1)^j.$$

为证明适合此式的 λ_k 存在. 先考虑有限的方程组

$$\sum_{k=1}^N \lambda_{k,N} 2^{kj} = (-1)^j, \quad j = 0, 1, \cdots, N-1.$$

它的系数行列式是 Vandermonde 行列式, 而有

$$\lambda_{k,N} = \prod_{\substack{j=1 \\ j\neq k}}^N \left(\frac{1+2^{-j}}{1-2^{k-j}}\right).$$

但无穷乘积 $\prod\limits_{j=1}^\infty (1+2^{-j})$, $\prod\limits_{j=1}^\infty (1-2^{-j})$ 都是收敛的, 且有常数 C 与 c 使

$$\prod_{j=1}^\infty (1+2^{-j}) \leqslant C, \quad c \leqslant \prod_{j=1}^\infty (1-2^{k-j}),$$

所以

$$|\lambda_{k,N}| \leqslant C \prod_{\substack{j=1 \\ j\neq k}}^\infty |1-2^{k-j}|^{-1} \leqslant \frac{C}{c} \prod_{j=1}^{k-1} (2^{k-j}-1)^{-1}$$

$$\leqslant \frac{C}{c} \prod_{j=1}^{k-1} \frac{1}{2^{k-j-1}} = \frac{C}{c} 2^{-\frac{1}{2}(k-1)(k-2)},$$

而且 $\lambda_{k,N} \xrightarrow{N\to\infty} \lambda_k = \prod\limits_{\substack{j=1 \\ j\neq k}}^\infty \left(\frac{1+2^{-j}}{1-2^{k-j}}\right)$, $|\lambda_k| \leqslant \frac{C}{c} 2^{-\frac{1}{2}(k-1)(k-2)}$.

通过直接计算有

$$|Sf_+|_k \leqslant C|f_+|_k^+.$$

取 χ 的支集适当小, 即可使 Sf_+ 的支集在 V 中.

$$|Sf_+|_k \leqslant C|f_+|_q^+.$$

现在令 $u \in C_K^\infty$，$f = Pu \in C_K^\infty$，$g = Sf_+ \in C_V^\infty$，定义

$$f_\varepsilon = \theta_\varepsilon f + (1-\theta_\varepsilon)g \in C_V^\infty \ (\varepsilon > 0 \text{ 是任意的}),$$

$\theta_\varepsilon = \theta(t/\varepsilon)$，$\theta \in C^\infty$ 当 $t \leqslant -1$ 时为 1，$t \geqslant 0$ 时为 0. 令 $a = \sup\limits_{(t,x)\in V} t$，则 f_ε 之支集在 $t \leqslant a$ 中. 利用平坦 Cauchy 问题的适定性可以得出唯一的 $u_\varepsilon \in C^\infty$，$\operatorname{supp} u_\varepsilon \subset \{t \leqslant a\}$ 使 $Pu_\varepsilon = f_\varepsilon$. 因为 $f_\varepsilon = f$ 于 $t > 0$ 处，应有 $u_\varepsilon = u$ 于 $t > 0$ 处，故

$$|u|_0^+ = |u_\varepsilon|_0^+ \leqslant |u_\varepsilon|_0, \tag{6.2.17}$$

由关于 P 之 Cauchy 问题为适定的假设，知道 P 是 Fréchet 空间 $E = \{u; u \in C^\infty(\mathbf{R}^{n+1}), \operatorname{supp} u \subset \{t \leqslant a\}\}$ 到其自身的连续的单满射，因此由开映射定理，$P^{-1}: E \to E$ 也是连续的. 利用 E 中的半范即知，必定存在常数 C，整数 $k \geqslant 0$ 以及紧集 K' 使

$$\sup_K |u_\varepsilon(x)| \leqslant C \sup_{\substack{|\alpha| \leqslant k \\ x \in K'}} |D^\alpha P u_\varepsilon(x)| \tag{6.2.18}$$

利用(6.2.17)有

$$|u|_0^+ \leqslant C|f_\varepsilon|_k, \quad u \in C_K^\infty. \tag{6.2.19}$$

另一方面，当 $\varepsilon \to 0$ 时，$|f_\varepsilon|_k \to |g|_k$，因为 $f_\varepsilon - g = \theta_\varepsilon(f-g)$ 而且 θ_ε 之支集在 $0 \leqslant t \leqslant \varepsilon$ 中，在 $t = 0$ 处是平坦的. 代入(6.2.19)即有

$$|u_0|^+ \leqslant C|g|_k.$$

然而 $g = Sf_+$ 且 S 是连续的，从而有

$$|u_0|^+ \leqslant C|Pu|_k^+.$$

现在就可以给出基本的结果了:

定理 6.2.13 设常系数线性偏微分算子 $P(D)$ 的 Cauchy 问题在 N 方向是适定的，这时必存在一个与 ξ 无关的常数 γ_0 使得对一切 $\xi \in \mathbf{R}^{n+1}$ 以及适合 $\operatorname{Im}\tau < \gamma_0$ 的 τ，

$$P(\xi + \tau N) \neq 0. \tag{6.2.20}$$

证. 不失一般性可以设 $N = (1, 0, \cdots, 0)$. 由引理 6.2.12，稍加修正即可证明对一切紧集 K 必存在一个非负整数 k，一个常数 $C > 0$ 以及一个紧集 K' 使得对一切 $u \in C^\infty(\mathbf{R}^{n+1})$，只要 $\operatorname{supp} u \subset$

$\bar{\mathbf{R}}_+^{n+1}$ 即有

$$\sup_K |u(x)| \leqslant C \sup_{\substack{|\alpha|\leqslant k \\ x\in \mathbf{R}'}} |D^\alpha P(D) u(x)|. \qquad (6.2.21)$$

设若有复数 τ 使得对某个 $\xi \in \mathbf{R}^n$ 有 $P(\xi, \tau) = 0$((ξ, τ)代替了(6.2.20)中的 $\xi + \tau N$, 在那里 $\xi \in \mathbf{R}^{n+1}$, 现记 $\zeta = (\xi, \tau)$), 今证必有某个 γ_0 存在使 $\mathrm{Im}\tau \geqslant \gamma_0$. 用反证法,设只有 $\gamma_0 = -\infty$ 才适合 $\mathrm{Im}\tau \geqslant \gamma_0$.于是可以设 $\mathrm{Im}\tau < 0$. 利用 (6.2.21) 于 $K = \{a\} \subset \mathbf{R}_+^{n+1}$, 而 $u(x) = e^{i(x-a)\cdot\zeta}\theta(t)$,这里 $\theta(t) \in C^\infty(\mathbf{R})$ 当 $t \geqslant \frac{a_0}{2}$ 时为 1, $t \leqslant 0$ 时为 0,因为 $u(x)$ 在 $t \geqslant \frac{a_0}{2}$ 时适合 $P(D)u = 0$, 而且 $u(a) = 1$, 所以

$$1 \leqslant C(1 + |\zeta|)^{k+m} e^{a_0 \mathrm{Im}\tau/2},$$

取对数即得: 当 $P(\xi, \tau) = 0$ 时,

$$b \log(1 + |\zeta|) + C \leqslant \mathrm{Im}\tau \leqslant 0.$$

但若将 τ 分为 $\mathrm{Re}\tau, \mathrm{Im}\tau$, 而视 ($\xi$, $\mathrm{Re}\tau$) 为参数,则 $\mathrm{Im}\tau$ 是实多项式 $|P(\xi,\tau)|^2 = 0$ 的实根. 因此,由 Hörmander 定理(定理 6.2.10), 它应与 $(\mathrm{Im}\tau)^a$ 同阶而不可能与 $\log(1 + |\zeta|)$ 同阶. 证毕.

由于这个定理的重要性, 我们应将适合它的一类常系数线性偏微分算子分离出来而有

定义 6.2.14 (Gårding) 若 $N = (1, 0, \cdots, 0)$ 不是 $P(D)$ 的特征方向,而且适合(6.2.20), 则称 $P(D)$ 是 N 方向的双曲型算子; $P(\xi)$ 称为双曲多项式.

定义 6.2.15 若 $P(\xi)$ 对于 ξ_0 的最高次项不依赖于 ($\xi_1, \cdots, \xi_n$), 而且适合(6.2.20),则称 $P(D)$ 在 $N = (1, 0, \cdots, 0)$ 方向是 Petrowsky 适定的.

例如对波动方程$\square u = 0$,

$$P(\xi + \tau N) = -(\xi_0 + \tau)^2 + \sum_{j=1}^n \xi_j^2$$

(这几个例子中均设 $N = (1, 0, \cdots 0)$),故由 $P(\xi + \tau N) = 0$ 有

$$\tau = \left(\sum_{j=1}^n \xi_j^2\right)^{\frac{1}{2}} - \xi_0,$$

而 $\mathrm{Im}\tau = 0$. 因此波动方程在N方向是双曲型的. 对于热传导方程,

$$P(\xi + \tau N) = i(\xi_0 + \tau) + \sum_{j=1}^{n} \xi_j^2,$$

从而

$$\tau = i\left(\sum_{j=1}^{n} \xi_j^2\right) - \xi_0,$$

因此 $\mathrm{Im}\tau = \sum\limits_{j=1}^{n} \xi_j^2 \geqslant 0$, 但

$$P(\xi + \tau(-N)) = i(\xi_0 - \tau) + \sum_{j=1}^{n} \xi_j^2,$$

而

$$\tau = -i\left(\sum_{j=1}^{n} \xi_j^2\right) + \xi_0, \ \mathrm{Im}\tau = -\sum_{j=1}^{n} \xi_j^2,$$

这时找不到与ξ无关的γ_0适合(6.2.20). 因此热传导方程在N方向是 Petrowsky 适定的,但在$-N$方向不是. 这一点恰好对应于它的正向 Cauchy 问题为适定而逆向 Cauchy 问题为不适定. 对于 Schrödinger 方程 $i\frac{\partial u}{\partial t} - \Delta u = 0$, $P(\xi \pm \tau N) = -(\xi_0 \pm \tau) + \sum\limits_{j=1}^{n} \xi_j^2$, 故 $\mathrm{Im}\tau = 0$, 而它在N和$-N$方向均为 Petrowsky 适定的.

从这些例子可以看到定义 6.2.14 和 6.2.15 对 Cauchy 问题的适定性有密切的关系. 但在讨论这个问题之前, 先讨论双曲多项式的一些代数性质.

定理 6.2.16 设$P(D)$在N方向是双曲型的, 则在$-N$方向也是,它的主部在N方向也是双曲型的.

证. $P(\xi + \tau N) = 0$ 的m个根的和是ξ的线性函数或者是0, 因为 $P(\xi + \tau N)$ 对τ的展开式是$P_m(N)\tau^m + \cdots$, $P_m(N) \neq 0$. 但这个和的虚部不小于$m\gamma_0$, 而除非和的虚部恒为常数, 这是

不可能的．因此有 $\sum_{j=1}^{m}\operatorname{Im}\tau_j=\text{const}$．由假设，每一个 $\operatorname{Im}\tau_j\geqslant\gamma_0$，所以必有一个有限数 γ_1 使每一个 $\operatorname{Im}\tau_j\leqslant\gamma_1$，或 $\operatorname{Im}(-\tau_j)\geqslant-\gamma_1$．但 $-\tau_j$ 是 $P(\xi+\sigma(-N))=0$ 的根，从而 P 对 $-N$ 也是双曲型的．

再看关于 P_m 的论断．我们有

$$\lambda^{-m}P(\lambda\xi+\lambda\tau N)\to P_m(\xi+\tau N).$$

式左的根全在带形 $\frac{\gamma_0}{\lambda}\leqslant\operatorname{Im}\tau<\frac{\gamma_1}{\lambda}$ 中，由定理 6.2.3 又知右方的根必为左方的根之极限，所以令 $\lambda\to\infty$ 即知右方的根全是实的，因此 P_m 也是双曲型的．

由定理后一部分还可得到一个推论：对于齐次多项式 $P(\xi)$，双曲性等价于 $P(\xi+\tau N)=0$ 只有实根．

这时当然就有一个问题：若 $P(D)$ 的主部 $P_m(D)$ 是双曲型的，$P(D)$ 是否也是？一般说来，答案是否定的，Svensson [1] 已有了反例．但是在一个重要的情况下它却是正确的．这就是

定理 6.2.17 若 $P_m(\xi+\tau N)=0$ 只有相异实根，则 $P(D)$ 是双曲型的，这时称 $P(D)$ 为严格双曲的．

为了证明它，需要以下的

引理 6.2.18 若 P 为严格双曲的，则必存在常数 $C>0$ 使对 $\xi\in\mathbf{R}^n$，$\tau\in\mathbf{C}$ 而且 $|\operatorname{Im}\tau|>\frac{1}{C}$ 有

$$|P(\xi+\tau N)|\geqslant C|\operatorname{Im}\tau|(|\xi|+|\tau|)^{m-1}. \tag{6.2.22}$$

证．因为 $P_m(\xi+\tau N)$ 有相异实零点，故由定理 6.2.1 可以设它们是 ξ 的解析函数 $\tau_1(\xi),\cdots,\tau_m(\xi)$，而且有因式分解

$$P_m(\xi+\tau N)=P_m(N)\prod_{j=1}^{m}(\tau-\tau_j(\xi)).$$

所以

$$\left|\left(P_m\frac{\partial}{\partial\tau}\bar{P}_m\right)(\xi+\tau N)\right|$$
$$=|P_m(N)|^2\sum_{j=1}^{m}[\tau-\tau_j(\xi)]G_j(\tau,\xi), \tag{6.2.23}$$

$$G_j(\tau,\xi)=\prod_{k\neq j}|\tau-\tau_k(\xi)|^2.$$

$G_j(\tau,\xi)$ 是 $(\xi,\zeta)\in(\mathbf{R}^n\times\mathbf{C})\backslash 0$的 $2(m-1)$ 次齐次多项式，而且 $\sum_{j=1}^{m}G_j(\tau,\xi)\neq 0$ $((\xi,\zeta)\neq 0)$. 因此在(6.2.23)中取虚部有

$$\left|P_m\frac{\partial P_m}{\partial\tau}\right|\geqslant C|\mathrm{Im}\tau|(|\xi|+|\tau|)^{2(m-1)}.$$

另一方面，$\left|\frac{\partial\bar{P}_m}{\partial\tau}\right|\leqslant C(|\xi|+|\tau|)^{m-1}$，故有

$$|P_m(\xi+\tau N)|\geqslant C|\mathrm{Im}\tau|(|\xi|+|\tau|)^{m-1}.$$

但对 C 充分小而 $|\mathrm{Im}\tau|>\frac{1}{C}$ 时，$P_m(\xi+\tau N)$ 是 $P(\xi+\tau N)$ 的主部，从而引理得证.

定理 6.2.17 的证明. 令 $P(\xi+\tau N)=P_m(\xi+\tau N)+Q(\xi+\tau N)$，则因 Q 是次数不超过 $m-1$ 的多项式，而有

$$|Q(\xi+\tau N)|\leqslant C(|\xi|+|\tau|)^{m-1}.$$

因此当 $|\mathrm{Im}\tau|\geqslant\frac{1}{C_0}$ 而 C_0 充分小时，P_m 是 P 之主部，从而由引理 6.2.18 知

$$|P(\xi+\tau N)|\geqslant C|\mathrm{Im}\tau|(|\xi|+|\tau|)^{m-1}\neq 0.$$

定理证毕.

对于双曲型方程，特征锥面是一个重要的概念. 以下我们特别需要它的包含了方向 N 的一个连通分支，并记之为

$$\Gamma(P,N)=\{\xi\in\mathbf{R}^{n+1},P_m(\xi)\neq 0\}\text{ 的包含 }N\text{ 的连通分支.}\tag{6.2.24}$$

$\Gamma(P,N)$ 自然是开锥形集. 在波动方程的研究中，我们称指向特征锥内的方向为时向方向，而一个超曲面若各点的法线方向均为时向的就称为空向面. 以空向面为支柱的 Cauchy 问题是适定的. 这些概念对于一般的常系数双曲型方程也都是成立的. 很清楚 $\Gamma(P,N)$ 的边界是特征锥面的一叶，其内部的一切方向我们将证明都具有与 N 相类似的性质，因此与时向方向是很类似的，具体

说：双曲性对于 $\Gamma(P,N)$ 内的方向是稳定的，即有

定理 6.2.19 $\Gamma(P,N)$ 是一个开凸锥，而且 $P(D)$ 对 $\Gamma(P,N)$ 中任意方向都是双曲型的.

为了证明这个定理，我们需要以下的结果.

引理 6.2.20

$$\Gamma(P,N)=\{\xi\in\mathbf{R}^{n+1}\backslash 0,\ P_m(\xi+\tau N)=0 \text{ 只有严格负根 } \tau\}. \tag{6.2.25}$$

证. 记右方之集——它当然是开的锥形集——为 Γ'，则因 $\tau=0$ 对 $\xi\in\Gamma'$ 不是 $P_m(\xi+\tau N)=0$ 之根，故 $P_m(\xi)\neq 0$. 自然还有 $N\in\Gamma'$. 现证 $\Gamma'\subset\Gamma$，为此只需证明 Γ' 为连通即可. 更确切地说，我们来证明若 $\xi\in\Gamma'$，则连接 ξ 与 $N\in\Gamma'$ 的"线段" $\eta=\lambda\xi+(1-\lambda)N$ 也在 Γ' 中，这里 $0\leqslant\lambda\leqslant 1$. 事实上作因式分解

$$P_m(\xi+\tau N)=P_m(N)\prod_{j=1}^{m}(\tau-\tau_j(\xi)),\quad \tau_j<0$$

(注意，我们不能说 $P_m(\xi+\tau N)=0$ 的根 $\tau_j(\xi)(j=1,\cdots,m)$ 是 ξ 的函数，理由见定理 6.2.1 前的说明，但一切 $\tau_j(\xi)$ 的对称多项式确实是 ξ 的函数)，我们有

$$\begin{aligned}P_m(\eta+\tau N)&=P_m(\lambda\xi+\mu N+\tau N)\\&=P_m(N)\prod_{j=1}^{n}(\mu+\tau-\lambda\tau_j(\xi)),\\&\mu=1-\lambda.\end{aligned}$$

显然它的根即 $\tau=\lambda\tau_j-\mu<0$. 由此 $\Gamma'\subset\Gamma$.

为证明 $\Gamma\subset\Gamma'$，我们证明 $\partial\Gamma'\subset\partial\Gamma$. 令 $\xi\in\partial\Gamma'$，则 $\xi\notin\Gamma'$，从而 $P_m(\xi+\tau N)=0$ 不可能只有严格负实根，但作为齐次双曲多项式它又只有实根(定理 6.2.16 的推论)，由于根连续依赖于系数(定理 6.2.3)，知它必有至少一个零根，亦即 $P_m(\xi)=0$. 因此 $\xi\in\partial\Gamma$ 而引理得证.

引理 6.2.21 设 P 在 N 方向上是双曲的，则对一切 $\eta\in\Gamma(P,N)$ 有

$$P(\xi+\tau N+\mu\eta)\neq 0\ \ \mathrm{Im}\tau<\gamma_0,\ \mathrm{Im}\mu\leqslant 0,\ \xi\in\mathbf{R}^n.$$

证. 先看 $\mathrm{Im}\mu=0$ 的情况，这时将 $\mu\eta$ 合并到 ξ 中即得引理

之证．再看 $\mathrm{Im}\mu<0$．μ^m 的系数是 $P_m(\eta)\neq 0$，所以方程 $P(\xi+\tau N+\mu\eta)=0$ 对于 μ 的根之个数不变．当 $\mathrm{Im}\tau<\gamma_0$ 时，适合 $\mathrm{Im}\mu<0$ 的根个数也不会变．因为根是连续依赖于系数的，所以若有一个根 μ 从 $\mathrm{Im}\mu<0$ 变到半平面 $\mathrm{Im}\mu\geqslant 0$ 中，一定有一个 τ 适合 $\mathrm{Im}\tau<\gamma_0$ 而使相应的 μ 适合 $\mathrm{Im}\mu=0$．但这是不可能的，因为把这个 $\mu\eta$ 并合 ξ，上述适合 $\mathrm{Im}\tau<\gamma_0$ 的 τ 将与 (6.2.20) 矛盾．今设这些根的个数不为 0，并取 $|\tau|$ 充分大而 $\mu=\lambda\tau$，则方程

$$P(\xi+\tau N+\mu\eta)=0\Longleftrightarrow \tau^{-m}P(\xi+\tau(N+\lambda\eta))=0.$$

令 $\mathrm{Im}\tau\to-\infty$ 将有 $P_m(N+\lambda\eta)=0$．从而由引理 6.2.20，λ 为严格负．但由 $\mu=\lambda\tau$ 有 $\mathrm{Im}\mu=\lambda\mathrm{Im}\tau$，而 $\mathrm{Im}\tau\to-\infty$ 从而 $\mathrm{Im}\mu\to+\infty$ 而与 $\mathrm{Im}\mu<0$ 矛盾．

定理 6.2.19 的证明．设 $\eta\in\Gamma(P,N)$，则显然 $P(\eta)\neq 0$，今证必有 γ_φ 存在使得 $\mathrm{Im}\tau<\gamma_\varphi$ 时 $P(\xi+\tau\eta)\neq 0$．为此先证明当 $\varepsilon>0$ 时 P 在 $\eta+\varepsilon N$ 方向上是双曲的．事实上当 $\varepsilon>0$ 时 $P_m(\eta+\varepsilon N)\neq 0$（引理 6.2.20 指出，当 $P_m(\eta+\varepsilon N)=0$ 时必有 $\varepsilon<0$），而由引理 6.2.21 又有：

$$P(\xi+\tau(\eta+\varepsilon N))\neq 0,\ \text{当}\ \mathrm{Im}(\varepsilon\tau)<\gamma_0,\ \mathrm{Im}\tau\leqslant 0\ \text{时}.$$

因此，当 $\mathrm{Im}\tau<\inf(0,\gamma_0/\varepsilon)$ 时上式成立，而 $\eta+\varepsilon N$ 是双曲方向．这样固定了 ε，并以 $\eta-\varepsilon N$ 代替 η，当 ε 充分小时 $\eta-\varepsilon N\in\Gamma(P,N)$，因此 $(\eta-\varepsilon N)+\varepsilon N=\eta$ 是双曲方向．$\Gamma(P,N)$ 为凸的证明可以仿照引理 6.2.20．

不但双曲性对于 $\Gamma(P,N)$ 中的一切方向是稳定的，严格双曲性也是这样．事实上我们有

定理 6.2.22 若 P 在 N 方向上是严格双曲的，则它在 $\Gamma(P,N)$ 之一切方向上都是严格双曲的．

证．设 $\xi\nparallel N$，这时 $P_m(\xi+\tau N)$ 有相异实零点而且由定理 6.2.1 可以分解因式有

$$P_m(\xi+\tau N)=P_m(N)\prod_{j=1}^{m}(\tau-\tau_j(\xi)).\qquad(6.2.26)$$

当 $\xi\to\lambda N$ 时，所有的 $\tau_j(\xi)$ 均趋向于 $P_m(\lambda N+\tau N)=0$ 的根 $\tau=-\lambda$，因此若补充定义 $\tau_j(\lambda N)=-\lambda$，$\tau_j(\xi)$ 将对 $\xi\in\mathbf{R}^{n+1}$ 连续．现在取任一 $\eta\in\Gamma(P,N)$，$\eta\nparallel N$ 而证明 $P_m(\xi+\mu\eta)=0$ 对 μ 只有相异实根．但由(6.2.26)有

$$P_m(\xi+\mu\eta)=P_m(\xi+\mu\eta+oN)$$
$$=P_m(-N)\prod_{j=1}^m\tau_j(\xi+\mu\eta).$$

很容易看到 $\tau_j(\xi)$ 是 ξ 的一次齐性函数，再由 $\tau_i(\xi)$ 对 $\xi\in\mathbf{R}^{n+1}$ 连续有

$$\tau_j(\xi+\mu\eta)=\mu\tau_j\left(\frac{\xi}{\mu}+\eta\right)\sim\mu\tau_j(\eta),\ \ \mu\to\pm\infty.$$

然而由引理 6.2.20，$\tau_j(\eta)<0$，故当 $\mu\to\pm\infty$ 时，$\tau_j(\xi+\mu\eta)\to\mp\infty$．再用一次引理 6.2.20，$\tau_j(\xi)<0$，而当 $\mu\to-\infty$ 时，$\tau_j(\xi+\mu\eta)\to+\infty$，因此一定有一个 $\mu<0$ 使 $\tau_j(\xi+\mu\eta)=0$，记 $\mu=\mu_j<0$．因此 $P_m(\xi+\mu_j\eta)=0$．

最后证明当 $\xi\nparallel\eta$ 时，上述 μ_j 全相异．设若有某个 $\mu_j=\mu_k=\mu(j\neq k)$，则由 μ_j 的定义

$$\tau_j(\xi+\mu\eta)=\tau_k(\xi+\mu\eta)=0,$$

从而 $P_m(\xi+\mu\eta+\tau N)=0$ 有重根 $\tau=\tau_j(\xi+\mu\eta)=\tau_k(\xi+\mu\eta)=0$．但除非 $\xi+\mu\eta\parallel N$，$P_m(\xi+\mu\eta+\tau N)=0$ 不会有重根，故 $\xi+\mu\eta=\lambda N$．而由 $\tau_j(\xi+\mu\eta)=0$ 又有

$$P_m(\xi+\mu\eta)=P_m(\xi+\mu\eta+oN)$$
$$=P_m(-N)\prod_{j=1}^m\tau_j(\xi+\mu\eta)=0.$$

亦即 $P_m(\lambda N)=\lambda^mP_m(N)=0$，从而或者 $P_m(N)=0$ 或者 $\lambda=0$ 而 $\xi+\mu\eta=0$，$\eta\parallel\xi$，这两种情况都导致矛盾．

3. 基本解与 Cauchy 问题的适定性． 现在回到本节的中心问题：$P(D)u=f$ 的 Cauchy 问题的适定性．我们将 Cauchy 问题表述为平坦的 Cauchy 问题．这样，它的适定性将归结为造出支集有一定限制的基本解，因此我们将从关于基本解的讨论入手．首

先我们有

定理 6.2.23 若 $P(D)$ 在 N 方向是 Petrowsky 适定的，则它必有基本解 E，且 $\operatorname{supp}E\subset\{x\in\mathbf{R}^{n+1},\ \langle x, N\rangle\geqslant 0\}$.

证．不失一般性仍设 $N=(1,0,\cdots,0)$．令 $\tau=\tau_j(\xi)$ 是 $P(\xi+\tau N)=0$ 的根，我们有

$$P(\xi+\tau N)=c\prod_{j=1}^{p}(\tau-\tau_j(\xi))$$

因此

$$|P(\xi+\tau N)|\geqslant c\prod_{j=1}^{p}|\operatorname{Im}\tau-\operatorname{Im}\tau_j(\xi)|.$$

但因 $\tau_j(\xi)$ 是 $P(\xi+\tau N)=0$ 的根，故由定义 $\operatorname{Im}\tau_j(\xi)\geqslant\gamma_0$，故若取 τ 适合 $\operatorname{Im}\tau<\gamma_0$，则对这样的 τ，$P(\xi+\tau N)\neq 0$：

$$|P(\xi+\tau N)|\geqslant c|\operatorname{Im}\tau-\gamma_0|^p$$

现在用下式来定义一个广义函数 $F\in\mathscr{D}'$：

$$\langle F,\varphi\rangle=\left(\frac{1}{2\pi}\right)^{n+1}\int\frac{\hat{\varphi}(\tau,\xi)}{P(\xi+\tau N)}d\xi,\quad \varphi\in C_0^\infty,\qquad(6.2.27)$$

这里，积分是在 $\tau=\xi_0+i\gamma$ 上进行的，γ 是小于 γ_0 的常数．这是一个 Fourier-Laplace 变换在 0 处的值．因为 $\hat{\varphi}(\tau,\xi)$ 对 (ξ_0,ξ) 是急减的，分母又是一个不为 0 的 p 次多项式，所以它是收敛的，而且由 Cauchy 积分定理知它的值其实不依赖于 γ.

因为 ${}^tP(D)=P(-D)$，所以由定义

$$\begin{aligned}\langle P(-D)F,\varphi\rangle&=\langle F,P(D)\varphi\rangle=(2\pi)^{-n-1}\int\hat{\varphi}(\tau,\xi)d\xi\\&=\varphi(0).\end{aligned}$$

所以若令 $E=\check{F}$，当有 $P(D)E=\delta$，即 E 为基本解．

现在讨论 E 的支集．我们要证明 $\operatorname{supp}F\subset\overline{\mathbf{R}}_-^{n+1}$．令 $\varphi\in C_0^\infty(\mathbf{R}_+^{n+1})$，代入(6.2.27)．由 Paley-Wiener 定理，得知必存在一个常数 C 使得

$$|\langle F,\varphi\rangle|\leqslant C\frac{\exp(\gamma a)}{|\gamma-\gamma_0|^p}\int\frac{d\xi}{(1+|\xi|)^{n+2}},\quad\gamma<\gamma_0$$

$$a=\inf_{(x,t)\in\operatorname{supp}\varphi} t>0.$$

因为(6.2.27)之值对 $\gamma<\gamma_0$ 与 γ 无关，故可令 $\gamma\sim-\infty$ 来估计上式即有 $\langle F,\varphi\rangle=0$. 因此 $\operatorname{supp}F\subset\bar{\mathbf{R}}_+^{n+1}$ 得证.

双曲型算子是 Petrowsky 适定算子的特例，所以它也有基本解，而对这个基本解的支集我们有

定理 6.2.24 若 $P(D)$ 在 N 方向上是双曲型的，则必有唯一基本解 E，其支集在 $\Gamma(P,N)$ 的对偶锥

$$\Gamma^*(P,N)=\{x\in\mathbf{R}^{n+1},\ x,\xi\geqslant 0,\ \xi\in\Gamma(P,N)\}$$

中.

证. 利用定理 6.2.23 已知 $P(D)$ 有一基本解 E:

$$\langle\check{E},\varphi\rangle=(2\pi)^{-n-1}\int\frac{\hat{\varphi}(\tau,\xi)}{P(\xi+\tau N)}d\xi,\ \operatorname{Im}\tau=\gamma<\gamma_0.$$

$\check{E}$ 的支集在 $\check{E}_+^{n+1}$ 中. 由引理 6.2.21，$P(\xi+\tau N+i\eta)\neq 0$ 这里 η 是 $n+1$ 维向量，而 $\xi+i\eta\in\mathbf{R}^{n+1}-i\Gamma(P,N)$. $\hat{\varphi}(\xi,\tau)$ 是 $\varphi(x)$ 的 Fourier-Laplace 变换，从而是 $\xi+i\eta$ 的整函数 $\hat{\varphi}$. 将 $\hat{\varphi}(\xi+i\eta,\tau)$ 写作 $\hat{\varphi}(\xi+\tau N+i\eta)$，知

$$\xi+i\eta\longmapsto\hat{\varphi}(\xi+\tau N+i\eta)/P(\xi+\tau N+i\eta)$$

是 $\mathbf{R}^{n+1}-i\Gamma(P,N)$ 中的全纯函数. 将 τN 的实部并入 ξ 从而将 $\xi+\tau N$ 写为 $\xi+i\gamma N$(在积分域上 $\operatorname{Im}\tau=\gamma<\gamma_0$)，由因式分解可得

$$\begin{aligned}|P(\xi+i\gamma N+i\eta)|&=\left|P_m(iN)\prod_{j=1}^{m}(i\gamma-\tau_j(\xi+i\eta)\right|\\&\geqslant|P_m(N)|\prod_{j=1}^{m}|\operatorname{Im}i\gamma-\operatorname{Im}\tau_j|\\&\geqslant|P_m(N)||\gamma-\gamma_0|^m.\end{aligned}$$

对 ϕ 应用 Paley-Wiener 定理有

$$\begin{aligned}&|\phi(\xi+i\gamma N+i\lambda\eta)|\\&\leqslant C\exp\frac{H_k(\gamma N+\lambda\eta)}{(|\xi|+|\eta|+|\lambda|)^{n+2}}.\end{aligned}$$

这里

$$H(\gamma N+\lambda\eta)=\sup_{x\in\operatorname{supp}\varphi}\langle x,\gamma N+\lambda\eta\rangle.$$

利用 Cauchy 积分公式可以改变(6.2.27)的积分路径：

$$\langle F, \varphi\rangle = (2\pi)^{-n-1}\int_{\mathbf{R}^{n+1}}\frac{\hat{\varphi}(\xi + i\gamma N + i\lambda\eta)}{P(\xi + i\gamma N + i\lambda\eta)}d\xi, \quad (6.2.28)$$

$$\xi\in\mathbf{R}^{n+1},\ \gamma < \gamma_0,\ \lambda < 0.$$

现在我们证明 $\mathrm{supp}E\subset\Gamma^*(P, N)$，亦即 $\mathrm{supp}F\subset\{x\in\mathbf{R}^{n+1}, x\cdot\eta\leqslant 0, \eta\in\Gamma(P, N)\}$. 为此取 $\varphi\in C_0^\infty$ 使 $\mathrm{supp}\varphi\subset\{x\in\mathbf{R}^{n+1}, x\cdot\eta > 0, \eta\in\Gamma(P, N)\}$. 代入(6.2.28)，注意到它的值其实与 λ 无关，故可令 $\lambda\to-\infty$，而有

$$H(\gamma N + \lambda\eta) = \sup_{x\in\mathrm{supp}\varphi}\langle x, \gamma N + \lambda\eta\rangle\to-\infty.$$

于是可得

$$\langle F, \varphi\rangle = 0.$$

从而关于 E 的支集的结论得证.

最后证明这种基本解的唯一性. 注意到，两个支集同在半空间 $\bar{\mathbf{R}}_+^{n+1}$ 中的 $\mathscr{D}'$ 广义函数是可以作卷积的，故若 E 与 E_1 是两个这样的基本解，考虑 $E * E_1$，我们有

$$\begin{aligned}P(D)(E * E_1) &= P(D)E * E_1 = \delta * E_1 = E_1\\ &= E * P(D)E_1 = E * \delta = E.\end{aligned}$$

因此 $E = E_1$.

总结本节的全部结果，我们可以得到以下的基本结论：

定理 6.2.25 以下三个命题是等价的.

i) $P(D)$ 在 N 方向的 Cauchy 问题是 C^∞ 适定的；

ii) $P(D)$ 在 N 方向是双曲型的；

iii) $P(D)$ 有唯一的基本解其支集在锥 C 中，而且 $C\cap\{x\in\mathbf{R}^{n+1}, \langle x, N\rangle\leqslant 0\} = \{0\}$.

证. i) → ii) 定理 6.2.13 已告诉我们(6.2.20)当 $\mathrm{Im}\tau < \gamma_0$ (γ_0 某一常数)时成立. 余下的只要证明 N 是非特征方向. 不失一般性仍设 $N = (1, 0, \cdots, 0)$，设 N 是特征方向，则将 $P(D)$ 写成

$$P(D) = \sum_{\alpha_0+|\alpha|\leqslant m} a_{\alpha_0\alpha}D_t^{\alpha_0}D_x^\alpha$$

后，应有 $\alpha_0 < m$. 考虑齐次 Cauchy 问题

$$P(D)u=0,\ \left.\frac{\partial^l u}{\partial t^l}\right|_{t=0}=0,\ l=0,1,\cdots,m-1.$$

若 $P(D)$ 是齐次算子：$\alpha_0+|\alpha|=m$，则 $u=t^m$ 显然是一个非零解，而 $P(D)$ 的 Cauchy 问题解不可能是唯一的，因此也就不是 C^∞ 适定的．当 $P(D)$ 不是齐次算子时，Hörmander [4] 第五章也作出了一个非零解．总之，$P(D)$ 对 N 方向是双曲的．

ii) → iii) 即定理 6.2.24.

iii) → i) 设 $P(D)$ 有基本解 E，且支集在 $\bar{\mathrm{R}}_+^{n+1}$ 内，对于平坦的 Cauchy 问题 $P(D)u=f$，$f\in C_0^\infty(\bar{\mathrm{R}}_+^{n+1})$，$E*f\in C_0^\infty(\bar{\mathrm{R}}_+^{n+1})$，而且 $P(D)(E*f)=P(D)E*f=\delta*f=f$ 故 $u=E*f$ 是它的解．这个解必是唯一的，因为若有另一解 u_1，令 $v=u-u_1$，则 $v\in C_0^\infty(\bar{\mathrm{R}}_+^{n+1})$ 且 $P(D)v=0$．因此除 E 之外还有其它的基本解 $E+v$ 而与假设的基本解之唯一性矛盾．定理证毕．

§ 3. 变系数双曲型方程

1. Cauchy 问题为适定的必要条件． 上面我们对常系数偏微分方程得到了 Cauchy 问题为 C^∞ 适定的充分必要条件是：$P(D)$ 是双曲型算子．当我们稍微向前，想把这个结果推广到变系数情况时却遇到了极大的困难．下面我们只能证明，严格双曲性是 Cauchy 问题为适定的充分条件．但关于必要条件却有完整的结果，即下面介绍的 Lax-Mizohata 定理(见 Lax[1]，Mizohata[2])．

定理 6.3.1 设 $P(x,D)$ 为具有 C^∞ 系数的线性偏微分算子，$x\in\mathrm{R}^{n+1}$，$x=(t,x_1,\cdots,x_n)$，则它在非特征方向 $N=(1,0,\cdots,0)$ 的 Cauchy 问题为 C^∞ 适定的必要条件是：$P_m(x,\tau,\xi)=0$ 对于 $\xi\in\mathrm{R}^n$，$x\in\mathrm{R}^{n+1}$，只有实零点 τ．

证．引理 6.2.12 已经指出了，对任一紧集 $K\Subset\mathrm{R}^{n+1}$（不失一般性，设 $0\in K$）必有常数 $C>0$ 和整数 $k\geqslant 0$ 使得对一切 $u\in C_K^\infty$

$$|u|_0^+\leqslant C|Pu|_k^+ \tag{6.3.1}$$

这里 $|\varphi|_k^+=\sup\limits_{|\alpha|\leqslant k,t\geqslant 0}|D^\alpha\varphi(x)|$．今设 $P_m(x,\tau,\xi)=0$ 在 $x=0$，

$\xi\in\mathbf{R}^n$ 处有重数为 r 的复根 τ_0，$\mathrm{Im}\tau_0\neq 0$ 即

$$P_m(0,\tau_0,\xi)=0$$

必要时作变换 $t=-t'$，恒可设 $\mathrm{Im}\tau_0<0$. 很明显 $\xi\neq 0$，否则将有 $\tau_0=0$. 于是 $(\mathrm{Re}\tau_0,\xi)$ 是一个非零的横截于 $t=0$ 的向量，因此可以作自变量的线性变换使变量 t 不动，而 $(\mathrm{Re}\tau_0,\xi)$ 变为 $(0,0,\cdots,0,1)=(0,e_n)$. 这样零点 τ_0 将可变为 $\tau_0=-i$，而有

$$P_m(0,-i,0,\cdots,0,1)=0.$$

因此 $P_m(0,\tau,\xi)=(\tau+i\xi_n)^rQ(\tau,\xi)$，而且 $Q(-i,e_n)\neq 0$. 特别是

$$P_m(0,D_0,0,\cdots,0,D_n)=(D_0+iD_n)^rQ(D_0,D_n)$$

$$D_0=\frac{1}{i}\partial_t, \tag{6.3.2}$$

Q 是 D_0, D_n 的 $m-r$ 次齐性多项式.

现在要局部化到 $x=0$ 附近而且将低阶项除去，为此作变量变换

$$y_j=x_j\rho^{s_j},\ j=0,1,\cdots,n,\ s_j>0\ \text{待定},\rho\gg 0 \tag{6.3.3}$$

于是 $P(x,D_x)$ 变为

$$P_\rho(y,D_y)=P(y_j\rho^{-s_j},\cdots,\rho^{s_j}D_{y_j},\cdots),$$

而不等式(6.3.1)现在成为

$$|v|_0^+\leqslant C\rho^{ks}|P_\rho(y,D_y)v|_k^+,\quad v\in C_{K_1}^\infty, \tag{6.3.4}$$

K_1 是 K 在变换(6.3.3)下的象而可以是任意的紧集（但设 $0\in K_1$），$s=\max\limits_j s_j$，上式右方的 $|\cdot|_k$ 是对变量 y 来取的.

以下的基本步骤是作一个渐近解 u_ρ 使 $P_\rho u_\rho=O(\rho^{-\infty})$ 而与(6.3.4)矛盾. 为此，令

$$s_j=2r,\ j=1,\cdots,n-1,\ s_0=s_n=4r,$$

则

$$\rho^{-4mr}P_\rho(y,D_y)=P_m(0,D_0,0,\cdots,D_n)$$
$$+(\text{系数为 }O(\rho^{-2r})\text{的 }m\text{ 阶算子}).$$

我们在以下形式的渐近级数中求渐近解

$$u_\rho = \sum_{j=0}^{\infty} e^{i\rho\varphi(y)} v_j(y)\rho^{-j}, \quad v_0(0) = 1, \tag{6.3.5}$$

$\varphi(y)$ 称为相函数. 考虑到 (6.3.2) 中的因子 $D_0 + iD_n$, 我们取 $\varphi = -iy_0 + y_n$, 于是 $(D_0 + iD_n)\varphi = 0$, 但 $Q(D_0\varphi, D_n\varphi) = Q(-i, 1) \neq 0$, 此外

$$\mathrm{Im}\varphi(y) \leqslant 0, \text{ 当 } y_0 \geqslant 0 \text{ 时}.$$

选定了 φ 以后,以 (6.3.5) 之第一项代入 $P_\rho u_\rho$, 其结果之最低次项将是 $O(\rho^{m-r})$,具体地说,就是 $Q(-i, 1)\cdot(D_0 + iD_n)^r v_0(y)$, 令它在 $y = 0$ 附近为 0, 则只需取 $v_0(y) \in C^\infty_{K_1}$, 而且在 $y = 0$ 附近 $v_0(y) = 1$ 即可. 决定了 $v_0(y)$ 后,依次令 $P_\rho u_\rho$ 之各项系数为 0 即有

$$Q(-i, 1)(D_0 + iD_n)^r v_j(y) = F_j(y), \tag{6.3.6}$$

这里 $F_j \in C^\infty_{K_1}$ 由 $v_0, \cdots, v_{j-1}$ 决定. 注意到 $D_0 + iD_n$ 是 Cauchy-Riemann 算子,而我们已作出它的基本解,由第二章 §5,定理 2.5.1 即可得出一个 $v_j(y)$. 因为我们只需要在 $y = 0$ 附近考虑渐近解,所以可以用一个截断函数 $\chi(y) \in C^\infty_{K_1}$ 而在 $y = 0$ 附近去乘 $v_j(y)$, 即可设 $v_j \in C^\infty_{K_1}$ 而且在 $y = 0$ 附近适合方程(6.3.6).

作出渐近解后,取其一个部分和 $u^N_\rho = \sum_{j=1}^{N} e^{i\rho\varphi(y)} v_j(y)\rho^{-j}$, 我们有,当 $\rho \to -\infty$ 时

$$|u^N_\rho|^+ \geqslant 1 \text{ 因为 } \rho\varphi(0) = 0, \text{ 而 } v_0(0) = 1.$$

但是 $|P_\rho u^N_\rho|^+_k = O(\rho^{-4kr-1})$, 故当 $\rho \to \infty$ 时 $|P_\rho u^+_\rho|^+_k \to 0$ 从而 (6.3.1)不可能成立. 证毕.

以上的证明是 Петков 和 Иврий 的(见 Петков, Иврий [1] 以及 Hörmander [13]). 它是一个很广泛的定理,不但适用于单特征情况,而且适用于重特征情况. 重特征问题是当前线性偏微分方程理论中的重要问题,我们这里不可能介绍了,关于重特征的双曲型方程可以参看上面提及的 Иврий, Петков 和 Hörmander 的著作.

2. 化为一阶方程组. 现在我们要把有关常系数双曲型方程的结果推广到一阶方程组

$$D_t u - \sum_{j=1}^{n} A_j(t, x) D_{x_j} u + B(t,x)u = f(t,x). \quad (6.3.7)$$

这里 f 是已知的 N 维向量，$A_j(t, x)$ 和 $B(t, x)$ 是 $N \times N$ 方阵，u 是未知的 N 维向量．这个方程组称为双曲型的是指 τ 的方程

$$\det\left(\tau - \sum_{j=1}^{n} A_j \xi_j\right) = 0$$

当 $\xi \in \mathbf{R}^n$ 时对 τ 有实根．这个条件就相应于定理 6.2.16 关于主部的论述．

方程组(6.3.7)中研究得最充分的是所谓对称双曲方程组，即 A_j 均为 Hermite 方阵的情况．Friedrichs 对于这类方程组建立了系统的理论（Friedrichs [1]）以后，还将它发展为正对称方程组的理论（Friedrichs [2]）．它们都是以能量积分为基础的．这类方程之所以特别重要，还因为许多有重要物理意义的方程组，都可以化为对称双曲方程组．例如对 Maxwell 方程

$$\frac{\partial E}{\partial t} = \mathrm{rot} H, \quad \frac{\partial H}{\partial t} = -\mathrm{rot} E,$$

E, H 分别为电场和磁场强度，令 $u = \begin{pmatrix} E \\ H \end{pmatrix}$ 为 6 维向量，则上述方程组可以化为

$$\partial_t u = \begin{pmatrix} & & & 0 & 0 & 0 \\ & 0 & & 0 & 0 & 1 \\ & & & 0 & -1 & 0 \\ 0 & 0 & 0 & & & \\ 0 & 0 & -1 & & 0 & \\ 0 & 1 & 0 & & & \end{pmatrix} \partial_{x_1} u + \begin{pmatrix} & & & 0 & 0 & -1 \\ & 0 & & 0 & 0 & 0 \\ & & & 1 & 0 & 0 \\ 0 & 0 & 1 & & & \\ 0 & 0 & 0 & & 0 & \\ -1 & 0 & 0 & & & \end{pmatrix} \partial_{x_2} u$$

$$+ \begin{pmatrix} & & & 0 & 1 & 0 \\ & 0 & & -1 & 0 & 0 \\ & & & 0 & 0 & 0 \\ 0 & -1 & 0 & & & \\ 1 & 0 & 0 & & 0 & \\ 0 & 0 & 0 & & & \end{pmatrix} \partial_{x_3} u.$$

更为一般地，我们要考虑方程组

$$D_t u - A(t, x, D_x)u = f. \qquad (6.3.8)$$

这里 f 和 u 同上，表示N维向量，A 为$N\times N$方阵而其元为不超过 1 阶的 PsDO. 其所以要考虑拟微分算子，不是一般地为了推广，而是因为我们将自然地遇到这种情况. 设 A 的全象征是 $a(t, x, \xi)$，主象征为 $a_1(t, x, \xi)$. 我们假设其元为 $BS^1(\mathbf{R}^{n+1}\times\mathbf{R}^n\backslash 0)$ 中的元素(BS^m 是 S^m 的一个子集，它要求在

$$|\partial_x^\alpha\partial_\xi^\beta a(t,x,\xi)|\leqslant C(1+|\xi|)^{m-|\beta|}$$

中，C 的选择与 x 所属的紧集K无关)，同时还要求 $a_1(t, x, \xi)$ 对 $\xi\in\mathbf{R}^n\backslash 0$ 是一次正齐性的. 后一要求显然是为了减少细节的繁冗.

对于方程组(6.3.8)，我们并不要求 $A(t,x,D_x)$ 是 Hermite 方阵，而要求它是可对称化的，即有

定义 6.3.2 算子 $D_t - A$ 称为可对称化的是指存在一个 C^∞ 映射 $(t, x, \xi)\in\mathbf{R}^{n+1}\times(\mathbf{R}^n\backslash 0)\to r_0(t, x, \xi)\in\mathscr{L}(\mathbf{C}^N, \mathbf{C}^N)$，它对 ξ 是零次正齐性的，而在 $|\xi| = 1$ 上连同其各阶导数均为有界，其值则为 Hermite 方阵，而且

i) $r_0(t, x, \xi)\cdot a_1(t, x, \xi)$ 为 Hermite 方阵，

ii) $r_0(t, x, \xi)\geqslant cI$，

这里 $(x,\xi)\in\mathbf{R}^n\times\mathbf{R}^n\backslash 0$，$t\in K\Subset\mathbf{R}$，$c$ 只与K有关.

对称双曲组当然都是可对称化的. 重要的是一类重要的高阶双曲型方程组

$$P(t, x, D_t, D_x)\equiv D_t^m - \sum_{j=0}^{m-1} A_{m-j}(t, x, D_x)D_t^j \quad (6.3.9)$$

都可以化为可对称化方程组，这里 $A_{m-j}(t, x, D_x)$ 是 $m-j$ 阶 PsDO，而其象征 $a_{m-j}(t,x,\xi)\in BS^{m-j}(\mathbf{R}^{n+1}\times\mathbf{R}^n)$，这 a_{m-j} 的主象征 $a_{m-j}^0(t,x,\xi)$ 设为 $\xi\in\mathbf{R}^n\backslash 0$ 的 $m-j$ 次正齐性函数. 我们假设 P 是严格双曲的，即设方程

$$P_m(t, x, \tau, \xi) = 0,$$

当 $\xi\in\mathbf{R}^n$ 时对 τ 有 m 个相异实根 $\tau(t, x, \xi)$. P_m 是 P 的主象征.

对于偏微分方程，化高阶方程为一阶方程组是比较困难的。但在有了 PsDO 理论以后，Calderon 提出一种方法可以很快地完成这件事。

作 PsDO Λ_{m-j}，它的象征是 $(1+|\xi|^2)^{\frac{1}{2}(m-j)}$，显然 $\Lambda_{m-j}\in BS^{m-j}$。它是一个椭圆 PsDO，很容易看到其逆是 Λ_{j-m}。于是对原来的未知函数 u 引入一个新的未知向量 U 如下：

$$^{t}U=(u_1,\cdots,u_m);\quad u_j=D_t^{j-1}\Lambda_{m-j}u.$$

很容易看到(6.3.9)化成了

$$D_tU-AU=F,\tag{6.3.10}$$

$$A=\begin{pmatrix}0 & \Lambda & & 0\\ \vdots & \ddots & \ddots & \\ 0 & \cdots & 0 & \Lambda\\ B_1 & & \cdots & B_m\end{pmatrix},\quad \Lambda=\Lambda_1,\quad B_j=A_{m-j+1}\Lambda_{-m+j},$$

$^{t}F=(0,\cdots,0,f)$。这里我们要用到显然的等式 $\Lambda_s\Lambda_t=\Lambda_{s+t}$，又 Λ_s 与 D_t 可交换。B_j 显然是 1 阶 PsDO，其象征为

$$a_{m-j+1}(t,x,\xi)(1+|\xi|^2)^{-\frac{1}{2}(m-j)},$$

因此，它的对 ξ 为一次正齐性的主象征为 $a^0_{m-j+1}(t,x,\xi)|\xi|^{-(m-j)}$，因此 A 的主象征是 ξ 的一次正齐性矩阵值函数

$$a_1(t,x,\xi)=\begin{pmatrix}0 & |\xi| & & 0\\ \vdots & \ddots & \ddots & \\ 0 & \cdots & 0 & |\xi|\\ a^0_m/|\xi|^{m-1} & & \cdots & a^0_1\end{pmatrix}.$$

很容易验证

$$\det(\tau I-a_1(t,x,\xi))=P_m(t,x,\tau,\xi).$$

现在要证明方程组 (6.3.10) 是可对称化的。但我们不妨考虑更一般的严格双曲方程组：

$$P\equiv D_t-A(t,x,D_x).\tag{6.3.11}$$

这里关于 A 的假设和(6.3.8)一样，而所谓严格双曲即指 $a_1(t,x,\xi)$ 的固有值 $\lambda_j(t,x,\xi)$ 对 $t\in\mathbf{R}$，$x\in\mathbf{R}^n$，$\xi\in\mathbf{R}^n\backslash 0$ 是相异的实值 C^∞ 函数，(它们对 ξ 自然是一次正齐性函数)。这时我们有

定理 6.3.3 若算子(6.3.11)是严格双曲的，而且在 $|x|\geqslant|\rho|$

（某一常数）处 a_1 之一切固有值均与 (t, x) 无关，从而有常数 $\delta >$ 0 使 $a_1(t, x, \xi)$ 的不同固有值有

$$|\lambda_h(t, x, \xi) - \lambda_k(t, x, \xi)| \geqslant \delta > 0, \ (t, x, \xi) \in \mathbf{R}^{n+1} \times \mathbf{R}^n \backslash 0,$$
$$h \neq k,$$

则(6.3.11)是可对称化的.

证. 现在来作 $r_0(t,x,\xi)$. 为此先注意到对相应于 $\lambda_j(t,x,\xi)$ 的固有子空间的投影算子是

$$p_j(t, x, \xi) = (2\pi i)^{-1}\int_{|\lambda - \lambda_j(t,x,\xi)| = \delta/2} (a_1(t, x, \xi) - \lambda I)^{-1} d\lambda.$$

因为 $|\lambda_h - \lambda_k| \geqslant \delta$，所以我们可以肯定在积分路径所包围的区域中只有一个固有值 λ_j. 很明显可以看到 $p_j(t, x, \xi)$ 是一个元素为 ξ 的零次正齐性函数的 $N \times N$ 方阵. 于是令

$$r_0(t, x, \xi) = \sum_{j=1}^{N} p_j^*(t, x, \xi) p_j(t, x, \xi).$$

r_0 对 ξ 自然是零次正齐性的.

取向量 $v \in \mathbf{C}^N$，我们有

$$(r_0 a_1 v, v) = \sum_{j=1}^{N} (p_j a_1 v, p_j v) = \sum_{j=1}^{N} (a_1 p_j v, p_j v)$$
$$= \sum_{j=1}^{N} \lambda_j \|p_j v\|^2$$

取实值，所以 $r_0 a_1$ 是 Hermite 方阵. 其次又有

$$(r_0 v, v) = \sum_{j=1}^{N} \|p_j v\|^2 \geqslant c\|v\|^2, \ c > 0.$$

因此 P 是可对称化的. c 的存在证明如下：以 $a_1(t,x,\xi)$ 的固有向量为基底（这些向量之分量是 (t, x, ξ) 的 C^∞ 函数，而且对 ξ 为零次正齐性），则可以用 $\sum_{j=1}^{N} \|p_j v\|^2 = \sum_{j=1}^{N} |c_j(t, x, \xi)|^2$ 为 v 的另一种范数 $\|v\|'$，$\{c_j(t, x, \xi)\}$ 是 v 按上述基底展开的系数. 由于假设了当 $|x| \geqslant \rho$ 时 $\lambda_h(t, x, \xi)$ 是常数，所以固有向量的分量以及 $c_j(t, x, \xi)$ 均为常数；在 $|x| \leqslant \rho$ 中则 $c_j(t, x, \xi)$ 是 $(t,$

x, ξ)的 C^{∞} 函数而且对 ξ 是零次正齐性. 但 $\mathbf{C}^N$ 的一切范数均是等价的,所以必有 (t, x, ξ) 的 C^{∞} 函数 $c(t, x, \xi) > 0$ 使

$$\|v\|'^2 \geqslant c(t, x, \xi)\|v\|^2.$$

$c(t,x,\xi)$ 在 $|x| \geqslant \rho$ 时为常数,而在紧集 $t \in [0, T]$, $|x| \leqslant \rho$, $|\xi| = 1$ 上为连续的,故必有正的下确界 $c > 0$ 存在.

4. 能量积分. Cauchy 问题的适定性. 现在就可以证明可对称化方程组的 Cauchy 问题

$$\begin{aligned} &D_t U - A(t, x, D_x)U = F, \\ &U|_{t=0} = G \end{aligned} \tag{6.3.12}$$

的适定性了. 我们的基本工具是利用能量积分作出一些估计, 然后再用泛函分析的方法来得到结论. 这种作法在偏微分方程中已经是常规的作法了. 为此我们首先要证明一个重要的不等式:

引理 6.3.4 (Gronwall) 设 $y(t)$ 与 $f(t)$ 都是区间 $[0, T]$ 上的正值连续函数,而且有常数 $\alpha, C \geqslant 0$ 使

$$y(t) \leqslant C\left[\alpha + \int_0^t [y(\tau) + f(\tau)]d\tau\right], \ t \in [0, T], \tag{6.3.13}$$

则必有

$$y(t) \leqslant C\left[\alpha e^{ct} + \int_0^t e^{C(t-\tau)} f(\tau)d\tau\right]. \tag{6.3.14}$$

证. 考虑与(6.3.13)相应的积分方程

$$z(t) = C\left[\alpha + \int_0^t [z(\tau) + f(\tau)]d\tau\right]$$

化为微分方程后,可求得其解为

$$z(t) = C\left[\alpha e^{Ct} + \int_0^t e^{C(t-\tau)} f(\tau)d\tau\right].$$

令 $W(t) = y(t) - z(t)$,有 $W(t) \leqslant C\int_0^t W(\tau)d\tau$,从而记 $\phi(t) = C\int_0^t W(\tau)d\tau$, 有 $\phi'(t) \leqslant C\phi(t)$, 或 $\dfrac{d}{dt}(e^{-Ct}\phi(t)) \leqslant 0$, 因此 $e^{-Ct}\phi(t)$ 下降,又因 $\phi(0) = 0$, 所以 $\phi(t) \leqslant 0$, 而且

$$\phi'(t) \leqslant C\phi(t) \leqslant 0, \ t \in [0, T].$$

但 $\phi'(t) = CW(t)$ 而且 $C > 0$,所以 $W(t) \leqslant 0$, 亦即 $y(t) \leqslant$

$Z(t)$,所以(6.3.14)成立.

我们所需的基本的能量积分关系式是

定理 6.3.5 设 $P = D_t - A$ 可对称化且满足定理 6.3.3 的条件,则对一切 $s \in \mathbf{R}$ 与 $T > 0$ 均存在 $C > 0$ 使

$$\|u(t,\cdot)\|_s^2 \leqslant C\left[\|u(0,\cdot)\|_s^2 + \int_0^T \|Pu(\tau,\cdot)\|_s^2 d\tau\right], \qquad (6.3.15)_s$$

这里 $t \in [0, T]$, $u \in C^0([0, T], H^{s+1}) \cap C^1([0, T], H^s)$, 而且上式右方的 $\|u(0,\cdot)\|_s^2$ 可以代以 $\|u(T,\cdot)\|_s^2$.

证. 我们先来证明在上述条件下

$$\|u(t,\cdot)\|_s^2 \leqslant C_1\left[\|u(0,\cdot)\|_s^2 + \int_0^t (\|u(\tau,\cdot)\|_s^2 + \|Pu(\tau,\cdot)\|_s^2) d\tau\right], \qquad (6.3.16)_s$$

再令 $y(t) = \|u(t,\cdot)\|_s^2$, $f(t) = \|Pu(t,\cdot)\|_s^2$ 利用 Gronwall 不等式即可. 而为了证明 $(6.3.16)_s$, 又只需证明 $(6.3.16)_0$. 因为对 $u \in C^0([0,T]; H^{s+1}) \cap C^1([0,T]; H^s)$, $v = \Lambda_s u \in C^0([0,T]; H^1) \cap C^1([0,T], H^0)$, 当对 v 证明了 $(6.3.16)_s$ 以后,注意到

$$\|v(t,\cdot)\|_0^2 = \|u(t,\cdot)\|_s^2, \quad \|v(0,\cdot)\|_0^2 = \|u(0,\cdot)\|_s^2,$$

以及

$$Pv = \Lambda_s Pu + [P, \Lambda_s]u,$$

从而有

$$\|Pv(\tau,\cdot)\|_0^2 = \|Pu(\tau,\cdot)\|_s^2 + O(1)\|u(\tau,\cdot)\|_s^2$$

代入 $(6.3.16)_0$, 即得关于 u 的 $(6.3.16)_s$ 式,只不过右方的 C 发生了变化.

为证$(6.3.16)_0$,我们引入以 $r_0(t,x,\xi) \in BS^0$ 为主象征的自伴 PsDO $R(t,x,D_x)$ 并考虑 $F(t) = \dfrac{d}{dt}(Ru, u) = (R\partial_t u, u) + (Ru, \partial_t u) + (R_t u, u)$. R_t 是以 R 的象征对 t 之导数为象征而作出的 PsDO. 因此若记 $Pu = f$, 则因 $\partial_t u = iAu + f$ 有

$$F(t) = i(RAu, u) - i(Ru, Au) + i(Rf, u) - i(Ru, f) + (R_t u, u)$$

$$= i((RA - A^*R)u, u) + O(\|u(t, \cdot)\|_0^2 + \|f(t, \cdot)\|_0^2).$$

但由 r_0 的条件 i) 可知 $RA - A^*R$ 是 0 阶 PsDO, 故

$$((RA - A^*R)u(t, \cdot), u(t, \cdot)) = O(\|u(t, \cdot)\|_0^2).$$

以此代入上式并在 $[0, t]$ ($t \in [0, T]$) 上积分, 应用 R 的 L^2 有界性将有

$$(Ru(t, \cdot), u(t, \cdot)) \leqslant C\left[\|u(0, \cdot)\|_0^2 + \int_0^t (\|u(\tau, \cdot)\|^2 + \|f(\tau, \cdot)\|_0^2) d\tau\right].$$

最后对 (Ru, u) 应用 Gårding 不等式, 由 r_0 的性质 ii) 即知有 $c > 0$ 以及常数 C 存在, 使

$$(Ru(t, \cdot), u(t, \cdot)) \geqslant c\|u(t, \cdot)\|_0^2 - C\|u(t, \cdot)\|_{-1}^2.$$

但若以 $R + C\Lambda_{-2}$ 代替 R. 其主象征仍为 r_0 不变, 即可得到 $(6.3.16)_0$.

最后, 若以 $-t$ 代替 t 即可使 $(6.3.15)_s$ 右方的 $\|u(0, \cdot)\|_0^2$ 变为 $\|u(T, \cdot)\|_0^2$.

定理至此完全证毕.

现在给出关于存在性、唯一性以及解的正规性的结果.

定理 6.3.6 设 $P = D_t - A$ 是可对称化的且满足定理 6.3.3 的条件, $s \in \mathbf{R}$, $f \in L^2([0, T], H^s)$, $g \in H^s$. 这时必存在唯一的 $u \in C^0([0, T], H^s)$ 使得

$$Pu = f, \text{ 在 } \mathscr{D}'((0, T) \times \mathbf{R}^n) \text{ 意义下}, u(0, \cdot) = g, \quad (6.3.17)$$

而且适合能量积分不等式 $(6.3.15)_s$. 若 $f \in L^2([0, T], H^\infty)$, $g \in H^\infty$, 则 $u \in C^\infty([0, T], H^\infty)$.

证. 唯一性. 设 $u \in C^0([0, T], H^s)$ 是齐次 Cauchy 问题 (6.3.17) 之解, 则由 $D_t u = Au$ 知 $u \in C^1([0, T], H^{s-1})$, 应用 $(6.3.15)_{s-1}$ 以及 $u(0, \cdot) = 0$ 即知 $u = 0$.

存在性. 引入空间 $E = \{\varphi \in C^\infty([0, T], H^\infty), \varphi(T, \cdot) = 0\}$, 先证下式是 P^*E 上的线性泛函 l:

$$P^*\varphi \to l(P^*\varphi) = \int_0^T (f(\tau, \cdot), \varphi(t, \cdot))d\tau + \frac{1}{i}(g, \varphi(0, \cdot)).$$
(6.3.18)

这里我们要注意，P^* 也是可对称化的（用 r_0^* 代替 r_0），对 P^* 应用 $(6.3.15)_{-s}$（其右方的 $\|u(0,\cdot)\|_{-s}^2$ 应代以 $\|u(T,\cdot)\|_{-s}^2$）有

$$\|\varphi(t, \cdot)\|_{-s}^2 \leqslant C\int_0^T \|P^*\varphi(\tau, \cdot)\|_{-s}^2 d\tau, \ \varphi \in E.$$

因此由(6.3.18)所定义的 $l(P^*\varphi)$ 适合

$$|l(P^*\varphi)|^2 \leqslant C\int_0^T \|P^*\varphi(\tau, \cdot)\|_{-s}^2 d\tau,$$

从而确为 P^*E 赋以 $L^2([0, T], H^{-s})$ 拓扑的线性泛函．于是由 Hahn-Banach 定理存在 $u \in L^2([0, T], H^{-s})' = L^2([0, T], H^s)$，使得对一切 $\varphi \in E$ 有

$$(u, P^*\varphi) = \int_0^T (f(\tau, \cdot), \varphi(\tau, \cdot))d\tau + \frac{1}{i}(g, \varphi(0, \cdot)).$$

特别取 $\varphi \in C_0^\infty((0, T) \times \mathbf{R}^n)$，易证在 $\mathscr{D}'((0, T) \times \mathbf{R}^n)$ 意义下有

$$Pu = f,$$

从而 $D_t u = Au + f \in L^2([0, T], H^{s-1})$．同时又有 $(u(0, \cdot), \varphi(0, \cdot)) = (g, \varphi(0, \cdot))$，从而 $u(0, \cdot) = g(\cdot)$．存在性证毕．

现证所得的解的正规性．事实上若 $f \in C^\infty([0,T], H^\infty)$，$g \in H^\infty$，由前面的证明首先可以得出 $u \in C^0([0, T], H^\infty)$．然后再由 $D_t u = Au + f$ 又可得 $u \in C^1([0,T]; H^{+\infty})$，仿此以往即知 $u \in C^\infty([0, T], H^\infty)$．

最后证明所得的解 u 不仅在 $L^2([0, T], H^s)$ 中，而且在 $C^0([0, T], H^s)$ 中，而且对于它能量积分估计式 $(6.3.15)_s$ 成立．为此，作一串 $f_j \in C_0^\infty([0,T] \times \mathbf{R}^n)$ 与 $g_j \in C_0^\infty(\mathbf{R}^n)$，使 $f_j \to f$ 于 $L^2([0,T], H^s)$ 中，$g_j \to g$ 于 H^s 中．令 $u_j \in C^\infty([0,T], H^\infty)$ 是相应于 f_j 与 g_j 的解．于是将 $(6.3.15)_s$ 应用于 $u_j - u_k$，易见 u_j 是 $C^0([0,T], H^s)$ 中的 Cauchy 序列，因此它有极限 $\tilde{u} \in C^0([0, T], H^s)$，而且 $P\tilde{u} = f$，$\tilde{u}(0, \cdot) = g(\cdot)$．由 Cauchy 问题解的唯一性

即知 $\tilde{u}=u$. 由 (6.3.15), 应用于 u_j 上求极限即知 $\tilde{u}=u$ 也适合(6.3.15).

特别是将这个结果应用于严格双曲型方程的 Cauchy 问题,即知,若我们假设特征方程 $P_m(t,x;\tau,\xi)=0$ 当 $|x|$ 充分大时与 (t,x) 无关,从而其根必适合 $|\lambda_h(t,x,\xi)-\lambda_k(t,x,\xi)|\geqslant\delta>0$ $(h\neq k)$, 则它的 Cauchy 问题是适定的. 确切地说则有

定理 6.3.7 若算子 (6.3.9) 是严格双曲的, 即对 $(t,x,\xi)\in\mathbf{R}^{n+1}\times\mathbf{R}^n\backslash 0$,其主象征所成的方程,即特征方程

$$P_m(t,x;\tau,\xi)\equiv\tau^m-\sum_{j=0}^{m-1}a_{m-j}^0(t,x,\xi)\tau^j=0$$

只有相异实根 $\lambda_1(t,x,\xi),\cdots,\lambda_m(t,x,\xi)$ 而且当 $|x|$ 充分大时, P_m 与 (t,x) 无关,则对一切 $s\in\mathbf{R}$, $f\in L^2([0,T],H^s)$,$g_j\in H^{s+m-j}$ $(j=1,\cdots,m)$ Cauchy 问题

$$Pu=f,\ D_t^{j-1}u(0,\cdot)=g_j,\ j=1,\cdots,m,$$

有唯一解 $u\in\bigcap_{h=0}^{m-1}C^k([0,T],H^{s+m-h-1})$, 使在$\mathscr{D}'((0,T)\times\mathbf{R}^n)$ 意义下满足方程,同时满足初始条件,而且

$$\sum_{j=1}^{m}\|D_t^{j-1}u\|_{s+m-j}^2\leqslant C\left[\sum_{j=1}^{m}\|g_j\|_{s+m-j}^2+\int_0^T\|f\|_s^2d\tau\right].$$

若 $f\in C^\infty([0,T],H^\infty)$, $g_j\in H^\infty$, 则有 $u\in C^\infty([0,T],H^\infty)$.

以上的讨论中出现了一个不自然的假设: λ_h 当 $|x|$ 充分大时与 (t,x) 无关,我们将在以后说明这并不是一个本质的限制.

4. 有限传播速度性质. 现在研究特征锥面在讨论 Cauchy 问题时的作用. 设 $P(t,x,D_t,D_x)$ 对方向N是严格双曲算子, 则由定义,若固定 (t,x) 点而视 P 为常系数双曲算子,则它仍然是严格双曲的. 记相应于它的锥 $\Gamma(P_{t,x},N)$ 为 $\Gamma(t,x,N)$, 而且和前面一样,设 $N=(1,0,\cdots,0)$. 我们来考虑 $\Gamma(t,x,N)$ 对 Cauchy 问题的影响. 对于波动方程, $\Gamma(P,N)$ 前已指出即是特征锥, 而由它导致了影响区域与依赖区域的概念, 反映了波以有限速度传播的性质, 现在我们要把它推广到一般的变系数双曲算子. 首先

我们要推广空向面与时向方向的概念.

定义 6.3.8 设有 $\mathbf{R}^{n+1}$ 中的光滑超曲面 S, 若其上各点的法线方向都在 $\Gamma(t,x,N)\cup(-\Gamma(t,x,N))$ 内,则称 S 为空向面;若一个向量 $v\in\Gamma(t,x,N)\cup(-\Gamma(t,x,N))$, 则称 v 的方向为 (t,x) 点的时向方向.

这时我们可以得到以下的局部唯一性定理. 不失一般性, 我们设 P 对 $(1,0,\cdots,0)$ 是严格双曲的,而且设已作一个适当的变量变换, 使对 N 方向的空向面(至少是局部的)为 $t=0$.

定理 6.3.9 若 P 是点 $(0,x_0)$ 的某邻域 V 中的 C^∞ 系数严格双曲偏微分算子, $t=0$ 是过该点的空向面, 则 $(0,x_0)$ 有一个邻域 $W\subset V$, 使得若 $u\in C^m(V)$ 且在 W 中 $Pu=0$ 而在 $\{t=0\}\cap W$ 上 $D^\alpha u=0$, $|\alpha|\leqslant m-1$, 则在 W 中 $u=0$.

证. 作 P 的转置算子 ${}^tP$, 很容易看到, ${}^tP$ 也是严格双曲的. 我们现在将关于 P 的唯一性的结果转化为关于 ${}^tP$ 的存在性结果, 为此, 首先要将 ${}^tP$ 拓展到 V 以外并且在 $|x|$ 充分大时具有常系数. 为此, 令 $0\leqslant\theta(s)\leqslant 1$, $\theta\in C_0^\infty(\mathbf{R})$ 当 $s\leqslant\frac{r}{2}$ 时 $\theta=1$, 而当 $s\geqslant r$ 时 $\theta=0$, 作映射

$$(t,x)\in\mathbf{R}^{n+1}\overset{\rho}{\longmapsto}\theta(|t|+|x|)(t,x)\in\mathbf{R}^{n+1},$$

则 ${}^tP(\rho(t,x),D_t,D_x)$ 即合于所求. 于是设 $(0,x_0)$ 即为 $(0,0)$, 而过此点作曲面 $S: t=x^2$, 它与 $t=\varepsilon$ (ε 是适当小的正数)围成一个棱形区域 L. 今在 L 上对 ${}^tP$ 求解 Cauchy 问题

$${}^tPv=0,\ \left.\frac{\partial^j v}{\partial t^j}\right|_{t=\varepsilon}=0,\ 0\leqslant j<m-1,\ \left.\frac{\partial^{m-1}v}{\partial t^{m-1}}\right|_{t=\varepsilon}=q(x),$$

$q(x)$ 待定. 不失一般性可以设对 P 的 Cauchy 问题之初始数据给在 S 上(在 $(0,0)$ 附近, S 是非特征的), 如果对齐次 Cauchy 数据的齐次 Cauchy 问题 $Pu=0$ 有解 u, 则由 Green 公式有

$$\int_L[vPu-u{}^tPv]dxdt=\int_{t=x^2}A(u,v)ds+\int_{t=\varepsilon}A(u,v)ds,$$

这里 $A(u,v)$ 是 u, v 及其直到 $m-1$ 阶导数的双线性形式, 于是

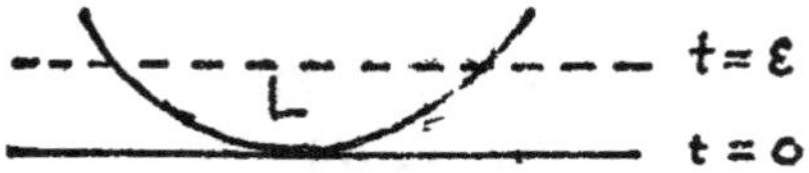

图 5

由 Cauchy 数据的选择以及 $Pu = 0$, ${}^tPv = 0$ 有

$$\int_{t=\varepsilon} C(x)u(\varepsilon, x)q(x)dx = 0.$$

$C(x)$ 是一个依赖于 P 的系数的处处非 0 函数. 现在取 $q(x) = C(x)u(\varepsilon, x)$, 则有 $\int_{t=\varepsilon} C^2(x)u^2(\varepsilon, x)dx = 0$,于是 $u(\varepsilon, x) = 0$. 但此式对任意充分小的 $\varepsilon > 0$ 均成立,故知在 $(0, 0)$ 附近 $u \equiv 0$, 而定理证毕.

这里所采用的将唯一性问题变为转置方程的存在问题的方法是偏微分方程的基本方法之一. 古典的 Holmgren 定理的证法与这里的方法完全相同.

由局部唯一性定理即可得到以下的整体性的结果.

定理 6.3.10 设 P 是区域 $[0,T] \times V$ 中的 m 阶 C^∞ 系数的严格双曲型偏微分算子, $\tau_j(t,x,\xi)(j = 1,\cdots,m)$ 是 $P_m(t, x, \tau N, \xi) = 0$ 的根, $v = \sup\limits_{\substack{t\in[0,T],x\in V\\ |\xi|=1,1\leq j\leq m}} |\tau_j(t,x,\xi)|$, 以 $(t_0,x_0) \in [0,T] \times V$ 为顶点作反向锥 $C = \{(t,x); t\in (0,t_0), |x - x_0| < v(t_0 - t)\}$, 设它包含在 $[0,T] \times V$ 中而且与 $t = 0$ 交于球域 $S = \{x; |x - x_0| < vt_0\}$. 若 $u \in C^m([0,T],\mathscr{D}')$ 在 C 中适合 $Pu = 0$, 且在 S 上有 $D_t^ju = 0, j = 0,1,\cdots,m - 1$, 则在 C 中有 $u = 0$.

证. 先设 $u \in C^m([0,T]\times V)$, 对 $\varepsilon \in (0,t_0)$, 记 $t_\varepsilon = t_0 - \varepsilon$ 并以 (t_ε,x_0) 为顶点作反向锥 C_ε, 然后用一族旋转双曲面
S_λ: $\lambda^3|x - x_0|^2 - v^2(t - \lambda t_\varepsilon)^2 + \lambda^2t_\varepsilon^2v^2(1 - \lambda) = 0$, $0 \leqslant \lambda < 1$, 将 C_ε 与 $t = 0$ 之间的区域盖满. 由局部唯一性定理显然有: 当 λ 接近于 0 时,必有 $u \equiv 0$, 从而 $D^\alpha u|_{S_\lambda} = 0, |\alpha| \leqslant m - 1\}$. 现在我们让 λ 连续拓展到 1 并证明在一切 S_λ 上均有 $u \equiv 0$, 从而在 C_ε 中 $u \equiv 0$. 由 ε 之任意性即得定理之证.

这种按系数连续拓展的方法也是偏微分方程中的基本方法之一. 它是这样作的: 记

$$\Lambda=\{\lambda\in[0,1),\ D^\alpha u|_{S_\lambda}=0,\ |\alpha|\le m-1\}.$$

$\Lambda\subset[0,1]$ 非空,因为至少 $\lambda=0\in\Lambda$. Λ是闭集,这是明显的,由 u 的光滑性的假设即可知道. Λ 又是开集, 因为一切 S_λ (当 ε 充分小时)都是空向面,故若某一个 $\lambda_0\in\Lambda$, 则在 S_{λ_0} 上给出 0 初始数据由局部唯一性定理知在 S_{λ_0} 附近 $u\equiv0$,从而在充分接近 S_{λ_0} 的 S_λ 上 $D^\alpha u=0$, ($|\alpha|\le m-1$). 但是 $[0,1)$ 是连通集, 它的非空的既开又闭子集只能是$[0,1)$本身. 所以对一切 $\lambda\in[0,1)$, S_λ 上 $u=0$ 从而在 C_ε 中 $u=0$.

现在来看 $u\in C^m([0,T],\mathscr{D}')$ 的一般情况,若在C的某一个邻域外截断 u, 不妨设 $u\in C^m([0,T],\mathscr{E}')$但$\mathscr{E}'$ 广义函数既然是连续函数的某阶导数,自然可设有实数 σ 在使$u\in C^m([0,T],H^\sigma)$. 于是记 $Pu=f$, $D_t^{j-1}u|_{t=0}=g_j(j=1,\cdots,m)$, 我们有 $f=0$ 于 C 中而 $g_j=0$ 于 $C\cap\{t=0\}$中. 对于一串磨光核子 $\rho_k(k\to\infty)$, 考虑 Cauchy 问题

$$Pu=f_k=f*\rho_k,\ D_t^{j-1}u|_{t=0}=g_{jk}=g_j*\rho_k(j=1,\cdots,m)$$

并令其解为 u_k. 则由定理 6.3.7, $u_k\in C^m([0,T]\times\mathbf{R}^n)$. 但当 k 充分大时 f_k 在 C_ε (意义同上一段) 中为 0, g_{jk} 在 $C_\varepsilon\cap\{t=0\}$ 上为 0,从而 $u_k=0$. 令 $k\to\infty$ 即得 $u=0$,从而定理证毕.

这个定理告诉我们,严格双曲方程解在(t_0,x_0)之值,只依赖于数据(包括 f 与 g_j)在以 (t_0,x_0) 为顶点的反向锥内之值. 因此,反向锥是解的依赖区域,与此完全相同,以(t_0,x_0)为顶点的正向锥就应该是影响区域. 依赖区域与影响区域的存在反映了波以有限速度传播这一物理事实, 但对变系数双曲型方程, 确切的波速将随(t,x)而变化,因而确切的依赖区域与影响区域这里还没有给出.

从经典的数学物理方程理论中我们知道,对波动方程,当空间维数 $n>1$ 为奇数时有 Huygens 原理成立, n 为偶数时则没有. 这一事实与特征锥的代数几何性质有密切关系. 因而可以想象,高阶双曲型方程相应的问题将更为复杂. Petrowsky 就此提出过

"空隙"(lacuna)的概念(见 И. Г. Петровский[3]),后来,Atiyah, Bott 和 Gårding [1] 又进一步发展了这个工作. 然而这些工作都是对常系数方程而言的.

现在回到我们的问题. 这个定理告诉我们若要在(t_0, x_0)处考虑方程 $Pu = f$ 的 Cauchy 问题之解,则只需在以 (t_0, x_0) 为顶点的反向锥内考虑此方程就够了, 特别是没有必要考虑 $|x|$ 很大时方程的情况. 正是由于这个原因,我们可以在$|x|$充分大时修改方程而不影响到反向锥内解的性态.例如我们可以如定理 6.3.9 的证明那样, 在 $|x|$ 充分大处将 P 修改成常系数的严格双曲算子. 定理 6.3.3, 6.3.5, 6.3.6, 6.3.7 中都作了这个假设,其原因即在于此.

既然这个定理告诉我们,严格双曲方程的 Cauchy 问题之解只依赖于数据的局部性状,则例如定理 6.3.7 中那样,在 $C^k([0, T], H^\sigma)$ 中求解就是不自然的了, 因为 H^σ 中的函数在 ∞ 处的性态是受到了限制的. 所以我们可以期待有以下形状的定理成立, 从而得到完全的 C^∞ 适定性.

定理 6.3.11 在区域 $[0, T] \times \mathbf{R}^n$ 中作与定理 6.3.10 相同的假设, 则对 $f \in C^\infty([0, T] \times \mathbf{R}^n)$, $g_j \in C^\infty(S)(j = 1, \cdots, m)$, Cauchy 问题

$$Pu = f, \quad D_t^{j-1}u|_{t=0} = g_j, \quad j = 1, \cdots, m$$

在 $C^\infty([0, T] \times V)$ 中有唯一解存在.

证. 唯一性由定理 6.3.10 即知,为了证明解的存在,作截断函数 $\theta(|x|) \in C_0^\infty(\mathbf{R}^n)$, 使在 $|x| \geqslant 2$ 处 $\theta \equiv 0$, 而在 $|x| \leqslant 1$处, $\theta \equiv 1$. 令 $f_k = f \cdot \theta\left(\frac{|x|}{k}\right)$, $g_{jk} = g_j\theta\left(\frac{|x|}{k}\right)$. 于是 $f_k \in C^\infty([0, T], H^{+\infty})$, $g_{jk} \in H^{+\infty}$. 以 f_k 和 g_{jk} 为数据求解 Cauchy 问题得解 $u_k \in C^\infty([0,T], H^{+\infty})$ 中. 由嵌入定理, $u_k \in C^\infty([0,T] \times \mathbf{R}^n)$. 但当 $|x| < \min(k, k')$ 时,由定理 6.3.10, $u_k = u_{k'}$, 所以在 $[0, T] \times \mathbf{R}^n$ 中 $\lim\limits_{h\to\infty} u_k = u(t,x)$ 存在,它显然是所求的 Cauchy 问题在 $C^\infty([0,T] \times \mathbf{R}^n)$中的唯一解.

最后我们要指出,这一段的定义 6.3.8 到定理 6.3.11 都是讲的

偏微分算子而不是拟微分算子． 这是因为在定理 6.3.9 的证明中我们本质地应用了 Green 公式，而它只能用于偏微分算子．事实上，下面的反例说明了对严格双曲的拟微分算子，有限传播速度的概念是不成立的．

令 $A(D_x)$ 为以 $|\xi|$ 为象征的 S^1 PsDO，考虑 Cauchy 问题

$$D_t u - A(D_x)u = 0,$$
$$u|_{t=0} = \delta(x).$$

若有限传播速度的概念成立，则至少在 $t > 0$ 充分小处，解 $u(t, 0) \in \mathscr{E}'(\mathbf{R}^n)$．因此，对 x 作 Fourier 变换有

$$\frac{d\hat{u}}{dt} - i|\xi|\hat{u} = 0,$$

$$\hat{u}(0, \cdot) = 1,$$

从而 $\hat{u}(t,\xi) = e^{it|\xi|}$． 然而作 Fourier 逆变换显然得不到紧支集广义函数．

在以上的讨论中，严格双曲性是很本质的要求．如果仅只有一般的双曲性但非严格的，即方程

$$P_m(t, x; \tau, \xi) = 0$$

关于 τ 虽然有 m 个实根，但未必都是单根——这种情况称为具有重特征的情况；具有重特征的双曲型算子称为非严格的或弱的双曲型算子(non-strictly or weakly hyperbolic)——Cauchy 问题不一定有适定性，而只有在对低阶项加上一定限制后才能保证唯一性．重特征问题是当前十分活跃的问题，在此不能多作介绍．

§ 4. Cauchy 问题的唯一性

1. Carleman 估计． 双曲型方程以外的 Cauchy 问题是一个极复杂的问题． 下面我们介绍 Calderon 关于它的唯一性的著名工作 (Calderon [3])． 可以说正是这个工作显示了拟微分算子作为一个工具的威力，因此，连同它的其它成就(突出的是在椭圆性问题中)，给拟微分算子理论争得了“生存权”．

具有解析系数的 Cauchy 问题的解(在非解析域中)的唯一性，已由 Holmgren 定理保证了．但是对具有 C^∞ 系数的情况，已有很多反例（Cohen[1]，Plis [1]）说明 Cauchy 问题不一定具有唯一性，对这些反例，在 Hörmander [18]中作了详细的分析．Calderon 的工作[3]指出，为了保证解的唯一性，必须对特征的几何性态作详尽的讨论．我们将要证明如下的结果：设有 m 阶线性 C^∞ 系数的方程

$$Pu = f, \tag{6.4.1}$$

而且 $t=0$ 在 $(t, x)=(0, 0)$ 附近不是特征，于是对它可以给出以下的初始条件

$$D_t^j u = 0,\ j = 0, 1, \cdots, m-1. \tag{6.4.2}$$

若用 $P(t, x, \tau, \xi)$ 表示 P 的象征，我们假设

(i) $P(t, x, \tau, \xi)=0$ 对 τ 至多有二重根，而且实根都是单根，重根 τ 必定适合 $|\mathrm{Im}\tau| \geqslant \varepsilon > 0$;

(ii) 相异单根 τ_1, τ_2 必适合 $|\tau_1-\tau_2| \geqslant \varepsilon > 0$.现在把相异根记作 $\tau_j=\tau_j(t,x,\xi)=a_j(t,x,\xi)+ib_j(t,x,\xi)$，$a_j$ 和 b_j 取实值；

(iii) 任意单根 τ_j 必满足以下条件之一：

a. $b_j = \mathrm{Im}\tau_j \geqslant 0$;

b. $b_j = \mathrm{Im}\tau_j \leqslant -\varepsilon$;

c. $$\frac{\partial}{\partial t} b_j \leqslant \{a_j, b_j\}. \tag{6.4.3}$$

以上条件都是指当 (t,x) 在原点的某一邻域中时对一切 ξ 成立．

(iii) 之 c 中的 $\{a_j, b_j\}$ 是 Poisson 括号

$$\{a_j, b_j\} = \sum_{k=1}^{n} [\partial_{\xi_k} a_j \partial_{x_k} b_j - \partial_{x_k} a_j \partial_{\xi_k} b_j].$$

对于 $H(t, x, \tau, \xi) = \tau - a_j$，可以定义 Hamilton 方程组

$$\frac{dt}{ds} = H_\tau = 1,\ \frac{d\tau}{ds} = -H_t = \partial_t a_j,$$

$$\frac{dx_k}{ds} = H_{\xi_k} = -\partial_{\xi_k} a_k, \quad \frac{d\xi_k}{ds} = -H_{x_k} = \partial_{x_k} a_k. \quad (6.4.4)$$

它的解 $t(s)$, $x(s)$, $\tau(s)$, $\xi(s)$ 一定适合 $H(t(s), x(s), \tau(s), \xi(s)) = \text{const}$. 这个解所定义的曲线称为$H$的次特征曲线，特别是适合 $H(t(s), x(s), \tau(s), \xi(s)) = 0$ 的称为零次特征曲线. 但在讨论方程组(6.4.4)时，其关于 t 的一个给出：$t = s + s_0$，从而关于 x, ξ 的方程成为

$$\frac{dx_k}{dt} = -\partial_{\xi_k} a_j(t, x, \xi), \quad \frac{d\xi_k}{dt} = \partial_{x_k} a_j(t, x, \xi)$$

而可以解出 $x_k = x_k(t)$, $\xi_k = \xi_k(t)$，当然应适当选定初始条件. 最后再将所得结果代入关于 τ 的方程即可直接积出 τ 来. 如果适当选定初始条件，恒可使得在其上 $\tau - a_j(t, x, \xi) = 0$. 所以可以认为(6.4.4)的解总是零次特征曲线，而条件(iii)之 c 成为

$$\left(\frac{\partial}{\partial t} - \sum_k \partial_{\xi_k} a_j \frac{\partial}{\partial x_k} + \sum_k \partial_{x_k} a_j \frac{\partial}{\partial \xi_k}\right) b_j(t, x, \xi) \leqslant 0.$$

左方恰好是 b_j 沿 $\tau - a_j$ 的零次特征曲线 t 增加方向的方向导数，所以这个条件就是：b_j 沿 $\tau - a_j$ 的零次特征曲线 t 增加的方向不增.

我们将把唯一性的问题化为唯一拓展问题：事实上，若在 $t > 0$ 中求解 Cauchy 问题 (6.4.1),(6.4.2)，则我们首先将它化为平坦的 Cauchy 问题(§ 3)，然后，再令 $u \equiv 0$ 为 $t < 0$ 处的解，则上述唯一性问题等价于：于 $t<0$ 处令 $u \equiv 0$，并将它拓展到 (0, 0)的一个完整的邻域(即包含一个以(0, 0)为心的球的邻域)，使之适合 $Pu = 0$，并证明这种拓展的方法是唯一的，即 $u \equiv 0$.

因此，我们现在将要证明的基本结果是

定理 6.4.1 设 P 为在 $(t, x) = (0, 0)$ 附近的 m 阶线性 C^∞ 系数偏微分算子，$t = 0$ 在原点附近不是特征，而且满足条件 (i), (ii), (iii). 若于 $t < 0$ 处 $u \equiv 0$，则将 u 拓展到(0, 0)的一个完整的邻域中而成为 $Pu = 0$ 的 C^∞ 解时，必有 $u \equiv 0$.

这个结果对广义函数解也是成立的.

这个定理的证明基于一个具有指数权函数 $e^{\lambda\varphi}$ 的估计式

$$\int_0^T e^{\lambda\varphi} \sum_{|\alpha|<m} \|D^\alpha u\|^2 dt \leqslant C \int_0^T e^{\lambda\varphi}\|Pu\|^2 dt,$$

$\|\cdot\|$ 表示对 x 的 L_2 范数. 这个方法首先见于 T. Carleman 关于两个自变量方程组的 Cauchy 问题唯一性的工作中 (Carleman [1]),因此这种类型的估计称为 Carleman 估计. 在这里我们需要的估计是:

引理 6.4.2 设 $u \in C^m$ 支集在 $0 \leqslant t \leqslant T$, $|x| \leqslant r$ 内,则必存在一个与 u 无关的常数 C 使当 T, r, λ^{-1} 都充分小时有

$$\int_0^T e^{\lambda(T-t)^2} \sum_{|\alpha|<m} \|D^\alpha u\|^2 dt \leqslant C(\lambda^{-1} + T^2) \int_0^T e^{\lambda(T-t)^2}\|Pu\| dt. \quad (6.4.5)$$

在证明基本的不等式(6.4.5)前,我们先证

由引理 6.4.2 可以导出定理 6.4.1 令 $\zeta(t) \in C^\infty$ 定义在 $t \geqslant 0$ 处且在 $t \leqslant 2T/3$ 时 $\zeta(t) \equiv 1$, $t \geqslant T$ 时 $\zeta(t) \equiv 0$ 于是对 $v = \zeta u$ 应用(6.4.5)即有

$$\int_0^{2T/3} e^{\lambda(T-t)^2}\|u\|^2 dt \leqslant C(\lambda^{-1} + T^2)\int_{2T/3}^T e^{\lambda(T-t)^2}\|P(\zeta u)\|^2 dt$$

$$\leqslant C_1(\lambda^{-1} + T^2)\int_{2T/3}^T e^{\lambda(T-t)^2} dt$$

C_1 与 T 有关,但与 λ 无关. 现在固定 T, 有

$$e^{\lambda T^2/4}\int_0^{T/2} \|u\|^2 dt \leqslant \int_0^{T/2} e^{\lambda(T-t)^2}\|u\|^2 dt$$

$$\leqslant C_1(\lambda^{-1} + T)\int_{2T/3}^T e^{\lambda(T-t)^2} dt$$

$$\leqslant C_2(\lambda^{-1} + T)Te^{\lambda T^2/9}.$$

令 $\lambda \to \infty$ 即知,除非 $\|u\| \equiv 0$ 于 $(0, T/2)$ 中,上式不可能成立.

至此我们看到,问题归结为不等式(6.4.5)的证明.

2. 化为一阶方程组. §3 中我们把一个高阶双曲型方程化为一阶方程组,那里所采用的方法也是 Calderon 的贡献. 现在对我们的问题因为 $t = 0$ 假设不是特征,所以不妨设方程为

$$P(t, x; D_t, D_x) \equiv D_t^m + \sum_{j=1}^m Q_j(t, x, D_x)D_t^{m-j},$$

从而其象征为

$$P(t, x; \tau, \xi) = \tau^m + \sum_{j=1}^{m} Q_j(t, x, \xi)\tau^{m-j}.$$

Q_j 对 D_x 是 j 次齐次多项式.

引入新的未知函数

$$u_j = \Lambda_{m-j}D_t^{j-1}u = D_t^{j-1}\Lambda_{m-j}u,$$

并记向量 $U(t, x)$ 为 ${}^tU = (u_1, \cdots, u_m)$，则 $Pu = f$ 化为

$$\begin{aligned} &D_t u_j - \Lambda u_{j+1} = 0,\ j = 1, \cdots, m-1, \\ &D_t u_m + \sum_{j=1}^{m} Q_j(t, x, D_x)\Lambda^{1-j}u_{m-j+1} + RU = f. \end{aligned} \tag{6.4.6}$$

R 是关于 D_x 的零阶 PsDO，而其象征 C^∞ 地依赖于 t. 因此化为方程组后,其主象征是 $m \times m$ 方阵

$$\tau I + \begin{pmatrix} 0 & -|\xi| & \cdots & 0 \\ \vdots & \vdots & \ddots & \vdots \\ 0 & 0 & \cdots & -|\xi| \\ Q_m|\xi|^{1-m} & Q_{m-1}|\xi|^{2-m} & \cdots & Q_1 \end{pmatrix} = \tau I + H(t, x, \xi).$$

很清楚，$H(t, x, \xi)$ 之元素对 ξ 为一次正齐性的,且

$$\det(\tau I) + H(t, x, \xi)) = P(t, x; \tau, \xi),$$

而且 H 的特征根反号后即 $P = 0$ 关于 τ 的根.

但是要注意，在引理 6.4.2 中，我们假设了 u 具有紧支集. 而 U 则不一定具有紧支集,因为在作 U 时,对 u 施以 Λ_{m-j}，而它并非局部算子. 虽然如此，我们将看到这并不会给以下的讨论带来本质的困难.

在化一个高阶方程为方程组(6.4.6)或记为

$$D_tU + H(t, x, D_x)U = R_1U + f \tag{6.4.7}$$

($H(t, x, D_x)$ 是以 $H(t, x, \xi)$ 为象征的一阶拟微分算子)后我们将求证一个以下形式的不等式以代替(6.4.5):

$$\begin{aligned} \int_0^T e^{\lambda(T-t)^2}\|U\|^2dt &\leqslant C(\lambda^{-1} + T^2)\int_0^T e^{\lambda(T-t)^2}\|D_tU + HU\|^2dt \\ &+ C\int_0^T e^{\lambda(T-t)^2}\Big[\sum_{|\alpha|<m-1}\|D^\alpha u\|^2 + \|D_t^{m-1}u\|_{-1}^2\Big]dt, \end{aligned} \tag{6.4.8}$$

这里 $\|U\|^2 = \sum_{j=1}^{m} \|u_j\|^2$.

由(6.4.8)即可推得(6.4.5). 这是因为从 U 之定义知必存在某个常数 $c > 0$ 使

$$c^{-1}\|U\|^2 \leqslant \sum_{|\alpha|=m-1} \|D^\alpha u\|^2 \leqslant c\|U\|^2. \tag{6.4.9}$$

同时,对紧支集函数 $\varphi(x)$,若 $\operatorname{supp}\phi$ 含于 $|x| \leqslant r$ 内,则由 Treves [3]第三章 § 23,式(23.5)有

$$\|\varphi\|^2 \leqslant Cr^2\|\operatorname{grad}\varphi\|^2.$$

因此有

$$\sum_{|\alpha|<m-1} \|D^\alpha u\|^2 \leqslant C\|U\|^2. \tag{6.4.10}$$

又对上述的 φ, 由 Treves [3] 第三章, § 25, 命题 25.6 可知

$$\|\varphi\|_{-1} \leqslant C(r)\|\varphi\|, \tag{6.4.11}$$

其中 $C(r)$ 随 r 而趋向 0. 因此对 (6.4.8) 右方最末一项可以得到

$$\sum_{|\alpha|<m-1} \|D^\alpha u\|^2 + \|D_r^{m-1}u\|_{-1}^2 \leqslant \varepsilon \sum_{|\alpha|<m} \|D^\alpha u\|^2.$$

ε 随 r 而趋于 0, 把这个结果代入(6.4.8)即有

$$\int_0^T e^{\lambda(T-t)^2} \sum_{|\alpha|<m} \|D^\alpha u\|^2 dt \leqslant C(\lambda^{-1} + T^2) \int_0^T e^{\lambda(T-t)^2}\|D_tU + HU\|^2 dt$$
$$+ C\varepsilon \int_0^T e^{\lambda(T-t)^2} \sum_{|\alpha|\leqslant m} \|D^\alpha u\|^2 dt. \tag{6.4.12}$$

但由方程(6.4.7): $D_tU + HU = R_1U + F$, 而 ${}^tF = (0, \cdots, 0, f)$, 故

$$\|D_tU + HU\|^2 \leqslant C\|f\|^2 + C\|U\|^2 \leqslant C\|f\|^2 + C \sum_{|\alpha|<m} \|D^\alpha u\|^2.$$

代入(6.4.12)整理后即有

$$[1 - C\varepsilon - C(\lambda^{-1} + T^2)] \int_0^T e^{\lambda(T-t)^2} \sum_{|\alpha|<m} \|D^\alpha u\|^2 dt$$
$$\leqslant C(\lambda^{-1} + T^2) \int_0^T e^{\lambda(T-t)^2}\|f\|^2 dt.$$

取 ε, λ^{-1} 与 T 充分小即得式(6.4.5).

由此可见，引理 6.4.2 的证明归结为(6.4.8)的证明. 而为了证明它，我们将利用关于 $P(t,x,\tau,\xi)$ 的根的假设 (i) 至 (iii) 以便将 $H(t,x,\xi)$ 化为 Jordan 标准形. 粗略地说，这里的思想是设有矩阵 $r(t,x,\xi)$ 使 rHr^{-1} 为 Jordan 标准形，则令以 $r(t,x,\xi)$ 为象征的拟微分算子为 $r(t,x,D_x)$ 而 $r(t,x,D_x)U=V$, 则

$$r(D_tU+HU)=D_tV+rHr^{-1}V+T_0U$$

T_0 是一个零阶拟微分算子，而 rHr^{-1} 之象征是 Jordan 标准形. 记 rHr^{-1} 为 J，很容易看到

$$\|D_tU+HU\|^2\leqslant C\|D_tV+JV\|^2+C\|U\|^2.$$

代入(6.4.8)即可知道，我们只需在H为 Jordan 标准形的情况下来证明它. 以上是基本的思想，但具体实现它有许多困难.

首先我们从化 $H(t,x,D_x)$ 的象征 $H(t,x,\xi)$ 为 Jordan 标准形开始. 但 $H(t,x,\xi)$ 之元素是 C^∞ 函数而不是实数域或复数域的元，这时化它为标准形按 Арнольд 的说法是"不明智的"，关于这里涉及的困难的本质，可以参看 Арнольд 的文章[1]. 不过由我们的假设 (i) 至 (iii)，$H(t,x,\xi)$ 的特征根重数不变而且不同族的特征根之间是严格地分离开的，而不至于在 (t,x) 变化时发生这个特征根与另一个特征根相重合的情况. 因此，至少我们可以证明，对 $\xi_0\in S^{n-1}$，必有原点的一个邻域N以及 ξ_0 在 S^{n-1} 上的一个邻域 Ω，使得可以找到在 $N\times\Omega$ 中的光滑矩阵 $r(t,x,\xi)$ 而 rHr^{-1} 是 Jordan 标准形. 用有限多个这样的 Ω 即可覆盖 S^{n-1}，记为 $\{\Omega_\nu\}$，相应地有 N_ν 和 $r_\nu(t,x,\xi)$. 令 $N=\bigcap\limits_\nu N_\nu$，则当 $(t,x)\in N$ 时，r_ν 在 Ω_ν 中化 $H(t,x,\xi)$ 为 Jordan 标准形. 现在作从属于 $\{\Omega_\nu\}$ 的一的 C^∞ 分割 $\{\varphi_\nu^2\}$，并且将它们和 $r_\nu(t,x,\xi)$ 都按零次正齐性函数拓展到 $|\xi|=1$ 以外，但在 $\xi=0$ 适当修正，我们有 $\sum\limits_\nu\phi_\nu^2(\xi)=1$. 我们可以利用标准的方法将 $r_\nu Hr_\nu^{-1}$ 拼起来，使得除相差一个 $S^{-\infty}$ 元，H化为 Jordan 标准形，作法如下:

$\phi_\nu^2(\xi)$ 是 ξ 空间的截断函数，为了将U在 ξ 空间截断，我们当然可以应用以 $\phi_\nu(\xi)$ 为象征的拟微分算子 $\Phi_\nu(D_x)$. 因为

$\sum\limits_{\nu} \phi_\nu^2(\xi) = 1$，所以由拟微分算子的复合的公式有

$$\sum_{\nu} \Phi_\nu^2(D_x) = 1.$$

因此，若令 $U_\nu = \Phi_\nu U$ 应有

$$\sum_{\nu} \|U_\nu\|_s^2 = \|U\|_s^2, \quad s = 0, 1.$$

于是

$$\begin{aligned}\|D_t U + HU\|^2 &= \sum_{\nu} \|\Phi_\nu(D_t U + HU)\|^2 \\ &= \sum_{\nu} \|D_t U_\nu + HU_\nu + [\Phi_\nu, H]U\|^2 \\ &= \sum_{\nu} \|D_t U_\nu + HD_\nu\|^2 + O(\|U\|^2).\end{aligned}$$

下面来看 HU_ν. 事实上

$$\begin{aligned}HU_\nu(t, x) &= (2\pi)^{-n} \int e^{ix\xi} H(t, x, \xi) \hat{U}_\nu(t, \xi) d\xi \\ &= (2\pi)^{-n} \int e^{ix\xi} r_\nu^{-1} r_\nu H(t, x, \xi) r_\nu^{-1} r_\nu \hat{U}_\nu(t, \xi) d\xi.\end{aligned}$$

这里 $r_\nu H(t, x, \xi) r_\nu^{-1}$ 只在 Ω_ν 中为 Jordan 标准形，而没有在整个 ξ 空间中变为 Jordan 标准形. 为了克服这个困难，注意到 U_ν 是由 U 利用 Φ_ν 在 ξ 空间中截断而得，因此我们可以在 Ω_ν 外任意改变 $H(t, x, \xi)$ 而不致于改变 HU_ν 之值. 所以我们作 C^∞ 函数 $\psi_\nu(\xi)$ 映 $|\xi| = 1$ 到 Ω_ν 中，而在 $\mathrm{supp}\phi_\nu$ 上，$\psi_\nu(\xi) = 1$，并且将 $\psi_\nu(\xi)$ 按 ξ 的一次正齐性函数光滑地拓展到 $|\xi| = 1$ 之外，并在 $\xi = 0$ 附近适当修正它，则 $r_\nu(t, x; \psi_\nu(\xi))$ 除了相差一个 $S^{-\infty}$ 元素外，化 $H(t, x; \psi_\nu(\xi)) = H_\nu(t, x; \xi)$ 为 Jordan 标准形 J_ν. 但严格说来 J_ν 仍然只在 $|\xi| = 1$ 上是 Jordan 标准形，因为在 $|\xi| = 1$ 之外 J_ν 应保持为 ξ 的一次正齐性函数. 因而相应于 $|\xi| = 1$ 上的每一个 Jordan 方块，在 $|\xi| = 1$ 外，我们应有

$$\begin{pmatrix} \tau(t, x, \xi) & |\xi| & & 0 \\ & \ddots & \ddots & |\xi| \\ 0 & & & \tau(t, x, \xi) \end{pmatrix}.$$

今记以 $J_\nu(t,x,\xi)$, $H_\nu(t,x,\xi)$, $r_\nu(t,x,\xi)$, $r_\nu^{-1}(t,x,\xi)$ 为象征的一阶(J_ν与H_ν)与零阶(r_ν与r_ν^{-1})拟微分算子为 J_ν, H_ν, R_ν, S_ν, 则有

$$HU_\nu = H_\nu U_\nu + M_\nu U_\nu, \quad M_\nu \in L^{-\infty}.$$

再记 $R_\nu U_\nu = V_\nu$ 又有

$$U_\nu = S_\nu V_\nu + T_{-1} U_\nu, \quad T_{-1} \in L^{-1}.$$

因此

$$\|U_\nu\| \leqslant C\|V_\nu\| + C\|U_\nu\|_{-1}.$$

再由(6.4.11)即有

$$\|U_\nu\| \leqslant C\|V_\nu\|. \tag{6.4.13}$$

此外

$$\begin{aligned} R_\nu(D_t U_\nu + HU_\nu) &= D_t V_\nu + R_\nu H_\nu S_\nu V_\nu + T_0 U_\nu \\ &= D_t V_\nu + J_\nu V_\nu + T_0' U_\nu, \quad T_0, T_0' \in L^0, \end{aligned}$$

由此又有

$$\|D_t V_\nu + J_\nu V_\nu\| \leqslant C\|D_t U_\nu + HU_\nu\| + C\|U_\nu\|. \tag{6.4.14}$$

总结(6.4.13)和(6.4.14)即知,若我们能证明

$$\int_0^T e^{\lambda(T-t)^2}\|V_\nu\|^2 dt \leqslant C(\lambda^{-1} + T^2)\int_0^T e^{\lambda(T-t)^2}\|D_t V_\nu + J_\nu V_\nu\|^2 dt, \tag{6.4.15}$$

则对每一个 U_ν 可以证明

$$\begin{aligned} \int_0^T e^{\lambda(T-t)^2}\|U_\nu\|^2 dt &\leqslant C(\lambda^{-1} + T^2)\int_0^T e^{\lambda(T-t)^2}\|D_t U_\nu + H_\nu U_\nu\|^2 dt \\ &\quad + C(\lambda^{-1} + T^2)\int_0^T e^{\lambda(T-t)^2}\|U_\nu\|^2 dt. \end{aligned}$$

再对 ν 求和,并令 λ^{-1} 与 T 充分小即可得到(6.4.8).

这样,我们的问题化成求证(6.4.15). 因为 J_ν 是 Jordan 标准形, 我们可以只对 J_ν 是一个 Jordan 方块的情况来证明. 由假设(i)至(iii), J_ν 只有一阶或二阶方块两种情况.

若 J_ν 是一阶方块,则 $D_t V_\nu + J_\nu V_\nu$ 成为

$$D_t v - \tau(t, x; D_x)v,$$

$\tau(t,x,\xi)$ 是 $P(t,x;\tau,\xi) = 0$ 的根,而

$$D_t v - \tau(t,x,D_x)v = D_t v - [a(t,x,D_x) + ib(t,x,D_x)]v.$$

若 J_v 是二阶方块，则 $D_tV_v + J_vV_v$ 有两个分量各为

$$D_tv - [a+ib]v + \Lambda z,$$
$$D_tz - [a+ib]z,$$

Λ 是以 $|\xi|$ 为象征的拟微分算子.

以下我们将分别对这几种情况来证明(6.4.15).

3. 唯一性证明的完成. 再提醒一下，现在我们的目标是证明引理 6.4.2，即不等式(6.4.5)，在那里我们假设了 $u\in C^m$，且其支集在 $0\leqslant t\leqslant T$，$|x|\leqslant r$ 中，然后我们逐步地将问题归结到求证不等式(6.4.15)，但因从 u 到导出 V 我们已经用了 x 的拟微分算子 Λ_{m-j} 作用，所以 V 对 x 不一定有紧支集，但其支集仍在 $0\leqslant t\leqslant T$ 中，而且容易看到，$V\in C^1$，因此下面应用分部积分法仍是合理的.

一阶 Jordan 方块的情况. 这时应该证明

$$\int_0^T e^{\lambda(T-t)^2}\|v\|^2dt \leqslant C(\lambda^{-1}+T^2)\int_0^T e^{\lambda(T-t)^2}\|D_tv-\tau v\|^2dt. \tag{6.4.16}$$

$\tau(t,x,D_x)=a(t,x,D_x)+ib(t,x,D_x)$，而 a 与 b 取实值. 以下按假设(iii)的三种情况来证明它：

(iii) a. $b=\mathrm{Im}\tau\geqslant 0$. 我们可以对 $a(t,x,\xi)$ 和 $b(t,x,\xi)$ 加上适当的低阶拟微分算子使 $a(t,x,D_x)=a^*(t,x,D_x)$，$b(t,x,D_x)=b^*(t,x,D_x)$，而且当 λ^{-1} 和 T 充分小时，这样修改当不致影响(6.4.16).

令

$$D_tv-\tau v=f,\quad e^{\lambda(T-t)^2/2}v=z,$$
$$e^{\lambda(T-t)^2/2}f=g=D_tz-\tau z+i\lambda(t-T)z,$$

我们有

$$\begin{aligned}\partial_t(z,z)=2\mathrm{Re}(z_t,z)&=2\mathrm{Re}(iaz,z)-2\mathrm{Re}(bz,z)\\&\quad+2\lambda(t-T)\|z\|^2+2\mathrm{Re}(ig,z).\end{aligned}\tag{6.4.17}$$

因为 $b(t,x,D_x)$ 的象征 $b(t,x,\xi)\geqslant 0$，所以可对 $\mathrm{Re}(bz,z)$ 应用强 Gårding 不等式而有

$$\mathrm{Re}(bz, z) \geqslant -C\|z\|^2.$$

同样,应用 $a = a^*$, $2\mathrm{Re}\, i(az, z) = 0$, 因此由(6.4.17)有

$$\partial_t(z, z) \leqslant C\|z\|^2 + C\|g\| \cdot \|z\|.$$

双方乘以 $T-t$ 再对 t 积分之,注意到 u 之支集在 $0 \leqslant t \leqslant T$ 中,即有

$$\int_0^T \|z\|^2 dt \leqslant CT\int_0^T \|z\|^2 dt + CT\left(\int_0^T \|z\|^2 dt\right)^{\frac{1}{2}}\left(\int_0^T \|g\|^2 dt\right)^{\frac{1}{2}}.$$

故取 T 充分小即有

$$\int_0^T \|z\|^2 dt \leqslant CT^2\int_0^T \|g\|^2 dt.$$

这就是我们需要的(6.4.16)

(iii) b. $b = \mathrm{Im}\tau \leqslant -\varepsilon$. 这时算子 $b(t, x, D_x)$ 是椭圆算子,因此有拟逆 $E(t, x, D_x)$ 为一个 -1 阶拟微分算子. 用前面引入的记号 $f = D_t v - [a + ib]v$ 有

$$I = \int_0^T e^{\lambda(T-t)^2}\|f\|^2 dt$$

$$= I_1 + I_2 + 2\mathrm{Re}\int_0^T (D_t z - az, -ibz + i\lambda(t-T)z)dt$$

$$I_1 = \int_0^T \|D_t z - az\|^2 dt,\quad I_2 = \int_0^T \|bz - \lambda(t-T)z\|^2 dt,$$

用分部积分法容易看到

$$2\mathrm{Re}\int_0^T (D_t z, i\lambda(t-T)z)dt = \lambda\int_0^T \|z\|^2 dt,$$

因而

$$\begin{aligned} I &= I_1 + I_2 + \lambda\int_0^T \|z\|^2 dt + 2\mathrm{Re}\int_0^T (D_t z - az, -ibz)dt \\ &\quad - 2\mathrm{Re}\int_0^T (az, i\lambda(t-T)z)dt \\ &= I_1 + I_2 + \lambda\int_0^T \|z\|^2 dt + 2\mathrm{Re}\int_0^T (D_t z - az, -ibz)dt \\ &\quad - i\int_0^T ((a^* - a)z, \lambda(t-T)z)dt. \end{aligned} \tag{6.4.18}$$

因为 $a(t, x, D_x)$ 的象征 $a(t, x, \xi)$ 是实的,所以 $a^* - a$ 是零

阶拟微分算子，因而上式最后一项适合

$$\left|-i\int_0^T ((a^* - a)z, \lambda(t-T)z)dt\right| \leqslant C\lambda T\int_0^T \|z\|^2 dt.$$

选 T 充分小使 $CT \leqslant \frac{1}{3}$，则将上式代入(6.4.18)将有

$$I \geqslant I_1 + I_2 + \frac{2}{3}\lambda\int_0^T \|z\|^2 dt + 2\mathrm{Re}\int_0^T (D_t z - az, -ibz)dz. \tag{6.4.19}$$

现在估计最后一项：

$$\begin{aligned} I_3 &= 2\mathrm{Re}\int_0^T (D_t z, -ibz)dt + 2\mathrm{Re}\int_0^T (z, ia^*bz)dt \\ &= 2\mathrm{Re}\int_0^T (D_t z - ibz)dt + \int_0^T (z, i[a^*b - (a^*b)^*]z)dt. \end{aligned}$$

应用分部积分法以及 z 之支集在 $0 \leqslant t \leqslant T$ 中这一事实，并注意到

$$\begin{aligned} 2\mathrm{Re}\int_0^T (D_t z, -ibz)dt &= 2\mathrm{Re}\int_0^T \left(\frac{\partial z}{\partial t}, bz\right)dt \\ &= \mathrm{Re}\int_0^T \left(\frac{\partial z}{\partial t}, bz\right)dt - \mathrm{Re}\int_0^T \left(z, \frac{\partial b}{\partial t}z\right)dt \\ &\quad - \mathrm{Re}\int_0^T \left(z, b\frac{\partial z}{\partial t}\right)dt \\ &= \mathrm{Re}\int_0^T \left(\frac{\partial z}{\partial t}, bz\right)dt - \mathrm{Re}\int_0^T \left(z, \frac{\partial b}{\partial t}z\right)dt \\ &\quad - \mathrm{Re}\int_0^T \left(\frac{\partial z}{\partial t}, b^*z\right)dt \\ &= -\mathrm{Re}\int_0^T \left(z, \frac{\partial b}{\partial t}z\right)dt \\ &\quad + \mathrm{Re}\int_0^T \left(\frac{\partial z}{\partial t}, (b - b^*)z\right)dt, \end{aligned}$$

则利用 $a(t,x,D_x)$ 与 $b(t,x,D_x)$ 的象征都是实的，从而 $a^*b - (a^*b)^* \in L^1$，$b - b^* \in L^0$，$\frac{\partial b}{\partial t} \in L^1$，即有

$$I_3 \geqslant -C\int_0^T \|z\|(\|\Lambda z\| + \|D_t z\|)dt.$$

又因 $\|D_t z\| = \|D_t z - az + az\| \leqslant \|D_t z - az\| + C\|\Lambda z\|$，故

$$I_3 \geqslant -C\int_0^T \|z\|\cdot\|\Lambda z\|dt - C\int_0^T \|z\|\cdot\|D_t z - az\|dt$$

$$\geqslant -C\int_0^T \|z\|\cdot\|\Lambda z\|dt - \frac{1}{2}\int_0^T \|D_t z - az\|^2 dt$$

$$- C\int_0^T \|z\|^2 dt.$$

在这个运算过程中，C 表示不同的常数，但一直与 λ，T，z 无关.

代入(6.4.19)即有

$$I \geqslant \frac{1}{2}I_1 + I_2 + \frac{2}{3}(\lambda - C)\int_0^T \|z\|^2 dt - C\int_0^T \|z\|\cdot\|\Lambda z\|dt. \tag{6.4.20}$$

注意到 b 是椭圆算子，从而有拟逆 $E(t)$，故

$$\Lambda z = (\Lambda E)\circ bz + rz,\quad r \in L^0,\quad \Lambda E \in L^0.$$

因此

$$\|\Lambda z\| \leqslant C\|bz\| + C\|z\| \leqslant C\|bz + \lambda(T-t)z\| + C(1+\lambda T)\|z\|.$$

从而由 I_2 的定义又有

$$C\int_0^T \|z\|\cdot\|\Lambda z\|dt \leqslant \frac{1}{2}I_2 + C(1+\lambda T)\int_0^T \|z\|^2 dt.$$

将此式代入(6.4.20)即有

$$I \geqslant \frac{2}{3}(\lambda - C)\int_0^T \|z\|^2 dt - C(1+\lambda T)\int_0^T \|z\|^2 dt$$

$$= \left[\lambda\left(\frac{2}{3} - CT\right) - \frac{5}{3}C\right]\int_0^T \|z\|^2 dt. \tag{6.4.21}$$

若 T 充分小以至 $CT < \frac{1}{3}$，λ 充分大以至 $\lambda - 5C \geqslant \frac{\lambda}{2}$，有

$$I \geqslant \frac{\lambda}{6}\int_0^T \|z\|^2 dt,$$

亦即

$$\int_0^T e^{\lambda(T-t)^2}\|v\|^2 dt \leqslant C\lambda^{-1}\int_0^T e^{\lambda(T-t)^2}\|D_t v - \tau v\|^2 dt.$$

这就是我们需要的(6.4.16)。

(iii) c. $\dfrac{\partial b}{\partial t} \leqslant \{a, b\} = \sum_{k=1}^{n} [\partial_{\xi_k} a \cdot \partial_{x_k} b - \partial_{x_k} a \cdot \partial_{\xi_k} b]$. 现在我们从(6.4.19)开始。和 (iii)a 一样，我们设 $a^* = a, b^* = b$，仍然注意到 u 的支集含于 $0 \leqslant t \leqslant T$ 内，有

$$\begin{aligned}
I_3 &= 2\mathrm{Re}\int_0^T (D_t z, -ibz)dt + 2\mathrm{Re}\int_0^T (z, iabz)dt \\
&= \mathrm{Re}\int_0^T (D_t z, -ibz)dt + \mathrm{Re}\int_0^T \left(z, -\frac{\partial b}{\partial t} z - b\frac{\partial z}{\partial t}\right) \\
&\quad + \mathrm{Re}\int_0^T (z, i[ab - ba]z)dt \\
&= \mathrm{Re}\int_0^T (D_t z, -ibz)dt - \mathrm{Re}\int_0^T (-ibz, D_t z) \\
&\quad + \mathrm{Re}\int_0^T (z, -b_t z + i[ab - ba]z)dt \\
&= \mathrm{Re}\int_0^T (z, -b_t z + i[ab - ba]z)dt.
\end{aligned}$$

但是拟微分算子 a 与 b 的交换子 $[a, b] = ab - ba$ 是一个一阶拟微分算子，其主象征是 Poisson 括弧 $\{a, b\}$. 由条件 (iii) c 应用强 Gårding 不等式即知

$$I_3 \geqslant -C\|z\|^2.$$

代入(6.4.19)有

$$I \geqslant I_1 + I_2 + \left(\frac{2}{3}\lambda - C\right)\int_0^T \|z\|^2 dt \geqslant \left(\frac{2}{3}\lambda - C\right)\int_0^T \|z\|^2 dt,$$

因此若取 λ 充分大以致 $\dfrac{2}{3}\lambda - C \geqslant \dfrac{\lambda}{3}$，即得

$$\begin{aligned}
\int_0^T \|z\|^2 dt &= \int_0^T e^{\lambda(T-t)^2}\|v\|^2 dt \leqslant 3\lambda^{-1} I \\
&= 3\lambda^{-1}\int_0^T e^{\lambda(T-t)^2}\|D_t v - \tau v\|^2 dt,
\end{aligned}$$

因而得(6.4.16)。

二阶 Jordan 方块的情况．这时记 ${}^tV=(v_1,v_2)$，

$$D_tv_1-(a+ib)v_1+\Lambda v_2=f_1,$$
$$D_tv_2-(a+ib)v_2=f_2.$$

我们应该证明

$$\int_0^T e^{\lambda(T-t)^2}[\|v_1\|^2+\|v_2\|^2]dt$$
$$\leqslant C(\lambda^{-1}+T^2)\int_0^T e^{\lambda(T-t)^2}[\|f_1\|^2+\|f_2\|^2]dt.$$

但是对于 v_2 我们可以按一阶 Jordan 方块的情况证明

$$\int_0^T e^{\lambda(T-t)^2}\|v_2\|^2dt\leqslant C\lambda^{-1}\int_0^T e^{\lambda(T-t)^2}\|f_2\|^2dt,$$

对于 v_1 则注意到 $D_xv_1-\tau v_1=f_1-\Lambda v_2$，也有

$$\int_0^T e^{\lambda(T-t)^2}\|v_1\|^2dt\leqslant C\lambda^{-1}\int_0^T e^{\lambda(T-t)^2}[\|f_1\|^2+\|\Lambda v_2\|^2]dt,$$

因此，下面需要做的，仅仅是估计 $\int_0^T e^{\lambda(T-t)^2}\|\Lambda v_2\|^2dt$．为此，我们从(6.4.20)开始．二阶 Jordan 方块必定对应于二重的特征根，故由假设 (i)，$|\mathrm{Im}\tau|\geqslant\varepsilon>0$，所以 $b(t,x,D_x)$ 是一阶椭圆拟微分算子而有拟逆 E：

$$Eb\equiv I\pmod{L^{-1}},$$
$$\Lambda z_2=(\Lambda E)\circ bz_2+rz_2,\quad \Lambda E,\ r\in L^0,$$

$z_2=e^{\lambda(T-t)^2/2}v_2$．因此

$$\|\Lambda z_2\|\leqslant C\|bz_2\|+C\|z_2\|$$
$$\leqslant C\|bz_2-\lambda(t-T)z_2\|+C(1+\lambda T)\|z_2\|,$$

双方平方积分，注意到 I_2 的定义，即有

$$\int_0^T\|\Lambda z_2\|^2dt\leqslant CI_2+C(1+\lambda^2T^2)\int_0^T\|z_2\|^2dt,\quad(6.4.22)$$

双方乘以 $\|z_2\|$ 积分则有

$$C\int_0^T\|z_2\|\cdot\|\Lambda z_2\|dt\leqslant\frac{1}{2}I_2+C^2(1+\lambda T)\int_0^T\|z_2\|^2dt.\quad(6.4.23)$$

以(6.4.22)代入(6.4.20)在适当选定 T 与 λ 后即有

$$I \geqslant \frac{1}{2} I_2 + \frac{2}{3}(\lambda - C)\int_0^T \|z_2\|^2 dt - C^2(1 + \lambda T)\int_0^T \|z_2\|^2 dt$$

$$\geqslant \frac{1}{2} I_2 + \alpha\lambda \int_0^T \|z_2\|^2 dt \quad (\alpha > 0). \tag{6.4.24}$$

利用(6.4.22)即得

$$\int_0^T \|\Lambda z_2\|^2 dt \leqslant CI + C(1 + \Lambda^2 T^2)\int_0^T \|z_2\|^2 dt.$$

但(6.4.24)同时又告诉我们 $\alpha\lambda \int_0^T \|z_2\|^2 dt \leqslant I$，因此

$$\int_0^T \|\Lambda z_2\|^2 dt \leqslant C(1 + \lambda T^2)\int_0^T e^{\lambda(T-t)^2}\|f_2\|^2 dt,$$

故

$$\int_0^T e^{\lambda(T-t)^2}\|v_1\|^2 dt \leqslant C(\lambda^{-1} + T^2)\int_0^T e^{\lambda(T-t)^2}[\|f_1\|^2 + \|f_2\|^2] dt.$$

因为对 v_2 已经证明了完全类似的不等式，故有

$$\int_0^T e^{\lambda(T-t)^2}(\|v_1\|^2 + \|v_2\|^2) dt$$

$$\leqslant C(\lambda^{-1} + T^2)\int_0^T e^{\lambda(T-t)^2}(\|f_1\|^2 + \|f_2\|^2) dt.$$

全部证明至此完毕.

Cauchy 问题的唯一性与可解性问题有直接的联系. Calderon 在[3]中就在证明了唯一性的同时给出了一个存在性证明. 此外，唯一性定理的证明还可以归结为次椭圆估计，参看 Taylor [1].

§5. 半群理论及其应用

1. C_0 半群. 一个发展方程就是以下形状的方程，t 是时间：

$$\frac{du}{dt} + Au = 0, \tag{6.5.1}$$

其中 A 是一个线性算子：$A: E \to E$，E 是一个适当的 Banach 空间. 例如 $A = A(x, D_x)$ 是其一例. 从形式上看，(6.5.1)是一个常微分方程(具有算子系数)，如果对它附加初始条件

$$u(0) = x, \tag{6.5.2}$$

我们自然设想通常用以解决这类问题的 Laplace 变换在这里也可应用。但是，一般地，A 并非有界算子，因此，其定义域通常也不是整个空间 E。现在我们设 A 与 t 无关，它的定义域为 $D\subset E$，D 在 E 中稠密，而且对任一 $x\in D$，上述 Cauchy 问题(6.5.1)，(6.5.2)恒有唯一解 $u(t)\in D$，$t\in[0,\infty)$，而我们可以形式地作 Laplace 变换如下：令

$$U(p) = \int_0^{+\infty} e^{-pt}u(t)dt,$$

则由(6.5.1)和(6.5.2)有

$$pU(p) - u(0) = AU(p).$$

从而

$$U(p) = (pI - A)^{-1}u(0) = (pI - A)^{-1}x.$$

用逆变换即有

$$u(t) = \frac{1}{2\pi i}\int_{\xi-i\infty}^{\xi+i\infty} e^{pt}(pI - A)^{-1}xdp. \tag{6.5.3}$$

这种运算纯粹是形式的，而需要对 $u(t)$ 加上一些限制，例如

$$\|u(t)\| \leqslant Me^{\beta t},\ M,\beta \text{ 为常数}.$$

要一般地验证(6.5.3)确为所求之解也有不少困难，但是这个作法确实提供了解决问题的线索，例如必须将解 $u(t)$ 与 A 之豫解式 $(pI-A)^{-1}$ 联系起来等等。把这里的想法精确化就是半群理论。$u(t)$ 可以看作是 $x\in D\subset E$ 到 E 中的一个线性映射

$$T_t: E\to E;\ x\longmapsto u(t) = T_tx.$$

上述(6.5.1)，(6.5.2)有唯一解的假定就成了

$$T_t\circ T_s = T_{t+s},\ T_0 = I, \tag{6.5.4}$$

满足初始条件就成为

$$\lim_{t\downarrow 0} T_tx = T_0x = x. \tag{6.5.5}$$

(6.5.4)称为半群性质，$\{T_t\}(t\in[0,+\infty))$ 称为一个半群，(6.5.5)是一个连续性性质。这样，Cauchy 问题(6.5.1)，(6.5.2)就是如何从 A 作出一个半群 $\{T_t\}$ 的问题。大约在 1948 年左右，吉田耕作

(K. Yosida) 和 E. Hille 互相独立地解决了这个问题. 吉田耕作的方法是用一串有界线性算子 A_n 去逼近 A, 对 A_n 则作 $e^{-tA_n} = \sum_{k=0}^{\infty} t^k(-A_n)^k/k! = T_t^{(n)}$, 然后有 $T_t = \lim_{n\to\infty} T_t^{(n)}$. E. Hille 则用下式作出 T_t:

$$T_t = \lim_{n\to\infty}\left(I + \frac{t}{n}A\right)^{-n}.$$

我们看到, 至少形式地有 $T_t = e^{-tA}$, 而当 A 为 N 阶矩阵从而 (6.5.1) 是常系数线性微分方程组时, (6.5.1), (6.5.2) 之解确是 $u(t) = e^{-tA}x = T_t x$. Hille-Yosida 理论当然是它的深刻的推广, 它是泛函分析中重要的成就之一. 以下我们作一些简单的介绍, 读者欲知其详, 可以参看吉田耕作[1], [2]以及 Hille 和 Phillip[1]. 半群理论对发展方程的应用在增田久弥 (Masuda, K.) [1]和田边广城 (Tanabe, H.) [1] 中也有系统的叙述. 近年来, 半群理论还成功地应用于非线性问题, 例如可见 Brezis [1], Barbu [1], 宫寺功 (Miyadera, I.) [1].

定义 6.5.1 设在 Banach 空间 E 中有一族线性有界算子 $\{T_t\}$, $t \in [0, +\infty)$, 适合

$$T_t \circ T_s = T_{t+s},\ \ T_0 = I, \tag{6.5.4}$$

$$\lim_{t\to t_0} T_t = T_{t_0}\ (E \text{ 中的强收敛}), \tag{6.5.5}$$

则称 $\{T_t\}$ 是一个 C_0 半群(或简称半群).

定理 6.5.2 若 $\{T_t\} \subset B(E)$ (Banach 空间 $E \to E$ 的有界线性算子集)适合(6.5.4)以及

$$\lim_{t\downarrow 0} T_t = I\ (\text{强收敛}), \tag{6.5.5'}$$

则必有与 t 无关的常数 M, β, 使得

$$\|T_t\| \leqslant M e^{\beta t}, \tag{6.5.6}$$

而且(6.5.5)成立.

证. 先证必有常数 $a > 0$ 使得 $\sup\limits_{0\leqslant t\leqslant a} \|T_t\| = M_a < +\infty$. 设若不然, 必有一串 $t_j \to 0$ 但 $\|T_{t_j}\| \to \infty$. 由假设 (6.5.4), 对一切

$x \in E$, $\lim\limits_{j\to\infty} T_{t_j}x = x$,因此由共鸣定理有 $\sup\limits_{t_j}\|T_{t_j}\| < +\infty$ 而与假设矛盾. 由此得出 $a > 0$ 以及相应的 $M_a < +\infty$.

对任一 $t \in [0, +\infty)$, 必有非负整数 n, 使得 $na \leqslant t < (n+1)a$,于是记 $t = na + s$ 有 $0 \leqslant s < a$ 从而由(6.5.4)

$$T_t = (T_a)^n \cdot T_s.$$

由假设, $\|T_s\| \leqslant M_a < +\infty$, $\|T_a\| \leqslant M_a < +\infty$. 但因 $T_0 = I$, 从而 $\|T_0\| = 1$, 故 $M_a \geqslant 1$. 因此令 $M_a = e^{\beta a}$ 有 $\beta \geqslant 0$, 故

$$\|T_t\| \leqslant M_a\|T_a\|^n \leqslant M_a e^{n\beta a} \leqslant M_a e^{\beta t}.$$

(6.5.5) 的证明是容易的, 因为对 $t > 0$, 当 $h \downarrow 0$ 时可以设 $0 < h < t$, 而有

$$\|T_{t-h}x - T_tx\| \leqslant \|T_{t-h}\|\|T_hx - x\|.$$

由以上知 $\|T_{t-h}\| \leqslant Me^{\beta t} < +\infty$, 从而由 (6.5.4)知, 当 $h \downarrow 0$ 时 $\|T_{t-h}x - T_tx\| \to 0$. 同理 $\|T_{t+h}x - T_tx\| \to 0$.

这个定理告诉我们一切 C_0 半群之元的范数均有一个指数增长限制. 若对 T_t 赋以另一种范数

$$\|T_t\|' = \|e^{-\beta t}T_t\|,$$

必有 $\|T_t\|' \leqslant M$, 即一致有界. 在 C_0 半群中可以分出一个重要的子类,即 $M = 1$, $\beta = 0$ 的一类,这时

$$\|T_t\| \leqslant 1 \tag{6.5.6}$$

这种 C_0 半群称为**压缩半群**.

下面给出半群的几个例子.

例 1. $E = C[0, +\infty]$ 即在 $[0, +\infty)$ 上一致连续且有界的实值连续函数空间,范数为 $\|u\| = \sup\limits_{0 \leqslant x < \infty}|u(x)|$. T_t 为平移算子

$$T_tu = u(x + t),$$

$\{T_t\}$ 显然适合(6.5.4)以及(6.5.5′). 很容易看到 $\|T_t\| = 1$, 所以它是压缩半群.

例 2. 来自热传导方程的 Cauchy 问题:

$$\frac{\partial u}{\partial t} = \frac{1}{2}\frac{\partial^2 u}{\partial x^2},\ u(0, x) = \varphi(x).$$

这里 $E = C[-\infty, +\infty]$．热传导方程的基本解是

$$E(x, t) = (2\pi t)^{-\frac{1}{2}}\exp(-x^2/2t), \quad t > 0.$$

因此上述 Cauchy 问题的解是

$$u(t, x) = [E(\cdot, t) * \varphi(\cdot)](x), \quad t > 0.$$

它可以看成是定义了一族有界线性算子

$$u(t, x) = (T_t\varphi)(x), \qquad t > 0,$$

$\{T_t\}$ 满足半群条件

$$E(x, t + s) = E(\cdot, t) * \dot{E}(\cdot, t)(x), \quad t, s > 0.$$

这当然可以从直接计算来验证，但是由热传导方程 Cauchy 问题解的唯一性更易得出．(6.5.4′) 即上述解对 x 一致地满足初始条件．

由极值原理有：对任意固定的 $t \geqslant 0$

$$\sup_{-\infty<x<+\infty} |u(x, t)| \leqslant \sup_{-\infty<x<+\infty} |\varphi(x)|.$$

所以 $\|T_t\| \leqslant 1$，因此热传导方程的 Cauchy 问题的解是由一个压缩半群来定义的．

2. 半群的无穷小生成元． 前面已经提到，对于方程

$$\frac{du}{dt} + Au = 0, \ u(0) = x,$$

当 A 是一个与 t 无关的矩阵时，其解为

$$u(t) = T_t x = e^{-tA}x,$$

$\{T_t\} = \{e^{-tA}\}$ 当然定义一个半群．这时明显地有

$$\lim_{h\to 0} \frac{1}{h}(T_h - I)x = -Ax.$$

仿此，对一般的 C_0 半群 $\{T_t\}$，我们给出

定义 6.5.3 设 $\mathscr{D} = \left\{x \in E, \text{强极限} \lim\limits_{h\downarrow 0} \frac{1}{h}(T_h - I)x \text{ 存在}\right\}$，在 $\mathscr{D}$ 上定义算子 B 如下：

$$Bx = \lim_{h\downarrow 0} \frac{1}{h}(T_h - I)x \ (\text{强收敛}), \tag{6.5.7}$$

则 B 称为 $\{T_t\}$ 的无穷小生成元，$\mathscr{D}$ 为其定义域．

以下我们常写 $B=-A$ 而研究 A 的性质.

关于半群的生成元有以下的基本定理:

定理 6.5.4（半群的可微性定理） 设 $\{T_t\}$ 是一个 C_0 半群, $\|T_t\|\leqslant Me^{\beta t}$, $-A$ 为其无穷小生成元, 则 $\mathscr{D}\subset E$ 是稠密的, A 是闭算子,而且一切复数 λ, 凡适合 $\mathrm{Re}\lambda>\beta$ 者都在 $-A$ 的豫解集中,并有

$$\|(A+\lambda I)^{-n}\|\leqslant M/(\mathrm{Re}\lambda-\beta)^n\ (n=1,2,\cdots).\quad(6.5.8)$$

$\{T_t\}$ 对于 t 是强可微的,且当 $x\in\mathscr{D}$ 时

$$\frac{d}{dt}T_tx=\lim_{h\to0}\frac{1}{h}(T_{t+h}-T_t)x=-T_tAx=-AT_tx.\quad(6.5.9)$$

证. 这个定理的证明较长,现分几步进行:

首先作算子(即是 Laplace 变换)

$$J(\lambda)x=\lambda\int_0^\infty e^{-\lambda t}T_tx\,dt,\ \mathrm{Re}\lambda>\beta,\ x\in E.\quad(6.5.10)$$

它是 $E\to E$ 的有界线性算子. 事实上,由(6.5.5), $e^{-\lambda t}T_tx$ 对 t 是强连续的,且 $\|e^{-\lambda t}T_tx\|\leqslant Me^{-(\mathrm{Re}\lambda-\beta)}\|x\|$, 所以对任意的 $N>0$,极限

$$\lim_{n\to\infty}\sum_{j=0}^{n-1}\frac{N}{n}\,T_{t_j}x\cdot e^{-\lambda t_j},t_j=\frac{jN}{n}$$

在 E 的范数意义下存在,即 $\int_0^N e^{-\lambda t}T_tx\,dt$, 而且 $\lim\limits_{N\to+\infty}\int_0^N e^{-\lambda t}T_tx\,dt$ 也存在. 这就是说 $J(\lambda)x$ 是有意义的,而且

$$\|J(\lambda)x\|\leqslant|\lambda|\int_0^{+\infty}e^{-\mathrm{Re}\lambda t}\|T_tx\|dt\leqslant\frac{|\lambda|}{\mathrm{Re}\lambda-\beta}M\|x\|,$$

所以 $J(\lambda):E\to E$ 是有界线性(线性自明)算子. 今证 $\frac{1}{\lambda}J(\lambda)$ 即 $(\lambda I+A)$ 之右逆:

$$\frac{1}{\lambda}(\lambda I+A)J(\lambda)\equiv I.\quad(6.5.11)$$

事实上我们有

$$\lambda^{-1}T_hJ(\lambda)x=T_h\int_0^\infty e^{-\lambda t}T_tx\,dt=\int_0^\infty e^{-\lambda t}T_{t+h}x\,dt$$

$$= e^{\lambda h}\left[\int_0^{\infty} - \int_0^{h}\right] e^{-\lambda t} T_t x\,dt.$$

T_h 可以移到积分号下由 T_h 之连续性即知. 因此

$$h^{-1}(T_h - I)\lambda^{-1}J(\lambda)x = \lambda^{-1}h^{-1}(e^{\lambda h} - 1)J(\lambda)x$$
$$- h^{-1}e^{\lambda h}\int_0^h e^{-\lambda t}T_t x\,dt$$

在 E 的范数下求极限,即知前一项的极限是 $J(\lambda)x$, 今证后一项当 $h\to 0$ 也趋于 0. 事实上它等于

$$-h^{-1}e^{\lambda h}\int_0^h e^{-\lambda t}(T_t x - x)dt - e^{\lambda h}(1 - e^{-\lambda h})(\lambda h)^{-1}x \equiv I_1 + I_2,$$

$$\|I_1\| \leqslant e^{\mathrm{Re}\lambda h}h^{-1}\int_0^h e^{-\mathrm{Re}\lambda t}\|T_t x - x\|dt$$
$$\leqslant e^{|\lambda| h}\sup_{0\leqslant t\leqslant h}\|T_t x - x\| \to 0,\quad I_2 \to -x$$

式左当 $h\to 0$ 时的极限则为 $-\lambda^{-1}AJ(\lambda)x$, 所以有

$$-\lambda^{-1}AJ(\lambda)x = J(\lambda)x - x.$$

此即(6.5.11). 它告诉我们 $J(\lambda)$: $E\to\mathscr{D}$.

其次证明对任意 $x\in E$, 当 $\lambda\to\infty$ 时 $J(\lambda)x\to x$ 于 E 中这里 λ 是实数, 由此可得 $\mathscr{D}$ 是 E 之稠密集.

在 $J(\lambda)$ 的表达式中作变换 $\lambda t\longmapsto t$, 由 $\int_0^{\infty} e^{-t}x\,dt = x$ 有

$$J(\lambda)x = \int_0^{\infty} e^{-t}(T_{t/\lambda}x - x)dt + x,$$

$$\|J(\lambda)x - x\| \leqslant \int_0^{\infty} e^{-t}\|T_{t/\lambda}x - x\|dt = \int_0^{\infty} e^{-t}f_\lambda(t)dt.$$

对每个固定的 t, 当 $\lambda\to\infty$ 时, $f_\lambda(t)\to 0$, 又

$$e^{-t}|f_\lambda(t)| \leqslant e^{-t}\|T_{t/\lambda}x\| + e^{-t}\|x\| \leqslant (Me^{(-1+\beta/\lambda)t} + e^{-t})\|x\|.$$

由 Lebesgue 控制收敛定理即有 $\|J(\lambda)x - x\|\to 0$. 证毕.

下一步证明式(6.5.9). 对 $x\in\mathscr{D}$ 有

$$h^{-1}(T_h - I)T_t x = h^{-1}(T_{t+h} - T_t)x = T_t h^{-1}(T_h - I)x. \tag{6.5.12}$$

因为 T_t 是有界算子, 令 $h\downarrow 0$, 式右趋于 $-T_tAx$, 式左则趋于 $-AT_tx$, 这就说明 $T_tx\in\mathscr{D}$, 而且 A 与 T_t 可交换. 中间一项则

趋于 $\frac{d^+}{dt}T_tx$，它等于 $[0,\infty)$ 上强连续的 $-T_tAx$，故由 Dini 定理[1] 知 $\frac{d^+}{dt}T_tx=\frac{d}{dt}T_x$，而(6.5.9)得证。

最后证明关于豫解集与 A 为闭等结论。对任意 $x\in E$，由于 $\lambda^{-1}J(\lambda)$ 是 $(\lambda I+A)$ $(\mathrm{Re}\lambda>\beta)$ 之右逆，故

$$\lambda^{-1}(\lambda I+A)J(\lambda)x=x.$$

所以 $\lambda I+A:\mathscr{D}\to E$ 是一个全射. $\lambda^{-1}J(\lambda)$ 又是 $\lambda I+A$ 之左逆。事实上，用 $\lambda e^{-\lambda t}$ 乘(6.5.12)双方再积分有

$$h^{-1}(T_h-I)J(\lambda)x=J(\lambda)h^{-1}(T_h-I)x.$$

令 $h\downarrow 0$，由 $J(\lambda)$ 之有界性，上式右方强收敛于 $-J(\lambda)Ax$，左方则因 $J(\lambda)x\in\mathscr{D}$ 而强收敛于 $-AJ(\lambda)x$。因此 A 与 $J(\lambda)$ 可换而有

---

1) **Dini 定理**. 设 $f(t)$ 是定义在 $[a,b]$ 上且在 E 中取值的强连续函数且有右导数 $\frac{d^+}{dt}f(t)$ 在 (a,b) 上强连续，则 $f(t)$ 在 (a,b) 上为强意义下可微的，且

$$\frac{d}{dt}f(t)=\frac{d^+}{dt}f(t).$$

证. 任取 $c\in(a,b)$ 并作

$$g(t)=\int_c^t\frac{d^+}{ds}f(s)ds+f(c).$$

由于已设 $\frac{d^+}{ds}f(s)$ 在 (a,b) 上强连续，所以上之积分有意义而且 $g(t)$ 也在 (a,b) 上强意义下可微：

$$\frac{d}{dt}g(t)=\frac{d^+}{dt}f(t).$$

令 $h(t)=g(t)-f(t)$，则 $h(c)=0$，$\frac{d^+}{dt}h(t)=0$. 今证 $h(t)\equiv 0$. 事实上对任意 ε，若 $t>c$ 离 c 充分近，必有

$$\|h(t)\|\leqslant\varepsilon(t-c).$$

令 b' 是 (c,b) 中适合上式的 t 之上确界，$b'\leqslant b$. 今证 $b'=b$. 若不然，有 $b'<b$，则由 $\|h(b')\|\leqslant\varepsilon(b'-c)$，$\frac{d^+}{dt}h(t)|_{t=b'}=0$，对充分小的 $\delta>0$ 有

$$\|h(b'+\delta)\|=\|h(b')\|+o(\delta)\leqslant\varepsilon(b'-c)+o(\delta)\leqslant\varepsilon(b'+\delta-c).$$

这与 b' 是适合上式的 t 之上确界矛盾. 因此，对一切 $t\in[c,b)$，$\|h(t)\|\leqslant\varepsilon(t-c)$. 由 ε 之任意性有 $h(t)\equiv 0$. 同理，在 (a,b) 中 $h(t)\equiv 0$.

本节中用到的关于 E 中取值的函数之连续性、微分与积分等概念均可见吉田耕作 [2].

$$\lambda^{-1}J(\lambda)(\lambda I + A)x = (\lambda + A)\lambda^{-1}J(\lambda)x = x. \quad x \in \mathscr{D}.$$

从而 $\lambda I + A: \mathscr{D} \to E$ 是单全射，而 $\lambda I + A$ 有逆 $\lambda^{-1}J(\lambda)$.

$\lambda I + A$ 既有有界逆，当然与 A 同时为闭算子. 余下的只是要证明估计式(6.5.8). 前已得证

$$(\lambda I + A)^{-1}x = \int_0^\infty e^{-\lambda t}T_t x\,dt, \mathrm{Re}\lambda > \beta, \qquad (6.5.13)$$

反复用此式 n 次当有

$$\begin{aligned}(\lambda I + A)^{-n}x &= \int_0^\infty \cdots \int_0^\infty e^{-\lambda(t_1+\cdots+t_n)}T_{t_1}\cdots T_{t_n}x\,dt_1\cdots dt_n \\ &= \int_0^\infty \cdots \int_0^\infty e^{-\lambda(t_1+\cdots+t_n)}T_{t_1+\cdots+t_n}x\,dt_1\cdots dt_n \\ &= \int_0^\infty e^{-\lambda t}T_t x\,dt \int_{t_1+\cdots+t_{n-1}\leqslant t, t_j>0} dt_1\cdots dt_{n-1} \\ &= \frac{1}{(n-1)!}\int_0^\infty e^{-\lambda t}t^{n-1}T_t x\,dt.\end{aligned}$$

由(6.5.6)即有

$$\begin{aligned}\|(\lambda I + A)^{-n}x\| &\leqslant \frac{M}{(n-1)!}\|x\| \int_0^\infty e^{-\mathrm{Re}\lambda t}t^{n-1}e^{\beta t}dt \\ &= M(\mathrm{Re}\lambda - \beta)^{-n}\|x\|,\end{aligned}$$

从而(6.5.8)得证，而定理全部证毕.

这里值得注意的是式(6.5.10)，它说明 $(\lambda I + A)^{-1}$ 即 $T_t x$ 的“Laplace 变换”.

现在对前面两个例子所给出的半群来计算其无穷小生成元.

例 1. 我们要证明

$$\mathscr{D} = \{u \in E;\ u(x) \in C^1[0, \infty],\ u' \in E\}, \qquad (6.5.14)$$
$$(-Au)(x) = u'(x).$$

事实上对任意 $u \in E$ 有

$$\begin{aligned}J(\lambda)u(s) = v_\lambda(s) &= \int_0^\infty \lambda e^{-\lambda t}u(t+s)dt \\ &= \int_s^\infty \lambda e^{\lambda(s-t)}u(t)dt\end{aligned}$$

因此可以看到 $v_\lambda'(s) \in C[0, \infty]$. 但 $\lambda^{-1}J(\lambda)$ 是 $\lambda I + A$ 之逆，

从而上述形状的 $v_\lambda(s)\in\mathscr{D}$. 而且因为 $\lambda J^{-1}(\lambda)=\lambda I+A$,故

$$\frac{d}{ds}J(\lambda)u(s)=v_\lambda'(s)=\lambda[J(\lambda)-I]u(s)=(-Av_\lambda)(s)$$

所以生成元 $-A$ 适合 $(-A)v_\lambda=\dfrac{d}{ds}v_\lambda(s)$.

另一方面,若给出 $v\in\mathscr{D}$ (即由(6.5.13)定义之集),则 $v, v'\in E$, 而且

$$\begin{aligned}h^{-1}(T_h-I)v(s)=v'(s)&=h^{-1}[v(s+h)-v(s)]-v'(s)\\&=h^{-1}\int_0^h[v'(s+\sigma)-v'(s)]d\sigma.\end{aligned}$$

故由 E 中的元必在 $[0,\infty)$ 上一致连续有

$$\|h^{-1}(T_h-I)v(s)-v'(s)\|\leqslant\sup_{0\leqslant\sigma\leqslant h}|v'(s+\sigma)-v'(s)|\to 0.$$

因此 $-Av=\dfrac{d}{ds}\cdot v(s)$.

例 2. $E=C[-\infty,\infty]$, T_t 是以 $E(\cdot,t)$ 为核的卷积算子,

$$E(x,t)=(2\pi t)^{-\frac{1}{2}}\exp(-x^2/2t).$$

和前面一样,先作 $J(\lambda)$, 因为

$$T_tu(s)=\int_{-\infty}^{\infty}E(s-\sigma,t)u(\sigma)d\sigma,$$

故

$$J(\lambda)u(s)=\int_{-\infty}^{\infty}u(\sigma)d\sigma\left\{\int_0^\infty\frac{\lambda}{\sqrt{2\pi t}}e^{-\left(\lambda t+\frac{(s-\sigma)^2}{2t}\right)}dt\right\}.$$

现在计算{ }, 注意到

$$\begin{aligned}\frac{\sqrt{\pi}}{2}&=\int_0^\infty e^{-x^2}dx=e^{2c}\int_{\sqrt{c}}^\infty e^{-\left(\sigma^2+\frac{c^2}{\sigma^2}\right)}\left(1+\frac{c}{\sigma^2}\right)d\sigma\quad\left(x=\sigma-\frac{c}{\sigma}\right)\\&=e^{2c}\int_{\sqrt{c}}^\infty e^{-\left(\sigma^2+\frac{c^2}{\sigma^2}\right)}d\sigma+e^{2c}\int_{\sqrt{c}}^\infty\frac{c}{\sigma^2}e^{-\left(\sigma^2+\frac{c^2}{\sigma^2}\right)d\sigma}d\sigma\\&=e^{2c}\int_{\sqrt{c}}^\infty e^{-\left(\sigma^2+\frac{c^2}{\sigma^2}\right)}d\sigma+e^{2c}\int_0^{\sqrt{c}}e^{-\left(\tau^2+\frac{c^2}{\tau^2}\right)d}d\tau\quad\left(\tau=\frac{c}{\sigma}\right)\\&=e^{2c}\int_0^\infty e^{-\left(\sigma^2+\frac{c^2}{\sigma^2}\right)}d\sigma,\end{aligned}$$

于是有

$$\{\quad\} = \frac{2\sqrt{\lambda}}{\sqrt{2\pi}}\int_0^\infty e^{-\left(\sigma_1^2+\frac{\lambda(s-\sigma)^2}{2\sigma_1^2}\right)}d\sigma_1 \quad \left(t=\frac{\sigma_1^2}{\lambda}\right)$$

$$= \frac{2\sqrt{\lambda}}{\sqrt{2\pi}}\cdot\frac{\sqrt{\pi}}{2}e^{-2\cdot\sqrt{\lambda}|s-\sigma|/\sqrt{2}}$$

$$= \sqrt{\frac{\lambda}{2}}e^{-\sqrt{2\lambda}|s-\sigma|}.$$

因此记 $J(\lambda)u(s)=v_\lambda(s)$ 有 $v_\lambda(s)\in\mathscr{D}$，且 $\mathscr{D}$ 中一切元均可这样表示．但

$$v_\lambda(s)=J(\lambda)u(s)$$

$$=\sqrt{\frac{\lambda}{2}}\int_{-\infty}^{\infty}e^{-\sqrt{2\lambda}|s-\sigma|}u(\sigma)d\sigma$$

$$=\sqrt{\frac{\lambda}{2}}\left[\int_s^\infty e^{-\sqrt{2\lambda}(\sigma-s)}u(\sigma)d\sigma+\int_{-\infty}^s e^{-\sqrt{2\lambda}(s-\sigma)}u(\sigma)d\sigma\right]$$

$$v_\lambda'(s)=\sqrt{\frac{\lambda}{2}}\left[\sqrt{2\lambda}\int_s^\infty e^{-\sqrt{2\lambda}(\sigma-s)}u(\sigma)d\sigma\right.$$

$$\left.-\sqrt{2\lambda}\int_{-\infty}^s e^{-\sqrt{2\lambda}(s-\sigma)}u(\sigma)d\sigma\right]$$

$$v_\lambda''(s)=\sqrt{\frac{\lambda}{2}}\left[-\sqrt{2\lambda}u(s)-\sqrt{2\lambda}u(s)\right.$$

$$\left.+2\lambda\int_{-\infty}^\infty e^{-\sqrt{2\lambda}|s-\sigma|}u(\sigma)d\sigma\right]$$

$$=-2\lambda u(s)+2\lambda v_\lambda(s).$$

从而

$$-AJ(\lambda)u(s)=-Av_\lambda(s)=\{\lambda(J(\lambda)-I)u\}(s)$$

$$=\frac{1}{2}v_\lambda''(s)=\frac{1}{2}\frac{d^2}{ds^2}J(\lambda)u(s).$$

因此，若 v 在 A 的定义域 $\mathscr{D}$ 中，则必有 $v(s)$，$v'(s)$，$v''(s)\in C[-\infty,+\infty]$ 而且 $Av(s)=-\frac{1}{2}v''(s)$．

反之，若 v，v'，$v''\in C[-\infty,+\infty]$，$T_tv$ 是热传导方程$\Big(a^2=$

$\left.\frac{1}{2}\right)$ 以 $v(s)$ 为初值的 Cauchy 问题之解，从而

$$\begin{aligned}\frac{\partial}{\partial t}(T_t v)(s) &= \frac{1}{2}\frac{\partial^2}{\partial s^2}T_t v(s)\\ &= \frac{1}{2}\int_{-\infty}^{\infty}\frac{1}{\sqrt{2\pi t}}e^{-(s-\sigma)^2/2t}v''(\sigma)d\sigma\\ &= \frac{1}{2}T_t v''(s).\end{aligned}$$

因此

$$\begin{aligned}h^{-1}(T_h - I)v(s) &= h^{-1}\int_0^h \frac{\partial}{\partial t}T_t v(s)dt\\ &= \frac{1}{2}h^{-1}\int_0^h [T_t v''(s) - v''(s)]ds\\ &\quad + \frac{1}{2}v''(s).\end{aligned}$$

而当 $h\downarrow 0$ 时

$$\left\|h^{-1}(T_h - I)v(s) - \frac{1}{2}v''(s)\right\| \leqslant \frac{1}{2}\sup_{0\leqslant t\leqslant h}\|T_t v'' - v''\| \to 0.$$

所以这样的 $v\in\mathscr{D}$，而且 $-Av = \frac{1}{2}v''$. 总之有

$$\mathscr{D} = \{u\in E,\quad u', u''\in E\}\ \text{且}\ -Av = \frac{1}{2}v''.$$

下面要证明的 Hille-吉田耕作定理是半群理论的核心. 它是定理 6.5.4 之逆. 鉴于它的重要性，我们分别给出 E. Hille 和吉田耕作的两个证明.

定理 6.5.5 (Hille-吉田耕作) 设闭线性算子 A 之定义域 $\mathscr{D}$ 在 E 中稠密，半平面 $\mathrm{Re}\lambda > \beta$ 含于 A 之豫解集中，且有以下的估计成立：对一切非负整数 n

$$\|(\lambda I + A)^{-n}\| \leqslant M(\mathrm{Re}\lambda - \beta)^{-n},\quad \mathrm{Re}\lambda > \beta,\tag{6.5.15}$$

则 $-A$ 必为某个 C_0 半群 $\{T_t\}$ $(0\leqslant t<\infty)$ 之无穷小生成元且 $\|T_t\|\leqslant Me^{\beta t}$.

证一(吉田耕作). 本节开始即已指出，吉田耕作的方法是用

有界算子去逼近 A. 因此我们先设 A 为有界算子. 这时, $e^{-tA}=\sum_{n=0}^{\infty}\frac{(-1)^n}{n!}t^nA^n$ 按范数收敛, 而确实定义一个半群(这一点读者自己容易验证), 而且 $\frac{d}{dt}e^{-tA}=-Ae^{-tA}=-e^{-tA}A$, 因而 $-A$ 确实是它的无穷小生成元.

对一般的 A, 令 $n>\beta$, 则 $\left(I+\frac{1}{n}A\right)^{-1}=J_n$ 存在而且是有界算子. 作 $A_n=AJ_n$, 则有

$$A_n=n\left\{\left(I+\frac{1}{n}A\right)J_n-J_n\right\}=n(I-J_n),$$

但

$$\|J_n\|=\|n(nI+A)^{-1}\|\leqslant\frac{Mn}{n-\beta}$$

是有界的,所以 A_n 也是有界算子,从而可以定义一个半群

$$\{e^{-tA_n}\}=\{T_t^{(n)}\}=\{e^{-nt}e^{ntJ_n}\}.$$

因为 $\|(nI+A)^{-k}\|\leqslant M(n-\beta)^{-k}$, 所以 $\|J_n^k\|=\|n^k(nI+A)^{-k}\|\leqslant M(1-\beta/n)^{-k}$, 这样可以估计 $\|T_t^{(n)}\|$ 如下:

$$\begin{aligned}\|T_t^{(n)}\|&=e^{-nt}\sum_{k=0}^{\infty}\frac{1}{k!}(nt)^k\|J_n^k\|\leqslant Me^{-nt}\sum\frac{1}{k!}\left(\frac{n^2t}{n-\beta}\right)^k\\&=Me^{-nt}e^{n^2t/(n-\beta)}=Me^{n\beta t/(n-\beta)}.\end{aligned}\tag{6.5.16}$$

现在证明当 $n\to\infty$ 时, $T_t^{(n)}$ 在任一有界区间 $t\in[0,T]$ 上对 t 一致地强收敛, 由此可得有界线性算子 T_t, 而且很容易想到 $\{T_t\}$ 也是一个半群并以 $-A$ 为其无穷小生成元. 以下就来证明这点.

因为 $T_t^{(n)}$ 以 $-A_n$ 为无穷小生成元,故

$$\frac{d}{dt}T_t^{(n)}=-AT_t^{(n)}=-T_t^{(n)}A,$$

$$\begin{aligned}T_t^{(n)}-T_t^{(m)}&=\int_0^t\frac{d}{ds}(T_{t-s}^{(m)}\circ T_s^{(n)})ds\\&=\int_0^t T_{t-s}^{(m)}(A_m-A_n)T_s^{(n)}ds.\end{aligned}\tag{6.5.17}$$

这里的微分与积分都是在 E 中按强意义理解的, 故对任意 $x\in E$

有

$$\|T_t^{(n)}x - T_t^{(m)}x\| \leqslant \int_0^t \|T_{t-s}^{(m)}(A_m - A_n)T_s^{(n)}x\|ds.$$

另一方面，若 x 在 A^2 的定义域内必有

$$\begin{aligned}\|(A_m - A_n)x\| &= \left\|A\left(I + \frac{1}{m}A\right)^{-1}x - A\left(I + \frac{1}{n}A\right)^{-1}x\right\| \\ &= \left\|\left(\frac{1}{n} - \frac{1}{m}\right)\left(I + \frac{1}{m}A\right)^{-1}\left(I + \frac{1}{n}A\right)^{-1}A^2x\right\| \\ &\leqslant \left(\frac{1}{m} + \frac{1}{n}\right)\left(1 - \frac{\beta}{n}\right)^{-1}\left(1 - \frac{\beta}{m}\right)^{-1}\|A^2x\|.\end{aligned} \tag{6.5.18}$$

利用 A_m, A_n 与 $T_t^{(m)}$, $T_t^{(n)}$ 的可换性（这是容易验证的）即有

$$\begin{aligned}\|T_t^{(n)}x - T_t^{(m)}x\| &\leqslant \int_0^t \left(\frac{1}{m} + \frac{1}{n}\right)\left(1 - \frac{\beta}{n}\right)^{-1}\left(1 - \frac{\beta}{m}\right)^{-1} \\ &\qquad \|T_{t-s}^{(m)}\|\|T_s^{(n)}\|\|A^2x\|ds \\ &\leqslant C\left(\frac{1}{m} + \frac{1}{n}\right)t\|A^2x\|.\end{aligned} \tag{6.5.19}$$

这里我们用到了(6.5.16)，(6.5.17)与(6.5.18)。

这个式子告诉我们，对 $x \in A^2$ 之定义域，$T_t^{(n)}x$ 在 $t \in [0,T]$ 上一致收敛．但对 $x \in E$ 又如何？这时注意到当 $x \in \mathscr{D}$（A 之定义域）时，当 $n \to \infty$ 时有

$$\begin{aligned}\|J_nx - x\| &= \left\|\left(I + \frac{1}{n}A\right)^{-1}\left[x - \left(I + \frac{1}{n}A\right)x\right]\right\| \\ &\leqslant \|(nI + A)^{-1}Ax\| \\ &\leqslant (n - \beta)\|Ax\| \to 0.\end{aligned}$$

然而前已证明 $\|J_n\| \leqslant M_n(n - \beta)^{-1} \leqslant M_1$（与 n 无关），从而对任意 $x \in E$ 也有 $\|J_nx - x\| \to 0$，亦即 J_n 强收敛于 I，于是易证 J_n^2 也强收敛于 I（这时要用到 $\|J_n\|$ 对 n 一致有界）．然而 $J_n^2x = n^2(nI + A)^{-2}$ 显然在 A^2 的定义域中，从而 A^2 的定义域也在 E 中稠密．(6.5.16)告诉我们，当 $t \in [0, T]$ 时 $\|T_t^{(n)}\|$ 对 n 和 t 是一致有界的，所以易证，对一切 $x \in E$ 而不只是对 A^2 定义域中的 x 有

$$\|T_t^{(n)}x - T_t^{(m)}x\| \to 0 \text{ (对 } t \in [0, T] \text{ 一致)}. \quad (6.5.20)$$

这样即可定义出 $T_t x = \lim\limits_{n\to\infty} T_t^{(n)} x$.

$\{T_t\}$ 确是半群. 因为由 $\|T_t^{(n)}\|$ 对 t, n 一致有界,故

$$T_t \circ T_s x = \lim_{n\to\infty} T_t^{(n)} \circ T_s^{(n)} x = \lim_{n\to\infty} T_{t+s}^{(n)} x = T_{t+s} x.$$

由 (6.5.20), 易证对一切 $x \in E$

$$\lim_{t\downarrow 0} T_t x = x.$$

因此 $\{T_t\}$ 是 C_0 半群,而且

$$\|T_t x\| = \lim_{n\to\infty} \|T_t^{(n)} x\| \leqslant \lim_{n\to\infty} M e^{n\beta t/(n-\beta)} \|x\|$$
$$= M e^{\beta t} \|x\|.$$

最后证明 $\{T_t\}$ 的无穷小生成元为 $-A$. 对 $x \in \mathscr{D}$,由于

$$\frac{d}{dt} e^{-tA_n} = -A_n e^{-tA_n} = -e^{-tA_n} A_n$$

有

$$h^{-1}(T_h^{(n)} - I)x = h^{-1} \int_0^h \frac{d}{dt} T_t^{(n)} x \, dt$$
$$= -h^{-1} \int_0^h (T_t^{(n)} A_n x - Ax) dt - Ax$$

在 $t \in [0, T]$ 上, $T_t^{(n)}$ 对 t 一致地趋向 T_t, $T_t^{(n)} A_n^x = T_t^{(n)} J_n A x$ 一致收趋于 $T_t A x$,所以由上式令 $n \to \infty$ 有

$$h^{-1}(T_h - I)x = -h^{-1} \int_0^h (T_t A x - Ax) dt - Ax,$$

但在 $t \downarrow 0$ 时 $\|T_t A x - Ax\| \to 0$, 所以当 $h \downarrow 0$ 时 $h^{-1}(T_h - I)x \to -Ax$. 所以 $-A$ 就是 $\{T_t\}$ 的无穷小生成元, 证毕.

证二 (E. Hille). 这个证明的思想是, $T_t x$ 是微分方程

$$\frac{d}{dt} T_t x = -A T_t x$$

之解. 用差分代替微分则有 $T_t x$ 之近似值 $T_t^{(n)} x$ 适合

$$h^{-1}[T_{(j+1)h}^{(n)} - T_{jh}^{(n)}]x = -A T_{(j+1)h}^{(n)} x \quad \left(h = \frac{t}{n}\right),$$

从而 $T_{(j+1)h}^{(n)}x = (1+hA)^{-1}T_{jh}^{(n)}x$，以及 $T_t^{(n)}x = T_{nh}^{(n)}x = \left(I + \frac{t}{n}A\right)^{-n}x$. 因此我们设想可以用 $\left(I + \frac{t}{n}A\right)^{-n} = T_t^{(n)}$ 来求极限而得到所求的半群 $\{T_t\}$.

我们首先还是来研究 $\{T_t^{(n)}\}$. 令 $0 \leqslant t < n/\beta$，首先有

$$\left\|\left(I + \frac{t}{n}A\right)^{-k}\right\| \leqslant M\left(1 - \frac{t}{n}\beta\right)^{-k} \quad (k = 1, 2, \cdots),$$

所以一方面

$$\left\|\left(I + \frac{t}{n}A\right)^{-1}x - x\right\| = \left\|\left(I + \frac{t}{n}A\right)^{-1}\frac{t}{n}Ax\right\|$$

$$\leqslant \frac{M}{n}\left(1 - \frac{t}{n}\beta\right)^{-1}t\|Ax\|,$$

从而 $t \downarrow 0$ 时 $\left(I + \frac{t}{n}A\right)^{-1}$ 强收敛于 I. 另一方面有 $\|T_t^{(n)}\|$ 对 n 和 $t \in \left[0, \frac{n}{\beta}\right)$ 之任一紧子集一致有界.

其次，$t \in \left[0, \frac{n}{\beta}\right)$ 在 $I + \frac{t}{n}A$ 的豫解集中，从而 $\left(I + \frac{t}{n}A\right)^{-1}$ 对上述区间中的 t 是解析的，因此在强意义下可微(当然对 t 也是强连续的)：

$$\frac{d}{dt}T_t^{(n)} = -A\left(I + \frac{t}{n}A\right)^{-n-1} = -A\left(I + \frac{t}{n}A\right)^{-1}T_t^{(n)}.$$

今证 $n \to \infty$ 时 $T_t^{(n)}$ 收敛. 首先还是设 x 在 A^2 的定义域中，这时有

$$T_t^{(n)}x - T_t^{(m)}x = \lim_{\varepsilon \downarrow 0}\int_{\varepsilon}^{t-\varepsilon}\frac{d}{ds}(T_{t-s}^{(m)}T_s^{(n)})x\,ds.$$

但由前证的 $T_t^{(n)}$ 关于 t 强可微以及 $T_t^{(n)}$ 与 A 可交换可以得到

$$\frac{d}{ds}(T_{t-s}^{(m)}T_s^{(n)})x = T_{t-s}^{(m)}\left(A\left(I + \frac{t-s}{m}A\right)^{-1}\right.$$

$$\left. - A\left(I + \frac{s}{n}A\right)^{-1}\right)T_s^{(n)}x$$

$$= \left(\frac{t}{n} - \frac{t-s}{m}\right)\left(1 + \frac{t-s}{m}A\right)^{-m-1} \cdot \left(1 + \frac{s}{n}A\right)^{-n-1} A^2 x.$$

从而有，当 $m, n \to \infty$ 时，对 $t \in [0, T]$ 一致地有

$$\|T_t^{(m)}x - T_t^{(n)}x\| \leqslant \int_0^t \left(\frac{s}{n} + \frac{t-s}{m}\right)\left(1 - \frac{t-s}{m}\beta\right)^{-m-1} \cdot \left(1 - \frac{s}{n}\beta\right)^{-n-1} M\|A^2x\|ds \to 0.$$

对任意的 $x \in E$，则由前(吉田耕作的证明)已得知的 A^2 的定义域在 E 中稠密以及 $\|T_t^{(n)}\|$ 对 n 和 $t \in [0, T]$ 一致有界，即有对 $t \in [0, T]$ 一致地在强意义下

$$\lim_{n\to\infty} T_t^{(n)}x = T_t x, \quad x \in E.$$

现证 $\{T_t\}$ 是一个 C_0 半群. $t \downarrow 0$ 时 $T_t x \to x$ 可由前述一致收敛性得到. $T_t \circ T_s = T_{t+s}$ 的证明比较复杂，因为 $\{T_t^{(n)}\}$ 对固定的 n 并非半群. 这时仍先设 x 在 A^2 的定义域中. 由于

$$\begin{aligned}\frac{d}{dr} T_{t+r}^{(n)} \circ T_{s-r}^{(n)} x &= T_{t+r}^{(n)}\left[A\left(I + \frac{s-r}{n}A\right)^{-1} - A\left(I + \frac{t+r}{n}A\right)^{-1}\right] T_{s-r}^{(n)} x \\ &= \frac{2r+t-s}{n}\left(I + \frac{s-r}{n}A\right)^{-n-1} \cdot \left(I + \frac{t+r}{n}A\right)^{-n-1} A^2 x,\end{aligned}$$

双方对 r 自 0 到 s 积分即有

$$T_{t+s}^{(n)}x - T_t^{(n)}T_s^{(n)}x = \frac{1}{n}\int_0^s (2r+t-s)\left(I + \frac{s-r}{n}A\right)^{-n-1} \cdot \left(I + \frac{t+r}{n}A\right)^{-n-1} A^2 x dr.$$

因此，当 $n \to \infty$ 时，$T_{t+r}^{(n)}x - T_t^{(n)}T_s^{(n)}x \to 0$. 然而左方又应以 $T_{t+s}x - T_t \cdot T_s x$ 为极限，所以 $T_{t+s}x = T_t T_s x$. 对一般的 $x \in E$，

在吉田耕作的证明中已经指出 A^2 的定义域在 E 中稠密，再由 $\|T_t^{(n)}\|$ 之一致有界性即知

$$T_{t+s}=T_t\circ T_s.$$

$\lim\limits_{t\downarrow 0}T_t=I$ 由 $T_t^{(n)}$ 对 $t\in[0,T]$ 一致地强收敛于 T_t 容易证明.

$$\|T_tx\|=\lim_{n\to\infty}\|T_t^{(n)}x\|$$
$$\leqslant M\lim_{n\to\infty}\left(1-\frac{t}{n}\beta\right)^{-n}=Me^{\beta t}.$$

最后应该证明 $-A$ 是 $\{T_t\}$ 的无穷小生成元. 仍利用 $T_t^{(n)}$ 适合微分方程

$$\frac{d}{dt}T_t^{(n)}x=-T_t^{(n)}\left(I+\frac{t}{n}A\right)^{-1}Ax,\quad x\in\mathscr{D},$$

双方对 t 自 0 到 h 求积分:

$$T_h^{(n)}x-x=-\int_0^h T_t^{(n)}\left(1+\frac{t}{n}A\right)^{-1}Ax\,dt.$$

令 $n\to\infty$ 即有

$$T_hx-x=-\int_0^h T_tAx\,dt,$$

以下的证明与证一完全相同. 证毕.

以上我们用两个方法作出了以 $-A$ 为无穷小生成元的半群. 那么这两个半群是否相同? 事实上，$-A$ 只能是一个半群的无穷小生成元. 因为若有两个半群 $\{T_t\}$ 与 $\{S_t\}$ 均以 $-A$ 为无穷小生成元，则在 $\mathrm{Re}\lambda>\beta$ 时，由定理 6.5.4 中的式 (6.5.12): (即豫解式 $(\lambda I+A)^{-1}$ 是 T_t 的 Laplace 变换)有

$$\int_0^\infty e^{-\lambda t}T_tx\,dt=(\lambda I+A)^{-1}x=\int_0^\infty e^{-\lambda t}S_tx\,dt.$$

任取 $f\in E^*$ 得

$$\int_0^\infty e^{-\lambda t}\langle f,T_tx\rangle dt=\int_0^\infty e^{-\lambda t}\langle f,S_tx\rangle dt,$$

故 $\langle f,T_tx\rangle=\langle f,S_tx\rangle$ 亦即 $T_tx=S_tx$. 这个半群一方面是 e^{-tA_n}

之极限，另一方面又是$\left(I+\frac{t}{n}A\right)^{-n}$的极限，我们自然地把它记作 e^{-tA}，于是得到

系 6.5.6（半群的表现定理）

$$e^{-tA}=\lim_{n\to\infty}\left(I+\frac{t}{n}A\right)^{-n}=\lim_{n\to\infty}e^{-tA_n},\quad A_n=A\left(I+\frac{1}{n}A\right)^{-1}.$$

3. 时齐发展方程. 在证明半群的可微性定理时，我们已经看到

$$\frac{d}{dt}T_tx=-AT_tx,\quad T_0x=x.$$

这里A作为$\{T_tx\}$的无穷小生成元自然与t无关．于是T_tx即Cauchy 问题

$$\frac{du}{dt}+Au=0,\quad u(0)=x$$

的解．这里的发展方程因为A与t无关而称为时齐发展方程(time-homogeneous evolution eguation)．我们现在想把著名的 Duhamel 原理推广到这里从而考虑非齐次的 Cauchy 问题

$$\frac{du}{dt}+Au=f,\ u(0)=x. \tag{6.5.21}$$

对此我们假设A适合定理 6.5.5 中的条件，$x\in\mathscr{D}$，$f\in C^1([0,t],E)$，我们所求的解是指 $u\in C^1([0,T],E)$ 且 $u(t)\in\mathscr{D}(t\in[0,T])$而且适合(6.5.21)．我们的基本定理是

定理 6.5.7 在上述条件下，(6.5.21)有唯一解

$$u(t)=T_tx+\int_0^t T_{t-s}\cdot f(s)ds. \tag{6.5.22}$$

证．先证(6.5.20)所给出的$u(t)$适合对解所加的要求．作变换 $v(t)=e^{-kt}u(t)$ 则对v有

$$\frac{dv}{dt}-(A+k)v=e^{-kt}f(t),\quad v(0)=x.$$

这时，$\|T_t\|\leqslant Me^{t\beta t}$ 将变为 $\|T_t\|\leqslant Me^{(\beta-k)t}$，令 $\beta-k<0$，则 0 在A的豫解集中，故不妨设 A^{-1}存在，从而 T_{t-s} 适合

$$\frac{d}{ds}T_{t-s}A^{-1}=T_{t-s},$$

代人(6.5.20)并用分部积分法有

$$u(t)=T_tx+\int_0^t\frac{d}{ds}T_{t-s}A^{-1}f(s)ds$$

$$=T_tx+A^{-1}f(t)-T_tA^{-1}f(0)-\int_0^tT_{t-s}A^{-1}f'(s)ds.$$

因此，由半群的可微性定理知 $u\in C^1([0,T],E)$ 且对一切 $t\in[0,T]$，$u(t)\in\mathscr{D}$. 直接计算有

$$\frac{du}{dt}=-AT_tx+A^{-1}f'(t)-T_t'A^{-1}f(0)$$

$$-A^{-1}f'(t)+\int_0^tT_{t-s}f'(s)ds$$

$$=-AT_tx+T_tf(0)+\int_0^tT_{t-s}f'(s)ds$$

$$=-A[T_tx+A^{-1}f(t)-T_tA^{-1}f(0)$$

$$-\int_0^tT_{t-s}A^{-1}f'(s)ds]+f(t)$$

$$=-Au+f(t),$$

$$u(0)=x.$$

唯一性的证明是很简单的. 设 $u(t)$ 是 Cauchy 问题的解，则

$$\frac{d}{ds}T_{t-s}u(s)=T_{t-s}u'(s)+T_{t-s}Au(s)$$

$$=T_{t-s}f(s).$$

双方对 s 自 0 到 t 积分即得式(6.5.20). 证毕.

这个定理的假设可以放松到假设 $f\in C([0,T],E)$.

4. 对称双曲组的 Cauchy 问题. 现在我们要把上述的框架应用到具体问题上. 鉴于半群理论的应用是多方面的（详见本节开始时所引的文献），下面的应用只是举例性质. 第一个例子是对称双曲方程组

$$\frac{\partial u}{\partial t}=Lu+f(x,t)=\sum_{j=1}^{n}a_j(x)\frac{\partial u}{\partial x_j}+b(x)u+f(x,t)\quad(6.5.23)$$

的 Cauchy 问题

$$u(0, x) = u_0(x).$$

这里 $a_j(x)$ 与 $b(x)$ 是$N\times N$方阵，$a_j(x)$之元素在 $B^1(\mathbf{R}^n)$（连同其一阶导数均在 $\mathbf{R}^n$ 上连续且有界的函数空间）中，$a_j(x)$ 为 Hermite 方阵，$b(x)$ 之元在 $B^0(\mathbf{R}^n)$ 中，对 f 与 u_0 作与定理 6.5.7 相同的假设，$u={}^t(u_1, \cdots, u_N)$，$E=[L^2(\mathbf{R}^n)]^N$. (6.5.23) 右方的导数按广义函数意义理解. 现在我们来定义算子 A:

$$\mathscr{D}=\{u\in E,\ Lu\in E\},\quad Au=-Lu.$$

如果我们选 Y 为 $[H^1(\mathbf{R}^n)]^N$（它是 Hilbert 空间，当然也是 Banach 空间），则 $Y\subset\mathscr{D}$，而且在 $\mathscr{D}$ 中稠密. 对于 $u\in Y$，λ 为实数，若我们定义 $(u, v)=\int\sum_{j=1}^n u_j\bar{v}_j dx\ \|u\|^2=(u,u)$，则明显地有

$$\|(A+\lambda I)u\|^2=\|Au\|^2+2\lambda\mathrm{Re}(Au,u)+\lambda^2\|u\|^2, \quad (6.5.24)$$

而且用分部积分法有

$$\begin{aligned}(Au, u) &= \int\left(\sum_{j=1}^n a_j\frac{\partial u}{\partial x_j}, u\right)dx+(bu, u)\\ &= -\int\left(u, \sum_{j=1}^n\frac{\partial}{\partial x_j}(a_ju)\right)dx+(bu, u)\\ &= -(u, Au)-\left(u, \sum_{j=1}^n\frac{\partial a_j}{\partial x_j}u\right)\\ &\quad +(bu, u)+(u, bu),\end{aligned}$$

故

$$2\mathrm{Re}(Au, u)=-\left(u, \sum_{j=1}^n\frac{\partial a_j}{\partial x_j}u\right)+2\mathrm{Re}(bu,u).$$

代入(6.5.24)即知必有充分大的常数 $C>0$ 存在使

$$\|(A+\lambda I)u\|^2\geqslant(\lambda^2-C|\lambda|)\|u\|^2.$$

于是有适当的正数 β 存在，使当$|\lambda|$充分大时

$$\|(A+\lambda I)u\|\geqslant(|\lambda|-\beta)\|u\|,\quad u\in Y. \quad (6.5.25)$$

但是实际上，上式对 $u\in\mathscr{D}$ 都成立. 因为这时若用磨光算子 J_δ 作用到 u 上，有 $J_\delta * u\in Y$，而且：

$$(A+\lambda I)J_\varepsilon * u = J_\varepsilon *(A+\lambda I)u + \{AJ_\varepsilon * u - J_\varepsilon * Au\}.$$

但当 $\varepsilon \to 0$ 时 $AJ_\varepsilon * u - J_\varepsilon * Au \to 0$，$J_\varepsilon *(A+\lambda I)u \to (A+\lambda I)u$。故知(6.5.25)对 $u\in\mathscr{D}$ 都成立. 为了证明 $|\lambda|$ 充分大的实数 λ 都在 $-A$ 的豫解集中，除(6.5.25)外还需证明 $A+\lambda I$ 的值域 $R(A+\lambda I)=E$. 事实上，因为由(6.5.25)，$A+\lambda I$ 有有界逆，$R(A+\lambda I)$ 是 E 的闭子空间. 若 $v\in[R(A+\lambda I)]^\perp$，则对一切 $u\in\mathscr{D}$ 特别是对 $u\in C_0^\infty(\mathbf{R}^n)$ 应有

$$((A+\lambda I)u,v)=(u,(A'+\lambda I)v)=0,$$

这里 A' 是 A 的形式共轭算子. 因此 $(A'+\lambda I)v=0$ 而 $A'v=-\lambda v\in E$，从而 $v\in\mathscr{D}(A')$. 但是对 A' 可以证明与(6.5.25)相同的不等式

$$\|(A'+\lambda I)v\|\geqslant(|\lambda|-\beta')\|v\|.$$

于是 $v=0$，因而知道 $R(A+\lambda I)=E$. 这样证明了绝对值充分大的实数 λ 全在 $-A$ 之豫解集中.

Hille-吉田耕作定理的条件要求半个复平面 $\mathrm{Re}\lambda>\beta$ 中的一切 λ 都在 $-A$ 之豫解集中，但是从证明过程中看到. 只要 $\lambda>\beta$ 的实数 λ 在 $-A$ 的豫解集中，此定理即已成立. 因此，对称双曲算子 $-A$ 是某个半群 $\{T_t\}$ 的无穷小生成元，而

$$u=T_tu_0+\int_0^t T_{t-s}f(s)ds,$$

即 Cauchy 问题(6.5.19)的唯一解.

5. 抛物型方程的混合问题. 许多边值问题也可以放在半群的框架中来考查. 下面我们以抛物型方程的 Dirichlet 型混合问题为例：

$$\partial_t u - Q(x,D_x)u = f(t,x),\ \text{于 } R^+\times\Omega \text{ 中} \qquad (6.5.26)$$

$$u(0,x)=u_0(x), \qquad (6.5.27)$$

$$u(x,t)\in H_0^m(\Omega), \qquad (6.5.28)$$

这里 $Q(x,D_x)=\sum\limits_{|\alpha|\leqslant 2m}q_\alpha(x)D^\alpha$ 是一个一致强椭圆算子，即

$$-\mathrm{Re}\sum_{|\alpha|=2m}q_\alpha(x)\xi^\alpha\geqslant c|\xi|^{2m}\quad c>0,\ (x,\xi)\in\Omega\times\mathbf{R}^n.$$

当 $m=1$ 时，方程(6.5.28)是热传导方程的推广.

为了把它放在半群框架中，我们取 $E=L^2(\Omega)$ 而算子 A 之定义域为 $\mathscr{D}=H^{2m}(\Omega)\cap H_0^m(\Omega)$. $\mathscr{D}$ 自然在 $L^2(\Omega)$ 中稠密，因为 $C_0^\infty(\Omega)\subset\mathscr{D}\subset L^2(\Omega)$，而 $C_0^\infty(\Omega)$ 在 $L^2(\Omega)$ 中稠密. 当(6.5.26)中的微商按广义函数意义理解时，令 $A=-Q(x,D_x)$，则 A 显然是闭算子. 于是为了利用定理 6.5.7 只需讨论 $-A$ 的豫解集即可.

由 Gårding 不等式有

$$\operatorname{Re}(Au,u)+\lambda(u,u)\geqslant C_0\|u\|_m^2,\quad C_0>0,\quad \lambda\geqslant\lambda_0,\quad u\in\mathscr{D}. \tag{6.5.29}$$

因此当 $\lambda\geqslant\lambda_0$ 时，$\lambda I+A:\mathscr{D}\to E$ 是单射，且

$$\begin{aligned}\|(\lambda I+A)u\|^2&=\|Au\|^2+2\lambda\operatorname{Re}(Au,u)+\lambda^2\|u\|^2\\&\geqslant(\lambda^2-2\lambda\lambda_0)\|u\|^2\ (\text{在(6.5.29)中令 }\lambda=\lambda_0),\end{aligned}$$

现在的问题也是证明 $\lambda I+A$ 的值域即是 E. 证明的方法与上面处理对称双曲方程组是一样的. 从而有 $\lambda I+A:D\to E$ 是单全射，且

$$\|(\lambda I+A)^{-1}\|\leqslant(\lambda-\beta)^{-1},$$

$$\|(\lambda I+A)^{-k}\|\leqslant(\lambda-\beta)^{-k},\quad k=1,2,\cdots$$

直接利用定理 6.5.7 即知，上述混合问题有唯一解存在.

以上我们限于将半群方法应用到时齐的发展方程的一些比较简单的情况. 对于更复杂的情况以及非时齐的发展方程，可以参看前面提到的文献.

第七章　椭圆型边值问题

§1. 边值问题的 L^2 理论

1. 概述. 椭圆型方程的边值问题，其中最引人注目的模型是 Laplace 方程的 Dirichlet 问题，已有很长的历史. 早在十八世纪关于引力位势的研究中，Laplace 方程(也叫位势方程)已露头角，其后又在电磁学的研究中大显身手. 由于它一直处在数学物理(在当时)的中心位置上，因而在它的历史中可以找到许多科学巨人的名字：例如 Laplace, Poisson, Gauss, Riemann, Green, Dirichlet 等等. 我们提出 Green，是因为他的工作可以说是代表了数学物理的剑桥学派，我们只要提一下 Thomson, Rayleigh 和 Maxwell 的名字就可以知道这个学派对科学的贡献. 在数学历史上，从 Gauss 以至 Riemann 的贡献影响了一个时代的数学和物理的发展. Riemann 的工作，思想深邃，方法新颖，并与物理学有最紧密的联系，他由 Laplace 方程出发来建立整个复变函数论，他关于 Laplace 方程的研究与微分几何和拓扑学的关系，这一切表明他是真正伟大的一代宗师，而椭圆型方程无疑是他的科学贡献的核心之一.

Riemann 关于 Dirichlet 原理的变分法思想，以及它所引起的一场大争论和它对整个数学发展的影响，以至 Hilbert 提出的 23 个数学问题，在第三章开始都已述及.

Hilbert 以后数学的发展证实了他的著名数学问题所表现出的惊人的洞察力和预见. С. Бернштейн (S. Bernstein) 在 1910 年前后几年中得到了二阶拟线性解析椭圆型方程解的存在证明. 他的工作的核心思想是：由对预先假定存在的解的种种估计即可得到解的存在性. 这种估计就称为先验估计 (a priori estimates). 依

据先验估计，就可以利用同伦方法——拓展的方法来处理各种边值问题. 这个方法在三十年代波兰数学家 Schauder 的工作中得到了很大的发展，特别是 Leray 和 Schauder 的经典工作 [1] 至今仍是非线性分析的基本著作之一. 先验估计方法的发展对于线性椭圆型方程以及对非线性椭圆型和抛物型方程，有着特别重要的意义. 由于这些工作本身就足以构成卷帙浩繁的专著的主题，我们这里不能述及. 我们只提出著名的论文Agmon, Douglis和 Nirenbng [1] 和一本专著 Ладыженская 和Уральцева [1]. 一本好的介绍是Gilbarg和 Trudinger [1]，其中有详细的文献索引.

Hilbert 关于 Dirichlet 原理的证明还开创了研究椭圆型方程的另一条途径. 他所提出的变分学的直接方法，使得可以应用 Hilbert 空间这个强有力的工具.（这种方法的比较简易的形态中常常要用到 Riesz 表现定理，而它的证明仍是基于一个变分问题的，所以我们也可以认为 Hilbert 空间的方法也是一种变分方法.）在与 Hilbert 证明 Dirichlet 原理大体同时，又出现了瑞典数学家 I. Fredholm 通过位势化各种边值问题为积分方程的工作. 这个工作立即引起了 Hilbert 的注意，而后来发展为积分方程理论以至关于紧算子的 Riesz-Schauder 理论，成为用泛函分析研究椭圆型方程的另一个支柱. Hilbert 空间方法的代表作家可以举出纽约学派——它是 Göttingen 学派的真正继承者，还有例如 Browder, Schechter, Вишик（Visik）等人. 在吉田耕作[1]中可以找到很好的初步介绍，还可以参看 Peetre [3] 和 Agmon [2]，其中有详尽的文献索引. 这一节所讲的 L^2 理论正是这个方法的初步. 关于拟微分算子理论出现以后的发展则将在下面各节再谈.

2. 关于椭圆性. 我们现在讨论 $\Omega\subset\mathbf{R}^n$ 中的椭圆型方程（其系数恒设为复值 $C^\infty(\bar{\Omega})$ 函数）:

$$P(x,D_x)=\sum_{|\alpha|\leqslant m}a_\alpha(x)D^\alpha=f(x) \tag{7.1.1}$$

的边值问题. 以下恒设 Ω 是一个有界 C^∞ 类区域，其边界 $\partial\Omega$ 是一个 C^∞ 超曲面而且 Ω 恒位于 $\partial\Omega$ 之一侧. 在第三章中这种区域

称为正则开集．所谓 P 在一点 $x\in\bar{\Omega}$ 是椭圆型的，即 $P(x,\xi)$ 之主部 $P_m(x,\xi)=\sum\limits_{|\alpha|=m}a_\alpha(x)\xi^\alpha$ 适合不等式

$$\left|\sum_{|\alpha|=m}a_\alpha(x)\xi^\alpha\right|\geqslant c(x)|\xi|^m,\ \xi\in\mathbf{R}^n,\ c(x)>0.$$

如果有一个与 x 无关的常数 $c>0$ 使对 $x\in\bar{\Omega}$ 有

$$\left|\sum_{|\alpha|=m}a_\alpha(x)\xi^\alpha\right|\geqslant c|\xi|^m,\ \xi\in\mathbf{R}^n, \tag{7.1.2}$$

有时就说 P 在 $\bar{\Omega}$ 中是一致椭圆型的．以下若无特殊声明，椭圆性恒指一致椭圆性．

除 Laplace 算子 $-\Delta$ 外，椭圆算子的一个重要例子是 Cauchy-Riemann 算子（简称 C-R 算子）

$$\frac{\partial}{\partial\bar{z}}=\frac{1}{2}(\partial_x+i\partial_y)=\frac{i}{2}(D_x+iD_y).$$

但是对它不能提出 Dirichlet 问题

$$\frac{\partial u}{\partial\bar{z}}=0,\quad u|_{\partial\Omega}=f.$$

因为方程的解 $u=\varphi(z)$ 必为 z 的全纯函数，从而不能任意指定其在整个 $\partial\Omega$ 上的边值． C-R 算子是奇数阶的，这是比较少见的，因为我们有

定理 7.1.1 若算子 $P(x,D_x)$（(7.1.1)）在 $x_0\in\Omega$ 是椭圆型的，则当 $n\geqslant2$ 而 $a_\alpha(x)$ 为实值函数或 $n\geqslant3$ 时，其阶数 m 必为偶数．

证．条件 (7.1.2) 表明 S^{n-1} 上的连续函数 $\sum\limits_{|\alpha|=m}a_\alpha(x_0)\xi^\alpha$ 不为 0．若 $a_\alpha(x_0)$ 取实值，则 $\sum\limits_{|\alpha|=m}a_\alpha(x_0)\xi^\alpha$ 不能变号，但当 $\xi\in S^{n-1}$ 时 $-\xi$ 亦然，而 $\sum\limits_{|\alpha|=m}a_\alpha(x_0)(-\xi)^\alpha=(-1)^m\sum\limits_{|\alpha|=m}a_\alpha(x_0)\xi^\alpha$．所以除非 $m=2k$，主部是变号的，因为 S^{n-1} 是连通的．

在 $n\geqslant3$ 时，S^{n-2} 也是连通的．考虑 ξ_n 的 m 次多项式 $P_m(x_0,\xi)=0$，当 $\xi=(\xi',\xi_n)$ 而 $\xi'\in S^{n-2}$ 时，它对 ξ_n 没有实根，记其 m 个根 $\xi_n=\tau_j(\xi')$ $(j=1,2,\cdots,m)$ 中虚部为正（负）者个数

为 $N_+(N_-)$，则 $N_+ + N_- = m$，而且 $N_\pm$ 都是 $\xi' \in S^{n-2}$ 的局部常值函数．但 S^{n-2} 现在是连通的，所以 N_+ 和 N_- 在 S^{n-2} 上都是常数．我们明显地可以看到 $N_+(\xi') = N_-(-\xi')$，因此 $N_+ = N_-$，这样即有 $m = N_+ + N_- = 2k$.

然而即令偶数阶椭圆型算子的 Dirichlet 问题也会出现病态．Бицадзе (A. V. Bitsadze) 算子[1]

$$\partial_{\bar{z}}^2 = \frac{1}{4}(\partial_x^2 + 2i\partial_x\partial_y - \partial_y^2)$$

是一个例子．它的主部是 $-\frac{1}{4}[(\xi_1^2 - \xi_2^2) + 2i\xi_1\xi_2]$，所以当 $\xi \neq 0$ 时不会为 0．对于 ξ_2 求解 $P_m(x,\xi) = 0$ 有 $\xi_2 = i\xi_1, i\xi_1$，所以虚部恒同号，即 $N_+ = 2$ 或 $N_- = 0$．$\partial_{\bar{z}}^2 u = 0$ 的"通解"是 $u = f(z) + \bar{z}g(z)$，f，g 都是 z 的全纯函数．令 $g = -zf$，得 $u = (1 - |z|^2)f(z)$ 恒满足齐次 Dirichlet 条件于 $|z| = 1$ 上，所以

$$\partial_{\bar{z}}^2 u = 0, \quad u|_{|z|=1} = 0,$$

有无穷多个线性无关解．从指标的角度来看，这是很特殊的．

因此我们有必要从一般的椭圆型算子中划分出我们能比较顺利处理的一些子类．有两个子类是特别重要的．

定义 7.1.2 若对椭圆算子(7.1.1)可以找到 $\gamma(x) \in C^\infty(\bar{\Omega})$ 使 $|\gamma(x)| = 1$，以及常数 $c > 0$，使对一切 $\xi \in \mathbf{R}^n$ 有

$$\operatorname{Re}\left[\gamma(x) \sum_{|\alpha|=m} a_\alpha(x)\xi^\alpha\right] \geqslant c|\xi|^m, \tag{7.1.3}$$

则称(7.1.1)在 $\bar{\Omega}$ 中是强椭圆的[1]．

由定义可以看到，具有实值系数的椭圆算子都是强椭圆的，因为可以取 $\gamma(x) = \operatorname{sgn}\left(\sum_{|\alpha|=m} a_\alpha(x)\xi^\alpha\right) = \pm 1$．同时强椭圆算子必为偶数阶的，因为当 m 为奇数时，$-\xi$ 与 ξ 中只有一个适合(7.1.3)．C-R 算子当然不是强椭圆的，Бицадзе 算子当然也不是，因为

$$\operatorname{Re}\left(-\frac{1}{4}(\alpha + i\beta)[(\xi_1^2 - \xi_2^2) + 2i\xi_1\xi_2]\right)$$

1) 许多文献中称这种算子为一致强椭圆算子．但前面已指出，本书中若无特殊声明，椭圆和强椭圆算子都指一致(强)椭圆算子．

$$= -\frac{1}{4}[\alpha(\xi_1^2 - \xi_2^2) - 2\beta\xi_1\xi_2]$$

不是正定二次型.

因为 $Pu = f$ 等价于 $\gamma Pu = \gamma f$,所以条件 (7.1.3) 可以改为

$$\mathrm{Re}\sum_{|\alpha|=m} a_\alpha(x)\xi^\alpha \geqslant c|\xi|^m. \tag{7.1.3'}$$

另一个重要的子类是

定义 7.1.3 若对椭圆算子 (7.1.1), $x \in \bar{\Omega}$ 以及任意的线性无关向量 $\xi, \eta \in \mathbf{R}^n$, τ 的方程

$$P_m(x, \xi + \tau\eta) = 0 \tag{7.1.4}$$

具有正虚部和负虚部的根数目相等,则称 P 在 $\bar{\Omega}$ 中是适当椭圆的 (properly elliptic).

由定义清楚地知道,适当椭圆算子总是偶数阶的.

现在证明

定理 7.1.4 强椭圆算子都是适当椭圆算子.

证. 固定 $x \in \bar{\Omega}$ 并记 $p(\xi) = \gamma(x)P_m(x, \xi) = p_1(\xi) + ip_2(\xi)$, $p_1(\xi), p_2(\xi)$ 是 ξ 的实系数多项式,于是式 (7.1.3) 成为 $p_1(\xi) > 0$ $(\xi \neq 0)$. 但 $p_1(-\xi) = (-1)^m p_1(\xi)$, 故 $m = 2k$.

由 (7.1.3) 还可推知 $p_1(\xi + \tau\eta) = 0$ 没有实根 (ξ 和 η 是定义 7.1.3 中的两个线性无关向量), 因为 p_1 是实系数多项式, 所以它关于 τ 的根有 $k = m/2$ 个具有正虚部, $k = m/2$ 个具有负虚部. 但我们需要考虑的是方程

$$p(\xi + \tau\eta) = p_1(\xi + \tau\eta) + ip_2(\xi + \tau\eta) = 0.$$

为此,引进实参数 λ 而考虑一族方程

$$Q(\lambda, \tau) \equiv p_1(\xi + \tau\eta) + i\lambda p_2(\xi + \tau\eta) = 0. \tag{7.1.5}$$

τ^m 的系数是 $p_1(\xi) + i\lambda p_2(\xi)$,对于一切 λ 它有正的下界:

$$|p_1(\xi) + i\lambda p_2(\xi)| \geqslant p_1(\xi) > c|\xi|^m,$$

所以(7.1.5)关于 τ 的根是 λ 的连续函数,从而具有正 (负) 虚部的根的个数 $N_+(\lambda)$, $N_-(\lambda)$ 均为常数即与 λ 无关. 因此

$$N_\pm(1) = N_\pm(0) = k = m/2.$$

而定理得证.

但是确有不是强椭圆算子的适当椭圆算子，例如

$$P(x,D)=D_x^4+D_y^4-D_z^4+i(D_1^2+D_2^2)D_3^2.$$

它的象征(也就是其主部)是

$$P(x,\xi)=\xi_1^4+\xi_2^4-\xi_3^4+i(\xi_1^2+\xi_2^2)\xi_3^2.$$

显然不是强椭圆的，但是可以证明它是适当椭圆的，因为 Лопатинский (Lopatinsky, Y. B.) 在[1]中已证明了当 $n\geqslant 3$ 时，一切椭圆算子都是适当椭圆的：

定理 7.1.5 当 $n\geqslant 3$ 时一切椭圆算子都是适当椭圆的．

证．令 $(\xi',0)=\xi_1,(0,\cdots,0,1)=\eta_1$，并且考虑 $\mathbb{R}^n$ 中的在 S^{n-1} 上联结 $\xi+\tau\eta$ 与 $\xi_1+\tau\eta_1$ 的弧段 $\xi_\rho+\tau\eta_\rho$，ξ_ρ，η_ρ 线性无关，$0\leqslant\rho\leqslant 1$，设 $P(x,D_x)$ 是椭圆的，则 $P_m(x,\xi_\rho+\tau\eta_\rho)=0$ 对于 τ 不可能有实根．用 $N_\pm^\rho$ 表示它的具有正、负虚部的根数，则 $N_\pm^\rho$ 将随 ρ 而连续变化(因为这个方程中 τ^m 的系数 $P_m(\eta_\rho)\neq 0$)，所以是常数．这样，在 $\xi+\tau\eta$ 处与在 $\xi_1+\tau\eta_1=(\xi',\tau)$ 处 $N_\pm$ 之数不变．但在定理 7.1.1 的证明中已经看到 $P_m(x,\xi',\tau)=0$ 关于 τ 的具有正负虚部的根数均为 $\dfrac{m}{2}$(这当然本质地依赖于 $n\geqslant 3$ 的假设)，故定理得证．

2. Dirichlet 形式． 现在我们要研究的是，对一个强椭圆算子应该提出什么样的边值问题．第三章 § 1 中提出的 Dirichlet 形式给我们以启发．这个思想的提出实际上基于分部积分法．

设 $u;v\in C_0^\infty(\Omega)$，$L=\sum\limits_{|\alpha|\leqslant 2m}a_\alpha(x)D^\alpha$ 的形式伴算子 $L^*=\sum\limits_{|\alpha|\leqslant 2m}(-1)^{|\alpha|}D^\alpha(\overline{a_\alpha(x)}\cdot)$ 适合

$$(Lu,v)=(u,L^*v).$$

如果只作 m 次分部积分，将得到

$$(Lu,v)=\sum_{|\alpha|,|\beta|\leqslant m}(D^\alpha u,a_{\alpha\beta}D^\beta v)=D(u,v).\tag{7.1.6}$$

但是，对同一个 L 可以得到不同的(7.1.6)之右方，例如 $L=-\Delta=D_x^2+D_y^2$ 一方面相应于第三章中已经熟知的

$$(-\Delta u, v) = (\text{grad} u, \text{grad} v),$$

同时，注意到 $-\Delta = -4\partial^2_{z\bar{z}}$ 又有

$$(-\Delta u, v) = 4(\partial_{\bar{z}} u, \partial_{\bar{z}} v).$$

$D(u, v)$ 就称为 L 的一个 Dirichlet 形式.

现在回到 L 为强椭圆算子的情况. 这时易见 L^* 也是强椭圆的，而且不论(7.1.6)如何作法，对于 $L = \sum_{|\gamma|=2m} a_\gamma(x) D^\gamma$ 恒有

$$a_\gamma(x) = \sum_{\alpha+\beta=\gamma} \overline{a_{\alpha\beta}(x)},$$

因此，当 L 为强椭圆时，必有

$$\text{Re} \sum_{|\alpha|=|\beta|=m} a_{\alpha\beta}(x) \xi^{\alpha+\beta} \geqslant c|\xi|^{2m} \quad c > 0 \tag{7.1.7}$$

其逆当然也是成立的. 所以这时 Dirichlet 形式也称为强椭圆的.

以上假设了 $u, v \in C_0^\infty(\Omega)$，从而分部积分时不出现边缘 $\partial\Omega$ 上的积分. 当 u, v 仅属于例如 $C^\infty(\bar{\Omega})$ 时，则对(7.1.6)还应补充以边界上的积分. 为了讨论这个问题，先作 $\bar{\Omega}$ 的某个邻域的开覆盖以及从属的一的 C^∞ 分割 $\{\varphi_i\}_{i\in J}$. 考虑 $\varphi_j u$, $\varphi_j v$ 但仍记为 u, v 则有两种情况：一是相应于 Ω 之内部的小块，这时 $u, v \in C_0^\infty(\Omega)$ 而 (7.1.6) 仍成立，一是相应于覆盖了 $\partial\Omega$ 的一部分的小块，这时 $\text{supp}u$, $\text{supp}v \cap \partial\Omega$ 不一定为空. 我们不妨设上述开覆盖充分细，以至在每一个边界小块中都可以作微分同胚，使 Ω 全位于 $x_n < 0$ 内，而 $\partial\Omega$ 含于 $x_n = 0$ 中. 记这样的小块为 B^-，而 $\partial\Omega$ 的相应部分为 $B^0 \subset \partial B^-$. 由一的分割的作法，可以设 u, v 在 $\partial B^- \backslash B^0$ 附近恒为 0. 这时对任意的 $\alpha = (\alpha'; \alpha_n) = (\alpha_1, \cdots, \alpha_{n-1}; \alpha_n)$ 可直接证明

$$\int_{B^-} (D^\alpha u)\bar{v} dx = \int_{B^-} u(\overline{D^\alpha v}) dx + \sum_{i=1}^{\alpha_n} \int_{B^0} (D_n^{\alpha_n - i} u)(\overline{D^{(\alpha', i-1)} v}) ds$$

式右的 $ds = dx_1 \cdots dx_{n-1}$. 将上式中的 v 换为 $a_{\alpha\beta} D^\beta v$ 对 α, β 求和后即有

$$D(u, v) - (u, Lv)$$

$$= \sum_{|\alpha|,|\beta|\leq m} \sum_{i=1}^{\alpha_n} \int_{B^0} (D_n^{\alpha_n - i} u) \overline{(D^{(\alpha', i-1)} a_{\alpha\beta}(x) D^\beta v)} ds$$

$$= \sum_{j=0}^{m-1} \int_{B^0} (D_n^j u) \overline{(N_{2m-1-j} v)} ds, \tag{7.1.8}$$

这里

$$N_{2m-1-j} v = \sum_{|\alpha|,|\beta|\leq m, \alpha_n \leq j+1} D^{(\alpha', \alpha_n - j - 1)} a_{\alpha\beta}(x) D^\beta v$$

是一个 $2m - j - 1$ 阶微分算子.

现在引入一个新概念. 令 J 是非负整数的一个有限集, $J = [k, l]$ 表示$\{k, k+1, \cdots, l\}$. 若有 $\partial\Omega$ 上的微分算子集$\{M_j\}_{j\in J}$ 使得 M_j 的阶数为 j 而且 $\partial\Omega$ 对于一切 M_j 均非特征,则称$\{M_j\}$为一个 J 正规集. 若作了以上的坐标变换使 $\partial\Omega$ 局部地可以表为 $x_n = 0$,则 $\{M_j\}$ 是 J 正规集的充分必要条件是

$$M_j = a_j(x) D_n^j + \cdots, \quad a_j(x) \neq 0.$$

因此可写出 $D_n^j = b_j M_j + \sum_{|\alpha|\leq j, \alpha_n < j} b_\alpha^j D^\alpha, b_j(x) \neq 0$. 再将 D^α 中的 $D_n^{\alpha_n}$ 代以 M_{α_n} $(\alpha_n < j)$, 即知

$$D_n^j = \sum_{i=1}^{j} B_i(x, D^{\alpha'}) M_i,$$

$B_i(x, D^{\alpha'})$ 是 $D_1, \cdots, D_{n-1}$ 的次数不超过 $j - i$ 次多项式. 以此代入 (7.1.8) 并对 $B_i(x, D^{\alpha'})$ 应用分部积分即知, 一定存在 $2m - j - 1$ 阶微分算子 N_{2m-j-1}, $j = 0, \cdots, m-1$ (与式(7.1.8)中的 N_{2m-j-1} 不同),使得

$$D(u, v) - (u, Lv) = \sum_{j=0}^{m-1} \int_{B^0} (M_j u) \overline{(N_{2m-j-1} v)} ds. \tag{7.1.9}$$

再把覆盖 $\bar{\Omega}$ 的各个小块粘合起来即得

定理 7.1.6 相对于 L 的任一个 Dirichlet 形式 $D(u,v)$, 以及 $\partial\Omega$ 上的 $[0, m-1]$ 正规集 $\{M_j\}$,必存在一族微分算子$\{N_{2m-j-1}\}$ (N_{2m-j-1} 的阶数为 $2m - j - 1$) 使得对 $u, v \in C^\infty(\bar{\Omega})$ 有

$$D(u, v) - (u, Lv) = \sum_{j=0}^{m-1} \int_{\partial\Omega} (M_j u) (\overline{N_{2m-j-1} v}) ds. \quad (7.1.10)$$

容易看到 $\{N_{2m-j-1}\}$ 是一个 $[m, 2m-1]$ 正规集.

我们给出定理 7.1.6 是为了找出边值条件的适当形式并找出求解边值问题的适当的空间. 在(7.1.10)中将 (u,v) 对调,则当求解方程 $Lu=f$ 的各种边值问题时, (7.1.10) 左方是 $D(v, u) - (v,f)$. (7.1.10) 本是对 $u, v \in C^\infty(\bar{\Omega})$ 提出的, 现在为了使它的左方有意义, 只需 $u, v \in H^m(\Omega)$ 即可. 再看边值条件应如何取. 由迹定理系 3.4.8, $D_n^j u$, $D_n^j v \in H^{m-j-\frac{1}{2}}(\partial\Omega)$ $(j=0, 1, \cdots, m-1)$. 但 (7.1.10) 右方出现 u 的从 m 阶直到 $2m-1$ 阶导数, 它们不一定有意义,所以我们不妨要求 $u, v \in H_0^m(\Omega)$ 这样因 $M_j v = 0$ 而 (7.1.10) 右方也为 0. 这样的 u 可以认为在边界 $\partial\Omega$ 上适合 $D_n^j u = 0$ $(j=0, 1, \cdots, m-1)$. 这样我们就得到广义的 Dirichlet 问题. 设 $f \in H^0(\Omega)$, 在 $H_0^m(\Omega)$ 中求 u 使在广义函数意义下有

$$D(v, u) = (v, f), \quad v \in H_0^m(\Omega). \quad (7.1.11)$$

这里要求 $v \in H_0^m(\Omega)$ 是很重要的,因为这样一来 u, v 在同一空间 $H_0^m(\Omega)$ 中,如果可以证明 $D(v, u)$ 是这个空间上的连续线性泛函的一般形式, 则只要能证明 (v, f) 是 $v \in H_0^m(\Omega)$ 的连续线性泛函,则由 Riesz 表现定理立即知道有 $u \in H_0^m(\Omega)$ 存在适合 (7.1.11). 这个 u 即 Dirichlet 问题的弱解.

求得弱解的存在乃是 L^2 理论的第一步.

其它边值问题也可以在同样框架下来处理. 正如 Dirichlet 问题的条件是通过令 u, v 属于 $H^m(\Omega)$ 的闭子空间来实现一样, 对其它边值条件,我们也选定 $H^m(\Omega)$ 的一个闭子空间 X: $H_0^m(\Omega) \subset X \subset H^m(\Omega)$ 来实现. 实际上 $X \subset H_{loc}^m(\Omega)$, 所以要求 $u \in X$ 对 u 在 Ω 内的性态并无影响而只涉及到 u 在 $\partial\Omega$ 附近的性态. 在这个意义下, $u \in X$ 就是对 u 加上了边值条件的限制. X 的选择应该使 (7.1.10)中 $\partial\Omega$ 上的积分为 0,于是我们得到

(D, X) 边值问题: 在 $X \subset H^m(\Omega)$ 中求 u 使得

$$D(v, u) = (v, f),\ f \in H^0(\Omega),\ v \in X. \qquad (7.1.12)$$

为了更具体地了解X表示什么样的边值条件，我们来看一个例子：设$\{M_j\}$是一个$[0,m-1]$正规集，$J \cup J' = [0,m-1]$，$J \cap J' = \varnothing$．令X是

$$\{v:\ v \in C^\infty(\bar{\Omega}),\ M_j v = 0, j \in J\}$$

在$H^m(\Omega)$中的闭包，于是取$v \in X$，代入(7.1.10)有

$$0 = (Dv, u) - (v, f) = \sum_{j \in J'} \int_{\partial\Omega} (M_j v)(\overline{N_{2m-j-1} u})\, ds. \quad (7.1.13)$$

但是我们可以作$v \in C^\infty(\bar{\Omega})$使在$\partial\Omega$上$v$适合$M_j v = f_j$，$j = 0, 1, \cdots, m-1$而$f_j \in C^\infty(\partial\Omega)$是事先给定的函数．事实上，如果局部地令$\partial\Omega$为$x_n = 0$，因$M_j$可化为$\partial^j_{x_n}$之线性组合，故不妨只看$M_j = \partial^j_{x_n}$这个特例．这时令$v = \sum_{j=0}^{m-1} f_j \frac{x_n^j}{j!}$即可．因此，我们令$v$适合

$$M_j v = 0,\ j \in J;\ M_j v = N_{2m-j-1} u,\ j \in J'.$$

代入(7.1.13)即知在$\partial\Omega$上应有$N_{2m-j-1} u = 0$，$j \in J'$．所以这时(D,X)边值问题就是$u \in X$且$N_{2m-j-1} u = 0$，亦即

$$M_j u = 0,\quad j \in J;\quad N_{2m-j-1} u = 0,\ j \in J'.$$

当然这时u的边值条件中出现了u在$\partial\Omega$上的高于$m-1$阶的导数，而$u \in H^m(\Omega)$由迹定理只能保证它在$\partial\Omega$上的不高于$m-1$阶导数有意义．所以，这时还需要附加一些条件以使$u \in H^{2m}(\Omega)$．

以上我们给出了(D,X)边值问题的提法，下面开始讨论其弱解的存在．

3. 弱解的存在、强制性（coerciveness）条件． 现在设给出了一个(D,X)—边值问题，则我们的问题成为求一个$u \in X$使

$$(v, f) = D(v, u).$$

为此一方面要证明(v,f)是$v \in X$的连续线性泛函——这是明显的，另一方面则应证明X上的连续线性泛函必可唯一地表为$D(v,u)$之形．为了解决后一问题，我们回顾一下 Riesz 表现定理．它告诉我们，Hilbert 空间的一切(有界)线性泛函都可以表为 Hermite 内

积．但是 $D(v, u)$ 作为一个 sesqui-linear（对 v 为线性、对 u 为共轭线性）形式，既没有 Hermite 内积的正定性，又没有它的 Hermite 对称性．想要弥补这两个缺陷，我们引入两个重要的概念和结果．

首先是强制性概念．

定义 7.1.7 设 D 是 $\bar{\Omega}$ 上的 m 阶 Dirichlet 形式，$H_0^m(\Omega)\subset X\subset H^m(\Omega)$，如果存在常数 $c>0$ 和 $\lambda\geqslant 0$ 使得

$$\operatorname{Re}D(u, u)\geqslant c\|u\|_m^2-\lambda\|u\|_0^2, \qquad (7.1.14)$$

则称 D 是强制形式；若上式中的 $\lambda=0$，则称 D 为严格强制的．故当 D 为强制形式时，$D'(u, u)=D(u, u)+\lambda(u, u)$ 总是严格强制的．

到现在为止，我们一直没有提到 D 为强椭圆的——亦即 L 为强椭圆的——这个假设的作用．可以说，强椭圆性的作用正在于保证强制性．这是因为，对强椭圆算子有极其重要的 Gårding 不等式成立．在第五章 § 4 中（定理 5.4.12）我们对拟微分算子介绍了它，而应用到现在的微分算子的情况，这就是：设 $2m$ 阶 C^∞ 系数线性偏微分算子 L 的象征主部适合不等式(7.1.3′)：

$$\operatorname{Re}L_{2m}(x, \xi)=\operatorname{Re}\left(\sum_{|\alpha|=2m}a_\alpha(x)\xi^\alpha\right)\geqslant c|\xi|^{2m},$$

则对任意紧集 $K\Subset\Omega$ 以及任意实数 s 均存在常数 $C\geqslant 0$ 使得对 $u\in C_0^\infty(K)$ 恒有

$$\operatorname{Re}(u, Lu)\geqslant(c-\varepsilon)\|u\|_m^2-C\|u\|_s^2,$$

ε 是任意正数．

应用到我们的情况，则注意到由连续性，(7.1.3′) 可以认为在包含 $\bar{\Omega}$ 的某个开集上成立，所以可以选 $K=\bar{\Omega}$ 而上式对一切 $u\in C_0^\infty(\bar{\Omega})$ 成立．又因 $C_0^\infty(\bar{\Omega})$ 在 $H^m(\Omega)$ 中稠密，故若取 $s=0$ 又可以认为它对一切 $u\in X$ 成立．以此代入(7.1.12)即知

定理 7.1.8 若 L 是 $\bar{\Omega}$ 上具 C^∞ 系数的强椭圆算子，$H_0^m(\Omega)\subset X\subset H^m(\Omega)$，则相应的 Dirichlet 形式 D 是强制的．

Gårding 不等式的出现在强制性概念之前．我们不妨认为后者就是由前者脱胎而来．强制性边值问题已经有了明确的研究成

果，而非强制问题则也是十分重要而且丰富的．著名的 $\bar{\partial}$-Neumann 问题即一个显著的例子．关于非强制问题和 $\bar{\partial}$-Neumann 问题可以参看 Kohn 和 Nirenberg[2],Folland 和 Kohn [1], Hörmander [17].

第二个重要的结果是以下的

定理 7.1.9（Lax 和 Milgram 定理） 设 H 是一个 Hilbert 空间，$D: H\times H\to C$ 是一个 sesqui-linear 形式．若有常数 C_1, $C_2>0$ 使得

$$|D(u, v)|\leqslant C_1\|u\|\cdot\|v\|,\qquad |D(u, u)|\geqslant C_2\|u\|^2,$$

则必存在有界的可逆共轭线性映射 $T, S: H^*\to H$ 使对一切 $\varphi\in H^*$, $v\in H$ 有

$$\varphi(v)=D(v, T\varphi)=\overline{D(S\varphi, v)}.$$

证．给定 $u\in H$，则 $D(v,u)$ 是 $v\in H$ 的连续线性泛函，记作 Au，于是 $A: H\to H^*$ 是共轭线性映射．由于

$$|D(v, u)|\leqslant C_1\|u\|\cdot\|v\|,$$

所以 $\|Au\|\leqslant C_1\|u\|$，所以 A 又是有界的．由 $|D(u,u)|\geqslant C_2\|u\|^2$ 以及 $|D(u, u)|\leqslant\|Au\|\|u\|$，所以 $\|Au\|\geqslant C_2\|u\|$，从而 A 是单射，且 A 之值域为闭．今证 A 之值域在 H^* 中稠密．若不然，必有 $u\in H$ 使 u 正交于 A 之值域，从而对一切 $w\in H$ 有 $Aw(u)=D(u, w)=0$．令 $w=u$，立即可知 $w=0$．总结以上知 A 之值域即 H^*，而且 A 具有有界逆 $T=A^{-1}: H^*\to H$．对任意的 $\varphi\in H^*$，必有 $A^{-1}\varphi=T\varphi\in H$ 使 $\varphi(v)=D(v,T\varphi)$，而且

$$\|T\varphi\|\leqslant C_2^{-1}\|\varphi\|.$$

同理，令 $(Bu)(v)=\overline{D(u, v)}$，又可证明 B 是可逆的，而取 $S=B^{-1}$．定理证毕．

总结以上两点即可得到关于弱解的存在与唯一性．

定理 7.1.10 令 X 为 $H^m(\Omega)$ 的一个包含 $H_0^m(\Omega)$ 的闭子空间，D 是在 X 上为严格强制的 m 阶 Dirichlet 形式，则有唯一的有界单射 $A: H^0(\Omega)\to X$ 使对一切 $v\in X$, $f\in H^0(\Omega)$ 有

$$D(v, Af)=(v, f).\tag{7.1.15}$$

证. (v, f) 定义了 $v \in X$ 的一个线性泛函，记为 φf，则 φ: $H^0(\Omega) \to X^*$ 是一个共轭线性映射. 而且因为

$$|\varphi f(v)| = |(v, f)| \leqslant \|v\|_0 \|f\|_0 \leqslant \|f\|_0 \|v\|_m,$$

所以

$$\|\varphi f\| \leqslant \|f\|_0,$$

即 φ 是有界的. 很容易看到，由 $\varphi f = 0$ 有 $f = 0$，所以 φ 是单射. 现在 D 满足 $H = X$ 时的 Lax-Milgram 定理的一切条件，所以存在唯一的 $T: X^* \to X$ 如该定理所要求的. 令 $A = T \circ \varphi$，则 A 适合所求.

这里我们要求 D 是严格强制的. 为了讨论它，我们来看伴随 (adjoint) Dirichlet 形式 $D^*(v, u) = \overline{D(u, v)}$，它是 L^* 的 Dirichlet 形式，(D^*, X) 是 L^* 的边值问题，称为 (D, X) 的**伴随问题**. 若 $D = D^*$，则 (D, X) 称为**自伴问题**，这时 $L = L^*$ 是**自伴的**. D 和 D^* 必同时为强制与严格强制的. 因此，在后一情况，由定理 7.1.10 必有 $B: H^0(\Omega) \to X$ 适合

$$D^*(v, Bf) = (v, f).$$

令 $\iota: X \to H^0(\Omega)$ 为嵌入映射，令 $P = \iota \circ A$，$Q = \iota \circ B$ 则 P，Q: $H^0(\Omega) \to H^0(\Omega)$ 是紧算子，因为 ι 是紧映射（由 Rellich 引理（引理 3.2.11）可知 ι: $H_0^{m_2}(\Omega) \to H_0^{m_1}(\Omega)$ $m_2 > m_1$ 是紧的，但我们现在假设了 $\partial\Omega$ 是 C^∞ 超曲面，这时 ι: $H^{m_2}(\Omega) \to H^{m_1}(\Omega)$ 也是紧的，因为这时 $H^{m_2}(\Omega)$，$H^{m_1}(\Omega)$ 可以连续拓展到 $H^{m_2}(\mathbf{R}^n)$ 和 $H^{m_1}(\mathbf{R}^n)$ 上——定理 3.4.3). 同时 $P^* = Q$. 事实上对任意 $f, g \in H^0(\Omega)$，我们有

$$D(Bg, Af) = (Bg, f) = (Qg, f).$$

另一方面

$$D(Bg, Af) = \overline{D^*(Af, Bg)} = \overline{(Af, g)} = \overline{(Pf, g)} = (g, Pf).$$

现在可以给出一般的结论:

定理 7.1.11 对 X 假设同定理 7.1.10. 而 D 为强制的. 记

$$V = \{u \in X;\ D(v, u) = 0, \forall v \in X\},$$

$$W = \{u \in X;\ D^*(v, u) = 0, \forall v \in X\},$$

则 $\dim V = \dim W < \infty$，且对 $f \in H^0(\Omega)$，当且仅当 $f \in W^\perp$ 时才有 (D,X) 问题的解 $u \in X$ 存在，而且除相差 V 中的元以外解是唯一的。

证. 由假设存在 $\lambda \in \mathbf{R}$ 使

$$|D(u,u)| \geqslant C\|u\|_m^2 - \lambda\|u\|_0^2.$$

若 $\lambda \leqslant 0$，则本定理已包括在定理 7.1.10 中，故可设 $\lambda > 0$，而 $D'(v,u) = D(v,u) + \lambda(v,u)$ 在 X 上是严格强制的，从而存在算子 T：$H^0(\Omega) \to X$ 使 $D'(v, Tf) = (v, f)$.

u 是 (D,X) 边值问题之解当且仅当

$$D'(v,u) = D(v,u) + \lambda(v,u) = (v, f + \lambda u),$$

所以当且仅当 $u = T(f + \lambda u)$ 时有解. 令 $f = 0$ 即知 $V = \{u \in H^0(\Omega); Tu = \lambda^{-1}u\}$ ($Tu = \lambda^{-1}u$ 保证了 $u \in X$)，同样，$W = \{u \in H^0(\Omega);\ T^*u = \lambda^{-1}u\}$. 现在把 T 看作 $H^0(\Omega) \to H^0(\Omega)$，即将原来的 T 与嵌入映射 ι：$X \to H^0(\Omega)$ 复合起来并仍记为 T，则因 ι 是紧算子，所以 T 也是. 这样，由 Riesz-Schauder 理论，$\dim V = \dim W < \infty$. 而且定理的其它部分也都可由 Riesz-Schauder 理论得出. 定理证毕.

注意，很容易看到 $V = \ker L$，$W = \ker L^*$，$\dim W = \dim \operatorname{coker} L$，而这个定理表明：对于$(D, X)$边值问题，$\operatorname{ind} L = 0$.

4. 解的正则性. 上面我们得出了 (D, X) 边值问题的解 u，它当然在广义函数意义下满足方程 $Lu = f$. 因此由定理 5.5.8 知道当 $f \in H^s_{\mathrm{loc}}(\Omega)$ 时 $u \in H^{s+2m}_{\mathrm{loc}}(\Omega)$. 这个定理本来已经解决了解在 Ω 之内域中的正则性，余下的是解在 $\partial\Omega$ 附近的性态问题，但我们仍将在 L^2 理论的框架中重新来讨论它. 我们的目的是证明在一定条件下，u 具有比 $H_0^m(\Omega)$ 更高的正则性，例如 $u \in H^{m+i}(\Omega)$. 为简单计，以下只讨论二阶强椭圆算子的 (D, X) 边值问题，其中 $X = H_0^1(\Omega)$ 或 $H^1(\Omega)$.

作 Ω 的一个开覆盖 $V_1, V_2, \cdots, V_N$. 这些 V_i 中有些与 $\partial\Omega$ 相交，有些则不相交. 作从属于 $\{V_j\}$ 的一的 C^∞ 分割 $\{\varphi_i\}$，并令

$u = \sum_i u_i = \sum_i (\varphi_i u)$. 则我们可以分别讨论每一个 u_i，并作出相应的估计. 相应于 $V_i \cap \partial\Omega = \varnothing$ 的 u_i 是内估计问题，而其余则是边界估计问题. 以下我们省略下标 i 并对每一个 u_i 证明以下类型的估计式:

$$\|u\|_s \leqslant C(\|Lu\|_r + \|u\|_t). \tag{7.1.16}$$

当然对范数将在下面作详细的规定. (7.1.16)具有基本的重要性，在下一节我们将证明满足它的算子必定是椭圆算子.

先讨论内估计. 这时 $u_i = \varphi_i u$，φ_i 之支集含于 Ω 内，所以对 u (即是 u_i)不妨设它在 $H_0^s(\Omega)$ 中，从而可以在 Ω 外令 $u \equiv 0$ 而得 $u \in H^s(\mathbf{R}^n)$. 这样就可以应用 Fourier 变换. 于是我们将得到基本的内估计如下:

定理 7.1.12 令 $\Omega \subset \mathbf{R}^n$ 是一个边界 $\partial\Omega$ 为 C^∞ 的有界区域，$L = \sum_{|\alpha| \leqslant k} a_\alpha(x)\partial^\alpha$ 是在 $\bar{\Omega}$ 上具有 $C^\infty(\bar{\Omega})$ 系数的椭圆算子. 这时，对任意 $s \in \mathbf{R}$ 均存在 $C > 0$ 使

$$\|u\|_s \leqslant C(\|Lu\|_{s-k} + \|u\|_{s-1}),\ u \in H_0^s(\Omega). \tag{7.1.17}$$

证. 分几个步骤进行，先考虑齐次常系数算子: $a_\alpha(x) \equiv a_\alpha$，$|\alpha| = k$，$a_\alpha(x) = 0$，$|\alpha| < k$. 这时视 $u \in H^s(\mathbf{R}^n)$ 可以应用 Fourier 变换而有

$$(\hat{Lu})(\xi) = \left(i^k \sum_{|\alpha|=k} a_\alpha \xi^\alpha\right)\hat{u}(\xi).$$

因为 L 是椭圆的，所以 $\left|\sum_{|\alpha|=k} a_\alpha \xi^\alpha\right| \geqslant \gamma|\xi|^k \geqslant \gamma_1(1+|\xi|^2)^{k/2}$.
于是

$$\begin{aligned}(1+|\xi|^2)^s|\hat{u}(\xi)|^2 &\leqslant (1+|\xi|^2)^{s-k}(1+|\xi|^2)^k|\hat{u}(\xi)|^2 \\ &\leqslant C\left|\left(\sum_{|\alpha|=k} a_\alpha\xi^\alpha\right)\hat{u}(\xi)\right|^2(1+|\xi|^2)^{s-k} \\ &\quad + C(1+|\xi|^2)^{s-k}|\hat{u}(\xi)|^2 \\ &\leqslant C\left|\left(\sum_{|\alpha|=k} a_\alpha\xi^\alpha\right)\hat{u}(\xi)\right|^2(1+|\xi|^2)^{s-k} \\ &\quad + C(1+|\xi|^2)^{s-1}|\hat{u}(\xi)|^2.\end{aligned}$$

所以有

$$\|u\|_s^2 \leqslant C_0(\|Lu\|_{s-k} + \|u\|_{s-1})^2 \tag{7.1.18}$$

而(7.1.17)得证.

其次仍设 $a_\alpha = 0$, $|\alpha| < k$, 但 $a_\alpha(x)$ 不一定是常数. 这时我们采用所谓冻结系数法，即将变系数算子与系数"冻结"在某一点 $x_0 \in \Omega$ 所得的常系数算子 $L_{x_0} = \sum a_\alpha(x_0)\partial^\alpha$ 相比较. 这时注意，L_{x_0} 仍是椭圆算子而且上面得到的 γ 与 γ_1 仍适用. 现在我们来估计

$$\|Lu - L_{x_0}u\|_{s-k} = \Big\| \sum_{|\alpha|=k} (a_\alpha(x) - a_\alpha(x_0))\partial^\alpha u \Big\|_{s-k}.$$

因为我们一直假设系数 $a_\alpha(x) \in C^\infty(\bar{\Omega})$，它当然适合 Lipsclitz 条件，即有常数 $C_1 > 0$ 使得

$$|a_\alpha(x_1) - a_\alpha(x_2)| \leqslant C_1|x_1 - x_2|, \quad x_1, x_2 \in \bar{\Omega}. \tag{7.1.19}$$

现在取 δ 充分小并作截断函数 $\varphi \in C_0^\infty(B_{2\delta}(0))$, $0 \leqslant \varphi \leqslant 1$ 且在 $B_\delta(0)$ 上 $\varphi = 1$. 于是若 $u \in H_0^s(\Omega)$ 且 $\operatorname{supp} u \subset B_\delta(x_0)$, $x_0 \in \Omega$, 有

$$\begin{aligned}|(a_\alpha(x) - a_\alpha(x_0))\partial^\alpha u(x)| &= |\varphi(x - x_0)(a_\alpha(x) \\ &\qquad - a_\alpha(x_0))\partial^\alpha u(x)| \\ &\leqslant C_1(2\delta)|\partial^\alpha u(x)|\end{aligned}$$

因此

$$\begin{aligned}\|(a_\alpha(x) - a_\alpha(x_0))\partial^\alpha u(x)\|_{s-k} &= \|\Lambda^{s-k}\varphi(a_\alpha(x) - a_\alpha(x_0))\partial^\alpha u(x)\| \\ &\leqslant \sup|\varphi(x)(a_\alpha(x) - a_\alpha(x_0))|\,\|\Lambda^{s-k}\partial^\alpha u(x)\|_0 \\ &\quad + C\|[\Lambda^{s-k}, \varphi(a_\alpha(x) - a_\alpha(x_0))]\partial^\alpha u(x)\|_0 \\ &\leqslant 2C_1\delta\|\partial^\alpha u\|_{s-k} + C\|[\Lambda^{s-k}, \varphi(a_\alpha(x) - a_\alpha(x_0))]\partial^\alpha u\|_0.\end{aligned}$$

在后一项中记 $\varphi(a_\alpha(x) - a_\alpha(x_0)) = \psi$, $\partial^\alpha u = v$；易见 $v \in H_0^{s-k}$, $[\Lambda^{s-k}, \psi]$是 L^{s-k-1} 拟微分算子，其象征对 x 有紧支集含在 $\operatorname{supp}\varphi \subset B_{2\delta}(x_0)$ 中，因此，稍微修改定理 5.5.5 即知$[\Lambda^{s-k}, \psi]\partial^\alpha u \in H_0^1$而不只是在 H_{loc}^1 中，而且

$$\|[\Lambda^{s-k}, \psi]\partial^\alpha u\|_0 \leqslant C\|\partial^\alpha u\|_{s-k-1} \leqslant C\|u\|_{s-1}.$$

代入上式即有

$$\|(a_\alpha(x) - a_\alpha(x_0))\partial^\alpha u(x)\|_{s-k} \leqslant 2C_1\delta\|\partial^\alpha u\|_{s-k} + C_2\|u\|_{s-1}.$$

算子 L 中有有限多项 $a_\alpha(x)\partial^\alpha$，分别应用以上的估计，则知在 $B_{2\delta}(0)$ 中有

$$\|Lu - L_{x_0}u\|_{s-k} \leqslant C_1\delta\|u\|_s + C_2\|u\|_{s-1}.$$

于是由(7.1.18)有

$$\begin{aligned}\|u\|_s^2 &\leqslant C(\|L_{x_0}u\|_{s-k} + \|u\|_{s-1}) \\ &\leqslant C(\|Lu\|_{s-k} + \|Lu - L_{x_0}u\|_{s-k} + \|u\|_{s-1})^2 \\ &\leqslant C(\|Lu\|_{s-k} + C_1\delta\|u\|_s + \|u\|_{s-1})^2.\end{aligned}$$

取 δ 充分小即知，若 $u \in H_0^s(B_{2\delta}(0))$，必有

$$\|u\|_s^2 \leqslant C(\|Lu\|_{s-k} + \|u\|_{s-1})^2.$$

现在用有限多个 $B_{2\delta}(x_0)$ 去覆盖 Ω，然后利用标准的一的分割方法即知对于 $u \in H_0^s(\Omega)$ 有

$$\|u\|_s^2 \leqslant C(\|Lu\|_{s-k} + \|u\|_{s-1})^2.$$

最后考虑一般的情况．我们有

$$L = L_0 + L_1 = \sum_{|\alpha|=k} a_\alpha(x)\partial^\alpha + \sum_{|\alpha|<k} a_\alpha(x)\partial^\alpha.$$

用一个在 Ω 上等于 1 的 C_0^∞ 函数去乘 L_1，L_1 并不受影响，因此不妨设 L_1 的系数在 C_0^∞ 中，仍然稍微修改定理 5.5.5 的证明，即有 $\|L_1u\|_{s-k} \leqslant C\|u\|_{s-1}$，故

$$\begin{aligned}\|u\|_s^2 &\leqslant C(\|L_0u\|_{s-k} + \|u\|_{s-1})^2 \\ &= C(\|(L - L_1)u\|_{s-k} + \|u\|_{s-1})^2 \\ &\leqslant C(\|Lu\|_{s-k} + \|L_1u\|_{s-k} + \|u\|_{s-1})^2 \\ &\leqslant C(\|Lu\|_{s-k} + \|u\|_{s-1})^2.\end{aligned}$$

定理至此证毕．

注意，(7.1.17)右方的 $\|u\|_{s-1}$ 可以改为 $\|u\|_t$．t 是任意实数．这是由于，若 $s-1 \leqslant t$，自然有 $\|u\|_{s-1} \leqslant \|u\|_t$，否则由 $t < s-1 < s$，易证对任意 $\varepsilon > 0$ 有

$$(1 + |\xi|^2)^{s-1} \leqslant \frac{\varepsilon}{2C}(1 + |\xi|^2)^s + C_1(1 + |\xi|^2)^t.$$

事实上当 $|\xi| \geqslant$ 某个 R 时，已有 $(1 + |\xi|^2)^{s-1} \leqslant \dfrac{\varepsilon}{2C}(1+|\xi|^2)^s$，

而当 $|\xi| < R$ 时取 $C_1 = 2\max\limits_{|\xi|<R}[(1+|\xi|^2)^{s-t-1}]$ 即可. 双方乘以 $|\hat{u}(\xi)|^2$ 再积分即有

$$\|u\|_{s-1}^2 \leqslant \frac{\varepsilon}{2C}\|u\|_s^2 + C_1\|u\|_t^2.$$

令 ε 充分小代入上式化简后即有

$$\|u\|_s^2 \leqslant C(\|Lu\|_{s-k} + \|u\|_t)^2. \tag{7.1.17'}$$

特别可以取 $t=1$.

现在就可以证明关于内部正则性的基本定理了.

定理 7.1.13 若 $\Omega\subset\mathbf{R}^n$ 为一开集, L 是 Ω 上具有 C^∞ 系数的 k 阶椭圆算子: $L=\sum\limits_{|\alpha|\leqslant k}a_\alpha(x)\partial^\alpha$, $u, f\in\mathscr{D}'(\Omega)$ 适合 $Lu=f$, 则当 $f\in H_{\mathrm{loc}}^t(\Omega)$ 时, $u\in H_{\mathrm{loc}}^{t+k}(\Omega)$.

证. 任给 $\varphi\in C_0^\infty(\Omega)$, 我们来证明 $\varphi u\in H^{t+k}$ 即可. 取 $\zeta\in C_0^\infty(\Omega)$ 且在 $\operatorname{supp}\varphi$ 上 $\zeta=1$, 则 $\zeta u\in\mathscr{E}'$, 由 $\mathscr{E}'$ 的构造定理 (定理 1.3.10) 必有常数 $C>0$ 与整数 m 使

$$|\langle u,\varphi\rangle| \leqslant C\sup_{|\alpha|\leqslant m, x\in\mathbf{R}^n}|\partial^\alpha\varphi|,\ \varphi\in C_0^\infty(\mathbf{R}^n).$$

但是,若取 $s>m+\dfrac{n}{2}$,必有 $2(m-s)<-n$, 从而

$$\begin{aligned}|\partial^\alpha\varphi(x)| &\leqslant (2\pi)^{-n}\left|\int e^{ix\xi}(i\xi)^\alpha\hat{\varphi}(\xi)d\xi\right|\\ &\leqslant (2\pi)^{-n}\int|\xi|^\alpha(1+|\xi|^2)^{(s-m)/2}\\ &\quad\cdot|\hat{\varphi}(\xi)|(1+|\xi|^2)^{(m-s)/2}d\xi\\ &\leqslant C\|\partial^\alpha\varphi\|_{s-m}\left(\int(1+|\xi|^2)^{m-s}d\xi\right)^{1/2}\\ &\leqslant C\|\varphi\|_s.\end{aligned}$$

因此对于适合 $s>m+\dfrac{n}{2}$ 的任意 s, $u\in H_{\mathrm{loc}}^{-s}$. 适当增大 s 可以令 $N=t+k+s$ 是一个正整数, 而 $u\in H_{\mathrm{loc}}^{t+k-N}$. 以下我们将逐步地证明 $u\in H_{\mathrm{loc}}^{t+k-N+1}, \cdots, u\in H_{\mathrm{loc}}^{t+k}$.

作为开始, $\zeta u\in H^{-s}$ 已得到证明. 作一串 $\zeta_0=\zeta, \zeta_1, \cdots, \zeta_N=\varphi$,使它们都在 $C_0^\infty(\Omega)$ 中而且在 $\operatorname{supp}\zeta_j$ 上有 $\zeta_{j-1}=1$. 设

当 $0 \leqslant j < N$ 时已经证明了 $\zeta_j u \in H^{-s+j}$,则 $\zeta_{j+1} u = \zeta_{j+1}\zeta_j u \in H^{-s+j}$，而且在 $\operatorname{supp}\zeta_{j+1}$ 上，$L(\zeta_j u) = Lu = f$. 于是

$$\begin{aligned} L(\zeta_{j+1}u) &= L(\zeta_{j+1}\zeta_j u) \\ &= \zeta_{j+1}L(\zeta_j u) + [L,\zeta_{j+1}]\zeta_j u \\ &= \zeta_{j+1}f + [L,\zeta_{j+1}]\zeta_j u \in H^t + H^{-s+j-k+1} \\ &= H^{-s+j-k+1}. \end{aligned}$$

这里我们用到了 $t + k + s = N \geqslant j + 1$, $t \geqslant -s - k + j + 1$. 现在只要证明下面的引理即可得 $\zeta_j u \in H^{-s+j}$，而定理即可完全得证. 这个引理就是:

引理 7.1.14 对 Ω 与 L 的假设同上. 若 $u \in H^r_{\text{loc}}(\Omega)$，$f \in H^{r-k+1}_{\text{loc}}(\Omega)$，且在 Ω 上 $Lu = f$，则 $u \in H^{r+1}_{\text{loc}}(\Omega)$.

证. 我们的目标仍是对任意的 $\zeta \in C_0^\infty(\Omega)$ 求证 $\zeta u \in H^{r+1}$. 然而由假设 $\zeta u \in H^r$，$\zeta Lu = \zeta f \in H^{r-k+1}$，交换子 $[L,\zeta]$ 又是一个具有 $C_0^\infty(\Omega)$ 系数(支集全在 $\operatorname{supp}\zeta$ 中)的 $k-1$ 阶微分算子，所以 $[L,\zeta]u \in H^{r-k+1}$，从而

$$L(\zeta u) = \zeta L(u) + [L,\zeta]u \in H^{r-k+1}.$$

现在对 ζu 应用差商算子 δ_h^i，$1 \leqslant i \leqslant n$，$h$ 充分小，这时 $\delta_h^i(\zeta u)$ 的支集对一切充分小的 h 都在 Ω 的一个紧子集内. 所以应用定理 7.1.12 有

$$\begin{aligned} \|\delta_h^i(\zeta u)\|_r &\leqslant C(\|L\delta_h^i(\zeta u)\|_{r-k} + \|\delta_h^i(\zeta u)\|_{r-1}) \\ &\leqslant C(\|\delta_h^i L(\zeta u)\|_{r-k} + \|[L,\delta_h^i](\zeta u)\|_{r-k} \\ &\qquad + \|\delta_h^i(\zeta u)\|_{r-1}). \end{aligned}$$

应用关于差商的一个定理(定理 3.3.2)，当 $h \to 0$ 时即得 $\partial_i(\zeta u) \in H^r$，$i = 1,2,\cdots,n$. 因此 $\zeta u \in H^{r+1}$，亦即 $u \in H^{r+1}_{\text{loc}}(\Omega)$. 引理证毕.

利用定理 7.1.13 和 Sobolev 嵌入定理即可证明椭圆算子的亚椭圆性：当 $f \in C^\infty(\Omega)$ 时，$Lu = f$ 的广义函数解 $u \in C^\infty(\Omega)$.

注意，上面的定理是对一般的椭圆算子证明的，而没有用到强椭圆性. 下面再作边界估计，情况就不同了.

仍然用一的分割而将问题归结为边界小块 $B_\rho^- = [x;\ |x| <$

$\rho, x_n < 0\} = B_\rho \cap \Omega$, $B_\rho = \{x; |x| < \rho\}$ 而 $\partial\Omega$ 在 $\bar{B}_\rho^-$ 中的部分是 $x_n = 0$. 以下还用 $X(\bar{B}_\rho^-)$ 表示 X 中支集在 $\bar{B}_\rho^-$ 中的元素的集合,它有以下的性质:

(1) 若 $\zeta \in C_0^\infty(\bar{\Omega})$ 且其支集在 $\bar{B}_\rho^-$ 中,则对 $u \in X(\bar{B}_\rho^-)$ 必有 $\zeta u \in X(\bar{B}_\rho^-)$;

(2) 若 $r > \rho$ 而 $u \in X(\bar{B}_r^-) \cap X(\bar{B}_\rho^-)$ 故其支集仍在 $\bar{B}_\rho^-$ 中,则对 $x_i (i < n)$ 方向的平移 τ_{-h}^i, $|h| < r - \rho$, $\tau_{-h}^i u \in X(\bar{B}_r^+)$, 因此差商 $\delta_h^i u = \frac{1}{h}(\tau_{-h}^i - I)u \in X(\bar{B}_r^-)$, 高阶差商 $(\delta_h)^\alpha u \in X(\bar{B}_r^-)$ 只要 $\alpha_n = 0$ 且 $|\alpha||h| < r - \rho$. 在这样的假设下我们可以证明

定理 7.1.15 设 D 在 X 上是强制的, $f \in H^k(B_r^-)$, $u \in X$, 且对一切 $v \in X(\bar{B}_r^-)$ 有 $D(v, u) = (v, f)$, 则对任意 $\rho < r$ 均有 $u \in H^{k+2}(B_r^-)$ 而且

$$\|u\|_{k+2, B_\rho^-} \leqslant C(\|f\|_{k, B_r^-} + \|u\|_{1, B_r^-}). \tag{7.1.20}$$

证. 注意到按我们的提法有 $Lu = f$, 所以(7.1.20)也是以下类型的估计

$$\|u\|_s \leqslant C(\|Lu\|_r + \|u\|_t),$$

这类估计在我们的问题中总是起着关键的作用,因此,(7.1.20) 是很重要的结果,我们将分几步来完成它.

第一步是讨论 u 的切向导数 $\partial^\gamma u$, $\gamma_n = 0$ 的估计,这里 $|\gamma| = j$,我们要证明当 $\rho < r$, $j \leqslant k + 1$ 时, $\partial^\gamma u \in H^1(B_\rho^-)$ 而且存在只与 ρ 和 j 有关的常数 C 使

$$\|\partial^\gamma u\|_{1, B_\rho^-} \leqslant C(\|f\|_{k, B_r^-} + \|u\|_{1, B_r^-}). \tag{7.1.21}$$

这个结论可以用归纳法证明. 当 $j = 0$ 时,它是自明的,设当 $|\gamma| = 0, 1, \cdots, j-1$ 时命题都正确,取 $\sigma = \frac{1}{3}(2\rho + r)$, $\tau = \frac{1}{3}(\rho + 2r)$, 则 $\rho < \sigma < \tau < r$, 由归纳假设,若 $|\alpha| \leqslant j - 1$, 则 $\partial^\alpha u \in H^1(B_\tau^-)$ (这里 $\alpha_n = 0$) 且有

$$\|\partial^\alpha u\|_{1, B_\tau^-} \leqslant C(\|f\|_{k, B_r^-} + \|u\|_{1, B_r^-}). \tag{7.1.22}$$

C 只与 ρ, j 有关. 取 $\zeta\in C_0^\infty(\overline{B_\sigma^-})$ 使在 B_ρ^- 上 $\zeta=1$, 现在为了求证 $|\gamma|=j$, $\gamma_n=0$ 时的估计式 (7.1.21), 考虑差商 $\delta_h^\gamma(\zeta u)$, 这里 $|h|<\tau-\sigma$, 显然 $\delta_h^\gamma(\zeta u)\in X(\overline{B}_\tau^-)$. 设若对某个 $i\neq n$, $\gamma_i\neq 0$, 从 δ_h^γ 中分出一个沿 i 方向的差分算子: $\delta_h^\gamma=\delta_{h_i}\delta_h^{\gamma'}$, 并且考虑 $D(v,\delta_h^\gamma(\zeta u))$:

$$
\begin{aligned}
D(v,\delta_h^\gamma(\zeta u)) &= \sum_{\alpha,\beta}(\partial^\alpha v, a_{\alpha\beta}\partial^\beta\delta_h^\gamma(\zeta u))\\
&= \sum_{\alpha,\beta}(\partial^\alpha v, \delta_h^\gamma(a_{\alpha\beta}\partial^\beta(\zeta u)))+E_1\\
&= \sum_{\alpha,\beta}(\partial^\alpha v, \delta_h^\gamma(a_{\alpha\beta}\zeta\partial^\beta u))+E_1+E_2\\
&= (-1)^j\sum_{\alpha,\beta}(\zeta\delta_{-h}^\gamma\partial^\alpha v, a_{\alpha\beta}\partial^\beta u)+E_1+E_2\\
&= (-1)^j\sum_{\alpha,\beta}(\partial^\alpha(\zeta\delta_{-h}^\gamma v), a_{\alpha\beta}\partial^\beta u)+E_1+E_2+E_3\\
&= (-1)^j D(\zeta\delta_{-h}^\gamma v, u)+E_1+E_2+E_3\\
&= (-1)^j(\zeta\delta_{-h}^\gamma v, f)+E_1+E_2+E_3\\
&= E_1+E_2+E_3+E_4.
\end{aligned}
$$

这里

$$
\begin{aligned}
E_1 &= \sum_{\alpha,\beta}(\partial^\alpha v, [a_{\alpha\beta},\delta_h^\gamma]\partial^\beta(\zeta u)),\\
E_2 &= \sum_{\alpha,|\beta|=1}(\partial^\alpha v, \delta_h^\gamma(a_{\alpha\beta}\cdot\partial^\beta\zeta\cdot u)),\\
E_3 &= (-1)^{j+1}\sum_{|\alpha|=1,\beta}(\partial^\alpha\zeta\cdot\delta_{-h}^\gamma v, a_{\alpha\beta}\partial^\beta u),\\
E_4 &= -(\delta_{-h_i}v, \delta_h^{\gamma'}(\zeta f)).
\end{aligned}
$$

现在分别估计 E_1 到 E_4, 这里要利用有关差分算子作用在 $H^k(B_\tau^-)$ 上的结果(定理 3.3.2 并注意 $\gamma_n=0$):

$$
\begin{aligned}
|E_1| &\leqslant C\|v\|_{1,B_\tau^-}\cdot\sum_{\delta<\gamma}\|\partial^\delta\partial^\beta(\zeta u)\|_{0,B_\tau^-}\\
&\leqslant C\|v\|_{1,B_\tau^-}\cdot\sum_{\delta<\gamma}\|\partial^\delta(\zeta u)\|_{1,B_\tau^-}
\end{aligned}
$$

$$\leqslant C\|v\|_{1,B_\tau^-}\cdot\sum_{\substack{|\delta|\leqslant j-1,\\ \delta_n=0}}\|\partial^\delta u\|_{1,B_\tau^-}.$$

$$|E_2|\leqslant C\|v\|_{1,B_\tau^-}\cdot\sum_{\alpha,\beta}\|\partial^{\gamma'}(a_{\alpha\beta}\cdot\partial^\beta\zeta\cdot u)\|_{0,B_\tau^-}$$

$$\leqslant C\|v\|_{1,B_\tau^-}\cdot\sum_{\substack{|\delta|\leqslant j,\\ \delta_n=0}}\|\partial^\delta u\|_{0,B_\tau^-}$$

$$\leqslant C\|v\|_{1,B_\tau^-}\cdot\sum_{\substack{|\delta|\leqslant j-1\\ \delta_n=0}}\|\partial^\delta u\|_{1,B_\tau^-}.$$

$$|E_3|=\sum_{\alpha,\beta}(\delta^i_{-h_i}v,\ \delta_h^{\gamma'}(\partial^\alpha\zeta\cdot a_{\alpha\beta}\partial^\beta u))$$

$$\leqslant C\|v\|_{1,B_\tau^-}\cdot\sum_{\alpha,\beta}\|\partial^{\gamma'}(\partial^\alpha\zeta\cdot a_{\alpha\beta}\partial^\beta u)\|_{0,B_\tau^-}$$

$$\leqslant C\|v\|_{1,B_\tau^-}\cdot\sum_{\substack{|\delta|\leqslant j-1\\ \delta_n=0}}\|\partial^\delta u\|_{1,B_\tau^-}.$$

$$|E_4|\leqslant C\|v\|_{1,B_\tau^-}\cdot\|\partial^{\gamma'}(\zeta f)\|_{0,B_\tau^-}$$
$$\leqslant C\|v\|_{1,B_\tau^-}\cdot\|f\|_{k,B_\tau^-}.$$

这里我们应用了 $|\gamma'|=j-1\leqslant k$. 再将归纳假设(7.1.22)代入关于 E_1, E_2, E_3 的估计中即有

$$|D(v,\ \delta_h^\gamma(\zeta u))|\leqslant C\|v\|_{1,B_\tau^-}(\|f\|_{k,B_r^-}+\|u\|_{1,B_r^-}).$$

下一步我们想对 $D(v,\ \delta_h^\gamma(\zeta u))$ 应用强制估计. 为此，注意到 $\delta_h^\gamma(\zeta u)\in X(\bar{B}_\tau^-)$，令 $v=\delta_h^\gamma(\zeta u)$，并应用强制估计有

$$\|\delta_h^\gamma(\zeta u)\|^2_{1,B_\tau^-}\leqslant C_0\{|D(\delta_h^\gamma(\zeta u),\delta_h^\gamma(\zeta u))|+\|\delta_h^\gamma(\zeta u)\|^2_{0,B_\tau^-}\}$$

$$\leqslant C_0\|\delta_h^\gamma(\zeta u)\|_{1,B_\tau^-}(\|f\|_{k,B_r^-}+\|u\|_{1,B_r^-}$$
$$+\|\delta_h^\gamma(\zeta u)\|_{0,B_\tau^-}),$$

注意到 $\delta_h^\gamma=\delta_{h_i}\delta_h^{\gamma'}$. 再应用定理 3.3.2 与归纳假设(7.1.22)有

$$\|\delta_h^\gamma(\zeta u)\|_{0,B_\tau^-}\leqslant C\|\partial^{\gamma'}(\zeta u)\|_{1,B_\tau^-}\leqslant C(\|f\|_{k,B_r^-}+\|u\|_{1,B_r^-})$$

代入上式即得

$$\|\delta_h^\gamma(\zeta u)\|_{1,B_\tau^-}\leqslant C(\|f\|_{k,B_r^-}+\|u\|_{1,B_r^-}).$$

令 $h\to 0$ 应用定理 3.3.2 以及在 B_ρ^- 上 $\zeta=1$ 即有

$$\|\partial^\gamma u\|_{1,B_\rho^-}\leqslant C(\|f\|_{k,B_r^-}+\|u\|_{1,B_r^-}).$$

这里 $|\gamma|=j$，$\gamma_n=0$ 而且 C 只与 ρ，j 有关．(7.1.21) 得证．

第二步则涉及有关 ∂_n 的估计．因此令 $\rho<r$，$j\leqslant k+2$，γ 适合 $|\gamma|\leqslant k+2$，$\gamma_n=j$．我们要想证明 $\partial^\gamma u\in H^0(B_\rho^-)$ 并且存在一个只与 ρ，j 有关的常数 C 使

$$\|\partial^\gamma u\|_{0,B_\rho^-}\leqslant C(\|f\|_{k,B_r^-}+\|u\|_{1,B_r^-}).\qquad(7.1.23)$$

我们也仍然对 j 用归纳法证明．第一步事实上已经证明了 $j=0,1$ 时 (7.1.23) 成立．当 $j\geqslant 2$ 时，令 $\tilde\gamma=(\gamma_1,\cdots,\gamma_{n-1},\gamma_n-2)$，则 $|\tilde\gamma|=j-2\leqslant k$．因为 $L=\sum a_\alpha\partial^\alpha$ 是椭圆算子，∂_n^2 的系数 $a_{2e_n}\neq 0$，否则 $x_n=0$ 将成为 L 的实特征而与 L 为椭圆算子矛盾．所以 $Lu=f$ 可以改写为

$$\partial_n^2u=(a_{2e_n})^{-1}\Big(f-\sum_{\alpha_n<2}a_\alpha\partial^\alpha u\Big).$$

于是

$$\partial^\gamma u=\partial_n^2\partial^{\tilde\gamma}u=\partial^{\tilde\gamma}\Big[(a_{2e_n})^{-1}\Big(f-\sum_{\alpha_n<2}a_\alpha\partial^\alpha u\Big)\Big].$$

将右方展开再求 L^2 范数，注意到 $|\tilde\gamma|\leqslant 2$，以及 $\partial^{\tilde\gamma}\partial^\alpha$ 中 ∂_n 之次数 $\leqslant\gamma_n-2$，故由归纳假设有

$$\begin{aligned}\|\partial^\gamma u\|_{0,B_\rho^-}&\leqslant C(\|f\|_{k,B_r^-}+\|\partial^{\tilde\gamma+\alpha}u\|_{0,B_\rho^-})\\&\leqslant C(\|f\|_{k,B_r^-}+\|u\|_{1,B_r^-}),\end{aligned}$$

从而(7.1.23)得证．

现在即可完成定理之证．令第二步中的 j 由 0 变到 $k+2$，令 C_0 为这些步骤中所得(7.1.19)的常数 C 之最大者，则我们已证明了一切 $\partial^\gamma u\in H^0(B_\rho^-)$ 而且适合不等式

$$\|\partial^\gamma u\|_{0,B_\rho^-}\leqslant C_0(\|f\|_{k,B_r^-}+\|u\|_{1,B_r^-}),\ |\gamma|\leqslant k+2.$$

因此 $u\in H^{k+2}(B_\rho^-)$，而且

$$\|u\|_{k+2,B_\rho^-}\leqslant C(\|f\|_{k,B_r^-}+\|u\|_{1,B_r^-}).$$

定理 7.1.15 证毕．

现在我们可以把定理 7.1.13 和定理 7.1.15 综合起来而得到一个到边界的正则性定理，我们将它称为整体正则性定理，而定理 7.1.13 则称为局部正则性定理.

定理 7.1.16 若 L 是 $\bar{\Omega}$ 上的具有 $C^\infty(\bar{\Omega})$ 系数的二阶强椭圆算子，u 是 (D,X) 边值问题 $D(v,u)=(v,f)$ 之解，$v\in X$. 若 $f\in H^k(\Omega)$ 必有 $u\in H^{k+2}(\Omega)$，而且存在与 u，f 无关的常数 $C>0$ 使得

$$\|u\|_{k+2,\Omega}\leqslant C(\|f\|_{k,\Omega}+\|u\|_{0,\Omega}). \tag{7.1.24}$$

证. 作 $\bar{\Omega}$ 的开覆盖 $V_0,V_1,\cdots,V_N$ 使 $V_0\Subset\Omega$ 而 $v_j\cap\partial\Omega\neq\varnothing$ $(j=1,\cdots,N)$. 取 $V_1,\cdots,V_N$ 充分小而 $V_j\cap\bar{\Omega}$ 可以微分同胚地映到 B_r^- 上，且 $V_j\cap\partial\Omega$ 映到 $x_n=0$ 上. 于是作从属于 $\{V_j\}_{j=0,1,\cdots,N}$ 的一的 C^∞ 分割 $\{\zeta_j\}_{j=0,1,\cdots,N}$. 对 ζ_0u 应用定理 7.1.13 知 $\zeta_0u\in H^{k+2}(\Omega)$ 而且

$$\begin{aligned}\|\zeta_0u\|_{k+2,V_0}&\leqslant C_0(\|f\|_{k,V_0}+\|\zeta_0u\|_{1,V_0})\\&\leqslant C_0(\|f\|_{k,\Omega}+\|\zeta_0u\|_{1,\Omega}).\end{aligned} \tag{7.1.25$_0$}$$

对于 ζ_ju 则应用定理 7.1.15 知 $\zeta_ju\in H^{k+2}(\Omega)$ 且

$$\begin{aligned}\|\zeta_ju\|_{k+2,V_j}&\leqslant C_j(\|f\|_{k,V_j}+\|\zeta_ju\|_{1,V_j})\\&\leqslant C_j(\|f\|_{k,\Omega}+\|\zeta_ju\|_{1,\Omega}).\end{aligned} \tag{7.1.25$_j$}$$

于是由 $(7.1.25)_j$ $(j=0,1,\cdots,N)$ 知一切 $\zeta_ju\in H^{k+2}(\Omega)$，从而 $u=\sum\limits_{j=0}^N\zeta_ju\in H^{k+2}(\Omega)$，也有 $\zeta_ju\in H^1(\Omega)$ 从而 $u\in H^1(\Omega)$ 而且 $\|\zeta_ju\|_{1,\Omega}\leqslant\tilde{C}\|u\|_{1,\Omega}$. 将$(7.1.25)_j$合起来即有

$$\begin{aligned}\|u\|_{k+2,\Omega}&=\Big\|\sum_j\zeta_ju\Big\|_{k+2,\Omega}\\&\leqslant\Big(\sum_{j=0}^N C_j\Big)(\|f\|_{k,\Omega}+\tilde{C}\|u\|_{1,\Omega})\\&\leqslant C(\|f\|_{k,\Omega}+\|u\|_{1,\Omega}).\end{aligned}$$

最后还可以用 $\|u\|_{0,\Omega}$ 代替上式右方的 $\|u\|_{1,\Omega}$: 应用强制估计有

$$\|u\|_{1,\Omega}^2\leqslant C(|D(u,u)|+\|u\|_{0,\Omega}^2)$$

$$\leqslant C\|u\|_{0,\Omega}(\|f\|_{0,\Omega}+\|u\|_{0,\Omega})$$
$$\leqslant C\|u\|_{1,\Omega}(\|f\|_{k,\Omega}+\|u\|_{0,\Omega}),$$

故 $\|u\|_{1,\Omega}\leqslant C(\|f\|_{k,\Omega}+\|u\|_{0,\Omega})$. 代入上式定理证毕.

应用嵌入定理和迹定理即知当 $f\in C^\infty(\bar{\Omega})$ 时 $u\in C^\infty(\bar{\Omega})$, 特别是对于 Dirichlet 问题，可知其解在古典意义下适合边值条件.

应用 L^2 理论可以讨论更一般的边值问题，但我们暂停于此，而在下一节用拟微分算子的方法来讨论. 现在除 Agmon [2] 以外，还应指出一部重要的著作: Lions 和 Magenes [1]，其中详尽地展开了这个理论. 还应指出王柔怀在 [1] 中也得到许多结果. 关于椭圆型算子也可以在 L^p 框架中展开其理论，例如可以参看 Кощелев [1] 和 S. Agmon [1].

§2. 拟微分算子的应用

1. 一般边值问题. 本节中我们将要讨论适当椭圆算子的一般边值问题. 处理边值问题有两种途径: 一是通过一些先验估计以及利用一般的泛函分析的考虑，如上节所讲的 L^2 理论那样. 另一条途径则是通过一类解——位势——将原来的问题化为 $\partial\Omega$ 上的拟微分算子的方程. 后一条途径在 Laplace 方程的情况是很重要的，这就是以其基本解 $\left(n\geqslant 3 \text{ 时的 } \dfrac{1}{r}\right)$ 为基础作出一类特殊的解: 体积位势、单层与双层位势而将边值问题化为积分方程或者直接应用 Green 函数，Poisson 公式等等. 这一条途径现代也有了发展，首先系统地应用它的仍应提出 Calderon. 他在[4]中第一次提出应用这个方法的总的纲要. 本节中我们将简要地加以介绍.

仍设 Ω 是如上节所设的有界的 C^∞ 区域，即其边界 $\partial\Omega$ 是一个 C^∞ 超曲面，而且 Ω 在 $\partial\Omega$ 一点附近恒位于其一侧，因此我们可以局部地引入新的坐标系 $x=(x',x_n)$ 使 Ω 在 $\partial\Omega$ 之一点——不妨设为 $x=0$——附近可以表为 $\{x;x_n>0\}$ 而 $\partial\Omega$ 成为 $x_n=0$. 算子 $L(x,D_x)$ 可以写成

$$L(x, D_x) = \sum_{j=0}^{2m} L_j(x, D_{x'})D_n^j, \tag{7.2.1}$$

$2m$ 是 L 的阶数(以下 L 恒取为适当椭圆的，因此其阶数为偶数)，L_j 是 $D_{x'}$ 的 $2m-j$ 次多项式．其次再看边值条件，为此在 $\bar{\Omega}$ 上 $\partial\Omega$ 附近给出一个 C^∞ 向量场(即 C^∞ 系数的一阶微分算子) ν 使在 $\partial\Omega$ 上 ν 与 $\partial\Omega$ 横截，即没有切向的求导，于是对 u 定义其在 $\partial\Omega$ 上的 j 阶迹(迹是否存在的问题需视 u 所属的空间而定，通常 u 属于某个 Sobolev 空间，因此可以利用迹定理)为

$$\gamma_j u = \left[\left(\frac{1}{i}\nu\right)^j u\right]_{\partial\Omega}, \quad j = 0, 1, \cdots, 2m-1. \tag{7.2.2}$$

现在在 $\partial\Omega$ (视为一个无边的紧流形)上给出一个拟微分算子矩阵 $B = (B_{j,k})$，其中 $j = 0, 1, \cdots, \mu-1$，$k = 0, 1, \cdots, 2m-1$，而且

$$B_{j,k} \in L^{d_j-k}(\partial\Omega).$$

d_j 是已给的实数，若记向量 ${}^t(\gamma_0 u, \cdots, \gamma_{2m-1}u) = \gamma u$，则我们给出以下的边值条件

$$B(x', D_{x'})\gamma u = g = {}^t(g_0, \cdots, g_{2m-1}), \tag{7.2.3}$$

这样我们将得到一般边值问题如下：

$$L(x, D_x)u = f,$$
$$B(x', D_{x'})\gamma u = g.$$

边值条件实际上是 μ 个，其形状是

$$B_j u|_{\partial\Omega} = \sum_{k=0}^{2m-1} B_{jk}\gamma^k u = g_j, \quad j = 0, 1, \cdots, \mu-1$$

(当然，某些 B_{jk} 可能为 0，因此边值条件中出现的 u 的横截方向的导数之最高阶数不一定是 $2m-1$，B_{jk} 中则只含有切向导数)．用上一节介绍的概念我们恒设 B_j 是一个 J 正规系，即是说每一个边值条件(作为微分算子)之阶数不相同，而且 $\partial\Omega$ 对于 B_j 是非特征的($\partial\Omega$ 的法线向量是$(0,\cdots,0,1)$，与 γ^k 相应的特征形式是 $(a(x)\xi_n)^k$，$a(x) \neq 0$，因此 B_j 非特征即是指

$$\sum_{j=0}^{2m-1} B_{j,k}(x', 0)a^k(x) \neq 0, j = 0,1,\cdots,\mu - 1).$$

例如，取 ν 为 $\partial\Omega$ 的外法线方向导数，则 Laplace 方程的 Dirichlet 问题和 Neumann 问题的边值条件分别是

$$\gamma_0 u = g \text{ 与 } \gamma_1 u = g.$$

现在 $\mu = 1$ 而 $d_0 = 0$ 与 1.

下面我们可以引入位势．设 E 是 L 的基本解：$LE = \delta$,并暂设 L 是常系数算子，u 是 $Lu = f$ 之 $C^\infty(\bar{\Omega})$ 解．在 Ω 外补充定义 $u = 0$ 则得到一个新的函数 u^0，它在 $\partial\Omega$ 上一般是有间断的．如前所述，设 $\partial\Omega$ 是 $x_n=0$,则我们有以下的跳跃公式(式(1.5.11)，现在我们取 $\nu = \partial_{x_n}$ 即 $\partial\Omega$ 的内法线方向导数)：

$$L(u^0) = (Lu)^0 + \tilde{L}\gamma u,$$

$$\tilde{L}\gamma u = \frac{1}{i}\sum_{l+k+1\leq 2m} L_{l+k+1}(x, D_{x'})\gamma_l u \otimes D_n^k \delta(x_n), \quad (7.2.4)$$

这里 $L_{l+k+1}(x, D_{x'})$ 见式 (7.2.1)，$\gamma_l u = \left(\frac{1}{i}\partial_{x_n}\right)^l u|_{\partial\Omega} = D_n^l u(x', 0)$．双方用 E 从左侧作卷积，因为

$$E * L(u^0) = \delta * u^0 = u^0,$$

所以在 Ω 中将有

$$u(x) = (E * f^0)|_\Omega + (E * \tilde{L}\gamma u)|_\Omega. \quad (7.2.5)$$

这是函数 u 的一个分解式，前一项称为体位势后一项称为多层位势．事实上，设 $L = -\Delta$，E 是 $-\Delta$ 的基本解 C_n/r^{n-2}(或 $C_2 \ln r$)，则(7.2.5)的第一项是

$$C_n \int_\Omega \frac{f(y)}{r^{n-2}} dy, \quad r = |x - y|, \quad x \in \Omega,$$

即Newton 位势——体位势，第二项则因(7.2.4)实际上有两项：

$$\tilde{L}\gamma u = u_1\delta(x_n) + u_2 D_n \delta(x_n)$$

而有

$$(E * \tilde{L}\gamma u)|_\Omega = C_n \int_{\partial\Omega} \frac{u_1 dy}{r^{n-2}} + C_n' \int_{\partial\Omega} u_2 \frac{\partial}{\partial y} \cdot \frac{dy}{r^{n-2}}.$$

这是一个单层位势和一个双层位势之和．

特别是若 u 是齐次方程 $Lu=0$ 的解($f=0$)，则体位势不出现而有

$$u=(E*\tilde{L}\gamma u)|_{\Omega}.$$

在(7.2.5)中，取其在 $\partial\Omega$ 上的迹，因 γ 是迹算子，则记 $\gamma u=v$（这是一个 $2m$ 维向量)即得一个投影算子 C:

$$C:C^{\infty}(\partial\Omega,\mathbb{C}^{2m})\to C^{\infty}(\partial\Omega;\mathbb{C}^{2m})$$

$$v\longmapsto\gamma[(E*\tilde{L}v)|_{\Omega}]. \tag{7.2.6}$$

C 称为 Calderon 投影子，而原来的边值问题将化为关于 v 的在 $\partial\Omega$ 上的方程组

$$\begin{aligned}(I-C)v&=\gamma[(E*f_0)|_{\Omega}],\\ Bv&=g.\end{aligned} \tag{7.2.7}$$

反之，若 $v\in C^{\infty}(\partial\Omega,\mathbb{C}^{2m})$ 是(7.2.7)的解，则令

$$u=(E*f_0)|_{\Omega}+(E*\tilde{L}v)|_{\Omega}$$

即可得原问题的解.

以上的讨论当然缺少严格的基础，但是它告诉我们这个方法的基本线索即将原来的边值问题化为一个无边紧流形 $\partial\Omega$ 上的拟微分算子方程组(7.2.7). 因此下面我们将首先讨论位势的精确定义与性质以及 Calderon 投影子，然后再回到一般边值问题的讨论.

2. 位势的正则性. 上面介绍位势概念时，是就 $u\in C^{\infty}(\bar{\Omega})$ 而言的，一般情况下当然做不到这一点. 这就需要我们就 $u\in\mathscr{D}'(\Omega)$ 的某些情况来定义 γu，即 u 在 $\partial\Omega$ 的各阶的迹. 这个问题在第三章中已经讨论过了. 在第三章 §4，我们对 Ω 为正则开集——即这里所作的假定：$\partial\Omega$ 是 C^{∞} 超曲面，在 $\partial\Omega$ 之各点附近，Ω 恒位于 $\partial\Omega$ 之一侧，而且在定理 3.4.12 中指出：对 $u\in C^{\infty}(\bar{\Omega})$，当然可以定义其 j 阶迹为 $\left(\frac{\partial}{\partial\gamma}\right)^j u|_{\partial\Omega}$，$\frac{\partial}{\partial\gamma}$ 是 $\partial\Omega$ 的外法线方向导数（当然，说成是 $\left(\frac{1}{i}\nu\right)^j u|_{\partial\Omega}$，也没有本质的变化，$\nu$ 是横截于 $\partial\Omega$ 的 C^{∞} 向量场），这个迹算子 γ^j 可以拓展为由 $H^s(\Omega)$ 到 $H^{s-j-\frac{1}{2}}(\partial\Omega)$ 的连续

算子，这里 $s-j>\frac{1}{2}$. 所以若局部地取 $\partial\Omega$ 为 $x_n=0$，则对 $u\in H^s(\Omega)$，作一串 $u_k\in C^\infty(\bar{\Omega})$ 在 $H^s(\Omega)$ 中逼近 u，则 $D_n^j u_k(x',0)$ 应在 $H^{s-j-\frac{1}{2}}(\partial\Omega)$ 中逼近 $D_n^j u(x',0)$，这里 j 适合 $s-j>\frac{1}{2}$. 所以 $u\in H^s(\Omega)$ 可以视为当 $x_n\geqslant 0$ 而且充分小时的 $C^j(0\leqslant x_n\leqslant\varepsilon,\ \mathscr{D}'(\partial\Omega))$ 函数. 所以我们可以一般地定义 $u\in\mathscr{D}'(\Omega)$ 在 $\partial\Omega$ 上具有 k 阶迹，如果 $u\in C^k(0\leqslant x_n\leqslant\varepsilon,\ \mathscr{D}'(\partial\Omega))$，$\varepsilon$ 适当小. 定理 3.4.12 指出. $u\in H^s(\Omega)$ 必有 k 阶迹：$k<s-\frac{1}{2}$. 那里的结果还告诉我们迹算子

$$\gamma=(\gamma_0,\gamma_1,\cdots,\gamma_m):\quad H^s(\Omega)\to\prod_{j=0}^m H^{s-j-\frac{1}{2}}(\partial\Omega),$$
$$u\longmapsto(\gamma_0 u,\ \cdots,\ \gamma_m u),$$

当 $m<s-\frac{1}{2}$ 时是一个全射(系 3.4.8)，而且有右逆(定理 3.4.9).

迹算子和跳跃公式 (1.5.14) 的关系如下：若 u 在 $\partial\Omega$ 上有 0 阶迹，我们可以在 Ω 上补充定义 u 为 0 而得 u 的拓展为 u_0，若 $v\in\mathscr{D}'(\partial\Omega)$，则 $v\otimes D_n^j\delta(x_n)\in\mathscr{D}_{\partial\Omega}(\Omega)$. 若 $u\in\mathscr{D}'(\Omega)$ 有 $2m-1$ 阶迹，我们仍可证明跳跃公式(7.2.4).

在上面我们应用了常系数算子 L 的基本解来构造位势，对于一般算子情况当然更复杂. 但在第四章中即已指出，对椭圆算子恒可构造其拟基本解，它是很接近基本解的东西，而且是一个拟微分算子. 用那样的方法来构造拟基本解，即使用渐近展开式，所得到的将是一个适当的拟微分算子，它的渐近展开式

$$\sum a_j(x,\xi)\ \text{之各项均为}\ \xi\ \text{的有理式}\tag{R}$$

这时我们有

定理 7.2.1 若有一个适当的经典的 PsDO $A\in L^\mu(\mathbf{R}^n)$ 适合条件 (R)，则当 $u\in\mathscr{D}'(\mathbf{R}^n)$ 在 Ω 中为零时 $Au|_\Omega$ 在 $\partial\Omega$ 上具有一切阶的迹.

证. 用一的分割不妨设 $\Omega=\{x;x_n>0\}$，$\partial\Omega=\{x;x_n=0\}$

而$u\in\mathscr{E}'(\Omega)$，这时必有$C>0$与整数l存在使$|\hat{u}(\xi)|\leqslant C(1+|\xi|)^l$．若$l$充分小(例如取负值)则当$A'\in L^{\mu'}(\mathbf{R}^n)$而$k<-\mu'-l-n$时，由振荡积分的定义容易证明$A'u\in C^k(\mathbf{R}^n)$．现在作截断函数$1-\chi(\xi)\in C_0^\infty(\mathbf{R}^n)$，$\chi(\xi)=0$于$\xi$充分接近0处，$\chi(\xi)=1$于$|\xi|\geqslant 1$处，则对$A$之象征$a(x,\xi)$用其渐近展开式，知当$N$充分大时

$$A'=A-\sum_{j=0}^{N}a_j(x,\xi)\in L_c^{\mu_N}(\mathbf{R}^n),$$

从而$A'u\in C^k(\mathbf{R}^n)$自然有直到k阶的迹，所以当我们只考虑到k阶迹时，只需考虑以每一个$a_j(x,\xi)$为象征的PsDO；又因$(1-\chi(\xi))a_j(x,\xi)\in S^{-\infty}$，它也不影响迹算子，所以我们只需考虑象征为$\chi(\xi)a(x,\xi)$，且$a(x,\xi)$是$\xi$的有理式的情况．于是对任意$\varphi\in\mathscr{D}(\mathbf{R}^n)$

$$\langle Au,\varphi\rangle=(2\pi)^{-n}\int_{|\xi|\geqslant 1}\hat{u}(\xi)d\xi\int e^{ix\xi}a(x,\xi)\varphi(x)dx + \langle Ru,\varphi\rangle. \tag{7.2.8}$$

$R\in L^{-\infty}$是一个正则化算子，其分布核是

$$(x,y)\longmapsto(2\pi)^{-n}\int_{|\xi|\leqslant 1}e^{i(x-y)\xi}\chi(\xi)a(x,\xi)d\xi. \tag{7.2.9}$$

在讨论迹时，$Ru\in C^\infty(\mathbf{R}^n)$是没有影响的，所以问题归结为讨论$Bu=(A-R)u$．这里

$$\begin{aligned}\langle Bu,\varphi\rangle&=(2\pi)^{-n}\int_{|\xi|\geqslant 1}\hat{u}(\xi)F(\xi)d\xi,\\ F(\xi)&=\int e^{ix\xi}a(x,\xi)\varphi(x)dx.\end{aligned} \tag{7.2.10}$$

因为已假设了$a(x,\xi)$是ξ_n的有理函数，所以只有极点$\xi_n=\xi_n(x,\xi')$，而当x在紧集$\operatorname{supp}\varphi$中，$\xi'$在$\mathbf{R}^{n-1}$的某个紧集中时，$\xi_n$也在某一紧集中，从而当$|\xi_n|$充分大时，$F(\xi)$是$\xi$的全纯函数．我们还可看到，因为

$$\xi^\alpha F(\xi)=(2\pi)^{-n}\int e^{ix\xi}(-D_x)^\alpha(a(x,\xi)\varphi(x))dx,$$

当 $\xi' \in \mathbf{R}^{n-1}$ 而 $\operatorname{Im}\xi_n \geqslant 0$ 时，$F(\xi)$ 急减（注意在 $\operatorname{supp}\varphi$ 上 $x_n > 0$），然而现在 $\hat{u}(\xi)$ 是 ξ 的缓增函数．所以对 $\langle Bu, \varphi\rangle$ 可以应用 Cauchy 定理改变积分路径得

$$\langle Bu, \varphi\rangle = (2\pi)^{-n}\int_{\mathbf{R}^{n-1}} d\xi' \int_{\Gamma(\xi')} \hat{u}(\xi', \xi_n)F(\xi', \xi_n)d\xi_n.$$

$\Gamma(\xi'_n)$ 的选择方法如下：

$|\xi'| < 1$ 时：$\Gamma(\xi')$ 是 ξ_n 实轴上 $(-\infty, -(1-|\xi'|^2)^{1/2}] \cup [(1-|\xi'|^2)^{\frac{1}{2}}, +\infty)$ 以及联结其两个端点而且适合 $\operatorname{Im}\xi_n \geqslant 0$ 的弧；

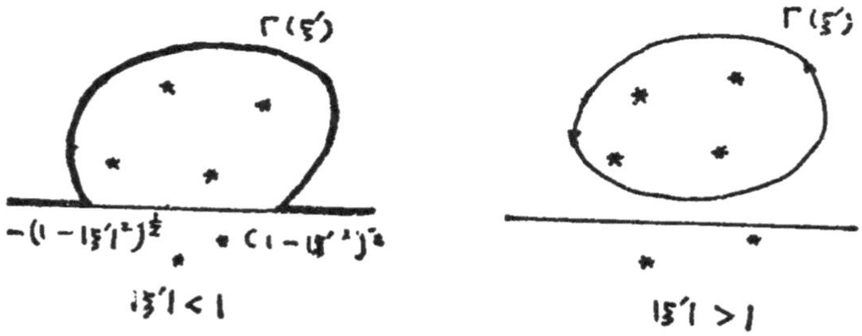

图 6

$|\xi'| \geqslant 1$ 时，$\Gamma(\xi') = |\xi'|\Gamma$，$\Gamma$ 是位于 $\operatorname{Im}\xi_n > 0$ 中的固定闭路．不论那种情况，我们都要求 $\xi' \in \mathbf{R}^{n-1}$ 时，$\Gamma(\xi')$ 上的 ξ_n 适合 $|\xi_n| \leqslant C(1+|\xi'|)$．而且 $\Gamma(\xi')$ 包围了 $a(x, \xi)$ 对 ξ_n 的一切具有正虚部的极点，$x \in \operatorname{supp}\varphi$．

现在令 $\varphi(x) = \varphi_1(x')\otimes\varphi_2(x_n)$，这里 $\varphi_1(x') \in C_0^\infty(\mathbf{R}^{n-1})$，$\varphi_2(x_n) \in C_0^\infty(\mathbf{R})$ 且 $\operatorname{supp}\varphi_2 \subset \{x; x_n > 0\}$．对于这样的 $\varphi(x)$，

$$\begin{aligned}\langle Bu, \varphi\rangle &= (2\pi)^{-n}\int_{\mathbf{R}^{n-1}} d\xi' \int_{\Gamma(\xi')} \hat{u}(\xi', \xi_n)d\xi_n \\ &\quad \cdot \int e^{ix\cdot\xi}a(x, \xi)\varphi_1(x)\varphi_2(x_n)dx \\ &= \int_{\mathbf{R}^1} \varphi_2(x_n)dx_n \int_{\mathbf{R}^{n-1}} G(x_n, \xi')d\xi', \qquad (7.2.11)\end{aligned}$$

这里

$$G(x_n, \xi') = (2\pi)^{-n}\int_{\Gamma(\xi')} \hat{u}(\xi', \xi_n)d\xi_n \int_{\mathbf{R}^{n-1}} e^{ix\cdot\xi}a(x, \xi)\varphi_1(x')dx'.$$

上面的记法(7.2.11)是有意义的,因为 $G(x_n,\xi')$ 很容易证明对 ξ' 是急减的. 由 (7.2.11) 即知 Bu 在 $x_n \geqslant 0$ 处是一个 $C^\infty(\mathbf{R}_+, \mathscr{D}'(\mathbf{R}^{n-1}))$ 函数如下:

$$x_n \longmapsto (\varphi(x') \in \mathscr{D}(\mathbf{R}^{n-1}) \longmapsto (2\pi)^{-n}\int_{\mathbf{R}^{n-1}} d\xi' \iint_{\Gamma(\xi')\times\mathbf{R}^{n-1}} e^{ix\cdot\xi}a(x, \xi)\varphi_1(x')\hat{u}(\xi', \xi_n)d\xi_n dx'. \quad (7.2.12)$$

由这个表达式即知 Bu 在 $\partial\Omega$ 上具有一切阶的迹. 由前面的讨论即知 Au 亦复如此. 定理证毕,而且由证明过程可知. $Au|_\Omega$ 之迹,例如 $\gamma_0(Au)_\Omega$ 连续依赖于 $u \in \{u \in \mathscr{D}'(\mathbf{R}^n), u|_\Omega = 0\}$.

现在就可以开始讨论位势的正则性了. 在前面定义多层位势和体位势时,我们使用了基本解 E,但对于一般的椭圆算子 $L(x, D_x)$,并没有证明基本解的存在,因此,我们根据上面所讲到的理由,将称 $A(v\otimes\delta)|_\Omega$ 为多层位势——或曲面位势. 这里 $A \in L^k(\mathbf{R}^n)$ 是一个适合条件(R)的经典拟微分算子,$v \in \mathscr{D}'(\partial\Omega)$. 而体位势将定义为 $A(f^0)$. 这样,我们有以下的结果.

定理 7.2.2 (关于曲面位势的正则性) 设 $A \in L^k(\mathbf{R}^n)$ 是一个适合条件 (R) 的适当的经典拟微分算子,则有

(i) 算子 $K: C^\infty(\partial\Omega) \to C^\infty(\Omega), v \longmapsto A(v\otimes\delta)|_\Omega$ 是连续的;而若 $v \in \mathscr{D}'(\partial\Omega)$,则 Kv 具有一切阶的迹.

(ii) 算子 $v \longmapsto \gamma_0(Kv)$ 是 $L^{\mu+1}(\partial\Omega)$ 的经典拟微分算子,其在局部坐标系 $x = (x', x_n)$ 中的主象征是

$$(x', \xi') \longmapsto (2\pi)^{-1}\int_\Gamma a_0(x', 0; \xi', \xi_n)d\xi_n,$$

a_0 是 A 的主象征,Γ 是 ξ_n——复平面上包围了 $a_0(x', 0, \xi', \xi_n)$ 对于 ξ_n 的一切具有正虚部 $\mathrm{Im}\,\xi_n > 0$ 的极点的闭路.

(iii) 对于一切$s\in R$，K是由$H^s_{loc}(\partial\Omega)$到$H^{s-\mu-\frac{1}{2}}_{loc}(\bar{\Omega})$[1]的连续算子.

证. (i). 如同证明定理 7.2.1 时一样，我们用 $B=A-R$ 来代替 A. 在(7.2.11)中令 $u=v(x')\otimes\delta(x_n)$,因为 $\partial\Omega$ 是紧集，所以在用一的分割后，可以将 $v(x)$ 分为有限多个 $v_i(x')$ 之和，而每一个 $v_i(x)\in C_0^\infty(\mathbf{R}^{n-1})$. 因此以下恒设 $v\in C_0^\infty(\mathbf{R}^{n-1})$. 这样 $\hat{u}(\xi)=\hat{v}(\xi')$，我们得到

$$
\begin{aligned}
(Bu)(x)&=(2\pi)^{-n+1}\int_{\mathbf{R}^{n-1}}e^{ix'\xi'}K(x,\xi')\hat{v}(\xi')d\xi',\\
K(x,\xi')&=(2\pi)^{-1}\int_{\Gamma(\xi')}e^{ix_n\xi_n}a(x,\xi',\xi_n)d\xi_n.
\end{aligned}
\tag{7.2.13}
$$

这里Γ如已在定理 7.2.1 的证明中指出的那样,是变形后的积分路径,可以规定它不经过ξ_n平面上的∞点. 因此 $K(x,\xi')$是 x 的 C^∞ 函数,从而 $(Bu)(x)\in C^\infty(\bar{\Omega})$.

若 $v\in\mathscr{D}'(\partial\Omega)$ 则直接应用定理 7.2.1 即知 $(Bu)(x)$ 具有一切阶的迹.

现在证明(ii). 先仍然看 $v\in C^\infty(\partial\Omega)$，上面已经指出，不失一般性可以设 $v\in C_0^\infty(\mathbf{R}^{n-1})$. 将$A$按条件(R)中的渐近展开式展开,并且只看第一项 $a_0(x,\xi)$, a_0是ξ的有理函数而且是μ阶正齐性函数. 仿照(i)的证明知道

$$\gamma_0(Kv)(x')=(2\pi)^{-n+1}\int_{\mathbf{R}^{n-1}}e^{ix'\xi'}K(x',0,\xi')\hat{v}(\xi')d\xi',$$

其主象征是

$$K(x',0,\xi')=(2\pi)^{-1}\int_{\Gamma(\xi')}a_0(x',0,\xi',\xi_n)d\xi_n.$$

---

1) $H^s_{loc}(\bar{\Omega})$ 指 $u\in\mathscr{D}'(\Omega)$ 而且对任一 $\varphi\in C_0^\infty(\bar{\Omega})$ $\varphi u\in H^s_{loc}(\mathbb{R}^n)$ 的u之集合. 因为 $\mathrm{supp}\varphi\cap\partial\Omega$ 可能非空,所以 $H^s_{loc}(\bar{\Omega})$ 与 $H^s_{loc}(\Omega)$ 不同. 若取φ在$\partial\Omega$ 的附近为 1,易见$H^s_{loc}(\bar{\Omega})$实际上是指可以越过 $\partial\Omega$ 拓展到$\mathbb{R}^n$之任一紧子集(但不能拓展到整个$\mathbb{R}^n$)上的而仍保持在H^s中的u之集. 同样,有时在一些文献中也用到 $H^s(\bar{\Omega})$，是指可以拓展为 $H^s(\mathbb{R}^n)$ 中的 $u\in\mathscr{D}'(\Omega)$ 之集. 在本节中的Ω都是第三章的正则开集，因此由拓展定理(定理 3.4.3，系 3.4.4)，$H^s(\Omega)$ 中的元都可以连续拓展为 $H^s(\mathbb{R}^n)$ 之元，这样，$H^s(\Omega)$ 和 $H^s(\bar{\Omega})$ 是没有区别的,但 $H^s_{loc}(\bar{\Omega})$ 与 $H^s_{loc}(\Omega)$ 则不相同.

我们现在只需证明 $K(x',0,\xi')$ 是 $\mu+1$ 阶正齐性函数即可. 事实上

$$K(x',0,\tau\xi')=(2\pi)^{-1}\int_{\tau|\xi'|\Gamma}a_0(x',0,\tau\xi',\xi_n)d\xi_n$$

$$=(2\pi)^{-1}\tau^{\mu+1}\int_{|\xi'|\Gamma}a_0(x',0,\xi',\zeta_n)d\zeta_n(\xi_n=\tau\zeta_n)$$

$$=\tau^{\mu+1}K(x',0,\xi'),$$

所以 γ_0Kv 是 $\mu+1$ 阶经典拟微分算子.

最后证明 (iii). 由于 $A=B+R$, R 是正则化算子因此对任意的 μ', $R\in L^{\mu'}(\mathbf{R}^n)$. 因此对 $v\in C_0^\infty(\mathbf{R}^{n-1})$ 和 $\varphi\in C_0^\infty(\mathbf{R}^n)$, 我们有[1]

$$\|\varphi R(v\otimes\delta)\|_{s-\mu-\frac{1}{2}}\leqslant C\|v\otimes\delta\|_{s-\mu-\frac{1}{2}+\mu'}$$

$$\leqslant C\|v\|_{s-\mu+\mu'}$$

$$\leqslant C\|v\|_s.$$

这里需要 $s-\mu+\mu'-\dfrac{1}{2}<-\dfrac{1}{2}$ 以及 $\mu'\leqslant\mu$. 但前面已指出 $\mathrm{R}\in L^{\mu'}(\mathbf{R}^n)$, μ' 是任意的,因此总可以满足以上的要求.

余下的只需证明存在常数 $C>0$ 使得

$$\|(Bu)|_\Omega\|_{s-\mu-\frac{1}{2}}\leqslant C\|v\|_s,\quad u=v\otimes\delta,\quad v\in C_0^\infty(\mathbf{R}^{n-1})$$

即可. $(Bu)_\Omega$ 由 (2.2.13) 给出,同时假设了 $a(x,\xi)$ 对 x 有紧支集. 此式的证明归结为以下几个引理.

引理 7.2.3 对于一切重指标 α,β 均存在常数 $C>0$,使得当 $x_n\geqslant 0$ 时

---

1) 这里我们用到有关迹定理的以下结果:

定理. 若 $v\in\mathscr{D}'(\mathbb{R}^{n-1}), v\neq 0$, 则当且仅当 $t+j<-\dfrac{1}{2}$ 且 $v\in H^{t+j+1/2}(\mathbb{R}^{n-1})$ 时, $v\otimes D^j\delta\in H^t(\mathbb{R}^n)$, 这时

$$\|v\otimes D^j\delta\|_t=C\|v\|_{t+j+1/2},\quad 2\pi C^2=\int_{\mathbf{R}}(1+\eta_n^2)^t\eta_n^{2j}d\eta_n.$$

证.

$$\|v\otimes D^j\delta\|_t^2=(2\pi)^{-n}\int(1+|\xi|^2)^t\xi_n^{2j}|\hat{v}(\xi')|^2d\xi$$

$$=(2\pi)^{-n}\int(1+\eta_n^2)^t\eta_n^{2j}d\eta_n\int(1+|\xi'|^2)^{t+j+1/2}|\hat{v}(\xi')|^2d\xi'.$$

这里我们作了变量变换 $\xi_n=(1+|\xi'|^2)^{1/2}\eta_n$.

$$|x^\beta D_x^\alpha K(x,\xi')| \leqslant C(1+|\xi'|)^{\mu+1+\alpha_n-\beta_n}. \qquad (7.2.14)$$

证. 由(7.2.13)中关于 $K(x,\xi')$ 的表达式知 $D_x^\alpha K(x,\xi')$ 是以下形式的积分的有限线性组合

$$(2\pi)^{-n}\int_{\Gamma(\xi')} e^{ix_n\xi_n}\xi_n^p D_x^{\tilde{\alpha}} a(x,\xi',\xi_n)d\xi_n,$$

这里 $p \leqslant \alpha_n$. 而 $\alpha-\tilde{\alpha}=(0,\cdots,0,\tilde{\alpha}_n)$, $\tilde{\alpha}_n \geqslant 0$. 又因

$$x_n e^{ix_n\xi_n} = D_{\xi_n} e^{ix_n\xi_n},$$

所以对 ξ_n 作分部积分,注意到 $\Gamma(\xi')$ 是一个闭迴路即有

$$x^\beta D_x^\alpha K(x,\xi) = x'^{\beta'}\int e^{ix_n\xi_n} D_{\xi_n}^{\beta_n}(\xi_n^p D_x^{\tilde{\alpha}} a(x,\xi',\xi_n))d\xi_n$$

之有限线性组合.

但是因为 $A \in L^\mu(\mathbf{R}^n)$. 所以

$$\begin{aligned}|D_{\xi}^{\beta_n}(\xi_n^p D_x^{\tilde{\alpha}} a(x,\xi',\xi_n))| &\leqslant C(1+|\xi|)^{(\mu+p-\beta_n)}\\ &\leqslant C(1+|\xi|)^{(\mu+\alpha_n-\beta_n)}.\end{aligned}$$

前面已经说明,在 $\Gamma(\xi')$上,$|\xi_n| \leqslant C(1+|\xi'|)$, 代入上式有

$$\leqslant C(1+|\xi'|)^{\mu+\alpha_n-\beta_n}.$$

如果取 $\Gamma(\xi')$ 为直径 $C|\xi'|$(C 充分大)的弓形弧(在 $\xi_n>0$ 处)以及充分接近 ξ_n 实轴的直线段,知 $\Gamma(\xi')$ 之弧长也小于某个 $C(1+|\xi'|)$, 所以,

$$\begin{aligned}&\left|x'^{\beta'}\int_{\Gamma(\xi')} e^{ix_n\xi_n} D_{\xi_n}^{\beta_n}(\xi_n^p D_x^{\tilde{\alpha}} a(x,\xi',\xi_n))d\xi_n\right|\\ &\qquad \leqslant C(1+|\xi'|)^{\mu+1+\alpha_n-\beta_n}\end{aligned}$$

而引理得证.

现在用 Seeley 拓展(第三章定理 3.4.3 与第六章引理 6.2.12 之注)将 $K(x,\xi')$ 拓展到 $x_n<0$ 处:

$$K(x,\xi') = \sum_{p=1}^{\infty}\lambda_p K(x',-2^p x_n,\xi'), x_n<0,$$

使之对 x 仍具有紧支集,而且上述引理中的估计(7.2.14)仍成立. 将$K(x,\xi')$ 对 x 作 Fourier 变换:

$$\hat{K}(\zeta,\xi') = \int e^{-ix\zeta}K(x,\xi')dx. \qquad (7.2.15)$$

我们有

引理 7.2.4 对任意非负整数 q 与 r 均有常数 C 存在使

$$|\hat{K}(\zeta,\xi')| \leqslant C(1+|\xi'|)^{\mu}(1+|\zeta'|)^{-2r}\left(1+\frac{|\zeta_n|}{1+|\xi'|}\right)^{-q}. \tag{7.2.16}$$

证. 由(7.2.14)(它对 $x_n<0$ 也成立)有

$$|\zeta^{\alpha}\hat{K}(\zeta,\xi')| \leqslant \left|\iint e^{ix\zeta}D_x^{\alpha}K(x,\xi')dx\right|,$$

但是由(7.2.14)

$$|x^{\beta}D_x^{\alpha}K(x,\xi')| \leqslant C(1+|\xi'|)^{\mu+1+\alpha_n-\beta_n}.$$

因此对任意非负整数 p 与 q 有

$$\begin{aligned}
&|(1+|x_n|(1+|\xi'|))^p(1+|x'|^2)^q D_x^{\alpha}K(x,\xi')| \\
&\leqslant \sum_{k,\gamma'}|C_{k\gamma}x_n^k(1+|\xi'|)^k(x')^{\gamma'}D_x^{\alpha}K(x,\xi')| \\
&\leqslant C_{p,q}(1+|\xi'|)^{\mu+1+\alpha_n},
\end{aligned}$$

故

$$|D_x^{\alpha}K(x,\xi')| \leqslant C_{p,q}(1+|\xi'|)^{\mu+1+\alpha_n}(1+|x'|)^{-2q}(1+|x_n|(1+|\xi'|))^{-p}.$$

选取 p, q 充分大将有

$$\begin{aligned}
|\zeta^{\alpha}\hat{K}(\zeta,\xi')| &= \left|\iint e^{-ix\cdot\zeta}D_x^{\alpha}K(x,\xi')dx\right| \\
&\leqslant C(1+|\xi'|)^{\mu+1+\alpha_n}\int_{\mathbf{R}^{n-1}}(1+|x'|)^{-2q}dx' \\
&\quad\cdot\int_{-\infty}^{\infty}(1+|x_n|(1+|\xi'|))^{-p}dx_n \\
&\leqslant C(1+|\xi'|)^{\mu+\alpha_n}.
\end{aligned}$$

利用上面完全相同的方法来估计

$$\begin{aligned}
&|(1+|\zeta_n|/(1+|\xi'|))^q(1+|\zeta'|^2)^r\hat{K}(\zeta,\xi')| \\
&\leqslant \sum_{k,\gamma'}|C_{k\gamma'}|\zeta_n|^q(1+|\xi'|^{-q}(1+(\zeta')^{\gamma'})\hat{K}(\zeta,\xi')| \\
&\leqslant C(1+|\xi'|)^{\mu}.
\end{aligned}$$

因此有

$$|\hat{K}(\zeta,\xi')| \leqslant C(1+|\xi'|)^{\mu}(1+|\zeta'|)^{-2r}\left(1+\frac{|\zeta_n|}{1+|\xi_n|}\right)^{-q}.$$

这里 C 当然与 q，r 有关．引理证毕．

定理 7.2.2 的证明之完成．现在用 $K(x,\xi')$ 表示已经拓展到 $x_n<0$ 处的 $K(x,\xi')$．因此我们有一个新的算子 Tu，以它拓展了 $(Bu)|_{\Omega}$，它就是

$$Tu(x)=(2\pi)^{-n+1}\int e^{ix'\xi'}K(x,\xi')\theta(\xi')d\xi'.$$

这里 $u=v(x')\otimes\delta$，而我们只需证明对一切 $s\in\mathbf{R}$ 有

$$\|Tu\|_{s-\mu-\frac{1}{2}}\leqslant C_s\|v\|_s$$

即可．也就是说，只需证明对一切 $\varphi\in C_0^\infty(\mathbf{R}^n)$ 均有

$$|\langle Tu,\varphi\rangle|\leqslant C_s\|v\|_s\|\varphi\|_{-s+\mu+\frac{1}{2}}. \tag{7.2.17}$$

但是很容易证明 $\widehat{Tu}(\eta)=(2\pi)^{-n+1}\int\hat{K}(\eta-\xi',\ \xi')\theta(\xi')d\xi'$，这里 ξ' 了解为 $(\xi',\ 0)$ 从而 $\eta-\xi'$ 有意义． 从而由 Parseval 等式有

$$\langle Tu,\varphi\rangle=(2\pi)^{-n}\int\hat{K}(\eta-\xi',\xi')\theta(\xi')\hat{\varphi}(-\eta)d\eta d\xi'.$$

因此，由 Schwarz 不等式得

$$|\langle Tu,\ \varphi\rangle|\leqslant C\|\varphi\|_{-s+\mu+\frac{1}{2}}\|V\|_0, \tag{7.2.18}$$

$$V(\eta)=\int|\hat{K}(\eta-\xi',\xi')(1+|\eta|)^{s-\mu-\frac{1}{2}}\theta(\xi')|d\xi'.$$

由引理 7.2.4，$|\hat{K}(\eta-\xi',\xi')|\leqslant C(1+|\xi'|)^{\mu}(1+|\eta'-\xi'|)^{-2r}\cdot(1+|\eta_n|/(1+|\xi'|))^{-q}$，代入上式即得 $\|V\|_0\leqslant\|W\|_0$，这里

$$W(\eta)=C\int\chi(\eta,\ \xi')(1+|\xi'|)^{s}|\theta(\xi')|d\xi',$$

$$\chi(\eta,\ \xi')=(1+|\xi'|)^{\mu-s}(1+|\eta'-\xi'|)^{-2r}(1+|\eta|)^{s-\mu-\frac{1}{2}}\cdot\left(1+\frac{|\eta_n|}{1+|\xi'|}\right)^{-q},$$

r 与 q 暂时不定．

因此为了证明(7.2.17)，由(7.2.18)以及 $\|V\|_0\leqslant\|W\|_0$，只需证明 $\|W\|_0\leqslant C\|v\|_s$ 即可．为此，作变量变换

$$\eta' \longmapsto \eta',\quad \eta_n \longmapsto (1+|\eta'|)\eta_n,$$

有

$$\|W\|_0^2 = \int |(1+|\eta'|)^{1/2} W(\eta', (1+|\eta'|)\eta_n)|^2 d\eta' d\eta_n.$$

应用 Peetre 不等式(定理 2.1.10)有

$$\begin{aligned}
(1+|\eta'|)^{\frac{1}{2}}\chi(\eta',(1+|\eta'|)\eta_n;\xi') &\leqslant C(1+|\xi'|)^{\mu-s} \\
&\cdot (1+|\eta'|)^{s-\mu}(1+|\eta_n|)^{s-\mu-\frac{1}{2}}(1+|\eta'-\xi'|)^{-2r} \\
&\cdot \left(1+\frac{1+|\eta'||\eta_n|}{1+|\xi'|}\right)^{-q} \\
&\leqslant C(1+|\eta_n|)^{s-\mu-\frac{1}{2}}(1+|\eta'-\xi'|)^{-2r+|s-\mu|} \\
&\cdot \left(1+\frac{|\eta_n|}{1+|\eta'-\xi'|}\right)^{-q},
\end{aligned}$$

因此

$$\|W\|_0^2 \leqslant C\int (1+|\eta_n|^2)^{s-\mu-\frac{1}{2}}(\|Y(\cdot,\eta_n)\|_0^2 d\eta_n \qquad (7.2.19)$$

$$Y(\eta',\eta_n) = \int Z(\eta'-\xi',\eta_n)(1+|\xi'|)^s|\hat{v}(\xi')|d\xi'$$

$$\begin{aligned}
Z(\eta',\eta_n) &= (1+|\eta'|)^{-2r+|s-\mu|}\left(1+\frac{|\eta_n|}{1+|\eta'|}\right)^{-q} \\
&\leqslant (1+|\eta'|)^{-2r+|s-\mu|+q}(1+|\eta|)^{-q}.
\end{aligned}$$

然而由 Hausdorff-Young 不等式(视 η_n 为参数)有:

$$\|Y(\cdot,\eta_n)\|_0^2 \leqslant C\|v\|_s^2\Sigma^2(\eta_n),$$

$$\Sigma(\eta_n) = \int Z(\eta',\eta_n)d\eta',$$

所以若取 $q > n-1$, $q > s-\mu+n-\frac{1}{2}$, $2r > |\mu-s|+q$即得

$$\begin{aligned}
\Sigma(\eta_n) &\leqslant C\int (1+|\eta|)^{-q}d\eta' \\
&= C(1+|\eta_n|)^{-q+n-1}\int (1+|\eta'|)^{-q}d\eta' \\
&= C(1+|\eta_n|)^{-q+n-1},
\end{aligned}$$

依次代入(7.2.19)即有

$$\|W\|_0^2 \leqslant C\|v\|_s^2 \int (1+|\eta_n|^2)^{s-\mu-\frac{1}{2}-q+n-1} d\eta_n.$$

因此定理证毕.

前面讨论了相当于分解式(7.2.5)的后一项$(E * \tilde{L}\gamma u)|_\Omega$的多层位势$A(v\otimes\delta)|_\Omega$,现在要讨论相当于(7.2.5)的前一项$(E*f^0)|_\Omega$的体位势$A(f^0)$的正则性. 这里我们有以下的定理.

定理 7.2.5(关于体位势的正则性) 设适当的经典拟微分算子$A\in L^\mu(\mathbf{R}^n)$适合条件(R),则算子$f\longmapsto A(f^0)|_\Omega$是$C^\infty(\bar{\Omega})$到$C^\infty(\bar{\Omega})$的连续映射.

证. 由于定理中只用到f^0,不妨设f的支集在$\bar{\Omega}$的某邻域中,从而令$\tilde{f}$为f在$\mathbf{R}^n$中的C^∞拓展可以设$\tilde{f}\in C_0^\infty(\mathbf{R}^n)$,而且拓展算子: $C^\infty(\bar{\Omega})\to C_0^\infty(\mathbf{R}^n)$是连续的. 记$g=\tilde{f}|_{\mathbf{R}^n\setminus\bar{\Omega}}$, $u=g$在$\bar{\Omega}'=\overline{(\mathbf{R}^n\setminus\bar{\Omega})}$中,而在$\Omega$上$u=0$则$f^0=\tilde{f}-u$. g和u都具有紧支集,但u不一定光滑,因为在$\partial\Omega$上可能有间断性. 我们已知适当的拟微分算子是$C^\infty(\mathbf{R}^n)$到$C^\infty(\mathbf{R}^n)$的连续线性映射,所以$A\tilde{f}$对$\tilde{f}$(从而对于f)是$C^\infty(\bar{\Omega})\to C^\infty(\bar{\Omega})$的连续线性映射,而我们的定理归结为证明$g\longmapsto(Au)|_\Omega$是$C^\infty(\bar{\Omega}')\to C^\infty(\bar{\Omega})$的连续映射,因为$f\longmapsto g$由拓展的连续性是$C^\infty(\bar{\Omega})\to C^\infty(\bar{\Omega}')$的连续映射.

和定理 7.2.2 的证明一样,令$A=B-R$, 对于Bu我们有

$$\begin{aligned} &\langle Bu,\varphi\rangle=(2\pi)^{-n}\int_{\mathbf{R}^{n-1}}d\xi'\int_{\Gamma(\xi')}\hat{u}(\xi',\xi_n)F(\xi',\xi_n)d\xi_n,\\ &F(\xi',\xi_n)=\int e^{ix\xi}a(x,\xi)\varphi(x)dx. \end{aligned} \tag{7.2.20}$$

和定理 7.2.2 的证明一样,当研究$Bu|_\Omega$时,不妨设u对x'光滑,且具有紧支集,即$u\in C_0^\infty(\mathbf{R}^{n-1})$. 这时在

$$\hat{u}(\xi',\xi_n)=\int e^{-ix\cdot\xi}u(x)dx$$

中对x'作分部积分立刻可以看到, 对一切$l\in N$必有常数C_l使得

$$|\hat{u}(\xi',\xi_n)|\leqslant C_l(1+|\xi'|)^{-l},\ \xi'\in\mathbf{R}^{n-1},\ \mathrm{Im}\xi_n\geqslant 0.$$

由(7.2.20)知道,当$x_n>0$时

$$(Bu)(x)=(2\pi)^{-n}\int_{\mathbf{R}^{n-1}} e^{ix'\xi'}d\xi'\int_{\Gamma(\xi')} e^{ix_n\xi_n}a(x,\xi',\xi_n)\hat{u}(\xi',\xi_n)d\xi_n \tag{7.2.21}$$

因此 $Bu|_\Omega\in C^\infty(\bar{\Omega})$. 定理证毕.

在定理 7.2.2 中出现了算子 K,我们称为 Poisson 算子,同时,$f\longmapsto\gamma_0[A(f^0)|_\Omega]$ 称为迹算子记作 T. 由于这两个定理中的 A 是适当的,K 可以拓展为 $\mathscr{E}'(\partial\Omega)$ 到 $\mathscr{E}'(\bar{\Omega})$ 的算子而我们有

定理 7.2.6 设 $A\in L^\mu(\mathbf{R}^n)$ 是适合条件 (R) 的适当的拟微分算子,则拓展了的 Poisson 算子

$$\begin{aligned} \mathrm{K}:\quad & \mathscr{E}'(\partial\Omega)\to\mathscr{E}'(\bar{\Omega}) \\ & v\longmapsto(A(v\otimes\delta)|_\Omega)^0 \end{aligned} \tag{7.2.22}$$

的转置算子就是算子

$$\begin{aligned} & T': C^\infty(\bar{\Omega})\to C^\infty(\partial\Omega) \\ & f\longmapsto\gamma_0({}^tA(f^0)|_{\Omega'}),\quad \Omega'=\mathbf{R}^n\backslash\bar{\Omega}. \end{aligned} \tag{7.2.23}$$

证. 这里需要证明的就是对一切 $f\in C_0^\infty(\bar{\Omega})$ 和 $v\in C^\infty(\partial\Omega)$ 有

$$\langle f,Kv\rangle=\langle T'f,v\rangle.$$

我们仍将 Ω 化到 $\mathbf{R}^n_+$. 若 $f\in C_0^\infty(\Omega)$, 由转置算子的定义上式是显然的. 对一般的 $f\in C_0^\infty(\bar{\Omega})$, 则用磨光核 ρ_ε 将 f 磨光: $\rho_\varepsilon*f\in C_0^\infty(\Omega)$,这里 ρ 是 x_n 的 C_0^∞ 函数,其支集在 $x_n>0$ 处,$\rho_\varepsilon=\rho\left(\frac{x_n}{\varepsilon}\right)$. 于是

$$\begin{aligned} \langle f,Kv\rangle &= \langle f^0, A(v\otimes\delta)|_{\bar{\Omega}}\rangle \\ &= \lim_{\varepsilon\to 0}\langle\rho_\varepsilon*f^0A(v\otimes\delta)|_{\bar{\Omega}}\rangle \\ &= \lim_{\varepsilon\to 0}\langle\rho_\varepsilon*f^0,A(v\otimes\delta)\rangle \\ &= \lim_{\varepsilon\to 0}\langle\gamma_0{}^tA(\rho_\varepsilon*f^0),v\rangle. \end{aligned}$$

因此余下的是要证明在 C^∞ 拓扑下 $\lim\limits_{\varepsilon\to 0}\gamma_0{}^tA(\rho_\varepsilon*f^0)=\gamma_0({}^tA(\rho_\varepsilon*f^0))_{\bar{\Omega}'}$ 即可. 但是当 A 之阶 $<-n$ 时,

$$\gamma_0{}^tA(\rho_\varepsilon*f^0)=(2\pi)^{-n}\iint e^{i(x'-y)\cdot\xi}a(x',0,\xi)(\rho_\varepsilon*f^0)(y)dyd\xi,$$

$x'-y=(x_1-y_1,\cdots,x_{n-1}-y_{n-1},-y_n)$，直接求极限即可. 对一般的 A，利用 $A=B-R, R\in L^{-\infty}(\Omega)$ 而可以利用直接求极限处理，对于 B，则利用 B 的表达式(7.2.21)求极限即可. B 定理证毕.

系 7.2.7 在以上假设下，若 $\mu<-\frac{1}{2}$，则 T' 可以连续拓展为相应于 ${}^tA$ 的迹算子 $T: f\longmapsto \gamma_0(({}^tAf^0)_\Omega)$，$f\in C^\infty(\bar{\Omega})$.

证. 前面已经证明 $T'={}^tK$，而 K 是 $C^\infty(\partial\Omega)\to C^\infty(\bar{\Omega})$ 的连续算子，因此由对偶性知 T' 可以连续拓展为由 $\mathscr{D}'(\bar{\Omega})$ 到 $\mathscr{D}'(\partial\Omega)$ 的连续映射. 当 $f\in C^\infty(\bar{\Omega})$ 时，$f^0\in H^0_{\mathrm{loc}}(\mathbf{R}^n)$，从而 ${}^tA(f^0)\in H^{-\mu}_{\mathrm{loc}}(\mathbf{R}^n)$，当 $\mu<-\frac{1}{2}$ 时，$-\mu>\frac{1}{2}$ 而 $\gamma_0({}^tA(f^0))_\Omega$ 有意义且由定理 7.2.6 知 $T'f=Tf$.

最后证明一个关于迹的存在的定理：

定理 7.2.8 设 $P(x,D_x)$ 是 $\mathbf{R}^n$ 上的适当的 $2m$ 阶椭圆拟微分算子 $u\in\mathscr{D}'(\Omega)$ 可以拓展为 $\mathscr{D}'(\mathbf{R}^n)$ 之元，则

(i) 若 $Pu\in C^\infty(\bar{\Omega})$，$u$ 在 $\partial\Omega$ 上有各阶迹.

(ii) 若 $Pu\in H^s_{\mathrm{loc}}(\bar{\Omega})$，则当 $k<s+2m-1/2$ 时，u 在 $\partial\Omega$ 上有直到 k 阶的迹.

证. 设 u 拓展为 $\tilde{u}\in\mathscr{D}'(\mathbf{R}^n)$. 不失一般性，可以设 $\tilde{u}\in\mathscr{E}'(\mathbf{R}^n)$. 记 $Pu=f$，$P\tilde{u}-f^0=g$ 若 Q 是 P 的适当的左拟基本解，因为 $QP=I+R$，$R\in L^{-\infty}(\mathbf{R}^n)$ 有 $u=(Q(f^0)+Qg+R\tilde{u})|_\Omega$. 由拟基本解的作法，$Q$ 应适合条件 (R)，因而由定理 7.2.6，$Q(f^0)|_\Omega\in C^\infty(\bar{\Omega})$ 自然具有各阶的迹. 由于 R 是正则化算子，$R\tilde{u}\in C^\infty(\mathbf{R}^n)$，从而 $R\tilde{u}|_\Omega$ 也有各阶的迹. 余下的只有 $Qg|_\Omega$. 很明显 $g\in\mathscr{D}'(\mathbf{R}^n)$（事实上是 $g\in\mathscr{E}'(\mathbf{R}^n)$）而且在 Ω 上 $g=0$，故由定理 7.2.1 知 $Qg|_\Omega$ 也在 $\partial\Omega$ 上有各阶的迹. (i) 证毕.

为了证明(ii)，记 $Pu=f$，于是可以拓展为 $\tilde{f}\in H^s_{\mathrm{loc}}(\mathbf{R}^n)$，和上面一样作 Q 为 $-2m$ 阶适当的拟微分算子：$PQ=I+R$. 令 $v=u-(Q\tilde{f})|_\Omega$，则 $Pv=Pu-f-R\tilde{f}\in C^\infty(\bar{\Omega})$. 因此由(i)，$v$ 在 $\partial\Omega$ 上具有各阶的迹. $Q\tilde{f}\in H^{s+2m}_{\mathrm{loc}}(\mathbf{R}^n)$，由迹定理，当 $k<s+$

$2m-1/2$ 时，它有直到 k 阶的迹．定理证毕．

3. Calderon 投影子．现在回到本节的开始．在那里，我们就常系数椭圆算子 L 的情况作出分解式(7.2.5)，并通过求迹将原来的边值问题归结为 $\partial\Omega$ 上的方程组(7.2.7)——这是一个拟微分算子的方程组．这就是我们解决问题的基本途径．现在我们要对一般的变系数的椭圆算子 $L(x, D_x)$ 作出分解式(7.2.5)以及得到相应于(7.2.7)的方程组．这里的核心问题是给出定义并讨论其性质．

对 Ω 仍作前面一样的规定，可是对算子 L 有跳跃公式(7.2.4)

$$L(u^0)=(Lu)^0+\tilde{L}\gamma u=f^0+\tilde{L}\gamma u, \qquad (7.2.24)$$

$$\tilde{L}\gamma u=\frac{1}{i}\sum_{l+k+1\leqslant 2m}L_{l+k+1}(x,D_{x'})\gamma_l u\otimes D_n^k\delta(x_n),$$

这里 $\gamma_l u=\left(\frac{1}{i}\partial_{x_n}\right)^l u|_{\partial\Omega}=D_n^l u(x',0)$，$L_{l+k+1}(x,D_{x'})$是 $D_{x'}$ 的 $2m-(l+k+1)$ 次多项式．对于椭圆算子 L，可以作出其拟基本解 Q，使得 Q 是一个 $-2m$ 阶的适当的经典拟微分算子．而且

$$LQ=I+R,\ QL=I+R',$$

$R, R'\in L^{-\infty}(\mathbf{R}^n)$．现在用 Q 从左方作用于(7.2.24)有

$$u=(Q\tilde{L}\gamma u)|_\Omega+(Q(f^0))_\Omega-(R'(u^0))_\Omega,$$

再在 $\partial\Omega$ 上取迹即得相应于式(7.2.7)的

$$\gamma u=\gamma(Q\tilde{L}\gamma u)_\Omega+\gamma(Q(f^0))_\Omega-\gamma(R'(u^0))_\Omega, \qquad (7.2.25)$$

或记 $\gamma u=v$，$\gamma(Q\tilde{L}v)_\Omega=C_v$，我们有

$$v=Cv+\gamma(Q(f^0))_\Omega-\gamma(R'(u^0))_\Omega. \qquad (7.2.26)$$

现在可以给出以下的定义：

定义 7.2.9 由式(7.2.25)所定义的算子 $C:C^\infty(\partial\Omega,\mathbf{C}^m)\to C^\infty(\partial\Omega,\mathbf{C}^{2m})$，$v\longmapsto\gamma(Q\tilde{L}v)_\Omega$ 称为 Calderon 投影子．

这里我们要注意，$Q\tilde{L}$ 可以认为是作用在 $v\otimes\delta$ 上的：

$$Q\tilde{L}v=\frac{1}{i}\sum_{l+k+1\leqslant 2m}QL_{l+k+1}(x,D_{x'})v_l\otimes D_n^k\delta(x_n),$$

v_l 是 $\partial\Omega$ 上之 $2m$ 维向量 $v=(v_0,v_1,\cdots,v_{2m-1})$ 的第 l 个分量．当 $v=\gamma u$ 时，$v_l=D_n^l u(x',0)$．因此由关于曲面位势的正则性的定理 7.2.2 知，可以视 $Q\tilde{L}$ 即其中的算子 A，而 C 即其中的 $\gamma_0 K$，

它显然是 $C^\infty(\partial\Omega,\mathbb{C}^{2m})\to C^\infty(\partial\Omega,\mathbb{C}^{2m})$ 的连续算子，因此定义是合理的.

由拟基本解的作法可以知道Q的象征之渐近展开式的每一项均为ξ的有理函数，因此Q适合条件(R)——条件(R)的设置正是这个目的——而且由拟微分算子的运算知道Q与一切微分算子的复合也适合条件 (R)，因此前面的定理均可适用于此. 这样我们得到关于 Calderon 投影子的基本定理如下:

定理 7.2.10 (i) 算子 $v\longmapsto(Q\tilde{L}v)_\Omega$ 是由 $\prod\limits_{l=0}^{2m-1}H^{\sigma-l-\frac{1}{2}}(\partial\Omega)\to H^\sigma_{\text{loc}}(\bar{\Omega})$ 的连续映射，$\sigma\in\mathbf{R}$可取任意值.

(ii) $C=(C_{j,l})$ ($j,l=0,1,\cdots,2m-1$) 是 $2m$ 阶矩阵算子，其中 $C_{j,l}\in L^{j-l}(\partial\Omega)$ 是适当的经典拟微分算子.

(iii) C 是 $\operatorname{mod}L^{-\infty}$ 意义下的投影算子:

$$C^2-C\in L^{-\infty}(\partial\Omega).$$

证. 由 $\tilde{L}$ 的定义(7.2.24)有

$$(Q\tilde{L}v)|_\Omega=\frac{1}{i}\sum_{l+k+1\leqslant 2m}QL_{l+k+1}(x,D_{x'})D_n^k[v_l\otimes\delta(x_n)]|_\Omega,$$

$$\gamma_j(Q\tilde{L}v)|_\Omega=\frac{1}{i}\sum_{l+k+1\leqslant 2m}\gamma_0(D_n^j[QL_{k+l+1}(x,D_{x'})\cdot D_n^k(v_l\otimes\delta(x_n))])|_\Omega.$$

前面已指出，Q适合条件(R)，所以 $QL_{l+k+1}D_n^k$, $D_n^jQL_{l+k+1}D_n^k$ 都是适合条件(R)的经典拟微分算子，其阶数分别为 $-l-1$, $j-l-1$. 所以 $Q\tilde{L}$ 是由

$$\prod_{l=0}^{2m-1}H^{\sigma-l-\frac{1}{2}}(\partial\Omega)\to H^\sigma_{\text{loc}}(\bar{\Omega})$$

的连续映射. (定理 7.2.2 (iii)). 于是 (i) 得证.

关于 (ii)，则注意到

$$C_{j,l}=\gamma_j(Q\tilde{L}v_l)_\Omega=\frac{1}{i}\sum_{k+1\leqslant 2m-l}\gamma_0(D_n^j[QL_{l+k+1}(x,D_{x'})\cdot D_n^k(v_l\otimes\delta(x_n))]|_\Omega.$$

由定理 7.2.2 的 (ii)，应为阶数为 $j-l$ 的适当的经典拟微分算

子. 其主象征为

$$\frac{1}{2\pi i}\int_{\Gamma} L^{-1}(x',0,\xi',\xi_n)\cdot\sum_{k+1\leqslant 2m-l} L^{0}_{l+k+1}(x',0,\xi')\xi_n^{l+k}d\xi_n.$$

这里 Γ 是包围了 $L^0(x',0;\xi',\xi_n)$ 关于 ξ_n 的一切具有正虚部的零点的回路, L^0_{l+k+1} 与 L^0 分别表示 L_{l+k+1} 与 L 的主象征.

最后证明(iii). 考虑 $v\in C^\infty(\partial\Omega,\mathbb{C}^{2m})$, 并记 $u=(Q\tilde{L}v)|_\Omega$, 则有 C 的定义有 $Cv=\gamma u$, 然而

$$\tilde{L}v=\frac{1}{i}\sum_{l+k+1\leqslant 2m} L_{l+k+1}(x,D_{x'})D_n^k(v_l\otimes\delta(x_n))|_\Omega$$

所以当 $x_n>0$ 时, 亦即在 Ω 中应有 $\tilde{L}v=0$. 于是由 $LQ=I+R$, $R\in L^{-\infty}$ 即有

$$Lu=(LQ\tilde{L}v)|_\Omega=\tilde{L}v|_\Omega+(R\tilde{L}v)|_\Omega=(R\tilde{L}v)_\Omega.$$

于是对 γu 应用(7.2.26), 注意到其中的 $f^0=(Lu)^0$, 即有

$$\gamma u=C(\gamma u)+\gamma Q[(R\tilde{L}v)_\Omega]^0-\gamma R'(u^0).$$

由 $\gamma u=Cv$, $u^0=(Q\tilde{L}v)|^0_\Omega$, 有

$$(C-C^2)v=\gamma Q[(R\tilde{L}v)|_\Omega]^0-\gamma R'[(Q\tilde{L}v)_\Omega]^0.$$

记上式右方为 rv, 我们来证明 $r\in L^{-\infty}(\partial\Omega)$. 但这是清楚的, 因为 $R,R'\in L^{-\infty}(\Omega)$, 所以上式右方变 $v\in\mathscr{D}'(\partial\Omega)$ 到 $C^\infty(\partial\Omega)$ 中. 定理证毕.

现在用 $c(x',\xi')$ 记 Calderon 投影子的主象征: 即矩阵 $(C^0_{j,l}(x',\xi'))$, 其中 $C^0_{j,l}(x',\xi')$ 是算子 $C_{j,l}(x',D_{x'})$ 的主象征. 因此, $c(x',\xi')\in C^\infty(T^*(\partial\Omega),L(\mathbb{C}^{2m}))$. 以后我们将需要讨论它的象: $c(x',\xi')\mathbb{C}^{2m}$. 同 $L^0(x',x_n;\xi',\xi_n)$ 表示算子 L 的主象征, 并作常微分方程

$$L^0(x',0;\xi',D_n)U=0.$$

用 $S^\pm(x',\xi')$ 表示它在 $x_n\gtrless 0$ 处为有界的解的空间, 由于 $L^0(x',0,\xi',\xi_n)=0$ 对于 ξ_n 没有实根, 这个方程的特征方程没有纯虚根, 从而其基本解系可以分为两组: 一组在 $x_n\to+\infty$ 时趋于 0, 另一组在 $x_n\to-\infty$ 时趋于 0. 用 γU 表示解 U 在 $x_n=0$ 处所取的初值: $\gamma U=(D_n^jU(0))$, $j=0,1,\cdots,2m-1$, 并记 $D^\pm(x',$

$\xi') = \{\gamma U;\ U \in S^{\pm}(x', \xi')\}$，则有

$$\mathbf{C}^{2m} = D^+(x', \xi') \otimes D^-(x', \xi').$$

现在看 $D^{\pm}(x',\xi')$ 的维数．方程 $L^0(x',0,\xi',\xi_n) = 0$ 关于 ξ_n 的适合 $\mathrm{Im}\xi_n > 0$ 与 < 0 的根之个数是局部常值函数，当 $n \geqslant 3$ 时，$T^*(\partial\Omega)\backslash 0 = T^*(\mathbf{R}^{n-1})\backslash 0$ 是连通的，所以 $\dim D^{\pm}(x', \xi')$ 是常数．又因为当 ξ' 变为 $-\xi'$ 时，适合 $\mathrm{Im}\xi_n > 0$ 的根变为 $\mathrm{Im}\xi_n < 0$ 的根，所以

$$\dim D^+(x',\xi') = \dim D^-(x',\xi') = m. \tag{7.2.27}$$

其实这就是定理 7.1.5 的内容．当 $n = 2$ 时，上式不能得证，但我们恒假设 L 是适当椭圆算子，所以这时它也成立，这样我们可以证明

定理 7.2.11 若 L 是适当椭圆算子我们有

$$\mathrm{Im}c(x', \xi') = D^+(x', \xi'),\ \dim\mathrm{Im}c(x', \xi') = m. \tag{7.2.28}$$

证．令 $U \in S^+(x',\xi')$，在 $x_n < 0$ 处补充定义它为 0 而得 U^0，则容易看到有以下的跳跃公式成立：

$$L^0(x',0,\xi',D_n)U^0 = \frac{1}{i}\sum_{l+k+1\leqslant 2m} L^0_{l+k+1}(x',0,\xi')\gamma_l U \times D_n^k\delta(x_n).$$

L^0_{l+k+1} 是 L_{l+k+1} 的主象征．因为拓展后的 $U^0 \in \mathscr{S}'(\mathbf{R})$，在上式双方作 Fourier 变换，有

$$L^0(x',0,\xi',\xi_n)\widehat{U^0}(\xi_n) = \frac{1}{i}\sum_{l+k+1\leqslant 2m} L^0_{l+k+1}(x', 0, \xi')\xi_n^k\gamma_l U.$$

作逆变换，并且在 ξ_n 复平面上改变积分路径如 $C_{j,l}$ 的主象征表达式(定理 7.2.10 (ii) 的证明)中的 Γ，即有

$$U(x_n) = \frac{1}{2\pi i}\int_\Gamma e^{ix_n\xi_n}L^{0,-1}(x',0,\xi',\xi_n) \cdot \sum_{l+k+1\leqslant 2m} L^0_{l+k+1}(x', 0, \xi')\xi_n^k\gamma_l U \cdot d\xi_n,\ x_n \geqslant 0. \tag{7.2.29}$$

于是，双方求 j 阶迹 $\gamma_j = \frac{1}{i} D_n^j(\cdot)|_{x_n=0}$，有

$$\gamma_j U = \frac{1}{2\pi i}\int_\Gamma L^{0,-1}(x', 0, \xi', \xi_n)\xi_n^{j+k}$$

$$\sum_{l+k+1\leqslant 2m} L^0_{l+k+1}(x', 0, \xi')\gamma_l U d\xi_n.$$

但由上述 $C_{j,l}$ 之主象征表达式即有

$$\gamma U = c(x', \xi')\gamma U$$

亦即 $\gamma U \in \mathrm{Im}c(x', \xi')$.

反之，设 $w \in \mathbf{C}^{2m}$ 而且 $w \in \mathrm{Im}c(x', \xi')$. 在(7.2.29)中以 w_l 代替 $\gamma_l U(l = 0, 1, \cdots, 2m-1)$ 以定义一个向量，记作 $U(x_n)$，很容易看到 $U(x_n)$（在 $x_n < 0$ 处补充定义为 0）是常微分方程

$$L^0(x', 0, \xi', D_n)U = 0, \quad x_n \geqslant 0$$

的解，而在 $x_n \to +\infty$ 时为有界，这就是说 $U \in S^+(x', \xi')$ 而且 $\gamma U = w$. 所以 $w \in D^+(x', \xi')$. 证毕.

4. 适当椭圆算子的边值问题. Лопатинскии 条件. 对于椭圆算子 $L(x, D_x)$，我们已经提出了它的一般边值问题是

$$\begin{aligned} L(x, D_x)u &= f, \\ B\gamma u &= g, \end{aligned} \tag{7.2.30}$$

这里 $B = (B_{jk})$，而 $B_{jk} \in L^{d_j-k}(\partial\Omega)$ 是适当的经典拟微分算子. 至此，我们已假设了 L 是适当椭圆的从而知道 $c(x', \xi')$ 的象维数为 m，$B\gamma u$ 则可写为一个向量 $(B_0 u, \cdots, B_{2m-1}u)$ 而成为一个 J 正规系，因为有若干个 B_j 可能为 0，所以实际上有 μ 个边值条件. (7.2.30)给出了一个算子

$$\begin{aligned} \mathscr{L}: C^\infty(\bar{\Omega}) &\to C^\infty(\bar{\Omega}) \times C^\infty(\partial\Omega; \mathbf{C}^\mu), \\ u &\longmapsto (Lu, B\gamma u) \end{aligned} \tag{7.2.31}$$

（暂设 $u \in C^\infty(\bar{\Omega})$）. 现在用 $b = (b_{jk})$ 记 B 之主象征（即指 $b_{jk}(x', \xi')$ 为 $B_{j,k}$ 的主象征），它对每一个 $(x', \xi') \in T^*(\partial\Omega)\backslash 0$ 映 $\mathbf{C}^{2m}$ 为 $\mathbf{C}^\mu$ 中一个向量，因此当 $(x', \xi') \in T^*(\partial\Omega)\backslash 0$ 在变动时，其象是 $T^*(\partial\Omega)\backslash 0$ 的一个向量丛：$(T^*(\partial\Omega)\backslash 0) \times \mathbf{C}^\mu$. 以后我们将在 $\mathrm{Im}c(x', \xi')$ 上考虑 $b(x', \xi')$，并记这样得到的限制为 $\tilde{b}(x', \xi')$: $\mathrm{Im}c(x', \xi') \to (T^*(\partial\Omega)\backslash 0) \times \mathbf{C}^\mu$. $\tilde{b}$ 的性质将决定算子 $\mathscr{L}$ 的性

质．为了讨论这个问题，我们要引人 Douglis-Nirenberg 意义下的椭圆组的概念．

仍然从一个椭圆算子的情况开始．在第五章中已证明，凡椭圆算子必有拟基本解．其实这个结论的逆也成立．这是因为若适当的经典拟微分算子 $A\in L^{\mu}$ 有拟基本解(左或右) $B\in L^{-\mu}$: $BA\equiv I(\mathrm{mod}L^{-\infty})$，则将 A，B 的象征 $\sigma(A)$，$\sigma(B)$ 用渐近式展开：

$$\sigma(A)\sim\sum_{j=0}^{\infty}a_j(x,\xi),\quad\sigma(B)\sim\sum_{j=0}^{\infty}b_j(x,\xi)$$

应有 $b_0(x,\xi)a_0(x,\xi)=1$，$\xi\in\mathbf{R}^n\backslash0$．因此对于 $\xi\in\mathbf{R}^n\backslash0$，$A$ 的主象征 $a_0(x,\xi)\neq0$，因此 A 是椭圆算子．同样，对于 $m\times n$ 矩阵算子 $A=(A_{j,k})$，A_{jk} 是适当的经典拟微分算子，其阶数为 $\mu_{jk}=t_k-s_j$，其象征与主象征分别记为 $\sigma(A_{j,k})$ 与 $a^0_{j,k}$．于是我们称 A 的象征与主象征分别是

$$\sigma(A)=(\sigma(A_{j,k})),\quad a^0=(a^0_{j,k}).$$

若 $a^0:\mathbf{C}^n\to\mathbf{C}^m$ 是单射(只有当 $m\geqslant n$ 时才可能)或全射(当 $n\geqslant m$ 时才可能)就称 A 为 Douglis-Nirenberg 意义下的左或右椭圆算子(或者准确些说是 (s,t) 椭圆组，这里 $s=(s_1,\cdots,s_m)$，$t=(t_1,\cdots,t_n)$)．特别是在 $m=n$ 时，a^0 可能是单全射，这时就简单称 A 是 Douglis-Nirenberg 意义下的 (s,t) 椭圆组(以下简称椭圆组)．

和单个椭圆算子一样，这里可以证明

定理 7.2.12 A 是 (s,t) 左(右)椭圆组的充要条件是存在左(右)拟基本解 B，B 是适当的 (t,s) 右(左)椭圆组，$BA\equiv I(\mathrm{mod}L^{-\infty})$ $[AB\equiv I(\mathrm{mod}L^{-\infty})]$．当 $m=n$ 时，单侧椭圆性就意味着存在双侧拟基本解．

证．令 Λ_r 是以 $(1+|\xi|^2)^{r/2}$ 为象征的适当的拟微分算子，则 Λ_{-r} 是它的拟基本解(显然 Λ_r 是椭圆算子)．作 m 阶对角形矩阵椭圆组 Λ_s，使它的元 $A_{jk}=\Lambda_{s_j}$ $(j=k)$ 或 0，以及作 n 阶对角形矩阵椭圆组 Λ_{-t}，其元 $A_{jk}=\Lambda_{-t_k}$ $(j=k)$ 或 0．于是相应于矩阵算子 A 有

$$\widetilde{A}=\Lambda_sA\Lambda_{-t}=(\Lambda_{s_j}A_{jk}\Lambda_{-t_k}).$$

$\tilde{A}$ 的元素是适当的0阶经典拟微分算子. $\tilde{A}$ 为$(0,0)$左(右)椭圆组与 A 为 (s, t) 椭圆组显然是等价的. 因此我们可以限于讨论 $\tilde{A}$.

设 $\tilde{A}$ 是左椭圆组. 作 $\tilde{A}$ 的伴随算子 $\tilde{A}^*$, 则 $\tilde{A}^*\tilde{A}$ 是左椭圆组. 而其象征是一个 $n\times n$ 方阵 α,而其元素为 $\sum_{l=1}^{m} A_{lk}^* A_{lk}$, 其主象征是一个非奇异 $n\times n$ 方阵 (α_{jk}). 作其逆方阵 (β_{jk}), 并记以它为象征的算子为 β, 则 β 也是椭圆组而且

$$\beta\circ\alpha = I + R,\ R\in L^{-1}.$$

因此 $\left(\sum_{k=0}^{\infty} R^k\right)\circ\beta\circ\alpha \equiv I(\mathrm{mod} L^{-\infty})$. 亦即

$$\left(\left(\sum_{k=0}^{\infty} R^k\right)\circ\beta\circ\tilde{A}^*\right)\circ\tilde{A} \equiv I(\mathrm{mod} L^{-\infty}).$$

所以 $\left(\sum_{k=0}^{\infty} R^k\right)\circ\beta\circ\tilde{A}^*$ 是 $\tilde{A}$ 的左拟基本解,这里 $\sum_{k=0}^{\infty} R^k$ 按渐近展开理解.

反之,设 $\tilde{A}$ 有左拟基本解, 则容易证明 $\tilde{A}$ 的主象征是单射.

因此, $\tilde{A}$ 为左椭圆组的充分必要条件是: $\tilde{A}$ 有左拟基本解.

对 $\tilde{A}$ 为右椭圆组的情况, 可以直接作其右拟基本解而不必通过伴随算子. 定理的其余部分是明显的. 定理证毕.

现在再回到映射 $\mathscr{L}$ (7.2.31), 并且先讨论相应的映射 $\tilde{b}$ 为全射或单射时, $\mathscr{L}$ 有什么性质.

定理 7.2.13 $\tilde{b}$ 为全射时 $\mathscr{L}$ 有右拟基本解 $\mathscr{M}$. $\mathrm{Im}\mathscr{L}$ 在 $\mathscr{E}'(\bar{\Omega})\times\mathscr{E}'(\partial\Omega, \mathbf{C}^\mu)$ 中的正交补含于 $C^\infty(\bar{\Omega})\times C^\infty(\partial\Omega, \mathbf{C}^\mu)$ 中. 若 Ω 为有界域[1]则 $\mathrm{Im}\mathscr{L}$ 为闭且有有限的余维数.

证. 考虑算子 BC, C 为 Calderon 投影子. 它是一个 $\mu\times 2m$ 矩阵, 其元素 $(BC)_{j,k}\in L^{d_j-k}(\partial\Omega)$ 是适当的经典拟微分算子. 因为 C 的主象征 $c(x',\xi')$ 映 $\mathbf{C}^{2m}$ 到 $\tilde{b}$ 的定义域 $D^+(x',\xi')$上,所以 BC 的主象征之全射性就相当于 $\tilde{b}$ 的全射性. 故由定理的假设知

1) 本节恒设 Ω 为有界. 若 Ω 不是有界的, 类似定理虽仍成立, 这个结论不一定对.

BC 是 Douglis-Nirenberg 意义下的右椭圆组，从而有右拟基本解 $A=(A_{k,j})$，$A_{k,j}\in L^{k-d_j}(\partial\Omega)$ 是适当的经典拟微分算子：

$$BC\circ A=I+R_1,\ R_1\in L^{-\infty}(\partial\Omega,\mathbf{C}^\mu).$$

现在定义 $\mathscr{M}:C^\infty(\bar{\Omega})\times C^\infty(\partial\Omega,\mathbf{C}^\mu)\to C^\infty(\bar{\Omega})$ 如下，并证明它是 $\mathscr{L}$ 的右拟基本解：

$$\mathscr{M}(f,g)=\{Q(f^0)+Q\tilde{L}A(g-B\gamma[Q(f^0)]_\Omega)\}_\Omega. \quad (7.2.32)$$

Q 是 L 的拟基本解，它是一个适当的 $-2m$ 阶经典拟微分算子．由前述关于体位势与曲面位势正则性的定理 7.2.2，7.2.5 可知这样定义的算子 $\mathscr{M}$ 是一个连续映射．

为了证明 $\mathscr{M}$ 是 $\mathscr{L}$ 的右拟基本解，注意到 Q 是 L 的拟基本解，从而 $LQ=I+R$，A 是 BC 的右拟基本解（矩阵算子）从而 $BC\circ A=I+R_1$，R 与 R_1 均为正则化算子（$L^{-\infty}$ 算子），不过 R_1 是矩阵算子而 R 则否．于是作 $\mathscr{L}\mathscr{M}$，并由 $\mathscr{L}$ 的定义(7.2.31)有

$$\mathscr{L}\mathscr{M}(f,g)=(LQ(f^0)_\Omega+L\{Q\tilde{L}A(g-B\gamma Q[f^0]_\Omega)\}_\Omega,B\gamma\{Q(f^0)+[Q\tilde{L}A(g-B\gamma Q[f^0])_\Omega]\}_\Omega). \quad (7.2.33)$$

$LQ(f^0)=f^0+R(f^0)$，$L[Q\tilde{L}A(g-B\gamma Q[f^0]_\Omega)]_\Omega=\tilde{L}A(g-B\gamma Q[f^0]_\Omega)+R\tilde{L}A(g-B\gamma Q[f^0]_\Omega)$．若记 $A(g-B\gamma Q[f^0]_\Omega)=w$，则 $w\in C^\infty(\partial\Omega,\mathbf{C}^{2m})$ 而

$$\tilde{L}w=\frac{1}{i}\sum_{l+k+1\leqslant 2m}L_{l+k+1}(x,D_{x'})w_l\otimes D_n^k\delta(x_n),$$

从而 $\tilde{L}w|_\Omega=0$．再由 Calderon 投影子的定义，$Cv=\gamma[(Q\tilde{L}v)_\Omega]$（定义 7.2.9），故

$$\begin{aligned}B\gamma[Q\tilde{L}A(g-B\gamma Q[f^0]_\Omega)]_\Omega&=BC\cdot A(g-B\gamma Q[f^0]_\Omega)\\&=g-B\gamma Q[f^0]_\Omega+R_1(g-B\gamma Q[f^0]_\Omega).\end{aligned}$$

代入(7.2.33)即有

$$\begin{aligned}\mathscr{L}\mathscr{M}(f,g)&=(f+R(f^0)|_\Omega+R\tilde{L}A(g-B\gamma Q[f^0]_\Omega)|_\Omega,g\\&\quad+R_1(g-B\gamma Q[f^0]_\Omega))\\&=(f,g)+\mathscr{R}(f,g),\end{aligned} \quad (7.2.34)$$

这里

$$\mathscr{R}(f,g)=((R\tilde{L}A(g-B\gamma Q[f^0]_\Omega)+R(f^0))_\Omega,$$

$$R_1(g - B\gamma Q[f^0]_\Omega)). \tag{7.2.35}$$

现在我们要证明 $\mathscr{R}$ 是正则化算子. 在(7.2.35)中 $R_1 g, R\tilde{L}Ag$ 与 $R(f^0)$ 分别是由 $\mathscr{D}'(\partial\Omega, \mathbf{C}^{2m})$ 与 $\mathscr{D}'(\Omega) \to \mathscr{D}(\Omega)$ 的连续映射. 这是容易看到的. 此外 $f \longmapsto \gamma(Q[f^0]_\Omega)$ 则很容易拓展为 $\mathscr{D}'(\bar{\Omega})$ 到 $\mathscr{D}'(\partial\Omega, \mathbf{C}^{2m})$ 的连续算子(定理 7.2.7 的证明), 因为 $\gamma_j \circ Q$ 的阶数为 $j - 2m \leqslant -1$ $(j = 0, 1, \cdots, 2m-1)$. 从而 γQ 与 $R_1 B$ 的左复合 $R_1 B\gamma Q$ 及以与 $R\tilde{L}AB$ 的左复合都是由 $\mathscr{D}'(\bar{\Omega})$ 到 $C^\infty(\partial\Omega, \mathbf{C}^\mu)$ 和 $C^\infty(\mathbf{R}^n)$ 的连续映射. 所以 Q 是正则化算子, 而 $\mathscr{L}\mathscr{M} = 1 + \mathscr{R}$, $\mathscr{M}$ 为 $\mathscr{L}$ 的右拟基本解.

最后证明有关 $\mathrm{Im}\mathscr{L}$ 的论断. 由泛函分析的一般知识可知, $(\mathrm{Im}\mathscr{L})^\perp$ 即 $\ker {}^t\mathscr{L}$. 然而由 $\mathscr{L}\mathscr{M} = 1 + \mathscr{R}$ 有 ${}^t\mu^t\mathscr{L} = 1 + {}^t\mathscr{R}$. 所以若 $(f, g) \in \ker {}^t\mathscr{L}$, 应有

$$(1 + {}^t\mathscr{R})(f, g) = 0,$$

即 $(f,g) = -{}^t\mathscr{R}(f,g)$. 但 ${}^t\mathscr{R}$ 与 $\mathscr{R}$ 一样是正则化算子. 所以 $(f,g) = -{}^t\mathscr{R}(f,g) \in C^\infty(\bar{\Omega}) \times C^\infty(\partial\Omega, \mathbf{C}^\mu)$. 若 Ω 为有界的, 则 $\mathscr{R}$ 作为有界域上具有光滑核的算子必为紧算子. 由 Riesz-Schauder 理论知 $\mathrm{Im}(1 + \mathscr{R})$ 为闭且有有限余维数. $\mathscr{L}\mathscr{M} = 1 + \mathscr{R}$ 表明 $\mathrm{Im}\mathscr{L} \supset \mathrm{Im}(1 + \mathscr{R})$, 所以 $\mathrm{codim}(\mathrm{Im}\mathscr{L}) \leqslant \mathrm{codim}(\mathrm{Im}(1 + \mathscr{R})) < +\infty$. $\mathrm{Im}\mathscr{L}$ 为闭在 $\mathscr{L}$ 拓展以后是显然成立的.

现在在 Sobolev 空间上考虑边值问题(7.2.30). 设有 $m' \leqslant 2m$ 使得如果 $k \geqslant m'$, $j = 0, 1, \cdots, \mu - 1$, 则 $B_{jk} = 0$, 因此(7.2.30)的第 j 个边值条件对 D_n 的阶数不超过 m' (而对一切 $D_1, \cdots, D_n$ 的总的阶数不超过 d_j). 因此, 只要 $u \in \mathscr{D}'(\Omega)$ 在 $\partial\Omega$ 上有直到 $m' - 1$ 阶的迹. $B\gamma u$ 总是有定义的. 因此, 若 $u \in \mathscr{D}'(\Omega)$ 可以拓展为 $\mathscr{D}'(\mathbf{R}^n)$ 中的元, 而且 $Pu \in H^s_{\mathrm{loc}}(\bar{\Omega})$, $s > m' - 2m - 1/2$, 由定理 7.2.8 的 (ii) 知 $B\gamma u$ 是有意义的. 这样我们可以考虑算子

$$\mathscr{L}_{s,\sigma}: H^\sigma_{\mathrm{loc}}(\bar{\Omega}) \to H^s_{\mathrm{loc}}(\bar{\Omega}) \times H^{\sigma - d - \frac{1}{2}}(\partial\Omega),$$

$$u \longmapsto (Lu, B\gamma u).$$

这里我们假设 $s > m' - 2m - 1/2$ 使 $B\gamma u$ 有意义, 而且记

$$H^{\sigma-d-\frac{1}{2}}(\partial\Omega)=\prod_{j=0}^{\mu-1}H^{\sigma-d_j-\frac{1}{2}}(\partial\Omega).$$

关于 $\mathscr{L}_{s,\sigma}$ 我们有

定理 7.2.14 设 $\tilde{b}$ 是全射. 若 $s,\sigma\in\mathbf{R}$ 而 $s>m'-2m-\frac{1}{2}$, $\sigma\leqslant s+2m$, 则 $\mathscr{L}_{s,\sigma}$ 有右拟基本解 $\mathscr{M}_{s,\sigma}$:

$$\mathscr{M}_{s,\sigma}:H^s_{\text{loc}}(\bar{\Omega})\times H^{\sigma-d-\frac{1}{2}}(\partial\Omega)\to H^\sigma_{\text{loc}}(\bar{\Omega})$$

是连续映射,而且 $\mathscr{L}_{s,\sigma}\mathscr{M}_{s,\sigma}=1+\mathscr{R}_{s,\sigma}$, $\mathscr{R}_{s,\sigma}$ 是由 $H^s_{\text{loc}}(\bar{\Omega})\times H^{\sigma-d-\frac{1}{2}}(\partial\Omega)$ 到 $C^\infty(\bar{\Omega})\times C^\infty(\partial\Omega,\mathbf{C}^\mu)$ 的连续映射. $\text{Im}\mathscr{L}_{s,\sigma}$ 在 $H^{-s}_{\bar{\Omega},\text{comp}}(\mathbf{R}^n)\times H^{-\sigma+d+\frac{1}{2}}(\partial\Omega)$ 中的正交补与 $\text{Im}\mathscr{L}$ 的正交补相同. 当 Ω 为有界时 $\text{Im}\mathscr{L}_{s,\sigma}$ 为闭而且与 $\text{Im}\mathscr{L}$ 有相同的有限余维数.

证. 设 $f\in H^s_{\text{loc}}(\bar{\Omega})$ 可以连续拓展为 $\tilde{f}\in H^s_{\text{loc}}(\mathbf{R}^n)$. 仍用 (7.2.32) 定义 $\mathscr{M}_{s,\sigma}$ 但将 f^0 代以 $\tilde{f}$. 由定理 7.2.10 的(i)以及 $\sigma<s+2m$ 可得 $\mathscr{M}_{s,\sigma}$ 的连续性. 重复定理 7.2.13 的证明又可得 $\mathscr{R}_{s,\sigma}$ 的表达式, 即在 (7.2.35) 中易 f^0 为 $\tilde{f}$, 它的值域显然在 $C^\infty(\bar{\Omega})\times C^\infty(\partial\Omega,\mathbf{C}^\mu)$ 中.

再看 $\text{Im}\mathscr{L}_{s,\sigma}$. 若 $(F,G)\in{}^t\mathscr{L}_{s,\sigma}$ 之定义域,则显然有 ${}^t\mathscr{L}_{s,\sigma}(F,G)={}^t\mathscr{L}(F,G)$,然而定理 7.2.10 的证明中已指出

$$\ker{}^t\mathscr{L}\subset C^\infty_0(\bar{\Omega})\times C^\infty(\partial\Omega,\mathbf{C}^\mu)\subset{}^t\mathscr{L}_{s,\sigma}\text{ 之定义域},$$

因而 $\ker{}^t\mathscr{L}_{s,\sigma}=\ker{}^t\mathscr{L}$. 定理的其余部分自明.

上面两个定理指出了,$\tilde{b}$ 的全射性意味着 $\mathscr{L}$ 有右拟基本解存在, $\tilde{b}$ 的单射性又意味着什么? 这里我们有以下的正则性定理.

定理 7.2.15 (正则性定理) 设 $\tilde{b}(x',\xi')$ 是单射, $s,\sigma\in\mathbf{R}$ 适合 $s>m'-2m-\frac{1}{2}$, $\sigma\leqslant s+2m$, 则

(i) 若 $u\in\mathscr{D}'(\Omega)$ 可以拓展为 $\mathscr{D}'(\mathbf{R}^n)$ 之元且使 $Lu\in H^s_{\text{loc}}(\bar{\Omega})$, $B\gamma u\in H^{\sigma-d-\frac{1}{2}}(\partial\Omega)$, 必有 $u\in H^\sigma(\Omega)$, 而且当 $0\leqslant j<s-2m-1/2$ 时 $\gamma_j u\in H^{\sigma-j-\frac{1}{2}}(\partial\Omega)$.

(ii) 令 $\sigma'<\sigma$, K 为 $\bar{\Omega}$ 的紧子集,则必有常数 C 使

$$\|u\|_\sigma+\sum_{0\leqslant j<s-2m-\frac{1}{2}}\|\gamma_j u\|_{\sigma-j-1/2}\leqslant C\{\|Lu\|_s+\|B\gamma u\|_{\sigma-d-1/2}+\|u\|_{\sigma'}\},\tag{7.2.36}$$

这里 u 适合 (i) 中的条件，而且 $\operatorname{supp} u \subset K$.

(iii) $\ker \mathscr{L}_{s,\sigma} = \ker \mathscr{L} \subset C^\infty(\bar{\Omega})$.

(iv) 当 Ω 为有界时，$\ker \mathscr{L}_{s,\sigma} = \ker \mathscr{L}$ 的维数有限.

证. 记 $Lu = f \in H^s_{\mathrm{loc}}(\bar{\Omega})$，并将它拓展为 $\tilde{f} \in H^s_{\mathrm{loc}}(\mathbf{R}^n)$. 若令 $v = u - (Q\tilde{f})_\Omega$，有 $Lv = f - L(Q\tilde{f})_\Omega = -(R\tilde{f})_\Omega = \varphi$. 因为 $R\tilde{f} \in C^\infty(\bar{\Omega})$，由定理 7.2.8，$v$ 在 $\partial\Omega$ 上有各阶迹，而且 $L(v^0) = \varphi^0 + \tilde{L}(\gamma v)$. 用 Q 从左边作用于它即得

$$v = (Q(\varphi^0))_\Omega + (Q\tilde{L}(\gamma v))_\Omega - (R'(v^0))_\Omega, \quad (7.2.37)$$

这里 $QL = I + R'$. 由 Calderon 投影子的定义，

$$(I - C)\gamma v = \gamma(Q(\varphi^0))_\Omega - \gamma R'(v^0))_\Omega. \quad (7.2.38)$$

因为 $\varphi \in C^\infty(\bar{\Omega})$，所以 $\gamma(Q(\varphi^0))_\Omega \in C^\infty(\partial\Omega, \mathbf{C}^{2m})$，从而上式右方属于 $C^\infty(\partial\Omega, \mathbf{C}^{2m})$，$\begin{pmatrix} I - C \\ B \end{pmatrix} \gamma v \in C^\infty(\partial\Omega, \mathbf{C}^{2m}) \oplus H^{\sigma - d - \frac{1}{2}}(\partial\Omega)$.

$\begin{pmatrix} I - C \\ B \end{pmatrix}$ 的主象征是 $\begin{pmatrix} 1 - c(x', \xi') \\ b(x', \xi') \end{pmatrix}$（注意 Calderon 投影子的对角线上之元是零阶的），它的单射性意味着若 $w \in \mathbf{C}^{2m}$ 适合 $\begin{pmatrix} I - c(x', \xi') \\ b(x', \xi') \end{pmatrix} w = 0$ 必有 $w = 0$. 但由 $\begin{pmatrix} I - c(x', \xi') \\ b(x', \xi') \end{pmatrix} w = 0$ 首先有 $(I - c(x', \xi'))w = 0$ 或 $w = c(x', \xi')w \in \operatorname{Im} c(x', \xi')$，从而 $bw = \tilde{b}w$. 而由 $\tilde{b}w = 0$ 有 $w = 0$，亦即 $\tilde{b}$ 为单射. 反之也是成立的. 所以 $\begin{pmatrix} I - C \\ B \end{pmatrix}$ 在 $\tilde{b}$ 为单射的假设下是 Douglis-Nirenberg 意义下的左椭圆组，因此它有左拟基本解存在，由此很容易得知 $\gamma v \in \prod_{j=0}^{2m-1} H^{\sigma - j - 1/2}(\partial\Omega)$. 由 (7.2.37) 以及定理 7.2.10 的 (i) 即知 $v \in H^\sigma_{\mathrm{loc}}(\bar{\Omega})$. 然而 $u - v = (Q\tilde{f})|_\Omega \in H^{s+2m}_{\mathrm{loc}}(\bar{\Omega})$，从而 $u \in H^\sigma_{\mathrm{loc}}(\bar{\Omega})$，关于 $\gamma_j u$ 的结论则得自迹定理. (i) 于是得证.

为了证明 (ii)，则记 $\mathscr{L}$ 的左拟基本解为 $\mathscr{M}$，由 $\mathscr{M}\mathscr{L} = I + \mathscr{R}$，$\mathscr{R}$ 为正则化算子，有

$$u = \mathscr{M}\mathscr{L}u + \mathscr{R}u.$$

利用拟微分算子的性质即有

$$\|u\|_\sigma + \sum_{0\leqslant j<s+2m-\frac{1}{2}} \|\gamma_j u\|_{\sigma-j-1/2} \leqslant C(\|Lu\|_{\sigma-2m} + \|B\gamma u\|_{\sigma-d-1/2} + \|u\|_{\sigma'}).$$

因 $\sigma - 2m \leqslant s$ 即得(7.2.36).

(iii) 可由 (i) 得出，因为这时 $Pu = 0$ 从而对一切 s 有 $Pu \in H^s_{loc}(\bar{\Omega})$，同理对一切 $\sigma \leqslant s + 2m$ 有 $B\gamma u = 0 \in H^{\sigma-d-1/2}(\partial\Omega)$. 于是 $u \in H^\sigma_{loc}(\bar{\Omega})$ 对一切 σ 成立，由嵌入定理即得.

(iv). 由 $\mathscr{M}\mathscr{L} = I + \mathscr{R}$，若 $u \in \ker\mathscr{L}_{s,\sigma} = \ker\mathscr{L}$，有

$$u = -\mathscr{R}u, \quad u \in C^\infty(\bar{\Omega}).$$

但对于有界的 Ω, $\mathscr{R}$ 作为一个具有 C^∞ 核的算子是一个紧算子，从而 $\ker\mathscr{L}$ 具有有限维. 证毕.

在进一步讨论边值问题的可解性之前，先要作一点重要的说明. 不等式 (7.2.36) 对于椭圆算子有着基本的重要性. 它就是 § 1 中的整体正则性定理（定理 7.1.6）与不等式(7.1.24)的精确化. 不等式(7.1.17),(7.1.20),(7.1.24)与(7.2.36)都称为**椭圆性不等式**，用拟微分算子来证明是很简单的. 因为设椭圆拟微分算子 A 有左拟基本解 B，若 A 之阶数为 k，则 B 是 $-k$ 阶算子. 因此若 $u \in H^s$（例如设 $u \in C_0^\infty(\Omega)$）应有

$$u = BAu + \mathscr{R}u.$$

从而由拟微分算子在 Sobolev 空间上的作用定理

$$\|Pv\|_s \leqslant C\|v\|_{s+k}, \quad v \in C_0^\infty, \quad s \in \mathbf{R}, \quad P \in L^k,$$

有

$$\|u\|_s \leqslant C(\|Au\|_{s-k} + \|u\|_t), \quad t < s. \tag{7.2.39}$$

可见椭圆性不等式可以看作是与拟微分算子在 Sobolev 空间上的作用定理相对应的结果. 更重要的是，椭圆性不等式实际上刻划了椭圆算子. 确切一些说，由(7.2.39)可得出 A 为椭圆算子. 事实上，令 A 的象征为 $a(x, \xi)$，主象征为 $a_0(x, \xi)$. 令 $u(x) = v(x)e^{+i\lambda x\zeta}, \zeta \in \mathbf{R}^n, \lambda \in \mathbf{R}_+$ $\hat{u}(\xi) = \hat{v}(\xi - \lambda\zeta)$，因此

$$\lambda^{-k}e^{-i\lambda\zeta}Au(x) = (2\pi)^{-n}e^{-i\lambda\zeta}\int e^{ix\xi}\lambda^{-k}a(x, \zeta)\hat{v}(\xi - \lambda\zeta)d\xi$$

$$= (2\pi)^{-n}e^{-i\lambda\zeta}\int e^{ix(\eta+\lambda\zeta)}\lambda^{-k}a(x,\eta+\lambda\zeta)\hat{v}(\eta)d\eta$$

$$= (2\pi)^{-n}\int e^{ix\eta}\lambda^{-k}a(x,\eta+\lambda\zeta)\hat{v}(\eta)d\eta.$$

用 a 的渐近式代入有

$$e^{-i\lambda\zeta}Au(x) = a_0(x,\zeta)v + O(\lambda^{-1}).$$

再将 Au 代入 (7.2.39) 易得

$$|\zeta|^{2k}\int|v|^2dx \leqslant C^2\int|a_0(x,\zeta)v|^2dx.$$

由 v 的任意性立即有 $C|a_0(x,\zeta)| \geqslant |\zeta|^k$ 即 A 为椭圆算子. 以上的讨论虽然不是很严格的，但容易由此理解上面许多定理的基本思想. 特别是由解的先验估计转到算子象征的估计，我们这里直接引用了 Hörmander 的文章[6]而未作详细讨论. 建议读者就这类问题读一下 Fefferman 的极有启发性的文章[2]. 以及 Fefferman, Beals 等[1].

现在再回到边值问题(7.2.30)上来. 上面已经看到，$\tilde{b}$ 为单射或全射时，$\mathscr{L}$ 都具有椭圆算子的一些特征性质，自然应该把 $\tilde{b}$ 为单全射时的边值问题分出来作为一类，这一类就称为椭圆问题，或者在有的文献上称为强制问题或 Лопатинский 类型问题（因为首先这样区分的，见 Лопатинский[1]）. 从上面看到，$\tilde{b}$ 若是单全射，必须 $\mu = m$，因此椭圆问题中边值条件的个数恰为算子阶数的一半.

现在讨论 (7.2.30) 是椭圆问题的充分必要条件. 化到局部坐标使 Ω 在 $\partial\Omega$ 一点（设为 $x = 0$）附近是 $x_n > 0$，而 $\partial\Omega$ 是 $x_n = 0$，则算子 L 的主象征 $L^0(x,\xi) = L^0(x', x_n, \xi', \xi_n)$ 在 $\partial\Omega$ 上可以作因子分解

$$L^0(x',0,\xi',\xi_n) = c\prod_{j=0}^{m-1}[\xi_n - \tau_j(x',\xi')]\cdot\prod_{j=0}^{m-1}[\xi_n - \sigma_j(x',\xi')]$$

$$= cp^+(x',\xi',\xi_n)p^-(x',\xi',\xi_n). \qquad (7.2.40)$$

这里 $\mathrm{Im}\tau_j > 0$，$\mathrm{Im}\sigma_j < 0$. 由于已设 L 是适当椭圆算子，所以 τ_j 与 σ_j 各有 m 个. $B_{j,k}$ 的主象征记为 $b_{j,k}(x',\xi')$，则边值条件的

形状成为

$$B_ju=\sum_{k=0}^{2m-1}b_{j,k}(x',D_{x'})D_n^ku(x',0),j=0,1,\cdots,m-1,\tag{7.2.41}$$

其主象征为

$$b_j(x',\xi',\xi_n)=\sum_{k=0}^{2m-1}b_{j,k}(x',\xi')\xi_n^k.$$

将 b_j 用 p^+ 去除(作为 ξ_n 的多项式),记其余式为

$$b_j'(x',\xi',\xi_n)=\sum_{k=0}^{m-1}b_{j,k}'(x',\xi')\xi_n^k.\tag{7.2.42}$$

由 $\tilde{b}$ 的定义以及 $\mathrm{Im}c(x',\xi')=D^+(x',\xi')$ 可知,$\tilde{b}$ 为单全射的充分必要条件是,下述问题

$$\begin{aligned}&L^0(x',0,\xi',D_n)U(x_n)=0,\\&b_j(x',\xi',D_n)U(x_n)|_{x_n=0}=0,\ j=0,1,\cdots,m-1,\end{aligned}\tag{7.2.43}$$

在 $x_n\geqslant0$ 处为有界的解必是 $U=0$. 但 (7.2.43) 是关于 x_n 的常系数线性常微分方程,所以可将 L^0 分解因式而知,所述有界解即

$$p^+(x',0,\xi',D_n)U=0$$

的解,而对 b_j 用 p^+ 去除,则定解条件化为

$$\tilde{b}_j(x',\xi',D_n)U|_{x_n=0}=0.$$

这个问题只有零解亦即 $\tilde{b}(x',\xi')$ 为单全射的充分必要条件是 $(b_{j,k}'(x',\xi'))$ $(j,h=0,1,\cdots,m-1)$ 为可逆. 我们称 $(b_{j,k}')$ 为 Лопатинский 矩阵,而称它可逆的条件为 йЛопатинский 条件或称补足条件 (complementing condition); 又,凡前述冠以 Лопатинский 的命名在许多文献中也都冠以 Лопатинский-Шапиро (Lopatinsky-Shapiro) 之名. 总结以上的结果,我们给出

定理 7.2.16 在以下条件下:

(i) 根条件: L 是适当椭圆算子;

(ii) Лопатинский 条件(补足条件): Лопатинский 矩阵可逆;

(iii) Ω 是有界的正则开集;

定理 7.2.13,7.2.14,7.2.15 均成立,特别是边值问题(7.2.30)有有限的指标:

$$\begin{aligned}\operatorname{index}\mathscr{L} &= \dim\ker\mathscr{L} - \dim\operatorname{coker}\mathscr{L} \\ &= \dim\ker\mathscr{L} - \operatorname{codim}\operatorname{Im}\mathscr{L} < +\infty.\end{aligned}$$

5. 一些例子． 现在要将上面的结果应用到一些具体的边值问题上．

(1) Dirichlet 问题．仍设 L 是一个适当椭圆算子，Diriehlet 问题就是

$$\begin{aligned}&Lu = f, \text{ 在 } \Omega \text{ 中}, \\ &\gamma_j u = g_j, \text{ 在 } \partial\Omega \text{ 上}, \ j = 0, 1, \cdots, m-1,\end{aligned} \tag{7.2.44}$$

于是 $\mu = m$, $m' = m$, $B_{j,k} = \delta_{j,k} I$. 我们可以证明

定理 7.2.17 Dirichlet 问题(7.2.44)是椭圆问题，相应于它的 $\mathscr{L}$ 和 $\mathscr{L}_{s,\sigma}$ $s > -m - \frac{1}{2}$, $\sigma \leqslant s + 2m$ 当 Ω 为有界域时具有相同的有限指标．若 L 是形式自伴或强椭圆的，则当 Ω 为有界域时，指标为 0，因而 Fredholm 择一定理成立．

证．采用上面的记号，我们有 $b_j(x', \xi) = \xi_n^j$ $(j = 0, 1, \cdots, m-1)$，$p^+(x', 0, \xi', \xi_n)$ 是 ξ_n 的 m 次多项式，因此 b_j 用 p^+ 去除的余式仍为 b_j，即 $b'_j(x', \xi) = \xi_n^j = \sum_{k=0}^{2m-1} \delta_{jk}\xi^k$，所以 $b'(x', \xi') = I$，它当然是单全射，由定理 7.2.16 即知(7.2.44)是椭圆问题，而当 Ω 为有界域时，$\mathscr{L}$ 与 $\mathscr{L}_{s,\sigma}$ 有相同的有限指标．

为了完成定理的证明，我们来讨论 $\ker {}^t\mathscr{L}$．${}^t\mathscr{L}$ 的定义是，

$$\langle \mathscr{L}u, (F, G)\rangle = \langle u, {}^t\mathscr{L}(F, G)\rangle,$$

这里 $u \in C^\infty(\bar{\Omega})$, $\mathscr{L}u = (Lu, B\gamma u) \in C^\infty(\bar{\Omega}) \times C^\infty(\partial\Omega, \mathbf{C}^\mu)$，因此 $(F, G) \in \mathscr{E}'(\bar{\Omega}) \times \mathscr{E}'(\partial\Omega, \mathbf{C}^\mu)$，而 ${}^t\mathscr{L}(F, G) \in \mathscr{E}'(\bar{\Omega})$．容易算出

$${}^t\mathscr{L}(F, G) = {}^tLF + \sum_{j,k} {}^tB_{j,k}G_j \otimes D_n^k \delta(x_n).$$

${}^tL$ 是 L 的形式转置算子，${}^tB_{j,k}$ 是 $B_{j,k}$ 的形式转置算子．在我们的情况下 ${}^tB_{j,k} = \delta_{j,k} I$．对 ${}^tL$ 应用跳跃公式

$${}^tL(f^0) = ({}^tLf)^0 + \tilde{\pi}(\gamma f).$$

局部地

$$\tilde{\pi}(\gamma f)=\frac{1}{i}\sum_{l+k+1\leqslant 2m}\pi_{l+k+1}(x,\ D_{x'})\gamma_l f\otimes D_n^k\delta(x_n).$$

这里 $\pi_{2m}(x)\neq 0$,因为 ${}^tL$ 仍是椭圆算子. 对 ${}^t\mathscr{L}$ 应用定理 7.2.15 知若 $(F,G)\in\ker{}^t\mathscr{L}$, 必有 $F\in C^\infty(\bar{\Omega}),G\in C^\infty(\partial\Omega,C^\mu)$. 因此

$$\ker{}^t\mathscr{L}=\left\{(F,G);{}^tLF=0,\tilde{\pi}(\gamma F)+\sum_{j=0}^{m-1}g_j\otimes D_n^j\delta=0\right\}.$$

利用 $\tilde{\pi}(\gamma F)$ 的表达式即有

$$\gamma_l F=0,\ 0\leqslant l\leqslant m-1,$$
$$G_j=-\tilde{\pi}(\gamma F)\ 中\ D_n^j\delta\ 的系数.$$

这样,我们可以得到一个同构关系:

$$\begin{aligned}\ker{}^t\mathscr{L}&\approx\{f\in C^\infty(\bar{\Omega}),\ {}^tLf=0,\ \gamma_j f=0,\ 0\leqslant j\leqslant\mu-1\}\\&\approx\{f\in C^\infty(\bar{\Omega}):L^*f=0,\ \gamma_j f=0,0\leqslant j\leqslant m-1\}.\end{aligned}$$

这里我们用到了 ${}^tLf=\overline{L^*\bar{f}}$. 因此若 L 是形式自伴的: $L=L^*$, 必有 $\dim\ker{}^t\mathscr{L}=\dim\ker\mathscr{L}$. 从而当 Ω 为有界域时, $\mathrm{index}L=0$.

再看 L 是强椭圆的情况. 由 Gårding 不等式

$$\mathrm{Re}(Lu,u)+\lambda(u,u)\geqslant c\|u\|_\mu^2,\ u\in H_0^\mu(\Omega).$$

若用 $L'=L+\lambda$ 代替 L, 则由此式有 $\ker\mathscr{L}'=\{0\}$. 但 ${}^tL$ 也适合上面的不等式, 所以 $\ker{}^t\mathscr{L}'=\{0\}$. 从而 $\mathrm{index}\mathscr{L}'=0$. 但若记 $A=\mathscr{L}'_{s,\sigma}-\mathscr{L}_{s,\sigma}$ ($\mathscr{L}'$ 相应于 L')有

$$A:H^{s+2m}(\bar{\Omega})\to H^s(\bar{\Omega})\times H^{\sigma-d-1/2}(\partial\Omega),$$
$$f\longmapsto(\lambda f,0),$$

故由 Rellich 引理 A 是紧算子. 由于对一个算子加上紧算子并不改变指标, 所以

$$\mathrm{index}\mathscr{L}=\mathrm{index}\mathscr{L}_{s,\sigma}=\mathrm{index}\mathscr{L}'_{s,\sigma}=\mathrm{index}\mathscr{L}'=0.$$

2. 解析函数的边值问题. 为简单计设 $\Omega\subset\mathbf{R}^2$ 是单位圆 $|z|<1$, $L=\dfrac{\partial}{\partial\bar{z}}=\dfrac{1}{2}(\partial_x+i\partial_y)$. 它是一个椭圆算子, 但不是适当椭圆的. 我们现在对它也重复本节的作法, 并且得出一些重要的结论.

第二章§5证明了 $2\frac{\partial}{\partial\bar{z}}$ 的基本解是 $\frac{1}{2\pi z}$,从而 $\frac{\partial}{\partial\bar{z}}$ 的基本解是 $\frac{1}{\pi z}$,并且得出了重要的式(2.5.19).

因为 $\frac{\partial}{\partial\bar{z}}$ 不是适当椭圆算子，本节的理论不能完全适用．但是注意到在1°—3°各段中我们并没有用到适当椭圆性,所以那里的结果仍然是适用的.

首先来看跳跃公式. $\partial\Omega$ 的外法线方向是 r，切向是 $s=r\theta$，于是

$$L=\frac{\partial}{\partial\bar{z}}=\frac{1}{2}e^{i\theta}\left(\frac{\partial}{\partial r}+i\frac{\partial}{\partial s}\right).$$

因此,注意到 D_n 相应于 $-D_r$，有

$$\begin{aligned}\tilde{L}\gamma u&=\frac{1}{2i}\sum_{l+k+1\leqslant 1}L_{l+k+1}\gamma_v^l\otimes(-D_r)^k\delta(r)\\&=\frac{e^{i\theta}}{2i}v\otimes\delta(r),\ v=u|_{r=1}.\end{aligned}$$

所以曲面位势应该是

$$\begin{aligned}V(z)&=(E*\tilde{L}\gamma u)|_\Omega\\&=\frac{1}{2\pi i}\int_{\partial\Omega}\frac{v(t)}{t-z}e^{i\theta}ds\ (s=|t|)\\&=\frac{1}{2\pi i}\int_{\partial\Omega}\frac{v(t)dt}{t-z},\ z\in\Omega.\end{aligned}$$

为了定义 Calderon 投影子 C. 需要考虑 $\gamma V(z)$. 令 $z_0\in\partial\Omega$，我们有

$$\begin{aligned}V(z)&=v(z_0)+\frac{1}{2\pi i}\int_{\partial\Omega}\frac{v(t)-v(z_0)}{t-z}dt\\&=v(z_0)+\frac{1}{2\pi i}\lim_{\varepsilon\to 0}\int_{C_\varepsilon}\frac{v(t)-v(z_0)}{t-z}dt.\end{aligned}$$

C_ε 是 $\partial\Omega$ 上割去以 z_0 为中心 ε 为半径的小圆所切出的弧段所余的曲线. 因此,当 z 从 Ω 中趋向 z_0 时，有

$$\gamma V(z_0)=\frac{1}{2}v(z_0)+\frac{1}{2\pi i}\text{ v.p.}\int_{\partial\Omega}\frac{v(t)dt}{t-z_0}.$$

这样即可得出 Calderon 投影子

$$C: C^\infty(\partial\Omega) \to C^\infty(\partial\Omega),$$

$$v \longmapsto \frac{1}{2}(I+H)v = \gamma[(E*\tilde{L}v)_\Omega].$$

这里 $Hv(z) = \dfrac{1}{\pi i}\text{ v. p.}\displaystyle\int_{|t|=1}\frac{v(t)dt}{t-z}$ 称为相应于单位圆的 Hilbert 变换.

我们来计算 C^2. 注意到 $\gamma[(E*\tilde{L}v)_\Omega]$ 是一个全纯函数 $v(z)=(E*\tilde{L}v)_\Omega$ 的边值,所以由 Cauchy 公式有

$$(E*\tilde{L}V)_\Omega = \frac{1}{2\pi i}\int_{\partial\Omega}\frac{V(t)dt}{t-z} = V(z),$$

即

$$C^2v = CV = \gamma[(E*\tilde{L}V)_\Omega] = \gamma V$$
$$= \gamma[(E*\tilde{L}v)_\Omega] = Cv.$$

亦即 $C^2 = C$, 所以现在 Calderon 投影子确实是投影算子. 但由 $C=\dfrac{1}{2}(I+H)$. 即有

$$\frac{1}{4}(I+H)^2 = \frac{1}{4}(I+2H+H^2) = \frac{1}{2}(I+H),$$

亦即

$$H^2 = I.$$

这是关于 Hilbert 变换的著名公式.

现在来看以下的关于解析函数的边值问题:在 Ω 中求一全纯函数 u 使 $u\in C^\infty(\bar{\Omega})$,而且

$$u|_{\partial\Omega} = v,\quad v\text{ 为已给函数}.$$

对全纯函数 u 应用分解公式(7.2.5)——即是第二章中的式(2.5.19)——我们有

$$u(z) = (E*\tilde{L}\gamma u)_\Omega,\quad z\in\Omega.$$

因此上述问题若有解,必有

$$v = \gamma[(E*\tilde{L}\gamma u)_\Omega] = Cu,$$

从而

$$\frac{1}{2}(I+H)v = Cv = C^2u = Cu = v, \quad v = Hv.$$

反之,若 $v = Hv$, 则 $v = \frac{1}{2}(I+H)v = Cv = \gamma[(E*\tilde{L}v)_\Omega]$ 是全纯函数 $(E*\tilde{L}v)_\Omega = \frac{1}{2\pi i}\int_{\partial\Omega}\frac{v(t)dt}{t-z}$ $(z\in\Omega)$ 的边值,而

$$u(z) = \frac{1}{2\pi i}\int_{\partial\Omega}\frac{v(t)dt}{t-z}$$

就是这个边值问题的解.

总结起来,我们得知,上述问题有解的充分必要条件是 $v = Hv$,而这时它有唯一解

$$u(z) = \frac{1}{2\pi i}\int_{\partial\Omega}\frac{v(t)dt}{t-z}, \ z\in\Omega.$$

解的唯一性可由全纯函数的最大模原理得出(我们假设了 $u\in C^\infty(\bar{\Omega})$). 这里我们看见,Fredholm 择一定理是不成立的.

§3. 椭圆算子的指标

1. 指标的一般知识. 上节中我们已看到,椭圆算子的边值问题的可解性是一个很复杂的问题:对某些边值问题,Fredholm 择一定理成立——即指标为 0——称为具有 Fredholm 可解性;另一些则使得 index$\mathscr{L}<\infty$ 但没有 Fredholm 择一定理,称为 Noether 可解性(但 $\mathscr{L}$ 这时是 Fredholm 算子). 当然还有其它复杂情况,例如 §1 中指出 Бицадзе 的例子,其核的维数为 ∞,从而指标不存在. 在这种种情况中指标是一个很基本的概念. 实际上,Noether[1] 在 1921年就已对奇异积分方程指出了这种复杂情况. Hausdorff 在 [1]中第一次试图对此建立系统的理论. 以后,联系着奇异积分方程和解析函数的边值问题,计算了许多关于指标的实例(这方面的工作可见 Мусхелишвили (Muskhelishvili) [1] 和 Векуа (Vekua) [1]). 这样,Гельфанд[1] 在 1960 年指出了指标其实是一个同伦不变量,并且提出了椭圆算子的同伦分类这个深刻的思想. 当时

有很多数学家考虑这个重要问题，后来终于由 Atiyah, Singer 在六十年代中期取得了突破，得到了著名的 Atiyah-Singer 理论，见 Atiyah 和 Singer[1]，Shanahan[1]。

在以下，我们将把 PsDO 拓展到某些 Hilbert 空间中，这样拓展后的算子将是闭算子，因此在第五章定义 5.5.13 中我们就比较一般的算子而不只是有界算子的情况给出了 Fredholm 算子和指标的定义。现在我们来讨论其一般的性质。

定理 7.3.1 设 H_1, H_2 是 Hilbert 空间。$A: H_1 \to H_2$ 是闭算子，则

$$\begin{aligned} \ker A &= (\operatorname{Im} A^*)^\perp,\ \overline{\operatorname{Im} A} = (\ker A^*)^\perp, \\ \ker A^* &= (\operatorname{Im} A)^\perp,\ \overline{\operatorname{Im} A^*} = (\ker A)^\perp. \end{aligned} \tag{7.3.1}$$

证. 记 A 与 A^* 的定义域为 $\mathscr{D}(A)$, $\mathscr{D}(A^*)$，则

$$(Au, v)_2 = (u, A^*, v)_1,\ u \in \mathscr{D}(A),\ v \in \mathscr{D}(A^*).$$

$(\,,)_1$ 与 $(\,,)_2$ 分别是 H_1 与 H_2 中的内积。故若 $u \in (\operatorname{Im} A^*)^\perp$ 由上式有 $(Au, v) = 0$. 但是 $\mathscr{D}(A^*)$ 在 H_2 中稠密[1)]，故 $Au = 0$ 即 $u \in \ker A$. 于是 $(\operatorname{Im} A^*)^\perp \subset \ker A$. $\ker A \subset (\operatorname{Im} A^*)^\perp$ 是显然的。所以 $\ker A = (\operatorname{Im} A^*)^\perp$. 同理 $\ker A^* = (\operatorname{Im} A)^\perp$. 双方取正交补，注意到 $\operatorname{Im} A$ 与 $\operatorname{Im} A^*$ 不一定是闭子空间(但 $\ker A$ 和 $\ker A^*$ 一定是)，可得 $(\ker A)^\perp = \overline{\operatorname{Im} A^*}$, $(\ker A^*)^\perp = \overline{\operatorname{Im} A}$.

与求拟基本解时遇到的正则化算子 R 相类似，在这里引入"正则化子"的概念是有用的。这就是：若 $A: H_1 \to H_2$ 为闭算子，$B: H_2 \to H_1$ 为有界算子且 $BA = I - K$, $K: H_1 \to H_1$ 是紧算子，则称 B 为 A 的**正则化子**.

正则化子的作用表现在以下定理中：

---

1) 为了使 A^* 有确定的意义，必须要 $\mathscr{D}(A)$ 在 H_1 中稠密。因此，这里暗中已假设了 $\mathscr{D}(A)$ 在 H_1 中稠密。$\mathscr{D}(A^*)$ 在 H_2 中稠密可以证明如下：设若 $\mathscr{D}(A^*)$ 在 H_2 中不稠密，则必有 $0 \neq w \in H_2$ 使

$$(w, A^*v)_2 = 0 = (0, A^*v)_1,\ v \in \mathscr{D}(A^*).$$

用 $G(A)$ 表 A 的图象，$G^*(A^*) = \{(-A^*v, v), v \in \mathscr{D}(A^*)\}$，则 $(0, w) \in [G^*(A^*)]^\perp$. 但是易见 $H_1 \times H_2 = G(A) \oplus G^*(A^*)$，故 $(0, w) \in G(A)$. 而 $w = A_0 = 0$，这与 $w \neq 0$ 矛盾.

定理 7.3.2 若闭算子 $A: H_1 \to H_2$ 有正则化子 B 存在，则 $\dim \ker A < +\infty$ 而且 $\mathrm{Im} A \subset H_2$ 为闭. 而且有常数 C 存在使

$$\|u\|_1 \leqslant C\|Au\|_2, \quad u \in \mathscr{D}(A) \cap (\ker A)^{\perp}. \tag{7.3.2}$$

若 A^* 同时也有正则化子 B' 存在，则 A 为 Fredholm 算子.

证. 设若 $\dim \ker A = \infty$，则由 Schmidt 正交化手续，可以找到 $\ker A \subset H_1$ 中的一个就范正交系 $\{u_j\}(j = 1, \cdots, \infty)$，由正则化子 B 的存在有

$$0 = BAu_j = u_j - Ku_j.$$

但 $\{u_j\}$ 是有界集 ($\|u_j\|_1 = 1$)，故由 K 为紧算子，不妨设 $\{u_j\}$ 收敛: $u_j \to w$, $\|w\|_1 = \lim\limits_{j\to\infty}\|u_j\|_1 = 1$. 但这是不可能的，因为 $\|u_j - u_k\|_1^2 = \|u_j\|_1^2 + \|u_k\|_1^2 = 2$. 所以 $\dim \ker A < \infty$.

若 (7.3.2) 已证，即可推知 $\mathrm{Im} A$ 为闭. 因为取 $\mathrm{Im} A$ 的一个 Cauchy 序列 $\{Au_j\} \to v \in H_2$ 有 $u_j = u_j' + u_j''$, $u_j' \in \mathscr{D}(A) \cap (\ker A)$, $u_j'' \in \mathscr{D}(A) \cap (\ker A)^{\perp}$, 而 $Au_j = Au_j''$. 但是

$$\|u_j'' - u_k''\|_1 \leqslant C\|Au_j'' - Au_k''\|_2 \to 0,$$

从而 $u_j'' \to w \in H_1, Au_j'' = Au_j \to v \in H_2$，由于 A 为闭，有 $v = Aw$ 即 $v \in \mathrm{Im} A$，从而 $\mathrm{Im} A$ 为闭.

最后用反证法证明(7.3.2). 设它不成立，则必有序列 $\{u_j\} \subset \mathscr{D}(A) \cap (\ker A)^{\perp}$ 使 $\|u_j\|_1 = 1$ 但 $\|Au_j\|_2 \to 0$. 应用正则化子有 $u_j - Ku_j = BAu_j \to 0$. 因为 K 是紧算子 $\|u_j\| = 1$，所以不妨设 $Ku_j \to w \in H_1$，于是 $u_j \to w \in (\ker A)^{\perp}$. 但另一方面 $Au_j \to 0$，故由于 A 是闭算子有 $Aw = 0$ 即 $w \in \ker A$. 因此 $w \in \ker A \cap (\ker A)^{\perp}$. $w = 0$，这与 $u_j \to w$ 从而 $\|w\|_1 = 1$ 矛盾.

对 A^* 应用同样的推理又有 $\dim \ker A^* < \infty$. 从而

$$\operatorname{codim} \mathrm{Im} A = \dim\ (\mathrm{Im} A)^{\perp} = \dim \ker A^* < \infty$$

而 A 为 Fredholm 算子. 定理证毕.

其实这个定理的逆也是成立的.

关于 Fredholm 算子的积则有

定理 7.3.3 设 H_1, H_2, H_3 都是 Hilbert 空间，$P_1: H_1 \to H_2$, $P_2: H_2 \to H_3$ 都是有界的 Fredholm 算子，而且 P_j, P_j^* 都有正则化

子，$Q_j, Q'_j(j=1,2)$，这时 P_1, P_2 之积 $P=P_2P_1: H_1 \to H_3$ 也是 Fredholm 算子，而且

$$\text{index}\, P = \text{index}\, P_1 + \text{index}\, P_2. \tag{7.3.3}$$

证. 令 $Q=Q_1Q_2$，$Q'=Q'_2Q'_1$，很容易看到 Q 与 Q' 分别是 P 与 $P^*=P_1^*P_2^*$ 的正则化子，由定理 7.3.2 P 是 Fredholm 算子. 现在只需证明式(7.3.3). 为此作以下空间的正交基底

$$\ker P_1 = (\operatorname{Im} P_1^*)^\perp = \{\varphi_1, \cdots, \varphi_{l_1}\},$$
$$(\operatorname{Im} P_1)^\perp = \ker P_1^* = \{\varphi_1^*, \cdots, \varphi_{l'_1}^*\},$$
$$\ker P_2 = (\operatorname{Im} P_2^*)^\perp = \{\psi_1, \cdots, \psi_{l_2}\},$$
$$(\operatorname{Im} P_2)^\perp = \ker P_2^* = \{\psi_1^*, \cdots, \varphi_{l'_2}^*\}.$$

注意到

$$\ker P = \ker P_1 + \ker P_2 \cap (\operatorname{Im} P_1),$$

而且因 $\ker P_1 \cap \operatorname{Im} P_1 = \{0\}$，上式是直和分解，因此我们只需研究第二项的维数即可得出 $\dim \ker P$. 因为

$$H_2 = \operatorname{Im} P_1 \oplus (\operatorname{Im} P_1)^\perp$$

将 $\ker P_2$ 的基底中之每个元 ψ_j 在 H_2 中展开，其对 $(\operatorname{Im} P_1)^\perp$ 的 Fourier 系数是 $(\psi_j, \varphi_k^*)_2$. 如果由它所成矩阵的秩为 λ，则 $\{\psi_1, \cdots, \psi_{l_2}\}$ 必有 $l_2-\lambda$ 个线性组合对 φ_k^* 的 Fourier 系数为 0，而其它的独立组合均不如此. 所以

$$\dim \ker P_2 \cap (\operatorname{Im} P_1) = l_2 - \operatorname{rank}((\psi_j, \varphi_k^*)_2),$$

从而

$$\dim \ker P = l_1 + l_2 \quad - \operatorname{rank}((\psi_j, \varphi_k^*)_2).$$

对 $P^*=P_1^*P_2^*$ 应用这个推理又有

$$\dim \ker P^* = l_2^* + l_1^* - \operatorname{rank}((\varphi_j^*, \psi_k)_2).$$

因此

$$\begin{aligned}\text{index}\, P &= \dim \ker P - \dim(\operatorname{Im} P)^\perp \\ &= \dim \ker P - \dim(\ker P^*) \\ &= (l_1 + l_2) - (l_2^* + l_1^*) \\ &= \text{index}\, P_1 + \text{index}\, P_2.\end{aligned}$$

以下我们将这些结论用于拟微分算子. 设 $A \in L^m_{\rho,\delta}(\mathbf{R}^n)$，我

们要把它拓展到一个 Hilbert 空间H上去，使之变为 $H\to H$ 的映射．这个拓展就记作 $(A)_H$，$(A)_H$ 一定是闭算子，因为假如原来A定义在$\mathscr{D}(\mathbf{R}^n)$上，所谓可以拓展到一点 $u\in H$，即设有一个序列 $u_j\in\mathscr{D}(\mathbf{R}^n)$，$\|u_j-u\|_H\to 0$ 而 $\|Au_j-w\|_H\to 0$，$w\in H$，则定义 $Au=w$．以下我们将A拓展到 $L^2(\mathbf{R}^n)=H^0$ 上去，于是所得的拓展记为 $(A)_{L^2}$，其定义域是 $\{u\in L^2;Au\in L^2\}$．

设 A^* 是A的形式伴算子

$$(A^*v)(x)=(2\pi)^{-n}\iint e^{i(x-y)\cdot\xi}\overline{\sigma(A)(y,\xi)}v(y)dyd\xi,$$

则我们有

定理 7.3.4 若 $A\in L^m_{\rho,\delta}(\mathbf{R}^n)$，则 A^* 在 L^2 中的拓展 $(A^*)_{L^2}$ 是 A_{L^2} 的伴算子的拓展．

$$(A_{L^2})^*\subset(A^*)_{L^2}. \tag{7.3.4}$$

证．因为$\mathscr{D}(\mathbf{R}^n)\subset\mathscr{D}(A_{L^2})\subset L^2(\mathbf{R}^n)$，所以对$v\in\mathscr{D}((A_{L^2})^*)$

$$(u,A^*v)=(Au,v)=(u,(A_{L^2})^*v),\quad u\in\mathscr{D}(\mathbf{R}^n).$$

这就是说在 $\mathscr{D}'(\mathbf{R}^n)$ 中 $A^*v=(A_{L^2})^*v$，但由此即知．若 $(A_{L^2})^*v\in L^2$，必有 $A^*v\in L^2$，且 $(A^*)_{L^2}v=A^*v=(A_{L^2})^*v$．因此 $\mathscr{D}((A_{L^2})^*)\subset\mathscr{D}((A^*)_{L^2})$，而且(7.3.4)成立．

现在要问何时(7.3.4)中有等号成立？这恰与A的亚椭圆性有关：

定理 7.3.5 若 $A\in L^m_{\rho,\delta}(\delta<\rho)$ 适合

$|\sigma(A)(x,\xi)|\geqslant C_0(1+|\xi|)^{m'}$，$m'\leqslant m$，$|\xi|$ 充分大

$|\partial_x^\beta\partial_\xi^\alpha\sigma(A)(x,\xi)/\sigma(A)(x,\xi)|\leqslant C(1+|\xi|)^{-\rho|\alpha|+\delta|\beta|}$，$|\xi|$充分大

(即定理 5.4.15)的条件 (H_1)，(H_2)，则必有

$$(A_{L^2})^*=(A^*)_{L^2}, \tag{7.3.5}$$

特别当 $A\in L^{\rho-\delta}_{\rho,\delta}(\mathbf{R}^n)$ 时上式恒成立．

证．定理 7.3.4 中已证明了 $(A_{L^2})^*\subset(A^*)_{L_2}$，所以只要证明相反的包含关系即可．在定理的条件下，可以证明A有 $L^{-m'}_{\rho,\delta}$ 类(而不是 $L^{-m}_{\rho,\delta}$ 类)拟基本解B存在：$I=BA+R(R\in L^{-\infty})$．今若 $v\in\mathscr{D}((A^*)_{L^2})$，作 $\chi(\xi)\in\mathscr{S}$ 且当 $|\xi|\leqslant 1$ 时 $\chi(\xi)=1$，于

是有 $\chi_\varepsilon=\chi(\varepsilon D_x)\in L^{-\infty}$，因此对 $w\in L_2$，有 $\chi_\varepsilon w\in H^{+\infty}(\mathbf{R}^n)$. 现在取 $u\in\mathscr{D}(A_{L^2})$,

$$(\chi_2 u, A^*v)=(A\chi_\varepsilon u, v)=(A\chi_\varepsilon(BA+R)u, v)$$
$$=(A\chi_\varepsilon B(Au), v)+(A\chi_\varepsilon Ru, v).$$

由乘积公式，

$$\sigma(A\chi_\varepsilon B)\sim\sum\frac{1}{\alpha!}\frac{\partial}{\partial\xi^\alpha}(\sigma(A)\chi(\varepsilon\xi))\cdot D_x^\alpha\sigma(B)(x,\xi).$$

但是当 $\varepsilon\to 0$ 时很容易证明当 $x\in K$（K 是任意紧集）而 $|\xi|\leqslant C$（C 是任意常数）一般地有

$$\partial_\xi^\alpha D_x^\beta\sigma(A\lambda_\varepsilon B)\to\partial_\xi^\alpha D_x^\beta\sigma(AB).$$

同样 $\sigma(A\chi_\varepsilon R)$ 在上述意义上趋于 $\sigma(AR)$，所以可证明在 L^2 意义下 $\chi_\varepsilon u\to u, A\chi_\varepsilon B(Au)\to AB(Au), A\chi_\varepsilon Ru\to ARu$，而由(7.3.6)可得

$$(u, A^*v)=(AB(Au), v)+(ARu, v)=(Au, v)$$

对于 $u\in\mathscr{D}(A_{L^2})$ 成立. 因此 $v\in\mathscr{D}((A_{L^2})^*)$ 而得

$$(A^*)_{L^2}\subset(A_{L^2})^*.$$

在 $A\in L_{\rho,\delta}^{\rho-\delta}$ 的情况下，则利用交换子关系

$$(\chi_\varepsilon u, A^*v)=(\chi_2 Au, v)+((A\chi_\varepsilon-\chi_\varepsilon A)u, v)\to(Au, v).$$

同样可得 $(u, A^*v)=(Au, v)$. 定理证毕.

系 7.3.6 若 A 适合定理 7.3.5 的条件且 $\varphi(A)(x,\xi)$ 为实数，则令 $R=\frac{1}{2}(A+A^*)$，R_{L^2} 是自伴算子而且

$$A-R\in L_{\rho,\delta}^{m-(\rho-\delta)}(R^2).$$

证. $\sigma(R)\sim\sum\frac{1}{\alpha!}\partial_\xi^\alpha D_x^\alpha p(x,\xi)/2$ 也适合上述条件因此 $(R^*)_{L^2}=(R_{L^2})^*$，但 R 的形式伴算子 $R^*=R$，所以 R_{L^2} 是自伴的. 其余部分易证.

2. 指标的稳定性. 若 $A:H_1\to H_2$ 是有界的 Fredholm 算子，其指标在以下意义下是稳定的：$A+\varepsilon B$ 当 B 是有界算子而 ε 充分小或当 εB 是紧算子时与 A 有相同的指标. 这个结论可以在一般泛函分析书中找到，但现在我们将对闭算子证明一个类似的结

论，对于有界算子上述结论可以自然地看到.

定理 7.3.7 设 $\{P_t\}_{t\in I}$ 是一族闭算子：$P_t:H_1\to H_2$，H_1，H_2 是 Hilbert 空间，$\{P_t\}$ 的图象

$$G=\{(t,u,P_tu),t\in I,u\in H_1,P_tu\in H_2\} \tag{7.3.6}$$

在 $I\times H_1\times H_2$ 中，$I=[0,1]$. 若有一族有界算子 $\{Q_t:H_2\to H_1\}_{t\in I}$ 和一族紧算子 $\{K_t:H_1\to H_1\}_{t\in I}$ 存在，且 Q_t 对 t 为强连续且一致有界：$\|Q_t\|\leqslant M$，K_t 则对范数拓扑连续，$Q_tP_t\subset I-K_t$，则 P_t 必为半 Fredholm 算子，而且 $\mathrm{index}P_t$ 是 $t\in I$ 的上半连续函数. 若对 $\{P_t^*\}$ 也有适合类似条件的 Q_t'，K_t' 存在，则 P_t 是Fredholm 算子，而且 $\mathrm{index}P_t=-\mathrm{index}P_t^*$ 与 t 无关.

证. Q_t 就是 P_t 的正则化子，故由定理 7.3.2 $\mathrm{Im}P_t$ 为闭而且 $\dim\ker P_t<\infty$ $(t\in I)$，这就是 P_t 为半 Fredholm 算子的意义. 余下要证明的只是 $\mathrm{index}P_t$ 为上半连续. 所谓一个函数 $f(t)(t\in I)$ 在 $t=t_0$ 为上半连续，即指 $\overline{\lim\limits_{t\to t_0}}f(t)=-\infty$ 或 $\overline{\lim\limits_{t\to t_0}}f(t)\leqslant f(t_0)$. 在我们的情况下，$\mathrm{index}P_t$ 只能取整数值（$\leqslant\dim\ker P_t$），所以只需证明对任意整数 N_0，$\mathrm{index}P_{t_0}\leqslant N_0\leqslant\dim\ker P_{t_0}$ 恒有

$$\overline{\lim_{t\to t_0}}\,\mathrm{index}P_t\leqslant N_0 \tag{7.3.7}$$

即可. 现在 $\dim\ker P_{t_0}-N_0=N\geqslant 0$，$N\leqslant\dim\mathrm{coker}P_{t_0}=\mathrm{codim}\,\mathrm{Im}P_{t_0}$，所以可以取 $(\mathrm{Im}P_{t_0})^\perp$ 的一个 N 维子空间 W，并对变动的 t 令

$$N_t=\{u\in\mathscr{D}(P_t),\ P_tu\in W\},$$

则因 $\dim\ker P_t<\infty$，$\dim W=N<\infty$. 有 $\dim N_t\leqslant\dim W+\dim\ker P_t<\infty$. 另一方面

$$\dim(\mathrm{Im}P_t)\cap W\geqslant N-\dim(\mathrm{Im}P_t)^\perp.$$

从而

$$\begin{aligned}\dim N_t&=\dim\ker P_t+\dim(\mathrm{Im}P_t)\cap W\\&\geqslant\dim\ker P_t+N-\dim(\mathrm{Im}P_t)^\perp\\&=\mathrm{index}P_t+N.\end{aligned}$$

但是当 $t=t_0$ 时，$\dim(\mathrm{Im}P_{t_0})\cap W=0$，$\dim N_{t_0}=\dim\ker P_{t_0}$，故只

需

$$\dim N_{t_0} \geqslant \overline{\lim_{t\to t_0}} \dim N_t, \tag{7.3.8}$$

即有 $\dim\ker P_{t_0} \geqslant \overline{\lim_{t\to t_0}} \operatorname{index} P_t + N$，从而

$$N_0 = \dim\ker P_{t_0} - N \geqslant \overline{\lim_{t\to t_0}} \operatorname{index} P_t.$$

因而定理得证.

现在证明式(7.3.8). 为此，先用反证法证明存在一个与 t 无关的常数 C 使当 $u\in N_t$ 时

$$\|P_t u\|_2 \leqslant C\|u\|_1. \tag{7.3.9}$$

设若不然，必有一串 (t_j, u_j)，$u_j\in N_{t_j}$ 使 $\|u_j\|_1\to 0$ 而 $\|P_{t_j}u_j\|_2 = 1$. 因为 W 是有限维的，$I=[0,1]$ 又是紧集，必要时用子序列，可以设

$$t_j\to t\in I,\ u_j\to 0,\ P_{t_j}u_j\to w\in W.$$

但因 G 是闭的，当有 $P_t 0 = w$，这与 $\|w\|_2 = \lim\limits_{j\to\infty}\|P_{t_j}u_j\|_2 = 1$ 矛盾. 于是知道(7.3.9)成立.

现在即可来证明(7.3.8)了，这里也用反证法. 设有一串 $t_\nu\to t_0$ 使

$$l = \dim N_{t_0} \leqslant l+1 \leqslant \dim N_{t_\nu}. \tag{7.3.10}$$

对于每个 t_ν，取 N_{t_ν} 的就范正交系 $\{u_{\nu,1},\cdots,u_{\nu,l+1}\}$，则 $\{D_{t_\nu}u_{\nu,j}\}$ 作为 W 中的有界集，因为 W 只有有限维，在必要时取子序列可以设 $P_{t_\nu}u_{\nu,j}\to w_j$ $(j=1,2,\cdots,l+1)$. 于是用正则化子有

$$\begin{aligned} Q_{t_\nu}P_{t_\nu}u_{\nu,j} &= u_{\nu,j} - K_{t_\nu}u_{\nu,j} \\ &= u_{\nu,j} - ((K_{t_\nu}-K_{t_0})u_{\nu,j} + K_{t_0}u_{\nu,j}). \end{aligned}\tag{7.3.11}$$

但是一方面

$$Q_{t_\nu}P_{t_\nu}u_{\nu,j} = Q_{t_\nu}(P_{t_\nu}u_{\nu,j} - w_j) + Q_{t_\nu}w_j \to Q_{t_0}w_j,$$

另一方面由于 $\|K_{t_\nu}-K_{t_0}\|\to 0$，又由 K_{t_0} 是紧算子可以认为 $K_{t_0}u_{\nu,j}\to v_j\in H_1$，代入(7.3.11)求极限有

$$Q_{t_0}w_j = \lim_{\nu\to\infty}(u_{\nu,j} - K_{t_0}u_{\nu,j}) = \lim_{\nu\to\infty}u_{\nu,j} - v_j.$$

记 $\lim\limits_{\nu\to\infty}u_{\nu,j} = u_j$，有 $u_j = Q_{t_0}w_j + v_j$. 很容易看到 $\{u_1,\cdots,u_{l+1}\}$

是 H_1 中的就范正交系．因为 G 为闭，知 $u_i \in \mathscr{D}(P_{t_0})$，$P_{t_0}u_i = w_i \in W$，所以 $u_i \in N_{t_0}$，而 $\dim N_{t_0} \geqslant l+1$．这与(7.3.10)是矛盾的．证毕．

系 7.3.8 若 $P: H_1 \to H_2$ 是有界 Fredholm 算子，P 与 P^* 分别具有正则化子 Q，Q'，这时

(i) 若算子 $K: H_1 \to H_2$ 是紧的(或 QK，$Q'K$ 是紧的)，则 $P-K$ 仍为 Fredholm 算子，而且 $\operatorname{index} P = \operatorname{index}(P-K)$．

(ii) 若有另一个有界算子 $\tilde{P}: H_1 \to H_2$ 使得

$$\|P-\tilde{P}\| < \|Q\|^{-1}, \quad \|P^* - \tilde{P}^*\| < \|Q'\|^{-1},$$

则 $\tilde{P}$ 也是 Fredholm 算子而且 $\operatorname{index}\tilde{P} = \operatorname{index} P$．

证．(i) 因为 $QP = I - K_1$，$Q'P^* = I - K_2$，K_1，K_2 均为紧算子．今令 $P_t = P - tK$，则易见 $Q_t = Q$，$Q'_t = Q'$ 分别是 P_t 与 P_t^* 的正则化子，而且 $K_t = K_1 + tQK$，它显然按算子范数对 t 连续，$K'_t = K_2 + tQ'K$ 也如此．因此可以直接得到这里的结论．

(ii) 令 $P_t = P + t(\tilde{P} - P)$，我们有 $QP_t = QP + tQ(\tilde{P} - P) = I + tQ(\tilde{P} - P) - K_1$．但是 $\|Q(\tilde{P} - P)\| \leqslant \|Q\| \cdot \|\tilde{P} - P\| < 1$，所以 $[I + tQ(\tilde{P} - P)]^{-1}$ 存在．因此 $[I + tQ(\tilde{P} - P)]^{-1}QP_t = I - [I + tQ(\tilde{P} - P)]K_1$．令 $Q_t = [I + tQ(\tilde{P} - P)]^{-1}Q$，$K_t = [I + tQ(\tilde{P} - P)]^{-1}K_1$，定理 7.3.7 的一切条件显然都得到满足．$Q_t$ 是 P_t 的正则化子，对于 P_t^* 也可相应地作出正则化子．从而结论成立．

这个结论如果应用到 $P_t \in L^m_{\rho,\delta}(\mathbf{R}^n)$ 时，时常是设 $\sigma(P_t)(x,\xi)$ 对 (t,x,ξ) 连续，而且对一切 α，β，

$$|(1+|\xi|)^{-m+\rho|\alpha|-\delta|\beta|}\partial_\xi^\alpha \partial_x^\beta \sigma(P_t)(x,\xi)| \leqslant C$$

(当 x 在某一紧集中而 $|\xi|$ 充分大)．这个条件下可以证明 G 是连续的．如果 P_t 有拟基本解 Q_t 存在，而且当 x 在任一紧集 K 中且 $|\xi|$ 充分大时有 $|(1+|\xi|)^{\rho|\alpha|-\delta|\beta|}\partial_\xi^\alpha \partial_x^\beta \sigma(Q_t)(x,\xi)| \leqslant C$，$\sigma(Q_t)(x,\xi)$ 对 (t,x,ξ) 连续，则可以证明定理 7.3.7 的一切条件都是成立的．

3. Noether 公式． 现在我们就一个经典的情况具体地计算指

标，而且重新证明 Noether[1] 所得到的一个著名公式．这个公式在奇异积分方程中的应用可见 Мусхелишвили[1]．

设 S 是复平面 $\mathbf{C}$ 上的单位圆周：$S=\{z\in\mathbf{C},\ |z|=1\}$．所谓 $f(z)\in L^2(S)$ 即指 $g(\theta)=f(e^{i\theta})\in L^2(I), I=[-\pi,\pi]$，而且规定

$$\|f(z)\|^2_{L^2(S)}=\|g(\sigma)\|^2_{L^2(I)}=\int_{-\pi}^{\pi}|f(e^{i\theta})|^2d\theta. \qquad (7.3.12)$$

众所周知，$L^2(S)$ 有一个完备的就范正交系 $\left\{\frac{1}{\sqrt{2\pi}}z^l\right\}(l=0,\pm 1,\pm 2,\cdots)$，而且 $f\in L^2(S)$ 必可按之展开为在 L^2 意义下收敛的 Fourier 级数：

$$\begin{aligned} f(z)&=\sum_{n=-\infty}^{\infty}c_nz^n,\ z\in S, \\ c_n&=\frac{1}{2\pi i}\int_S f(z)z^{-n-1}dz=\frac{1}{2\pi}\int_{-\pi}^{\pi}g(\theta)e^{-in\theta}d\theta. \end{aligned} \qquad (7.3.13)$$

$\left\{\frac{1}{\sqrt{2\pi}}z^l\right\}$ 的完备性表现在 Parseval 等式的成立上：

$$\|f\|^2_{L^2(S)}=2\pi\sum_{n=-\infty}^{\infty}|c_n|^2.$$

级数展开式(7.3.13)定义了两个算子：

$$P^+f(z)=\sum_{n=0}^{\infty}a_nz^n \text{ 和 } P^-f(z)=\sum_{n=-1}^{-\infty}a_nz^n, \qquad (7.3.14)$$

它们都是投影算子而且互相正交，且有正交分解：

$$f(z)=P^+f(z)\oplus P^-f(z).$$

事实上，(7.3.13) 对一般的 $z\in\mathbf{C}$ 不仅定义了一个形式的 Laurent 级数，而且事实上也是这样：$P^+f(z)$ 在 $|z|<1$ 中收敛，$P^-f(z)$ 则在 $|z|>1$ 中收敛且 $\lim\limits_{z\to\infty}P^-f(z)=0$．$f^{\pm}(z)$ 都有积分表示：对于 $P^{\pm}f(z)$ 取 $r\leqslant 1$ 与 $r\geqslant 1$ 定义

$$P_r^+f(z)=\sum_{n=0}^{\infty}a_n(rz)^n,\ r\leqslant 1,$$

$$P_r^- f(z) = \sum_{n=-1}^{-\infty} a_n (rz)^n, \quad r \geqslant 1, \qquad (7.3.15)$$

则它们分别在 $|z| < 1/r$ 与 $|z| > \frac{1}{r}$ 中收敛,如果应用 Parseval 等式,将有

$$\begin{aligned} \|P^+ f - P_r^+ f\|_{L^2(S)}^2 &= 2\pi \sum_{n=0}^{\infty} |a_n|^2 (1 - r^n)^2, \\ \|P^- f - P_r^- f\|_{L^2(S)}^2 &= 2\pi \sum_{n=-1}^{-\infty} |a_n|^2 (1 - r^n)^2. \end{aligned} \qquad (7.3.16)$$

由 Abel 定理可知,当 $r \to 1$ 时有

$$\lim_{r \to 1+} P_r^+ f(z) = P^+ f(z), \quad \lim_{r \to 1-} P_r^- f(z) = P^- f(z).$$

这里的极限都在 $L^2(S)$ 意义下理解.

将 a_n 的表达式(7.3.13)代入(7.3.15)有

$$\begin{aligned} P_r^+ f(z) &= \frac{1}{2\pi i} \sum_{n=0}^{\infty} \int_S f(\zeta) \zeta^{-n-1} z^n r^n d\zeta \\ &= \frac{1}{2\pi i} \int_S \frac{f(\zeta) d\zeta}{\zeta - rz}, \quad |z| < \frac{1}{r}. \end{aligned} \qquad (7.3.17_+)$$

同样有

$$\begin{aligned} P_r^- f(z) &= -\frac{1}{2\pi i} \sum_{n=1}^{\infty} \int_S f(\zeta) \zeta^{-n-1} z^n r^n d\zeta \\ &= -\frac{1}{2\pi i} \int_S \frac{f(\zeta) d\zeta}{\zeta - rz}, \quad |z| > \frac{1}{r}. \end{aligned} \qquad (7.3.17_-)$$

在这两个式子中都是沿 S 上的反时针方向进行的.

定理 7.3.9 上述 $P^\pm(D_x)$ 是 $L^0(S)$ 拟微分算子,其全象征是

$$\sigma(P^+)(\xi) = \begin{cases} 1, & \xi > 0, \\ 0, & \xi < 0, \end{cases} \quad \sigma(P^-)(\xi) = \begin{cases} 0, & \xi > 0, \\ 1, & \xi < 0 \end{cases} \qquad (7.3.18)$$

则 $R^+ = zP^+ + P^-$, $R^- = P^+ + zP^-$ 是 $L^0(S)$ 椭圆算子,其全象征为

$$\sigma(R^+)(z, \xi) = \begin{cases} z, & \xi > 0, \\ 1, & \xi < 0, \end{cases} \quad \sigma(R^-)(z, \xi) = \begin{cases} 1, & \xi > 0, \\ z, & \xi < 0, \end{cases} \qquad (7.3.19)$$

而且

i) $\dim \ker R^+ = 0$, ii) $\dim \operatorname{coker} R^+ = 1$, iii) $\operatorname{index} R^+ = -1$,

i) $\dim \ker R^- = 1$, ii) $\dim \operatorname{coker} R^- = 0$, iii) $\operatorname{index} R^- = 1$.

(7.3.20)

证. 因为S是一个紧集,所以在其上可以作一的有限的C^∞分割 $\varphi_1(z)$, $\cdots$, $\varphi_l(z)$; 再作 $\phi_1(z)$, $\cdots$, $\phi_l(z) \in C^\infty(S)$ 使在 $\operatorname{supp}\varphi_j(z)$ 的一个邻域上 $\phi_j(z) = 1$, 于是有

$$P^\pm = \sum_{j=1}^{l} \varphi_j(z) P^\pm \phi_j(z) + \sum_{j=1}^{l} \varphi_j(z) P^\pm (1 - \phi_j(z)). \tag{7.3.21}$$

关于拟微分算子有一个很重要的定理: 若 $\varphi(x)$, $\phi(x) \in C^\infty(\mathbf{R}^n)$,而且在 ∞ 附近为有界(连同其各阶导数),则当 $\operatorname{dist}(\operatorname{supp}\varphi, \operatorname{supp}\phi) \geqslant C_0 > 0$ 时, $\varphi P \phi \in L^{-\infty}$. 事实上 $\phi\cdot$(乘法算子)也是一个拟微分算子,其象征为$\phi(x)$, φP 的象征为 $\varphi(x)\sigma(P)(x,\xi)$,由乘积公式即有 $\sigma(\varphi P\circ\phi) \sim 0$. 应用到我们的情况,因为尚未确定$P^\pm$是拟微分算子,所以要进一步作具体计算: 设有 $C_0 > 0$ 存在使当$|\zeta - z| < C_0$ 时 $\Phi(z)\phi(\zeta) = 0$,则对 $f(z) \in L^2(S)$, 由(7.3.17)有

$$\begin{aligned}\Phi(z)P^\pm\Psi(z) &= \pm \lim_{r\to 1\mp 0}\frac{1}{2\pi i}\int_S \frac{\Phi(z)\Psi(\zeta)}{\zeta - rz} f(\zeta)d\zeta \\ &= \pm\frac{1}{2\pi i}\int_S \frac{\Phi(z)\Psi(\zeta)}{\zeta - z} f(\zeta)d\zeta \\ &= \int_S K(z,\zeta) f(\zeta)d\zeta,\end{aligned} \tag{7.3.22}$$

$$K(z,\zeta) = \frac{\pm 1}{2\pi i}\Phi(z)\Psi(\zeta)/(\zeta - z) \in C^\infty(S\times S).$$

现在考虑 $P^\pm$ 的表达式前一个和中的每一项,并记作 $\varphi(z)P^\pm\phi(z)$,这里例如 $\varphi(z) = 1$ ($z = 0$ 附近). $\phi(z) = 1$ ($\operatorname{supp}\varphi$ 附近). 以下 φ, ϕ 均写为 $\varphi(t)$, $\phi(t)$($t \in [-\pi, \pi]$, $z = e^{it}$), $f(z)$ 写为 $f(e^{it}) = g(t)$, $(P^\pm f)(z)$ 写为 $(A^\pm g)(t)$, 这样来讨论 $\varphi A^\pm \phi$ 的象征.

由(7.3.17),

$$(\varphi A^{\pm}\psi g)(t)=\frac{\pm 1}{2\pi}\lim_{r\to 1\neq 0}\int_{-\infty}^{\infty}\frac{\varphi(t)\psi(\tau)g(\tau)}{e^{i\tau}-re^{it}}e^{i\tau}d\tau$$

$$=\frac{\pm 1}{2\pi}\lim_{r\to -1\neq 0}\int_{-\infty}^{\infty}\frac{\varphi(t)\gamma(t-\tau)h(\tau)}{1-re^{i(t-\tau)}}d\tau.$$

这里 $h(\tau)=\psi(\tau)g(\tau)$，$\gamma(t)\in C_0^\infty(|t|<\pi)$ 选择如下：当 $\varphi(t)\cdot\psi(\tau)\neq 0$ 时 $\gamma(t-\tau)=1$．因为不失一般性可以设 φ，$\psi\in C_0^\infty\left(|t|<\frac{\pi}{2}\right)$，这样的 γ 是存在的．对 $h(\tau)$ 作 Fourier 变项有

$$(\varphi A^{+}\psi g)(t)=\frac{1}{2\pi}\lim_{r\to 1-0}\int_{-\infty}^{\infty}\frac{\varphi(t)\gamma(t-\tau)}{(1-re^{i(t-\tau)})}$$

$$\cdot\frac{1}{2\pi}\int_{-\infty}^{\infty}e^{i\tau\xi}\hat{h}(\xi)d\xi\cdot d\tau$$

$$=\frac{1}{2\pi}\lim_{r\to 1-0}\int_{-\infty}^{\infty}e^{it\xi}\varphi(t)\left\{\frac{1}{2\pi}\int_{-\infty}^{+\infty}e^{-i(t-\tau)\xi}\right.$$

$$\left.\cdot\frac{\gamma(t-\tau)}{1-re^{i(t-\tau)}}d\xi\right\}\hat{h}(\xi)d\xi.$$

$$=\lim_{r\to 1-0}\frac{1}{2\pi}\int_{-\infty}^{\infty}e^{it\xi}\varphi(t)p_r^{+}(\xi)\hat{h}(\xi)d\xi,$$

这里

$$p_r^{+}(\xi)=\frac{1}{2\pi}\int_{-\infty}^{\infty}e^{-iw\xi}\frac{\gamma(w)}{1-re^{iw}}dw$$

$$=\frac{1}{2\pi}\sum_{l=0}^{\infty}\hat{\gamma}(\xi-l)r^{l},\ 0<r<1.$$

因此

$$\lim_{r\to 1-0}p_r^{+}(\xi)=p^{+}(\xi)=\frac{1}{2\pi}\sum_{l=0}^{\infty}\hat{\gamma}(\xi-l).$$

这里的无穷级数是收敛的，因为 $\hat{\gamma}\in\mathscr{S}$，而极限对 $\xi\in$ 任意紧集是一致的．因此有

$$(\varphi A^{+}\psi_g)(t)=\frac{1}{2\pi}\int_{-\infty}^{\infty}e^{it\xi}p^{+}(\xi)\hat{h}(\xi)d\xi.\qquad(7.3.23)$$

现在来计算 $p^{+}(\xi)$．因为 $\hat{\gamma}(\xi)\in\mathscr{S}$．故对任意 $k\in N$ 有

$$|\hat{\gamma}(\xi - l)| \leqslant C_k(1 + |\xi - l|)^{-k-1},$$

$$\begin{aligned}|p^+(\xi)| &\leqslant \frac{1}{2\pi}\sum_{l=0}^{\infty}|\hat{\gamma}(\xi - l)| \\ &\leqslant \frac{C_k}{2\pi}\sum_{l=0}^{\infty}(1 + |\xi| + l)^{-k-1} \\ &\leqslant C(1 + |\xi|)^{-k}, \ \xi \leqslant 0. \end{aligned} \tag{7.3.24}$$

而当 $\xi > 0$ 时，则由

$$\sum_{l=0}^{\infty}\hat{\gamma}(\xi - l) = \sum_{l=-\infty}^{+\infty}\hat{\gamma}(\xi - l) - \sum_{l=-\infty}^{-1}\hat{\gamma}(\xi - l),$$

对后一项可以适用上面的估计，因此

$$\left|p^+(\xi) - \frac{1}{2\pi}\sum_{l=-\infty}^{\infty}\hat{\gamma}(\xi - l)\right| \leqslant C(1 + |\xi|)^{-k}, \ \xi > 0. \tag{7.3.25}$$

$\frac{1}{2\pi}\sum_{l=-\infty}^{\infty}\hat{\gamma}(\xi - l)$ 是 ξ 的以 1 为周期的函数，其 Fourier 系数是

$$\begin{aligned} C_k &= \int_0^1 \frac{1}{2\pi}\sum_{l=-\infty}^{\infty}\hat{\gamma}(\xi - l)e^{-2\pi k i\xi}d\xi \\ &= \frac{1}{2\pi}\int_{-\infty}^{\infty}e^{-2\pi i k\xi}\hat{\gamma}(\xi)d\xi \\ &= \begin{cases}1, & k = 0, \\ 0, & k \neq 0.\end{cases}\end{aligned}$$

所以有

$$\frac{1}{2\pi}\sum_{l=-\infty}^{\infty}\hat{\gamma}(\xi - l) = 1, \quad \frac{1}{2\pi}\sum_{l=-\infty}^{\infty}\partial_\xi^\alpha\hat{\gamma}(\xi - l) = 0, \alpha \neq 0. \tag{7.3.26}$$

由 (7.3.24)，(7.3.25)与(7.3.26)即有(7.3.18)的前一式. 为了证明其后式，注意到当 $r > 1$ 时

$$-\frac{1}{2\pi}\frac{\gamma(w)}{1 - re^{iw}} = \frac{1}{2\pi}\sum_{l=-\infty}^{-1}r^l e^{iwl}\gamma(w),$$

有

$$(\varphi A^{-1}\psi g)(t)=\frac{1}{2\pi}\int_{-\infty}^{\infty}e^{it\xi}\varphi(t)p^{-}(\xi)\hat{h}(\xi)d\xi$$

$$=\frac{1}{2\pi}\int_{-\infty}^{\infty}e^{it\xi}\varphi(t)\sum_{l=-\infty}^{-1}\hat{\gamma}(\xi-l)\hat{h}(\xi)d\xi.$$

因为 $p^{+}(\xi)+p^{-}(\xi)=1$，即得(7.3.18)的后一式.

再看(7.3.20)的证明．由定义(7.3.19)是显然的．对 $f(z)=\sum_{l=-\infty}^{\infty}a_l z^l\in L^2(S)$，由 $P^{\pm}$ 的定义

$$R^{+}f(z)=\sum_{l=1}^{\infty}a_{l-1}z^l+\sum_{l=-\infty}^{-1}a_l z^l,$$

故 $\ker R^{+}=\{0\}$，$(\mathrm{Im}R^{+})^{\perp}=\{f(z)=a_0=\mathrm{const}\}$，从而可得(7.3.20)的前一式．(7.3.20)后式的证明亦同．

定理 7.3.10 (Noether 公式) 设 $P\in L^0(S)$ 具有主象征

$$\sigma_0(P)(\xi)=\begin{cases}a(z)/|a(z)|, & \xi>0,\\ b(z)/|b(z)|, & \xi<0,\end{cases}\tag{7.3.27}$$

$$a(z)\cdot b(z)\neq 0,$$

则 P 是椭圆算子．它是 Fredholm 算子而且

$$\mathrm{index}P=-\frac{1}{2\pi}\int_0^{2\pi}\arg(a(e^{i\theta})/b(e^{i\theta}))d\theta.\tag{7.3.28}$$

证．设当 z 依正向绕过原点一周时，$a(z)$ 与 $b(z)$ 的旋转数各为 l_1 与 l_2，即

$$\frac{1}{2\pi}\int_0^{2\pi}\arg\ a(z)d\theta=l_1,\ \frac{1}{2\pi}\int_0^{2\pi}\arg b(z)d\theta=l_2.$$

令 $\theta_t=t\arg z^{l_1}+(1-t)\arg a(z)$，$\theta_t'=t\arg z^{l_2}+(1-t)\arg b(z)$ 以及 $P_t=e^{i\theta_t}P^{+}+e^{i\theta_t'}P^{-}$，由定理 7.3.9 知 $\sigma(P_t)=e^{i\theta_t}(\xi>0)$，$e^{i\theta_t'}$ $(\xi<0)$，$\sigma(P_0)=P$，$P_1=z^{l_1}P^{+}+z^{l_2}P^{-}$.

P_t 是 0 阶椭圆型算子．在 S 的每一个坐标邻域上 P_t 均有拟基本解 $Q_{tj}\in L^0(j=1,2,\cdots,l)$，和前述定理一样，作 $\varphi_j(z)$，$\psi_j(z)(j=1,\cdots,l)$，则 $Q_t=\sum_{j=1}^{l}\varphi_j(z)Q_{tj}\psi_j(z)$ 是 P_t 的拟基本解．将 P_t 与 Q_t 都拓展到 $L^2(S)$ 上成为 P_{tL^2},Q_{tL^2}，易见

$$\mathscr{D}(P_{tL^2}) = L^2(S),$$

Q_{tL^2} 是 P_{tL^2} 的正则化子. 再看 P_t^*. $(Q_t^*)_{L^2}$ 是 $(P_t^*)_{L^2}$ 的正则化子，然而由定理 7.3.5 知 $(P_t^*)_{L^2} = (P_{tL^2})^*$. 这样 P_{tL^2}, $(P_t^*)_{L^2}$, Q_{tL^2}, $(Q_t^*)_{L^2}$ 都是 $L^2(S) \to L^2(S)$ 的有界算子，而且 Q_{tL^2}, $(Q_t^*)_{L^2}$ 分别是 P_{tL^2} 与 $(P_t^*)_{L^2}$ 的正则化子，故由定理 7.3.2 知 P_t 是 Fredholm 算子. 再由指标的稳定性的定理 7.3.7，注意到 $\sigma(Q_t) = \sigma(P_t)^{-1}$, $\sigma(Q_t') = \overline{\sigma(P_t)}^{-1}$ 经过计算知这个定理的条件均得满足，从而

$$\text{index}P = \text{index}P_0 = \text{index}P_1.$$

为了计算 $\text{index}P_1$，考虑算子 $R = (R^+)^{l_1}(R^-)^{l_2}$，则有

$$\sigma_0(R) = \sigma_0(R^+)^{l_1}\sigma_0(R^-)^{l_2} = \sigma(P_1),$$

故 $R - P_1 \in L^{-1}$ 而由于一个 L^{-1} 算子是 $L^2(S) \to L^2(S)$ 的紧算子，从而由系 7.3.8 知 $\text{index}P_1 = \text{index}R$. 然而由关于乘积的指标的定理 7.3.3 有

$$\text{index}R = l_1\text{index}R^+ + l_2\text{index}R^- = -(l_1 - l_2),$$

从而

$$\text{index}P = -(l_1 - l_2) = -\frac{1}{2\pi}\int_0^{2\pi} \arg(a(z)/b(z))d\theta.$$

定理证毕.

附录 微分流形

§1. 微分流形的基本概念

1. 定义. 微分流形是现代数学最基本的概念之一．它的出现有深远的来源．一方面是由于几何学的需要，一方面也来源于力学．经典力学在现代数学中的重要性日益增长，在偏微分方程理论中时常要借用它的思想和语言．因此，我们宁愿从力学问题开始来介绍微分流形的概念．

设有由N个质点组成的力学系，它们的质量和位置分别是m_i和$\boldsymbol{x}_i$ $(i=1,2,\cdots,N)$．于是运动方程是

$$m_i\ddot{\boldsymbol{x}}_i=\boldsymbol{F}_i(t,\boldsymbol{x}_1,\cdots,\boldsymbol{x}_N;\dot{\boldsymbol{x}}_1,\cdots,\dot{\boldsymbol{x}}_N),\ i=1,\cdots,N. \quad (A.1.1)$$

从表面上看来，这个力学系的"舞台"是 $3N$ 维 Euclid 空间，但实际上并不一定如此：在许多情况下力学系要受到某些约束，其中最简单的是所谓完整约束，例如形式为

$$\Phi_i(\boldsymbol{x}_1,\boldsymbol{x}_2,\cdots,\boldsymbol{x}_N)=0,\ i=1,2,\cdots,K \quad (A.1.2)$$

的约束．同时，因为有许多重要的守恒律，例如能量守恒使得运动应该在"等能面"

$$E(\boldsymbol{x}_1,\cdots,\boldsymbol{x}_N;\dot{\boldsymbol{x}}_1,\cdots,\dot{\boldsymbol{x}}_N)=C \quad (A.1.3)$$

上进行．这样，力学系的"舞台"——即所谓构形空间——不一定是 Euclid 空间，在 $3N$ 个坐标中并非全都是独立的，而例如只有M个是独立的．（这样的力学系称为具有M个自由度.）这M个独立坐标又不一定是$\boldsymbol{x}_1,\cdots,\boldsymbol{x}_N$中的某一部分，而可以是所谓广义坐标 $q_1,\cdots,q_M$．例如在研究有心力场中的运动问题时采用极坐标系时常是方便的．这样，力学系的构形空间不应该是 Euclid 空间，但局部地又应该是 Euclid 的，否则就难以进行微分运算；它没有整体的坐标，而局部地应该有许多可能的坐标系，各个坐标系之

间的变换不应该影响可微性．这样的几何对象就是微分流形．

于是以下我们恒设M是一个可分的 Hausdorff 空间．$U\subset M$是一个开集，若M之每一点$x\in M$均有一个邻域U同胚于$\mathbf{R}^n$的一个开集，记此同胚为

$$\varphi: U\to\mathbf{R}^n,$$

则M称为一个拓扑流形，(φ, U)称为其一个区图（chart）或坐标邻域．一组区图$\{(\varphi_i, U_i)\}_{i\in A}$若$\cup U_i=M$称为$M$的一个图册（atlas）．若每一个区图都同胚于同维数n的$\mathbf{R}^n$之区域，就说M是n维流形．

设两个区图U_i和U_j相交：$U_i\cap U_j\neq\varnothing$则有一个同胚

$$\varphi_j\circ\varphi_i^{-1}: \varphi_i(U_i\cap U_j)\subset\mathbf{R}^n\to\varphi_j(U_i\cap U_j)\subset\mathbf{R}^n.$$

因为这是$\mathbf{R}^n$的区域到$\mathbf{R}^n$的另一区域的映射，所以可以谈得到是否光滑（本书中出现的光滑均指C^∞）．若它是光滑的，就说(φ_i, U_i)和(φ_j, U_j)是**相容的**．设一个图册中的各个区图都是相容的，就说这个图册是相容的．一个极大的相容图册就说是定义了M上一个C^∞微分构造（简称微分构造）．

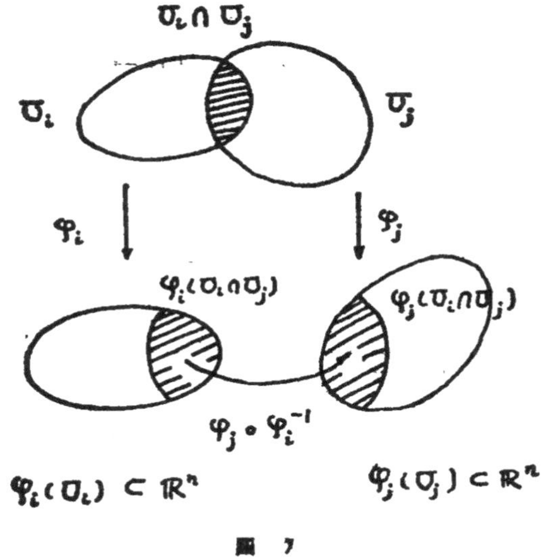

图 7

定义 A.1.1 一个具有微分构造的 n 维流形称为一个 n 维微分流形.

本书中所有的微分流形均指在无穷远处为可数的 C^∞ 微分流形.

微分构造使我们有可能定义流形上的种种微分对象. 例如 M 上的可微(再说一次,本书中凡说到可微、光滑等等均指 C^∞ 可微,C^∞ 光滑, 这一点以下不再声明) 函数 $f(P)$, $P\in M$: M 上的函数 $f(P)$ 局部地可以通过局部坐标 $\varphi(P)=(x_1,\cdots,x_n)$ 或 $P=\varphi^{-1}(x)$ 表为 $\mathbf{R}^n$ 的某区域上的函数 $f\circ\varphi^{-1}(x)$, 因而可以谈得上这个函数是否光滑的问题, 各个区图的相容性又使得它是否光滑并不依赖于局部坐标的选择. 这个问题还将在以下各节中展开.

下面看一些微分流形的例子.

例 1. $\mathbf{R}^n$ 本身即一个微分流形. 它只需要一个区图 $U=\mathbf{R}^n$, 一个局部坐标 $\varphi=\mathrm{id}$.

例 2. n 维单位球面

$$S^n: x_1^2+\cdots+x_{n+1}^2=1.$$

这时可以作出包含两个区图的图册:

$$\varphi_\pm: S^n/\{(0,\cdots,0,\pm 1)\}\longrightarrow \mathbf{R}^n,$$

$$\varphi_\pm:(x_1,\cdots,x_{n+1})\longmapsto\left(\frac{x_1}{1\mp x_{n+1}},\cdots,\frac{x_n}{1\mp x_{n+1}}\right).$$

$\varphi_\pm$ 的逆是

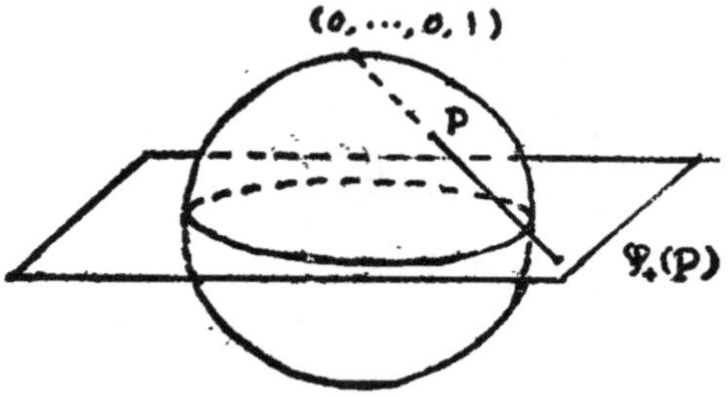

图 8

$$\varphi_{\pm}^{-1}:(x_1, \cdots, x_n) \longmapsto \frac{1}{x_1^2 + \cdots + x_n^2 + 1} \cdot (2x_1, \cdots, 2x_n, \pm(x_1^2 + \cdots + x_n^2 - 1)).$$

相容性的证明留给读者. $\varphi_\pm$ 称为球极射影.

例 3. 设 U 为 $\mathbf{R}^n$ 中的开集,其中的超曲面

$$H: F(x_1, \cdots, x_n) = 0, \ F \in C^\infty, \ \operatorname{grad} F \neq 0.$$

令 $U_i = \{x; \partial_{x_i} F(x) \neq 0, F(x) = 0\}$, 则 $H = \bigcup_{i=1}^n U_i$. 在 U_1 上由隐函数定理,知H可以写为 $x_i = f_1(x_2, \cdots, x_n)$, $f_1 \in C^\infty$, 在 U_1 上即可用 $x_2, \cdots, x_n$ 为局部坐标. 在 U_i 上也有类似结果. 于是H具有一个由 n 个区图构成的图册, 它们的相容性的证明也留给读者.

在例 2 和例 3 中我们都只作出一个图册, 而没有去作微分构造. 这是因为只要作出一个图册, 则一切与它相容的图册之并即是所需的微分构造. 所以只要作出一个图册即可断言得到了一个微分流形.

仿照例 3, $U \subset \mathbf{R}^n$ 中的有限个方程

$$F_i(x_1, \cdots, x_n) = 0, \ i = 1, \cdots, k \leqslant n,$$

$$F_i \in C^\infty, \ \operatorname{rank}\left(\frac{\partial F_i}{\partial x_j}\right) = k$$

所定义的轨迹也是微分流形. 这只是隐函数定理的简单推论.

从这个例子看来, 一个受有限多个不含时间的完整约束的力学系的构形空间是一个微分流形. 首先发现应该在微分流形上讨论力学系的是 Poincaré.

这个例子之所以重要还在于一切微分流形均可归结为这种情况. 这一点将在下面讲到.

例 4. 一些经典群. 以上的例子难免给人一种印象: 微分流形只不过是曲线、曲面概念的简单推广. 实际情况当然不是这样. 为了我们的需要,要介绍一些最常见的经典群.

1° $GL(\mathbf{R}, n)$. 即 $\mathbf{R}^n$ 到 $\mathbf{R}^n$ 的非异线性变换之群, 亦即一切非异 $n \times n$ 方阵所成之群. 对于方阵 (a_{ij}), 若视 a_{ij} 为局部坐

标，则一切 $n\times n$ 方阵之集可以与 $\mathbf{R}^{n^2}$ 等同，从而即可视为 $\mathbf{R}^{n^2}$. $GL(\mathbf{R},n)$ 即适合

$$\det(a_{ij})\neq 0$$

的方阵之集，它是 $\mathbf{R}^{n^2}$ 的一个开集，因而容易证明它是一个 n^2 维微分流形.

2° $O(n)$，即 n 阶正交群：

$$O(n)=\{A;A\in GL(\mathbf{R},n),{}^tA\cdot A=I\}.$$

这是一个 $\frac{1}{2}n(n-1)$ 维流形. 为证明这一点对于 $A=(a_{ij})$ 定义映射

$$\varphi_{ij}:GL(\mathbf{R},n)\to\mathbf{R}$$

$$A\longmapsto\sum_{k=1}^{n}a_{ki}a_{kj}-\delta_{ij}.$$

于是 $O(n)$ 显然是有限个方程

$$\varphi_{ij}(A)=0,\ 1\leqslant i\leqslant j\leqslant n \tag{A.1.4}$$

所定义的轨迹. 这里一共有 $\frac{1}{2}n(n+1)$ 个独立的方程，而且适合例 3 的要求. 它定义一个 $n^2-\frac{1}{2}n(n+1)=\frac{1}{2}n(n-1)$ 维流形.

正交方阵的行列式等于 ±1，我们记

$$SO(n)=\{A;A\in O(n),\ \det A=1\},$$

称为特殊正交群. 它也是 $\frac{1}{2}n(n-1)$ 维流形. 事实上，$O(n)$ 可以分为两个连通分支，$SO(n)$ 即其中包含恒等映射的一个.

$O(n)$ 和 $SO(n)$ 都是紧拓扑空间. 这是因为 (A.1.4) 以及 (A.1.4) 连同 $\det A=1$ 均定义 $\mathbf{R}^{n^2}$ 的闭集，而由于 $O(n)$ 中的元必适合 $\sum_{j=1}^{n}a_{ij}^2=1\ (i=1,2,\cdots,n)$，所以 $|a_{ij}|\leqslant1$. 因此 $O(n)$ 与 $SO(n)$ 均为 $\mathbf{R}^{n^2}$ 的有界闭集故为紧集.

3° 酉群 $U(n)$. 以上我们都是讨论实的情况，如果进入复域，当然也可以定义复解析流形(简称复流形)，这里需要改变的

仅是将区图的定义改为 $\varphi: U \to \mathbf{C}^n$ 是 U 到 n 维复空间的某开集的同胚，而相容性的定义则改为 $\varphi_j \circ \varphi_i^{-1}$ 为复解析函数．复流形是与实流形很不相同的对象，是专门的数学分支．我们这里仅指出，由于 $\mathbf{C}^n \cong \mathbf{R}^{2n}$；我们往往把 n（复）维的复流形看做 $2n$（实）维的实微分流形．这样，我们首先定义 $GL(n, \mathbf{C})$ 是 $n \times n$ 非异复方阵之群，它是 $2n^2$（实）维的微分流形，而

$$U(n) = \{Z;\ Z \in GL(n, \mathbf{C}),\ Z^* \cdot Z = I\},$$

Z^* 表示 Z 的 Hermite 共轭方阵：若 $Z = (z_{ij})$，则

$$Z^* = {}^t\bar{Z} = (\bar{z}_{ji}).$$

$U(n)$ 是 n^2（实）维的紧微分流形．事实上令

$$\begin{aligned}\varphi_{ij}: GL(n, \mathbf{C}) &\longmapsto \mathbf{C},\\ Z &\longmapsto \sum_{k=1}^{n} \bar{z}_{ki} z_{kj} - \delta_{ij},\end{aligned} \tag{A.1.5}$$

则

$$U(n) = \{Z;\ \varphi_{ij}(Z) = 0,\ 1 \leqslant i \leqslant j \leqslant n\},$$

记 $z_{ki} = x_{ki} + \sqrt{-1} y_{ki}$，则 $\varphi_{ij}(Z) = 0$ 可化为

$$\sum_{k=1}^{n} x_{ki} x_{kj} + y_{ki} y_{kj} - \delta_{ij} = 0,\quad 1 \leqslant i \leqslant j \leqslant n,$$

$$\sum_{k=1}^{n} x_{ki} y_{kj} - y_{ki} x_{kj} = 0,\qquad 1 \leqslant i < j \leqslant n,$$

共有 $\frac{1}{2} n(n+1) + \frac{1}{2} n(n-1) = n^2$ 个方程，容易证明它们是独立的．因而在 $\mathbf{C}^{n^2} \cong \mathbf{R}^{2n^2}$ 的开集 $GL(n, \mathbf{C})$ 中定义一个 $2n^2 - n^2 = n^2$ 维微分流形．

$U(n)$ 的紧性证明同上．

由定义，$|\det Z| = 1$ 即 $\det Z \in S^1$ $(Z \in U(n))$，然而由于 S^1 与 $S^0 = \{1, -1\}$ 不同，它不是离散的，我们可以定义特殊酉群 $SU(n) = \{Z; Z \in U(n), \det U = 1\}$，但它的维数低于 $\dim U(n)$ 而为 $n^2 - 1$．这是因为，定义 $SU(n)$ 除了需要方程组 (A.1.5) 以外，还要加上

$$\operatorname{Arg}\det Z = 0. \tag{A.1.6}$$

例 5. Stiefel 流形. $O(n)$ 是一切 n 维正交单位向量的 n 元组之集，Stiefel 流形 $V_{n,p}(\mathbf{R})$ 则是一切 n 维正交单位向量的 p 元组之集，$1 \leqslant p \leqslant n$. 若以这 p 个 n 维向量 $(a_{i1}, a_{i2}, \cdots, a_{in})(1 \leqslant i \leqslant p)$ 为行作矩阵

$$A = (a_{ij}),\ 1 \leqslant i \leqslant p,\ 1 \leqslant j \leqslant n,$$

则有

$$A \cdot {}^tA = I_p \tag{A.1.7}$$

或

$$\sum_{k=1}^{n} a_{ik} a_{jk} = \delta_{ij},\ 1 \leqslant i, j \leqslant p.$$

易见 $O(n) = V_{n,n}(\mathbf{R})$, $S^{n-1} = V_{n,1}(\mathbf{R})$.

$V_{n,p}(\mathbf{R})$ 是一个 $np - \frac{1}{2}p(p+1) = \frac{1}{2}p(2n-p-1)$ 维紧微分流形. 事实上，考虑映射

$$\varphi: A \longmapsto A \cdot {}^tA - I_p,$$

则

$$V_{n,p}(\mathbf{R}) = \{A \in M_{p,n}(\mathbf{R}), \varphi(A) = 0\}.$$

$M_{p,n}(\mathbf{R})$ 是实 $p \times n$ 矩阵之集. 这里实际上有 $\frac{1}{2}p(p+1)$ 个方程，所以 $V_{n,p}(\mathbf{R})$ 之维数是 $np - \frac{1}{2}p(p+1) = \frac{1}{2}p(2n-p-1)$. 由例 3 知它是一个微分流形. 其紧性的证明可以仿照 $O(n)$.

例 6. Grassmann 流形 $G_p(\mathbf{R}^n)$ 就是 $\mathbf{R}^n$ 的一切 p 维子空间的集. 为了讨论它，我们规定采用以下的记号:

$\{e_1, \cdots, e_n\}$ 是 $\mathbf{R}^n$ 的典则基底.

以 $\{e_1, \cdots, e_p\}$ 为基底的空间 $\mathbf{R}^p \times \{0\}$ 视为与 $\mathbf{R}^p$ 恒同.

以 $\{e_{p+1}, \cdots, e_n\}$ 为基底的空间 $\{0\} \times \mathbf{R}^{n-p}$ 记作 $\mathbf{R}'^{n-p}$.

$P_p: \mathbf{R}^n \to \mathbf{R}^p$ 表示以 $\begin{pmatrix} I_p & 0 \\ 0 & 0 \end{pmatrix}$ 为矩阵的投影算子.

$P'_{n-p}: \mathbf{R}^n \to \mathbf{R}'^{n-p}$ 表示以 $\begin{pmatrix} 0 & 0 \\ 0 & I_{n-p} \end{pmatrix}$ 为矩阵的投影算子.

$O(n)$ 的形如 $\begin{pmatrix} A & 0 \\ 0 & B \end{pmatrix}$ 的元所成的子群记作 $O''(n, p)$. 这里 $A \in O(p), B \in O(n-p)$. $O''(n,p)$ 显然在 $O(n)$ 中为闭而且同构于 $O(p) \times O(n-p)$.

首先给 $G_p(\mathbf{R}^n)$ 赋以拓扑如下: 对任一个 $X \in O(n)$ 均可相应作一个 p 维子空间 $\Lambda: O(n) \to G_p(\mathbf{R}^n)$, $X \longmapsto X(\mathbf{R}^p) \in G_p(\mathbf{R}^n)$. 但这并非一对一的: $X, Y \in O(n)$ 对应于相同的 p 维子空间的如上的充分必要条件是 $X(\mathbf{R}^p) = Y(\mathbf{R}^p)$ 以及 $X(\mathbf{R}'^{n-p}) = Y(\mathbf{R}'^{n-p})$, 这是因为 $\mathbf{R}^p \perp \mathbf{R}'^{n-p}$. 这个条件还可表示为 $Y^{-1}X \in O''(n, p)$. 于是我们有可换图式:

$$\begin{array}{ccc} & O(n) & \\ {}^{\pi}\swarrow & & \searrow{}^{\Lambda} \\ O(n)/O''(n, p) & \xrightarrow{\theta} & G_p(\mathbf{R}^n) \end{array}$$

π 是典则投影而 θ 是单全射,通过 θ 将 $O(n)/O''(n,p)$ 的商拓扑移到 $G_p(\mathbf{R}^n)$ 上从而使 θ 成为同胚, 这样 $G_p(\mathbf{R}^n)$ 具有了拓扑. 可以证明 $G_p(\mathbf{R}^n)$ 是可分的 Hausdorff 空间,而且是紧的.

其次来作 $G_p(\mathbf{R}^n)$ 的一个图册. 设 $L \in G_p(\mathbf{R}^n)$, 选 L 的一个基底 $\{f_1, \cdots, f_p\}$, 我们有

$$f_i = \sum_{j=1}^{n} a_{ij} e_j, \quad 1 \leqslant i \leqslant p.$$

因而 L 相应于一个 $p \times n$ 矩阵 $A = (a_{ij})$, 其秩为 p,因而必有一个 p 阶子矩阵为可逆的.适当改变基底$\{f_1, \cdots, f_p\}$,可设它为前 p 列所成的子矩阵, 而且即为 I_p, 从而相应于 L 的矩阵例如为 (I_p, a_{ij}). L 的这种表示法自然是唯一的. 一般言之则可从 (a_{ij}) 中选出 p 列使之成为 I_p.余下的 a_{ij} 成为一个 $p \times (n-p)$ 矩阵,其元即可认为是 L 的坐标. 因此若指定某 p 列使之成为 I_p, 这样的 A 之集可以认为是 $G_p(\mathbf{R}^n)$ 的一个区图. 这样作出的图册将含有 $(n)_p = n(n-1)\cdots(n-p+1)$ 个区图. $G_p(\mathbf{R}^n)$ 的维数是 $p(n-p)$.

$G_p(\mathbf{R}^n)$ 的一个重要特例是 $G_1(\mathbf{R}^n)$. 如上所说每一个 $L\in G_p(\mathbf{R}^n)$ 的局部坐标是例如 $(a_1,\cdots,a_{n-1},a_n)$ (某个 $a_i=1$),而例如坐标的第一个分量为 1 的 L 构成一个区图 $U_1=\{(1,a_2,\cdots,a_n)\}$. 同样可以作出 $U_i=\{(a_1,\cdots,a_{i-1},1,a_{i+1},\cdots,a_n)\}$ 而有 $G_1(\mathbf{R}^n)=\bigcup\limits_{i=1}^{n}U_i$. 如果我们在 $\mathbf{R}^n$ 中引入一个等价关系 $(x_1,\cdots,x_n)\sim(y_1,\cdots,y_n)\Longleftrightarrow$"$x_i$ 与 y_i 成比例",则 $\mathbf{R}^n/\sim$ 即成为我们熟知的 $n-1$ 维实射影空间 $\mathbf{R}P^{n-1}$. $\mathbf{R}^n/\sim$ 之每一个等价类均有一个代表元例如 $(1,a_2,\cdots,a_n)$ (如果 $a_1\neq 0$), 所以 $G_1(\mathbf{R}^n)=\mathbf{R}^n/\sim$ 即为 $\mathbf{R}P^{n-1}$.

以上我们作出了微分流形的一些很重要的例子. 有一些通用的由一个或一些微分流形生成新的微分流形的方法. 其一是所谓"开子流形": 若M是一微分流形, $N\subset M$ 为一开集, 则若 $\{(\varphi_i,U_i)\}$ 是M的一个图册,则记 $V_i=U_i\cap N$, $\phi_i=\varphi_i|N$, $\{(\phi_i,V_i)\}$ 显然是N的一个图册, 因此N也是一个微分流形, 称为M的开子流形. 例如例 4 中的 $GL(\mathbf{R},n)$ 就是 $\mathbf{R}^{n^2}$ 的开子流形. 其次是所谓"积流形": 设 M,N 是两个微分流形, 其图册分别为 $\{(\varphi_i,U_i)\}$ 和 $\{(\phi_j,V_j)\}$, 则$M\times N$也是一个微分流形——称为积流形,因为它有一个明显的图册 $\{(\varphi_i\otimes\phi_j,U_i\times V_j)\}$. 积流形中有一些极为重要的例子,如环面 (torus) $T^2=S^1\times S^1$, 这是一个二维流形, n 维环面 $T^n=S^1\times S^1\times\cdots\times S^1$ (n 个"因子"). 它们在数学、力学和物理学中都是十分重要的. 再举一个力学的例子: 考虑刚体的构形空间. 在刚体内取一定点 (例如取其质心——但并非只能取质心),它是 $\mathbf{R}^3$ 中一点,再取一个以该点为原点的附着在刚体内的右手正交坐标系. 若以某个固定的右手正交坐标系为准, 则该附着于刚体的坐标系将由固定的右手坐标系用 $SO(3)$ 的一个元变换而来. 规定了该点的位置与附着的坐标系的方位就完全确定了该刚体的构形. 因此刚体的构形空间是 $\mathbf{R}^3\times SO(3)$,其维数为 6.特别是对于具有一固定点的刚体,其构形空间为$SO(3)$, 维数为 3; 从而其运动方程将是三个二阶常微分方程或六个一阶

常微分方程．对于自由刚体(即无外力作用)，有四个明显的守恒律

$$M_x = C_1,\ M_y = C_2,\ M_z = C_3\ (\text{角动量守恒}),$$
$$E = C_4\ (\text{能量守恒}).$$

所以具有固定点的自由刚体的运动将在一个二维流形上进行．它是一个紧流形．但是在拓扑学中已经完全解决了二维紧流形的分类问题：任意二维紧流形必同胚于具有 n 个 $(n = 0, 1, 2, \cdots)$ "把手"的二维球面．具有一个"把手"的二维球面就是 T^2，因此在这种情况下刚体的运动将由两个具有周期的变量 $\varphi_i(\mathrm{mod}T_i)(i = 1, 2)$ 描述，因而是一种"周期的"运动．从这些简单的说明就可以看到，微分流形的思想能多么有力地帮助我们从定性的、几何的角度来理解力学问题．

2. 流形间的可微映射．设有两个微分流形 M 和 N，其维数各为 m 和 n．令

$$f: M \to N \tag{A.1.8}$$

将 $P \in M$ 映为 $f(P) \in N$．取 M 和 N 的包含 P 和 $f(P)$ 的区图 (φ, U) 和 (ψ, V)，于是

$$\psi \circ f \circ \varphi^{-1} \tag{A.1.9}$$

映 $\varphi(U \cap f^{-1}(V)) \subset \mathbf{R}^m$ 到 $\mathbf{R}^n$ 的一个区域．令 $\varphi(U)$ 与 $\psi(V)$ 中的局部坐标分别为 $x = (x_1, \cdots, x_m)$ 和 $y = (y_1, \cdots, y_n)$，则(A.1.9)可以简单地记为

$$y = f(x)\ \text{或}\ y_i = f_i(x_1, \cdots, x_m). \tag{A.1.10}$$

定义 A.1.2 若(A.1.10)中的 f (即 f_i)是可微函数，则称(A.1.9)为可微映射：$(f_1, \cdots, f_n)$ 在 P 点的秩(即 Jacobian 矩阵 $\dfrac{\partial(f_1, \cdots, f_n)}{\partial(x_1, \cdots, x_m)}$ 在 x 点之秩)称为 (A.1.8) 在 P 点的秩，记作 $\mathrm{rank}f(P)$．若 f 与 f^{-1} 均为可微映射，则 f 称为微分同胚．这时 $n = m$．

这些概念都是与坐标系的选取无关的．事实上，若我们取 P 与 $f(P)$ 在其邻域中的另一个局部坐标 φ_1 与 ψ_1，则代替(A.1.9)将有

$$\psi_1\circ f\circ\varphi_1^{-1}=(\psi_1\circ\psi^{-1})\circ(\psi\circ f\circ\varphi^{-1})\circ(\varphi\circ\varphi_1^{-1})$$
$$=(\psi_1\circ\psi^{-1})\circ(\psi\circ f\circ\varphi^{-1})\circ(\varphi_1\circ\varphi^{-1})^{-1}. \quad (A.1.11)$$

因为 $\psi_1\circ\psi^{-1}$ 与 $\varphi_1\circ\varphi^{-1}$ 都是微分同胚，所以 $\psi_1\circ f\circ\varphi_1^{-1}$ 与 $\psi\circ f\circ\varphi^{-1}$ 在相应的点上将同为可微而且具有相同的秩。由这样的讨论，我们知道定义 A.1.2 是合理的 (well-defined)。

在讨论可微映射的性质时，我们要区分其局部性质与整体性质。

在局部性质中，首先可以从秩入手。若 f 在 P 点具有最大秩，f 将有特别重要的意义。这时又要区分两种情况：

首先，若 $m=\dim M\leqslant n=\dim N$，则最大秩只可能是 m；若 $m=\dim M\geqslant n=\dim N$，则最大秩只可能是 n。相应地我们有

定义 A.1.3 若 $\operatorname{rank}f(P)=\dim M\leqslant\dim N$，则说 f 在 P 点是一个内浸 (immersion)；若 $\operatorname{rank}f(P)=\dim N\geqslant\dim M$，则说 f 在 P 点是一个外罩 (submersion)。

先看一下内浸和外罩在 $M=\mathbf{R}^m$, $N=\mathbf{R}^n$ 而 f 为线性变换的情况。这时，f 称为线性内浸与线性外罩。若适当选定 M 和 N 中的坐标，f 将可以表为以下的矩阵

内浸 $\begin{pmatrix}I_m\\0\end{pmatrix}$ 或 $y_i=x_i$, $1\leqslant i\leqslant m$, $y_i=0$, $m<i\leqslant n$；

外罩 $(I_n,0)$ 或 $y_i=x_i$, $1\leqslant i\leqslant n$.

重要的是一切内浸和外罩局部地总是微分同胚于线性情况的。

线性内浸和线性外罩显然分别是单射和全射，而任意内浸和外罩就一次近似而言也都是单射和全射。这里提到一个映射的一次近似，这就是下面将要讲到的切映射。这是一个与坐标系的选择无关的概念。但在目前，我们用 (A.1.10) 来表示 f 时，所谓一次近似就是指由其 Jacobian 矩阵表示的线性变换，若 P 点的坐标为 x，我们将用 T_xf 表示这个 Jacobian 矩阵。下面我们会看到，T_xf 即切映射的记号。

由于我们的考虑都是局部的，所以 M 和 N 当限制在 P 和 $f(P)$ 附近时都可以看作是 $\mathbf{R}^m$ 和 $\mathbf{R}^n$。而其中的坐标分别为 $x=(x_1,$

$\cdots, x_m$) 和 $y=(y_1, \cdots, y_n)$. 把 f 看成映射 (A.1.10) 的理由也就在此.

定理 A.1.4 设 $f: M\to N$ 是 $P\in M$ 附近的可微映射, 则以下命题等价:

i) T_xf 为单射.

ii) 存在 $f(P)\in N$ 附近的一个微分同胚 $h: N\to N$ 使 $h\circ f$ 在 P 附近是线性内浸.

iii) 存在 $f(P)\in N$ 附近的一个可微映射 $g: N\to M$ 为 f 之局部左逆, 即在 P 附近 $g\circ f=\mathrm{id}_M$.

证. ii) $\Rightarrow$ iii). 设 $k=h\circ f$ (在 P 附近), 于是 k 是单射, 这由 k 可以表为 $\begin{pmatrix} I_m \\ 0 \end{pmatrix}$ 即可看到. 从而必存在 k 的"左逆" r, 使 $r\circ k=\mathrm{id}_M$. 令 $g=r\circ h$ 即得 iii).

iii) $\Rightarrow$ i). 由复合函数的微分法则有 $T_{f(x)}g\cdot T_xf=I$, 所以 T_xf 是单射.

i) $\Rightarrow$ ii). 设 $T_xf=\begin{pmatrix} A \\ B \end{pmatrix}$, A 为 $m\times m$ 方阵而且设为非异的, 于是方阵

$$\begin{pmatrix} A & 0 \\ B & I \end{pmatrix}$$

是一个线性同构. 现在引入一个 $n-m$ 维向量 t 并为简单计, 记 $t=\begin{pmatrix} 0 \\ t \end{pmatrix}\in \mathbf{R}^n$, 则 $\begin{pmatrix} A & 0 \\ B & I \end{pmatrix}$ 是映射

$$F(x, t)=f(x)+t$$

的 Jacobian 方阵. 由隐函数存在定理, F 在 $(x, 0)$ 附近是微分同胚, 而且在 x 附近

$$F^{-1}\circ f(x)=\begin{pmatrix} x \\ 0 \end{pmatrix}.$$

令 α 为线性同胚 $\begin{pmatrix} x \\ 0 \end{pmatrix}\to x$, $h=\alpha\circ F^{-1}$, 则 h 符合所求.

由定义 A.1.3 易见 $\operatorname{rank} f(P)=\dim M$ 的充分必要条件就是 $T_x f$ 为单射，所以我们也就将符合这个定理的三个等价条件的任何一个的可微映射称为内浸.

关于外罩也有类似的结果. 我们也同样将符合其三个等价条件的任何一个的可微映射称为外罩.

定理 A.1.5 设 $f: M \rightarrow N$ 是 $P \in M$ 附近的可微映射，则以下命题等价:

i) $T_x f$ 为满射.

ii) 在 $P \in M$ 附近存在一个微分同胚 $h: M \rightarrow M$ 使 $f \circ h^{-1}$ 在 $h(P)$ 附近是线性外罩.

iii) 在 $f(P) \in N$ 附近存在一个可微映射 $g: N \rightarrow M$ 使得在 $f(P)$ 附近 $f \circ g=\mathrm{id}_N$，而且 $g \circ f(P)=P$.

证 ii) → iii) 设 $k=f \circ h^{-1}$，则 k 为满射: $k: M \rightarrow N$; 从而存在 k 的“右逆” s 使 $k \circ s=\mathrm{id}_N$. 令 $g=h^{-1} \circ s$ 即合所求.

iii) → ii) 由复合函数的微分法则有 $T_x f \cdot T_{f(x)} g=I$，所以 $T_x f$ 是满射.

i) → ii). 如前所述，我们已设 $M \subset \mathbf{R}^m$, $N \subset \mathbf{R}^n$，而且不妨设 P 与 $f(P)$ 均为 0. 因为 $T_x f$ 是满射，故应有 $m \geqslant n$. 记 $\operatorname{ker} T_x f=E$，而且将 M 按 E 与某个补空间 E' 作直和分解. 于是每一个向量 $x \in M$ 可以唯一地分解为

$$x=t+t', \quad t \in E \subset \mathbf{R}^m, \quad t' \in E' \subset \mathbf{R}^m. \tag{A.1.12}$$

现在作一个 C^{∞} 映射 F:

$$F(x)=F(t+t')=\begin{pmatrix} t \\ f(t+t') \end{pmatrix}.$$

容易看到 F 在 0 附近是微分同胚，其 Jacobian 矩阵为

$$\begin{pmatrix} I & 0 \\ A & B \end{pmatrix}, \quad \det B \neq 0.$$

因此 F 局部地有逆 F^{-1}.

上述的直和分解 (A.1.11) 定义了一个线性同构

$$\alpha: E \times E' \rightarrow M, \quad (t, t') \longmapsto t+t';$$

我们再定义一个线性同构

$$\beta: M \to E \times N \text{ 使 } \beta(0) = F(0,0) = F\circ\alpha^{-1}(0),$$

则在 $F(0,0)$ 附近，对 $(t,y) \in E \times N$ 有

$$(t, f\circ\alpha\circ F^{-1}(t, y)) = F\circ F^{-1}(t, y) = (t, y).$$

于是 $f\circ\alpha\circ F^{-1}(t, y) = y$. 令 $h = \beta^{-1}\circ F\circ\alpha^{-1}$, 易见

$$f\circ h^{-1} = f\circ\alpha\circ F^{-1}\circ\beta \text{ 是线性外罩,}$$

从而 h 适合所求.

以上我们都是在一点附近定义内浸与外罩. 如果 f 在 M 之各点上均为内浸或外罩就说 f 在 M 上是内浸与外罩.

由于内浸 f 的切映射 T_xf 是单射，所以内浸局部地是单射. 但是整体说来，M 在内浸下的象可能具有复杂的构造. 举例来说:

例 1. $f:(1,\infty) \to \mathbf{R}^2$, $t \longmapsto \left(\dfrac{t+1}{2t}\cos 2\pi t, \dfrac{t+1}{2t}\sin 2\pi t\right)$

不难验证它是一个内浸，但当 $t \to \infty$ 时，将无限地旋转趋向以 0 为心，$\dfrac{1}{2}$ 为半径的圆.

例 2. $f:\mathbf{R} \to \mathbf{R}^2$.

$$t \longmapsto \left(2\cos\left(t - \frac{\pi}{2}\right),\ \sin 2\left(t - \frac{\pi}{2}\right)\right)$$

它也明显地是一个内浸，而 $\mathbf{R}$ 的象是一个自交的 8 次形曲线. 但

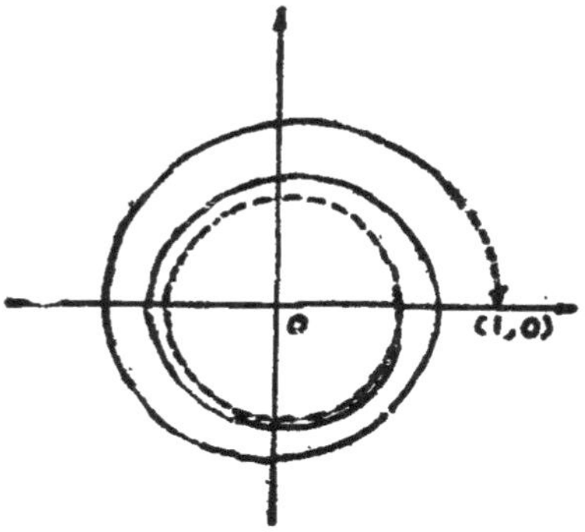

图 9

是例如取 $g(t)=\pi+2\operatorname{arctg}t$，则当 $t\to+\infty$ 时，$g(t)\to 2\pi$，$t\to-\infty$ 时 $g(t)\to 0$，于是仍用上面的 f，作

$$f\circ g:\mathbf{R}\to\mathbf{R}^2,$$

则 $\mathbf{R}$ 之象虽然仍是 8 次形曲线，但却不是自交的．两个情况的图形如下，

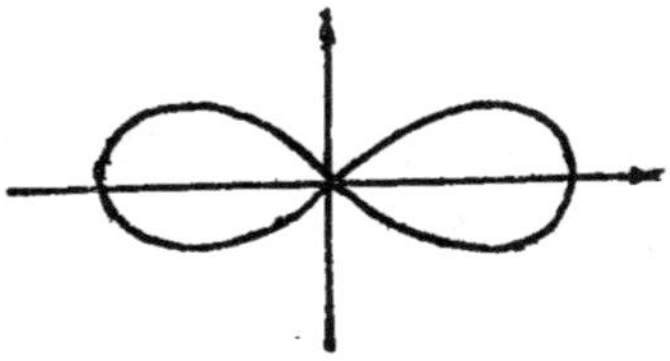

例 2 情况 1

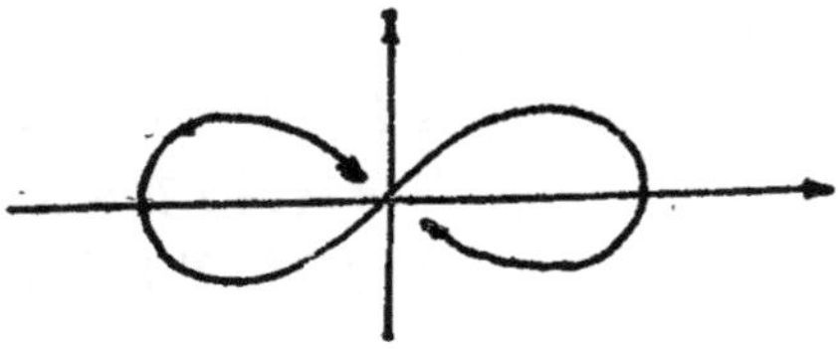

例 2 情况 2

图 10

这些情况告诉我们，若 f 为内浸，则在整体上它不一定是单射（如例 2 情况 1），即令是单射 M 与 $f(M)$（具有 N 之相对拓扑）也不一定是同胚．当 f 是单射时，我们可以通过 f 把 M 的 C^∞ 构造移到 $f(M)$ 上去，而使之成为一个微分流形，但是它的拓扑与 N 对 $f(M)$ 所赋的相对拓扑一般并不相同．$f(M)$ 称为 N 的内浸子流形．如果希望 $f(M)$ 具有更好的性质，则需要以下的

定义 A.1.6 若内浸 $f:M\to N$ 在整体上是一个单射，而且当赋 $f(M)\subset N$ 以 N 的相对拓扑时，f 是一个同胚，则称 f 为嵌入（imbedding），而 $f(M)$ 称为 N 的嵌入子流形．

嵌入和内浸是性质很不相同的两个概念，前者是整体的，后者则是局部的．对于内浸 f，只能证明它在 M 的每一点附近是一个嵌入．为了使它是一个嵌入，还需要加上一些条件：例如可设 f 为单射而且是适当的(即紧集的原象仍为紧集)．关于这一类问题请读者参看关于微分流形的专著．

另外还有一类很重要的映射称为覆盖映射(covering mapping)．

定义 A.1.7 设 $f:M\to N$ 是可微映射，M 为连通的，而且每一点 $Q\in N$ 均有一个连通开邻域 V，使得 $f^{-1}(V)$ 是若干个分离的

开集之并，而且 f 是每一个这样的开集到 V 的微分同胚，则 f 称为覆盖映射．M 称为覆盖流形．

显然覆盖映射必为外罩，但其逆不一定真．

覆盖流形中一个特别重要的情况是 M 为单连通的情况，这时 f 或 M 称为 N 的万有覆盖（universal covering）．可以证明 C^∞ 流形 N 必有万有覆盖存在，而且除了相差一个微分同胚以外，万有覆盖是唯一的．

3. 子流形．前面我们已经几次见到了子流形的概念，例如内浸子流形与嵌入子流形．现在要作更详尽的讨论．前面讲的子流形 $f(M)\subset N$ 不论是内浸的还是嵌入的，都有共同的特点，即 $f(M)$ 总是 N 的子集而且具有 C^∞ 构造与拓扑．对于内浸子流形 $N'=f(M)$，其 C^∞ 构造与拓扑都是通过 f 从 M 上"搬过来"的：N' 上的开集即 M 之开集 U 之象 $f(U)$，N' 上的区图即 M 上的区图 (φ, U) 与 f"复合"而得 $(\varphi\circ f^{-1}, f(U))$（注意这时 f 是单射因而 f^{-1} 有意义）．对于嵌入子流形，则 $V\subset N'$，$N'=f(M)$ 为开当且仅当存在 N 中的一个开集 W，使 $V=W\cap N'$．由 f 的连续性，V 在 M 中的原象仍为开集 U，而 $V=f(U)$ 即使在内浸子流形的情况下也是 N' 的开集．但是在内浸情况下，N' 上还可能有不是 $W\cap N'$ 形状的开集，因此内浸子流形的拓扑一般地应该"细于"（finer than）嵌入子流形的拓扑．我们在微分流形的例子中还看到 $\mathbf{R}^n$ 的子流形的说法，意指由 $\mathbf{R}^n$ 中有限多个方程所定义的子集．事实上，一切嵌入子流形本质上都是它．因此，在下面凡讲到子流形都是指嵌入子流形而言．

我们仍然先从 $\mathbf{R}^n$ 的子流形开始．

定义 A.1.8 设 $M\subset\mathbf{R}^n$，对一切 $x\in M$ 均可找到其在 $\mathbf{R}^n$ 中的开邻域 U 以及一个微分同胚 φ，使 $\varphi(W\cap M)$ 为 $\mathbf{R}^n$ 的某一 m 维线性子空间上的开集，则称 M 是 $\mathbf{R}^n$ 的 m 维子流形．

从这个定义可知：包含映射 $\iota: M\to\mathbf{R}^n$ 是嵌入映射，因此，这里的子流形是嵌入子流形．

我们不妨设 W 是一个坐标邻域，其中的局部坐标为 $x=(x_1,$

$\cdots, x_n)$，而 $\varphi(W \cap M)$ 在线性子空间 $y_{m+1} = \cdots = y_n = 0$ 上，这里 $y = (y_1, \cdots, y_n)$ 又是 $\mathbf{R}^n$ 的另一个坐标系. 于是微分同胚 φ 可表为

$$y_i = \varphi_i(x_1, \cdots, x_n),\ i = 1, 2, \cdots, n,$$

从而 W 局部地表示为

$$\varphi_{m+1}(x) = 0, \cdots, \varphi_n(x) = 0,$$

而且 $d\varphi_j (j = m+1, \cdots, n)$ 线性无关. 这样就知道前面例 2, 3, 以及 $O(n)$, $U(n)$ 以及 Stiefel 流形, Grassmann 流形都是这种子流形. $\mathbf{R}^n$ 的开子流形例如 $GL(\mathbf{R}, n)$ 也是这样，不过其维数与包含它的空间 $\mathbf{R}^{n^2}$ 一样同为 n^2 罢了.

关于用一个方程组来定义子流形的作法还可以略为推广：设有可微映射 $f: \mathbf{R}^m \to \mathbf{R}^n$，其图象 $\Gamma = \{(x, f(x))\} \subset \mathbf{R}^m \times \mathbf{R}^n$ 是 $\mathbf{R}^m \times \mathbf{R}^n$ 的 m 维子空间. 这时上述的微分同胚 φ 就是 $(x, y) \longmapsto (x, y - f(x))$，而它将 Γ 映为 m 维子空间 $\mathbf{R}^m \times \{0\} = \mathbf{R}^m \times \mathbf{R}^n$. 这是一个相当普遍的判别 M 是否 $\mathbf{R}^n$ 的子流形的方法. 事实上，若对上述定义中的 W 可以将 $\mathbf{R}^n$ 分解为 $\mathbf{R}^n = \mathbf{R}^m \times \mathbf{R}^{n-m}$ 而存在一个可微映射 $f: \mathbf{R}^m \to \mathbf{R}^{n-m}$ 使 $W \cap M$ 为 f 的图象，则 M 是 $\mathbf{R}^n$ 的 m 维子流形.

类似的很有用的判别法还有**外罩的判别法**：若 $f: \mathbf{R}^n \to M$ (M 是一个微分流形) 在 $f^{-1}(x_0)$ 之每一点处均为外罩，而且 $T_x f$ 之秩为 $n - m$，则 $f^{-1}(x_0)$ 是 $\mathbf{R}^n$ 的 m 维子流形. 它显然是 $\mathbf{R}^n$ 的闭子集，所以称为闭子流形. **内浸的判别法**：若 M 是一个微分流形，$f: M \to \mathbf{R}^n$ 是一个内浸而且是适当的单射，则 $f(M)$ 是 $\mathbf{R}^n$ 的子流形. 这些结论我们均不证明了.

其次看一般的 n 维微分流形 N 的子流形 M 的定义.

定义 A.1.9 设 N 为一个 n 维微分流形，$M \subset N$，而且每一点 $P \in M$ 均相应有 N 的一个区图 (φ, U) 使 $\varphi(M \cap U)$ 是 $\mathbf{R}^n$ 的 m 维子流形，则称 M 为 N 的 m 维子流形.

事实上，我们可以在 N 中选择一个 $P \in M \subset N$ 附近的局部坐标 $x = (x_1, \cdots, x_n)$，使

$$\varphi(M\cap U)=\{x\in U, x_{m+1}=\cdots=x_n=0\}.$$

于是将φ限制在$M\cap U$上可得M的一个区图，从而可以得到M的一个图册使M成为一个微分流形，而且这样得出M的一个拓扑也正是N的相对拓扑. 由此可知，这样定义的子流形正是由包含映射所得的嵌入子流形.

以上我们说明了上面给的子流形都是嵌入子流形，事实上凡嵌入子流形也都是以上定义的子流形. 所以，以后我们对二者不再加以区别，而只对内浸子流形加以标注.

上面我们还看到，以前我们给出的微分流形都是某个 Euclid 空间的子流形. 这并不是偶然的，因为我们有以下著名的.

Whitney 定理 任一m维微分流形均可嵌入在维数$\leqslant 2m+1$ 的 Euclid 空间中而为其闭子流形.

定理的证明可以参看微分拓扑学的专书.

4. 微分流形的定向. 先解释什么是线性空间E的定向. 若$(e_1, \cdots, e_n)$，$(f_1, \cdots, f_n)$ 是E的两组基底，于是必存在矩阵$A=(a_{ij})$使

$$f_i=\sum_{j=1}^n a_{ij}e_j.$$

如果 $\det A>0$，就说$(e_1,\cdots,e_n)$与$(f_1,\cdots,f_n)$是等价的. 这样将E的基底分为两个等价类，称为E的两个定向，这两个定向之集记作 $\mathrm{or}E$. 如果在E中规定只用某一个定向的基底，则得到一个定向空间. 我们不妨任意规定某个定向为正向，而赋有它的E记作E^+；于是另一个就称为负向而且相应的也有E^-. 例如$\mathbf{R}^3$的坐标系分成的两个等价类即右手系与左手系，而我们习惯地将具有右手坐标系的$\mathbf{R}^3$称为是有正向的：R^{3+}.

利用这个概念即可考虑微分流形的定向. 首先作局部的考虑：若$P\in M$. 一切包含P的区图(φ, U)与(ϕ, V)之间必有一个 $\mathbf{R}^n\to\mathbf{R}^n$ 的微分同胚$\varphi\circ\phi^{-1}$. 如果在$U\cap V$上其 Jacobian 行列式>0，就认为这两个坐标系等价. 这样也可以将P点的各个坐标系分为两个等价类，记这两个等价类之集为$\mathrm{or}_P M$. 这个概念

是局部的．若有两点 $P, Q \in M$ 以及相应的区图 (φ, U) 与 (ψ, V)，则当 P,Q 充分接近从而 $U \cap V \neq \phi$ 时也可以和上面一样比较 φ 与 ψ 而视其是否属于同一个等价类．但是对 M 上的一切点，或者说，对于 M 的一个图册，则不一定可能将一切局部坐标系分类．因此，我们给出

定义 A.1.10 若 A 有一个图册 $\{(\varphi,U)\}$，使对其中任意两个区图 (φ, U) 与 (ψ, V)，当 $U \cap V \neq \phi$ 时，$\varphi \circ \psi^{-1}$ 在 $U \cap V$ 中的 Jacobian 行列式 >0，则称这个图册给出了 M 一个定向，而 M 称为**可定向流形**．

不可定向流形的最著名的例子当然是 Möbius 带．

我们还可以从覆盖映射的角度来看定向问题．每一点 $P \in M$ 都有一个邻域 U，使在其上 M 可定向，于是 U 可以通过局部坐标之逆 ψ 而同胚于 $\mathbf{R}^n$ 的一个开集而且使 U 中的定向与 $\mathbf{R}^n$ 的定向相应．这种连同定向的同胚若记为 $\mathrm{or}\psi = \{\psi^+, \psi^-\}$，则由 $\mathbf{R}^n$ 到 U 的投影映射 π，适合 $\pi \circ \psi^{\pm} = \mathrm{id}$．因此 π 是一个覆盖映射，而 $\mathbf{R}^{n\pm}$ 成为 U 的覆盖流形．这个覆盖是一个二叶覆盖，称为定向覆盖．M 为可定向的充分必要条件是覆盖映射为 $\mathbf{R}^{n\pm} \to M$．在这时，我们也时常记之为 $M \times \{\pm\} \to M$．

§ 2. 切丛、余切丛与一般的向量丛

1. 切空间． 从上一节的讨论，流形既然是局部 Euclid 空间，则其一次近似（亦即线性近似）是一个 Euclid 空间．特别当我们应用 Whitney 定理将流形嵌入 $\mathbf{R}^{2m+1}$ 中以后，就更容易把流形看作曲面的推广，而其一次近似就是切平面．但是微分流形不一定要放在某个 $\mathbf{R}^N$（包含空间）来考虑，这样，切平面的概念就要用其它的方法来推广．这里我们仍然从力学概念出发．

一个力学系的运动可以看成由 $\mathbf{R}$（时间轴）或者其一个区间 I 到构形空间 M 的一个映射．现在，曲线的概念也定义成如上的映射，而不是映射的象．这是因为把曲线定义为映射可以知道对

某一个具体参数值（也就是在一个具体的时刻）的对应点的位置（也就是力学系的位置）．因此这种定义可以提供更多的信息．

有了运动的参数表示就可定义速度向量：它当然是曲线的切向量，但又不只是切向量．因为在通常的高等数学教程中，切向量只标志曲线的方向——即切线的“斜率”，而将一个切向量乘以常数 λ 并未给出新的内容．现在，速度则不但有方向而且有大小：将它乘以 λ（若 $\lambda>0$）表示同方向的大小增到 λ 倍的速度．只有这样，速度向量之集才有了线性空间的构造．

现在进入具体的讨论．设有 $P\in M$ 以及在 $t=0$ 时经过 P 的曲线

$$C:I\to M,\ 0\in I,\ C(0)=P\in M. \tag{A.2.1}$$

取包含 P 的区图 (φ, U)，则 $\varphi\circ C:I\to\mathbf{R}^m$ 是 $\mathbf{R}^m$ 中的曲线．若 U 中的局部坐标是 $x=(x_1,\cdots,x_m)$，则

$$\varphi\circ C: x_i=x_i(t),\ i=1,2,\cdots,m,$$

而且 P 之坐标为 $x(0)=(x_1(0),\cdots,x_m(0))$．若 $x_i(t)\in C^\infty(I)$ 就说曲线 C 是光滑曲线．当然这个定义是与区图的选择无关的．我们在过 P（相应于 $t=0$）的曲线族中引入“相切”的关系，并且注意到它是一种等价关系．我们说两个过 P（$t=0$ 时）的曲线 C，$\widetilde{C}$ 在 P 点相切，如果它们在同一坐标系中的表示 $x=x(t)$ 与 $x=\tilde{x}(t)$ 适合

$$x(t)-\tilde{x}(t)=o(t),\ t\text{ 充分小}.$$

这显然是等价关系，而且这种等价性与坐标的选取无关．在这样的等价类中有唯一的曲线可以写为

$$x(t)=x(0)+\alpha t,\ \alpha\in\mathbf{R}^m. \tag{A.2.2}$$

这是因为上述等价关系即 $x(t)$，$\tilde{x}(t)$ 在 $t=0$ 处的 Taylor 展开式之到 t 为止的一节（称为 $x(t)$ 的 $1-\text{jet}$）相同．因此一个等价类对应于一个 $\alpha\in\mathbf{R}^m$．反之，给定 $\alpha\in\mathbf{R}^m$，通过 (A.2.2) 作一曲线又可以得到一个等价类．因此有一个单全射

$$\{\text{等价类}\}\sim\mathbf{R}^m,\ x(t)\sim\alpha. \tag{A.2.3}$$

如果通过上式将 $\mathbf{R}^m$ 中的线性运算引入式左的等价类中，则｛过 P

之曲线的等价类}有了实线性空间构造而成为一个m维实线性空间．于是我们有

定义 A.2.1 上述过P之曲线的等价类称为M在P点的切向量，它构成一个m维线性空间称为M在P的切空间，记作T_PM．对应(A.2.3)中的α称为切向量在坐标系φ中的表示．

切空间的定义是与坐标的选取无关的，但其具体的表示则有变化．若有含P的另一个区图(ψ, V)，并用y表示其中的坐标，我们将有一个微分同胚

$$\psi\circ\varphi^{-1}: \qquad y = y(x),$$

而C将表为

$$\psi\circ C: \qquad y = y(x(t)) = y(t).$$

上面已经说过等价类的关系不会改变，因而在$\{\psi\circ C\}$中也有唯一的一个表为

$$y = y(0) + \beta t, \ \beta \in \mathbf{R}^m.$$

它当然不是$x = x(0) + \alpha t$在$\psi\circ\varphi^{-1}$下的象，但由 Taylor 公式很容易算出

$$\beta = (\beta_1, \cdots, \beta_m) = \left(\sum_{j=1}^{m} \alpha_j \left.\frac{\partial y_i}{\partial x_j}\right|_{t=0}, \ i = 1, \cdots, m\right). \quad \text{(A.2.4)}$$

现在我们作一阶微分算子

$$L_C = \sum_{i=1}^{m} \alpha_i \frac{\partial}{\partial x_i} = \sum_{i=1}^{m} \beta_i \frac{\partial}{\partial y_i}, \quad \text{(A.2.5)}$$

很容易看出，正是由于有(A.2.4)，L_C才有(A.2.5)中的两个不同的表达式．所以用L_C来表示切向量{C之等价类}具有明显的优点：便于算出它在不同坐标系下的表达式．因此我们又有

定义 A.2.1′ 一阶微分算子L_C(A.2.5.)称为M在P点的切向量．它显然地具有m维线性空间构造．$\dfrac{\partial}{\partial x} = \left\{\dfrac{\partial}{\partial x_1}, \cdots, \dfrac{\partial}{\partial x_m}\right\}$是切空间$T_PM$相应于坐标系$\varphi$的基底．

L_C当然就是在P点沿C方向的方向导数．

2. 切映射． 现在考虑微分流形间的可微映射$f: M \to N$在切

空间上诱导出的映射．令 $P\in M$，$f(P)\in N$，并分别取其区图 (φ, U)，(ψ, V)，而且设 U 与 V 中的局部坐标是 $x=(x_1,\cdots,x_m)$ 与 $y=(y_1,\cdots,y_n)$，P 与 $f(P)$ 的坐标设为 0．取 T_PM 中一个元即过 P 的一条曲线 C 之等价类．我们有

$$f\circ C:\qquad I\xrightarrow{C}M\xrightarrow{f}N$$

是 N 中过 $f(P)$ 的曲线．若 $C\sim\tilde{C}$，$f\circ C$ 与 $f\circ\tilde{C}$ 的局部表示各为 $y(t)$ 与 $\tilde{y}(t)$．易见

$$y(t)-\tilde{y}(t)=o(t),$$

因此 T_PM 之元被映为 $T_{f(P)}N$ 中的元．这样我们定义了切空间 T_PM 到切空间 $T_{f(P)}N$ 的映射，称为 f 在 P 点的切映射，记作 T_Pf．现在证明 T_Pf 是线性映射．为此，我们使用上述的局部坐标系而将 f 写为 $y=y(x)$．于是 $x=x(0)+\alpha t$ 被映为

$$\begin{aligned}y_i&=y_i(x_1,\cdots,x_m)\\&=y_i(x_1(0)+\alpha_1t,\cdots,x_m^{(0)}+\alpha_mt)\\&=y_i(0)+\sum_{j=1}^m\left(\frac{\partial y_i}{\partial x_j}\right)_0\alpha_jt+o(t),\ i=1,\cdots,n.\end{aligned}$$

所以在 $f\circ C$ 的等价类中相当于 (A.2.2) 的曲线是

$$y=y(0)+\beta t,$$

$$\beta_i=\sum_{j=1}^m\left(\frac{\partial y_i}{\partial x_j}\right)_0\alpha_j,\ i=1,\cdots,n.$$

因此，切映射 T_Pf 在局部坐标 x, y 下的表示就是由 Jacobian 矩阵所表示的线性映射．上一节中我们就是利用 T_Pf 的局部表示来定义内浸、外罩等各种映射的．

3. 余切空间．现在考虑 T_PM 的对偶空间，我们记为 T_P^*M，其元称为余切向量．先问余切空间应如何生成．设有一个函数 $f\in C^\infty(M)$（亦即在 M 之某个图册之各局部坐标系，从而在 M 的微分构造的一切坐标系下均为 C^∞ 的函数空间)，则对任一 L_C（见 (A.2.5)）均有值 $(L_Cf)(P)$．$L_C\longmapsto(L_Cf)(P)$ 显然是线性的，所以 f 生成 T_PM 的一个线性函数即 T_P^*M 之元．但是不同的函数可以生成 T_P^*M 的相同元．事实上，只要 f 与 $\tilde{f}$ 适合 $df(P)=$

$d\tilde{f}(P)$,则必有 $(L_C f)(P) = (L_C \tilde{f})(P)$. 反之,若 $df(P) \neq d\tilde{f}(P)$,则一定可以找到 L_C 使 $(L_C f)(P) \neq (L_C \tilde{f})(P)$. 例如设在 $x = (x_1, \cdots, x_m)$ 中 $\frac{\partial f}{\partial x_1}(P) \neq \frac{\partial \tilde{f}}{\partial x_1}(P)$ 从而 $df(P) \neq d\tilde{f}(P)$,则对 $L_C = \frac{\partial}{\partial x_1}$ 显然有 $(L_C f)(P) \neq (L_C \tilde{f})(P)$. 因此若记等价关系 $df(P) = d\tilde{f}(P)$ 为 $\sim$,则 $C^\infty/\sim$ 之元可视为 T_P^*M 之元. 但显然 $C^\infty/\sim$ 之元在 P 点之值与它所生成的 T_P^*M 之元无关,所以,我们不妨将 C^∞ 易为 $\mu_P = \{f \in C^\infty, f(P) = 0\}$,而 $\mu_P/\sim$ 即其中之元在 P 点的 $1-$jet(同一等价类中之各个元的 $1-$jet 相同). 总结以上内容,可以说 $\mu_P/\sim$ 之元的 $1-$jet 均为 T_P^*M 之元.

在局部坐标 $x = (x_1, \cdots, x_m)$ 下,这种 $1-$jet 可以写成 1 阶微分形式 $\sum_{i=1}^m a_i dx_i$, a_i 为常数. 从这里看到,这种 $1-$jet 之集成为一个 m 维线性空间而与 T_P^*M 维数相同. 因此我们有 $\mu_P/\sim \cong T_P^*M$. 同时也看到在 x 坐标系下,其基底为 $(dx_1, \cdots, dx_m)$. 对于 (A.2.5) 中的 L_C,因为 a_i 即 $\sum_{i=1}^m a_i dx_i$ 所代表的元 $f \in \mu_P$ 之偏导数 $\frac{\partial f}{\partial x_i}(P)$ 之值,所以

$$L_C\left(\sum_{i=1}^m a_i dx_i\right) = \sum_{i=1}^m \alpha_i a_i.$$

从而

$$\left\langle \frac{\partial}{\partial x_i}, dx_j \right\rangle = \delta_{ij},$$

即 $(dx_1, \cdots, dx_m)$ 是 $\left(\frac{\partial}{\partial x_1}, \cdots, \frac{\partial}{\partial x_m}\right)$ 之对偶基底. 总结起来,我们有

定理 A.2.2 $T_P^*M \cong \mu_P/\sim$,其元即一阶微分形式. 在 x 坐标下,T_P^*M 中与 $\left(\frac{\partial}{\partial x_1}, \cdots, \frac{\partial}{\partial x_m}\right)$ 对偶的基底是 $(dx_1, \cdots, dx_m)$.

现在讨论在坐标变换下余切向量的变化. 取一个余切向量,

即其在 $\mu_P/\sim$ 中的一个代表元 f,又取一个切向量 L_C,则二者配对之值 $(L_Cf)(P)$ 是与坐标无关的. 若有两个坐标系 x 与 y 使 L_C在其下的表示为 (A.2.5) 所示,余切向量则相应为 $\sum_{i=1}^{m} a_i dx_i$ 与 $\sum_{i=1}^{m} b_i dy_i$, $a_i=\dfrac{\partial f}{\partial x_i}(P)$, $b_i=\dfrac{\partial f}{\partial y_i}(P)$. 我们显然有

$$a_i=\sum_{j=1}^{m}\left(\frac{\partial f}{\partial y_j}\right)(P)\left(\frac{\partial y_j}{\partial x_i}\right)(P)=\sum_{j=1}^{m} b_j\left(\frac{\partial y_j}{\partial x_i}\right)(P). \quad (A.2.6)$$

因此在 y 坐标系下,利用 (A.2.4) 有

$$\begin{aligned}(L_Cf)(P)&=\sum_{j=1}^{m} b_j\beta_j\\&=\sum_{j=1}^{m}\sum_{i=1}^{m}\alpha_i\left(\frac{\partial y_j}{\partial x_i}\right)(P)\cdot b_j\\&=\sum_{i=1}^{m}\alpha_i\left(\sum_{j=1}^{m} b_j\left(\frac{\partial y_j}{\partial x_i}\right)(P)\right)\\&=\sum_{i=1}^{m} a_i\alpha_i,\end{aligned}$$

即 $(L_Cf)(P)$ 在 x 坐标下之值.

因此,余切向量的坐标变换规则是 (A.2.6). 但这正可以由 $dy_j=\sum_{i=1}^{m}\left(\dfrac{\partial y_j}{\partial x_i}\right)(P)dx_i$ 这个在数学分析中习用的公式得出.这也就是用微分形式表示余切向量的合理性所在.

现在讨论在可微映射 $f:M\to N$ 下余切向量的变化. 利用线性代数中对偶映射的概念,余切向量应该由切映射 T_Pf (以下记作 f_*) 的对偶映射 f^* 来变化. 其定义是: 若记 v 为 $T^*_{f(P)}N$ 中之元, ξ 为 T_PM 中之元,在切映射 f_* 下,它变为 $f_*\xi$,则 $\langle v,f_*\xi\rangle$ 应该可以看作 ξ 之线性函数,这个函数由 v 来决定,故可记作 f^*v:

$$\langle f^*v,\xi\rangle=\langle v,f_*\xi\rangle. \quad (A.2.7)$$

由它可见 f^* 是线性映射. 但值得注意的是 f^* 的"方向"与 f 相反: $f^*:T^*_{f(P)}N\to T^*_PM$, 而 f_* 则相同: $f_*:T_PM\to T_{f(P)}N$. 不但如此,如果有两个可微映射 $f:M\to N$, $g:N\to L$,则相应的 $(g\circ f)_*$

与 $(g\circ f)^*$ 分别适合

$$(g\circ f)_* = g_*\circ f_*,\\ (g\circ f)^* = f^*\circ g^*, \tag{A.2.8}$$

其各个因子的次序或保持或反转．类似于此的性质称为"函子"(functorial) 性质．f^* 称为拉回 (pull-back)，f_* 称为推前 (push-forward)．切向量变化的方向与流形映射方向相同，余切向量则相反，所以分别称为具有协变 (covariant) 与逆变 (contravariant) 性质．微分流形上的几何对象是具有协变或逆变性质是一个重要问题．

4. 向量丛、切丛和余切丛． 一个微分流形各点的切空间(余切空间)虽然都是 $\mathbf{R}^m$，却是不同的空间．但我们可以问，若把各点的切空间合并起来 $TM = \bigcup\limits_{P\in M} T_PM$ 是否可以表为(或微分同胚于)乘积空间 $M\times\mathbf{R}^m$? TM 称为M的切丛．同样，余切丛 $T^*M = \bigcup\limits_{P\in M} T_P^*M$ 是否可以表为乘积空间 $M\times\mathbf{R}^{n*}$? 在这里我们将要讨论 TM 和 T^*M 的一种重要的构造，即丛构造．

局部地，切丛和余切丛都是乘积空间．例如设 (φ,U) 是M的一个区图，其中M有局部坐标 $x=(x_1,\cdots,x_m)$，于是对U中各点，切空间都可以用 $\dfrac{\partial}{\partial x}=\left(\dfrac{\partial}{\partial x_1},\cdots,\dfrac{\partial}{\partial x_m}\right)$ 为基底，而切向量如(A.2.5)表为 $\sum\limits_{i=1}^m \alpha_i\dfrac{\partial}{\partial x_i}$．于是在 $\bigcup\limits_{P\in U} T_PM = T_UM$ 上可以用$(x_1,\cdots,x_m;\alpha_1,\cdots,\alpha_m)$为局部坐标．因此 $T_PM = U\times\mathbf{R}^m$．但整体地看 TM 并不是乘积空间．因为若有另一个区图 (ϕ,V)，$U\cap V\neq\phi$，其中M有局部坐标 y，则 $T_VM = \bigcup\limits_{P\in V} T_PM$ 也是乘积空间 $V\times\mathbf{R}^m$，其局部坐标为 $(y_1,\cdots,y_m;\beta_1,\cdots,\beta_m)$，而有

$$y=(\phi\circ\varphi^{-1})(x),\quad \beta_i=\sum_{j=1}^m\left(\frac{\partial y_i}{\partial x_j}\right)(P)\alpha_j.$$

它也可以记作

$$y = y(x),\ \beta = A\alpha,\ A = \left(\frac{\partial y}{\partial x}\right)_P. \qquad (A.2.9)$$

这样我们得到 TM 的一个图册，其区图即为形如 T_UM 的集以及相应的坐标系 (x, α). 所以我们只能说 TM 有一个微分流形构造，但是它有一个特殊的图册如上，其最重要的特点是，它的局部坐标是由M的局部坐标诱导而得，而且有特殊的变换规律如(A.2.7). 在这种构造中，M称为其底空间，T_PM 称为 P 点的纤维，它们都同构于 $\mathbf{R}^m$——称为纤维型，而其纤维中的坐标变换是线性变换，其矩阵是一个函数矩阵，在我们的情况下，即

$$y = y(x) = (\phi\circ\varphi^{-1})(x)$$

在 P 点的 Jacobian 矩阵. 这种矩阵称为迁移矩阵 (transition matrix).

同样，对于余切丛 T^*M，也可以作其区图 $T_P^*M = \bigcup\limits_{P\in U} T_P^*M$，其中各点的余切空间 T_P^*M 均以 dx 为基底. 它的纤维型是 $\mathbf{R}^{m*}$ (其实也就可以说是 $\mathbf{R}^m$，因为 $\mathbf{R}^m \cong \mathbf{R}^{m*}$). 只不过现在纤维坐标的变换规律是如 (A.2.6) 所示的

$$a_i = \sum_{j=1}^m \left(\frac{\partial y_j}{\partial x_i}\right)(P) b_j,$$

亦即 $b = {}^tA^{-1}a$，所以它的迁移矩阵是 ${}^tA^{-1}$. 正是由这个原因，我们宁可记其纤维型为 $\mathbf{R}^{m*}$.

定义 A.2.3 设M为一拓扑空间，E为一拓扑空间 $p: E \to M$ 是一个连续的全射，而且M的任一点均有一个开邻域U使有同胚 $\Phi: p^{-1}(U) \to U \times \mathbf{R}^N$，且以下的图式为可换的：

$$\begin{array}{ccc} p^{-1}(U) & \xrightarrow{\Phi} & U \times \mathbf{R}^N \\ p\downarrow & \swarrow \pi_1 & \\ U & & \end{array}$$

$\pi_1: (x, y) \longmapsto x$. 若一点 $x \in U \cap V$，而相应于V的同胚为 Ψ，则 $\Psi_x \circ \Phi_x^{-1}: \mathbf{R}^N \to \mathbf{R}^N$ 是线性同构，且

$$U \cap V \to GL(\mathbf{R}, n),\ x \longmapsto \Psi_x \circ \Phi_x^{-1} \qquad (A.2.10)$$

是连续的，则 (E, M, p)（或者简单地说 E）是 M 上的一个向量丛．E 称为全空间，M 称为底空间，p 称为投影映射，$p^{-1}(x) \cong x \times \mathbf{R}^N$ 称为 $x \in M$ 的纤维，$\mathbf{R}^N$ 称为纤维型，$\Psi_x \circ \Phi_x^{-1}$ 称为迁移矩阵．

以上都是在 C^0 范畴中提出的，在 C^∞ 范畴中则设 M 为微分流形，Φ 为微分同胚，迁移矩阵也设为 C^∞ 的，则得到微分流形上的 C^∞ 矢量丛．

前面我们提到，向量丛一般不是乘积空间，如果 E 同胚（或微分同胚）于 $M \times \mathbf{R}^N$，就说它是**平凡的**（trivialized）．向量丛一定是**局部平凡的**，但整体地则不一定．特别是，一个微分流形 M 的切丛如果是平凡的就称之为**可平行化的**（parallelizable）．

若 (E_1, M_1, p_1) 和 (E_2, M_2, p_2) 是两个（C^∞）向量丛，$F: E_1 \to E_2$，$f: M_1 \to M_2$ 是两个连续（C^∞）映射，而且使以下图式

$$\begin{array}{ccc} E_1 & \xrightarrow{F} & E_2 \\ {\scriptstyle p_1}\downarrow & & \downarrow{\scriptstyle p_2} \\ M_1 & \xrightarrow{f} & M_2 \end{array}$$

为可换的，则 F 称为丛映射．它的特点是 F 是**保持纤维的**（fibre-preserving）：若 $x \in M_1$ 的纤维是 $p_1^{-1}(x) = E_{1x}$，$y = f(x) \in M_2$ 的纤维是 $p_2^{-1}(y)$，记 F 在 $p_1^{-1}(x)$ 上的限制是 F_x，则 $F_x: p_1^{-1}(x) \to p_2^{-1}(y)$．若 F_x 是线性映射，则称 F 是**丛同态**．

向量丛不但具有微分流形构造，而且其每个纤维又都具有线性空间构造．这样，在每个纤维上，我们都可以进行线性代数中的种种运算如作子空间、商空间以及子空间的直和等等而得出新的向量丛．以下我们将提出一些常用的例子以说明向量丛概念在应用上的灵活性．

设 $N \subset M$ 是 M 的一个子流形，则将 TM"限制"在 N 上得到 $TN_M = \bigcup_{x \in N} T_x M$ 仍是一个向量丛，其迁移矩阵仍旧．但同时也可以作 N 在 $x \in N$ 点的切空间 $T_x N$ 以得出新的向量丛 TN．因为它的纤维是 TM 的相应纤维的子空间．所以 TN 是 $T_M N$ 的子丛．作 $T_x M$ 与 $T_x N$ 的商空间 $T_x M / T_x N$，以它为纤维可以作出

N上的纤维丛，这是一个商丛，称为N的法丛，或者更准确些称为N的代数法丛，记作 T_MN/TN. 如果再看M的余切丛 T^*M，其纤维是 T_xM 的对偶空间，因此可以在其中作出 T_xN 的零化子空间 $(T_xN)^\perp=\{\xi;\ \xi\in T_x^*M,\langle\xi,\eta\rangle=0,\ \forall\eta\in T_xN\}$. 用这些子空间作纤维，又可得 T^*M 的一个子丛称为N的余法丛.

以上我们都没有涉及正交性的概念，这是因为我们在每一个纤维上还没有引入 Euclid 构造. 如果在每一点 $x\in M$的切空间 T_xM 中均引入一个 Euclid 构造，即引入一个正定的双线性型 $\langle\cdot,\cdot\rangle$ 使得对任意 $\xi_x,\eta_x\in T_xM$，

$$\begin{aligned}\langle\xi,\eta\rangle:M&\to\mathbf{R},\\ x&\longmapsto\langle\xi_x,\eta_x\rangle\end{aligned}$$

都是 C^∞ 映射，则称M为一个 Riemann 流形. 应用局部平凡化，设 x 附近各点的切空间均同构于 $\mathbf{R}^n$，其中有正交基底 $\{e_1,\cdots,e_n\}$，则 T_xM 有基底 $\{e_1(x),\cdots,e_n(x)\}$，在这个局部坐标系下上述 Euclid 构造将通过一个正交矩阵 $g=(g_{ij}(x))$，$g_{ij}(x)=\langle e_i(x),e_j(x)\rangle\in C^\infty$ 来表示. 可以证明，一切 C^∞ 微分流形都具有 Riemann流形构造. 在有了 Riemann 流形构造以后，对$N\subset M$ 的法丛可以定义如下：对 $x\in N$，作 T_xN 在 T_xM 中的正交补空间

$$(T_xN)^\perp=\{\xi_x,\xi_x\in T_xM,\ \langle\xi_x,\eta_x\rangle=0,\ \forall\eta_x\in T_xN\}.$$

以$(T_xN)^\perp$为纤维可以作出N上的一个向量丛，称为N的法丛——或更准确些称为N的几何法丛，几何法丛与代数法丛总是同构的.

以上我们都只是给出了一个底空间以及纤维，然后立即断言可以作出向量丛来. 这一些当然都是应当严格证明的，这里从略，有兴趣的读者可以参考有关的专著.

5. 纤维化. 向量丛概念的引入使得我们可以在微分流形的可微映射中划分出一个重要的子类：

定义 A.2.4 设有微分流形间的可微映射 $f:M\to N$，使对一切 $y\in N$，$F_y=f^{-1}(y)\subset M$ 均为非空子流形，而且 y 有邻域 V_y 以及一个微分同胚 $\varphi:f^{-1}(V_y)\to V_y\times F_y$ 使以下图式为可换，

$$\begin{array}{ccc} f^{-1}(V_y) & \xrightarrow{\varphi} & V_y \times F_y \\ & {\scriptstyle f}\searrow \quad \swarrow{\scriptstyle \pi} & \\ & V_y & \end{array} \qquad \pi:(P,\xi)\longmapsto P$$

则 f 称为M的纤维化.

如果一切 $F_y\ (y\in V_y)$ 均微分同胚于同一子流形 F，而且N是连通的就称F为 f 的**纤维型**. 向量丛的投影映射显全空间的一个纤维化 (fibration).

纤维化一定是外罩，但其逆不一定为真. 可以证明，若一个外罩是全射而且是适当的，则它一定是纤维化.

§3. 微分流形上的向量场

1. 向量场的 Lie 代数. 设M是一个微分流形，$\pi:TM\to M$是其切丛的投影映射. 因为 TM 也是一个微分流形，所以可以谈到由M到 TM 的可微映射 $\varphi:M\to TM$. 如果有 $\pi\circ\varphi:M\to M$ 是恒等映射，则称 φ 是 TM 的切口 (section). 一般说来M上的向量丛 E 的一切切口之集记作 $\Gamma(E)$. 我们有

定义 A.3.1 TM 的切口称为M上的向量场，$\Gamma(TM)$ 以后记作 $\mathscr{X}(M)$.

如果在M的某个坐标邻域中有局部坐标 $x=(x_1,\cdots,x_n)$，则容易看到，向量场必可局部地表示为 $\sum_{i=1}^{n}a_i(x)\dfrac{\partial}{\partial x_i}$，而且 $a_i(x)\in C^\infty(M)$. 所以向量场X是一个 C^∞ 系数的一阶偏微分算子，从而有

$$X:C^\infty(M)\to C^\infty(M),$$

而且适合

$$\begin{gathered} X(af+bg)=aX(f)+bX(g),a,b\in\mathbf{R},f,g\in C^\infty(M), \\ X(fg)=f\cdot X(g)+g\cdot X(f). \end{gathered} \tag{A.3.1}$$

反之可以证明凡适合上式的映射 $X:C^\infty(M)\to C^\infty(M)$ 在任何局部坐标系中必可表示为C^∞系数的一阶偏微分算子. 所以(A.3.1)

也可以看成是向量场的定义.

$\mathscr{X}(M)$ 显然具有实线性空间构造(而且还是一个 $C^\infty(M)$-module),但是更为重要的是,它具有 Lie 代数构造. 它构成一个代数: 对任意 $X,Y\in\mathscr{X}(M)$ 可以定义它的括弧积——或交换子积或 Poisson 括弧如下:

$$[X,Y]f = X(Yf) - Y(Xf),\quad f\in C^\infty(M).\qquad (A.3.2)$$

很容易验证 $[X,Y]\in\mathscr{X}(M)$, 因为它适合(A.3.1)式. $[X,Y]$ 有如下性质:

$$[aX+bY,Z] = a[X,Z]+b[Y,Z],\qquad (A.3.3)$$

$$[X,Y] = -[Y,X],\qquad (A.3.4)$$

$$[X,[Y,Z]]+[Y,[Z,X]]+[Z,[X,Y]] = 0.\qquad (A.3.5)$$

特别是(A.3.5)称为 Jacobi 恒等式. $\mathscr{X}(M)$ 中既可定义一种积,则它已成了一个代数,一个代数若适合(A.3.3)至(A.3.5)就称为一个 Lie 代数. 所以 $\mathscr{X}(M)$ 是一个 Lie 代数.

我们现在在一个局部坐标系 $x=(x_1,\cdots,x_n)$ 中去表示 $[X,Y]$. 为此令

$$X = \sum_{i=1}^n a_i(x)\frac{\partial}{\partial x_i},$$

$$Y = \sum_{j=1}^n b_j(x)\frac{\partial}{\partial x_j}.$$

经过简单的计算有

$$[X,Y] = \sum_{j=1}^n\left(\sum_{i=1}^n a_i(x)\frac{\partial b_j(x)}{\partial x_i} - b_i(x)\frac{\partial a_j(x)}{\partial x_i}\right)\frac{\partial}{\partial x_j}.\qquad (A.3.6)$$

前已提到,在微分同胚 $\varphi: M\to N$ 下, M 的切向量 ξ 将变为 N 上的切向量 $\varphi_*\xi$, 因此 M 上的向量场 X 也将变为 N 上的向量场 φ_*X. 对任意 $f\in C^\infty(N)$, $f\circ\varphi=\varphi^*f\in C^\infty(M)$, 我们有 $(\varphi_*X)\cdot(f) = X(f\circ\varphi)\circ\varphi^{-1}$, 因此

$$\begin{aligned}[\varphi_*X,\varphi_*Y]f\circ\varphi &= (\varphi_*X)(\varphi_*Y)f\circ\varphi - (\varphi_*Y)(\varphi_*X)f\circ\varphi\\ &= X[(\varphi_*Y)f\circ\varphi] - Y[(\varphi_*X)f\circ\varphi]\\ &= ([X,Y](f\circ\varphi) = \varphi_*[X,Y]f\circ\varphi,\end{aligned}$$

即

$$[\varphi_* X, \varphi_* Y] = \varphi_*[X, Y]. \tag{A.3.7}$$

由此可见 φ 诱导出 $\mathscr{X}(M)$ 到 $\mathscr{X}(N)$ 的一个同态，但由于对 $\varphi^{-1}: N \to M$ 也可作这样的讨论，所以这实际上是一个同构.

如果一个向量场在某点为 0，即在该点成为零映射，亦即其局部表示 $\sum_{i=1}^{n} a_i(x) \frac{\partial}{\partial x_i}$ 的一切系数 $a_i(x)$ 均在此点为 0，则此点称为向量场的**奇点**. 奇点的出现是一个十分普遍的现象，例如，我们可以证明，在偶数维球面 S^{2n} 上不存在无奇点的光滑向量场，但在环面 T^2 上却存在. 因此，奇点的出现与否是与流形的整体拓扑性质密切相关的. 向量场在非奇点——即正规点附近的局部构造是很简单的，因为我们有

定理 A.3.2 若 M 上的向量场 X 在 $P \in M$ 处不为 0，则必有该点附近的一个局部坐标 $x = (x_1, \cdots, x_n)$ 使在此点附近

$$X = \frac{\partial}{\partial x_1}.$$

证. 任取 P 附近一个局部坐标而将 X 表为 $\sum_{i=1}^{n} a_i(y) \frac{\partial}{\partial y_i}$，而且不妨设 $a_1(y) \neq 0$. 考虑微分方程组

$$\frac{dy_i}{dy_1} = \frac{a_i(y)}{a_1(y)}, \quad i = 2, \cdots, n,$$

而且设 P 点即 $y = 0$，于是在初值条件 $y_i(0) = z_i$ 下求解以上方程组而得

$$y_i = \varphi_i(y_1, z_2, \cdots, z_n).$$

于是作变量变换

$$y_1 = z_1 \quad y_i = \varphi_i(z_1, z_2, \cdots, z_n), \; i = 2, \cdots, n,$$

则在 P 点 $\frac{\partial(y_1, \cdots, y_n)}{\partial(z_1, \cdots, z_n)} = 1$，从而在 P 附近上述变换是微分同胚，而 $(z_1, \cdots, z_n)$ 是新的局部坐标系. 在 z 坐标系下

$$X = \sum_{i=1}^{n} a_i(y) \frac{\partial}{\partial y_i} = a_1(y) \sum_{i=1}^{n} \frac{dy_i}{dy_1} \frac{\partial}{\partial y_i} = a_1(y) \frac{\partial}{\partial z_1}.$$

如果再令

$$x_1 = \int_0^{z_1} \frac{dz_1}{a_1(y)}, \ x_i = z_i, \ i = 2, \cdots, n,$$

立即有

$$X = \frac{\partial}{\partial x_1}.$$

2. 向量场的轨道、流与单参数变换群. 设 $X \in \mathscr{X}(M)$，则对任一点 $x_0 \in M$，$X(x_0) \in T_{x_0}M$ 是一个切向量，因而是由一族等价的(在 x_0 点相切的)曲线组成的．如果有一条曲线 $I \subset \mathbf{R} \to M$，使在其每一点上，$X(x)$ 均为曲线在该点所决定的切向量，这曲线就称为 X 的轨道．从力学上看，这个概念是很自然的：X 即是一个速度场，$I \subset \mathbf{R} \to M$ 是一个运动，如果这个运动的速度就是 X，它自然是这个速度场的轨道．

如果在一个局部坐标系中，$X(x) = \sum_{i=1}^{n} a_i(x) \frac{\partial}{\partial x_i}$，则它决定一个微分方程组

$$\frac{dx_i}{dt} = a_i(x), \ i = 1, 2, \cdots, n, \tag{A.3.8}$$

而上述曲线即其积分曲线$\Big($严格说来，该曲线 $t \longmapsto x_i(t) \in M$ 只适合 $\frac{dx_i}{dt} = \lambda a_i(x)$，$\lambda \neq 0$ 随曲线上各点而异，因此是 t 的函数：$\lambda = \lambda(t)$，但若引入新的参数 τ 使 $\frac{d\tau}{dt} = \lambda(t)$，则有 $\frac{dx_i}{d\tau} = a_i(x)\Big)$．如果指定一点 $x_0 \in M$，并要求积分曲线适合 $x_i(0) = x_{0i}$，则得到(在 $t = 0$ 时)通过该点的轨道．

从常微分方程理论知道，初值问题

$$\frac{dx_i}{dt} = a_i(x), \ x_i(0) = x_{0i} \tag{A.3.9}$$

有唯一解 $x = x(t)$ 存在于一个区间 I_{x_0} 中，这区间的大小视 $a_i(x)$ 在 x_0 附近的性态而定，因而依赖于 x_0：I_{x_0}．一般说来，不能保证 $I_{x_0} = \mathbf{R}$．这是一个很重要的事实，因此，我们规定：若 $I_{x_0} = \mathbf{R}$

则上述轨道称为一个流，而其它情况有时则称为局部流．例如当M为紧流形时，所有的轨道都是流．

方程(A.3.8)右方不显含t．这在微分方程中称为自治系统．自治系统的解有明显的群性质：设(A.3.9)的解当$t=\tau$时之值为ξ，若记此为$x=\varphi(t,x_0)$，则$\xi=\varphi(\tau,x_0)$．以ξ作为(A.3.9)之初值又得解$x=x(t,\xi)$，并令$t=\sigma$时其值为η：

$$\eta=\varphi(\sigma,\xi)=\varphi(\sigma,\varphi(\tau,x_0)),$$

则(A.3.8)的解当$t=\tau+\sigma$时也恰好取值η．这当然只不过是常微分方程解的唯一性定理，而可以表为

$$\varphi(\sigma,\varphi(\tau,x_0))=\varphi(\tau+\sigma,x_0). \qquad \text{(A.3.10)}$$

$x=\varphi(t,x_0)$当t取某值时是一个映射$M\to M$，$x_0\longmapsto\varphi(t,x_0)$．记此映射为$A_t$，则(A.3.10)可写为

$$A_\sigma\circ A_\tau=A_{\tau+\sigma}. \qquad \text{(A.3.11)}$$

这当然需要σ，τ和$\tau+\sigma$均在I_{x_0}内才成立，但它仍然是一个群性质，因为

$$A_0=\mathrm{id}\ (x(0,x_0)=x_0),$$
$$A_{-\tau}\circ A_\tau=A_\tau\circ A_{-\tau}=\mathrm{id}.$$

现在问每一个A_t(t固定)是什么？由微分方程解的唯一性及其对初值的可微性很容易看出$A_t:M\to M$是微分同胚；因为$x_0\longmapsto x$是单射(解的唯一性)且可微，而且$x_0=\varphi(-t,x)$，所以x_0对x也可微，因此我们又有

$$A_0=\mathrm{id},\ A_{-t}=(A_t)^{-1}. \qquad \text{(A.3.12)}$$

当然(A.3.12)也需要t与$-t$均在I_{x_0}中才成立．由(A.3.11)和(A.3.12)，我们说$\{A_t,t\in I_{x_0}\}$是微分同胚的单参数局部群．特别是，若对一切$x_0\in M$，$I_{x_0}=\mathbf{R}$，即X的轨道是一个流时，由(A.3.11)和(A.3.12)，我们知道$\{A_t\}$成为一个含单参数的变换群，亦即一个微分同胚的单参数群．

3. Lie 导数．一个切向量就是一个微分算子，它作用在一个函数上即得此函数沿一曲线——决定这个切向量的曲线等价类中的任一曲线——在该点之导数值．因此，设有$X\in\mathscr{X}(M)$而

$x=x(t)$ 为其轨道，则对任一函数 $f\in C^\infty(M)$.

$$X(f)_{x=x(t)}=\frac{d}{dt}(f\circ x(t)),$$

即 f 沿轨道的导数. 现在我们要问 M 上的其它几何对象沿轨道上的导数应如何定义？首先讨论一个向量场 $Y\in\mathscr{X}(M)$ 沿 X 之轨道 $x=x(t)$ 的导数. 当然，我们希望定义它为 Y 在轨道上两点 $t=t_0$, $t=t_0+\tau$ 之差除以 τ 再取 $\tau\to 0$ 时的极限. 但是这是不行的，因为 $Y_{x(t_0)}$ 与 $Y_{x(t_0+\tau)}$ 属于不同的切空间，因而不能求其差. 我们的方法是先将 $x(t_0+\tau)=x_1$ 处的 Y 拉回到 $x(t_0)=x_0$ 处再与当地的 Y 相减. 但是对于 Y 只能作推前运算，所以我们用同胚 $\varphi_\tau: x_0\longmapsto x_1$ 之逆的推前 $\varphi^{-1}_{\tau *}$ 作为拉回而给出以下的定义：

定义 A.3.3 设 $X\in\mathscr{X}(M)$ 所决定的微分同胚单参数局部群是 $\{\varphi_t\}$，我们定义 $Y\in\mathscr{X}(M)$ 沿 $X\in\mathscr{X}(M)$ 在 x 点的 Lie 导数 L_XY 为

$$L_XY(x)=\lim_{t\to 0}t^{-1}[\varphi^{-1}_{t*}Y-Y](x) \qquad (A.3.13)$$

显然 $L_XY\in\mathscr{X}(M)$.

关于 Lie 导数有以下的基本定理

定理 A.3.4 $L_XY=[X,Y]$. (A.3.14)

证. 我们不妨取 $x_0\in M$ 附近的一个局部坐标系来证明上式，然后由

$$\varphi_*[X,Y]=[\varphi_*X,\varphi_*Y]$$

即知上式对任何局部坐标系均成立. 以下分别几种情况：

若在 x_0 附近 $X\equiv 0$，则相应局部群成为

$$\forall t\in I_{x_0},\ x\equiv x_0,\ 或\ \varphi_t\equiv \mathrm{id}.$$

所以由 (A.3.13)，$L_XY(x_0)=0$，$[X,Y]=0$ 是自明的，因此 (A.3.14) 成立.

若 $X(x_0)\neq 0$，则由定理 A.3.2，不妨设

$$X=\frac{\partial}{\partial x_1},\ Y=\sum_{i=1}^n b_i(x_1,x_2,\cdots,x_n)\frac{\partial}{\partial x_i}.$$

这时相应于 X 的 $\varphi_t:(x_1,\cdots,x_n)\longmapsto(x_1+t,x_2,\cdots,x_n)$,

$$\varphi_{t*}^{-1}Y = \sum_{i=1}^{n} b_i(x_1 + t, x_2, \cdots, x_n)\frac{\partial}{\partial x_i},$$

因而代入 (A.3.13) 有

$$L_X Y = \sum_{i=1}^{n} \frac{\partial b_i}{\partial x_1}\frac{\partial}{\partial x_i},$$

而由定义直接计算也有

$$[X, Y] = \sum_{i=1}^{n} \frac{\partial b_i}{\partial x_1}\frac{\partial}{\partial x_i},$$

所以 (A.3.14) 也成立.

若 $X(x_0) = 0$, 但在 x_0 之任一邻域中恒有点 x 使 $X(x) \neq 0$. 于是在这些 x 点上(A.3.14)成立,而对任一函数 $f \in C^\infty(M)$, 在这些点上

$$(L_X Y)f = [X, Y]f.$$

但上式双方都是连续函数, 所以在 x_0 的某个邻域中, 包括 $X = 0$ 处上式也成立. 由 f 之任意性即知(A.3.14)这时也成立.

不但对 $\mathscr{X}(M)$ 之元可以定义其 Lie 导数, 而且对M上其它几何对象也可以定义其 Lie 导数,详见下节.

4. Frobenius 定理. 对于一个 $X \in \mathscr{X}(M)$,必可找到其积分曲线, 这是常微分方程的基本定理. 积分曲线可以看作M的一维子流形. 现在提出以下的问题, 设有 k 个在M上处处线性无关的向量场 $X_1, \cdots, X_k$,能否找到M的一个 k 维子流形 N,使得在N上任一点 x, T_xN 均由 $X_1(x), \cdots, X_k(x)$ 张成? 这样 k 个向量场生成一个 C^∞ **k 分布** L^k, 若N存在就说这个分布是可积的, 而N称为其积分流形. 为了解决这个问题,我们回到定理 A.3.2. 若能找到一个局部坐标系使

$$X_1 = \frac{\partial}{\partial x_1}, \cdots, X_k = \frac{\partial}{\partial x_k}, \tag{A.3.15}$$

则 L^k 自然是可积的, 因为现在N就是 $x_i = c_i\,(i = k + 1, \cdots, n)$, c_i 是常数. 当 (A.3.15) 成立时,有

$$[X_i, X_j] = 0, \tag{A.3.16}$$

因此可以设想，(A.3.16) 是 L^k 可积的必要条件. 但是作为充分条件，(A.3.16) 显然太强，因为 L^k 不仅可由 X_i 决定，也可以由 $Y_i = \sum_{j=1}^{k} a_{ij}X_j\ (i = 1, \cdots, k)$ 生成，只要 (a_{ij}) 是非奇异的. 但 Y_i 不一定适合 (A.3.16). 现在我们要证明以下的基本定理.

定理 A.3.5 (Frobenius) L^k 可积的充分必要条件是存在 C^∞ 函数 $c_{ij}^l(x)\ (i, j, l = 1, \cdots, k)$，使

$$[X_i, X_j] = \sum_{l=1}^{k} c_{ij}^l(x) X_l. \qquad (A.3.17')$$

证. 必要性. 若 L^k 可积而且有积分流形 N，则 $X_1, \cdots, X_k \in \mathscr{X}(N)$ 而且张成 N 之切空间 $T_xN(x \in N)$. 但 $[X_i, X_j] \in \mathscr{X}(N)$，故在每点 $x \in N$ 可以用 $X_1, \cdots, X_k$ 来表示，从而(A.3.17) 成立.

充分性. 我们现在证明当 (A.3.17) 成立时，必有一个局部坐标系存在，使 L^k 可以由 $\frac{\partial}{\partial x_1}, \cdots, \frac{\partial}{\partial x_k}$ 生成. 这一点可以对 k 归纳证明.

当 $k = 1$ 时，由定理 A.3.2 这一点自然成立. 设对 $k-1$ 已证明了这一点，对于 k，由定理 A.3.2 不妨设 $X_k = \frac{\partial}{\partial x_k}$，于是作

$$X_i' = X_i - (X_i x^k) X_k, \quad i = 1, \cdots, k-1.$$

我们有 $X_i' x^k = 0 (i = 1, \cdots, k-1)$ 以及 $X_k x^k = 1$，而 L^k 由 $X_1', \cdots, X_{k-1}'$ 和 X_k 生成. 经过计算有

$$[X_i', X_j'] = a_{ij} X_k (\mathrm{mod}(X_1', \cdots, X_k')).$$

双方作用到 x^k 上立刻有 $a_{ij} = 0$，从而

$$[X_i', X_j'] = \sum_{l=1}^{k-1} c_{ij}'^l X_l'.$$

而由归纳假设，一定有一个局部坐标系使 $X_i' = \frac{\partial}{\partial y_i}, (i = 1, \cdots, k-1)$，而 $L^k = \left\{\frac{\partial}{\partial y_1}, \cdots, \frac{\partial}{\partial y_{k-1}}, X_k\right\}$. 于是由 (A.3.17)，$\left[\frac{\partial}{\partial y_i}, X_k\right]$ 仍在 L^k 中，从而有

$$\left[\frac{\partial}{\partial y_i}, X_k\right] = b_i X_k \mod \left(\frac{\partial}{\partial y_1}, \cdots, \frac{\partial}{\partial y_{k-1}}\right).$$

将双方作用到 x^k 上，因为 $\frac{\partial}{\partial y_i}$ 是 X_i' 的线性组合，从而 $\frac{\partial x^k}{\partial y_i} = 0$，即得 $b_i = 0$ 而

$$\left[\frac{\partial}{\partial y_i}, X_k\right] = \sum_{l=1}^{k-1} c_{ik}^l \frac{\partial}{\partial y_l}. \tag{A.3.18}$$

现在在局部坐标系 $y = (y_1, \cdots, y_n)$ 中将 X_k 写为 $\sum_{i=1}^{n} a_i(y) \frac{\partial}{\partial y_i}$. 则当有 $\left[\frac{\partial}{\partial y_i}, X_k\right] = \sum_{j=1}^{n} \frac{\partial a_j}{\partial y_i} \frac{\partial}{\partial y_j}$. 与 (A.3.18) 比较有

$$\frac{\partial a_j}{\partial y_i} = 0, \ i = 1, \cdots, k-1, \ j = 1, \cdots, n$$

所以 a_j 都只是 $(y_k, \cdots, y_n)$ 的函数. 代替 X_k 而考虑 $X_k' = \sum_{j=k}^{n} a_j \frac{\partial}{\partial y_j}$，则 $L^k = \left\{\frac{\partial}{\partial y_1}, \cdots, \frac{\partial}{\partial y_{k-1}}, X_k'\right\}$. 仿定理 A.3.2 的证法，可以对 $y_k, \cdots, y_n$ 作一个坐标变换 $(y_k, \cdots, y_n) \longmapsto (w_k, \cdots, w_n)$，使 $X_k' = \frac{\partial}{\partial w_k}$. 于是 $(y_1, \cdots, y_{k-1}, w_k, \cdots, w_n)$ 也是一个局部坐标系，在此坐标系中

$$L^k = \left\{\frac{\partial}{\partial y_1}, \cdots, \frac{\partial}{\partial y_{k-1}}, \frac{\partial}{\partial w_k}\right\}.$$

记这个坐标系为 $x = (x_1, \cdots, x_n)$，$L^k = \left\{\frac{\partial}{\partial x_1}, \cdots, \frac{\partial}{\partial x_{k-1}}, \frac{\partial}{\partial x_k}\right\}$，从而 L^k 可积而积分流形是 $x_j = c_j$（常数）$(j = k+1, \cdots, n)$.

这个定理中的条件 (A.3.17) 称为**对合性条件**. (A.3.16)是它的特例与更强的条件. 它的几何意义是标志着 X_i 与 X_j 的相应微分同胚局部群的作用是可换的. 事实上，若记与 $A, B \in \mathscr{X}(M)$ 相应的微分的微分同胚是 A_t 与 B_s. 则可以证明，$A_t \circ B_s = B_s \circ A_t$ 的充分必要条件是 $[A, B] = 0$. 利用这一事实，还可以证明一个更强的结果：

定理 A.3.6 若 $X_1, \cdots, X_k \in \mathscr{X}(M)$，而且 (A.3.16) 成立，

则必可找到一个局部坐标系 $x=(x_1,\cdots,x_n)$，使 $X_i=\frac{\partial}{\partial x_i}(i=1,\cdots,k)$. 逆定理自然成立.

Frobenius 定理还有对偶形式使其应用更为方便，这一点将在下一节中说明.

§4. 外微分形式

1. 代数学的准备知识. 外微分形式的理论有一个代数框架即重线性代数. 下面我们只介绍一些最基本的概念. 令 V 为实线性空间，其 k 重积 $V^k=V\times\cdots\times V$ (k 重) 到 $\mathbf{R}$ 的重线性映射 $T:V^k\to\mathbf{R}$ 即适合下式的映射:

$$T(v_1,\cdots,\alpha v_i+\beta v_i',\cdots,v_k)=\alpha T(v_1,\cdots,v_i,\cdots,v_k)+\beta T(v_1,\cdots,v_i',\cdots,v_k). \quad (A.4.1)$$

我们称 T 为 V 上的 k 阶张量. 它显然构成一个实线性空间 $\mathscr{T}^k$. 我们要引入一个运算将不同阶的张量联结起来，即张量积. 我们定义 $T\in\mathscr{T}^k$ 和 $S\in\mathscr{T}^l$ 的张量积 $S\otimes T\in\mathscr{T}^{k+l}$ 如下: 对 $v_i\in V(i=1,\cdots,k+l)$

$$(S\otimes T)(v_1,\cdots,v_l,v_{l+1},\cdots,v_{l+k})=S(v_1,\cdots,v_l)T(v_{l+1},\cdots,v_{l+k}). \quad (A.4.2)$$

应该特别注意，张量积是不可交换的，但是适合结合律和分配律如下:

$$(S\otimes T)\otimes U=S\otimes(T\otimes U)=S\otimes T\otimes U,$$
$$(S_1+S_2)\otimes T=S_1\otimes T+S_2\otimes T,$$
$$S\otimes(T_1+T_2)=S\otimes T_1+S\otimes T_2,$$
$$(aS)\otimes T=S\otimes(aT)=a(S\otimes T),\quad a\in\mathbf{R}.$$

$\mathscr{T}^1$ 显然即是 V^*，而一般的 $\mathscr{T}^k$ 也与 V^* 有密切关系. 设 $\{v_1,\cdots,v_n\}$ ($n=\dim V$) 是 V 的一组基底，$\{\varphi_1,\cdots,\varphi_n\}$ 是 V^* 的对偶基底，则我们有

定理 A.4.1 $\mathscr{T}^k$ 有一组基底 $\{\varphi_{i_1}\otimes\cdots\otimes\varphi_{i_k}\}$ $(i_1,\cdots,i_k=$

$1, \cdots, n)$. 因此作为线性空间，$\dim\mathscr{T}^k = \binom{n}{k}$.

证. 任意元 $T \in \mathscr{T}^k$ 均由它在一组元 $\{v_{i_1}, \cdots, v_{i_k}\}$ $(i_1, \cdots, i_k = 1, \cdots, n)$ 上之值决定. 令 $T(v_{i_1}, \cdots, v_{i_k}) = a_{i_1 \cdots i_k}$, 则 $T = \sum a_{i_1 \cdots i_k} \varphi_{i_1} \otimes \cdots \otimes \varphi_{i_k}$. 所以 $\{\varphi_{i_1} \otimes \cdots \otimes \varphi_{i_k}\}$ 是 $\mathscr{T}^k$ 的一组生成元. 余下的仅仅是要证明它们线性无关. 设若 $\sum c_{i_1 \cdots i_k} \varphi_{i_1} \otimes \cdots \otimes \varphi_{i_k} = 0$, 任取其中一项, 例如 $c_{1 \cdots k}$, 则由 $\{\varphi_i\}$ 是 $\{v_i\}$ 之对偶基底易见

$$0 = (\Sigma c_{i_1 \cdots i_k} \varphi_{i_1} \otimes \cdots \otimes \varphi_{i_k})(v_1, \cdots, v_k) = c_{1 \cdots k}.$$

用此法可证一切 $c_{i_1 \cdots i_k} = 0$. 定理证毕.

张量中有两类是特别重要的, 一类是其在 $\{v_1, \cdots, v_k\}$ 上之值对 $v_1, \cdots, v_k$ 有对称性者，称为**对称张量**，另一类是有反对称性者, 即有

$$T(v_1, \cdots, v_j, \cdots, v_i, \cdots, v_k) = -T(v_1, \cdots, v_i, \cdots, v_j, \cdots, v_k) \qquad (A.4.3)$$

者，称为**反对称**张量. 这两种张量都是常见的: 例如一个内积就是一个二阶正定对称张量; 取 n 个 n 维向量, 以每个向量的分量作为一行而得一个行列式, 就是一个 n 阶反对称张量. 事实上从任一个 k 阶张量 T 都很容易作出一个反对称张量来: 若记 $(1, \cdots, k)$ 的一切排列之集为 S_k, 设 $\sigma \in S_k$ 将 $(1, \cdots, k)$ 排列为 $(\sigma(1), \cdots, \sigma(k))$, 我们定义

$$\mathrm{Alt}(T)(v_1, \cdots, v_k) = \frac{1}{k!} \sum_{\sigma \in S_k} \mathrm{sgn}\sigma \cdot T(v_{\sigma(1)}, \cdots, v_{\sigma(k)}). \qquad (A.4.4)$$

很容易证明它是反对称的, 因为若记对换 (i, j) 与 σ 之积为 σ', 则 σ' 与 σ 奇偶性相反

$$\begin{aligned}
&\mathrm{Alt}(T)(v_1, \cdots, v_j, \cdots, v_i, \cdots, v_k) \\
&= \frac{1}{k!} \sum_{\sigma \in S_k} \mathrm{sgn}\sigma \cdot T(v_{\sigma(1)}, \cdots, v_{\sigma(j)}, \cdots, v_{\sigma(i)}, \cdots v_{\sigma(k)}) \\
&= \frac{1}{k!} \sum_{\sigma \in S_k} \mathrm{sgn}\sigma \cdot T(v_{\sigma(1)}, \cdots, v_{\sigma'(i)}, \cdots, v_{\sigma'(j)}, \cdots, v_{\sigma(k)})
\end{aligned}$$

$$= -\frac{1}{k!}\sum_{\sigma'\in S_k}\operatorname{sgn}\sigma'\cdot T(v_{\sigma'(1)},\cdots,v_{\sigma'(i)},\cdots,v_{\sigma'(j)},\cdots,v_{\sigma'(k)})$$
$$= -\operatorname{Alt}(T)(v_1,\cdots,v_i,\cdots,v_j,\cdots,v_k).$$

记一切 k 阶反对称张量之集为 $\wedge^k(V)$，它显然是 $\mathscr{T}^k(V)$ 的子空间，我们再引入一个联结 $\wedge^k$, $\wedge^l$ 与 $\wedge^{k+l}$ 的"乘积"称为外积 $\wedge$. 对 $\omega\in\wedge^k,\eta\in\Lambda^l$ 我们定义

定义 A.4.2 上述 ω 与 η 之外积 $\omega\wedge\eta\in\wedge^{k+l}(V)$ 为
$$\omega\wedge\eta=\frac{(k+l)!}{k!l!}\operatorname{Alt}(\omega\otimes\eta). \tag{A.4.5}$$

Alt 和外积有以下明显的性质:
$$\omega\in\wedge^k(V)\Rightarrow\operatorname{Alt}(\omega)=\omega.$$
事实上，若 $\sigma=(i,j)$，则 $\operatorname{sgn}\sigma=-1$，而且
$$\begin{aligned}\omega(v_{\sigma(1)},\cdots,v_{\sigma(k)})&=\omega(v_1,\cdots,v_j,\cdots,v_i,\cdots,v_k)\\&=-\omega(v_1,\cdots,v_k)\\&=\operatorname{sgn}\sigma\omega(v_1,\cdots,v_k).\end{aligned}$$
但一切 $\sigma\in S_k$ 均可由有限多个对换组成，所以上式对一切 $\sigma\in S_k$ 也成立，从而
$$\begin{aligned}\operatorname{Alt}(\omega)(v_1,\cdots,v_k)&=\frac{1}{k!}\sum_{\sigma\in S_k}\operatorname{sgn}\sigma\omega(v_{\sigma(1)},\cdots,v_{\sigma(k)})\\&=\frac{1}{k!}\sum_{\sigma\in S_k}\operatorname{sgn}\sigma\cdot\operatorname{sgn}\sigma\omega(v_1,\cdots,v_k)\\&=\omega(v_1,\cdots,v_k).\end{aligned}$$
$$(\omega_1+\omega_2)\wedge\eta=\omega_1\wedge\eta+\omega_2\wedge\eta,$$
$$\omega\wedge(\eta_1+\eta_2)=\omega\wedge\eta_1+\omega\wedge\eta_2,$$
$$(a\omega)\wedge\eta=\omega\wedge(a\eta)=a(\omega\wedge\eta),\ a\in\mathbf{R},$$
$$\omega\wedge\eta=(-1)^{kl}\eta\wedge\omega.$$
由最后一式还知道，对于奇数阶反对称张量 ω, $\omega^2=\omega\wedge\omega=0$. 这些式子都很容易证明，我们就不再一一叙述了. 但是外积的可结合性 $(\omega\wedge\eta)\wedge\theta=\omega\wedge(\eta\wedge\theta)$ 证明较繁. 我们给出

定理 A.4.3 (i) 若 $S\in\mathscr{T}^k(V)$, $T\in\mathscr{T}^l(V)$ 且 $\operatorname{Alt}(S)=0$，则

$$\mathrm{Alt}(S\otimes T)=\mathrm{Alt}(T\otimes S)=0.$$

(ii) $\mathrm{Alt}(\mathrm{Alt}(\omega\otimes\eta)\otimes\theta)=\mathrm{Alt}(\omega\otimes\mathrm{Alt}(\eta\otimes\theta))$

$$=\mathrm{Alt}(\omega\otimes\eta\otimes\theta).$$

(iii) $(\omega\wedge\eta)\wedge\theta=\omega\wedge(\eta\wedge\theta)$

$$=\frac{(k+l+m)!}{k!l!m!}\mathrm{Alt}(\omega\otimes\eta\otimes\theta).$$

$$\omega\in\wedge^k(V),\quad \eta\in\wedge^l(V),\quad \theta\in\wedge^m(V).$$

证 (i)

$$\mathrm{Alt}(S\otimes T)(v_1,\cdots,v_{k+l})=\frac{1}{(k+l)!}\sum_{\sigma\in S_{k+l}}\mathrm{sgn}\sigma\cdot S(v_{\sigma(1)},\cdots,v_{\sigma(k)})\cdot T(v_{\sigma(k+1)},\cdots,v_{\sigma(k+l)}).$$

令 $G=\{\sigma\in S_{k+l},\sigma(k+i)=k+i,i=1,\cdots,l\}$，则

$$\sum_{\sigma\in G}\mathrm{sgn}\sigma\cdot S(v_{\sigma(1)},\cdots,v_{\sigma(k)})\cdot T(v_{\sigma(k+1)},\cdots,v_{\sigma(k+l)})$$

$$=T(v_{k+1},\cdots,v_{k+l})\sum_{\sigma'\in S_k}\mathrm{sgn}\sigma'\cdot S(v_{\sigma'(1)},\cdots,v_{\sigma'(k)})$$

$$=0.$$

现在把 S_{k+l} 分类．注意到当 $\sigma_0\notin G$ 时，$G\cap G\cdot\sigma_0=\varnothing$ 因为G中之元必使 $\{k+1,\cdots,k+l\}$ 不动，而 $G\cdot\sigma_0$ 中之元必使它变动．G与 $G\cdot\sigma_0$ 中元素个数相同，同为 $k!$，因而可以分 S_{k+l} 为有限并 $\bigcup\limits_{\sigma_0}G\cdot\sigma_0$，而

$$\sum_{\sigma\in G\cdot\sigma_0}\mathrm{sgn}\sigma\cdot S(v_{\sigma(1)},\cdots,v_{\sigma(k)})\cdot T(v_{\sigma(k+1)},\cdots,v_{\sigma(k+l)})$$

$$=T(v_{\sigma_0(k+1)},\cdots,v_{\sigma_0(k+l)})\mathrm{sgn}\sigma_0\sum_{\sigma'\in G}\mathrm{sgn}\sigma' S(v_{\sigma'(1)},\cdots,v_{\sigma'(k)})$$

$$=0.$$

因此(i)得证．

(ii) 因为

$$\mathrm{Alt}(\mathrm{Alt}(\eta\otimes\theta)-\eta\otimes\theta))=\mathrm{Alt}(\eta\otimes\theta)-\mathrm{Alt}(\eta\otimes\theta)=0,$$

故由(i)有

$$\begin{aligned}&\mathrm{Alt}(\omega\otimes\mathrm{Alt}(\eta\otimes\theta)-\omega\otimes\eta\otimes\theta)\\&\quad=\mathrm{Alt}(\omega\otimes\mathrm{Alt}(\eta\otimes\theta))-\mathrm{Alt}(\omega\otimes\eta\otimes\theta)\\&\quad=0.\end{aligned}$$

类似地有 $\mathrm{Alt}(\mathrm{Alt}(\omega\otimes\eta)\otimes\theta)=\mathrm{Alt}(\omega\otimes\eta\otimes\theta)$

$$\begin{aligned}\text{(iii)}\ (\omega\wedge\eta)\wedge\theta&=\frac{(k+l+m)!}{(k+l)!m!}\mathrm{Alt}((\omega\wedge\eta)\otimes\theta)\\&=\frac{(k+l+m)!}{(k+l)!m!}\frac{(k+l)!}{k!l!}\mathrm{Alt}(\omega\otimes\eta\otimes\theta).\end{aligned}$$

类似地有 $\omega\wedge(\eta\wedge\theta)=\dfrac{(k+l+m)!}{k!l!m!}\mathrm{Alt}(\omega\otimes\eta\otimes\theta)$. 我们把这个公共值记作 $\omega\wedge\eta\wedge\theta$.

这样,我们也可以定义 $\omega_1\wedge\omega_2\wedge\cdots\wedge\omega_k$. 我们设想,是否由 k 个一阶张量之外积可以生成 $\Lambda^k(V)$. 事实上,若 $\{v_1,\cdots,v_n\}$ 是 V 的一个基底,$\{\varphi_1,\cdots,\varphi_n\}$ 是 V^* 的对偶基底,则有

定理 A.4.4 $\Lambda^k(V)$ 有一个基底 $\{\varphi_{i_1}\wedge\cdots\wedge\varphi_{i_k}\}$ $(1\leqslant i_1<i_2<\cdots<i_k\leqslant n)$, 因此 $\dim\Lambda^k(V)=\binom{n}{k}$.

证. 因为 $\Lambda^k(V)\subset\mathscr{T}^k(V)$, 所以 $\omega\in\Lambda^k(V)$ 可写为

$$\omega=\Sigma a_{i_1\cdots i_k}\varphi_{i_1}\otimes\cdots\otimes\varphi_{i_k}.$$

但 $\omega=\mathrm{Alt}(\omega)=\Sigma a_{i_1\cdots i_k}\mathrm{Alt}(\varphi_{i_1}\otimes\cdots\otimes\varphi_{i_k})$, 而由 (A.4.5) $\omega=\dfrac{1}{k!}\sum\limits_{i_1<\cdots<i_k}a_{i_1\cdots i_k}\varphi_{i_1}\wedge\cdots\wedge\varphi_{i_k}$. 因而 $\{\varphi_{i_1}\wedge\cdots\wedge\varphi_{i_k}\}$ 生成 $\Lambda^k(V)$, 其线性无关性可以由如定理 A.4.1. 一样证明.

我们要注意几种特殊情况. $\Lambda^0(V)=\mathbf{R}$, $\dim\Lambda^n(V)=\binom{n}{n}=1$,而其基底由一个元 $\varphi_1\wedge\cdots\wedge\varphi_n$ 构成. 若 $w_i=\sum\limits_{j=1}^{n}a_{ij}v_j(i=1,\cdots,n)$, 则对 $\omega\in\Lambda^n(V)$ 有

$$\omega(w_1,\cdots,w_n)=\det(a_{ij})\omega(v_1,\cdots,v_n).\tag{A.4.6}$$

这是一个很重要的结果. 由它我们立即可以看到 $\{w_1,\cdots,w_n\}$ 线性相关的必要充分条件是对任意 $\omega\in\Lambda^n(V)$, $\omega(w_1,\cdots,w_n)=0$.

而且通过 ω 可以将 V 的基底分为两类：一类（包括 $\{v_1, \cdots, v_n\}$）使 $\det(a_{ij}) > 0$，称为与 $\{v_1, \cdots, v_n\}$ 有相同定向；另一类使 $\det(a_{ij}) < 0$，称为与 $\{v_1, \cdots, v_n\}$ 有相反定向。

若 $k > n$，则 $\Lambda^k(V)$ 的"基底" $\varphi_{i_1} \wedge \cdots \wedge \varphi_{i_k}$ 中必有相同因子，因而为 0。这就是说 $\wedge^k(V) = \{0\}(k > n)$。

最后我们来看 $\mathscr{T}^k(V)$ 在线性变换 $f_*: V \to W$ 之下如何变化。仿照对偶变换的定义，我们定义 $f^*: \mathscr{T}^k(W) \to \mathscr{T}^k(V)$ 为：若 $T \in \mathscr{T}^k(W)$

$$(f^*T)(v_1, \cdots, v_k) = T(f_* v_1, \cdots, f_* v_k). \qquad (A.4.7)$$

对于 $T \in \Lambda^k(w)$ 上式也是成立的。容易证明

$$\begin{aligned} f^*(S \otimes T) &= f^*S \otimes f^*T, \\ f^*(\omega \wedge \eta) &= f^*\omega \wedge f^*\eta. \end{aligned} \qquad (A.4.8)$$

2. 外微分形式. 现在把上面的作法应用于 n 维微分流形 M 上，而对任一点 $x \in M$，我们用 T_xM 作为 V，而有 $\Lambda^k(T_xM)$。以它为纤维可以作成一个向量丛，称为 k 次外形式丛。T_xM 有一个基底 $\left\{\frac{\partial}{\partial x_1}, \cdots, \frac{\partial}{\partial x_n}\right\}$，所以 $\Lambda^k(T_xM)$ 有一个基底 $\{dx_{i_1} \wedge \cdots \wedge dx_{i_k}\}$ $(1 \leqslant i_1 < i_2 < \cdots < i_k \leqslant n)$。

我们记 k 次外形式丛为 $\Lambda^k(M)$，我们给出

定义 A.4.5 $\Lambda^k(M)$ 的切口称为 M 上的 k 次外微分形式（或简称微分形式），$\Gamma(\Lambda^k(M))$ 记为 $\Omega^k(M)$。$\Omega^0(M)$ 即 $C^\infty(M)$。

由上述 $\Lambda^k(M)$ 的基底之作法，知 $\Omega^k(M)$ 之元局部地可以写为

$$\omega(x) = \Sigma a_{i_1 \cdots i_k}(x) dx_{i_1} \wedge \cdots \wedge dx_{i_k}. \qquad (A.4.9)$$

由上述的外积可以得到 $\Omega^k(M)$ 之间的外积 Λ：

$$\omega(x) \in \Omega^k(M),\ \eta(x) \in \Omega^l(M) \to \omega(x) \wedge \eta(x) \in \Omega^{k+l}(M).$$

这样，将使 $\bigcup\limits_k \Omega^k(M)$ 不但是 $C^\infty(M)$ module，而且是一个分级代数 (graded algebra)，$\bigcup\limits_k \mathscr{T}^k$ 和 $\bigcup\limits_k \Lambda^k$ 也都是分级代数。

$\bigcup\limits_k \Omega^k(M)$ 中不仅有代数运算 Λ，而且有一些重要的微分运

算．首先而且最重要的是外微分运算．

定理 A.4.6 必定存在唯一的线性映射 $d:\Omega^k(M)\to\Omega^{k+1}(M)$ 使之适合以下关系式

(i) 对 $f\in\Omega^0(M)=C^\infty(M)$，$df$ 即 f 的微分；

(ii) $d^2=0$． (A.4.10)

(iii) 若 $\omega_1\in\Omega^k(M)$，则 $d(\omega_1\wedge\omega_2)=d\omega_1\wedge\omega_2+(-1)^k\omega_1\wedge d\omega_2$，$d$ 称为外微分．

证．将 $\omega\in\Omega^k(M)$ 写为局部表示 (A.4.9)，则若 d 适合定理要求，当有

$$\begin{aligned} d\omega &= \sum da_{i_1\cdots i_k}(x)\wedge dx_{i_1}\wedge\cdots\wedge dx_{i_k} \\ &\quad+\sum a_{i_1\cdots i_k}(x)d(dx_{i_1})\wedge\cdots\wedge dx_{i_k}+\cdots \\ &= \sum da_{i_1\cdots i_k}(x)\wedge dx_{i_1}\wedge\cdots\wedge dx_{i_k} \\ &= \sum\frac{\partial a_{i_1\cdots i_k}(x)}{\partial x_j}dx_j\wedge dx_{i_1}\wedge\cdots\wedge dx_{i_k}. \end{aligned} \qquad (A.4.11)$$

因此若 d 存在，它必是唯一的．但是 (A.4.11) 不能看成是证明了 d 存在，因为同一个 ω 在不同的坐标系有不同的表示：

$$\omega=\sum f_0df_1\wedge\cdots\wedge df_k=\sum f_0'df_1'\wedge\cdots\wedge df_k',$$

我们应证明

$$\sum df_0\wedge df_1\wedge\cdots\wedge df_k=\sum df_0'\wedge df_1'\wedge\cdots\wedge df_k'.$$

这一点可以直接证明，也可以证明如下：先考虑一个单项式 $\omega=f_0df_1\wedge\cdots\wedge df_k$，并取 $k+1$ 个 $\xi_i\in\mathscr{X}(M)$，$i=0,1,\cdots,k$，并作

$$\Delta=\langle df_0\wedge df_1\wedge\cdots\wedge df_k;\ \xi_0,\ \cdots,\ \xi_k\rangle.$$

因为 $\langle df,\xi\rangle=\xi(f)$，所以将 Δ 按 $\xi_i(f_0)$ 展开应有

$$\Delta=\sum_{i=0}^k(-1)^i\xi_i(f_0)<df_1\wedge\cdots\wedge df_k;\ \xi_0,\cdots,\hat{\xi}_i,\cdots\xi_k\rangle.$$

因为 ξ_i 是一个求导，它适合 Leibnitz 规则

$$\xi_i(f_0)g=\xi_i(f_0g)-f_0\xi_i(g),$$

所以

$$\Delta = \sum_i (-1)^i \xi_i \langle \omega; \xi_0, \cdots, \hat{\xi}_i, \cdots, \xi_k \rangle$$
$$+ \sum_i (-1)^{i+1} f_0 \xi_i \langle df_1 \wedge \cdots \wedge df_k; \xi_0, \cdots, \hat{\xi}_i, \cdots, \xi_k \rangle.$$

同样处理第二项，可知

$$\xi_i \langle df_1 \wedge \cdots \wedge df_k; \xi_0, \cdots, \hat{\xi}_i, \cdots, \xi_k \rangle$$
$$= \sum_{j,l,j\neq i} (-1)^{j+l+1} (\xi_i \xi_j f_l) \langle df_1 \wedge \cdots \wedge \widehat{df_l} \wedge \cdots \wedge df_k;$$
$$\xi_0, \cdots, \hat{\xi}_i, \cdots, \hat{\xi}_j, \cdots, \xi_k \rangle,$$

代入第二项并将它们按相同的 i, j 组合起来，有

$$\sum_{i<j} (-1)^{i-j+l+1} f_0 [\xi_i, \xi_j](f_l) \langle df_1 \wedge \cdots \wedge \widehat{df_l} \wedge \cdots \wedge df_k;$$
$$\xi_0, \cdots, \hat{\xi}_i, \cdots, \hat{\xi}_j, \cdots, \xi_k \rangle$$
$$= \sum_{i<j} (-1)^{i+j} \langle \omega; [\xi_i, \xi_j], \xi_0, \cdots, \hat{\xi}_i, \cdots, \hat{\xi}_j, \cdots, \xi_k \rangle.$$

因此

$$\Delta = \sum_{i=0}^{k} (-1)^i \xi_i \langle \omega; \xi_0, \cdots, \hat{\xi}_i, \cdots \xi_k \rangle$$
$$+ \sum_{i<j} (-1)^{i+j} \langle \omega; [\xi_i, \xi_j], \xi_0, \cdots, \hat{\xi}_i, \cdots, \hat{\xi}_j, \cdots, \xi_k \rangle.$$

从这个式子的右方来看 Δ 只与 ω 有关而不依赖于其局部坐标表示，从而可以认为 Δ 定义了一个 $k+1$ 次外微分形式（记作 $d\omega$）在 $\xi_0, \cdots, \xi_k$ 上之值. $d\omega$ 的局部坐标表示即 (A.4.11). 利用 (A.4.11) 即知 d 合于定理之所求.

我们特别注意 (A.4.10). 由于它的重要性，我们称之为 d 的**上循环性质**. 对于 $f \in \Omega^0(M) = C^\infty(M)$, $d^2 f = 0$ 即我们熟知的 Schwarz 定理:

$$\frac{\partial^2 f}{\partial x_i \partial x_j} = \frac{\partial^2 f}{\partial x_j \partial x_i}.$$

另一个重要的情况是 $M = \mathbf{R}^3$ 上的一些经典向量公式时常可以用外微分运算来说明：若 $f \in C^\infty(\mathbf{R}^3)$，取 Descartes 坐标 $x = (x_1, x_2, x_3)$，则

$$df = \frac{\partial f}{\partial x_1}dx_1 + \frac{\partial f}{\partial x_2}dx_2 + \frac{\partial f}{\partial x_3}dx_3 \sim \mathrm{grad} f.$$

因此，我们有时就用 df 表示 $\mathrm{grad} f = \left(\frac{\partial f}{\partial x_1}, \frac{\partial f}{\partial x_2}, \frac{\partial f}{\partial x_3}\right)$，再设有向量 $\boldsymbol{A}(x) = (A_1(x), A_2(x), A_3(x))$，我们不妨使它对应于 $A = \sum_{i=1}^{3} A_i(x)dx_i \in \Omega^1(\mathbf{R}^3)$，这时

$$\begin{aligned} dA &= \sum_{i=1}^{3} dA_i \wedge dx_i \\ &= \left(\frac{\partial A_3}{\partial x_2} - \frac{\partial A_2}{\partial x_3}\right)dx_2 \wedge dx_3 + \left(\frac{\partial A_1}{\partial x_3} - \frac{\partial A_3}{\partial x_1}\right)dx_3 \wedge dx_1 \\ &\quad + \left(\frac{\partial A_2}{\partial x_1} - \frac{\partial A_1}{\partial x_2}\right)dx_1 \wedge dx_2 \sim \mathrm{curl}\boldsymbol{A}. \end{aligned}$$

若令向量 $\boldsymbol{B}(x) = (B_1(x), B_2(x), B_3(x))$ 对应于 $\omega = B_1dx_2 \wedge dx_3 + B_2dx_3 \wedge dx_1 + B_3dx_1 \wedge dx_2$，则有

$$d\omega = \left(\frac{\partial B_1}{\partial x_1} + \frac{\partial B_2}{\partial x_2} + \frac{\partial B_3}{\partial x_3}\right)dx_1 \wedge dx_2 \wedge dx_3 \sim \mathrm{div}\boldsymbol{B}.$$

于是 $d^2 = 0$ 现在成为

$$f \in \Omega^0(\mathbf{R}^3), \quad d^2f = 0, \text{ 即 } \mathrm{curl\,grad} f = 0,$$
$$\boldsymbol{A} \in \Omega^1(\mathbf{R}^3), \quad d^2\boldsymbol{A} = 0, \text{ 即 } \mathrm{div\,curl}\boldsymbol{A} = 0.$$

对 $\boldsymbol{B} \in \Omega^2(\mathbf{R}^3)$，则因 $d^2\boldsymbol{B} \in \Omega^4(\mathbf{R}^3) = \{0\}$，$d^2\boldsymbol{B} = 0$ 是平凡的。

现在来看在可微映射 $f: M \to N$ 下 d 的性态。上一节在讲到余切空间时已说到余切向量这时将被拉回，$\omega \in \Omega^k(N)$ 也是这样，$f^*\omega \in \Omega^k(M)$ 定义如下：对 $\xi_1, \cdots, \xi_k \in \mathscr{X}(M)$ 将有

$$\langle f^*\omega; \xi_1, \cdots, \xi_k \rangle = \langle \omega; f_*\xi_1, \cdots, f_*\xi_k \rangle. \qquad \text{(A.4.12)}$$

我们现在要证明

定理 A.4.7 d 与 f^* 可换：

$$f^*d\omega = df_*\omega, \quad \omega \in \Omega^k(N). \qquad \text{(A.4.13)}$$

证. 在定理 A.4.5 的证明过程中，我们已经证明了，对 $k+1$ 个向量场 $\xi_0, \cdots, \xi_k$ 有

$$\langle d\omega;\xi_0,\cdots,\xi_k\rangle = \sum_{i=0}^{k}(-1)^i\xi_i\langle\omega;\xi_0,\cdots,\hat{\xi}_i,\cdots,\xi_k\rangle$$
$$+\sum_{i<j}(-1)^{i+j}\langle\omega;[\xi_i,\xi_j],$$
$$\xi_0,\cdots,\hat{\xi}_i,\cdots,\hat{\xi}_j,\cdots,\xi_k\rangle \tag{A.4.14}$$

由此式立即有

$$\begin{aligned}\langle f^*d\omega;\xi_0,\cdots,\xi_k\rangle &= \langle d\omega;f_*\xi_0,\cdots,f_*\xi_k\rangle\\ &= \sum_{i=0}^{k}(-1)^i(f_*\xi_i)\langle\omega;f_*\xi_0,\cdots,\widehat{f_*\xi_i},\cdots,f_*\xi_k\rangle\\ &\quad+\sum_{i<j}(-1)^{i+j}\langle\omega;[f_*\xi_i,f_*\xi_j],f_*\xi_0,\cdots,\\ &\quad\widehat{f_*\xi_i},\cdots,\widehat{f_*\xi_j},\cdots,f_*\xi_k\rangle\\ &= \sum_{i=0}^{k}(-1)^i\xi_i\langle f^*\omega;\xi_0,\cdots,\hat{\xi}_i,\cdots,\xi_k\rangle\\ &\quad+\sum_{i<j}(-1)^{i+j}\langle f^*\omega;[\xi_i,\xi_j],\xi_0,\cdots,\\ &\quad\hat{\xi}_i,\cdots,\hat{\xi}_j,\cdots,\xi_k\rangle\\ &= \langle df^*\omega;\xi_0,\cdots,\xi_k\rangle.\end{aligned}$$

有关外微分形式的第二个微分运算是沿向量场 X 的 Lie 导数 $L_X\omega$. X 定义了一个微分同胚的单参数局部群 $\{A_t\}$，仿照向量场的 Lie 导数的定义，我们给出

定义 A.4.8 $\omega\in\Omega^k(M)$ 的 Lie 导数 $L_X\omega\in\Omega^k(M)$ 定义是

$$L_X\omega = \lim_{t\to 0}\frac{1}{t}[A_t^*\omega-\omega]. \tag{A.4.15}$$

现在我们给出 Lie 导数的具体性质. 首先，若 $k=0$，由于 $\omega=f\in C^\infty(M)$，由定义我们有

$$(L_Xf(x)=\frac{d}{dt}f(A_tx)=\langle X,df\rangle. \tag{A.4.16}$$

特别是，若 $M=\mathrm{R}^3$，而 X 表示沿某固定方向 e 的向量场，有

$$(L_Xf)(x)=\left[\frac{d}{dt}f(x+te)\right]_{t=0}.$$

L_X 当然是线性映射，而由定义可见它实际上是一个求导，因此应该有 Leibnitz 公式. 事实上，我们可以证明

$$L_X(\omega\wedge\eta)=(L_X\omega)\wedge\eta+\omega\wedge(L_X\eta). \qquad (A.4.17)$$

这是很容易证明的，因为在讨论外积的性质时我们即已证明了(式(A.4.8))

$$A_t^*(\omega\wedge\eta)=A_t^*\omega\wedge A_t^*\eta.$$

(A.4.17) 是一个很重要的公式，我们不妨将它与外微分运算 d 的性质(A.4.10)之(iii)

$$d(\omega\wedge\eta)=d\omega\wedge\eta+(-1)^{\deg\omega}\omega\wedge d\eta$$

相比较，后者是 Leibnitz 公式的一个变形. 若一个线射映射适合这种类型的公式，我们将称之为斜求导，所以外微分运算 d 是一个斜求导.

再看 L_X 与 d 是否有交换关系. 事实上有

$$L_X(df)=dL_X(f),\ f\in\Omega^0(M). \qquad (A.4.18)$$

这是容易证明的. 因为我们已经知道

$$A_t^*(df)=d(A_t^*f),$$

因此

$$L_X(df)=\frac{d}{dt}\left[A_t^*(df)\right]\Big|_{t=0}=\frac{d}{dt}\left[d(A_t^*f)\right]\Big|_{t=0}.$$

我们现在只需证明 $\frac{d}{dt}(d\cdots)=d\left(\frac{d}{dt}\cdots\right)$即可. 但是采用一个局部坐标系使 $X=\frac{\partial}{\partial x_1}$，则 $A_t^*f=f(x+te_1)$ 于是上面的可换性即可得证，因此，我们将得到 (A.4.18).

最后给出在一个局部坐标系中具体计算 Lie 导数的公式，于是我们设$X=\sum A_i(x)\frac{\partial}{\partial x_i}$, $\omega=\sum a_{i_1\cdots i_k}(x)dx_{i_1}\wedge\cdots\wedge dx_{i_k}$. 于是由 (A.4.17)

$$L_X(\omega)=\sum L_X(a_{i_1\cdots i_k})dx_{i_1}\wedge\cdots\wedge dx_{i_k}$$
$$+\sum_j\sum_{i_1<\cdots<i_k}a_{i_1\cdots i_k}dx_{i_1}\wedge\cdots\wedge L_X(dx_j)\wedge\cdots\wedge dx_{i_k}.$$

但由 (A.4.18) 有

$$L_X(dx_j) = d(L_X x_j) = dA_j(x).$$

因此有

$$L_X(\omega) = \sum_{i_1<\cdots<i_k} L_X(a_{i_1\cdots i_k})dx_{i_1}\wedge\cdots\wedge dx_{i_k}$$
$$+ \sum_j \sum_{i_1<\cdots<i_k} a_{i_1\cdots i_k}dx_{i_1}\wedge\cdots\wedge dA_j\wedge\cdots\wedge dx_{i_k}. \tag{A.4.19}$$

有关外微分形式的第三种微分运算是内积. 设 $X\in\mathscr{X}(M)$, 我们将定义一个线性映射 $i_X:\Omega^k(M)\to\Omega^{k-1}(M)$ 如下: 对 $X_1,\cdots,X_{k-1}\in\mathscr{X}(M)$, $\omega\in\Omega^k(M)$,

$$(i_X\omega)(X_1,\cdots,X_{k-1}) = \begin{cases}\omega(X,X_1,\cdots,X_{k-1}), & k>0,\\ 0, & k=0.\end{cases} \tag{A.4.20}$$

$i_X\omega$ 称为 ω 与 X 的内积或缩 (Contraction). 很容易证明 i_X 是一个斜求导:

$$i_X(\omega\wedge\eta) = i_X\omega\wedge\eta + (-1)^{\deg\omega}\omega\wedge i_X\eta. \tag{A.4.21}$$

这只要应用 $\omega\wedge\eta = \dfrac{(k+l)!}{k!\,l!}\mathrm{Alt}(\omega\otimes\eta)$ 就容易证明. 正因为 i_X 是一个斜求导, 所以它有时也称为内导数运算而且是一种微分运算.

这三种运算之间有著名的

定理 A.4.9 (Cartan 公式) 对 $X\in\mathscr{X}(M)$, $\omega\in\Omega^k(M)$ 有

$$L_X\omega = i_Xd\omega + di_X\omega.$$

证. 我们不妨对 ω 的次数递推地证明. 当 $k=0$ 时, $i_X\omega=0$, 而 $i_Xd\omega = i_Xdf = \langle df, X\rangle = X(f) = L_X(f)$ 从而定理成立. 若 $\omega = f_1df_2$, $f_1, f_2\in\Omega^0(M)$, 则左方为

$$L_X\omega = L_Xf_1df_2 + f_1L_Xdf_2 = L_Xf_1df_2 + f_1dL_Xf_2,$$

右方则为

$$i_X(df_1\wedge df_2) + di_Xf_1df_2 = X(f_1)df_2 - df_1X(f_2) + d[f_1X(f_2)]$$
$$= X(f_1)df_2 + f_1dX(f_2)$$

$$= L_X f_1 d f_2 + f_1 d L_X f_2.$$

对次数更高的 ω 也可仿此证明.

3. Poincare 公式, de Rham 上同调. 外微分运算 d 的上循环性质 $d^2 = 0$ 是一个极重要的性质. 它告诉我们, 若外微分形式 $\omega = d\omega_1$, 则必有 $d\omega = 0$. 我们称适合 $d\omega = 0$ 的 $\omega \in \Omega^k(M)$ 为闭微分形式, 并记其集为

$$Z^k(M) = \{\omega \in \Omega^k(M); d\omega = 0\}; \tag{A.4.22}$$

又称可以写为 $\omega_1 \in \Omega^{k-1}(M)$ 的外微分 $d\omega_1$ 的 k 次微分形式为恰当微分形式, 并记其集为

$$B^k(M) = \{\omega \in \Omega^k(M);\ \exists \omega_1 \in \Omega^{k-1}(M),\ \omega = d\omega_1\}. \tag{A.4.23}$$

又规定 $B^0(M) = \{0\}$. 于是 $d^2 = 0$ 可以表为

$$B^k(M) \subset Z^k(M).$$

B^k, Z^k 均为 Ω^k 的子空间, 也是子群, 特别是, B^k 是 Z^k 的子群, 因而可以求其商群(注意, B^k, Z^k, Ω^k 均为交换群), 记作

$$H^k(M) = Z^k(M)/B^k(M) \tag{A.4.24}$$

并称为 k 阶 de Rham 上同调群. 借用同调论的语言, 我们称 Z^k 之元为上循环, B^k 之元为上边缘, $d^2 = 0$ 称为上循环性质的原因在此.

$H^k(M)$ 的构造从表面上看是依赖于 M 的微分构造的, 但是若我们假设了 M 在无穷远处为可数, 从而 M 是仿紧空间(在本书中我们对 M 总是作这样的假设的, 它的一个直接的推论就是 M 上有一的 C^∞ 分割存在), 则可以证明 $H^k(M)$ 只依赖于 M 的拓扑. $H^k(M)$ 是刻划 M 的整体拓扑性质的极重要的不变量. 因此, 对于给定的 M 具体计算 $H^k(M)$ 就成了一个重要问题. 可惜, 除了在某些特殊情况下, 计算 $H^k(M)$ 是很困难的.

作为一个例, 我们看一下 $H^0(M)$. 设 M 是 p 个连通分枝 M_j 之并 $M = \bigcup_{j=1}^{p} M_j$. 注意到 $B^0(M) = \{0\}$, 有 $H^0(M) = Z^0(M)$, 但 $f \in Z^0(M)$ 即 $df = 0$, 从而 f 是局部常值函数. 令于 M_j 上 $f_i = \delta_{ij}$, 则 $\{f_1, \cdots, f_p\}$ 是 $Z^0(M)$ 的基底, 因此 $H^0(M)$ 是 p 维

线性空间 $\mathbf{R}^p$.

另一个重要的例子是计算 $H^k(\mathbf{R}^n)$，我们要证明

$$H^k(\mathbf{R}^n)=0,\ k>0. \tag{A.4.25}$$

这就是著名的 Poincaré 引理. 它不但适用于 $\mathbf{R}^n$，而且适用于 B^n（n 维球体 $\Sigma x_i^2\leqslant 1$）以及一切星形区域. 所谓星形区域定义如下：设 $D\subset\mathbf{R}^n$，P 为 D 中一点，若对 D 中任一点 P'，线段 $\overline{PP'}\subset D$，就称 D 关于 P 点为星形的；若 D 关于其一切点均为星形的，就称 D 为**星形域**. 现在可证

定理 A.4.10（Poincaré 引理） 若 $D\subset\mathbf{R}^n$ 关于 $0\in D$ 为星形开集，则 D 上一切闭形式均为恰当形式.

证. 我们要定义一个线性映射 $I:\Omega^k(D)\to\Omega^{k-1}(D)$，并使之适合

$$Id+dI=\mathrm{id}.$$

在作出了 I 以后，对于 $\omega\in\Omega^k(M)$，有 $\omega=I(d\omega)+d(I\omega)$，因此若 $d\omega=0$，必有 $\omega=d\omega_1$，$\omega_1=I\omega\in\Omega^{k-1}(D)$. I 的作法如下：若 $\omega=\Sigma a_{i_1\cdots i_k}dx_{i_1}\wedge\cdots\wedge dx_{i_k}$，规定

$$(I\omega)(x)=\sum_{i_1<\cdots<i_k}\sum_{\alpha=1}^{k}(-1)^{\alpha-1}\left(\int_0^1 t^{k-1}a_{i_1\cdots i_k}(tx)dt\right)x_{i_\alpha}\, dx_{i_1}\wedge\cdots\wedge\widehat{dx_{i_\alpha}}\wedge\cdots\wedge dx_{i_k}.$$

D 为星形开集的假设保证了积分是有意义的. I 的作用可以认为是将 ω 由 $0\in D$ 连续地作形变，因而有时称为**同伦算子**.

$$\begin{aligned}dI(\omega)=&\ k\sum_{i_1<\cdots<i_k}\left(\int_0^1 t^{k-1}a_{i_1\cdots i_k}(tx)dt\right)dx_{i_1}\wedge\cdots\wedge dx_{i_k}\\&+\sum_{i_1<\cdots<i_k}\sum_{\alpha=1}^{k}\sum_{j=1}^{n}(-1)^{\alpha-1}\int_0^1 t^k\partial_j(a_{i_1\cdots i_k}(tx))dt\\&\cdot x^{i_\alpha}dx_j\wedge dx_{i_1}\wedge\cdots\wedge\widehat{dx_{i_\alpha}}\wedge\cdots\wedge dx_{i_k},\end{aligned}$$

另一方面

$$d\omega=\sum_{i_1<\cdots<i_k}\sum_{j=1}^{n}\partial_j a_{i_1\cdots i_k}(x)dx_j\wedge dx_{i_1}\wedge\cdots\wedge dx_{i_k},$$

所以

$$I(d\omega) = \sum_{i_1<\cdots<i_k} \sum_{j=1}^{n} \left(\int_0^1 t^k \partial_j a_{i_1\cdots i_k}(tx)dt\right) x_j dx_{i_1} \wedge \cdots \wedge dx_{i_k}$$

$$- \sum_{i_1<\cdots<i_k} \sum_{j=1}^{n} \sum_{\alpha=1}^{k} (-1)^{\alpha-1} \left(\int_0^1 t^k \partial_j a_{i_1\cdots i_k}(tx)dt\right)$$

$$x^{i_\alpha} dx_j \wedge dx_{i_1} \wedge \cdots \wedge \widehat{dx_{i_\alpha}} \wedge \cdots \wedge dx_{i_k}.$$

二者相加得

$$dI(\omega)+I(d\omega) = \sum_{i_1<\cdots<i_k} \sum_{j=1}^{n} \left[\int_0^1 t^k x_j \partial_j (a_{i_1\cdots i_k}(tx))dt\right]$$

$$\cdot dx_{i_1} \wedge \cdots \wedge dx_{i_k} + \sum_{i_1<\cdots<i_k} \left[\int_0^1 kt^{k-1} a_{i_1\cdots i_k}(tx)dt\right]$$

$$\cdot dx_{i_1} \wedge \cdots \wedge dx_{i_k}$$

$$= \sum_{i_1<\cdots<i_k} \left(\int_0^1 \frac{d}{dt}[t^k a_{i_1\cdots i_k}(tx)]dt\right) dx_{i_1} \wedge \cdots \wedge dx_{i_k}$$

$$= \omega.$$

从而定理得证.

4. Frobenius 定理的对偶形式. 上一节中讲的 Frobenius 定理在应用中常取以下的对偶形式. 对于给定的 C^∞ k 分布 $L^k = \{X_1, \cdots, X_k\}$, 在任一点 $P \in M$ 处我们定义 $L^k(P)$ 的零化子空间为

$$L^k(P)^\perp = \{\omega \in T_P^*; \forall X \in L^k(P), \langle \omega, X \rangle = 0\}.$$

它显然是 $T_P^*(M)$ 的 $n-k$ 维子空间. 在M之任一点的适当邻域内必定存在 $n-k$ 个线性无关的一次(C^∞)微分形式 $\omega_{k+1}, \cdots, \omega_n$ 张成 $L^k(P)^\perp$. 事实上,L^k 在一个邻域内由 k 个线性无关的 C^∞ 切向量场 $X_1, \cdots, X_k$ 张成,作 $n-k$ 个 C^∞ 向量场 $X_{k+1}, \cdots, X_n$ 使 $\{X_1, \cdots, X_n\}$ 在此邻域的每一点 P 处生成 $T_P(M)$. 作该邻域中与之对偶的一组 1 次外微分形式 $\{\omega_1, \cdots, \omega_k, \omega_{k+1}, \cdots, \omega_n\}$, 易见在此邻域的每一点 P 处, $\omega_{k+1}, \cdots, \omega_n$ 张成 $L^k(P)^\perp$.

由此可见,在该邻域中,分布 L^k 实等价于

$$\omega_j = 0, \ j = k+1, \cdots, n. \tag{A.4.26}$$

这就是说

$$L^k(P) = \{X \in T_P(M),\ \langle \omega_j, X\rangle = 0,\ j = k+1, \cdots, n\}.$$

方程组(A.4.26)称为 Pfaff 方程组．它的积分流形就是一个 k 维子流形 $N \subset M$ 使对每一点 $P \in N$, T_PN 之一切元 X 均适合

$$\langle \omega_j, X\rangle = 0,\ j = k+1, \cdots, n.$$

如果这样的积分流形 N 是存在的，就说 Pfaff 方程组 (A.4.26) 是完全可积的．

以上我们将分布 L^k 的可积性问题化成一个对偶的问题——Pfaff 方程组 (A.4.26) 的可积性问题，因此我们也要将 L^k 的可积条件——对合性条件

$$[X_i, X_j] = \sum_{l=1}^{k} c_{ij}^l(x) X_l$$

化成对偶形式．这里我们首先要用到一个事实，对 $\omega \in \Omega^1(M)$ 以及 $X, Y \in \mathscr{X}(M)$，必有

$$\langle d\omega; X, Y\rangle = \langle \omega, Y\rangle X - \langle \omega, X\rangle Y - \langle \omega, [X, Y]\rangle. \quad (A.4.27)$$

这其实就是式 (A.4.14)，但我们不妨再证明一次．不失一般性，不妨设 ω 为单项式 gdf，从而 $d\omega = dg \wedge df$，而由定义有

$$\begin{aligned}\langle dg \wedge df; X, Y\rangle &= \langle dg, X\rangle\langle df, Y\rangle - \langle df, X\rangle\langle dg, Y\rangle \\ &= X(g)Y(f) - X(f)Y(g).\end{aligned}$$

另一方面

$$\langle \omega, X\rangle = \langle gdf, X\rangle = gX(f),$$

因此 $Y\langle \omega, X\rangle = Y(g)X(f) + g \cdot Y \cdot X(f)$，同理 $X\langle \omega, Y\rangle = X(g) \cdot Y(f) + g \cdot XY(f)$，代入上式即得 (A.4.27)．将此式用到 (A.4.26) 中的 ω_l 与 L^k 中的 X_i，有

$$\begin{aligned}\langle d\omega_l; X_i, X_j\rangle &= \langle \omega_l, X_j\rangle X_i - \langle \omega_l, X_i\rangle X_j - \langle \omega_l, [X_i, X_j]\rangle \\ &= -\langle \omega_l, [X_i, X_j]\rangle.\end{aligned}$$

因此，分布 L^k 适合 Frobenius 条件

$$[X_i, X_j] = \sum_{l=1}^{n} c_{ij}^l(x) X_l$$

的充分必要条件是

$$\langle d\omega_l; X_i, X_j\rangle = 0,\ 1 \leqslant i, j \leqslant k,\ l = k+1, \cdots, n. \quad (A.4.28)$$

现在我们证明(A.4.28)等价于

$$d\omega_l = 0 \mod(\omega_{k+1},\cdots,\omega_n). \tag{A.4.29}$$

这是因为 $\{\omega_1,\cdots,\omega_n\}$ 是 $T_P^*(M)$ 的基底，所以 $d\omega_l$ 必可用 ω_1, $\cdots$, ω_n 表示为

$$d\omega_l = \sum_{t=k+1}^{n} \phi_{lt}\wedge\omega_t + \sum_{t,s=1}^{k} a_{ts}^l\omega_t\wedge\omega_s,$$

这里 $a_{ts}^l = -a_{st}^l$. 但因 X_i 与 ω_l 是对偶的，以此式代入 (A.4.28) 即有 $a_{ts}^l = 0$. 反之，若 $a_{ts}^l = 0$，也有 (A.4.28). 因此得到 Frobenius 定理的等价形式

定理 A.4.11 (Frobenius 定理) Pfaff 方程组 (A.4.26) 可积的充分必要条件是 (A.4.29).

将此定理用到数学分析中一个著名的例子，即在 $\mathbf{R}^3$ 中考虑全微分方程

$$\Omega = Pdx + Qdy + Rdz = 0.$$

它的积分流形应该是 $\mathbf{R}^3$ 的二维子流形，例如写成 $F(x,y,z) = c$. 可积性条件现在是 $d\Omega = A\wedge\Omega$，亦即 $\Omega\wedge d\Omega = 0$. 但

$$d\Omega = \left(\frac{\partial R}{\partial y} - \frac{\partial Q}{\partial z}\right)dy\wedge dz + \left(\frac{\partial P}{\partial z} - \frac{\partial R}{\partial x}\right)dz\wedge dx + \left(\frac{\partial Q}{\partial x} - \frac{\partial P}{\partial y}\right)dx\wedge dy,$$

所以可积性条件现在是

$$P\left(\frac{\partial R}{\partial y} - \frac{\partial Q}{\partial z}\right) + Q\left(\frac{\partial P}{\partial z} - \frac{\partial R}{\partial x}\right) + R\left(\frac{\partial Q}{\partial x} - \frac{\partial P}{\partial y}\right) = 0.$$

这当然是一个熟知的结果.

应该指出，以上的 Frobenius 定理是局部的结果，它只涉及积分流形的局部存在性. 如果要在大范围中考虑积分流形，就会进到叶层构造 (foliation) 的概念. 这里不能涉及，但是有些关于偏微分算子的文献已经用到了这样的概念.

§5. 微分形式的积分. Stokes 公式

1. 微分形式的积分. 本节中我们要讨论一个 n 阶微分形式

$\omega\in\Omega^n(M)$ 在 n 维可定向流形M上的积分．由我们关于M的假定，知道必有一的 C^∞ 分割存在．我们或者假设M为紧流形，或者假设 ω 具有紧支集．这样假设的原因是，若 $\{(\varphi_i, U_i)\}$ 是M的一个图册，作从属于它的一的 C^∞ 分割 $\{\chi_i\}$，考虑适合 $\operatorname{supp}\omega\cap\operatorname{Supp}\chi_i\neq\varnothing$ 的区图 (φ_i, U_i)，则或者因为M为紧，从而可以找到有限的图册，或者因为 $\operatorname{supp}\omega$ 为紧，而适合 $\operatorname{supp}\omega\cap\operatorname{supp}\chi_i\neq\varnothing$ 的 χ_i 为数亦可设为有限，这样，我们可以限于考虑有限多个积分 $\int_{U_i}\omega$，而以其和作为 $\int_M\omega$ 之定义．

在讨论积分时，我们假设M是可定向的．定义 A.1.10 告诉我们M之可定向性就是存在一个图册 $\{(\varphi, U)\}$，使当其中的两个 (φ, U) 与 (ψ, V) 适合 $U\cap V\neq\varnothing$ 时 $\det(\varphi\circ\psi^{-1})>0$．在有了外微分形式后，对可定向性可以给出另一个定义：

定义 A.5.1 n 维微分流形M称为可定向的，如果M上有一个连续的、处处不为 0 的 n 次微分形式 ω．若两个这样的微分形式只相差一个正因子，就说二者等价．这样，若M是连通的，则其上之所有处处非 0 的 n 次微分形式可分为两个等价类 Ω^n_+ 与 Ω^n_-．Ω^n_+ 与 Ω^n_- 赋给M以两个定向，我们记 $M_\pm=\{M, \Omega^n_\pm\}$．

这个定义与定义 A.1.10 显然是等价的，其证明暂略，留给读者．

设M为可定向，我们考虑 ω 在 M_+ 上的积分 $\int_{M^+}\omega$．由定义 A.1.10，M_+ 由M与一个图册 $\{(\varphi_i, U_i)\}$ 决定，作从属于它的一的 C^∞ 分割 $\{\chi_i\}$ 且使适合 $\operatorname{supp}\omega\cap\operatorname{supp}\chi_i\neq\varnothing$ 的区图为数有限：$\{(\varphi_i, U_i)\}\ (i=1,\cdots,N)$．于是

$$\omega=\sum_{i=1}^N(\omega\chi_i)=\sum_{i=1}^N\omega_i.$$

现在考虑 $\int_{M_+}\omega_i$ 之定义．若在区图(φ_i, U_i)之局部坐标系中 $\omega_i=a_i(x)dx_1\wedge\cdots\wedge dx_n$，则因 $\operatorname{supp}\omega_i\subset U_i$，我们给出以下的

定义 A.5.2 $\int_{M_+}\omega$定义为 $\sum_{i=1}^N\int_{M_+}\omega_i=\sum_{i=1}^N\int_{\varphi_i(U_i)}a_i(x)dx$

后者理解为 Riemann 积分：

$$\int_{M_{\perp}} \omega = \sum \int a_i(x) dx. \tag{A.5.1}$$

为了说明这个定义的合理性，首先应注意，我们考虑的微分形式均为 C^∞ 微分形式，所以 $a_i(x) \in C^\infty$ 且有紧支集，$\int a_i(x) dx$ 是有意义（不是反常积分）. 若选取另一个坐标系 $y = (y_1, \cdots, y_n)$，则因 M 是可定向的，$J = \frac{dx}{dy} > 0$，从而

$$a_i(x) dx_1 \wedge \cdots \wedge dx_n = a_i(x(y)) \frac{dx}{dy} dy_1 \wedge \cdots \wedge dy_n$$
$$= a_i(x(y)) \left| \frac{dx}{dy} \right| dy_1 \wedge \cdots \wedge dy_n.$$

而由 Riemann 积分的变量变换公式

$$\int a_i(x) dx = \int a_i(x(y)) \left| \frac{dx}{dy} \right| dy,$$

知局部坐标系的选取不影响这里的定义. 一的分割的选取也不影响这个定义. 设有另一个一的分割 $\{\chi'_j\}(j = 1, \cdots, N')$（如前所述，不妨设它是有限的），记 $\omega = \sum_j \omega \chi'_j = \Sigma \omega'_j$，则 $\{\chi_i \chi'_j\}$ 也是一的分割，而且

$$\sum_i \int \omega_i = \sum_i \sum_j \int \omega_i \chi'_j = \sum_{i,j} \int \omega \chi_i \chi'_j$$
$$= \sum_j \sum_i \int (\omega x_j)_{\chi_i} = \sum_j \int \omega'_j.$$

但是需要注意的是

$$\int_{M_-} \omega = -\int_{M_+} \omega. \tag{A.5.2}$$

这一点读者自己容易证明. 这个事实说明 $\int_M \omega$ 之定义与 Riemann 积分之定义有区别. 在 Riemann 积分理论中，n 重积分 $(n > 1)$ 的变量变换公式是

$$\int f dx = \int f \left| \frac{dx}{dy} \right| dy,$$

在我们的情况下，若考虑到式 (A.5.2)，而不区别 M_+ 与 M_-，将有

$$\int f dx = \int f \frac{dx}{dy} dy.$$

但 $n = 1$ 时，式(A.5.2)即著名的公式

$$\int_a^b f(x)dx = -\int_b^a f(x)dx.$$

这样，我们就有必要引入两个概念：

若记 n 维线性空间 E 的基底为 $B(E)$，作一个映射 $v: B(E) \to R$，使当 $b \in B(E)$ 变为另一个基底 Ab，$A \in GL(n, \mathrm{R})$ 时，$v(Ab) = \det A \cdot v(b)$，则这些线性映射构成一个一维线性空间．令 $E = T_xM$，则以此一维空间为纤维可得一个一维的向量丛(或称线丛)，我们称为体积丛．一切在M上处处不为 0 的 n 次外微分形式就给出了一个体积丛．这样，M上的积分中的"体积元"就是体积丛的一个切口．同上作 $B(E)$ 以及一个映射 δ 适合 $\delta(Ab) = |\det A|^\alpha \delta(b)$ $(\alpha \in \mathrm{R})$，这些 δ 也构成一个一维线性空间．同上令 $E = T_xM$，由 δ 可得另一个线丛称为权 α 的密度丛，特别是权 $\alpha = 1$ 的密度丛就简称为密度丛．于是 n 重 $(n > 1)$ Riemann 积分的体积元是密度丛的切口．对于可定向流形，M_+ 或 M_- 上的积分，体积丛与密度丛的区别不再显现，因为这时 $\det A > 0$，$\det A = |\det A|$．

以上讲到积分时，我们总是记作 $\int_M \omega$，至于是 M_+ 或 M_- 上的积分将随上下文决定．

若 $\omega \in \Omega^r(M)$，$r < n = \dim M$，$h: N \to M$ 是一个 r 维嵌入子流形，则 $h^*\omega$ 是N上的 r 次外微分形式．如果N仍是可定向的，则 $\int_N h^*\omega$ 有意义，我们就把 $h(N)$ 上的积分定义为

$$\int_{h(N)} \omega = \int_N h^*\omega. \tag{A.5.3}$$

2. 有边的流形，边缘上的诱导定向． 微积分学的基本定理

$$\int_a^b f(x)dx = F(b) - F(a).$$

把一个一次微分形式 $f(x)dx$ 在一维流形 R 的某一子集 $D=[a, b]$ 上的积分与一个零次微分形式 $F(x)$ 在 ∂D 上之"积分"的值 $F(b)-F(a)$ 连系起来．下面要讲的 Stokes 公式是以上定理的深刻的推广．为了讨论这个公式，需要先对边缘的概念进行讨论．

设 M 为一 n 维流形，区域 $D\subset M$，$\mathrm{int}D\neq\varnothing$，我们称 D 为 M 的**具有正则边缘的区域**，如果 M 有一个图册 $\{(\varphi,U)\}$ 具有以下的性质：

U 可以分为三类：

(i) $U\cap D=\varnothing$；

(ii) $U\subset D$：

(iii) $\varphi(U\cap D)$ 是半空间 $x^n\geqslant 0$ 的开子集，而且 $\varphi(U\cap\partial D)\subset\{x_n=0\}$．

在这样的条件下，∂D 称为 D 的**边缘**．这些点当然组成 D 在拓扑学意义下的边界，但是边界不一定是边缘：例如设 M 为 R^n，D 为 $\{|x|<1\}\cup\{1<|x|<2\}$，D 的边界是 $\{|x|=1\}\cup\{|x|=2\}$，但是只有 $\{|x|=2\}$ 是边缘，$\{|x|=1\}$ 则不是．

我们有时也就称 D 为有边的流形．

现在我们证明 ∂D 是 M 的一个 $n-1$ 维子流形．事实上，记 $\{(\varphi, U)\}'$ 为 M 之适合 (iii) 的区图之集，这些 U 将覆盖 ∂D．如果 (φ,U) 和 (ψ,V) 适合 $U\cap V\neq\varnothing$，且 $\varphi(U),\psi(V)$ 之局部坐标分别为 $(x_1,\cdots,x_n)$ 和 $(y_1,\cdots,y_n)$，则明显地有 $x_n\geqq 0$ 在 $\psi\circ\varphi^{-1}$ 下变为 $y_n\geqslant 0$，$x_n=0$ 变为 $y_n=0$，因此，在 ∂D 上 $\dfrac{\partial y_n}{\partial x_i}=0\ (i=1,\cdots,n-1)$．于是在 ∂D 上 $\psi\circ\varphi^{-1}$ 的 Jacobi 矩阵是

$$\begin{pmatrix} \dfrac{\partial y_i}{\partial x_j} & \begin{matrix}0\\0\end{matrix} \\ 0\cdots 0 & \dfrac{\partial y_n}{\partial x_n}\end{pmatrix}_{\partial D}, \quad i,j=1,\cdots,n-1. \tag{A.5.4}$$

因此，限制在 ∂D 上以后，$\{(\varphi, U)\}'$ 成为 ∂D 的一个图册而相应

的变换矩阵是

$$\left(\frac{\partial y_i}{\partial x_j}\right)_{x_n=0}, \quad i, j = 1, \cdots, n-1. \tag{A.5.5}$$

它是非退化的,因此 $\{(\varphi,U)\}'$ 是相容的. 这样 ∂D 成为一个 $n-1$ 维流形.

当M为可定向流形时, ∂D 也是可定向的. 事实上, 若在 M_+ 中取 ∂D 的一个图册 $\{(\varphi,U)\}'$, 因为 $x_n>0$ 相应于 $y_n>0$,所以在 $x_n=0$ 处 $\dfrac{\partial y_n}{\partial x_n}>0$(不可能为 0, 否则在 ∂D 上 $\det(\phi\circ\varphi^{-1})=0$),又因为在 M_+ 的各区图中 (A.5.4) 之行列式为正.所以 (A.5.5) 的行列式也为正. 这样 M_+ 在 ∂D 上之限制给出一个定向, 同样 M_- 又给出另一个定向. 因此, ∂D 是可定向流形.

定义 A.5.1 指出, M 的一个定向可以由一个处处非 0 的 $\omega\in\Omega^n(M)$ 给出. 设它是 $a(x)dx_1\wedge\cdots\wedge dx_n$,由假设 $a(x)\neq 0$,不妨设为 >0,则M的定向也可由 $dx_1\wedge\cdots\wedge dx_n$ 给出. 我们规定. 若 M 在 $\{(\varphi, U)\}'$ 上的定向由 $dx_1\wedge\cdots\wedge dx_n$ 给出, 则称 ∂D 上由 $(-1)^n dx_1\wedge\cdots\wedge dx_{n-1}$ 给出的定向是M(或 D)在 ∂D 上诱导的定向.

例 1. 设 $M=\mathbf{R}^1, D=(a,b)$, 则 $\partial D=\{a,b\}$, $\{b\}-\{a\}$ 就是 ∂D 上由 (a,b) 诱导的定向.

例 2. 设 $M=\mathbf{R}^2$,其上的定向是右手坐标系: $dx\wedge dy$. 若 D 是 $y>0$, 则在 ∂D 上的诱导定向应是 $(-1)^2dx=dx$, 即指向右方, 这样 D 恒在 ∂D 的左侧,所以这样的诱导定向即通常区域边界上规定的正向.

例 3. 设 $M=\mathbf{R}^3$,定向是右手坐标系 $dx\wedge dy\wedge dz$, D 为 $z>0$, 则 ∂D 之诱导定向是 $(-1)^3dx\wedge dy=-dx\wedge dy$, 即左手坐标系. 从表面上看这似乎与习惯上用的正向相反, 但是注意到现在 z 轴正向只是内法线, 则若取 ∂D 上的外法线(负 z 轴方向, 即 $-dz$),则 $-dx\wedge dy$ 与 $-dz$ 恰好构成我们习惯上用的正向.

从上面几个例子可见, ∂D 的诱导定向与数学分析中所用的定向之规定是一致的.

3. Stokes 公式. 现在回到本节的中心问题，即证明 Stokes 公式如下：

定理 A.5.3 (Stokes 公式) 设 M 为可定向流形，$D\subset M$ 而 ∂D 赋以诱导定向，$\omega\in\Omega^{n-1}(M)$，则有

$$\int_{\partial D}\omega=\int_D d\omega. \tag{A.5.6}$$

证. 不妨设在 M 上取定一个定向 $M_+:\{(\varphi_i,U_i)\}'$. 令 $\{\chi_i\}$ $(i=1,\cdots,N)$ 是从属于它的一的 C^∞ 分割，

$$\omega=\sum_i\omega\chi_i=\sum_i\omega_i.$$

于是

$$dw=\sum_i d\omega_i,$$

从而有

$$\int_{\partial D}\omega=\sum_i\int_{\partial D}\omega_i,\ \int_D d\omega=\sum_i\int_D d\omega_i.$$

若 $U_i\subset D$，则 $\int_D d\omega_i=\int_{U_i}d\omega_i=0$. 这由微积分的基本定理立即得证. 因此 $\int_D d\omega$ 中只余下了适合 $U_i\cap\partial D\neq\varnothing$ 的那些项，于是不妨令 $U_i\subset\mathbf{R}^n$ 且

$$U_i\cap D=\{x\in U,\ x_n\geqslant 0\},$$
$$U_i\cap\partial D\subset\{x_n=0\}.$$

这样设 $\omega_i=\sum_{j=1}^n a_j^{(i)}(x)dx_1\wedge\cdots\wedge\hat{d}x_j\wedge\cdots\wedge dx_n$ 有

$$\begin{aligned}\int_{\partial D}\omega_i&=\sum_i\int_{U_i\cap\partial D}\omega_i\\&=\sum_i\sum_j\int_{x_n=0}a_j^{(i)}(x)dx_1\wedge\cdots\wedge\hat{d}x_j\wedge\cdots\wedge dx_n\\&=\sum_i\int_{x_n=0}a_n^{(i)}(x)\,|_{x_n=0}dx_1\wedge\cdots\wedge dx_{n-1}\end{aligned}$$

$$= \sum_i (-1)^n \int_{\mathbf{R}^{n-1}} a_n^{(i)}(x_1, \cdots, x_n, 0) dx_1 \cdots dx_{n-1}.$$

另一方面，

$$d\omega_i = \sum_j (-1)^{j-1} \frac{\partial a_j^{(i)}}{\partial x_j} dx_1 \wedge \cdots \wedge dx_n.$$

所以

$$\begin{aligned}
\int_D d\omega_i &= \sum_j (-1)^{j-1} \int_{x_n \geq 0} \frac{\partial a_j^{(i)}}{\partial x_j} dx_1 \wedge \cdots \wedge dx_n \\
&= \sum_{j=1}^{n-1} (-1)^{j-1} \int_{x_n \geq 0} \frac{\partial a_j^{(i)}}{\partial x_j} dx_1 \wedge \cdots \wedge dx_n \\
&\quad + (-1)^{n-1} \int_{R^{n-1}} dx_1 \cdots dx_{n-1} \int_0^{+\infty} \frac{\partial a_n^{(i)}}{\partial x_n} dx_n \\
&= (-1)^n \int_{\mathbf{R}^{n-1}} a_n^{(i)}(x_1, \cdots, x_{n-1}, 0) dx_1 \cdots dx_{n-1}.
\end{aligned}$$

因此

$$\int_{\partial D} \omega_i = \int_D d\omega_i.$$

至此定理证毕.

Stokes 公式在力学与物理学中应用广泛，数学分析中一些重要定理都是它的特例. 例如对 $D = [a,b] \subset M = \mathbf{R}^1, \omega = F(x)$，因为 $\partial D = \{b\} - \{a\}$，所以 Stokes 公式现在成为

$$F(b) - F(a) = \int_a^b dF(x),$$

即经典的微积分的基本定理.

又如 $D \subset M = \mathbf{R}^2$，其上赋有由 $\mathbf{R}^2$ 之右手坐标系所定的正向，∂D 上赋有诱导定向即通常的正向，令 $\omega = Pdx + Qdy$，有

$$\int_{\partial D} Pdx + Qdy = \iint_D \left(\frac{\partial Q}{\partial x} - \frac{\partial P}{\partial y} \right) dxdy,$$

这就是 Green 公式.

若 $D \subset M = \mathbf{R}^3$，其上之定向为 $dx \wedge dy \wedge dz$，∂D 上的诱导定向是与外法线(作为 z 轴)成为右手坐标系的定向，

$$\omega = Pdy \wedge dz + Qdz \wedge dx + Rdx \wedge dy,$$

$$\int_{\partial D}\omega=\int_{\partial D}Pdydz+Qdzdx+Rdxdy.$$

而 Stokes 公式现在成为

$$\int_{\partial D}Pdydz+Qdzdx+Rdxdy$$
$$=\int_D\left(\frac{\partial P}{\partial x}+\frac{\partial Q}{\partial y}+\frac{\partial R}{\partial z}\right)dxdydz,$$

即 Gauss 定理.

若 Σ 是 $\mathbf{R}^3$ 中的二维有向曲面，$\partial\Sigma$ 上的诱导定向与 Σ 的定向的关系正如 Green 公式中 D 之定向与 ∂D 定向的关系，令 $\omega=Pdx+Qdy+Rdz$，则

$$d\omega=\left(\frac{\partial R}{\partial y}-\frac{\partial Q}{\partial z}\right)dy\wedge dz+\left(\frac{\partial P}{\partial z}-\frac{\partial R}{\partial x}\right)dz\wedge dx$$
$$+\left(\frac{\partial Q}{\partial x}-\frac{\partial P}{\partial y}\right)dx\wedge dy.$$

这时 Stokes 公式就是数学分析中习见的 Stokes 公式

$$\int_{\partial\Sigma}Pdx+Qdy+Rdz=\iint_{\Sigma}\left(\frac{\partial R}{\partial y}-\frac{\partial Q}{\partial z}\right)dydz$$
$$+\left(\frac{\partial P}{\partial z}-\frac{\partial R}{\partial x}\right)dzdx+\left(\frac{\partial Q}{\partial x}-\frac{\partial P}{\partial y}\right)dxdy.$$

Stokes 公式是一个十分深刻的结果. 如果我们把积分看作微分形式与积分域的对偶,把 ∂ 看成一个算子：$\partial: D\longmapsto\partial D$ 称为**边缘算子**,则 Stokes 公式就可以写成

$$\langle\partial D,\omega\rangle=\langle D,d\omega\rangle.$$

所以 d 是 ∂ 的对偶算子，因此有时称为**上边缘算子**. 通过这种对偶关系的研究,可以得到 de Rham 上同调群与 M 的同调群的对偶关系,这就是 de Rham 理论的中心内容.

参 考 文 献

Adams, R. A.

[1] Sobolev Spaces, Acad. Press, N. Y., 1975 (中译本：R. A. 阿丹姆斯，索伯列夫空间，人民教育出版社，1981).

Agmon, S.

[1] The Lp approach to the Dirichlet problem, *Ann. Scuo. Norm. Sup. di Pisa*, **13**(3) (1959), Fasc. 4, 405—448.

[2] Lectures on Elliptic Boundary Value Problems, Van Nostrand, N. Y., 1965.

Agmon, S., Douglis, A., Nirenberg, L.

[1] Estimates near the boundary for solutions of elliptic partial differential equations satisfying general boundary conditions, I, *Comm. Pure Appl. Math.*, **12**(1959), 623—727; II, *ibid.*, **17**(1964), 35—92.

Arnold, V. I. (Арнольд, В. И.)

[1] О матрицах зависящих от параметров, *УМН*, **26**: **2**(1971), 101—104 (英译文：On matrices depending on parameters, Singularity Theory, Selected Papers, London Math. Soc. LN Series, 53 Cambridge Univ. Press, 1981).

Atiyah, M. F., Bott, R., Gårding, L.

[1] Lacunas for hyperbolic differential operators with constant coefficients, I, *Acta Math.*, **124**(1970), 109—189; II, *ibid.*, **131**(1973), 145—206.

Atiyah, M. F., Singer, I. M.

[1] The index of elliptic operators, I. *Ann. of Math.*, **87**(1968), 484—530; III, *ibid.*, **87**(1968), 546—604; IV, *ibid.*, **93**(1971), 119—138; V, *ibid.*, **93**(1971), 139—149.

Barbu, V.

[1] Non-liner Semigroups and Differential Equation in Banach Spaces, Noordhoff, 1976.

Barros-Neto, J.

[1] An Introduction to the Theory of Distributions, Marcel Dekker, N. Y., 1973 (中译本：J. 巴罗斯-尼托，广义函数引论，上海科技出版社，1981).

Beals, R.

[1] Spatially inhomogeneous pseudo-differential operators, II, *Comm. Pure Appl, Math.*, **27**(1974), 161—205.

Beals, R., Fefferman, C.

[1] Classes of spatially inhomogeneous pseudo-differential operators, *Proc. Nat. Acad. Sci. USA*, **70**(1973), 1500—1501.

[2] Spatially inhamogeneus pseudo-differential operators, 1, *Comm. Pure. Appl. Math.*, **27**(1974), 1—24.

[3] On local solvability of linear partial differential equations, *Ann. of Math.*, **97**(1973), 482—498.

Bergh, J., Lofstrom, I.

[1] Interpolation Spaces, an Introduction, Springer-Verlag, Berlin, 1976.

Бернштейн, И. Н. (Bernstein, I. N.)

[1] Аналитическое продолжение обобщенных функций, *Функ. Ана. и его прил.*, Т. **6**(1972), Вып. **4**, 26—40.

Бернштейн, И. Н., Гельфанд, С. И. (Bernstein, I. N: Gelfand, S. I.)

[1] Мерофорфность функций P^λ, *Функ. Ана. И его Прил.*, Т. **3**(1969), Вып. 1, 84—85.

Bers, L., John, F., Schechter, M.

[1] Partial Differential Equations, Interscience, N. Y., 1964.

Бицадзе, А. В. (Bitsadze. A. V.)

[1] Обединственность решения задач Дирихле для эллил. урав., *УМН*, **3**:6, 211—212(1948).

Bochner, S.

[1] Vorlesungen Über Fouriersche Integrale, Akademie-Verlag, Berlin, 1932.

Bochner, S., Chandrasekharan, K.

[1] Fourier Transforms, Annals of Math. Studies, No. 19, Princeton Univ. Press, Princeton, N. J, 1949 (中译本. S. 波赫涅尔和 K.钦德拉赛哈兰,傅里叶变式,高等教育出版社,1956).

Boutet de Monvel, L.

[1] Boundary problems for pseudo-differential operators, *Acta Math.*, **126**(1971), 11—51.

[2] Hypoelliptic operators with double characteristics and related pseudo-differential operators, *Comm. Pure. Appl. Math.*, **27**(1974), 585—639.

[3] A Course on Pseudo-differential Operators and Applications, Duke Univ. Math. Series, II, 1976.

Brezis, H.

[1] Opérateurs maximaux monotones et semi-groupes de contractions dans les espaces de Hilbert, North Holland, 1973.

Browder, F. (ed)

[1] Mathematical Developments Arising from Hilbrt's Problems, Proc. of Symp. on Pure Math., Vol. 28 AMS, 1974.

Calderon, A. P.

[1] Uniqueness in the Cauchy problem for partial differential equations, *Amer. J. of Math.*, **80**(1958), 16—36.

[2] Integrales Singulares y sus Aplicaclones a Ecuaciones Differenciales Hiperbolicas, Universidad de Buenos Aires, 1960 (中译本: A.

P. 卡尔台龙，奇异积分算子及其在双曲微分方程上的应用，上海科出版社，1964).

[3] Existence and uniqueness theorems for systems of partial differential equations, Symposium on Fluid Mechanics, Univ. of Maryland, 147—195, N. Y., 1962.

[4] Boundary value problems for elliptic equations, Outlines of the Joint Soviet-American Symp. on Part. Diff. Equ; 1—4, 1963.

[5] Singular integrals, *Bull. of Amer. Math. Soc.*, **72**(1966), 427—465.

Calderon, A. P., Vaillancourt, R.

[1] On the boundedness of pseudo-differential operators, *J. Math. Soc. of Japan*, **23**(1971), 374—378.

Calderon, A. P., Zygmund, A.

[1] Singular integral operators and differential equations, *Amer. J. Math.*, **79**(1957), 901—921.

Carleman, T.

[1] Sur un problème d'unicité pour les systèmes d'èquations aux dérivées partielles à deux variables indépendentes, *Ark. Mat. Astro. Fys.*, **26**(1939), B, No 17. 1—9.

Chang Kung-ching (张恭庆)

[1] On the L^p continuity of the pseudo-differential operators, *Scientia Sinica*, 7(1974), 5, 621—638.

Chazarain, J., Piriou, A.

[1] Introduction à la théorie des équations aux dérivés partielles linéaires, Gauthier-Villars, Paris, 1981 (英译本: Introduction to the Theory of Linear Partial Diff. Equations, Noordhoff, 1982).

Cohen, P.

[1] The non-uniqueness of the Cauchy problem, *O. N. R. Techn. Report*, **93**(1960), Stanford.

Coifman, R. R., Meyer, Y.

[1] Au-delà des opératéurs pseudo-differénriels, *Astérisque*, No. 57, 1978.

Courant, R., Hilbert, D.

[1] Methoden der Mathematischen Physik, II, Springer-Verlag, Berlin, 1937 (英译本: Methods of Math. Physics, Vol. 2 Interscience, N. Y., 1962; 中译本: R., 柯朗和D. 希尔伯特，数学物理方法，II，科学出版社，1977).

Courant, R., Friedrichs, K. O., Lewy, H.

[1] Über die partiellen Differenzen-gleichungen der Physik, *Math. Ann.*, **100**(1928—29), 32—74.

Егоров, Ю. В. (Egorov, Yu. V.)

[1] Суб-эллиптические операторы, ДАН АН СССР, **188** (1969), 20—22(英译文: Subelliptic Pseudo-differential operators, *Soviet Math. Doklady*, **10**(1969), 1056—1059.

[2] Субэ-эллиптические операторы, *УМН*, **30**:2(1975), 57—114; **30**:

3(1975), 57—104 (英译文: Subelliptic operators, *Russian Math. Surveys*, **30**: 2(1975), 59—118; **30**:3(1975), 55—105).

Ehrenpreis, L.

[1] Solutions of some problems of division, I, *Amer. J. Math.*, 76 (1954), 883—903; II, *ibid.*, 77(1955), 286—292; III, *ibid.*, 78 (1956), 685—715; IV, *ibid.*, **82**(1960), 522—588; V, *ibid.*, 84 (1962), 324—348.

Fefferman, C.

[1] L^p bounds for pseudo-differential operators, *Israel J. of Math.*, **14**(1973), 413—417.

[2] The uncertainty principle, *Bull. Amer. Math. Soc.*, 9(1983), 129—206.

Fefferman, C., Beals, M., Grossman, R.

[1] Strictly pseudo-convex domains in C^n, *Bull Amer. Math. Soc.*, **8**(1983), 125—322.

Fefferman, C., Phong, D.

[1] On positirity of pseudo-differential operators, *Proc. Nat. Acad. Sci.*, **75**(1978), 4673—4674.

Folland, G. B., Kohn, J. J.

[1] The Neumann Problem for the Cauchy-Riemann Complex, Ann. Math. Studies, Princeton Univ. Press, N. J., 1972.

Friedrichs, K. O.

[1] Symmetric hyperbolic linear differential equations, *Comm. Pure Appl. Math.*, **7**(1954), 345—392.

[2] Symmetric positive linear differential equations, *Comm. Pure Appl. Math.*, **11**(1958), 333—418.

Gabor, A.

[1] Some remarks on the wave front of a distribution, *Trans. Amer. Math. Soc.*, **170**(1972), 239—244.

Gårding, L.

[1] Linear hyperbolic partial differential equations with constant coefficients, *Acta Math.*, **85**(1951), 1—62.

[2] Dirichlet's problem for linear elliptic partial differential equations, *Math. Scand.*, **1**(1953), 55—72.

Гельфанд, И. М. (Gelfand, I. M.)

[1] Об эллиптических уравнениях, *УМН*, **15**:3(1960), 121—133.

Гельфанд, И. М., Шилов, Г. Е. (Gelfand I. M., Shilov, G. E.)

[1] Обобщенных функций, Том. I-V, Физматгиз, Москва (1956—) (中译本: И. М. 盖尔芳特, 广义函数, 卷 1, 3, 4, 科学出版社).

Gilbarg, D., Trudinger, N. S.

[1] Elliptic Partial Differential Equations of Second Ordet, Springer-Verlag, Berlin, 1983(中译本: D. 吉尔巴格和 N. S. 塔丁格, 二阶椭圆型偏微分方程, 上海科技出版社, 1981).

Goulaouic, C.

[1] Le problème analytique de Cauchy, Proc, of the Changchun Symp. on Diff. Geo. and Diff. Equ. (to appear).

Guillemin, V., Sternberg, S.

[1] Geometric Asymptotics, Amer. Math. Soc. Surveys 14, Providence, R. I., 1977.

Hadamard, J.

[1] The Cauchy Problem, Yale Univ. Press, 1924 (法文本: Le problème de Cauchy et les èquation aux dèrivèes partielles lineaires hyporboliques, Hermann, Paris, 1932).

Hille, E., Phillips, R. S.

[1] Functional Analysis and Semi-groups, CJollog. Publ. Amer. Math. Soc., 31, 1957 (中译本: E. 希尔和 R. S. 菲立浦斯, 泛函分析与半群, 上册, 上海科技出版社, 1964).

Hausdorff, F.

[1] Zur Theorie der linearen metrischen Räume, *J. f. reine u. angew. Math.*, **167**(1932), 294—311.

Hörmander, L.

[1] On the theory of general partial differential operators, *Acta Math.*, **94**(1955), 161—248.

[2] On the division of distributions by polynomials, *Ark. Mat.*, **3** (1958), 555—568.

[3] Estimates for translation invariant operators in L^p spaces, *Acta Math.*, **104**(1960), 93—140.

[4] Linear Partial Differential Operators, Springer-Verlag, Berlin, 1962 (中译本: L. 霍曼德尔, 线性偏微分算子, 科学出版社, 1980).

[5] Pseudo-differential operators, *Comm. Pure Appl. Math.*, **18**(1965), 501—517.

[6] Pseudo-differential operators and non-elliptic boundary problems, *Am. of Math.*, **83**(1966), 129—209.

[7] Pseudo-differential operators and hypoelliptic equations, Amer. Math. Soc. Symp. on Singular Integrals, 138—183, 1966.

[8] Hypoelliptic second order differential equations, *Acta Math.*, **119** (1967), 147—171.

[9] The Spectral function of an elliptic operator, *Acta Math.*, **121** (1968), 193—218.

[10] Linear differential operators, Actes Congr. *Int. Math. Nice*, **1**, 121—133, 1970.

[11] Fourier integral operators, 1, *Acta Math.*, **127**(1971), 79—183.

[12] On the existence and the regularity of solutions of linear pseudo-

[13] The Cauchy problem for differential equations with doubledifferential equations, *Ens. Math.*, **17**(1971), 99—63.
characteristics, *J. Analyse Math.*, **32**(1977), 118—196.

[14] Subeiliptic operators, Seminar on Sing. of Sol. of Diff. Equ. Princeton Univ. Press, Princeton, N. J., 127—208, 1979.

[15] The Weyl Calculus of psendo-differential operators, *Comm. Pure*

Appl. Math., 32(1979), 359—443.
[16] The Analysis of Linear Partial Differential Operators, I—IV Springer-Verlag, 1983—1985.
[17] L^2 estimates and existence theorems for the operators, *Acta Math.*, 113(1965), 89—152.
[18] Non-uniquenes for the Cauchy problem, IN in Math., 459, 36—52, 1975.

Kohn, J. J., Nirenberg, L.
[1] On the algebra of pseudo-differential operators, *Comm. Pure Appl. Math.*, **18**(1965), 269—305.
[2] Non-Coercive boundary value problems, *Comm. Pure Appl. Math.*, **18**(1965), 443—492.

Колмогоров, А. Н. (Kolmogorov, A. N.)
[1] Zu fällige Bewegungen, *Math. Ann.*, **35**(1934), 116—117.

Кондрашёв, В. И. (Kondraschev, V. I.)
[1] Sur certaines propriétés des fonctions dans l'éspace L^p, *ДАН АН*, **48**(1945), 535—538.

Кошелёв, А. И. (Koshelev, A. I.)
[1] Априорные оценки в Lp и обобщенные решения эллиптических уравнения и систем *УМН*, **13**:4(1958), 29—88.

Kumano-go, H. (熊の郷準)
[1] 擬微分作用素，岩波書店，東京，1974(英译本：Pseudo-differential operators, MIT Press, 1982).

Ладыженская, О. А., Уральцева, Н. Н. (Ladyzhenskaya, O. A., Uraltseva, N. N.)
[1] Линейные и квази-линейные эллиптические уравнения, Москва, 1964 (英译本：Linear and Quasi-linear Elliptic Equations, Acad. Press. N. Y., 1968, Rovised ed. 1973).

Lax, P. D.
[1] Asymptotic solutinos of oscillatory initral value problems, *Duke Math. J.*, **24**(1957), 627—646.

Leray, J.
[1] Hyperbolic differential equations, The Institute for Advanced Studies, Princeton, N. J., 1953.
[2] Problème de Cauchy, I, *Bull. Soc. Math. France*, **85**(1957), 389—429; II, *ibid.*, **86**(1958), 75—96; III, *ibid.*, **87**(1959), 81—180; IV, *ibid.*, **90**(1962), 39—156; V (with Gårding and Kotake) *ibid.*, **92**(1964), 263—361.

Leray, J., Schauder, J.
[1] Topologie et èquations fonctionnelles, *Ann. Sci. Écde Norm. sup.*, **16**(1934), 45—78.

Lions, J. L.
[1] Problèmes aux limites dans les équations aux dèrivèes partielles, Les Press e de l'Univ. de Montreal, 1967 (中译本：J. 利翁斯，偏微分方程的边值问题，上海科技出版社，1980).

Lions, J. L., Magenes, E.
[1] Non-homogeneous Boundary Value Problems and Applications, I, II, III, Springer-Verlag, Berlin 1972, 1973.
Malgrange, B.
[1] Existence et approximation des solutions des équations aux dérivées partielles et des équations de Convolution, *Ann. Inst. Fourier* (Gronoble), 6(1955—56), 271—355.
[2] Intégrales asymptotiques et monodromie, *Ann. Sci. Écde. Norm. sup.*, 4 (1974), 405—430.
Masuda, K. (增田久弥)
[1] 发展方程式，纪伊国屋数学丛书 6，纪伊国屋書店，東京，1975.
Лопатинский, И. В. (Lopatinsky, Y. V.)
[1] Об одной способе приведения граничных задач длд систем уравнений эллиптического типа к регулярным уравнениям, Укр. Матом. Жур., 5(1953), 173—175.
Melin, A., Sjöstrand, J.
[1] Fourier integral operators with complex-valued phase functions, LN in Math., 459, 120—223, 1974.
Mikusinski, J.
[1] Операторные Исчисление, Москва, 1956 (译自波兰文 Rachunek operatorów, Warszawa, 1953; 中译本: J. 米库辛斯基，算符演算，上海科技出版社，1959).
Mizohata, S. (溝畑茂)
[1] Le problème de Cauchy pour les systèmes hyperbolique s et paraboliques, *Mem. Coll. Sci. Univ. Kyoto, Ser. A.*, **32**(1959), 181—212.
[2] Some remarks on the Cauchy problem, *Journ. of Math. Kyoto Univ.*, **1**(1961), 109—127.
[3] Solutions nulles et solutions non-analytiques, *Journ. of Math. Kyoto Univ.*, **1**(1962), 271—302.
[4] 偏微分方程式论，岩波書店，東京，1965 (英译本: The Theory of Partial Differential Equations, Cambridge Univ. Press, 1974)
[5] Lectures on Cauchy problem (Lectures at Wuhan Univ.), 1983 (to appear).
Miyadera, I. (宫寺功)
[1] 非线性半群，纪伊国屋数学丛書，纪伊国屋書店，東京，1973.
Мусхелишвили, Н. И. (Muskholishvili, N. I)
[1] Сингулярные интегральные уравнения, Москва, 1962 (中译本: 奇异积分方程，上海科技出版社，1964).
Nirenberg, L.
[1] On elliptic partial differential equations, *Ann. Scuola Norm. Sup. Pisa*, **13**(1959), 115—162.
[2] Lectures on Linear Partial Differential Equations, AMS, 1973 (中译本: L. 尼伦贝格，线性偏微分方程讲义，上海科技出版社，1980).

[3] On a problem of Hans Lewy, LN in Math. 459, 224—234, 1975.

Noether, E.

[1] Über eine Klasse Singularer Integralgleichungen, *Math. Ann.*, **82** (1921), 42—63.

Олейник, О. А., Радкевич, Е. В. (Oleinik, O. A., Radkevich, E. V.)

[1] Уравнения второго порядка с неотрицательной характеристической формой, итоги Науки, Сер. Матем., Москва, 1971(英译本: Second Order Equations with Mon-negative Characteristic Form, Plenum Press. N. Y., 1973).

Олейник, О. А. (Oleinik, O. A.)

[1] On the Cauchy problem for weakly hyperbolic equations, *Comm. Pure Appl. Math.*, **23**(1970), 569—586.

Peetre, J.

[1] Une caratérisation abstraite des operateurs differentiels, *Math. Scand.*, **7**(1959), 211—218.

[2] Rectification à l'article "une caractérisation abstraite des operateurs differentiels", *Math. Scand.*, 8(1960), 116—120.

[3] The Modern Theory of Elliptic Partial Differential Equations of Higher Order, Maryland Univ., 1962.

Петков, В. М., Иврий, В. Я. (Petkov, V. M., Ivrii, V. Ya)

[1] Необходимые условия корректности задачи коши для нестрого гиперболических уравнений, *УМН*, **29**:5(1974), 3—70 (英译文: Necessary conditions for the Cauchy problem for; non strictly hyperbolic equations to be well-posed, *Russ. Math. Survey*, **29** (1974), 1—70.

Петровский, И. Г. (Petrowsky, I. G.)

[1] Über des Cauchysche Problem für Systeme von partiellen Differentialgleichungen, *Матем. СБ.*, **2** (1937), 815—870.

[2] Uber das Cauchysche Problem für ein System linearer partieller Differentialgleichungen im Gebiete der nichtanalytischen Functionen, *Bull. Univ. Moscou. Ser. Int.*, **1**(1938), 7, 1—74.

[3] On the diffusion of waves and the lacunas for hyperbolic equations, *Матем. Сб.*, **17** (1945), 289—370.

[4] Лекция об уравнениях с счастными производными, Москва, 1953 (中译本: И. Г. 彼得洛夫斯基,偏微分方程讲义,高等教育出版社, 1956).

Plis, A.

[1] On non-uniqueness in Cauchy problem for an elliptic second order differential equation, *Bull. Acad. Pol. Sci.*, **11**(1963), 95—100.

Rellich, R.

[1] Ein satz über mittlehre konvergenz, *Nachr. Acad. Wiss. Göttingen, Math. Phys. Kl.*, **1930**, 30—75.

Riesz, M.

[1] L'Intégrale de Riemann-Liouville et le problème de Cauchy, *Acta Math.* **81**(1949), 1—223.

Rudin, W.

[1] Functional Analysis, McGraw-Hill, N. Y. 1973.

Sato, M., Kawai, T., Kashiwara, M.

[1] Hyperfunctions and pseudo-differential equations, LN in Math., 287, 265—529, 1973.

Schechter, M.

[1] General boundary value problems for elliptic partial differential equations, *Bull. Amer. Math. Soc.*, **65**(1959), 70—72.

[2] Various types of boundary conditions for elliptic equations, *Comm. Pure Appl. Math.*, **13**(1960), 407—426.

[3] Modern Methods in Partial Differential Equations—an Introduction McGraw-Hill, 1977 (中译本： M. 谢克特， 偏微分方程的现代方法，科学出版社，1983).

Schwartz, L.

[1] Théorie des Distributions, I, II, Hermann, Paris, 1950—1951.

Seeley, R. T.

[1] Extensions of C^∞ functions defined in a half space, *Proc. Amer. Math. Soc.*, **15**(1964), 625—626.

[2] Singular integrals and boundary problems, *Amer. J. Math.*, **88** (1966), 781—809.

[3] Topics in Pseudo-differential Operators, CIME, 1968.

Seidenberg, A.

[1] A new decision method for elementary algebra, *Ann. of Math.*, **60**(1954), 365—374.

Shanahan, P.

[1] The Atiyah-Singer Index Theorem, LN in Math., 638, 1978.

Шубин, М. А. (Shubin, M. A)

[1] Псевдодифференциальные операторы и спектральная теория Москва, 1978.

Соболев, С. Л. (Sobolev, S. L.)

[1] Применения функционального анализа в математической физике, ЛГУ, 1950 (中译本：С. Л. 索伯列夫，泛函分析在数学物理中的应用，科学出版社，1959).

[2] Об одном теореме в функционального Анализа, *Матем. Сб.* **46** (1938), 471—496.

Соколов, Д., Иваненко, А. (Sokolov, D., Ivanenko, A.)

[1] Классическая Теория Поля, Москва, 1951 (中译本：Д. 伊凡宁柯等，经典场论，科学出版社，1958).

Stein, E. M.

[1] Singular Integrals and Differentiability Properties of Funtions, princeton Univ. Press, Princeton, N. J., 1970.

[2] Topics in Harmonic Analysis Related to the Littlewood-Paley

Theory, Ann. of Math. Studies, Princetion Univ. Press, Princeton, N. J., 1970.
Stein, E. M., Nagel, A.
[1] Pseudo-differential Operators, Princeton Univ. Press, Princeton, N. J., 1978.
Stein, E. M., Weiss, G.
[1] Introduction ot Fourier Analysis on Euclidean Spaces, Princeton, Univ. Press, Princeton, N. J., 1971.
Svensson, L.
[1] Necessary and sufficient conditions for the hyperbolicity polynomials with hyperbolic principal part, *Ark. Mat.*, **8**(1968), 145—162.
Tanabe, H. (田边广城)
[1] 发展方程式，岩波書店，東京，1975.
Tarski, A.
[1] A decision method for elementary algebra and geometry, Manuscript, Berkeley, 63pp. 1951.
Taylor, M.
[1] Pseudo differential Operators, Princeton Univ. Press, Princeton, N. J., 1981.
Thorin, O.
[1] An extension of a convexity theorem due to M. Riesz, *Kungl. Fys. Sällsk. Lund. Förh.*, **8**(1939), No. 14.
Treves, F.
[1] Topological Vector Spaces, Distributions and Kernels, Academic Press, N. Y., 1967.
[2] A new method of proof of the subelliptic estimates, *Comm. Pure Appl. Math.*, **24**(1971), 631—670.
[3] Basic Linear Partial Differential Equations, Acad. Press, N. Y., 1975 (中译本：F. 特勒弗斯，基本线性偏微分方程，上海科技出版社，1982).
[4] Introduction to Pseudo-differential and Fourier Integral Operators, Vol. 1, Pseudo-differential Operators, Vol. 2, Fourier Integral operators, Plenum Press, N. Y. 1981.
Unterberger, A.
[1] Pseudo-differential Operators and Applications, an Introduction, LN Series No. 45, Aarhus Denmark Universitet, 1976.
Варченко, А. Н. (Varchenko, A. N.)
[1] Многограники Ньютона и оценки осциллицующих интегралов, *Функ. Ана. и ето приложения*, **10**(1976), 13—38.
Васильев, В. А. (Vasiliev, V. A.)
[1] Асимптотика экспоненциальных интегралов, диаграмма ньютона и классификация тоцек минимум, *Функ. Ана. н его приложения*, **11**(1977), 1—12.

Van der Waerden, B. L.

[1] Algebra I, II, 4 Aufl. Springer-Verlag, Berlin, 1959 (中译本：B. L. 范德瓦尔登，代数学 I, II, 科学出版社，I, 1963, II, 1976).

Векуа, И. Н. (Vekua, I. N.)

[1] Новые методы решения эллиптическах уравнений, Москва, 1948 (中译本：И. Н. 维库阿，椭圆型方程新解法，上海科技出版社，1963).

Вишик, М. И., Ладыженская, О. А. (Visik, M. I., Ladyzhenskaya, O. A.)

[1] Краевадзадача для уравнений в частных производных и некоторых классов операторных уравнений, *УМН*, **11**:6(1958), 41—97.

Wang Rou-huai (王柔怀)

[1] 非线性椭圆方程组一般边值问题的解析性以及关于线性问题的某些结果，吉林大学自然科学学报，**1963**, 2,403—447.

Wang Rou-huai, Li Cheng-zhang (王柔怀，李成章)

[1] On the L^p-boundedness of several classes of pseudo-differential operators, *Chinese Annals of Math.*, **5**, Ser. B. (to appear in 1984).

Weyl, H.

[1] The method of orthogonal projection in potential theory, *Duke Math. J.*, **7**(1940), 411—444.

Yosida, K. (吉田耕作)

[1] 位相解析，现代应用数学讲座，岩波書店，東京，1957(中译本：泛函分析，上海科技出版社，1962).

[2] Functional Analysis, Springer-Verlag Berlin, 1978 (中译本：泛函分析，人民教育出版社，1980).

《现代数学基础丛书》已出版书目

1 数理逻辑基础(上册) 1981.1 胡世华 陆钟万 著
2 数理逻辑基础(下册) 1982.8 胡世华 陆钟万 著
3 紧黎曼曲面引论 1981.3 伍鸿熙 吕以辇 陈志华 著
4 组合论(上册) 1981.10 柯 召 魏万迪 著
5 组合论(下册) 1987.12 魏万迪 著
6 数理统计引论 1981.11 陈希孺 著
7 多元统计分析引论 1982.6 张尧庭 方开泰 著
8 有限群构造(上册) 1982.11 张远达 著
9 有限群构造(下册) 1982.12 张远达 著
10 测度论基础 1983.9 朱成熹 著
11 分析概率论 1984.4 胡迪鹤 著
12 微分方程定性理论 1985.5 张芷芬 丁同仁 黄文灶 董镇喜 著
13 傅里叶积分算子理论及其应用 1985.9 仇庆久 陈恕行 是嘉鸿 刘景麟 蒋鲁敏 编
14 辛几何引论 1986.3 J.柯歇尔 邹异明 著
15 概率论基础和随机过程 1986.6 王寿仁 编著
16 算子代数 1986.6 李炳仁 著
17 线性偏微分算子引论(上册) 1986.8 齐民友 编著
18 线性偏微分算子引论(下册) 1992.1 齐民友 徐超江 编著
19 实用微分几何引论 1986.11 苏步青 华宣积 忻元龙 著
20 微分动力系统原理 1987.2 张筑生 著
21 线性代数群表示导论(上册) 1987.2 曹锡华 王建磐 著
22 模型论基础 1987.8 王世强 著
23 递归论 1987.11 莫绍揆 著
24 拟共形映射及其在黎曼曲面论中的应用 1988.1 李 忠 著
25 代数体函数与常微分方程 1988.2 何育赞 萧修治 著
26 同调代数 1988.2 周伯壎 著
27 近代调和分析方法及其应用 1988.6 韩永生 著
28 带有时滞的动力系统的稳定性 1989.10 秦元勋 刘永清 王 联 郑祖庥 著
29 代数拓扑与示性类 1989.11 [丹麦] I.马德森 著
30 非线性发展方程 1989.12 李大潜 陈韵梅 著

31 仿微分算子引论 1990.2 陈恕行 仇庆久 李成章 编
32 公理集合论导引 1991.1 张锦文 著
33 解析数论基础 1991.2 潘承洞 潘承彪 著
34 二阶椭圆型方程与椭圆型方程组 1991.4 陈亚浙 吴兰成 著
35 黎曼曲面 1991.4 吕以辇 张学莲 著
36 复变函数逼近论 1992.3 沈燮昌 著
37 Banach 代数 1992.11 李炳仁 著
38 随机点过程及其应用 1992.12 邓永录 梁之舜 著
39 丢番图逼近引论 1993.4 朱尧辰 王连祥 著
40 线性整数规划的数学基础 1995.2 马仲蕃 著
41 单复变函数论中的几个论题 1995.8 庄圻泰 杨重骏 何育赞 闻国椿 著
42 复解析动力系统 1995.10 吕以辇 著
43 组合矩阵论(第二版) 2005.1 柳柏濂 著
44 Banach 空间中的非线性逼近理论 1997.5 徐士英 李 冲 杨文善 著
45 实分析导论 1998.2 丁传松 李秉彝 布 伦 著
46 对称性分岔理论基础 1998.3 唐 云 著
47 Gel'fond-Baker 方法在丢番图方程中的应用 1998.10 乐茂华 著
48 随机模型的密度演化方法 1999.6 史定华 著
49 非线性偏微分复方程 1999.6 闻国椿 著
50 复合算子理论 1999.8 徐宪民 著
51 离散鞅及其应用 1999.9 史及民 编著
52 惯性流形与近似惯性流形 2000.1 戴正德 郭柏灵 著
53 数学规划导论 2000.6 徐增堃 著
54 拓扑空间中的反例 2000.6 汪 林 杨富春 编著
55 序半群引论 2001.1 谢祥云 著
56 动力系统的定性与分支理论 2001.2 罗定军 张 祥 董梅芳 著
57 随机分析学基础(第二版) 2001.3 黄志远 著
58 非线性动力系统分析引论 2001.9 盛昭瀚 马军海 著
59 高斯过程的样本轨道性质 2001.11 林正炎 陆传荣 张立新 著
60 光滑映射的奇点理论 2002.1 李养成 著
61 动力系统的周期解与分支理论 2002.4 韩茂安 著
62 神经动力学模型方法和应用 2002.4 阮 炯 顾凡及 蔡志杰 编著
63 同调论—— 代数拓扑之一 2002.7 沈信耀 著
64 金兹堡-朗道方程 2002.8 郭柏灵 黄海洋 蒋慕容 著

65　排队论基础　2002.10　孙荣恒　李建平　著
66　算子代数上线性映射引论　2002.12　侯晋川　崔建莲　著
67　微分方法中的变分方法　2003.2　陆文端　著
68　周期小波及其应用　2003.3　彭思龙　李登峰　谌秋辉　著
69　集值分析　2003.8　李　雷　吴从炘　著
70　强偏差定理与分析方法　2003.8　刘　文　著
71　椭圆与抛物型方程引论　2003.9　伍卓群　尹景学　王春朋　著
72　有限典型群子空间轨道生成的格(第二版)　2003.10　万哲先　霍元极　著
73　调和分析及其在偏微分方程中的应用(第二版)　2004.3　苗长兴　著
74　稳定性和单纯性理论　2004.6　史念东　著
75　发展方程数值计算方法　2004.6　黄明游　编著
76　传染病动力学的数学建模与研究　2004.8　马知恩　周义仓　王稳地　靳　祯　著
77　模李超代数　2004.9　张永正　刘文德　著
78　巴拿赫空间中算子广义逆理论及其应用　2005.1　王玉文 著
79　巴拿赫空间结构和算子理想　2005.3　钟怀杰 著
80　脉冲微分系统引论　2005.3　傅希林　闫宝强　刘衍胜　著
81　代数学中的 Frobenius 结构　2005.7　汪明义　著
82　生存数据统计分析　2005.12　王启华　著
83　数理逻辑引论与归结原理(第二版)　2006.3　王国俊　著
84　数据包络分析　2006.3　魏权龄　著
85　代数群引论　2006.9　黎景辉　陈志杰　赵春来　著
86　矩阵结合方案　2006.9　王仰贤　霍元极　麻常利　著
87　椭圆曲线公钥密码导引　2006.10　祝跃飞　张亚娟　著
88　椭圆与超椭圆曲线公钥密码的理论与实现　2006.12　王学理　裴定一　著
89　散乱数据拟合的模型、方法和理论　2007.1　吴宗敏　著
90　非线性演化方程的稳定性与分歧　2007.4　马　天　汪宁宏　著
91　正规族理论及其应用　2007.4　顾永兴　庞学诚　方明亮　著
92　组合网络理论　2007.5　徐俊明　著
93　矩阵的半张量积:理论与应用　2007.5　程代展　齐洪胜　著
94　鞅与 Banach 空间几何学　2007.5　刘培德　著
95　非线性常微分方程边值问题　2007.6　葛渭高　著
96　戴维-斯特瓦尔松方程　2007.5　戴正德　蒋慕蓉　李栋龙　著
97　广义哈密顿系统理论及其应用　2007.7　李继彬　赵晓华　刘正荣　著
98　Adams 谱序列和球面稳定同伦群　2007.7　林金坤　著

99 矩阵理论及其应用 2007.8 陈公宁 编著
100 集值随机过程引论 2007.8 张文修 李寿梅 汪振鹏 高 勇 著
101 偏微分方程的调和分析方法 2008.1 苗长兴 张 波 著
102 拓扑动力系统概论 2008.1 叶向东 黄 文 邵 松 著
103 线性微分方程的非线性扰动(第二版) 2008.3 徐登洲 马如云 著
104 数组合地图论(第二版) 2008.3 刘彦佩 著
105 半群的 S-系理论(第二版) 2008.3 刘仲奎 乔虎生 著
106 巴拿赫空间引论(第二版) 2008.4 定光桂 著
107 拓扑空间论(第二版) 2008.4 高国士 著
108 非经典数理逻辑与近似推理(第二版) 2008.5 王国俊 著
109 非参数蒙特卡罗检验及其应用 2008.8 朱力行 许王莉 著
110 Camassa-Holm 方程 2008.8 郭柏灵 田立新 杨灵娥 殷朝阳 著
111 环与代数(第二版) 2009.1 刘绍学 郭晋云 朱 彬 韩 阳 著
112 泛函微分方程的相空间理论及应用 2009.4 王 克 范 猛 著
113 概率论基础(第二版) 2009.8 严士健 王隽骧 刘秀芳 著
114 自相似集的结构 2010.1 周作领 瞿成勤 朱智伟 著
115 现代统计研究基础 2010.3 王启华 史宁中 耿 直 主编
116 图的可嵌入性理论(第二版) 2010.3 刘彦佩 著
117 非线性波动方程的现代方法(第二版) 2010.4 苗长兴 著
118 算子代数与非交换 L_p 空间引论 2010.5 许全华 吐尔德别克 陈泽乾 著
119 非线性椭圆型方程 2010.7 王明新 著
120 流形拓扑学 2010.8 马 天 著
121 局部域上的调和分析与分形分析及其应用 2011. 4 苏维宜 著
122 Zakharov 方程及其孤立波解 2011. 6 郭柏灵 甘在会 张景军 著
123 反应扩散方程引论(第二版) 2011. 9 叶其孝 李正元 王明新 吴雅萍 著
124 代数模型论引论 2011. 10 史念东 著
125 拓扑动力系统——从拓扑方法到遍历理论方法 2011. 12 周作领 尹建东 许绍元 著
126 Littlewood-Paley 理论及其在流体动力学方程中的应用 2012. 3 苗长兴 吴家宏 章志飞 著
127 有约束条件的统计推断及其应用 2012. 3 王金德 著
128 混沌、Mel'nikov 方法及新发展 2012. 6 李继彬 陈凤娟 著
129 现代统计模型 2012. 6 薛留根 著
130 金融数学引论 2012. 7 严加安 著
131 零过多数据的统计分析及其应用 2013. 1 解锋昌 韦博成 林金官 著

132　分形分析引论　2013.6　胡家信　著
133　索伯列夫空间导论　2013.8　陈国旺　编著
134　广义估计方程估计方程　2013.8　周　勇　著
135　统计质量控制图理论与方法　2013.8　王兆军　邹长亮　李忠华　著
136　有限群初步　2014.1　徐明曜　著
137　拓扑群引论(第二版)　2014.3　黎景辉　冯绪宁　著
138　现代非参数统计　2015.1　薛留根　著